10-1　浙贝母原植物

10-2　浙贝片

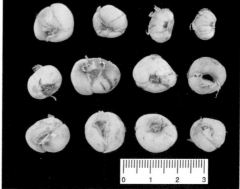

10-3　珠贝

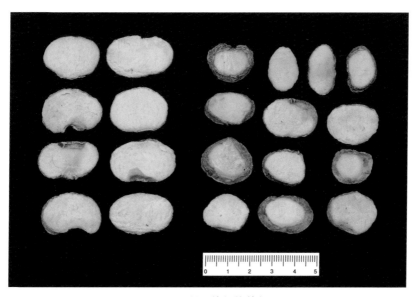

10-4　浙贝片规格等级

U0272155

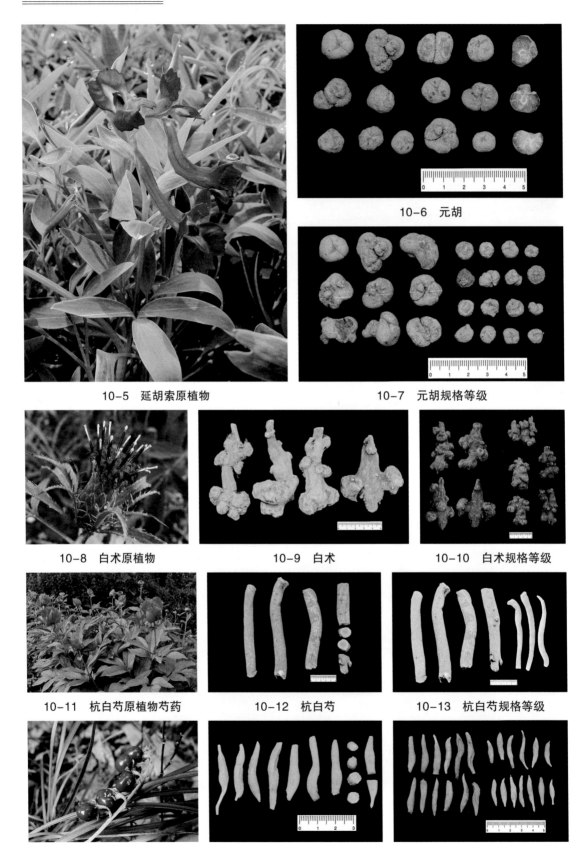

10-5 延胡索原植物

10-6 元胡

10-7 元胡规格等级

10-8 白术原植物

10-9 白术

10-10 白术规格等级

10-11 杭白芍原植物芍药

10-12 杭白芍

10-13 杭白芍规格等级

10-14 麦冬原植物

10-15 浙麦冬

10-16 浙麦冬规格等级

10-17　玄参原植物

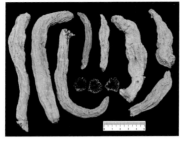

10-18　玄参

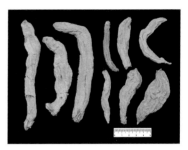

10-19　玄参规格等级

10-20　温郁金原植物

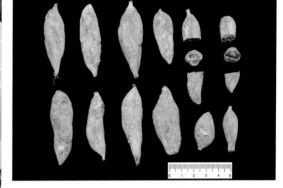

10-21　温郁金

10-22　温莪术

10-23　温郁金规格等级　　　　　　　　10-24　温莪术规格等级

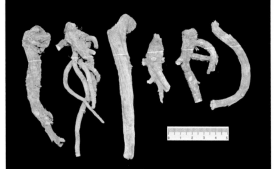

10-26　前胡

10-25　前胡原植物白花前胡

10-27　前胡规格等级

10-28　乌药原植物　　　　10-29　乌药　　　　10-30　乌药规格等级

10-31　三叶青原植物三叶崖爬藤　　　　10-32　三叶青

10-33　杭白芷原植物

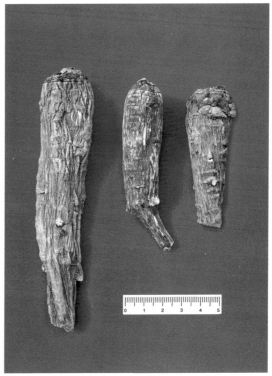

10-34　杭白芷

10-35　玉竹原植物

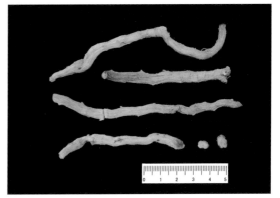

10-36　玉竹

10-37　黄精原植物多花黄精

10-38　黄精

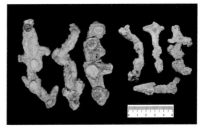

10-39　黄精规格等级

10-40　防己原植物粉防己

10-41　粉防己

10-42　天麻原植物

10-43　天麻

10-44　半夏原植物

10-45　半夏

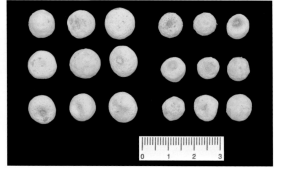

10-46　半夏规格等级

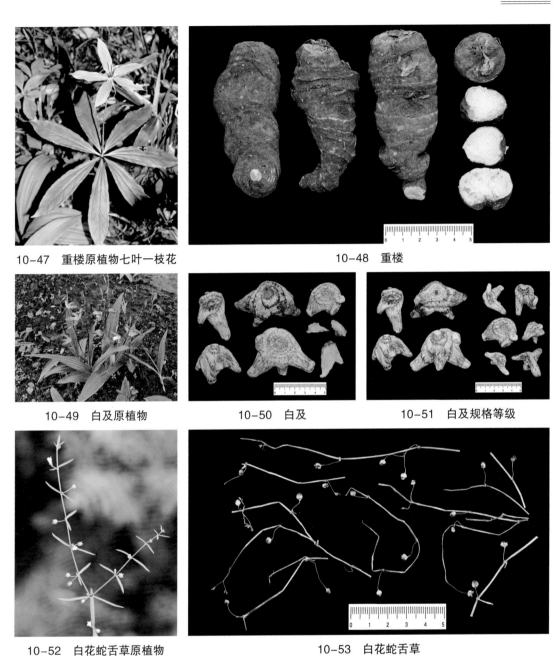

10-47　重楼原植物七叶一枝花　　　　　　　10-48　重楼

10-49　白及原植物　　　　　10-50　白及　　　　　10-51　白及规格等级

10-52　白花蛇舌草原植物　　　　　　　　10-53　白花蛇舌草

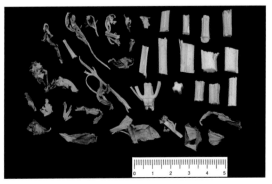

10-54　益母草原植物　　　　　　　　　10-55　益母草

10-56　铁皮石斛原植物

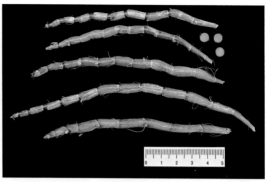

10-57　铁皮石斛鲜茎

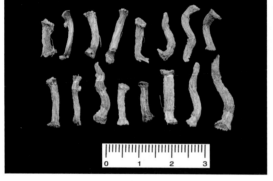

10-58　铁皮石斛干条

10-59　铁皮枫斗

10-60　紫苏原植物

10-61　紫苏叶

10-62　桑原植物

10-63　桑叶

10-64 金线莲原植物金线兰

10-65 青钱柳原植物

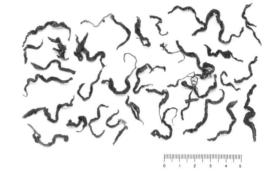

10-66 青钱柳

10-67 山茱萸原植物

10-68 山茱萸

10-69 覆盆子原植物华东覆盆子

10-70 覆盆子

10-71　栀子原植物

10-72　栀子

10-73　吴茱萸原植物

10-74　吴茱萸

10-75　薏苡仁原植物薏米

10-76　薏苡仁

10-77　佛手原植物

10-78　佛手

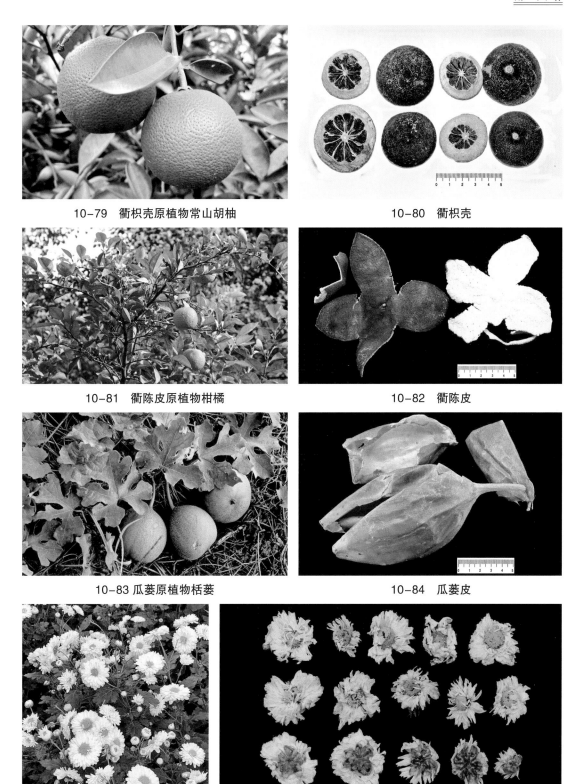

10-79　衢枳壳原植物常山胡柚

10-80　衢枳壳

10-81　衢陈皮原植物柑橘

10-82　衢陈皮

10-83　瓜蒌原植物栝楼

10-84　瓜蒌皮

10-85　杭白菊原植物

10-86　杭白菊

10-87　西红花原植物番红花

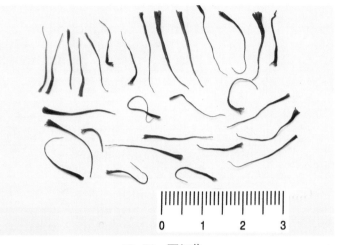

10-88　西红花

10-89　山银花原植物灰毡毛忍冬

10-90　山银花原植物红腺忍冬

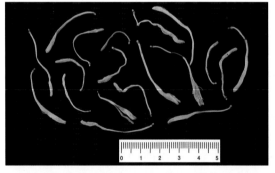

10-91　山银花（灰毡毛忍冬）

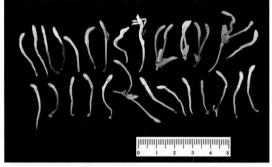

10-92　山银花（红腺忍冬）

10-93　杜仲原植物

10-94　杜仲

10-95　厚朴原植物

10-96　厚朴原植物凹叶厚朴

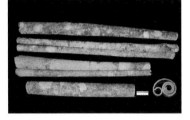

10-97　厚朴（干皮）

10-98　厚朴（根皮）

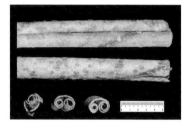

10-99　厚朴（枝皮）

10-100　羊栖菜原植物

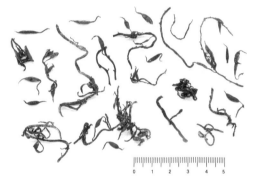

10-101　羊栖菜

10-102　灵芝原植物赤芝

10-103　灵芝

10-104　灵芝孢子粉（未破壁）

10-105　灵芝孢子粉（破壁）

10-106　茯苓原植物

10-107　茯苓块

10-108　茯苓片

10-109　桑黄原植物瓦尼桑黄

10-110　桑黄

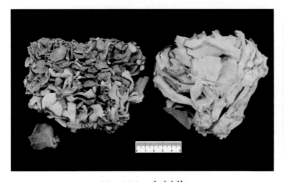

10-111　灰树花

10-112　猴头菇

10-113　蕲蛇原动物尖吻蝮

10-114　蕲蛇

10-115　金钱白花蛇原动物银环蛇

10-116　金钱白花蛇

10-117　乌梢蛇原动物

10-118　乌梢蛇

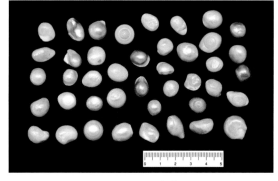

10-119　珍珠

10-120　蜈蚣原动物少棘巨蜈蚣

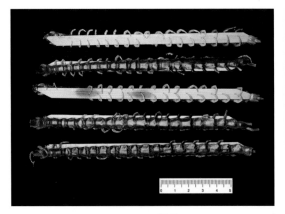

10-121　蜈蚣

10-122　水蛭

10-123　鹿茸

10-124　六神曲

10-125　淡豆豉

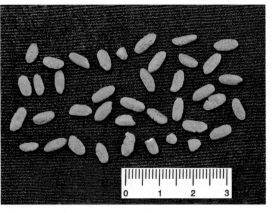

10-126　红曲

浙江省职业技能培训丛书

浙江道地中药材生产技术

◎ 何伯伟　吴华庆　主编

中国农业科学技术出版社

图书在版编目（CIP）数据

浙江道地中药材生产技术／何伯伟，吴华庆主编．--北京：中国农业科学技术出版社，2023.7

ISBN 978-7-5116-6360-3

Ⅰ.①浙⋯　Ⅱ.①何⋯②吴⋯　Ⅲ.①药用植物-栽培技术-浙江　Ⅳ.①S567

中国国家版本馆 CIP 数据核字（2023）第 129778 号

责任编辑　闫庆健
责任校对　贾若妍　李向荣
责任印制　姜义伟　王思文

出 版 者　中国农业科学技术出版社
　　　　　北京市中关村南大街 12 号　　邮编：100081
电　　话　（010）82106632（编辑室）　　（010）82109702（发行部）
　　　　　（010）82109709（读者服务部）
网　　址　http://www.CASTP.cn
经 销 者　各地新华书店
印 刷 者　北京富泰印刷有限责任公司
开　　本　185 mm×260 mm　1/16
印　　张　26　彩插　16 面
字　　数　679 千字
版　　次　2023 年 7 月第 1 版　2023 年 7 月第 1 次印刷
定　　价　158.00 元

《浙江道地中药材生产技术》
编委会

编委会主任：王通林

副　主　任：唐冬寿　应伟杰　王仲淼　陈叶平

　　　　　　姜巨舫　李明焱

编写人员

主　　　编：何伯伟　吴华庆

副　主　编：俞　冰　毛碧增　宋美娥　张水利

编　　　委（按姓氏笔画排序）：

马芳芬　王汉荣　王松琳　王　威

毛　勇　毛福江　毛碧增　方　莉

朱卫东　朱新颜　华金渭　刘晓华

孙　健　杜伟锋　杨兵勋　李效贤

吴华庆　吴剑锋　吴　梅　吴敏之

何伯伟　汪　洋　张伟金　张岑容

陈一定　陈　旭　陈军华　陈　磊

陆卫东　范慧艳　金　怡　周建富

郑平汉　宗侃侃　胡卫珍　胡晓东

俞旭平　饶　青　姚国富　钱　敏

高鸿斐　郭增喜　浦锦宝　崔东柱

舒佳宾　睢　宁　蔡　伟　戴德江

前　言

中药资源是国家战略资源。2016 年国务院发布了《中医药发展战略规划纲要（2016—2030）》，中医药发展正式列入国家战略。在全力抗击新冠肺炎疫情的过程中，治疗效果显著，彰显了中医药的特色和优势。

浙江是中药材生产大省、道地药材资源强省，道地中药材资源总量和种数均列全国第三位，素有"东南药用植物宝库"之称。"浙八味"（浙贝母、杭白菊、白术、浙麦冬、杭白芍、延胡索、玄参、温郁金）和新"浙八味"（铁皮石斛、衢枳壳、乌药、三叶青、覆盆子、前胡、灵芝、西红花）等浙产道地药材在全国中医药产业中占有重要地位，在国内外享有盛誉。

按照《中华人民共和国中医药法》《全国道地药材生产基地建设规划（2018—2025年）》《中共浙江省委 浙江省人民政府关于促进中医药传承创新发展的实施意见》《浙江省中医药发展"十四五"规划》《浙江省特色农产品优势区建设规划（2018—2022 年）》《浙江省农业农村厅关于加快推进中药材产业高质量发展的实施意见》等要求，为推动浙江省中药材产业高质量发展，加强道地中药材规范化、标准化生产技术的应用，提高全省基层中药材种植（养殖）人员的生产技术水平和管理能力，打响"浙产好药"品牌，由浙江省农业技术推广中心、浙江省农业广播电视学校（浙江省乡村振兴促进中心）、浙江省中药材产业协会、浙江省中医药健康产业集团、浙江大学、浙江中医药大学、浙江药科职业大学、浙江省中药材产业技术创新和推广服务团队联合组织专家编制了《浙江道地中药材生产技术》，作为继续教育培训教材。

《浙江道地中药材生产技术》的编写参照全国农林和中医药高等院校中药、药用植物或相近专业的教材和教学参考用书，结合浙江省道地中药材生产技术要求及国内外有关中药材规范化种植技术方面的最新研究成果，编写突出中药材"道地性、安全性、有效性、经济性"要求。

《浙江道地中药材生产技术》分为上下两篇。上篇为总论部分共九章，主要介绍中药资源及可持续利用、药用植物学基础、栽培技术、良种繁育、肥水管理、病虫害及其防治、采收与加工、中药材规范化基地建设、中药质量管理等基础理论和实用知识。下篇为各论和实操技术，第十章各论部分共 8 节，第 1 至第 6 节介绍中药材基原及性味功效、产业概况、生物学特性（生长发育习性、对环境及产地要求）、栽培技术（品种类型、选地与整地、田间管理、病虫害防治）、繁种技术、采收加工（采收、产地初加工）、形状要求（药材性状、规格等级）、贮藏等；第 7 节介绍部分浙江地产的动物类中药材；第 8 节介绍其他类药材。第十一章为实操技术，安排了 11 个实验。附图部分为第七章浙产道地中药材的基原和商品的典型彩色图片。

本教材具有指导性、实用性和可操作性强的特点，可供广大中药材从业人员开展继续教育培训，掌握系统理论和提升实操技能水平使用。

　　本教材的编写得到了浙江省农业农村厅领导、浙江省中医药大健康联合体行业专家的指导帮助，得到磐安县中药产业发展促进中心和"浙八味"道地药材优势特色产业集群项目建设的支持，一并表示衷心感谢！由于时间紧迫，水平有限，难免存在错误和疏漏，希望广大读者提出宝贵的意见，以便今后修订。

编　者

2023 年 4 月

目　　录

上　篇

下 篇

上　篇

第一章 中药资源及可持续利用

相传，"药皇"神农氏尝百草，首创医药。从古至今，中华先民对中医药的探索经历了几千年的历史，用"一根针、一把草"演绎着一个个"妙手回春""起死回生""药到病除"的神奇故事。中医药是中华民族的伟大创造，是中华民族悠久而灿烂的文化宝库中的瑰宝，为中华民族的生息繁衍、兴旺发达作出了巨大的贡献，对世界文明发展与进步产生了积极影响。我国地域辽阔，地形地貌复杂，气候条件多样，生物种类繁多，孕育了极为丰富的天然药物资源。千百年来，在与疾病作斗争的实践中，中华民族不断认识可药用的自然资源，探索其用途，将其开发用于防治疾病、生存保健服务，形成了完整的中医药理论体系，并以临床疗效为基础提炼形成了独具中医药特色的道地中药材理论。在抗击新冠疫情过程中，在没有特效药的情况下，发挥中医药治未病、辨证施治、多靶点干预的独特优势，探索形成了中医药全程治疗深度介入方案，治疗有效率达90%以上，成为抗击疫情的利器，让世人感受到了病毒的危害性，也看到了中医药的宝贵价值与独特优势，更使人们深切感到了振兴中医药的重要性和紧迫性。

俗话说："好药治病，劣药致命；药材好，药才好！"中药资源是发展中医药事业的重要物质基础，是国家战略资源，中药材的质量直接关系着人民身体健康和生命安危。因此，了解中药资源形成的自然环境条件，认识道地中药材形成与发展的自然和历史背景，熟悉中药资源的自然分布区域和中药生产区划，清楚珍稀濒危药用生物及其等级划分，知晓与中药资源相关的国际公约、政策与法规，明晰浙江省中药材特色优势产业布局和资源开发利用，对中药资源科学地开发与利用具有重要作用。

第一节 中医药产业发展机遇

一、发展中医药成为国家战略

以习近平同志为核心的党中央，高度重视发展中医药事业。习近平总书记曾在许多重要会议、重要活动、重要场合提及中医药，就发展中医药作出了一系列重要论述，成为新时代传承发展中医药事业的根本遵循和行动指南。2015年12月18日，习近平总书记致信中国中医科学院成立60周年，信中说："中医药学是中国古代科学的瑰宝，也是打开中华文明宝库的钥匙。当前，中医药振兴发展迎来天时、地利、人和的大好时机，希望广大中医药工作者增强民族自信，勇攀医学高峰，深入发掘中医药宝库中的精华，充分发挥中医药的独特优势，推进中医药现代化，推动中医药走向世界，切实把中医药这一祖先留给我们的宝贵财富继承好、发展好、利用好，在建设健康中国、实现中国梦的伟大征程中谱写新的篇章。"2017年10月18日，习近平在中国共产党第十九次全国代表大会上作报告，他指出："坚持中西医并重，传承发展中医药事业。"这是历史上第一次将中医药发展的问题写入党代会报告。

近年来，党中央、国务院高度重视中医药产业发展，出台了一系列政策法规，推动中医药产业高质量发展。2016 年 2 月 14 日，国务院第 123 次常务会议审议通过了《中医药发展战略规划纲要（2016—2030 年）》，是指导中医药事业发展的纲领性文件，提出了切实提高中医医疗服务能力、大力发展中医养生保健服务、扎实推进中医药继承、着力推进中医药创新、全面提升中药产业发展水平、大力弘扬中医药文化、积极推动中医药海外发展等七大重点任务，中医药发展上升为国家战略，中药资源成为国家战略资源。国务院的《中医药发展战略规划纲要（2016—2030 年）》及国务院办公厅出台的《中药材保护和发展规划（2015—2020 年）》《中医药健康服务发展规划（2015—2020 年）》等中医药发展领域的专项规划，均明确提出大力推进中药材绿色生态种植。2017 年 7 月 1 日，《中华人民共和国中医药法》实施，为继承和弘扬中医药，扶持和促进中医药事业发展确立了法律依据，该法第三章"中药保护与发展"明确鼓励发展中药材规范化种植、养殖和扶持道地中药材生产基地建设。农业农村部等制定了《全国道地药材生产基地建设规划（2018—2025）》，致力于引导建设一批历史悠久、特色鲜明、优势突出的道地药材生产基地，加力推进中药产业发展，提升中药材质量、效益和竞争力。2020 年，中医药以其独特优势和作用，在抗击新冠疫情阻击战中发挥了重要作用，为国际社会提供了独具中医药特点的"中国方案"。2021 年 1 月，国务院印发《关于加快中医药特色发展的若干政策措施》，旨在进一步落实《中共中央国务院关于促进中医药传承创新发展的意见》和全国中医药大会的部署，第十八条中强调"实施道地药材提升工程。加强道地药材良种繁育基地和生产基地建设"。2021 年 3 月 1 日，第十三届全国人民代表大会第四次会议通过了《关于中华人民共和国国民经济和社会发展第十四个五年规划和 2035 年远景目标纲要》（以下简称"十四五"）的决议，第四十四章"全面推进健康中国建设"第四节"推动中医药传承创新"明确提出"坚持中西医品种和优势互补，大力发展中医药事业"。随后，工业和信息化部、国家发展和改革委员会、科学技术部、商务部、国家卫生健康委员会、应急管理部、国家医疗保障局、国家药品监督管理局、国家中医药管理局等九部门于 2022 年 1 月 30 日联合发布了《"十四五"医药工业发展规划》（以下简称《规划》），旨在进一步落实"十四五"医药工业发展目标。《规划》中提出"构建以高质量中药材为目标的栽培技术"，"引导建设中药材标准化、规模化生产基地，强化中药材产品追溯体系建设，逐步解决中药材质量参差不齐问题，从源头提升中药质量水平"。2022 年 3 月，国务院发布《"十四五"中医药发展规划》，这是从国家层面，直接、清晰、准确、明白地把习近平总书记发展中医药的重要系列论述落地抓实的规划。补短板，强弱项，扬优势，激活力，指出了"中药材质量良莠不齐"这个产业发展的关键问题，针对"推动中药产业高质量发展"这一主要任务，提出通过"加强中药资源保护与利用""加强道地药材生产管理""提升中药产业发展水平""加强中药安全监管"等 4 个具体措施，来完成中药质量提升工程。2022 年 3 月，国家药品监督管理局、农业农村部、国家林业和草原局、国家中医药管理局发布和实施《中药材生产质量管理规范》，推进中药材规范化生产，加强中药材质量控制，促进中药产业高质量发展。李克强总理在 2022 年的政府工作报告中指出，坚持中西医并重，加大中医药振兴发展支持力度，推进中医药综合改革。中医药具有独特的卫生资源、潜力巨大的经济资源、具有原创优势的科技资源、优秀的文化资源和重要的生态资源等资源优势，为中华民族的繁荣昌盛作出了重要贡献，充分利用中医药的独特优势，发挥中医药的特殊作用，是建设健康中国的重要举措。

二、中医药产业成为国家新的经济增长点

近年来，以中药材生产为基础、工业为主体、商业为纽带，中国现代中药产业体系基本建立，推进了中医药现代化、产业化，推动了中医药高质量发展，已成为我国新的经济增长点。2021 年我国中药工业主营收入达 6 919 亿元，同比增长 12.3%，其中，中成药主营业务收入 4 862 亿元，中药饮片主营业务收入 2 057 亿元；中药工业利润总额 1 004.5 亿元，同比增长 37%。2017 年，中医药大健康产业规模已经达到 17 500 亿元，同比增长 21.1%，2019 年规模为 2.5 万亿元，2020 年，我国中医药大健康产业规模突破 3 万亿，年均复合增长率保持在 20%。2020 年全国中药出口额为 42.81 亿美元，同比增长 6.6%；中药进口额 20.88 亿美元，同比降低 5.1%。

中药材是中医药事业传承发展的物质基础，把中药材产业发展好，增加优质药材供给，是推动中医药事业发展至关重要的一环。目前，我国中药材产业已取得长足发展，政策法规不断完善，种植面积快速增长，品质提升稳步推进，设施育苗技术开始推广，生产组织形式进一步优化，扶贫增收成效显著。2020 年全国中药材种植总面积约 8 339.46 万亩，其中，云南、广西、贵州、湖北、河南、湖南、陕西、广东、四川、山西等 10 余个省（区）种植面积超过 300 万亩，目前已形成了四大道地中药材优势产区：以关药、祁药、怀药为代表的东北、华北优势产区；以浙药、淮药、南药为代表的江南、华南优势产区；以云药、贵药、川药为代表的西南优势产区；以秦药、维药、藏药为代表的西北优势产区。在农业农村部等三部委制定的《全国道地药材生产基地建设规划》中，将全国道地药材基地进一步划分为东北、华北、华东、华中、华南、西南、西北七大区域，每个区域的优势品种逐步形成。

中药材多分布在偏远山区，是当地的特色产业和农民收入的重要来源，发展中药材生产已经成为贫困地区农民增收脱贫的重要途径之一。2017 年，国家中医药管理局、农业农村部等 5 部门联合印发了《中药材产业扶贫行动计划（2017—2020 年）》，积极推进中药材产业扶贫工作。至 2019 年初，全国约有 44% 的贫困县开展了中药材种植，规模达 2 130 万亩，年产值近 700 亿元，共带动 222 万人脱贫致富。

目前，我国已进入深度老龄社会，比预测时间提前 4 年，对老年人慢性病防控和健康促进方面的关注度会逐步提升，将使道地药材需求更旺。同时新冠疫情在全球蔓延，中医药成为抗击新冠疫情的主力军，表现卓越，使得道地药材更受认可。预计未来 5 年，优质道地药材的需求会持续增加。据市场需求分析，6 类中药材迎来重大利好：林下仿野生种植的药材品种，道地中药材品种，可溯源规范化种植、养殖品种，药食两用药材品种，与疫病急救相关药材品种，少数民族医药相关的药材品种，除上述六大类品种，经典名方所需的核心原料、中药新药所需的核心原料，以及中药配方颗粒原料、中成药基药品种的核心原料等，其生产供应也将得到相关扶持政策的倾斜。

第二节　我国主要道地中药材

一、道地中药材的概念与特征

（一）道地中药材的概念

中药材，指来源于药用植物、药用动物、药用矿物等资源，经规范化的种植（含生态种植、野生抚育和仿野生栽培）、养殖、采收和产地加工后，用于生产中药饮片、中药制剂

的药用原料。一方水土养一方人，更孕育了千万道地药材。高山流水，荒漠良田，皆为本草"根脉"。中药自古就有"道地性"之说。

道地中药材的概念最早可追溯至秦汉时期，《神农本草经》载"土地所出，真伪新陈，并各有法"，指出药材的真伪优劣与其产地有密切联系。"道"字本为中国古代的行政区划单位，最初在秦朝开始出现，与县同级别。唐代孙思邈的《千金翼方》中，首次采用"道"这一行政区划来归纳药材产地，强调"用药必依土地"。唐代开元年间的《道藏》，道教书籍的总称，首次提到"中华九大仙草"：铁皮石斛、天山雪莲、三两重人参、百年首乌、花甲之茯苓、苁蓉、深山灵芝、海底珍珠、冬虫夏草。到南宋时期"道地"一词方才出现；"道地药材"一词，始见于明代浙江遂昌汤显祖《牡丹亭调药》篇"好道地药材"一语，至明代则广见于本草。

《中华人民共和国中医药法》所称道地中药材，是指经过中医临床长期应用优选出来的，产在特定地域，与其他地区所产同种中药材相比，品质和疗效更好，且质量稳定，具有较高知名度的中药材。同时，道地中药材也是一类典型的地理标志产品，是天、地、人结合的产物，在现代道地中药材的理念受到全世界的关注和认可。

（二）道地中药材的特征

道地中药材是我国中药材中的精品，在我国常用的 500 种中药材中，道地中药材的用量就约占中药材总用量的 80%。道地中药材的主要内容包括 4 个要素，也是 4 个特征：一是历史悠久；二是特定产区；三是质量稳定；四是知名度高。

1. 历史悠久

道地中药材应具有长期的临床应用历史，可以从本草典籍中得到论证，具"三代本草，百年历史"特征。新产地的药材，没有经过长期临床应用就不能称作"道地"。如《本草纲目拾遗》记载浙贝"今名象贝……；《百草镜》云：浙贝出象山，俗呼象贝母……；叶暗斋云：宁波象山所出贝母……苦寒，解毒利痰，开宣肺气；张景岳云：味大苦，性寒……大治肺痈肺痿咳喘……；《本经逢原》云：贝母浙产者，治疝瘕喉痹乳痈，金疮风痉……"。

2. 特定产区

特定产区是指在特定地域的生态环境、自然条件中种植、生产出来的优质纯正的中药材。异地种植其疗效确切和原产地一致，几十年后仍然稳定的才算引种成功。如浙江产的"浙八味"与"新浙八味"。

3. 质量稳定

道地中药材必须是"品质优、量稳定、疗效好"。经名老中医和医院多年应用，验证用量与其他产地相同，但疗效均衡一致、结果明显优于其他产地的才是道地药材。浙江产的"杭白芍"是白芍三大产区（安徽"亳白芍"、四川"川白芍"、浙江"杭白芍"）中质量最优的，为历史上著名的道地药材。

4. 知名度高

酒香也怕巷子深，好药无名不道地。道地药材不仅历史悠久、质量疗效好、又有特定产区，还得"有名气"。

二、道地中药材的形成、发展与变迁

（一）道地中药材的形成

道地中药材的形成和发展离不开自然因素与人文因素。自然因素是指优良的物种遗传基因与长期独特的自然生态环境；而人文因素是指在实践过程中逐渐发展起来的中医药理论体系及栽培加工技术。

1. 道地中药材形成的自然因素

（1）优良的物种基因是道地药材形成的内在因素。物种间和物种内不同品种间的种质基因的不同，造成含有的化学成分不一样，从而对药材质量产生影响。如大黄属 *Rheum* 植物在我国分布有 40 多种，但只有掌叶组的掌叶大黄 *Rheum palmatum* L.、唐古特大黄 *R. tanguticum* Maxim. ex Balf. 和药用大黄 *R. officinale* Baill. 3 种植物才作为《中华人民共和国药典》中大黄的基原，主要原因是其余大黄属植物的根或茎含有的蒽醌类成分极少，在泻下方面的作用不及以上 3 种。

（2）独特的生态环境是道地药材形成的外在条件。环境因素对道地药材的形成影响是综合的，尤以土壤和气候条件对药材质量的影响最大。如山东莱阳栽种的北沙参其性状优良，细长坚实，色白而光润，但当引种到南方地区后变得身粗肥胖，质地松泡，与其原有的外部特征大相径庭。

2. 道地药材形成的人文因素

（1）传统中医药理论和实践是道地药材形成的思想基础。医不离药，药不离医，系统的中医药理论与长期的临床实践是道地药材形成的思想基础。翻阅古今本草医著，历代医家均以货真质优的药材作为增强临床疗效、提高健康服务水平的物质基础。在《伤寒杂病论》中，涉及的道地药材如阿胶、蜀椒等，广泛用于临床。《本草纲目》中记载薄荷"今人药用，多以苏州为胜"，麦冬"浙中来者甚良"，这些都是古代医家对道地药材临床实践的实践体会，为道地药材概念的形成奠定了思想基础。

（2）完善的栽培加工技术是道地药材形成的可靠保证。中药材自古以来推崇的都是野生、天然、无公害的，其药效好，药力足，疗效明显。后来，随着野生中药资源的不断减少乃至枯竭，中药材人工种植的面积和数量也越来越大，并逐渐成为中药材的主要来源。因此，形成一整套道地药材特有而完善的栽培加工体系必不可少，这是道地药材形成的可靠保证。

中药材质量的优劣和种子、种苗的选育、栽培管理、病虫害防治、采收季节与加工方法等密不可分。如杭菊花在每年 11 月分 3 批采收，采摘花白平直、花心多散开者，且在晴天下午采收为宜，以免引起腐烂等。这些都是道地药材产区在长期实践中摸索总结出来的确保药材质量的有效措施。

（二）道地中药材的发展与变迁

因地域和交通因素的变化、生产加工与栽培习惯的改变、资源过度利用等原因导致道地药材在品种来源、道地产区、栽培加工等方面发生变迁、不断更新和完善。

1. 道地中药材种质的发展与变迁

道地中药材的种质与众多药材种质一样，种质是生物体亲代传递给子代的遗传物质。有的种质代代相传，自古延续，如当归、黄芪、三七、木瓜、乌药等。而有的道地药材种质则发生变迁，如古代早期使用的枳实基原为芸香科植物枳 *Poncirus trifoliata*（L.）Raf.，宋代以后的枳壳、枳实就改以酸橙 *Citrus aurantium* L. 及其栽培变种或甜橙 *Citrus sinensis* Osbeck 等的干燥幼果为主。

2. 道地中药材产区的发展与变迁

道地中药材的产区称为道地产区，该产区所产的中药材经过中医临床长期应用优选，与其他地区所产同种中药材相比，品质和疗效更好，且质量稳定，具有较高知名度。道地产区存在延续与变迁两种情况。有的道地药材的道地产区在历史发展中一直延续至今，如木瓜，在《本草图经》中记载"木瓜处处有之，而宣城者为佳"，此后历代本草均以安徽宣州为道地，至今沿用。

然而，很多道地药材的道地产区在历史上都发生过变迁，甚至几度变迁。如地黄，《名医别录》记载"生咸阳川泽黄土地者佳"，宋《本草图经》"今处处有之，以同州者为上"，明《本草纲目》"今人惟以怀庆地黄为上，亦各处随时兴废不同尔"，从此地黄以河南怀庆为道地，习称"怀地黄"。

3. 道地中药材药用部位的发展与变迁

古今道地药材的药用部位一般不会发生改变，如麻黄、甘草、生姜、大枣等。但也存在某些道地药材的药用部位发生变迁。如忍冬在《名医别录》始载"忍冬，十二月采，阴干"，应指藤茎，而《证类本草》引《肘后方》"忍冬茎、叶，剉数斛"，表明宋以前忍冬植物的药用部位为茎和叶，至明代《本草品汇精要》在"用"项下注为茎、叶、花，《本草纲目》《得配本草》等也均指茎、叶、花三者可用，可知明代时忍冬藤茎、叶、花三者皆可入药。

4. 道地中药材采收时间与加工方法的发展与变迁

道地药材非常重视采收时间与加工方法。如艾，《本草图经》记载"三月三，五月五采叶，暴干，经陈久方可用"；《本草纲目》记载"艾叶采以端午，治病灸疾，功非小补"；产于蕲州的道地药材蕲艾（祁艾）产区延续了端午采艾的传统，为了增加蕲艾资源，道地产区除端午以外，1年还采2~3次。

三、我国主要的道地中药材

我国地大物博，幅员辽阔，地形地貌复杂，自然条件优越，经过长期的生产实践，各个地区都形成了一批适合本地条件的道地中药材。因道地中药材具有明显的地域性，结合中药资源分布区域，将我国主要药材生产分为以下道地产区。

（一）关药

"关药"是指东北地区，即山海关以北，东北三省和内蒙古自治区东北部所出产的道地药材。其地理分布包括大、小兴安岭及长白山区、东北平原。著名的"东北三宝"：人参、鹿茸、五味子就是关药。"关药"主要包括"龙九味""辽六宝"以及吉林省10个道地药材优势品种等。黑龙江省的"龙九味"有刺五加、五味子、人参、西洋参、火麻仁、关防风、赤芍、板蓝根、鹿茸；辽宁省"辽六宝"有人参、鹿茸、辽五味、辽细辛、哈蟆油、龙胆；吉林省优势品种有人参、鹿茸、哈蟆油、平贝母、西洋参、五味子、天麻、（北）苍术、细辛、淫羊藿。

（二）北药

"北药"指山东、山西、河北、北京、天津以及内蒙古东部和中部地区所出产的道地药材。如山东省的"鲁十味"（丹参、西洋参、全蝎、蟾酥、北沙参、金银花、阿胶、黄芩、瓜蒌、山楂），山西省的"十大晋药"（黄芪、党参、连翘、远志、柴胡、黄芩、酸枣仁、苦参、山楂、桃仁），河北省的"十大冀药"（连翘、酸枣仁、柴胡、金银花、黄芩、北苍术、苦杏仁、知母、防风、半夏），以及安国市的"八大祁药"（祁山药、祁紫菀、祁沙参、祁薏米、祁芥穗、祁白芷、祁菊花、祁花粉）。

（三）西药

西药是指"丝绸之路"起点西安以西的广大地区，包括陕甘宁青新及内蒙古西部所产的道地药材。该区地域辽阔，气候条件较差，是典型的干旱区，所产道地药材包括"十大秦药""十大陇药""十八青药"等。陕西省的"十大秦药"有黄芪、柴胡、元胡、丹参、附子、杜仲、天麻、猪苓、黄芩、山茱萸和黄精（并列第十）；甘肃省的"十大陇药"有当归、党参、黄芪、大黄、甘草、枸杞、柴胡、板蓝根、黄芩、款冬花；青海省的冬虫夏草、枸杞、唐古特大黄、青贝母、秦艽、羌活、麝香、锁阳、沙棘、獐牙菜（藏茵陈）、黄芪、红景天、甘松、当归、水母雪莲、铁棒锤、川赤芍、西南手参等。

（四）怀药

"怀药"是指现今河南省境内所产的道地药材。河南地处中原，分南北两大产区。河南的焦作、温县等地有享誉国内外的"四大怀药"，即怀地黄、怀山药、怀牛膝、怀菊花，此外还有白附子（禹白附）、栝楼、金银花、全蝎等道地药材也较为知名。

（五）浙药

"浙药"主要指浙江省所产的道地药材。浙江地处亚热带，地形地貌复杂，既有天目山、雁荡山和四明山等许多山地，又有浙北平原和浙东低山丘陵，土壤肥沃，孕育常用药材达400余种。"浙八味"（浙贝母、玄参、杭麦冬、白术、杭白芍、杭白菊、延胡索、温郁金）久负盛名，近年来培育的"新浙八味"（铁皮石斛、乌药、衢枳壳、三叶青、西红花、灵芝、覆盆子、前胡），提升中药材产业发展新动能。目前产于浙北平原桐乡的杭白菊"心黄边白，点茶绝佳"，全国年产销量约800万kg，用于入药的约200万kg，其他主要用于茶饮消费，出口东南亚一带，享有盛名。近年来，各地积极培育地方特色优势道地中药材品种，主要有衢六味：衢枳壳、白及、陈皮、猴头菇、白花蛇舌草、黄精；温六味：温郁金、铁皮石斛、温栀子、温山药、薏苡仁、山银花；婺八味：佛手（金）、铁皮石斛、浙贝母、元胡（浙）、灵芝、莲子、金线莲、白术；处州本草丽九味：灵芝、铁皮石斛、薏苡仁、三叶青、食凉茶、黄精、处州白莲、覆盆子、皇菊；新磐五味：天麻、铁皮石斛、三叶青、玉竹、灵芝；淳六味：山茱萸、覆盆子、前胡、黄精、重楼、三叶青；武七味：铁皮石斛、武义宣莲、灵芝、黄精、杭菊、姜、三叶青等。

（六）江南药

"江南药"包括湖南、江西、安徽、福建、湖北、江苏等淮河以南的省份所产的道地药材。湖南有"湘九味"（百合、玉竹、黄精、山银花、枳壳、博落回、茯苓、杜仲、湘莲）。江西省有"赣十味"（枳壳、车前子、江栀子、吴茱萸、信前胡、江香薷、蔓荆子、艾、泽泻、天然冰片），以及"赣食十味"（白莲、粉葛、芡实、覆盆子、百合、泰和乌鸡、陈皮、铁皮石斛、黄精、瓜蒌）。安徽省有"十大皖药"（霍山石斛、灵芝、亳白芍、黄精、茯苓、宣木瓜、菊花、丹皮、断血流、桔梗）。福建省有"福九味"（建莲子、太子参、金线莲、铁皮石斛、薏苡仁、巴戟天、灵芝、黄精、绞股蓝）。湖北省荆楚药材包括"1+10"优势品种，即神农架综合品种，以及蕲春蕲艾、英山苍术、罗田茯苓、利川黄连、麻城菊花、潜江半夏、京山乌龟、通城金刚藤、巴东玄参、南漳山茱萸等10个单品种。

（七）川药

"川药"泛指四川省及重庆市所产道地药材。四川素有"中医之乡，中药之库"的美誉，其地形地貌复杂，生态气候环境多样，药材资源丰富，种植历史悠久，栽培加工技术成熟，所产药材千余种，居全国第一位。全川中药资源有5 000余种，约占全中国中草药品种的75%，其中著名道地药材和主产药材30余种，如川芎、川贝母、川乌、川牛膝、川楝子、川白芍、川麦冬、川黄连、石菖蒲、天麻、杜仲、黄柏、厚朴、青皮、使君子、巴豆、花椒、冬虫夏草、银耳、麝香等。

（八）云药

"云药"指云南省境内所主产的道地药材。云南省地处云贵高原西南部，由于地形复杂，气候多变，植被类型明显不同，独特的生态气候环境孕育了种类繁多、品质优良的药用植物和药用动物。如"十大云药"（三七、滇重楼、灯盏花、石斛、砂仁、天麻、云茯苓、云当归、云木香、滇龙胆）。

（九）贵药

"贵药"又称"黔药"，指以贵州为主产地的道地药材。"贵药"多生长于地形崎岖的高原、山岭、河谷、丘陵和盆地，有著名的"十大贵药"（天麻、杜仲、何首乌、灵芝、金银花、五倍子、珠子参、牛黄、艾纳香、野党参）。

（十）广药

"广药"又称"南药"，指产于广东、广西南部及海南等地出产的道地药材。该区域位于我国最南端，水、热资源丰富，植被覆盖良好，适于热带、亚热带植物生长。有"粤十味""桂十味"等。广东"粤十味"包括化橘红、广藿香、广佛手、广地龙、广陈皮、高良姜、春砂仁、沉香、巴戟天、金钱白花蛇；广西"桂十味"有肉桂（含桂枝）、罗汉果、八角茴香、广西莪术（含桂郁金）、两面针、龙眼肉、山豆根、鸡血藤、鸡骨草、广地龙。

（十一）民族药

民族药是指少数民族使用的，以本民族传统医药理论和实践为指导的药物。

民族药（藏药、维药、蒙药、壮药、回药）的医疗体系独特，用药习惯和习用药用种类与中医中药有较大不同。

藏药指主产于青藏高原的道地药材。该区野生道地药材资源丰富，有冬虫夏草、雪莲花、炉贝母、西红花"四大藏药"，此外还有川贝母、麝香、胡黄连等，特有的藏药品种如雪灵芝、西藏狼牙刺、洪连、小叶莲、绵参、藏茵陈等。

维吾尔族药的应用基本上在新疆维吾尔自治区范围内，该地区特色道地药材有雪莲花、孜然、菊苣、阿里红、黑种草等。阿魏为新疆独特药材，蒜气强烈、纯净无杂质，品质优良；另外新疆软紫草条粗大、色紫、皮厚、质松，药效卓越。

蒙药蒙医有着悠久的历史，其道地药材来自内蒙古和青海。蒙药种类繁多，资源丰富，道地药材有紫花高乌头、香青兰、草乌、草红花、龙骨、石燕等，其中广枣、沙棘等药材是蒙药专用品种。

壮族人早有喜食蛇、鼠、山禽等野生动物的习俗，因此，在壮药中动物药应用较为普遍，民间历来有"扶正补虚、必配用血肉之品"的用药经验；壮药另一特点是善于解毒。著名的壮药有千斤拔、两面针、鸡蛋花、马鬃蛇、褐家鼠、蟒蛇等。

回族医药学具有悠久的历史，唐末五代时，回医药学家李珣著有独具风格的回药学专著《海药本草》。回族最大的用药特色是对香药的运用，如芜荑、莳萝子、荜茇、迷迭香、素馨花等。

附：浙江省浙南地区有少数民族畲族分布。畲医药非常独特，有以下特点：一是以植物药为主；二是习惯使用鲜品；三是常用单味；四是以原生物为主。常用畲药有食凉茶（柳叶蜡梅或浙江蜡梅的叶）、嘎狗噜（地菍全草）、搁公扭根（掌叶覆盆子根及残茎）、美人蕉、山里黄根（栀子或大花栀子的根）等。

（十二）海药

海药是指沿海大陆架、中国海岛（不包括台湾、海南）及河湖水网所产的道地药材。海药中很多都是功效独特的传统中药，为海洋所特有。道地动物药主要有牡蛎、海龙、海马、珍珠、珍珠母、石决明、海螵蛸等，尚有海藻、昆布等少量道地藻类药材。

四、我国中药材交易市场

（一）全国 17 个大型中药材专业市场

1. 安徽省亳州中药材交易中心

四大药都之首，国内规模最大的中药材专业交易市场。

2. 河南省禹州中药材专业市场

四大药都之一，有中华药城美誉，我国中医药发祥地之一。

3. 成都市荷花池药材专业市场

是我国西部地区最大的中药材专业市场。

4. 河北省安国中药材专业市场

四大药都之一，全国最大的中药材专业市场之一。

5. 江西省樟树中药材市场

四大药都之一，南北川广药材之总汇。

6. 广州市清平中药材专业市场

全国首批 8 个重点中药材专业市场之一，是华南地区中药材集散地和境外药材贸易口岸。

7. 山东省鄄城县舜王城药材市场

华东地区最大的中药材集散地、山东省唯一的大型中药材专业市场。

8. 重庆市解放路药材专业市场

全国首批八家中药材专业市场之一。

9. 哈尔滨市三棵树药材专业市场

东北三省和内蒙古地区唯一的中药材市场。

10. 兰州市黄河中药材专业市场

甘、宁、青、新及西藏、内蒙古西部地区唯一的国家级中药材专业市场。

11. 西安市万寿路中药材专业市场

西北地产药材集散地。

12. 湖北省蕲州中药材专业市场

长江中、下游大型中药材集散地，湖北省唯一的大型中药材专业市场。

13. 湖南省长沙市高桥中药材市场（原：岳阳花板桥药材批发市场）

全国首批八家中药材专业市场之一。

14. 湖南省邵东县廉桥中药材专业市场

全国大型药材市场之一、江南药都。

15. 广西壮族自治区玉林中药材专业市场

两广道地药材、南北药材集散地。

16. 广东省普宁中药材专业市场

全国首批八家中药材专业市场之一，粤东地区中药材（南药）集散地。

17. 昆明市菊花园中药材专业市场

云南省唯一的中药材专业市场。

（二）浙江省中药材产地交易市场

1. 磐安"浙八味"特产市场

经营主体有 366 个，主要交易品种为浙贝母、延胡索、覆盆子、白术、黄精、铁皮石斛、杭白芍、灵芝等，2021 年交易额为 45.23 亿元。

2. 温州浙闽农贸综合市场

经营主体有 298 个，主要交易品种为冬虫夏草、人参、鹿茸等滋补中药材，2021 年交易额为 29.5 亿元。

3. 丽水浙西南农贸城

经营主体有 209 个，交易品种达 142 个，主要交易品种为参类、虫草、三七、厚朴、黄精、茯苓、灵芝等，2021 年交易额为 12 亿元。

4. 淳安临岐镇"淳六味"农产品交易市场

经营主体有 24 个，交易品种达 60 个，主要交易品种为覆盆子、前胡、山茱萸、黄精、重楼、石菖蒲等，2021 年交易额为 3.5 亿元。

第三节　珍稀濒危药用生物及其等级划分

一、珍稀濒危药用生物及其致危因素

珍稀濒危药用生物通常是指那些数量极少，分布区狭小，处于衰竭状态或目前虽未达到枯竭状态，但预计在一段时间后，其数量将会减少的野生药物动、植物类群。在我国，珍稀濒危药用生物通常特指《中国稀有濒危植物名录》《国家重点保护野生动物名录》《国家重点保护野生植物名录》《野生药材资源保护管理条例》中规定重点保护的药用动、植物类群。

目前，我国野生药用生物资源已经出现了严重的危机，有些种类已处于濒临灭绝的险境，有些种类已经出现了野生灭绝。导致这种现象发生的原因是多方面的，如国际社会对天然药物的认可与深度开发，以药用生物产品为原料的医疗、保健、轻工、化工等行业的迅速发展，药材的掠夺式乱采乱挖，采收加工各环节中的资源浪费，以及生态环境的不断恶化和动、植物的生物学特性等。最为直接的原因可以概括为以下 3 个方面。

（一）过度采挖和捕猎

由于市场需要，加上经济利益的驱动，过去人们对野生药用资源的保护很少关注，"靠山吃山，靠水吃水"的观念严重，只管利用资源，不管资源保护。总的趋势是沿着"越贵越挖—越挖越少—越少越贵"的恶性循环方向发展，致使野生资源日渐枯竭，尤其是人参、川贝、冬虫夏草等名贵药材更是如此。有些药用动物，过去被认为是"害兽"，为保护人民的生命财产，而遭到大力捕杀；有些则被认为是"野味"而被大量食用。上述因素导致某些野生药用生物种群数量锐减，甚至使某些种类趋于灭绝。

（二）生态环境破坏或被侵占

生态环境是药用生物资源分布和药材质量形成的决定性条件，生态环境一旦遭到破坏，药用生物的生存将会受到直接威胁。人类社会的经济活动和文明发展对药用生物生存环境和破坏日趋严重，且越来越多地侵占了原本属于野生动植物的生活场所。大面积的森林砍伐、烧山和农田垦殖、围湖造田、填湖建房等，破坏了自然环境和天然植被，使生态环境日益恶化，使很多药用动、植物失去了栖息场所。例如，我国热带地区森林被大量砍伐，把一些热带药用植物种类推向面临绝灭的境地。又如，甘草资源的锐减与草地开垦为农田有关。工业化、矿山开发和城市化发展使大面积的山林、土地改变了原来的面貌，不仅在一定程度上破坏了山林植被，而且工业污染引起的生态环境恶化对药用生物的生存也带来很大威胁。如杭州笕桥和广州石牌地区过去分别为麦冬和广藿香道地药材的栽培基地，现已成为工业区，不仅失去了栽培土地，其特有种质也不知踪迹。

（三）生物自身的原因

生物的生存繁衍都需要合适的生态环境，生境的改变和破坏直接影响了药用生物种群的大小或存亡，并会导致一些适应能力差的物种数量骤减或消失。少数药用生物种类，因其对自然灾害、环境变化的适应能力差或自身生殖力较弱，致使其种群日趋濒危，甚至灭绝。例如，熊类的生殖能力与其他哺乳动物相比较弱，幼仔在母体内发育时间甚短，硕大的母体所产幼仔体重仅 $200 \sim 300g$，幼仔出生时正值冬季，全靠冬眠期的母熊体能支撑喂养，野生母熊需要 $2 \sim 3$ 年甚至更长时间才能繁殖一胎。这些特点在很大程度上制约着熊类种群数量的增长。

二、濒危物种的等级划分

关于濒危生物物种的分级及其标准，不同的国际组织和国家均不一致。1996 年起，国际自然及自然资源保护联盟（International Union for Conservation of Nature and Natural Resource，简称 IUCN）出版了濒危物种红皮书和红色名录，得到国际社会的广泛承认。此外，我国于 1987 年制定了濒危物种等级划分标准，并于 2021 年 2 月和 9 月分别正式发布新调整的《国家重点保护野生动物名录》和《国家重点保护野生植物名录》。

（一）IUCN 濒危物种红皮书（等级划分）

IUCN 将濒危物种分为 8 个等级。

灭绝：如果一个生物分类单元的最后一个个体已经死亡（在野外 50 年未被肯定地发现），列为灭绝。

野生灭绝：如果一个生物分类单元的个体仅生活在人工栽培和人工圈养状态下，列为野生灭绝。

极危：野外状态下一个生物分类单元灭绝概率很高时，列为极危。

濒危：一个生物分类单元，虽未达到极危，但在可预见不久的将来，其野生状态下灭绝的概率很高，列为濒危。

易危（vulnerable，VU）一个生物分类单元，虽未达到极危或濒危标准，但在未来一段时间内，其在野生状态下灭绝的概率很高，列为易危。

低危（lower risk，LR）一个生物分类单元，经评估不符合列为极危、濒危或易危中任一等级标准，列为低危。其又分为 3 个亚等级，即依赖保护、接近受危和略需关注。

数据不足：对于一个生物分类单元，若无足够的资料，对其灭绝风险进行直接或间接的评估时，可列为数据不足。

未评估：未应用由 IUCN 濒危物种标准评估的分类单元列为未评估。

（二）中国濒危物种等级划分

参照 IUCN 濒危物种等级标准，我国的濒危物种有几种不同的分法。

1. 我国珍稀濒危植物物种分类法

中国植物红皮书将我国珍稀濒危植物物种分为 3 类：

濒危物种：是指那些在其整个分布区域或分布区的重要地带，处于灭绝危险中的物种，这些物种居群不多，种类稀少，地理分布有很大的局限性，仅生存在特殊的生境或有限的地方；它们濒临灭绝的原因，可能是由于生殖能力很弱，或是它们所要求的特殊生境被破坏或退化到不再适宜它们的生长，或是由于毁灭性的开发或病虫害所致。

稀有种类：是指那些并不是立即有灭绝的危险，但属我国特有的单种属（每属仅 1种）或少种属（每属有 2~10 种，而我国仅 2~5 种）的代表物种；它们分布区有限，居群不多，种类也较稀少，或者虽有较大的分布范围，但只是零星存在。

渐危种类：是指那些由于人为或自然的原因，在可以预见的将来很可能成为濒危的物种；它们的分布范围和居群、数量随着森林被砍伐、草地被破坏、生境的恶化或过度开发而日益缩减。

2. 我国珍稀濒危动物物种分类法

《中国珍稀、濒危保护植物名录》（第一册）（中国植物红皮书）中共列物种 388 种，其中濒危的 121 种，稀有的 110 种，渐危的 157 种。

濒危种：野生个体数量已降到濒临灭绝的临界程度，致危因素仍在起作用，数量仍在下降，若不采取措施，在不远的将来，这个物种可能会灭绝。

渐危种：野生种群在整个分布区或绝大部分分布区内，数量明显下降，在可预见的将来，极有可能变为濒危种。

灭绝种：某种动物和植物，曾在地球上出现过（一般指在过去 50 年前），但现在世界上已不再见到任何活着的个体。

产地灭绝种：该种动物或植物，历史上原产于某个地区或某个国家，由于人类的活动，现在该地区中这种动物已不复存在，而在原产地以外的地方依然存在，甚至数量较多或者在动物园中尚饲养着许多个体，如麋鹿。

受特别关注的种：该物种由于下列原因受到特别关注。由于栖息地的急剧改变，严重缩小或遭到破坏，它们可能会成为渐危种；某些特殊的需要使得它具有特别的价值；由野生动物学家提出的其他理由等。

外缘种：某种动物分布区很大，数量很多，但在某个国家，由于处在分布区的边缘，数量很少，在这个国家中属濒危或渐危种，为了确保这个物种在该国不至灭绝，同样需要特别保护，如新疆河狸。

未定种：有些动物学家提出该物种可能是濒危种或渐危种，但对其分布区的种数量缺乏足够的数学统计，暂定为未定种，以作进一步的调查研究。

（三）国家重点保护野生动、植物

1. 调整后的国家重点保护野生植物名录

国家重点保护野生植物分为国家一级与二级保护野生植物。2021 年 9 月新调整的《国家重点保护野生植物名录》，共列入国家重点保护野生植物 455 种和 40 类，包括国家一级保护野生植物 54 种和 4 类，国家二级保护野生植物 401 种和 36 类。

与 1999 年发布的《名录》相比，调整后的《名录》主要有三点变化：一是调整了 18 种野生植物的保护级别。将广西火桐、广西青梅、大别山五针松、毛枝五针松、绒毛皂荚等 5 种原国家二级保护野生植物调升为国家一级保护野生植物；将长白松、伯乐树、莼菜等 13 种原国家一级保护野生植物调降为国家二级保护野生植物。二是新增野生植物 268 种和 32 类。在《名录》的基础上，新增了兜兰属大部分、曲茎石斛、崖柏等 21 种 1 类为国家一级保护野生植物；郁金香属、兰属和稻属等 247 种和 31 类为国家二级保护野生植物。三是删除了 35 种野生植物。因分布广、数量多、居群稳定、分类地位改变等原因，3 种国家一级保护野生植物、32 种国家二级保护野生植物从《名录》中删除。

2. 调整后的国家重点保护野生动物名录

国家对珍贵、濒危的野生动物实行重点保护。国家重点保护的野生动物分为一级保护野生动物和二级保护野生动物。2021 年 2 月新调整的《国家重点保护野生动物名录》共列入野生动物 980 种和 8 类，其中国家一级保护野生动物 234 种和 1 类、国家二级保护野生动物 746 种和 7 类。上述物种中，686 种为陆生野生动物，294 种和 8 类为水生野生动物。

与 1989 年 1 月首次发布的原《名录》相比，新《名录》主要有两点变化：一是在原《名录》所有物种均予以保留的基础上，将豺、长江江豚等 65 种由国家二级保护野生动物升为国家一级；熊猴、北山羊、蟒蛇 3 种野生动物因种群稳定、分布较广，由国家一级保护野生动物调整为国家二级。二是新增 517 种（类）野生动物。其中，大斑灵猫等 43 种列为国家一级保护野生动物，狼等 474 种（类）列为国家二级保护野生动物。

（四）我国药用生物保护等级的划分

1987 年 10 月 30 日国务院发布了《野生药材资源保护管理条例》，将国家重点保护的野生药材物种分为三级：一级保护野生药材禁止采猎，二、三级保护野生药材物种必须持采药证和采伐证后方可进行采猎。具体标准如下：一级为濒临绝灭状态的稀有珍贵药材物种，如虎骨、豹骨、羚羊角、梅花鹿茸；二级为分布区域缩小，资源处于衰竭状态的重要野生药材物种，如马鹿茸、蟾酥、金钱白花蛇、蕲蛇等；三级为资源严重减少的主要常用药材，如刺五加、黄芩、天冬等。

第四节　与中药资源相关的国际公约、政策与法规

为了加强中药资源管理，促进中医药产业发展，保护生物和中药资源的可持续发展，中国政府及相关部门与国际社会相继签定了一系列相关的公约、政策和法规，并付诸实施。

一、中药资源相关的国际公约

1.《濒危野生动植物种国际贸易公约》

该公约于 1973 年在美国华盛顿签订，又称"华盛顿公约"。这是对全球野生动、植物贸易实施控制的国际公约。我国于 1980 年 6 月 25 日申请加入该公约，成为该公约成员国之一。公约的宗旨是通过各缔约国政府间采取有效的措施，对濒危野生动植物种及其制品的国际贸易实施控制和管理，确保野生动植物种国际贸易不会危及物种本身的延续，促进各国保护和合理利用濒危野生动植物资源。

2.《国际植物保护公约》（简称 IPPC）

它是联合国粮食和农业组织（FAO）通过的一个有关植物保护的多边国际会议，于1951 年 12 月 6 日在意大利罗马签订，1952 年 5 月 1 日起生效，1979 年和 1997 年，FAO 对 IPPC 分别进行了两次修订。中国于 2005 年成为该公约的第 141 个缔约方。该公约的宗旨是确保全球农业安全，并采取有效措施防止有害生物随植物和植物产品传播和扩散，促进有害生物的安全控制措施。

3.《生物多样性公约》

其是在联合国环境规划署主持下制定的，于 1992 年 6 月 5 日由 150 余个国家首脑在巴西里约热内卢召开的"联合国环境发展大会"上签署，1993 年 12 月 29 日正式生效，中国是签署国之一。该公约是一项有法律约束力的公约，其主要特点有：一是确定了生物资源的归属，即各国对本国的生物资源拥有主权；二是确定了各国有权利用其生物资源，同时也应承担相关的义务，各国有责任确保在其管辖或控制范围内活动时，不应对本国和其他国家的环境或本国管辖范围以外地区的环境造成损害；三是规定发达国家应向发展中国家转让有关生物多样性保护和持续利用技术；四是规定由发达国家提供资金，帮助发展中国家能够履行《公约》。

4. 其他国际公约

除上述几个主要的公约外，有关生物资源保护的国际公约还有：《保护野生动物迁徙物种公约》（1997 年，德国波恩）、《关于特别是作为水禽栖息地的国际重要湿地公约》（1971年，伊朗拉姆萨）、《保护南极海洋生物公约》（1980 年，澳大利亚）、《亚洲和太平洋区域植物保护协定》（1955 年，联合国）、《保护世界文化和资源遗产公约》（1972 年，联合国）《中华人民共和国政府和日本国政府保护候鸟及其栖息环境协定》（1981 年，中国北京）《中华人民共和国政府和澳大利亚政府保护候鸟及其栖息环境的协定》（1986 年，澳大利亚堪培拉）等。

二、中药资源管理相关政策和法规

1.《中华人民共和国野生动物保护法》

于 1988 年 11 月 8 日由第七届全国人民代表大会常务委员会第四次会议通过，1989 年 3 月 1 日起实施。该法明确规定：国家对珍贵、濒危的野生动物实施保护，国家重点保护的野生动物分为一级和二级两类。为配合该法的执行，国务院分别于 1992 年 3 月和 1993 年 10 月发布了《中华人民共和国陆生野生动物保护实施条例》和《中华人民共和国水生野生动物保护实施条例》。

《中华人民共和国野生植物保护实施条例》于 1996 年 9 月 30 日由国务院颁布，1997 年 1 月 1 日起施行，共 5 章 32 条，包括总则、野生植物保护、野生植物管理、法律责任、附则。

2.《中华人民共和国药品管理法》（简称《药品管理法》）

第 3 条规定，国家保护野生药材资源，鼓励培育中药材。这是我国首次以法律形式正式确立了保护中药资源的政策。

3.《野生药材资源保护管理条例》

于 1987 年 10 月 30 日公布，1987 年 12 月 1 日起施行的资源保护条例。该条例将国家重点保护的野生药材物种分为三级：一级为濒临绝灭状态的稀有珍贵野生药材物种；二级为分布区域缩小、资源处于衰竭状态的重要野生药材物种；三级为资源严重减少的主要常用野生药材物种。

4.《国家重点保护野生药材物种名录》

是我国依据《野生药材资源保护管理条例》的规定，由国家药品监督管理局会同国务院野生植物、动物管理部门及有关专家共同制定出台的第一批重点保护野生药材物种名录，共76种。其中动物18种，植物58种。

5.《国家重点保护野生动物名录》

是我国于2021年发布施行的。这是根据《中华人民共和国野生动物保护法》的规定制定的保护名录，共980种（8类），其中属一级保护的有234种，属二级保护的有746种。

6. 国家发布的有关中药生物资源单品种专项保护的通知

为了保护自然资源和生态环境、生物的多样性与中药资源的可持续发展，拯救珍稀濒危的药用生物种类，国家发出的有关通知：《国务院关于禁止犀牛角和虎骨贸易的通知》《关于禁止采集和销售发菜，制止滥挖甘草和麻黄草有关问题的通知》和《关于保护甘草和麻黄草药用资源，组织实施专营和许可证管理制度的通知》等。

7. 各地方单品种专项保护的办法和通知

《西藏自治区冬虫夏草采集管理暂行办法》和《青海省人民政府关于禁止采集和销售发菜，禁止滥挖甘草和麻黄草等野生药用植物的通知》等。

8. 各地颁布的与药用生物资源管理有关的主要条例和规定

《黑龙江省野生药材资源保护条例》《辽宁省野生珍稀植物保护暂行规定》《海南省自然保护区条例》以及《云南省珍贵树种保护条例》等。

综上所述，我国制定、公布并实施一系列有关植物、动物（含药用种类）的法规、条例、名录等，表明我国关于野生植物、动物资源保护的法律体系已初步形成。

第五节　浙江省中药材特色优势产业布局和资源开发利用

一、浙江省中药材产业发展概况

浙江是全国道地中药材主产区之一，中药材资源丰富，文化底蕴深厚，新、老"浙八味"等道地药材品质上乘，在国内外享有盛誉，浙产道地药材在全国的中医药发展中有重要地位。浙江省委、省政府历来重视和保护中药材产业发展，把中药材列为浙江十大历史经典产业和十大农业主导产业之一加以扶持，全省上下形成合力，以"道地性、安全性、有效性、经济性"为重点，紧扣中医药传承创新发展主线，持续出台各项政策方针，协同推进中医药事业和产业发展。2016年12月，浙江省《健康浙江2030行动纲要》明确提出大力推动中医药生产现代化，实现中医药振兴发展。2020年12月31日，浙江省中医药大会在杭州召开，提出进一步建设中医药强省，为争创社会主义现代化先行省作出更大贡献。2021年5月25日联合发布了《浙江省中医药发展"十四五"规划》，其中强调"聚焦产业化方向，大力提升中药产业发展质效，补齐中药产业延链补链强链关键环节，促进全产业链供应链协同融通，突出中药产业富民，因地制宜、分区分块布局发展中药材产业，做大做强道地药材产业基地和中药产业集群，建立健全中药产业高质量发展体系，切实打响'浙产中药'品牌"。浙江省经济和信息化厅等八部门于2021年9月27日联合发布《关于浙江省中药产业高质量发展的实施意见》，旨在加快推动中药产业高质量发展。2021年9月29日浙江省第十三届人民代表大会常务委员会第三十一次会议通过了《浙江省中医药条例》，全文共八章，从中医药管理、中医药服务、中医药保护与产业发展、中医药人才培养与科技创新、中医药传承与文化传播、保障与监督以及法律责任方面建立健全中医药管理体系，促进本省中医药事业高质量发展。省农业农村厅制定发布了《关于加快推进中药材产业高质量发展的实施意见》，大力推进中药材"产地道地化、发展集约化、种源良种化、种植生态化、生产机械化、产品品牌化、产业融合化、管理数字化"，积极构建"浙产好药"全产业链高质量发展体系，进一步提升中药材优势产业集聚发展水平和主导产品核心竞争力，并针对性提出八项重点任务：调整优化道地药材生产布局，加快培育优势产区，大力推进良种化进程，扩大先进适用技术推广，提升生产加工机械化水平，全面提升市场竞争力，加强多元化融合发展，进一步强化数字赋能。《浙江省山区 26 县生物科技产业发展行动计划（2021—2025 年）》，重点提出要依托淳安、武义、天台、仙居等地生态资源优势，打造高品质浙产道地药材基地，将生态优势转化为产业优势、经济优势、发展优势。

根据生产调查，2021 年全省中药材种植面积 86.09 万亩，总产量 27.51 万 t，总产值 70.16 亿元，其中山区 26 县种植面积达 59.76 万亩，占全省中药材种植面积的 69.42%，产值 40.45 亿元，占全省中药材一产产值 57.65%，为促进山区农民增收致富和助力乡村产业振兴发挥了积极作用。2021 年全省中药工业企业主营业务收入 220.94 亿元，同比降低 1.18%，其中中成药 173.84 亿元，同比下降 6.41%；中药饮片 47.09 亿元，同比增长 24.47%。全省中药工业企业利润总额显著增长，达 42.32 亿元，同比增长 44.17%，其中中成药 39.33 亿元，同比增长 43.55%；中药饮片 2.99 亿元，同比增长 52.91%。中药材出口额约 3 600 万美元，受新冠疫情影响，同比下降 6.6%，杭白菊、半夏等药材出口有不同程度下降。

1. 产业集聚发展明显

大力培育新老"浙八味"等道地优势产区，培育了磐安县新渥、淳安县临岐、武义县白姆乡、象山县贤庠镇等 4 个省级以上中药材特色农业强镇，打造磐安"浙八味"药材交易市场和淳安千岛湖中药材市场等，认定了龙泉市、乐清市、淳安县、武义县等一批新老"浙八味"中药材特色农产品优势区；创建了 73 个省级"道地药园"示范基地，规模面积 3.5 万亩左右；有 20 余万亩中药材基地实行粮-药轮作（套种）和林-药套（间）种，在保障了粮食生产的同时，也增加了农民的中药材种植收益。2021 年组织实施了国家"浙八味"道地药材优势特色产业集群项目，项目计划总投资近 6 亿元，中央财政资金 1.5 亿元，分 3 年实施，项目以"两核心、两产业带、一数字化服务平台"为布局，以新老"浙八味"大品种和全产业链发展为要求，聚焦可持续、高质量、全链条、优绩效、共富裕，项目经一年实施，在产业规模、主体培育、科技创新、品牌建设、数字赋能、联农富农等方面取得明显成效。

2. 良种应用扩大

浙江省重视中药材资源保护和开发利用工作，保育了全叶元胡、野生玄参、於术等 28 种野生资源，并将其列入浙江省首批农作物种质资源保护名录。在全国率先开展了中药材品种审（认）定工作，已有 40 个中药材品种通过浙江省非主要农作物品种审（认）定，约占全国审（认）品种数的 15%，走在全国前列。全省各地共建立药用植物种质资源圃 25 个以上，总面积 2 000 多亩，保存资源 1 000 多份；建立了一批道地药材良种繁育基地，良种平均增产 10%～15%，从源头上保障中药材质量安全。在丽水市建成了"华东药用植物园"，是我国集中药资源保护、中医药文化科普、产学研基地于一体的生态类型最丰富的药植园。

3. 标准化生产水平提高

近年来浙江省实施了铁皮石斛、浙贝母、杭白菊等"一品一策"全产业链风险管控项目；组织制定了《浙贝母生产技术规程》等 30 多个省级地方标准，制定了浙江省食品安全地方标准《干制铁皮石斛叶》《干制铁皮石斛花》，制定了 2 项国际标准《中医药 灵芝》和《中医药 铁皮石斛》，已在美国、德国、日本等 31 国家（地区）应用和互认，有力地推动了灵芝、铁皮石斛的国际贸易，近两年出口额保持快速增长态势，提高了浙江省中药材的国际竞争力；同时制定了浙江制造团体标准《铁皮枫斗颗粒》以及《道地药材 铁皮石斛》《道地药材 赤芝》等 20 个中华医药学会团体标准。浙江省在全国率先实施了特色小品种作物农药登记财政补贴政策，已有 25 个产品在中药材上获得登记，指导合理科学使用农药，推行统防统治；加强中药材产地加工设施设备改造和工艺提升，主产地浙贝母全部实行了绿色无硫加工，在磐安江南药镇开展道地药材产地加工和中药饮片一体化试点生产，在全国首创"共享车间""共享仓储""共享检测"的"三共享"体系，为当地农户提供了高标准、高质量的浙贝母中药材及饮片代加工服务；加大技术培训力度，切实提高生产主体和技术人员的生产技术和管理水平。

4. 数字赋能产业发展

浙江省重视中药领域科技投入，组建了浙江省中药材产业技术创新与推广服务团队和省中药材产业协会专家服务团队，组织实施中药材产业技术团队项目，组织开展省中药材重大技术协同推广计划项目。连续举办"基层农技人员知识更新（中药材技术）培训班"等，着力提升"浙产好药"生产技术水平，每年发布省中药材主推技术。2021 年，磐安县以"生产好药、卖出好价"为切入点，梳理出中医药行业多项痛点和难点，并通过数字化改革逐一击破，探索打造"浙中药"服务监管多跨场景应用，先后推出"浙中药·种植通""浙中药·加工通""浙中药·市场通""浙中药·金融通""浙中药·科技通""浙中药·办事一网通"等子场景，推动中药材生产全流程再造，实现机制重塑。截至目前，磐安全县已累计完成 7 765 t 的中药材溯源，有了数字保驾护航的磐安中药材，批次抽检合格率高达 100%，药材品质提升 15.6%。省中药材产业协会联合有关单位打造"浙产好药"中药材生产管理溯源（GAP）系统、中药饮片溯源系统、产销信息监测的"浙产好药"数字化服务平台，已有 95 家中药材生产基地开通平台服务账号，覆盖丽水、衢州、台州、温州、金华等市的 9 个县（市、区）。

5. 提升"浙产好药"品牌影响力

加强道地药材品牌保护和发展，目前已有"江山黄精""建德西红花""龙泉灵芝"等 19 个产品获得农产品地理标志登记保护，26 个获国家地理标志证明商标，"磐五味"商标获得了驰名商标保护，寿仙谷灵芝等 5 个产品获"三无一全"品牌产品。联合开展省中医药文化养生旅游示范基地创建工作，认定清河坊历史文化特色街区、兰溪市诸葛八卦村等 106 个中医药文化养生旅游示范基地。联合举办"2021 浙江省中药材博览会"，博览会期间分别召开浙江省中药产业发展大会、浙江省道地中药材高质量发展论坛、全国道地精品药材展示展销和黄精产品对接等系列活动，合力推进"浙产好药"品牌创建和提升。同时举办两届"浙产名药"产业发展大会、四届"浙江省十大药膳"评选活动、2021 精准中药助力乡村振兴研讨会暨中国·江山黄精产业发展论坛等，扩大"浙产好药"品牌影响力。浙江省武义县、浙江寿仙谷医药股份有限公司被中国中药协会授予"中国中药协会国际合作（建设）基地"单位，有力地推动了中医药"一带一路"建设。

二、浙江省中药材特色优势产业布局

根据《浙江省中医药发展"十四五"规划》要求，浙江省提出"一轴引领、四带联动、六谷齐聚、全域支撑"的中医药发展总体布局，其中中药材产业重点做强六大中药谷，依托"浙八味""新浙八味"等道地药材优势产区，提升建设中药材种植基地，推动中药种植、中药材、中药饮片、提取物及保健品等全产业链联动发展，打造浙中、浙西、浙北、浙西南、浙东南、浙东六大中药谷。浙中药谷以金华磐安为中心，联动武义、东阳、新昌、天台、仙居等金华、绍兴、台州连片地区；浙西药谷以临安、建德、淳安、桐庐等地为主要节点，联动浙江西部地区；浙北药谷以安吉、桐乡等地为主要节点，联动嘉兴湖州地区；浙西南药谷以柯城、常山、开化、江山、龙泉、庆元、景宁等地为主要节点，联动衢州、丽水全域；浙东南药谷以永嘉、乐清、平阳、苍南等地为主要节点，联动温州地区；浙东海洋药谷以海曙、余姚、定海为主要节点，联动宁波、舟山地区。

目前全省着力构建现代中药产业体系，提出"品质发展中药材种植业"，支持中药材道地优势产区发展，持续推进国家和省级中药材特色强镇建设，推进道地药园、良种繁育基地建设升级，打造"三品一标"和"三无一全"品牌基地；强化道地资源保护，开展珍稀资源保育、种子种苗繁育，推进华东药用植物种植资源库建设；发展林药模式，推行中药材生态种植、野生抚育和仿生栽培，培育打造"一亩山万元钱"省级林下道地中药材示范基地和林下仿野生栽培示范基地；加大精深加工产品开发，以标准化、品牌化进一步提高中药材附加值，扩大产地加工规模，合力推动特色中药材全产业链发展。

三、《浙江道地药材目录（第一批）》

2023年1月，浙江省中医药管理局、浙江省经济和信息化厅、浙江省农业农村厅、浙江省卫生健康委员会、浙江省林业局、浙江省药品监督管理局联合下发通知，公布了《浙江道地药材目录（第一批）》，包含了44个道地药材的名称、标准收载药材名、基原和道地产区等要求，对全省优化布局道地中药材产区和发展重点品种具有重要指导意义。

目录推选主要依据：一是《全国道地药材生产基地建设规划（2018—2025年）》华东道地药材产区确定的浙江主要品种；二是浙江道地中药材区域公共品牌品种，如浙八味、新浙八味、衢六味、温州六大名药材、婺八味、处州本草丽九味、磐五味、新磐五味、淳六味、武七味和桐七味等；三是历代本草、地方志等文献中有明确记载的道地中药材，如"浙八味""杭十八味""磐五味"等；四是获得国家农产品地理标志登记保护产品名录、国家地理标志保护产品以及地理标志证明商标等的道地药材；五是在浙江省具有比较明确的集中产地，知名品牌、品质优、临床效果佳的品种。

道地产区主要依据：以历史传统产区，列入《浙江省中医药发展"十四五"规划》的"优势产区及重点品种培育导向"，国家农产品地理标志登记保护产品名录、国家地理标志保护产品以及地理标志证明商标的保护范围为核心区域。种植历史较长，生产规模较大，品牌影响力较强的适宜产区为道地产区。道地产区按照浙江省行政区域排序。

制定公布《浙江道地药材目录（第一批）》，有利于形成政策合力，指导全省道地药材种质资源的保护利用，培育一批历史悠久、品质独特的优势品种；有利于产业要素聚集，建设道地中药材规范化生产基地，推动全省道地中药材全产业链高质量发展，打响"浙产好药"品牌，振兴中药产业；有利于发挥生态优势，科学合理布局，推进浙江省山区26县道地中药材高质量发展，实现乡村共富；有利于实施"名医好药"，发挥道地药材临床优势，满足人民对中医药的健康需求。

四、推进中药材生产基地建设项目的建议

树立"大食物、大农业、大资源、大营养、大中药、大健康"的发展理念，充分发挥中药材多样性价值，促进多元化开发利用。在发展中药材方面主要有6个方面建设：一是关注市场和自然灾害两个风险。要做好种植中药材品种的市场需求调研，做好自然灾害风险的多级防范预案措施，做好生产基地建设中长期规划；建议地方政府开展中药材道地产地认定制度，避免用粮食功能区种植多年生中药材。二是选择并确定生产品种。遵循中药材品种种植的原生态环境和生长规律，避免盲目引种和扩充产区；投入相适应的基础设施和的设备，避免投资过大而造成浪费。建议和相关科研单位、技术单位合作，加快科研成果转化应用。三是尽量节约生产成本，积极开展开沟整地等环节的机械化、水肥一体化、产地加工智能化，大力推广"无烟草木灰技术"等生态化生产技术，尽量控制人工、加工等生产成本，生产主体要有安全生产承诺制度，争取产品达到免检。四是重点抓好种子种苗繁育和产后加工两个环节，可满足自建基地生产的同时，推广带动周边农户，争取地方政府纳入良种补贴，建立产地"共享车间"，统一加工技术规范，提升品牌产品的附加值。五是全产业链融合发展，以中医药文化引领，适当开展食药物质、药膳产业的产品开发，融入大健康产业、旅游研学科普结合，以多种经营服务增加产值。六是争取政府示范项目，要适度规模，因地制宜，做好锦上添花，做好示范样板。

复习思考题

1. 《中医药发展战略规划纲要（2016—2030年）》提出了哪七大重点任务？

2. 《"十四五"中医药发展规划》针对"推动中药产业高质量发展"这一主要任务，提出哪4个具体措施？

3. 道地中药材的主要内容包括哪四个要素？

4. 道地中药材的形成和发展有哪些因素？

5. 我国主要药材生产分为哪些道地产区？

6. "浙八味""新浙八味"包括哪些药材？

7. 请简述全国中药材专业市场"四大药都"。

8. 简述我国《野生药材资源保护管理条例》的分级及标准。

9. 简述浙江省中药材产业发展概况和重点工作（八化）。

10. 根据《浙江省中医药发展"十四五"规划》要求，浙江省中药材产业重点是什么？

11. 《浙江道地药材目录（第一批）》推选主要依据和道地产区主要依据是什么？

第二章　药用植物学基础

第一节　植物细胞

植物细胞是构成植物体形态结构和生命活动的基本单位。植物细胞形状多样，随植物种类和存在部位、机能不同而异，有球形、类球形、纺锤形、多面体状或圆柱状等多种。如执行支持作用的细胞呈纺锤形、圆柱形、不规则形等，细胞壁常增厚；执行输导作用的细胞则多呈长管状。植物细胞大小有差异，一般细胞直径在 $10\sim100\mu m$。一些特殊的细胞如部分细菌直径只有 $0.1\mu m$；苎麻纤维一般长达 200mm，有的甚至可达 550mm；最长的细胞是无节乳汁管，长达数米至数十米不等。

为了便于学习和掌握细胞的构造，将各种细胞的主要细胞器、后含物等集中在 1 个细胞里加以说明，这个细胞称为典型的植物细胞或模式植物细胞（图 2-1）。典型植物细胞的基本结构外面包围着一层比较坚韧的细胞壁；其内有生命的物质总称为原生质体；细胞中还含有多种非生命的物质，它们是原生质体的代谢产物，称后含物。细胞内还存在一些生理活性物质，包括酶、维生素、植物激素、抗生素和植物杀菌素等。

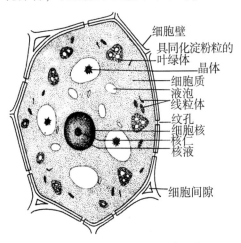

细胞壁
具同化淀粉粒的叶绿体
晶体
细胞质
液泡
线粒体
纹孔
细胞核
核仁
核液
细胞间隙

图 2-1　典型的植物细胞构造

一、原生质体

原生质体是细胞内有生命的物质的总称，包括细胞质、细胞核、质体、线粒体、高尔基体、核糖体、溶酶体等，是细胞的主要部分。原生质体的构成物质基础是原生质，是一种无色半透明、具有弹性、略比水重、有折光性的半流动亲水胶体。

（一）细胞质

细胞质为半透明、半流动、无固定结构的基质，分布于细胞壁与细胞核之间，是原生质体的基本组成部分。细胞器如细胞核、质体、线粒体和后含物等分散在细胞质中。细胞质有自主流动的能力，细胞质的运动能促进细胞内营养物质的流动，有利于新陈代谢的进行，对于细胞的生长发育、通气和创伤的恢复都有一定的促进作用。细胞质与细胞壁之间有一层质膜，对不同物质的通过具有选择透性，它能阻止糖和可溶性蛋白质等许多有机物从细胞内渗出，同时又能使水、盐类和其他必需的营养物质从细胞外进入，从而使得细胞具有一个合适而稳定的内环境。质膜的透性还表现出一种半渗透现象，由于渗透的动能，所有分子不断运动，并从高浓度区向低浓度区扩散，引起质壁分离。

（二）细胞器

细胞器是细胞质内具有一定形态结构、成分和特定功能的微小器官，也称拟器官。细胞器包括细胞核、质体、线粒体、液泡、内质网、核糖体等。

1. 细胞核

除细菌和蓝藻外，所有的植物细胞都具有细胞核。高等植物的细胞中，通常 1 个细胞只具有 1 个细胞核，但一些低等植物如藻类、菌类和被子植物的乳汁管细胞以及花粉囊成熟期绒毡层具有双核或多核；维管植物的成熟筛管细胞在早期发育过程中有细胞核，细胞成熟后细胞核消失。细胞的遗传物质主要集中在细胞核内，所以细胞核的主要功能是控制细胞的遗传和生长发育，是遗传物质存在和复制的场所。细胞核包括核膜、核仁、核液和染色质 4 部分。

（1）核膜。是位于细胞核外周将核内物质与细胞质分开的一层界膜。核膜上有均匀或不均匀分布的许多小孔，称为核孔。核孔的开启或关闭与植物的生理状态有着密切的关系。

（2）核仁。是细胞核中折光率更强的小球状体，通常有 1 个或几个。核仁是核内 RNA（rRNA）和核糖体合成的主要场所。

（3）核液。是充满在核膜内的透明而黏滞性较大的液胶体，其中分散着核仁和染色质。

（4）染色质。是分散在细胞核液中易被碱性染料（如藏花红、甲基绿）着色的物质。当细胞核进行分裂时，染色质成为螺旋状扭曲的染色质丝，进而形成棒状的染色体。各种植物染色体的数目、形状和大小是不相同的，但对于同一物种来说则是相对稳定不变的。

2. 质体

质体是植物细胞特有的细胞器，与碳水化合物的合成和贮藏密切相关。质体可分为含色素和不含色素两种类型，含色素的质体有叶绿体和有色体两种，不含色素的质体为白色体（图 2-2）。

（1）叶绿体。叶绿体广泛存在于绿色植物的叶、茎、花萼和果实的绿色部分，如叶肉组织、幼茎的皮层，是进行光合作用和同化的场所。叶绿体所含的色素有叶绿素 A、叶绿素 B、胡萝卜素和叶黄素，其中叶绿素是主要的光合色素，胡萝卜素和叶黄素不能

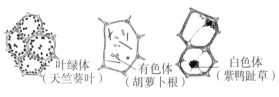

图 2-2 质体的种类

直接参与光合作用，只能把吸收的光能传递给叶绿素，起辅助光合作用的功能。叶绿体中所含的色素以叶绿素为多，遮盖了其他色素，所以呈现绿色。

（2）有色体。有色体主要存在于花、果实和根中。存在于花部，使花呈现鲜艳色彩，有利于昆虫传粉。所含色素主要是胡萝卜素和叶黄素等，使植物呈现黄色、橙红色或橙色。

除了有色体，多种水溶性色素也与植物的颜色有关。应该注意有色体和色素的区别：有色体是质体，是一种细胞器，存在于细胞质中，具有一定的形状和结构，主要为黄色、橙红色或橙色；色素通常是溶解在细胞液中，呈均匀状态，主要为红色、蓝色或紫色，如花青素。

（3）白色体。是一类不含色素的质体，多见于不曝光的器官如块根或块茎等的细胞中。它与积累贮藏物质有关，包括合成淀粉的造粉体、合成蛋白质的蛋白质体和合成脂肪和脂肪油的造油体。

叶绿体、有色体和白色体在一定的条件下，一种质体可以转化成另一种质体。

3. 线粒体

线粒体呈颗粒状、棒状、丝状或分枝状，在电子显微镜下可见由内、外两层膜组成，内层膜延伸到线粒体内部折叠形成管状或隔板状突起，这种突起称嵴，嵴上附着许多酶。线粒体是细胞中碳水化合物、脂肪和蛋白质等物质进行氧化（呼吸作用）的场所，在氧化过程中释放出细胞生命活动所需的能量，因此，线粒体被称为细胞的"动力工厂"。

4. 液泡

液泡是植物细胞特有的结构。在幼小的细胞中，液泡体积小，数量多，并不明显。随着细胞的成长，许多细小的液泡逐渐变大，最后合并形成几个大型液泡或一个大的中央液泡，它可占据整个细胞体积的90%以上，而细胞质和细胞核被中央液泡推挤贴近细胞壁（图2-3）。电子显微镜观察，在大多数情况下，液泡和内质网紧密结合在一起，形成一连续系统。液泡外被液泡膜，具有特殊的选择透性。液泡的主要功能是积极参与细胞内的分解活动、调节细胞的渗透压、参与细胞内物质的积累与移动，在维持细胞质内环境的稳定上起着重要的作用。

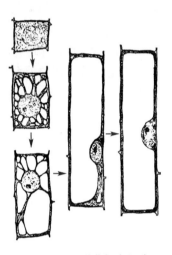

图2-3 洋葱根尖细胞
（示液泡形成各阶段）

5. 内质网

内质网是分布在细胞质中由双层膜构成的网状管道系统，管道以各种形态延伸或扩展成为管状、泡囊状或片状结构。内质网的一些分支可与细胞核的外膜相连，另一些分支则与质膜相连，形成细胞中的膜系统。内质网膜也穿过细胞壁连接相邻细胞的膜系统。

内质网可分两种类型：一种是膜的表面附着许多核糖核蛋白体（核糖体）的小颗粒，称粗糙内质网，主要功能是合成输出蛋白质。另一种是表面没有核糖核蛋白体的小颗粒，称光滑内质网，主要功能是合成、运输类脂和多糖。两种内质网可以互相转化，也可同时存在于一个细胞内。

6. 核糖体

核糖体又称核糖核蛋白体或核蛋白体，每个细胞中核糖体可达数百万个。核糖体是细胞中的超微颗粒，通常呈球形或椭圆形，直径为10~15nm，游离在细胞质中或附着于内质网上。核糖体是蛋白质合成的场所。

二、细胞后含物

后含物指细胞原生质体在代谢过程中产生的非生命物质，有的是可能再被利用的贮藏营养物质，如淀粉、蛋白质、脂肪和脂肪油等；有的是一些废弃的物质，如草酸钙晶体、碳酸钙结晶等。细胞中后含物的种类、形态和性质随植物种类不同而异，其特征常是中药鉴定的依据之一。

（一）淀粉

淀粉是由葡萄糖分子聚合而成，以淀粉粒的形式贮藏在植物的根、茎及种子等器官的薄壁细胞细胞质中，如马铃薯、半夏、葛根、贝母等。淀粉粒由造粉体积累贮藏淀粉所形成。

积累淀粉时，先从一处开始，形成淀粉粒的核心，称脐点；然后环绕着脐点有许多明暗相间的同心轮纹，称层纹。层纹的形成是由于直链淀粉和支链淀粉相互交替分层积累的缘故，直链淀粉较支链淀粉对水的亲和力强，两者遇水膨胀性不一样，从而显出了折射率的差异。淀粉粒多呈圆球形、卵圆形或多角形，脐点的形状有点状、线状、裂隙状、分叉状、星状等。脐点有的位于中央，如小麦、蚕豆等；或偏于一端，如马铃薯、藕、甘薯等。层纹的明显程度也因植物种类的不同而异（图2-4）。

淀粉粒分3种类型：①单粒淀粉粒，只有1个脐点，周围具层纹围绕；②复粒淀粉粒，具有2个或2个以上脐点，各脐点分别有各自的层纹围绕；③半复粒淀粉粒，具有2个或2个以上脐点，各脐点除有本身的层纹环绕外，外面还有共同的层纹。不同的植物淀粉粒在形态、类型、大小、层纹和脐点等方面各有其特征，因此，淀粉粒的形态特征可作为鉴定中药材的依据之一。

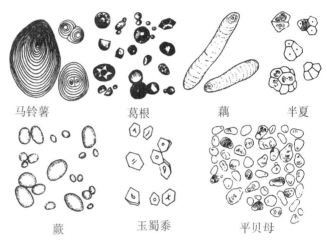

图2-4 各种淀粉粒

淀粉不溶于水，在热水中膨胀而糊化。直链淀粉遇碘液显蓝色，支链淀粉遇碘液显紫红色。一般植物同时含有两种淀粉，加入碘液显蓝色或紫色。

（二）菊糖

菊糖由果糖分子聚合而成，多存在于菊科、桔梗科和龙胆科部分植物根的薄壁细胞中，山茱萸果皮中亦有。菊糖能溶于水，不溶于乙醇。将含有菊糖的材料浸入乙醇中，一周以后做成切片，置显微镜下观察，可在细胞中看见球状、半球状或扇状的菊糖结晶（图2-5）。菊糖加10%α-萘酚的乙醇溶液后再加硫酸显紫红色，并很快溶解。

（三）蛋白质

细胞中贮藏的蛋白质常呈固体状态，生理活性稳定，与原生质中呈胶体状态的有生命的蛋白质不同，它是非活性的、无生命的物质。贮藏的蛋白质可以是无定形的或是结晶体的小颗粒，存在于细胞质、液泡、细胞核和质体中。结晶蛋白质因具

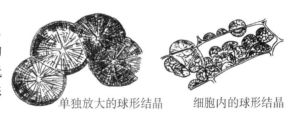

单独放大的球形结晶 细胞内的球形结晶

图2-5 大丽花根内菊糖的球形结晶

有晶体和胶体的二重性而称拟晶体，与真正的晶体相区别。蛋白质拟晶体有不同的形状，但常呈方形，如马铃薯块茎上近外围的薄壁细胞中就有这种方形拟晶体。无定形的蛋白质常被一层膜包裹成圆球状的颗粒，称为糊粉粒。有些糊粉粒既包含无定形蛋白质，又包含有拟晶体。

糊粉粒多分布于植物种子的胚乳或子叶中，有时它们集中分布在某些特殊的细胞层，特称为糊粉层。如谷物类种子胚乳最外面的一层或多层细胞，含有大量糊粉粒，即为糊粉层。

将蛋白质溶液放在试管里，加数滴浓硝酸并微加热，可见黄色沉淀析出，冷却片刻再加

过量氨液，沉淀变为橙黄色，即蛋白质黄色反应；蛋白质遇碘液显棕色或黄棕色；蛋白质加硫酸铜和苛性碱水溶液则显紫红色；蛋白质溶液加硝酸汞试液显砖红色。

（四）脂肪和脂肪油

脂肪和脂肪油是由脂肪酸和甘油结合而成的酯。在常温下呈固体或半固体的称为脂肪，如可可豆脂、乌桕脂；呈液状的称为油，如大豆油、芝麻油、花生油等。脂肪和脂肪油通常呈水滴状分散在细胞质中，不溶于水，易溶于有机溶剂，比重较小，折光率强。常存在于植物的种子中，有的种子所含脂肪能达到种子干重的 45%～60%。

脂肪是贮藏营养物质中最经济的形式，在氧化时能放出较多的能量。有些树干的薄壁细胞中贮藏的淀粉在冬季时转化为脂肪，以便贮藏更多的能量，而在次年春天再将脂肪转化为淀粉。

脂肪和脂肪油加苏丹Ⅲ试液显橘红色、红色或紫色；加紫草试液显红色；加四氧化锇显黑色。

（五）晶体

一般认为晶体是植物细胞生理代谢过程中产生的废物。常见的晶体有两种类型：草酸钙结晶和碳酸钙结晶。

1. 草酸钙结晶

是植物体在代谢过程中产生的草酸与钙盐结合而成的晶体。草酸钙结晶的形成可以减少过多的草酸对植物所产生的毒害，被认为具有解毒作用。草酸钙晶体为无色半透明或稍暗灰色，通常一种植物只能见到一种形状的晶体，但少数植物也有两种或多种形状的，如曼陀罗叶含有簇晶、方晶和砂晶。其形状和大小在不同植物或在同一植物的不同部位有一定的差异，可作为中药材鉴定的依据之一。

常见的草酸钙结晶形状有以下几种（图 2-6）：

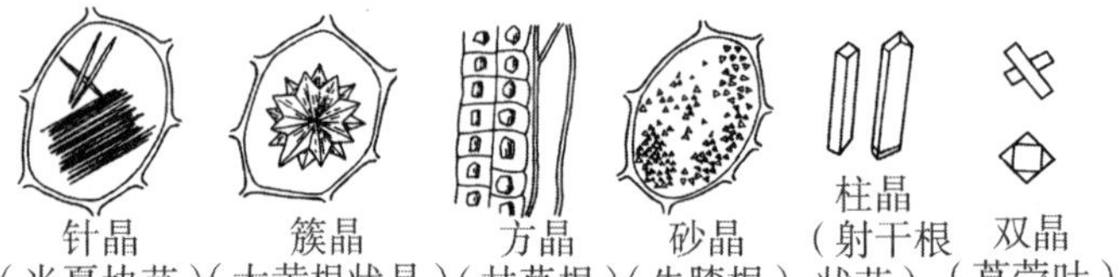

针晶 　簇晶 　方晶 　砂晶 　柱晶 　双晶
（半夏块茎）（大黄根状晶）（甘草根）（牛膝根）（射干根状茎）（莨菪叶）

图 2-6　草酸钙晶体的类型

（1）针晶。晶体呈两端尖锐的针状，细胞中多成束存在，称针晶束。常存在于含有黏液的细胞中，如半夏块茎、黄精和玉竹的根状茎等。也有的针晶不规则地分散在细胞中，如苍术的根状茎。

（2）簇晶。晶体由许多三棱形、八面体形的单晶体聚集而成，通常呈三角状星形或球形，如人参根、大黄根状茎、椴树茎、天竺葵叶等。

（3）单晶。又称方晶或块晶，通常呈正方形、长方形、斜方形、八面形、三棱形等形状，常为单独存在的单晶体，如甘草根及根状茎、黄柏树皮、秋海棠叶柄等的细胞中。有时呈双晶，如莨菪等。

（4）砂晶。晶体呈细小的三角形、箭头状或不规则形，通常密集于细胞腔中。因此，聚集有砂晶的细胞颜色较暗，很容易与其他细胞相区别。如颠茄、牛膝、地骨皮等。

（5）柱晶。晶体呈长柱形，长度为直径的 4 倍以上。如射干等鸢尾科植物。

草酸钙结晶不溶于稀醋酸，加稀盐酸溶解而无气泡产生；但遇 10%～20%硫酸溶液便溶解并形成针状的硫酸钙结晶析出。

2. 碳酸钙结晶

常存在于爵床科、桑科、荨麻科等植物叶表皮细胞中，如穿心莲叶、无花果叶、大麻叶等，它是细胞壁的特殊瘤状突起上聚集了大量的碳酸钙或少量的硅酸钙而形成，一端与细胞壁相连，另一端悬于细胞腔内，状如一串悬垂的葡萄，通常呈钟乳体状态存在，故又称钟乳体。

碳酸钙结晶加醋酸或稀盐酸则溶解，同时有 CO_2 气泡产生，可与草酸钙结晶相区别。

除草酸钙结晶和碳酸钙结晶外，植物体内还有一些特殊类型的结晶，如石膏结晶（柽柳叶）、靛蓝结晶（菘蓝叶）、橙皮苷结晶（吴茱萸叶和薄荷叶）、芦丁结晶（槐花）等。

三、细胞壁

细胞壁是植物细胞所特有的结构，它与液泡、质体一起构成了植物细胞与动物细胞不同的三大结构特征。

（一）细胞壁的分层

在光学显微镜下，通常可将相邻两细胞所共有的细胞壁分成为胞间层、初生壁和次生壁3层（图2-7）。

1. 胞间层

胞间层又称中层，是相邻的两个细胞所共有的壁层，主要成分是果胶质。胞间层的存在，使相邻细胞粘连在一起。果胶质能溶于酸、碱溶液，又能被果胶酶分解。细胞在生长分化过程中，胞间层可以被果胶酶部分溶解，这部分的细胞壁彼此分开而形成的间隙称为细胞间隙，起到通气和贮藏气体的作用。如番茄、桃、梨等在成熟过程中由硬

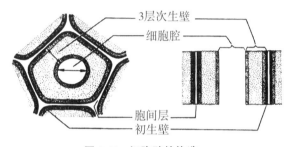

图 2-7　细胞壁的构造

变软，就是因为果肉细胞的胞间层被果胶酶溶解而使细胞彼此分离所致。沤麻就是利用了微生物产生的果胶酶使胞间层的果胶质溶解破坏的原理，从而使纤维细胞分离。

2. 初生壁

是细胞分裂后在胞间层两侧最初沉淀的壁层，由纤维素、半纤维素和果胶质组成。初生壁一般厚 $1\sim3\mu m$。

3. 次生壁

次生壁是在细胞体积停止增大以后在初生壁内侧继续形成的壁层，由纤维素、半纤维素、木质素和其他物层填积形成。次生壁一般较厚且坚韧，厚度 $5\sim10\mu m$。

（二）纹孔

次生壁形成时，在初生壁上并不是均匀地增厚，而在很多地方留有一些没有增厚的腔穴，称为纹孔（图2-8）。纹孔处的细胞壁只有胞间层和初生壁，没有次生壁，是细胞壁上比较薄的区域。相邻两细胞的纹孔常在相同部位相互衔接、成对存在，称为纹孔对。纹孔对的存在，使得物质交换易于进行，从而使相邻细胞保持生理上的联系。纹孔对之间的薄膜称为纹孔膜；纹孔膜两侧没有次生壁的腔穴常呈圆筒形或半球形，称为纹孔腔，由纹孔腔通往细胞腔的开口称为纹孔口。

常见的纹孔对有3种类型：单纹孔、具缘纹孔和半缘纹孔。

1. 单纹孔

纹孔腔呈圆筒形，即纹孔口、纹孔腔、纹孔膜的直径是相同的，显微镜下观察单纹孔的

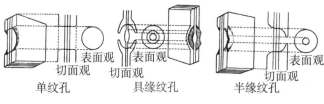

图 2-8　纹孔

表面观是一个圆。单纹孔多存在于加厚的薄壁细胞、韧皮纤维和石细胞中。当次生壁很厚时，单纹孔的纹孔腔就很深，状如一条长而狭窄的孔道或沟，称为纹孔道或纹孔沟。

2. 具缘纹孔

纹孔周围的次生壁向细胞腔内成拱状突起，纹孔口逐渐缩小，形成扁圆形的纹孔腔，这种纹孔称为具缘纹孔。纹孔口边缘向细胞腔内突起的部分称为纹孔缘。具缘纹孔的纹孔口有各种形状，一般多呈圆形或狭缝状。具缘纹孔在显微镜下的正面观是两个同心圆，外圆是纹孔膜的边缘，内圆是纹孔口的边缘。松科和柏科等裸子植物管胞上的具缘纹孔，其纹孔膜中央特别增厚，形成纹孔塞。纹孔塞具有活塞的作用，能调节胞间液流。这种具缘纹孔的正面观呈现 3 个同心圆，外圆为纹孔膜的边缘，中间的圆是纹孔塞的边缘，最小的圆是纹孔口的边缘。具缘纹孔常分布于孔纹导管和管胞中。

3. 半缘纹孔

由单纹孔和具缘纹孔分别排列在纹孔膜两侧所构成的纹孔对称为半缘纹孔。导管或管胞等厚壁细胞与薄壁细胞相邻时就形成半缘纹孔，正面观也是两个同心圆，观察粉末时，半缘纹孔与不具纹孔塞的具缘纹孔难以区别。

第二节　植物组织

组织是由许多来源相同、形态结构相似、机能相同而又彼此密切结合、相互联系的细胞组成的细胞群。单细胞和多细胞的低等植物无组织分化。高等植物开始出现组织分化，植物进化程度越高，组织分化越明显，形态结构也越复杂。

不同的组织有机结合、相互协同、紧密联系，形成不同的器官，植物的根、茎、叶、花、果实和种子等器官都是由不同组织构成的，各种组织既相互独立又相互协同，共同完成植物体的整个生命活动过程。

一、植物组织类型

根据形态结构及功能的不同，组织可分为六大类：分生组织、薄壁组织、保护组织、机械组织、输导组织和分泌组织。

植物组织
{
分生组织：顶端分生组织、侧生分生组织、居间分生组织。
薄壁组织：基本薄壁组织、同化薄壁组织、贮藏薄壁组织、吸收薄壁组织、通气薄壁组织。
保护组织：表皮、周皮。
机械组织：厚角组织、厚壁组织。
输导组织：导管与管胞；筛管、伴胞与筛胞。
分泌组织：外部分泌组织：腺毛、蜜腺。
　　　　　内部分泌组织：分泌细胞、分泌腔（分泌囊）、分泌道和乳汁管。

不同植物的同一组织通常具有不同的显微特征，在中药材鉴定中是一种常用而又可靠的方法，特别是对某些药材性状鉴定较为困难的易混品种，或对某些中成药及粉末状药材，利用显微鉴定是必不可少的。例如，直立百部、蔓生百部、对叶百部，这3种植物根的外部形态相似，但内部组织构造各不相同，易于区别。

（一）分生组织

存在于植物体不同生长部位，并能保持细胞分裂机能而不断产生新细胞的细胞群，称为分生组织。分生组织位于在植物体的各个生长部位，是由许多具有分生能力的细胞构成的。分生组织的细胞不断分裂和分化，形成各种不同类型的成熟细胞和组织，使植物体得以生长，如根、茎的顶端生长和加粗生长。

分生组织的细胞代谢作用旺盛，具旺盛的分生能力。细胞体积一般较小，多为等径的多面体，排列紧密，无细胞间隙，细胞壁薄，不特化，不具纹孔，细胞质浓，细胞核相对大，无明显液泡和质体分化，但含线粒体、高尔基体、核蛋白体等细胞器。

根据分生组织在植物体内所处的位置分为：

1. 顶端分生组织

位于根、茎的最顶端的分生组织，又称生长锥，这部分细胞能较长期保持旺盛的分生能力。由于顶端分生组织细胞不断分裂、分化，使根、茎不断伸长和长高。若根、茎的顶端被折断后，根、茎一般都不能再伸长或长高了。

2. 侧生分生组织

侧生分生组织主要存在于裸子植物和双子叶植物的根和茎中，包括形成层和木栓形成层，它们一般成环状排列并与轴平行。这些分生组织的活动可使根和茎不断进行加粗生长，而没有加粗生长的单子叶植物就没有侧生分生组织。

3. 居间分生组织

位于茎、叶、子房柄、花柄等成熟组织之间，它们不像顶端分生组织和侧生分生组织那样具有无限的分生能力，只能保持一定时间的分裂与生长，以后则完全转变为成熟组织。

水稻、小麦、薏苡等禾本科植物茎节间的基部和韭菜、葱等百合科植物叶基部具有居间分生组织，它们分裂活动的结果是使水稻、小麦和薏苡的茎拔节或抽穗，或使韭菜、葱等叶被割后仍能继续生长。花生在地上开花胚珠受精后，子房柄伸长生长，将受精的子房推入土中，使得果实在土里生长。

（二）薄壁组织

薄壁组织在植物体内分布最广，占有体积最大，是植物体的基本组成部分，又称基本组织。如根、茎中的皮层和髓部，叶肉组织以及花的各部分，果实的果肉以及种子的胚乳等。组成薄壁组织的细胞为生活细胞；液泡大；细胞体积较大，形状各异，多为球形、椭圆形、圆柱形、长方形、多面体等；排列疏松，具有细胞间隙；细胞壁薄，由纤维素和果胶质组成，纹孔是单纹孔。薄壁组织在植物体内常担负同化、贮藏、吸收和通气等营养功能，故又可称为营养组织。

薄壁组织细胞分化程度较浅，具有潜在的分生能力，在一定条件下可转变为分生组织或进一步发育成其他组织如石细胞等。

薄壁组织通常可分为以下几类（图2-9）：

1. 基本薄壁组织

为最常见普通的薄壁组织，通常存在于植物体各处。细胞形状多样，排列疏松，具细胞间隙，液泡较大，细胞质较稀薄。如根、茎中的皮层和髓部，这类细胞主要起填充和联系其

基本薄
壁组织　　同化薄
壁组织　　贮藏薄
壁组织　　通气薄
壁组织

图 2-9　薄壁组织的类型

他组织作用，并具有潜在的分生能力。

2. 同化薄壁组织

通常位于植株的绿色部位，尤其是叶肉中，又称绿色薄壁组织。其细胞含有大量的叶绿体，液泡化程度较高，胞间隙发达。细胞能利用水和 CO_2 进行光合作用制造有机物质（同化产物）。

3. 贮藏薄壁组织

植物光合作用产物有一部分以不断积累的方式贮存于薄壁组织中，这种积聚营养物质的薄壁组织称为贮藏薄壁组织。多存在于植物的根、地下茎、果实和种子中。细胞体积较大，贮藏的营养物质种类很多，主要是淀粉、蛋白质、脂肪、油和糖类等，有时同一细胞可以贮藏 2 种或多种物质。

4. 吸收薄壁组织

主要位于植物根尖端的根毛区，细胞壁向外突起形成根毛，通过增加与土壤接触的表面积而增加吸收面积，吸收土壤中的水分和溶解在水中的物质。

5. 通气薄壁组织

在水生植物和沼泽植物体内，薄壁组织中具有很发达的胞间隙，彼此连接成大的气腔或通道，具有贮藏空气的功能，这种构造有利于植物体内的气体交换，对植物体也有漂浮和支持作用。如莲的叶柄和根状茎、灯芯草的茎髓。

（三）保护组织

保护组织包被在植物各个器官的表面，由一层或数层细胞构成，保护着植物的内部组织，控制和进行气体交换，防止水分的过度散失、病虫的侵害以及机械损伤等。根据来源和结构的不同，可将其分为初生保护组织——表皮及次生保护组织——周皮。

1. 表皮

表皮为初生保护组织。通常由一层生活细胞构成，少数植物表皮有 2~3 层细胞，称复表皮，如夹竹桃叶和印度橡胶树叶。

表皮细胞常为扁平的方形、长方形、多角形或不规则形等；细胞排列紧密，无细胞间隙；细胞内不含叶绿体，但常含有色体或白色体。表皮细胞的细胞壁常厚薄不一，内壁较薄，外壁较厚，常角质化，并在表面形成一层明显的角质层，有的外面还有蜡被，可防止植物体内水分过度散失，如甘蔗茎、冬瓜果实表面具有白色粉状蜡被。有的植物表皮细胞壁矿质化，木贼茎和禾本科植物叶表皮细胞硅质化。有的表皮细胞分化成气孔或向外突起形成毛茸。

（1）气孔。在植物体表面，有些地方还留有许多气孔，作为植物进行气体交换的通道。双子叶植物的气孔是由两个肾形的保卫细胞对合而成。两个保卫细胞凹入的一面是相对的，中间的细胞壁胞间层溶解成为空隙，狭义的气孔就是指这个空隙，气孔连同周围的两个保卫细胞合称为气孔器。为了方便起见，常又将气孔当作气孔器的同义词使用。气孔多分布在叶片和幼嫩茎枝表面，具有控制气体交换和调节水分蒸散的作用（图 2-10）。

保卫细胞在形态上与表皮细胞不同，比周围的表皮细胞小，是生活细胞，有明显的细胞核，并含有叶绿体。当保卫细胞充水膨胀时，向表皮细胞一方弯曲成弓形，将气孔器分离部分的细胞壁拉开，使中间气孔张开，这时保卫细胞变得更弯曲一些。当保卫细胞失水时，膨胀压降低，紧张状态不再存在，这时保卫细胞向回收缩，气孔缩小以至闭合，保卫细胞也相应变直一些。气孔的张开和关闭都受着外界环境条件如温度、湿度、光照和二氧化碳浓度等多种因素的影响。

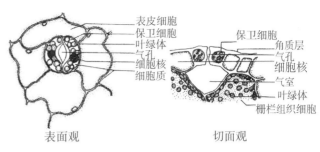

图 2-10　叶的表皮与气孔

有些植物的气孔器在保卫细胞周围还有一个或多个与表皮细胞形状不同的细胞，称副卫细胞。气孔的保卫细胞与副卫细胞的排列关系称气孔轴式或气孔类型。气孔轴式可作为鉴定叶类药材和全草类药材的依据。双子叶植物常见的气孔轴式有（图 2-11）：

①平轴式：气孔器的副卫细胞常两个，其长轴与保卫细胞和气孔的长轴平行。如茜草、菜豆、落花生、番泻和常山等植物的叶。

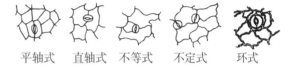

图 2-11　常见的气孔轴式

②直轴式：气孔器的副卫细胞常两个，其长轴与保卫细胞和气孔的长轴垂直。如石竹科、爵床科（如穿心莲叶）和唇形科（如薄荷、紫苏）等植物的叶。

③不等式：气孔器的副卫细胞有 3~4 个，大小不等，其中一个明显较小。如十字花科（如菘蓝叶）、茄科的烟草属和茄属等植物的叶。

④不定式：气孔器的副卫细胞数目不定，其大小基本相同，形状也与其他表皮细胞基本相似。如艾叶、桑叶、枇杷叶、洋地黄叶等。

⑤环式：气孔器的副卫细胞数目不定，其形状比其他表皮细胞狭窄，围绕保卫细胞呈环状排列。如茶叶、桉叶等。

单子叶植物气孔的类型也很多，如禾本科和莎草科植物，均有其特殊的气孔类型。两个狭长的保卫细胞两端膨大成小球形，好像并排的一对哑铃，中间窄的部分细胞壁特别厚，两端球形部分的细胞壁比较薄。当保卫细胞充水时，两端膨胀，气孔开启；当水分减少时，保卫细胞萎缩，气孔缩小或关闭。在保卫细胞的两侧还有两个平行排列、略呈三角形的副卫细胞，对气孔的开启有辅助作用，如淡竹叶、玉蜀黍叶等（图 2-12）。

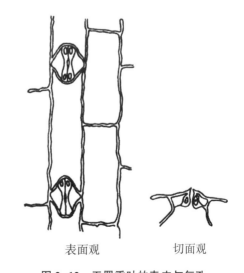

图 2-12　玉蜀黍叶的表皮与气孔

（2）毛茸。是由表皮细胞转化而成的突起物，具有保护、减少水分蒸发、分泌物质等作用。各种植物具有不同形态的毛茸，可以作为中药材鉴定的依据。根据结构和功能，毛茸常分为腺毛和非腺毛两种类型。

腺毛是能分泌挥发油、树脂、黏液等物质的毛茸，由腺头和腺柄组成。腺头通常圆形，可由 1 至多个细胞组成，具分泌功能。腺柄也有单细胞和多细胞之分，如薄荷、车前、洋地黄、曼陀罗等叶上的腺毛。在薄荷等唇形科植物叶片表面还有一种无柄或短柄的腺毛，腺头由8个或6~7个细胞组成，排列在同一个平面上，略呈扁球形，称为腺鳞（图2-13）。

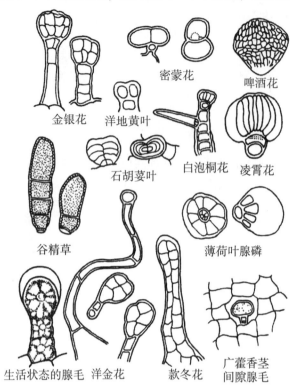

密蒙花

啤酒花

金银花　洋地黄叶

石胡荽叶　白泡桐花　凌霄花

谷精草　薄荷叶腺磷

生活状态的腺毛　洋金花　款冬花　广藿香茎间隙腺毛

图2-13　腺毛和腺鳞

非腺毛由单细胞或多细胞组成，无腺柄和腺头之分，末端常尖狭，无分泌功能，单纯起保护作用。非腺毛形态多种多样（图2-14）。

①线状毛：毛茸呈线状，有单细胞形成的，如忍冬和番泻叶的毛茸；也有多细胞组成单列的，如洋地黄叶上的毛茸；还有由多细胞组成多列的，如旋覆花的毛茸；有的毛茸表面可见到角质螺纹，如金银花；有的壁上有疣状突起，如白曼陀罗花。

②棘毛：细胞壁一般厚而坚牢，木质化，细胞内有结晶体沉积。如大麻叶的棘毛，其基部有钟乳体沉积。

③分枝毛：毛茸呈分枝状。如毛蕊花、裸花紫珠叶的毛。

④丁字毛：毛茸呈丁字形。如艾叶和除虫菊叶的毛。

⑤星状毛：毛茸具分枝，呈放射状。如芙蓉和蜀葵叶、石韦叶和密蒙花的毛茸。

⑥鳞毛：毛茸的突出部分呈鳞片状或圆形平顶状。如胡颓子叶的毛茸。

2. 周皮

大多数草本植物的器官和木本植物的叶表面终生只具表皮，木本植物的根和茎的表皮仅见幼年期，随着加粗生长，原来的表皮适应不了增粗的需要而被破坏，植物体相应地就长出次生保护组织——周皮，来代替表皮行使保护功能。周皮是由木栓层、木栓形成层和栓内层形成的一种复合组织。

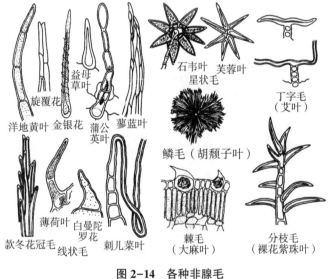

旋覆花　益母草叶

洋地黄叶　金银花　蒲公英叶　蓼蓝叶

薄荷叶　白曼陀罗花

款冬花冠毛　线状毛　刺儿菜叶

石韦叶　芙蓉叶　星状毛

丁字毛（艾叶）

鳞毛（胡颓子叶）

棘毛（大麻叶）　分枝毛（裸花紫珠叶）

图2-14　各种非腺毛

木栓层由多层扁平细胞紧密排列组成，无胞间隙，细胞壁栓质化，为死亡细胞，栓质化细胞壁不透水、不透气，具有很好的保护作用。木栓形成层切向分裂，向外形成木栓层，向内形成栓内层。栓内层为生活的薄壁细胞，通常细胞排列疏松，在茎中栓内层细胞常含叶绿体，所以又称绿皮层。

（四）机械组织

机械组织在植物体中起支持和巩固作用，因此细胞壁通常较厚。根据细胞的结构、形态及细胞壁增厚的方式，机械组织可分为厚角组织和厚壁组织。

1. 厚角组织

厚角组织一般在角隅处加厚，是生活细胞，具有一定的潜在分生能力。细胞具有不均匀加厚的初生壁。细胞壁的主要成分是纤维素和果胶质，不含木质素。厚角组织较柔软，既有一定的坚韧性，又有可塑性和延伸性，既可支持植物直立，也适应于植物的迅速生长，因此，一般为植物幼嫩器官的支持结构，通常集中于棱角处，如薄荷的茎（图 2-15）。

2. 厚壁组织

厚壁组织的细胞具全面增厚的次生壁。细胞壁较厚，具有明显的层纹和纹孔，细胞腔较小，为死细胞。根据细胞的形态不同，厚壁组织可分为纤维和石细胞。

（1）纤维为两端尖斜的梭形细胞。具有明显增厚的次生壁，加厚的成分主要为纤维素或木质素，常木质化，壁上有少数纹孔，细胞腔小或几乎没有。纤维可单个存在，也可成束分布于植物体中（图 2-16）。

根据纤维在植物体中的位置不同，分为木纤维和木质部外纤维，木质部外纤维也就是韧皮纤维。

①木纤维：木纤维存在被子植物木质部中，而在裸子植物的木质部中没有。木纤维为长形纺锤状细胞，长度约为 1mm，细胞壁均木质化，细胞腔小，壁上具有各种形状退化的具缘纹孔或裂隙状单纹孔。木纤维细胞壁厚而坚硬，增加了植物体的机械巩固作用，但细胞的弹性、韧性较差，脆而易断。

②木质部外纤维：分布在木质部以外的纤维，由于这类纤维多分布在韧皮部，也常称为韧皮纤维。细胞壁为纤维素增厚，一般不含木质素，因此有较大的韧性，拉力较强，如苎麻、亚麻等。

在药材鉴定中，常可见到以下特殊类型的纤维：

晶鞘纤维（晶纤维）：是由纤维束和含有晶体的薄壁细胞所组成的复合体。这些薄壁细

马铃薯的厚角组织的横切面

马铃薯的厚角组织的纵切面

细辛属叶柄的厚角组织的横切面

图 2-15 厚角组织

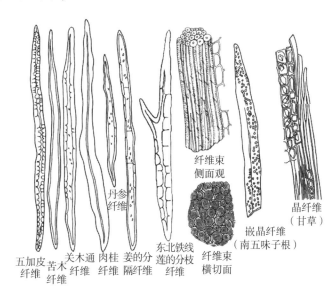

五加皮纤维　苦木纤维　关木通纤维　肉桂纤维　姜的分隔纤维　东北铁线莲的分枝纤维　丹参纤维　纤维束侧面观　纤维束横切面　嵌晶纤维（南五味子根）　晶纤维（甘草）

图 2-16 纤维束及纤维类型

胞中有的含方晶，如黄柏、甘草等；有的含有簇晶，如石竹、瞿麦等；有的含石膏结晶，如柽柳等。

嵌晶纤维：是指次生壁外层密嵌细小的草酸钙方晶和砂晶的纤维，如南五味子根皮中的纤维嵌有方晶，草麻黄茎的纤维嵌有细小的砂晶。

分隔纤维：纤维细胞腔中生有较薄的横膈膜，如姜、葡萄属植物的木质部和韧皮部中均有分布。

分枝纤维：纤维的先端具有明显的分枝，如东北铁线莲根中的纤维。

（2）石细胞。是死细胞，具有坚硬细胞壁，次生壁极度增厚并木质化，大多数细胞腔极小，有较强的支持作用。

石细胞常存在于某些植物的果皮和种皮中，由此组成坚硬的保护组织，如椰子、核桃、杏等坚硬的内果皮及菜豆、栀子的种皮等。梨的果肉中普遍存在着石细胞，石细胞的多少可用来评价梨的质地。石细胞亦常见于茎的皮层中，如黄柏；或存在于髓部，如白薇等；或存在于维管束中，如厚朴、杜仲、肉桂等。

石细胞的种类较多，形状不同，有椭圆形、类圆形、类方形、不规则形等近等径的石细胞，也有分枝状、星状、柱状、骨状、毛状等，是中药鉴定的重要特征之一（图2-17）。如黄芩、川乌根中的石细胞呈长方形、类方形、多角形；厚朴、黄柏中的石细胞呈不规则状。

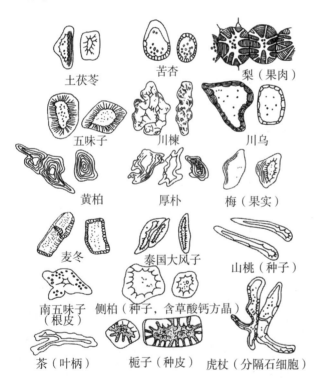

土茯苓　苦杏　梨（果肉）

五味子　川楝　川乌

黄柏　厚朴　梅（果实）

麦冬　泰国大风子　山桃（种子）

南五味子（根皮）　侧柏（种子，含草酸钙方晶）

茶（叶柄）　栀子（种皮）　虎杖（分隔石细胞）

图2-17　石细胞类型

（五）输导组织

输导组织是植物体内输导水分、无机盐和养料的组织。普遍存在于维管植物（蕨类植物、裸子植物、被子植物）中。细胞一般呈管状，首尾相接，贯穿于整个植物体。根据输导组织的构造和运输物质的不同，可分为两类：一类为木质部中的导管和管胞，主要运输水分和溶解于水中的无机盐；另一类为韧皮部中的筛管、伴胞和筛胞，主要是运输有机营养物质。

1. 导管和管胞

（1）导管。是被子植物的主要输水组织，少数原始的和一些寄生的被子植物则无导管，如金粟兰科草珊瑚属等植物，而少数进化的裸子植物如麻黄科植物和较进化的蕨类植物如真蕨类有导管。

导管是由一系列长管状或筒状，称为导管分子的死细胞组成，横壁溶解成穿孔，具有穿孔的横壁称穿孔板，彼此首尾相连，成为一个贯通的管状结构。由于穿孔的形态和数目不同，形成了不同类型的穿孔板。有些植物导管细胞之间的横壁溶解成一个大的穿孔称为单穿孔板；椴树和一些双子叶植物的导管其横壁上留有几条平行排列的长形穿孔形成梯状穿孔板；麻黄属植物导管细胞具有很多圆形的穿孔形成的麻黄式穿孔板；而紫葳科的一些植物导管细胞之间形成了网状穿孔板等（图2-18）。

由于每个导管分子横壁的溶解，使其输水效率极高，每个导管分子的侧壁上还存在有许多不同类型的纹孔，相邻的导管又可以靠侧壁上的纹孔运输水分。

导管在形成过程中，木质化的次生壁并不均匀增厚，从而形成了不同的纹理或纹孔，根据导管次生壁增厚的纹理不同，常可分为以下几种类型（图2-19）。

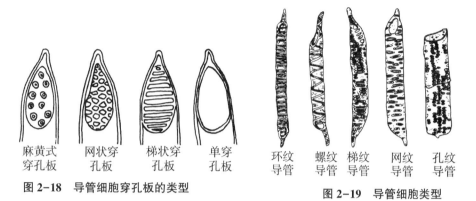

图 2-18　导管细胞穿孔板的类型　　　　图 2-19　导管细胞类型

①环纹导管：导管壁木质化增厚的部分呈环状，环纹之间为未增厚部分，管径通常较小，有利于植物器官的生长而伸长。一般存在于植物幼嫩的部分，如南瓜茎、凤仙花的幼茎、半夏的块茎中。

②螺纹导管：导管壁上有一条或多条呈螺旋带状木质化增厚的次生壁。管径也较小，这种增厚方式也不妨碍导管的伸长生长，亦多存在于植物器官的幼嫩部分，并同环纹导管一样，容易与初生壁分离，如南瓜茎、天南星块茎。"藕断丝连"就是螺纹导管中螺旋带状的次生壁与初生壁分离的现象。

③梯纹导管：导管壁上增厚的次生壁（连续部分）与未增厚的初生壁（间断部分）间隔成梯形。这种导管分化程度较高，木质化的次生壁所占比例较大，不易进行伸长生长。多存在于器官的成熟部分，如常山根中的导管。

④网纹导管：导管壁上增厚的木质化次生壁交织成网状（连续部分），网孔是未增厚的部分。网纹导管的直径较大，多存在于器官的成熟部分，如大黄根状茎、苍术根中的导管。

⑤孔纹导管：导管次生壁几乎全面木质化增厚，未增厚处为单纹孔或具缘纹孔。导管直径较大，多存在于器官的成熟部分，如甘草根、赤芍根中的导管。

随着植物的生长以及导管的产生，一些较早形成的导管常相继失去其功能，并常由于其相邻薄壁细胞膨胀，通过导管壁上未增厚部分或纹孔，连同其内含物侵入导管腔内形成大小不同的囊状突出物，称侵填体。侵填体的产生对病菌侵害能起到一定的阻止作用，其中有些物质是中药有效成分，但会使导管的运输能力降低。

（2）管胞。是绝大部分蕨类植物和裸子植物的输水组织，同时兼具支持功能。在被子植物叶柄和叶脉的木质部中也可发现管胞，但不起主要输导作用。

每个管胞是一个长管状细胞，两端尖斜，两端壁上均不形成穿孔，相邻管胞通过侧壁上的纹孔输导水分，所以其输导功能比导管低，为一类较原始的输导组织。管胞与导管一样，由于其细胞壁次生加厚，并木质化，细胞内原生质体消失而成为死亡细胞，并其木质化次生壁的增厚也常形成类似导管的环纹、螺纹、梯纹、孔纹等类型，所以导管、管胞在药材粉末鉴定中很难分辨，常采用解离的方法将细胞分开，观察管胞分子的形态。

2．筛管、伴胞和筛胞

（1）筛管。主要存在于被子植物的韧皮部中，是运输光合作用产生的有机物质的管状结构。由一些生活管状细胞纵向连接而成，组成筛管的每个细胞称筛管分子。其结构特点如图2-20所示。

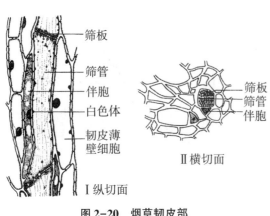

图2-20　烟草韧皮部

①组成筛管的细胞是生活细胞，但细胞成熟后细胞核消失。

②筛管分子的细胞壁为初生壁，由纤维素组成，不木质化，也不像导管那样增厚。

③筛管分子的横壁上有许多小孔，称筛孔，具有筛孔的横壁称为筛板。有些植物的筛孔也见于筛管的侧壁上，通过侧壁上的筛孔，使相邻的筛管彼此得以联系。在筛管的筛板上或筛管的侧壁上筛孔集中分布的区域称为筛域。在一个筛板上只有一个筛域的称为单筛板；如果分布数个筛域的则称为复筛板。筛板两边的原生质丝通过筛孔相联系，与胞间连丝的情况相似，但比其粗壮，称联络索。联络索通过筛孔彼此相连贯通，在植物体内形成了运输同化物质的通道。

筛板形成后，在筛孔的四周围绕联络索可逐渐积累一些特殊的碳水化合物，称为胼胝质；随着筛管的不断老化，胼胝质会不断增多，最后形成垫状物，称为胼胝体。一旦胼胝体形成，筛孔将会被堵塞，联络索中断，筛管也就失去运输功能。

（2）伴胞。在被子植物筛管细胞的旁边，常有一个或多个小型、细长的薄壁细胞和筛管相伴存在，称为伴胞。伴胞和筛管是由同一母细胞分裂而来，其细胞质浓，细胞核大。在筛管形成时，母细胞最后一次纵分裂，产生一个大型细胞发育成筛管细胞，一个小型细胞发育成伴胞。伴胞含有多种酶类物质，生理活动旺盛。研究表明筛管的运输功能和伴胞的代谢密切相关，伴胞会随着筛管的死亡而失去生理活性。

（3）筛胞。是蕨类植物和裸子植物运输养料的输导细胞。筛胞是单个狭长的细胞，无伴胞存在，直径较小，两端尖斜，没有筛板，只是在侧壁上有筛域。筛胞不像筛管那样首尾相连，而是彼此相重叠而存在，靠侧壁上筛域的筛孔运输，所以输导功能较差，属比较原始的运输有机养料的结构。

（六）分泌组织

植物在新陈代谢过程中，某些细胞能分泌某些特殊物质，如挥发油、乳汁、黏液、树脂、蜜液、盐类等，这种细胞称为分泌细胞，由分泌细胞所构成的组织称为分泌组织。植物的某些科属中常具有一定的分泌组织，因此，它在鉴别上也有一定的价值。

根据分泌细胞排出的分泌物是积累在植物体内部还是排出体外，分泌组织可分为外部分泌组织和内部分泌组织（图2-21）。

1．外部分泌组织

外部分泌组织分布在植物体的体表，分泌物排出体外，如腺毛、蜜腺等。

（1）腺毛。是具有分泌作用的表皮毛，有腺头、腺柄之分，腺头的细胞覆盖着较厚的角质层，其分泌物由分泌细胞排出后积聚在细胞壁和角质层之间，分泌物可由角质层渗出，或因角质层破裂而排出。腺毛多存在于植物的茎、叶、芽鳞、子房、花萼、花冠等部分。

（2）蜜腺。是能分泌蜜汁的腺体。蜜腺一般位于花萼、花冠、子房或花柱的基部，如油菜；还存在于茎、叶、托叶、花柄处，如蚕豆托叶的紫黑色腺点、梧桐叶下的红色小斑等，桃和樱桃叶片基部均具蜜腺。

2. 内部分泌组织

内部分泌组织分布在植物体内，分泌物也积存在体内。根据其形态结构和分泌物的不同，可分为分泌细胞、分泌腔、分泌道和乳汁管。

（1）分泌细胞。是分布在植物体内部的具有分泌能力的细胞，通常比周围细胞大，它们并不形成组织，而是以单个细胞或细胞团（列）存在于各种组织中。根据贮藏的分泌物不同，可将分泌

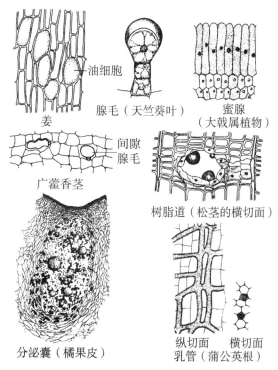

图 2-21　分泌组织

细胞分为油细胞，如姜、桂皮等；黏液细胞，如半夏、玉竹、山药、白及等；单宁细胞，如豆科、蔷薇科、漆树科的一些植物等；芥子酶细胞，如十字花科。

（2）分泌腔。也称为分泌囊或油室。根据其形成的过程和结构，常分为两类：

①溶生式分泌腔：指原来有一群分泌细胞，由于这些分泌细胞的分泌物积累增多，最后使细胞本身破裂溶解，在体内形成一个含有分泌物的腔室，腔室周围的细胞常破碎不完整，如陈皮、橘叶等。

②裂生式分泌腔：指有一群分泌细胞，由于彼此分离，胞间隙扩大而形成的腔室，分泌细胞完整地包围着腔室，如金丝桃的叶以及当归的根等。

（3）分泌道。是由一些分泌细胞彼此分离形成的一个长管状胞间隙腔道，围绕腔道的分泌细胞称为上皮细胞，上皮细胞产生的分泌物贮存于腔道中。由于分泌物的不同，分泌道有不同的名称，如松树茎中的分泌道贮藏着树脂，称为树脂道；小茴香果实的分泌道贮藏着挥发油，称为油管；椴树的分泌道贮藏着黏液，称为黏液道等。

（4）乳汁管。是由一个或多个分泌乳汁的长管状细胞构成的，常可分枝，在植物体内形成系统，具有贮藏和运输营养物质的功能。根据乳汁管的发育和结构，可将其分为两种类型：

①无节乳汁管：每个乳汁管仅由 1 个细胞构成，这个细胞又称为乳汁细胞。乳汁细胞常分枝，并随着植物的生长不断延长，长者可达数米，如夹竹桃科、萝藦科、桑科等植物的乳汁管。

②有节乳汁管：是由许多细胞连接而成的，连接处的细胞壁溶解贯通，成为多核巨大的管道系统，乳汁管可分枝或不分枝，如菊科、罂粟科等一些植物的乳汁管。

二、维管束及其类型

1. 维管束的组成

维管束是维管植物，包括蕨类植物、裸子植物、被子植物的输导系统。维管束为束状结构，贯穿于整个植物体内，除了具有输导功能外，同时对植物体还起着支持作用。维管束主要由韧皮部与木质部组成。在被子植物中，韧皮部主要是由筛管、伴胞、韧皮薄壁细胞和韧皮纤维组成，质地比较柔韧；木质部主要由导管、管胞、木薄壁细胞和木纤维组成，质地比较坚硬。裸子植物和蕨类植物的韧皮部主要是由筛胞和韧皮薄壁细胞组成，木质部主要由管胞和木薄壁细胞组成。

2. 维管束的类型

根据维管束中韧皮部与木质部排列方式的不同，以及形成层的有无，维管束可分为以下几种类型（图2-22；图2-23）。

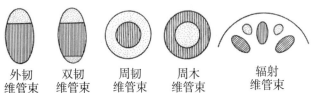

外韧　　双韧　　周韧　　周木　　辐射
维管束　维管束　维管束　维管束　维管束

图 2-22　维管束类型模式图

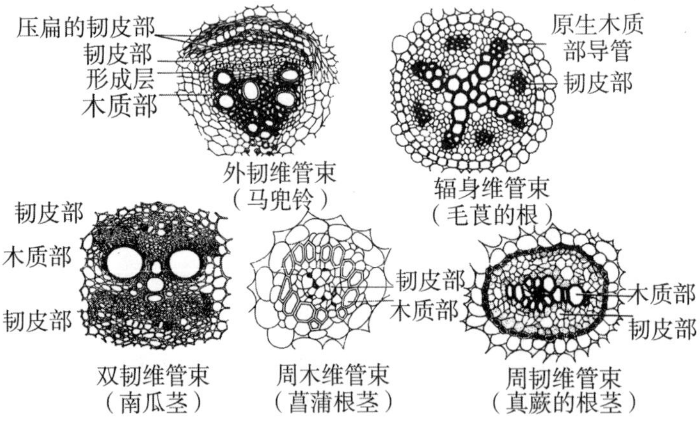

（1）有限外韧维管束。韧皮部位于外侧，木质部位于内侧，中间没有形成层。如大多数单子叶植物茎的维管束。

（2）无限外韧维管束。无限外韧维管束与有限外韧维管束的主要不同点是韧皮部与木质部之间有形成层，可使植物不断进行增粗生长。如裸子植物和双子叶植物茎中的维管束。

压扁的韧皮部
韧皮部
形成层
木质部

原生木质部导管
韧皮部

外韧维管束
（马兜铃）

辐身维管束
（毛茛的根）

韧皮部
木质部

韧皮部

韧皮部
木质部

木质部
韧皮部

双韧维管束
（南瓜茎）

周木维管束
（菖蒲根茎）

周韧维管束
（真蕨的根茎）

图 2-23　维管束类型

（3）双韧维管束。木质部内外两侧均有韧皮部。常见于茄科、葫芦科、夹竹桃科、萝藦科、旋花科、桃金娘科等植物茎中的维管束。

（4）周韧维管束。木质部位于中央，韧皮部围绕在木质部的四周。如百合科、禾本科、棕榈科、蓼科及蕨类某些植物。

（5）周木维管束。韧皮部位于中央，木质部围绕在韧皮部的四周。常见于少数单子叶植物菖蒲、石菖蒲、铃兰等根状茎中的维管束。

（6）辐射维管束。韧皮部和木质部相互间隔成辐射状排列。在多数单子叶植物根中排列成一圈，中间多具有宽阔的髓部；在双子叶植物根的初生构造中木质部常分化到中心，呈星角状，韧皮部位于两角之间，彼此相间排列，这类维管束称为辐射维管束。

不同植物类群具有不同的维管束类型，可作为中药材鉴别的重要依据。

第三节　植物器官

一、根

被子植物器官根据其生理功能，通常分为两大类：一类称营养器官，是指那些主要与植物营养物质吸收、制造、运输、储藏和供给有关，使植物体得以生长、发育的器官，如根、茎和叶；另一类称繁殖器官，是指那些主要与植物繁殖后代密切相关的器官，如花、果实和种子。植物的各类器官在植物的生命活动中是相互依存的统一整体，在生理功能和形态结构上都有着密切联系。

根通常是植物体生长在土壤中的营养器官，主要有固着、吸收、输导、支持、贮藏和繁殖等功能。植物体生活所需要的水分及无机盐，主要靠根从土壤中吸收，根的吸收作用主要靠根毛或根的幼嫩部分。有些植物的根还具有合成生物碱、氨基酸、生物激素及橡胶等能力，如橡胶草的根能合成橡胶等。有些植物的根可供食用，如萝卜、番薯等。有些植物的根是重要的中药材，如甘草、三七、黄芪、百部等。

（一）根的类型

根通常呈圆柱形，生长在土壤中，向四周分枝，越向下越细，形成复杂的根系。根无节和节间之分，一般不生芽、叶和花，细胞中不含叶绿体。

1. 主根和侧根、纤维根

植物最初生长出来的根，是由种子的胚根突破种皮不断向下生长，这种根称主根。多数植物如人参、薄荷、菘蓝等都有一个主根。在主根的侧面生长出来的分枝，称为侧根；在侧根上形成小分枝称纤维根。

2. 定根和不定根

根就其发生起源可分为定根和不定根两类。由胚根直接或间接生长出来的主根、侧根、纤维根，有固定生长部位，称定根，如桔梗、人参等的根。有些植物的根是从茎、叶或其他部位生长出来的，这些根的产生没有固定的位置，称不定根。如薏苡、麦、稻的大小、长短相似的须根就是不定根；如人参根状茎（芦头）上的不定根，药材上称为"芋"；又如秋海棠、落地生根的叶以及菊、桑、桃的枝条插入土中后所生出的根都是不定根。在农、林业生产中，利用枝条、茎叶和老根能产生不定根的特性进行人工营养繁殖，如无花果经常采用压条和扦插法；柳树容易产生不定根，扦插的成活率极高。

3. 直根系和须根系

一株植物地下部分所有根的总体称为根系。根系常有一定的形态，按其形态的不同可分为直根系和须根系两类（图2-24）

（1）直根系。主根发达，主根和侧根的界限非常明显的根系称直根系。它的主根通常较粗大，一般垂直向下生长，上面产生的侧根较小。双子叶植物和裸子植物一般具有明显的直根系，如人参、沙参、桔梗、蒲公英的根系。

（2）须根系。主根不发达，或早期死亡，而从茎的基部节上生长出许多大小、长短相仿的不定根，簇生呈胡须状，没有主次之分的根系称须根系。多数单子叶植物的根系为须根系，如小麦、龙胆、玉蜀黍、稻、麦等的根系。

直根系的植物主根发达，根往往分布在较深的土层中，形成深根系，如梨、大豆、棉花

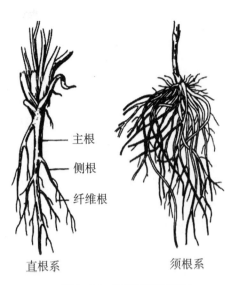

图 2-24　直根系和须根系

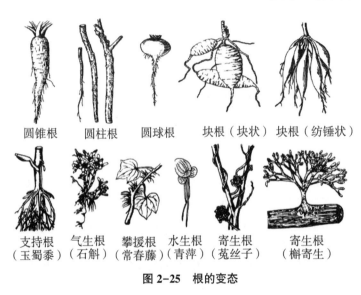

图 2-25　根的变态

等。在深根性的阳生树的下面，种植一些阴生或耐阴性的浅根性植物，对提高土地利用率和经济效率有一定意义。而须根系植物的不定根以水平扩展占优势，分布于土壤表层，形成浅根系，如小麦、洋葱等植物的根系。根据植物根系类型不同，可以合理地将深根系和浅根系的药材作套种。如桃与半夏是良好的搭配，桃是喜阳的木本植物，能为喜阴的草本植物半夏创造荫蔽的环境，同时桃的根系较深，而半夏的根系分布在较浅的土层中。

（二）根的变态

根与植物的其他器官一样，在长期演化过程中，为了适应生活环境的变化，形态构造和生理功能产生了许多变态，常见的有以下几种（图 2-25）。

1. 贮藏根

根的一部分或全部肥大肉质，其内贮藏大量的营养物质，这种根称贮藏根。依形态不同又可分为肉质直根和块根。肉质直根主要由主根发育而成，一株植物上只有一个肉质直根，其上部具有胚轴和节间很短的茎。有的肉质直根肥大呈圆锥状，称圆锥根，如胡萝卜、白芷、桔梗；有的肥大呈圆柱形，称圆柱根，如牛膝、丹参；有的肥大成圆球形，称圆球根，如芜菁。块根主要由不定根或侧根发育而成，在其膨大部分上端没有茎和胚轴。外形上往往不规则，一株植物可形成多个块根，如甘薯、何首乌、麦冬、天门冬、百部等。

2. 支持根

自茎上产生一些不定根深入土中，以增强支持茎干的力量，这种根称支持根，如玉蜀黍、薏苡、甘蔗等在接近地面的茎节上所生出的不定根。

3. 气生根

由茎上产生，不深入土里而暴露在空气中的不定根，称为气生根。它具有在潮湿空气中吸收和贮藏水分的能力，如石斛、吊兰、榕树等暴露在空气中的根。

4. 攀缘根（附着根）

植物的茎细长柔弱，其上长出具攀附作用的不定根，能攀附在石壁、墙垣、树干或其他物体上，使其茎向上生长，这种具攀附作用的不定根称攀缘根，如凌霄、络石、常春藤等。

5. 水生根

水生植物的根飘浮在水中呈须状，称水生根，如满江红、浮萍等。

6. 寄生根

一些寄生植物产生的不定根伸入寄主植物体内吸取水分和营养物质，以维持自身的生活，称为寄生根。如菟丝子、列当、槲寄生、桑寄生等。其中菟丝子、列当等植物体内不含叶绿体，不能自制养料而完全依靠吸收寄主体内的养分维持生活的，称全寄生植物；桑寄生、槲寄生等植物含叶绿体，既能自制部分养料，又依靠寄生根吸收寄主体内的养分，称为半寄生植物。

（三）菌根和根瘤

根系分布于土壤中，与土壤内的微生物有着密切的关系，彼此互相影响，互相制约，有些微生物存在于植物根的组织中，与植物形成共生关系。

1. 菌根

根与土壤中的真菌结合形成的共生体，称为菌根。根据菌丝在根中生长的部位不同，可将菌根分为外生菌根、内生菌根和内外生菌根 3 类。外生菌根的菌丝大部分包裹在幼根的表面而形成菌套，只有少数菌丝伸入根的表皮、皮层细胞的间隙中，但不侵入细胞之中，如松的外生菌根。内生菌根的真菌菌丝通过细胞壁大部分侵入到幼根皮层的活细胞内，呈盘旋状态，如兰科植物的内生菌根。内外生菌根是外生和内生菌根的混合型，在这种菌根中，真菌的菌丝不仅从外面包围根尖，而且伸入皮层细胞间隙和细胞腔内，如苹果、草莓等植物的菌根。

菌根与种子植物共生时，真菌一方面从宿主植物中取得有机营养物质，另一方面将它从土壤中所吸收的水分、无机盐类供给宿主植物，还能促进细胞内贮藏物质的溶解，增强呼吸作用，产生维生素，并加强根系的生长。有些具有菌根的树种，如松、栎等如果缺乏菌根，就会发育不良，但真菌生长过旺会消耗营养过多，也会使植物生长不良。通过调整植物生长土壤中真菌的种类和数量还会影响植物产生次生代谢产物的数量，可获得较多具有生物活性的物质，目前为研究调控植物次生代谢产物的主要途径之一。

2. 根瘤

土壤中的根瘤细菌、放线菌和某些线虫能侵入植物根部，形成瘤状共生结构，称作根瘤。根瘤菌自根毛侵入根部皮层的薄壁细胞中，并迅速分裂繁殖，皮层细胞受到刺激后也迅速分裂，增加大量新细胞，这样使得根的表面出现很多畸形小突起，即为根瘤。根瘤菌一方面自植物根中取得碳水化合物，同时亦有固氮作用，它能将空气中不可被植物直接利用的游离氮（N_2）转变为可以吸收的氨（NH_3），除满足其本身需要外，这些氨还可为宿主植物提供可利用的含氮化合物，以供植物生长发育。从这种意义上来说，根瘤菌对植物不但无害反而有益。在自然界中，除豆科植物外，木麻黄科、胡颓子科、杨梅科、禾本科等多种植物中也存在根瘤。

二、茎

茎是种子植物重要的营养器官，通常生长在地面以上，也有些植物的茎生长在地下，如藕、姜、黄精、玉竹等。当种子萌发成幼苗时由胚芽连同胚轴开始发育形成主茎，经过顶芽和腋芽的生长，重复分枝，形成植物体整个地上部分。

茎有输导、支持、贮藏和繁殖的功能。根部吸收来的水分和无机盐以及叶制成的有机物质，通过茎输送到植物体各部分以供给各部器官生活的需要。植物的叶、花、果实，都是依靠茎给予支持。有些植物的茎，有贮藏水分和营养物质的作用，如仙人掌的肉质茎贮存大量的水分，甘蔗的茎贮存蔗糖，半夏的块茎贮存淀粉。此外，有些植物能产生不定根和不定芽，如柳、桑、甘薯、马铃薯等，所以常用茎来进行繁殖。

许多植物的茎（或茎皮）可作药材，如木通、大血藤的藤茎，钩藤的带钩茎枝，沉香、降香的心材，通草的茎髓，杜仲、厚朴的茎皮，半夏、浙贝母的地下茎等。

（一）茎的形态

茎一般呈圆柱形。但有的茎呈方形，如唇形科植物薄荷、紫苏的茎；有的呈三角形，如莎草科植物香附的茎；有的呈扁平形，如仙人掌的茎。茎常为实心，但也有些植物的茎是空心的，如芹菜、南瓜的茎等；而稻、麦、竹等禾本科植物的茎的节间中空，节是实心的，且有明显的节和节间，特称它为秆。

茎的顶端有顶芽，叶腋有腋芽，茎上着生叶和腋芽的部位称节，节与节之间称节间。具有节与节间是茎在外形上与根的最主要区别。一般植物的茎节仅在叶着生的部位稍膨大，而有些植物茎节特别明显，呈膨大的环，如牛膝、石竹；也有些植物茎节处特别细缩，如藕。各种植物节间的长短也很不一致，长的可达几十厘米，如竹、南瓜；短的还不到1mm，如蒲公英。

在叶着生处，叶柄和茎之间的夹角处称叶腋，茎枝的顶端和叶腋均生有芽。木本植物的茎枝上还分布有叶痕、托叶痕、芽鳞痕等（图2-26）。分别是叶、托叶、芽鳞脱落后留下的痕迹；有些茎枝表面可见各种形状的浅褐色点状突起皮孔。这些特征常作为鉴别木本植物和茎木类、皮类药材的依据。

着生叶和芽的茎称为枝条，有些植物具有两种枝条，一种节间较长，称长枝，另一种节间很短，称短枝。一般短枝着生在长枝上，能生花结果，所以又称果枝，如苹果、梨和银杏等。

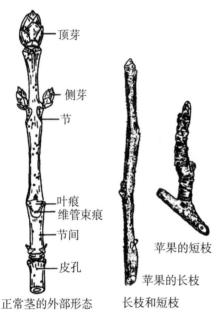

图2-26 茎的外形

正常茎的外部形态   长枝和短枝

顶芽
侧芽
节
叶痕
维管束痕
节间
皮孔
苹果的短枝
苹果的长枝

（二）芽的类型

芽是尚未发育的枝、叶、花或花序。

根据芽的生长位置，芽可分为定芽和不定芽。定芽有固定的生长位置，生于茎枝顶端的称顶芽。生于叶腋的芽称腋芽或侧芽。有的植物腋芽生长位置较低，被覆盖在叶柄的基部内，直到叶脱落后才显露出来，称柄下芽，如刺槐、悬铃木（法国梧桐）、黄檗。不定芽的生长无固定位置，不是从叶腋或枝顶发出，而是生长在茎的节间、根、叶及其他部位（图2-27）。

根据芽的性质分为发育成枝和叶的叶芽、发育成花或花序的花芽和同时发育成枝、叶和花的混合芽。

根据芽的外面有无鳞片包被分为鳞芽和裸芽。

根据芽的活动能力分为活动芽和休眠芽。其中休眠芽的休眠期是相对的，在一定条件下可以萌发，如树木砍伐后，树桩上常见休眠芽萌发出的新枝条。

顶芽
腋芽
定芽   不定芽   裸芽   鳞芽

图2-27 芽的类型

（三）茎的类型（图2-28）

1. 按茎的质地分

（1）木质茎。茎质地坚硬，木质部发达。具木质茎的植物称木本植物。一般有3种类型：若植株高大，具明显主干，下部不分枝的称乔木，如厚朴、杜仲；主干不明显，在基部同时发出若干丛生植株的为灌木，如枸杞、夹竹桃、木芙蓉等；若介于木本和草本之间，仅在基部木质化的称亚灌木或半灌木，如草麻黄、牡丹。

（2）草质茎。茎质地柔软，木质部不发达。具草质茎的植物称草本植物，常分3种类型：若植物在1年内完成其生长发育过程的称1年生草本，如红花、马齿苋；若在第二年完成其生长发育过程的称2年生草本，如白菜、萝卜；若生长发育过程超过2年的称多年生草本，其中地上部分某个部分或全部死亡，而地下部分仍保持生活力的称宿根草本，如人参、白及、黄精、鱼腥草；若植物体保持常绿若干年不凋的称常绿草本，如麦冬、万年青。

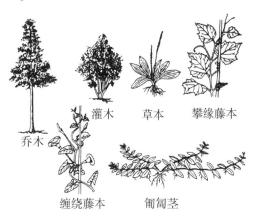

图2-28 茎的类型

（3）肉质茎。茎的质地柔软多汁，肉质肥厚。如芦荟、垂盆草。

2. 按茎的生长习性分

（1）直立茎。茎直立生长于地面，不依附其他物体，如紫苏、杜仲、松。

（2）缠绕茎。茎细长，自身不能直立而依靠茎自身缠绕其他物体作螺旋状上升，如五味子呈顺时针方向缠绕，牵牛、马兜铃呈逆时针方向缠绕，何首乌、猕猴桃则无一定规律。

（3）攀缘茎。茎细长，自身不能直立，依靠攀缘结构依附其他物体上升，如栝楼、葡萄，攀缘结构是茎卷须，豌豆的攀缘结构是叶卷须，爬山虎的攀缘结构是吸盘，钩藤、葎草的攀缘结构是钩、刺；络石、薜荔的攀缘结构是不定根。

（4）匍匐茎。茎细长，平卧地面，沿地表面蔓延生长，节上生有不定根，如连钱草、积雪草、甘薯；如节上不产生不定根则称平卧茎，如蒺藜、地锦。

（四）茎的变态

茎的变态种类很多，可分地上茎的变态和地下茎的变态两大类型。

1. 地上茎的变态

（1）叶状茎（叶状枝）。茎变为绿色的扁平状或针叶状，易被误认为叶，如仙人掌、天门冬等。

（2）刺状茎（枝刺或棘刺）。茎变为刺状，常粗短坚硬不分枝，如山楂、酸橙等，皂荚、枸橘的刺常分枝。刺状茎生于叶腋，可与叶刺相区别。月季茎上的刺是由表皮细胞突起形成，无固定的生长位置，易脱落，称皮刺，与刺状茎不同。

（3）钩状茎。通常呈钩状，粗短，坚硬，无分枝，位于叶腋，由茎的侧轴变态而成，如钩藤。

（4）茎卷须。常见于具攀缘茎植物，茎变为卷须状，柔软卷曲，多生于叶腋，如栝楼等。但葡萄的茎卷须由顶芽变成，而后腋芽代替顶芽继续发育，使茎成为合轴式生长，而茎卷须被挤到叶柄对侧。

（5）小块茎和小鳞茎。有些植物的腋芽常形成小块茎，形态与块茎相似，如山药的零余子（珠芽）。有的植物叶柄上的不定芽也形成小块茎，如半夏。有些植物在叶腋或花序处由腋芽或花芽形成小鳞茎，如卷丹腋芽形成小鳞茎，洋葱、大蒜花序中花芽形成小鳞茎。小块茎和小鳞茎均有繁殖作用（图2-29）。

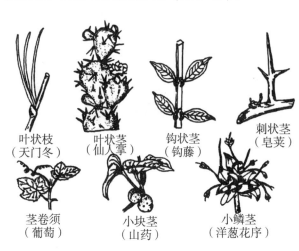

叶状枝
（天门冬）　　叶状茎
（仙人掌）　　钩状茎
（钩藤）　　刺状茎
（皂荚）

茎卷须
（葡萄）　　小块茎
（山药）　　小鳞茎
（洋葱花序）

图2-29　地上茎的变态

（6）假鳞茎。附生的兰科植物茎的基部肉质膨大呈块状或球状部分，此种茎称假鳞茎。如石仙桃、石豆兰、羊耳蒜等。

2. 地下茎的变态

地下茎和根类似，但具有茎的特征，可与根区分。常见的类型有：

（1）根状茎（根茎）。常横卧地下，节和节间明显，节上有退化的鳞片叶，具顶芽和腋芽。不同植物根状茎形态各异，如人参的根状茎短而直立，称芦头；姜、白术的根状茎呈团块状；白茅、芦苇的根状茎细长。黄精、玉竹等的根状茎上具有明显的圆形疤痕，这是地上茎脱落后留下的茎痕。

（2）块茎。肉质肥大，呈不规则块状，与块根相似，但有很短的节；节上具芽及鳞片状退化叶或早期枯萎脱落。如天麻、半夏、马铃薯等。

（3）球茎。肉质肥大呈球形或扁球形，具明显的节和缩短的节间；节上有较大的膜质鳞片；顶芽发达；腋芽常生于其上半部，基部具不定根。如慈菇、荸荠等。

（4）鳞茎。球形或扁球形，茎极度缩短成鳞茎盘，被肉质肥厚的鳞叶包围；顶端有顶芽，叶腋有腋芽，基部生不定根。百合、贝母鳞叶狭，呈覆瓦状排列，外面无被覆盖的称无被鳞茎；洋葱鳞叶阔，内层被外层完全覆盖，称有被鳞茎（图2-30）。

根茎
（姜）　　根茎
（玉竹）　　球茎
（荸荠）　　块茎（半夏）　　顶芽
鳞片叶
鳞茎盘
不定根
鳞茎
（洋葱）　　鳞茎
（百合）

图2-30　地下茎的变态

枇杷叶、桑叶、番泻叶等。

三、叶

叶一般为绿色扁平体，具有向光性，其主要生理功能是进行光合作用、气体交换和蒸腾作用。叶还具有吸收功能，可利用此特征进行喷洒肥料，达到根外施肥的目的。有的植物叶具有繁殖功能，如秋海棠、落地生根等；有的植物叶具有贮藏作用，如百合、贝母的肉质鳞片叶等。药用的叶主要有紫苏叶、

（一）叶的组成

植物的叶形态各异，大小不同，差别悬殊。大的如王莲，直径可达1~2.5m；小的如柏树的鳞叶，仅1~2mm长。叶通常由叶片、叶柄和托叶3部分组成（图2-31）。这3部分俱

全的叶称完全叶，如桃、无花果、月季等。有些植物的叶只具有其中的 1 个或两个部分，称不完全叶，如茶、菠菜、小麦、玉米等。

判断是不是完全叶，要通过观察幼叶的组成才能确定。因为许多植物的托叶容易脱落，只在幼叶时存在；有的托叶较大而抱茎，当幼叶一展开时它便脱落，在成熟的叶柄基部的节上留下环状托叶痕，如无花果、木兰。

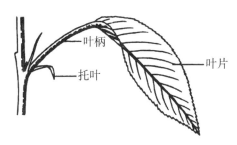

图 2-31　叶的组成

1. 叶片

是叶的主要部分，一般为绿色薄的扁平体，有上表面（腹面）和下表面（背面）之分。叶片的全形称叶形，顶端称叶端或叶尖，基部称叶基，周边称叶缘，叶片内分布有叶脉。

2. 叶柄

一般呈类圆柱形或稍扁平，上方（腹面）常有沟。其形状随植物种类和生长环境的不同有一定差异，如水浮莲、菱等水生植物叶柄膨大成气囊，以利浮水。有的植物叶柄基部有膨大的关节，称叶枕，能调节叶片的位置和休眠运动，如含羞草。有的叶柄能围绕各种物体螺旋状扭曲，起攀缘作用，如旱金莲。有的植物叶片退化，而叶柄变态成叶片状以代替叶片的功能，如台湾相思树（图 2-32）。

有些植物的叶柄基部或叶柄全部扩大成鞘状，称叶鞘，如当归、白芷等伞形科植物叶的叶鞘是由叶柄基部扩大形成的。有些植物的叶鞘是由叶的基部相当于叶柄的部位扩大形成的，如淡竹叶、姜、益智、砂仁等禾本科及姜科植物。

禾本科植物的叶比较特殊，整个叶分为叶鞘和叶片两部分。叶鞘与叶片相接处还具有一些特殊结构，在其相接处的腹面的膜状突起物称叶舌，在叶舌两旁有一对从叶基部边缘延伸出来的突起物称叶耳，叶耳、叶舌的有无、大小及形状常可作为鉴别禾本科植物种的依据之一（图 2-33）。

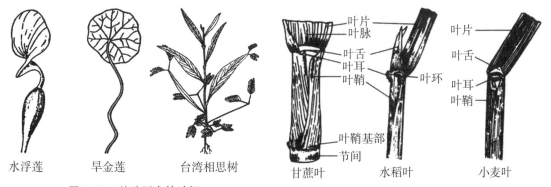

水浮莲　　旱金莲　　台湾相思树

图 2-32　特殊形态的叶柄

甘蔗叶　　水稻叶　　小麦叶

图 2-33　禾本科植物叶片与叶鞘交界处的形态

此外，有些无柄叶的叶片基部包围在茎上，称抱茎叶，如苦荬菜。有的无柄叶基部或对生无柄叶基彼此愈合，被茎所贯穿，称贯穿叶或穿茎叶，如元宝草。

3. 托叶

托叶是叶柄基部两侧的附属物，一般成对着生于叶柄基部两侧。托叶的形状因物种而异。梨的托叶小而呈线状；豌豆的托叶大而明显，叶状；刺槐的托叶变成了刺；菠菜的托叶变成卷须；玉兰和无花果的托叶呈芽鳞状，大而早落，留下环状托叶痕；月季、蔷薇、金樱子的托叶与叶柄愈合成翅状；何首乌、虎杖等蓼科植物的两片托叶边缘愈合成鞘状，包围茎节的基部，称托叶鞘（图2-34）。

（二）叶的形状

叶的形状通常是指叶片的形状。若要较准确地描述叶的形状应该首先描述叶片的全形，然后分别描述叶端、叶基、叶缘的形状和叶脉的分布等各部分的形态特征。

1. 叶片的形状

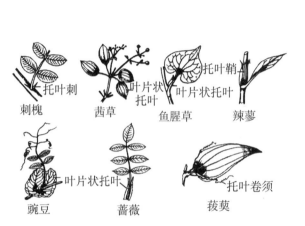

图2-34 托叶的变态

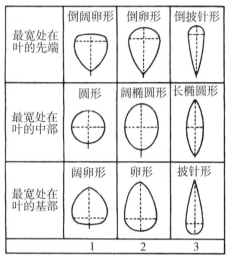

图2-35 叶片的形状图解

叶片的形状主要根据叶片长度和宽度的比例以及最宽处的位置来确定（图2-35）。例如，长是宽的1.5~2倍，最宽处在叶片近基部，称为卵形；若长度与宽度的生长量接近，或是略长一些，而且最宽处在叶片中部，则呈圆形、椭圆形。其他常见的叶片形状

图2-36 叶片的形状

还有：松树叶为针形，海葱、文殊兰叶为带形，银杏叶为扇形，紫荆、细辛叶为心形，积雪草、连钱草叶为肾形，蝙蝠葛、莲叶为盾形，慈菇叶为箭形，菠菜叶为戟形，车前叶为匙形，菱叶为菱形，蓝桉的老叶为镰形，白英叶为提琴形，杠板归叶为三角形，侧柏叶为鳞形（图2-36）。但植物的叶片千差万别，故在描述时也常在前使用"广""长""倒"等字样放在前面，如广卵形、长椭圆形、倒披针形等。

许多植物的叶并不属于任何其中一种类型，而是综合两种形状，这样就必须用不同的术语予以描述，如卵状椭圆形、椭圆状披针形等。

2. 叶端形状

叶片的尖端简称叶端或叶尖。常见的形状有：圆形、钝形、截形、急尖、渐尖、渐狭、尾状、芒尖、短尖、微凹、微缺、倒心形等（图2-37）。

3. 叶基形状

叶片的基部简称叶基。常见的形状有：楔形、钝形、圆形、心形、耳形、箭形、戟形、截形、渐狭、偏斜、盾形、穿茎、抱茎等（图2-38）。

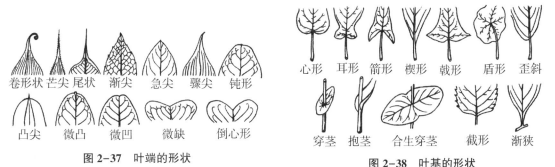

图2-37 叶端的形状

图2-38 叶基的形状

4. 叶缘形状

叶片的边缘称叶缘。常见的叶缘形状有：全缘、波状、锯齿状、重锯齿状、牙齿状、圆齿状、缺刻状等（图2-39）。

5. 叶脉及脉序

叶脉是叶片中的维管束，有输导和支持作用。其中最粗大的叶脉称主脉，主脉的分枝称侧脉，侧脉的分枝称为细脉。叶脉在叶片上的分布及排列形式称脉序，主要有以下3种类型（图2-40）。

图2-39 叶缘的形状

图2-40 脉序的种类

（1）网状脉序。主脉明显粗大，由主脉分出许多侧脉，侧脉再分细脉，彼此连接成网状，是双子叶植物叶脉的特征。其中有一条明显的主脉，两侧分出许多侧脉，侧脉间又多次分出细脉交织成网状，称羽状网脉，如桂花、茶、枇杷等。有的由叶基分出多条较粗大的叶脉，呈辐射状伸向叶缘，再多级分枝形成网状，称掌状网脉，如南瓜、蓖麻等。少数单子叶植物也具有网状脉序，如薯蓣、天南星，但其叶脉末梢大多数是连接的，没有游离的脉梢。此点有别于双子叶植物的网状脉序。

（2）平行脉序。叶脉多不分枝，各条叶脉近似于平行分布。大多数单子叶植物具有平行脉。其中主脉和侧脉自叶基平行发出，直达叶端，称直出平行脉，如淡竹叶、麦冬等。主脉明显，侧脉垂直于主脉，彼此平行，直达叶缘，称横出平行脉，如芭蕉等。各条叶脉均自基部以辐射状态伸出，称射出平行脉，如棕榈。叶脉从叶片基部直达叶尖，中部弯曲呈弧形，称弧形脉，如车前、黄精、紫萼等。

（3）二叉脉序。每条叶脉均呈多级二叉状分枝，是比较原始的脉序，常见于蕨类植物，裸子植物中的银杏亦具有这种脉序。

6. 叶片的质地

常见的有膜质，叶片薄而半透明，如半夏，有的膜质叶干薄而脆，不呈绿色，称干膜质，如麻黄；草质，叶片薄而柔软，如薄荷、藿香等；革质，叶片厚而较强韧，略似皮革，如枇杷、山茶、夹竹桃等；肉质，叶片肥厚多汁，如马齿苋、红景天、芦荟等。

（三）叶片的分裂、单叶和复叶

1. 叶片的分裂

一般植物的叶片常是全缘或仅叶缘具齿或细小缺刻，但有些植物的叶片叶缘缺刻深而大，形成分裂状态，常见的叶片分裂有羽状分裂、掌状分裂和三出分裂3种。依据叶片裂隙的深浅不同，又可分为浅裂、深裂和全裂。浅裂为叶裂深度不超过或接近叶片宽度的四分之一；深裂为叶裂深度超过叶片宽度的四分之一；全裂为叶裂深度几达主脉或叶柄顶部（图2-41）。

2. 单叶和复叶

植物的叶有单叶和复叶两类，是植物类群的鉴别依据之一。在1个叶柄上只着生1片叶片，称单叶，如厚朴、女贞、枇杷等。1个叶柄上生有两个以上叶片的叶，称复叶，如五加、甘草等。复叶的叶柄称总叶柄，总叶柄上着生叶片的轴状部分称叶轴，复叶上的每片叶子称小叶，小叶的柄称小叶柄（图2-42）。根据小叶的数目和在叶轴上排列的方式不同，复叶又分为以下几种（图2-43）。

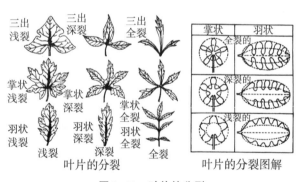

图 2-41　叶片的分裂

图 2-42　复叶

（1）三出复叶。叶轴上着生有3片小叶的复叶。若顶生小叶具有柄的，称羽状三出复叶，如大豆、胡枝子叶等。若顶生小叶无柄的称掌状三出复叶，如半夏、酢浆草等。

（2）掌状复叶。叶轴短缩，在其顶端着生3片以上的呈掌状展开的小叶，如五加、人参、五叶木通等。

（3）羽状复叶。叶轴长，小叶片在叶轴两侧成羽状排列。羽状复叶又分为以下几种。

①单（奇）数羽状复叶：羽状复叶的叶轴顶端只具1片小叶，如苦参、槐树等。

②双（偶）数羽状复叶：羽状复叶的叶轴顶端具有两片小叶，如决明、蚕豆等。

③二回羽状复叶：羽状复叶的叶轴作1次羽状分枝，在每一分枝上又形成羽状复叶，如合欢、云实等。

④三回羽状复叶：羽状复叶的叶轴作 2 次羽状分枝，最后一次分枝上又形成羽状复叶，如南天竹、苦楝等。

（4）单身复叶。是一种特殊形态的复叶，可能是由三出复叶两侧的小叶退化成翼状而形成。叶轴的顶端具有 1 片发达的小叶，两侧的小叶成翼状，其顶生小叶与叶轴连接处有一明显的关节，如柑橘、柚叶等。

具单叶的小枝条和羽状复叶之间有时易混淆，识别时首先要弄清叶轴和小枝的区别：第一，叶轴先端无顶芽，而小枝先端具顶芽；第二，小叶叶腋无腋芽，仅在总叶柄腋内有腋芽，而小枝上每一单叶叶腋均具腋芽；第三，复叶的小叶与叶轴常成一平面，而小枝上单叶与小枝常成一定角度；第四，落叶时复叶是整个脱落或小叶先落，然后叶轴连同总叶柄一起脱落，而小枝一般不落，只有叶脱落。

（四）叶序

叶在茎枝上排列的次序或方式称叶序。常见的叶序有以下几种（图 2-44）。

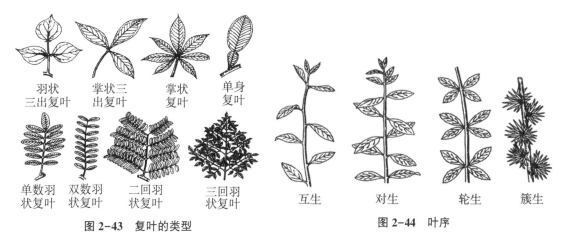

羽状三出复叶　掌状三出复叶　掌状复叶　单身复叶

单数羽状复叶　双数羽状复叶　二回羽状复叶　三回羽状复叶

互生　对生　轮生　簇生

图 2-43　复叶的类型　　　　　图 2-44　叶序

1. 互生

在茎枝的每 1 节上只生 1 片叶子，各叶交互而生，沿茎枝螺旋状排列，如桃、柳、桑等。

2. 对生

在茎枝的每 1 节上相对着生两片叶子，有的与相邻两叶成十字形排列为交互对生，如薄荷、龙胆等；有的对生叶排列于茎的两侧成二列状对生，如女贞、水杉等。

3. 轮生

在茎枝的每 1 节上轮生 3 片或 3 片以上的叶子，如夹竹桃、轮叶沙参等。

4. 簇生

两片或两片以上的叶着生在节间极度缩短的侧生短枝上，密集成簇，如银杏、枸杞、落叶松等。此外，有些植物的茎极为短缩，节间不明显，其叶如从根上生出而成莲座状，称基生叶，如蒲公英、车前、野老鹳草等。

（五）叶的变态

叶的变态种类很多，常见的类型有以下几种。

1. 苞片

生于花或花序下面的变态叶称苞片。其中生在花序外围或下面的苞片称总苞片；花序中每朵小花花柄上或花萼下的苞片称小苞片。苞片的形状多与普通叶不同，常较小，绿色，亦有形大而呈其他颜色的。如向日葵等菊科植物花序外围的总苞是由多数绿色的总苞片组成；鱼腥草花序下面的总苞是由 4 片白色的花瓣状总苞片组成；半夏、马蹄莲等天南星科植物的花序外面常有 1 片大型的总苞片称佛焰苞。

2. 鳞叶

叶特化或退化成鳞片状称鳞叶。可分为膜质和肉质两种：肉质鳞叶肥厚，能贮藏营养物质，如百合、贝母、洋葱等鳞茎上的肥厚鳞叶；膜质鳞叶较薄，一般不呈绿色，如姜的根状茎以及慈菇、荸荠球茎上的鳞叶等。

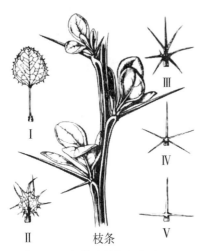

Ⅰ → Ⅴ 小檗叶刺的发育过程

图 2-45 小檗的叶刺

3. 叶刺

叶片或托叶变态成刺状，如小檗（图 2-45）；仙人掌类植物的刺是叶退化而成；刺槐的刺是由托叶变态而成；红花、枸骨上的刺是由叶尖、叶缘变成的。

4. 叶卷须

叶全部或部分变成卷须，借以攀缘它物。如豌豆的卷须是由羽状复叶上部的小叶变成，菝葜的卷须是由托叶变成。根据卷须的来源和生长位置也可与茎卷须区别。

5. 捕虫叶

捕虫植物的叶常变态成盘状、瓶状或囊状以利捕食昆虫，称捕虫叶。其叶的结构有许多能分泌消化液的腺毛或腺体，并有感应性，当昆虫触及时能立即自动闭合，将昆虫捕获而用消化液将其消化，如茅膏菜、猪笼草等。

四、花

花是种子植物特有的繁殖器官，通过传粉和受精，可以形成果实或种子。被子植物的花高度进化，构造复杂，形式多样，一般所说的花是指被子植物的花。

很多植物的花可供药用。花类药材中有的是植物的花蕾，如辛夷、金银花、丁香、槐米等；有的是已开放的花，如洋金花、木棉花、金莲花等；有的是花的一部分，如莲须是雄蕊，玉米须是花柱，番红花是柱头，松花粉、蒲黄是花粉粒，莲房则是花托；也有的是花序，如菊花、旋覆花、款冬花等。

（一）花的组成及形态

被子植物典型的花包括花梗、花托、花萼、花冠、雄蕊群和雌蕊群 6 部分（图 2-46）。花梗和花托主要起支持作用。花萼和花冠合称花被，起保护花蕊和引诱昆虫传粉等作用。雄蕊和雌蕊合称花蕊，具有生殖功能，是花中最重要的部分。

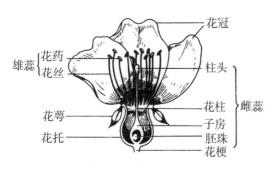

图 2-46 花的组成部分

1. 花梗和花托

花梗又称花柄，常绿色、圆柱形，是花与茎的连接部分，结果后发育成果柄。

花托是花梗顶端稍膨大的部分，花被、雄蕊群和雌蕊群等以一定方式着生在花托上。花托的形状随植物种类而异，大多数植物的花托呈平坦或稍凸起的圆顶状，也有的呈各种形状，如木兰、厚朴等呈圆柱状，草莓、蛇莓呈圆锥状，莲呈倒圆锥状，金樱子、蔷薇、桃等凹陷呈杯状。有的植物花托在雌蕊基部或在雄蕊与花冠之间形成肉质增厚部分，呈扁平垫状、杯状或裂瓣状，常能分泌蜜汁，称花盘，如柑橘、卫矛、枣等。此外花托在雌蕊基部向上延伸成柄状，称雌蕊柄，如黄连、落花生等；而花托在花冠以内部分延伸成柄状，称雌、雄蕊柄，如白花菜、西番莲、萍婆等。

2. 花被

花被是花萼和花冠的总称。多数植物的花被分化为花萼与花冠，如桃、木槿等。有一些植物的花被无明显分化，形态相似，如百合、黄精等。

（1）花萼。是一朵花中所有萼片的总称，位于花的最外层，常绿色，也有的具鲜艳颜色称瓣状萼，如乌头、铁线莲等。花萼的作用主要是保护幼花、幼果，也可进行光合作用。

萼片之间彼此分离的花萼称离生萼，如油菜、桃花等；萼片之间部分或全部联合的花萼称合生萼，如辣椒、桔梗等。合生萼下部联合的部分称萼筒或萼管，顶端分离的部分称萼齿。有些植物的萼筒下部向一侧凸起并延伸成管状物，称距，如凤仙花。萼片通常只有一轮，若其下方另有一轮类似萼片状的苞片，称副萼，如木芙蓉等。有些植物的萼片在花冠开放前先脱落，称早落萼，如延胡索；也有的花萼花谢后不脱落并随果实一起增大，称宿存萼，如番茄、茄子。

（2）花冠。是一朵花中所有花瓣的总称。花瓣常具各种鲜艳的色彩。

各花瓣之间彼此分离称离瓣花冠，如油菜、山茱萸等；花瓣彼此联合称合瓣花冠，其下部联合的部分称花冠筒或花筒，上部分离的部分称花冠裂片，如桔梗；有些植物的花瓣基部延伸成管状或囊状物，也称距，如紫花地丁、延胡索等；有些植物的花冠上或花冠与雄蕊之间存在有瓣状附属物，称副花冠，如水仙、夹竹桃等。

花冠类型是植物分类鉴别的重要依据。常见的花冠类型有（图2-47）：

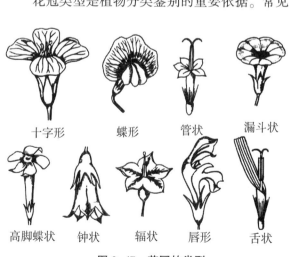

十字形　　蝶形　　管状　　漏斗状

高脚蝶状　钟状　　辐状　　唇形　　舌状

图2-47　花冠的类型

①十字形花冠：花瓣4枚，离生，上部外展排成十字形，如萝卜等十字花科植物。

②蝶形花冠：花瓣5枚，离生，上面1枚花瓣最大且位于最外方称旗瓣；侧面两枚较小称翼瓣；最下面两枚最小，常顶部联合且向上弯曲呈龙骨状，称龙骨瓣；如黄芪、甘草、槐等蝶形花亚科植物。若旗瓣最小，位于翼瓣内侧，称假蝶形花冠，如紫荆、决明等云实亚科植物。二者的区别在于花瓣大小和排列顺序不同。

③唇形花冠：花瓣5枚，下部联合呈筒状，上部裂片呈二唇形，上唇由2枚裂片联合而成，下唇由3枚裂片联合而成，如薄荷、益母草等唇形科植物。

④管状花冠：花瓣合生，花冠筒呈细长管状，花冠裂片向上伸展，如向日葵、红花等菊科植物的管状花。

⑤舌状花冠：花冠基部联合成短筒，上部向一侧延伸并联合成扁平舌状，如蒲公英、菊花等菊科植物的舌状花。

⑥漏斗状花冠：花瓣合生，花冠筒较长，自下而上逐渐扩大，上部外展，整体呈漏斗状，如牵牛、曼陀罗等。

⑦高脚碟状花冠：花瓣合生部呈细长管状，上部突然水平展开呈碟状，整体呈高脚碟子状，如络石、长春花等。

⑧钟状花冠：花瓣合生，花冠筒宽而稍短，上部裂片斜向外展呈钟形，如沙参、桔梗等桔梗科植物。

⑨辐状或轮状花冠：花瓣合生，花冠筒极短而广展，花冠裂片由基部向四周辐射状伸展，形状如车轮，如茄子、枸杞、龙葵等部分茄科植物。

⑩坛状花冠：花瓣合生，花冠筒膨大呈卵形或球形，上部收缩成一短颈，短小的花冠裂片向四周辐射状伸展，如柿树、乌饭树等。

3. 雄蕊群

雄蕊群是一朵花中所有雄蕊的总称。

（1）雄蕊的组成。绝大多数植物的雄蕊可分为花丝和花药两部分。花丝基部一般着生在花托上，也有下部与花冠合生的，称冠生雄蕊，如茄子。花药通常由 2 个或 4 个花粉囊或称药室组成，分成左右两半，中间以药隔相连。

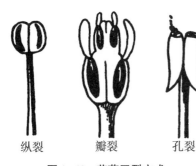

图 2-48 花药开裂方式

纵裂　瓣裂　孔裂

花粉粒成熟后，花粉囊自行开裂，花粉由裂口散出。花药开裂有多种方式，主要有（图 2-48）：纵裂，即花粉囊沿纵轴开裂，如百合等；孔裂，即花粉囊顶端裂开一小孔，花粉粒由孔中散出，如罂粟等；瓣裂，即每个花粉囊有 1~4 个向外展开的小瓣，成熟时，瓣片向上掀起，散出花粉粒，如淫羊藿等；横裂，即花粉囊沿中部横裂 1 缝，花粉粒从裂缝中散出。

（2）雄蕊的类型。不同植物雄蕊群因花丝的长短、雄蕊的数目、联合或分离、排列方式等不同，形成了不同的形态类型，常见的有（图 2-49）：

①离生雄蕊：一朵花中雄蕊定数或多数，全部彼此分离，如桃、李、牡丹等。是被子植物最常见的雄蕊类型。

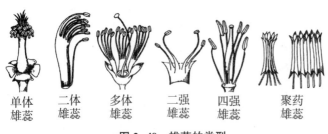

单体　二体　多体　二强　四强　聚药
雄蕊　雄蕊　雄蕊　雄蕊　雄蕊　雄蕊

图 2-49 雄蕊的类型

②二强雄蕊：一朵花中雄蕊 4 枚，其中 2 枚花丝较长，2 枚花丝较短，如薄荷、玄参等。

③四强雄蕊：一朵花中雄蕊 6 枚，其中 4 枚花丝较长，2 枚花丝较短，如油菜、萝卜等十字花科植物。

④单体雄蕊：一朵花中雄蕊的花丝联合成一束，呈筒状，而花药分离，如木芙蓉、木槿、香椿、苦楝等。

⑤二体雄蕊：一朵花中雄蕊的花丝联合并分成 2 束，如甘草、黄芪等蝶形花亚科植物有10 枚雄蕊，9 枚联合，1 枚分离。延胡索等罂粟科植物有 6 枚雄蕊，每 3 枚为 1 束。

⑥多体雄蕊：一朵花中雄蕊的花丝联合成数束，如金丝桃、代代花等。

⑦聚药雄蕊：一朵花中雄蕊的花丝分离，花药合生呈筒状，如红花、白术等菊科植物。

此外，少数植物花中，部分雄蕊不具花药，或仅见痕迹，称不育雄蕊或退化雄蕊，如丹参、鸭跖草等；也有少数植物的雄蕊发生变态呈花瓣状，没有花药与花丝的区别，如姜、姜黄、美人蕉等。

4. 雌蕊群

雌蕊群是一朵花中所有雌蕊的总称，位于花的中心部位，一朵花中可以有1至多枚雌蕊。

（1）雌蕊的组成。雌蕊可分为柱头、花柱、子房3部分。构成雌蕊的单位是心皮，为具有生殖功能的变态叶，雌蕊可由1至多枚心皮组成。裸子植物的心皮（又称大孢子叶或珠鳞）伸展成叶片状，胚珠裸露在外；被子植物的心皮边缘结合成封闭的囊状结构，称雌蕊，胚珠包被在雌蕊内，这是被子植物区别于裸子植物的主要特征。被子植物心皮卷合形成雌蕊后，心皮中脉部分的缝线称背缝线；其边缘愈合的缝线称腹缝线，胚珠着生在腹缝线上。

（2）雌蕊的类型。根据一朵花中雌蕊和心皮数目不同，可分为以下类型（图2-50）：

①单雌蕊：1朵花中仅由1枚心皮构成的雌蕊，如豌豆、野葛、桃等。

②离生雌蕊：1朵花中有多枚心皮，各心皮彼此分离所构成的雌蕊，如乌头、厚朴、鹅掌楸等。

③复雌蕊：1朵花中有2至多枚心皮彼此联合构成1个雌蕊，又称合生雌蕊，如油菜、向日葵等的雌蕊

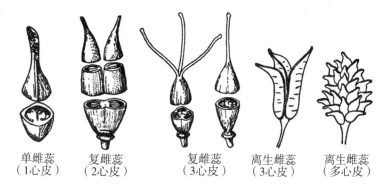

| 单雌蕊
（1心皮） | 复雌蕊
（2心皮） | 复雌蕊
（3心皮） | 离生雌蕊
（3心皮） | 离生雌蕊
（多心皮） |

图2-50　雌蕊的类型

为2心皮；百合、南瓜的雌蕊为3心皮；卫矛的雌蕊为4心皮；桔梗、木槿的雌蕊为5心皮；桔的雌蕊则由5枚以上心皮联合而成。组成雌蕊的心皮数常可由柱头和花柱的分裂数目、子房上背缝线以及子房室数等来判断。

（3）子房的位置。子房着生在花托上，因与花托愈合的程度不同，子房与花被、雄蕊之间的关系也发生变化，常可分为以下类型（图2-51）：

①子房上位：子房仅底部与花托愈合。有两种类型：花托扁平或隆起，花被和雄蕊着生位置低于子房，称下位花，如油菜、百合等；若花托或花筒凹陷呈杯状，子房着生于杯状花托或花筒内壁上但仅基部与花托愈合，花被和雄蕊着生在花托或花筒边缘，称周位花，如桃、杏等。

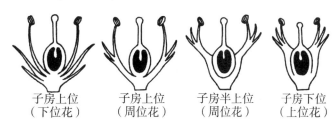

| 子房上位
（下位花） | 子房上位
（周位花） | 子房半上位
（周位花） | 子房下位
（上位花） |

图2-51　子房的位置

②子房下位：子房完全埋在花托或花筒内且与其愈合，花被和雄蕊着生于子房上部的花托或花筒边缘，称上位花，如苹果、黄瓜等。

③子房半下位：子房下半部埋在凹陷的花托或花筒中并与之愈合，子房上半部、花柱和

柱头仍独立外露，花被和雄蕊着生在子房周围的花托或花筒边缘。这种花也称周位花，如桔梗、马齿苋等。

（4）子房的室数。子房室的数目由心皮的数目及其结合状态而定。单雌蕊或离生雌蕊的每一个子房只有1室，称单子房，如豌豆、野葛等豆科植物的子房。复雌蕊的子房称复子房，又分两种情况：一种是多个心皮仅边缘联合，形成的子房只有1室，为单室复子房，如栝楼、黄瓜等葫芦科植物的子房；另一种是心皮边缘向内卷入，在中心联合形成柱状结构，称中轴，形成的子房室数与心皮数相等，为复室复子房，复室复子房室的间壁称隔膜，如百合、黄精、桔梗的子房。有的子房室可能被次生的间壁完全或不完全地分隔，次生间壁称假隔膜，如菘蓝、芥菜等十字花科植物的子房。

（5）胎座类型。胚珠常沿心皮的腹缝线着生，其在子房内着生的部位称胎座。胎座因雌蕊的心皮数目及心皮联合的方式不同有多种类型（图2-52）。

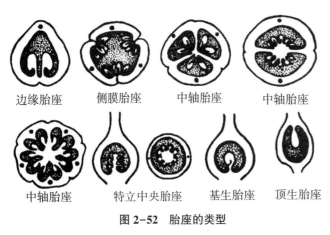

边缘胎座　侧膜胎座　中轴胎座　中轴胎座

中轴胎座　特立中央胎座　基生胎座　顶生胎座

图2-52　胎座的类型

①边缘胎座：单雌蕊或离生雌蕊，子房1室，多枚胚珠沿腹缝线边缘着生，如豌豆。

②侧膜胎座：多数心皮仅在边缘愈合形成单室复子房，多数胚珠着生在子房壁的腹缝线上，如延胡索、南瓜等。

③中轴胎座：多数心皮边缘向内延伸至中央并愈合成中轴，形成复室复子房，多枚胚珠着生在中轴上，其子房室数常与心皮数目相等，如玄参、贝母等。

④特立中央胎座：早期或为复室复子房的中轴胎座，随着发育，子房室的隔膜和中轴上部消失，形成1室，多枚胚珠仍着生在独立的中轴上，如石竹、太子参等。

⑤基生胎座：雌蕊1枚，子房1室，心皮1~3枚，1枚胚珠着生在子房室基部，如何首乌、向日葵、白术等。

⑥顶生胎座：雌蕊1枚，子房1室，心皮1~3枚，1枚胚珠着生在子房室顶部，如桑、及己等。

⑦全面胎座：胚珠着生在子房内壁和隔膜上，是少数植物一种原始的胎座类型，如睡莲、芡等。

（6）胚珠的构造。胚珠常呈椭圆形或近圆形，受精后发育成种子。大多数被子植物的胚珠具有2层珠被，包围珠心，外层为外珠被，内层为内珠被。裸子植物和少数被子植物仅有1层珠被，极少数种类无珠被。胚珠基部有一与胎座相连的短柄称珠柄，维管束从胎座经珠柄进入胚珠；顶端的珠被常不相连而留下1小孔，称珠孔，是花粉管进入珠心完成受精的通道。珠心是胚珠的重要部分，珠心中央发育产生胚囊。成熟胚囊常由1个卵细胞、2个助细胞、3个反足细胞和2个极核细胞等8个细胞组成。珠被、珠心基部和珠柄相结合处称合点，是维管束进入胚囊的通道。

（二）花的类型

被子植物的花在长期的演化过程中，各部分都发生着不同程度的变化，使花的形态构造多种多样。依据不同特征，可以将花划分为多种类型体系，常见的有：

1. 完全花和不完全花

1朵花中具有花萼、花冠、雄蕊群、雌蕊群4部分称完全花，如油菜、茄子等；缺少其中1部分或几部分的花称不完全花，如柳树、南瓜等。

2. 重被花、单被花、无被花和重瓣花

多数植物的花被分为内外两轮，1朵花中同时具有花萼和花冠称重被花，如桃、油菜等。有些植物仅有花萼而无花冠称单被花，其花萼常称花被，其中一些单被花的花被片不显著甚至呈膜状，如菠菜；一些单被花的花被片具鲜艳的颜色，显著且排成一至多层，如厚朴的花被片呈白色。还有部分植物的花不具花被，称无被花或裸花，无被花常具显著的苞片，如杨、杜仲等（图2-53）。

3. 两性花、单性花和无性花

1朵花中同时有正常发育的雄蕊和雌蕊，称两性花，如杜鹃、油菜等。花仅有正常发育的雄蕊或雌蕊，称单性花，其中只有雄蕊的称雄花，仅有雌蕊的称雌花；雄花和雌花生于同一株植物上，称单性同株或雌雄同株，如南瓜、半夏

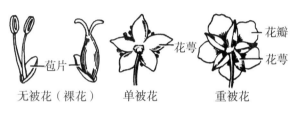

图 2-53 花的类型

等；若雌花和雄花分别生于不同植株上，称单性异株或雌雄异株，如银杏、杜仲等。同一株植物上既有两性花，又有单性花称杂性同株，如朴树；若同种植物的两性花和单性花分别生于不同植株上称杂性异株，如葡萄。雄蕊和雌蕊均退化或发育不全，称中性花或无性花，如八仙花花序周围的花。

4. 辐射对称花、两侧对称花和不对称花

植物花瓣的形状、大小相同，花的中心具两个或两个以上对称面的花称辐射对称花或整齐花，十字形、幅状、管状、钟状、漏斗状等花冠均属此类型，如桃花、油菜花等。若花被各片的形状、大小不一，通过其中心只可作1个对称面的花称两侧对称花或不整齐花，蝶形、唇形、舌状花冠属此类型，如蚕豆、蒲公英等。通过花的中心不能作出任何对称面的花称不对称花，如美人蕉等。

（三）花程式

采用字母、符号及数字等对花部主要特征进行简要描述的方式称花程式。其记载内容为花的性别、对称性、花萼、花冠、雄蕊群、雌蕊群；若为单性花，需分别记录，一般雄花在前，雌花在后。主要方法是：

1. 以拉丁名（或德文）首字母的大写表示花的各组成部分

P：表示花被，来源于拉丁文。

K：表示花萼，来源于德文 kelch。

C：表示花冠，来源于拉丁文 corolla。

A：表示雄蕊，来源于拉丁文 androecium。

G：表示雌蕊，来源于拉丁文 gynoecium。

2. 以数字表示花各部分的数目

在各拉丁字母的右下角以1、2、3、4、…、10表示其数目；以 ∞ 表示10枚以上或数目不定；以0表示该部分缺少或退化；在雌蕊的右下角依次以数字表示心皮数、子房室数、每

室胚珠数，并用"："相连。

3. 以符号表示其他特征

如以☿表示两性花，以♀表示雌花，以♂表示雄花。以＊或×表示辐射对称花；以↑或•|•表示两侧对称花。各部分的数字加"（）"表示联合；数字之间加"+"表示排列的轮数或按形态分组。在 G 的上方或下方加"—"表示子房位置，如 $\underline{G}$ 表示子房上位；$\overline{G}$ 表示子房下位；$\overline{\underline{G}}$ 表示子房半下位。

举例说明如下：

玉兰花程式：$☿ * P_{3+3+3} A_{\infty} \underline{G}_{\infty:1:2}$

表示：玉兰花为两性花；辐射对称；单被花，花被片 3 层，每层 3 枚，分离；雄蕊多数，分离；雌蕊子房上位，心皮多数，分离，每室 2 枚胚珠。

紫藤花程式：$☿ ↑ K_{(5)} C_5 A_{(9)+1} \underline{G}_{(1:1:\infty)}$

表示：紫藤花为两性花；两侧对称；萼片 5，联合；花瓣 5，分离；雄蕊 10，9 合 1 离二体雄蕊；雌蕊子房上位，1 心皮，1 室，每室胚珠多数。

（四）花序

花序是花在花轴或花枝上的排列方式和开放次序。有些植物的花单生于茎的顶端或叶腋，称花单生，如玉兰、牡丹等。多数植物的花按一定次序集中排列在花枝上而形成花序。花序中的花称小花，着生小花的茎状部分称花序轴或花轴，花序轴分枝或不分枝；支持整个花序的茎轴称总花梗（柄），小花的花梗称小花梗，无叶的总花梗称花葶。根据花在花轴上的排列方式和开放次序，可以分为无限花序和有限花序两大类。

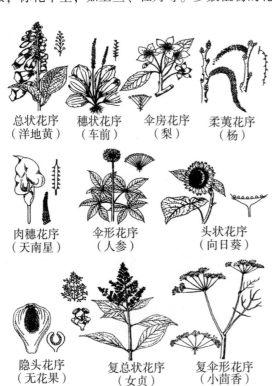

总状花序（洋地黄）　穗状花序（车前）　伞房花序（梨）　柔荑花序（杨）

肉穗花序（天南星）　伞形花序（人参）　头状花序（向日葵）

隐头花序（无花果）　复总状花序（女贞）　复伞形花序（小茴香）

图 2-54　无限花序的类型

1. 无限花序

开花期间，花序轴的顶端持续向上生长，并不断产生新的花蕾，花序轴下部或周围的花先发育，逐渐向上部或向中心依次开放。常见的无限花序类型有（图 2-54）：

（1）总状花序。花序轴细长且不分枝，其上着生许多花梗近等长的小花，如油菜、荠菜等十字花科植物。

（2）复总状花序。花序轴产生许多分枝，每 1 分枝上又形成 1 总状花序，整个花序呈圆锥状，又称圆锥花序，如玉米、女贞等。

（3）穗状花序。花序轴细长且不分枝，其上着生许多花梗极短或无梗的小花，如车前。

（4）复穗状花序。花序轴产生许多分枝，每 1 分枝上又形成 1 穗状花序，如小麦。

（5）柔荑花序。花序轴柔软，下垂，其上着生许多无梗的单性或两性小花，如柳、枫杨等。

（6）肉穗花序。花序轴肉质肥大呈棒状，其上着生许多无梗的单性小花，大多数花序下面有 1 大型苞片，称佛焰苞，如天南星、半夏等天南星科植物。

（7）伞房花序。花序轴较短，下部的小花梗较长，上部的小花梗依次渐短，整个花序的花几乎排列在一个平面上，如山楂、苹果等蔷薇科植物。

（8）复伞房花序。花序轴上的分枝呈伞房状，每 1 分枝上又形成伞房花序，如绣线菊、花楸等。

（9）伞形花序。花序轴极短，许多小花从顶部一起伸出，小花梗近等长，状如张开的伞，如五加、人参等五加科植物。

（10）复伞形花序。花序轴顶端丛生数个长短近等长的分枝，排成伞形，每 1 分枝上又形成伞形花序，如前胡、野胡萝卜等伞形科植物。

（11）头状花序。花序轴顶端缩短膨大成头状、盘状的花序托，其上集生多数无梗小花，下方常有一至数层苞片组成的总苞，如向日葵、刺儿菜等菊科植物。

（12）隐头花序。花序轴肉质肥厚膨大而下凹成中空的囊状体，其凹陷的内壁上着生许多无梗的单性小花，顶端仅具 1 小孔与外面相通，小孔为进行传粉的通道，如无花果、薜荔等部分桑科植物。

2. 有限花序

植物在开花期间，花序轴顶端或中心的花先开，因此，花序轴不能继续向上生长，只能在顶花下方产生侧轴，侧轴又是顶花先开，这种花序称有限花序，其开花顺序是由上而下或由内而外依次进行。根据花序轴产生侧轴的情况不同，常见的有限花序类型有（图 2-55）：

（1）单歧聚伞花序。花序轴顶端生 1 朵花，而后在其下方依次产生 1 侧轴，侧轴顶端同样生 1 朵花，如此逐次连续分枝，各次分枝的方向又有所不同。若花序轴的分枝均在同一侧产生，使花序卷曲呈螺旋状，称螺旋状聚伞花序，如紫草、附地菜等；若侧生分枝在左右两侧间隔交互产生称蝎尾状聚伞花序，如唐菖蒲、射干等。

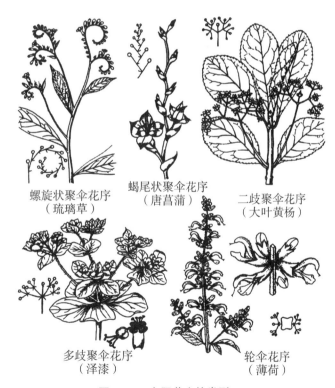

螺旋状聚伞花序
（琉璃草）

蝎尾状聚伞花序
（唐菖蒲）

二歧聚伞花序
（大叶黄杨）

多歧聚伞花序
（泽漆）

轮伞花序
（薄荷）

图 2-55　有限花序的类型

（2）二歧聚伞花序。花序轴顶端生 1 朵花，而后在其下方两侧同时产生两个近等长的侧轴，每一侧轴再以同样方式开花并分枝，称二歧聚伞花序，如卷耳、卫矛等。

（3）多歧聚伞花序。花序轴顶端生 1 朵花，而后在其下方同时产生数个侧轴，侧轴常比主轴长，各侧轴又形成小的聚伞花序，称多歧聚伞花序，如大戟、泽漆等大戟科植物。其大戟属许多植物多歧聚伞花序结构特殊，由 1 枚位于中间的雌花和多枚位于周围的雄花同生于 1 个杯状总苞内组成，又称大戟花序或杯状聚伞花序。

（4）轮伞花序。聚伞花序着生在对生叶腋，因花序轴及花梗极短而呈轮状排列，称轮伞花序，如益母草、薄荷等唇形科植物。

花序的类型常随植物种类而异，同科植物常具同类型的花序。但部分植物在同一花序上呈现多种典型的无限花序或有限花序类型，称混合花序。混合花序的主花序轴常形成无限花序，侧生花序轴常形成有限花序，如丹参、紫苏为假总状轮伞花序；楤木为圆锥状伞形花序；豨莶草为圆锥状头状花序等。

（五）开花、传粉与受精

1. 开花

开花是种子植物发育成熟的标志。不同种类植物的开花年龄、季节和花期不完全相同。1 年生草本植物当年开花结果后逐渐枯死；2 年生草本植物常第一年主要行营养生长，第二年开花后完成生命周期；大多数多年生植物到达开花年龄后可年年开花；但竹类一生中只开花 1 次。植物花期亦随植物种类而异，有的先花后叶，有的花叶同放，有的先叶后花。

2. 传粉

花粉囊散出的成熟花粉，借助一定媒介，被传送到本花或其他花雌蕊柱头上的过程称传粉。有些植物不待开花就完成了传粉，甚至结束受精作用，称闭花授粉或闭花受精。传粉的媒介有风、水、虫、鸟等，传粉方式有自花传粉和异花传粉两种。

（1）自花传粉。是雄蕊的花粉自动落在本花柱头上的传粉现象，如小麦、棉花、番茄等；豌豆、落花生等属闭花授粉。自花传粉植物花的特征是：两性花，雄蕊围绕雌蕊而生，雄蕊与雌蕊同时成熟，花药的位置高于柱头，柱头可接受自花的花粉。

（2）异花传粉。是雄蕊的花粉借助风或昆虫等媒介传送到另一朵花柱头上的现象。借风传粉的花称风媒花，其特征是：多为单性花，单被或无被花，花粉量多，柱头面大并有黏液质，雌蕊、雄蕊异长或异位，自花不育性等，如杨、柳等；借昆虫传粉的花称虫媒花，其特征是：多为两性花，雄蕊和雌蕊不同时成熟，花有蜜腺、香气，花被颜色鲜艳，花粉量少，花粉粒表面多具突起，花的形态构造较适应昆虫传粉，如益母草、南瓜等。此外，还有鸟媒花和水媒花等。

3. 受精

植物的雌、雄配子，即卵细胞和精子相互融合，形成合子的过程称受精。其过程如下：成熟花粉粒经传粉后落到柱头上，花粉粒内壁穿过萌发孔向外伸出形成花粉管，最终仅有 1 个花粉管能持续生长，经由花柱伸入子房。若是 3-细胞型花粉粒，营养细胞和 2 个精子细胞都进入花粉管；若是 2-细胞型花粉粒，营养细胞和生殖细胞亦都进入花粉管，生殖细胞在花粉管内再分裂成 2 个精子。大多数植物的花粉管到达胚珠时，经珠孔进入胚囊，称珠孔受精。少数植物则由合点进入胚囊，称合点受精。花粉管进入胚囊后，先端破裂，释放出的 2 个精子均进入胚囊，其中一个精子与卵结合，称受精，形成二倍体的受精卵（合子），进而发育成胚；另一精子则与 2 个极核结合或与 1 个次生核结合，也称受精，形成三倍体的初生胚乳核，将来发育成胚乳。这一过程称双受精，是被子植物特有的现象。双受精过程中，合子既恢复了植物体原有的染色体数目，保持了物种的相对稳定性，又将来自父本和母本遗传物质进行了重组，并在同样具有父、母本的遗传性的胚乳中孕育，增强了后代的生活力和适应性，也为后代提供了出现变异的基础。

（六）成花生理

花的形成是植物生活史上的一个重要转折点，标志着植物从营养生长转变为生殖生长阶段。但这种转变只能是植物一生的某一时刻，即植物必须达到一定年龄和生理状态时，才能在适宜的条件下诱导成花。该过程至少与4个方面的条件有关：一是植物通过幼年期，达到花熟状态；二是某些植物必经过合适的光周期诱导；三是某些植物必经一个时期的低温诱导（春化作用）；四是营养和其他条件。在自然条件下花器官的诱导主要受低温与光周期的影响，在生理上的反应就是春化作用和光周期现象。

要求春化作用的植物主要是一些1年生冬性草本植物和2年生植物。感受春化的温度和所需时间因植物种和品种而异，冬性愈弱，春化温度愈高，春化时间愈短；冬性愈强则反之。春化作用一般在种子萌发或植株生长时期。感受低温的部位是茎的生长点，或其他具有细胞分裂的组织。春化作用可被高温解除（去春化），之后可再行春化。大多植物的嫁接试验证明，春化后植物体内产生某种特殊物质，并可以运输和传递。

植物对光周期反应类型主要有3种：短日植物、长日植物和日中性植物。长日植物成花要求日长大于临界日长，而短日植物则要求日长小于临界日长。暗期光中断试验表明，光周期中暗期比光期更为重要，所以长日植物又称短夜植物，短日植物又称长夜植物。植物诱导成花的部位是茎尖，而感受光周期的部位是叶片。春化作用和光周期理论在中药的异地引种、控制花期、繁育良种和种子低温春化等生产实践中有重要指导意义。

五、果实

果实是被子植物特有的繁殖器官，一般由受精后的子房发育形成。外被果皮，内含种子。果实具有保护和散布种子的作用。

（一）果实的形成与组成

1. 果实的形成

被子植物的花经传粉和受精后，各部分发生显著变化，花萼、花冠一般脱落，雄蕊、雌蕊的柱头及花柱枯萎脱落，仅子房逐渐膨大，发育成果实，胚珠发育成种子。完全由子房发育而成的果实称真果，如桃、番茄、茄子等。也有些植物除了子房外，花的其他部分如花托、花被、花柱及花序轴等也参与果实的形成，这种果实称假果，如苹果、黄瓜等。

绝大多数被子植物的花需经过传粉和受精作用后形成果实，但少数植物的花只经传粉而未经受精也能发育成果实，这种果实无籽，称单性结实。若单性结实是自发形成的称自发单性结实，如香蕉、无籽葡萄等；若单性结实是通过人为诱导，形成具有更高经济价值的无籽果实，称诱导单性结实，如用马铃薯花粉刺激番茄的柱头，或用亲缘关系相近植物的花粉浸出液喷洒到柱头上，也可形成无籽果实。但无籽果实不一定都是由单性结实形成，若植物受精后胚珠发育受阻也可形成无籽果实；还有些无籽果实是由四倍体和二倍体植物杂交而产生不孕性的三倍体植株形成的，如无籽西瓜。

2. 果实的组成

果实由果皮和种子两部分构成。果皮由外向内可分为外果皮、中果皮、内果皮3层。有的果实可明显观察到3层果皮，如桃、橘；有的果实的果皮分层不明显，如葡萄、向日葵等。

（1）外果皮。位于果实的最外层。外果皮表面常被角质层或蜡被，偶有毛茸或气孔，如桃具有腺毛及非腺毛，柿果皮上有蜡被；还有的具刺、瘤突、翅等附属物，如榴莲、荔枝、杜仲等。

（2）中果皮。位于果皮中层，占果皮的大部分。但荔枝、花生等的果实成熟后中果皮变干收缩成膜质或革质。此外，中果皮中有的含石细胞、纤维，如马兜铃、连翘等；有的含油细胞、油室及油管等，如陈皮、花椒、小茴香等。

（3）内果皮。位于果皮的最内层，因果实类型的不同变化很大。有些内果皮与中果皮合生不易分离，有些木质化坚硬并加厚，如桃、杏等的硬核；有的分化为革质薄膜，如苹果；有的内果皮内膜质，向内生出许多肉质多汁的毛囊，如柑橘、柚子等。

（二）果实的类型

根据果实的来源、结构、果皮性质不同，果实可分为单果、聚合果和聚花果。

1. 单果

单果是由单雌蕊或复雌蕊发育形成果实，即 1 朵花只形成 1 个果实。依据其果皮质地和结构可分为肉质果和干果。

（1）肉质果。成熟时果皮或其他组成部分肉质多汁，不开裂。常见的有：

①浆果：外果皮薄，中果皮、内果皮均肉质多浆，内含 1 至多粒种子的果实，如葡萄。

②柑果：由上位子房的复雌蕊发育形成的果实，外果皮较厚，革质，内含多数油室；中果皮疏松呈白色海绵状，并有多分支的维管束（橘络），与外果皮无明显界限；内果皮膜质，分隔成多室，内壁生有许多肉质多汁的囊状毛，为果实的可食用部分，是芸香科柑橘属特有的果实类型，如橙、柚、橘等。

③核果：外果皮薄，中果皮肉质，内果皮形成木质坚硬的果核，每核常含 1 粒种子的果实，如桃、胡桃、枣等。

④梨果：由下位子房的复雌蕊与花筒一起发育形成的假果，肉质部分是由强烈膨大和肉质化的花筒与外、中果皮一起发育而成，各部分之间没有明显的界线，内果皮革质或木质，常分隔成 2~5 室，每室常含种子 2 粒，是蔷薇科梨亚科植物特有的果实，如苹果。

⑤瓠果：由 3 心皮合生的具侧膜胎座的下位子房与花托共同发育而成的假果。花托与外果皮形成坚韧的果实外层，中、内果皮及胎座均肉质，为果实的可食部分，是葫芦科植物特有的果实，如西瓜、瓜蒌等。

（2）干果。成熟果皮干燥，根据果皮开裂或不开裂，可分为裂果和不裂果（图 2-56）。

①裂果：果实成熟后果皮自行开裂，依开裂方式不同分为下列类型：

蓇葖果：由单雌蕊发育形成的果实，成熟时沿腹缝线或背缝线一侧开裂。

荚果：由单雌蕊发育形成的果实，成熟时沿腹缝线和背缝线两侧开裂或不开裂。荚果成熟时果皮裂成 2 片的，如赤小豆；荚果成熟时呈节状缢缩不开裂的，如落花生；荚果成熟时不开裂，在种子间呈节节状断裂，每节含 1 粒种子的，如含羞草；也有荚果肉质呈念珠状的，如槐。荚果是豆科植物特有的果实。

角果：由 2 心皮复雌蕊发育而成，子房 1 室，在形成过程中由 2 心皮边缘合生处生出假隔膜，将子房分隔成 2 室。果实成熟时果皮沿两侧腹缝线开裂，成 2 片脱落，假隔膜仍留在果柄上。角果是十字花科特有的果实。根据果实长与宽比例不同又有长角果和短角果之分；长角果细长，长为宽的多倍，如萝卜；短角果宽短，长与宽近等，如荠菜。

蒴果：由复雌蕊发育而成的果实，子房 1 至多室，每室含多粒种子。

②不裂果：果实成熟后，果皮不开裂，可分为：

瘦果：子房 1 室，种子 1 枚，果皮与种皮容易分离的果实，如白头翁、毛茛等。菊科植物的瘦果是由下位子房与萼筒共同发育而成，称连萼瘦果或菊果，如蒲公英、向日葵等。

颖果：果皮与种皮愈合难以分离，内含 1 粒种子的果实，如小麦、薏苡等。颖果是禾本科植物特有的果实。

翅果：果皮一端或周边向外延伸成翅状，内含 1 粒种子的果实，如杜仲。

坚果：果皮木质坚硬且不易与种皮分离，内含 1 粒种子的果实，如板栗，褐色硬壳是果皮，果实外面常有

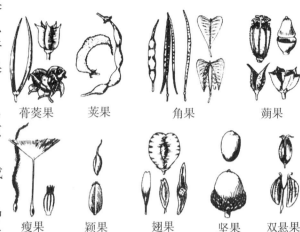

菁葖果　荚果　角果　蒴果

瘦果　颖果　翅果　坚果　双悬果

图 2-56　单果（干果）

壳斗附着于基部，是由花序的总苞发育而成；有的坚果特小，无壳斗包围，称小坚果，如益母草。

胞果：也称囊果，由上位子房的复雌蕊发育而成的果实，具有 1 粒种子，果皮薄，膨胀疏松地包围种子，与种皮极易分离，如青葙、地肤子等藜科植物。

双悬果：由 2 心皮复雌蕊发育而成的果实，成熟后心皮分离成 2 个分果，双双悬挂在心皮柄上端，心皮柄的基部与果柄相连，每个分果各含 1 粒种子，如白芷、前胡等。双悬果是伞形科特有的果实。

2. 聚合果

聚合果是由 1 朵花中多数离生雌蕊形成的果实，每个雌蕊形成 1 个单果，聚生于同一花托上。根据单果类型的不同，可分为（图 2-57）：

（1）聚合菁葖果。多枚菁葖果聚生在同一花托上，如八角茴香、厚朴等。

（2）聚合瘦果。多枚瘦果聚生于同一花托上，花托通常突起，如草莓。金樱子、蔷薇等部分蔷薇科蔷薇属植物，许多骨质瘦果聚生于凹陷的花托内，称蔷薇果。

（3）聚合核果。多枚核果聚生于同一突起的花托上，如悬钩子。

（4）聚合坚果。多枚坚果嵌生于膨大、海绵状的花托中，如莲。

（5）聚合浆果。多枚浆果聚生在延长或不延长的花托上，如北五味子、南五味子等。

聚合菁葖果（八角）聚合核果（悬钩子）　　　聚合坚果（莲）

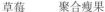

毛茛

草莓　聚合瘦果　蔷薇　聚合浆果（五味子）

图 2-57　聚合果

3. 聚花果

聚花果又称复果，是由整个花序发育而成的果实。桑椹由雌花序发育而成，每朵花的子

房各发育成 1 个小瘦果，包藏于肥厚多汁的肉质花被内；凤梨（菠萝）是由多数不孕的花着生在肉质肥大的花序轴上而成；无花果是由隐头花序形成的复果，称隐头果，其花序轴肉质膨大并内陷成囊状，囊内壁上着生许多小瘦果；凤梨、无花果的可食用部分是其肉质化的花序轴（图 2-58）。

桑椹的一个小果实
（带有花被）

凤梨　　　　桑椹　　　　无花果（隐花果）

图 2-58　聚花果

六、种子

种子是种子植物特有的繁殖器官，由胚珠受精后发育而成。

（一）种子的形态

种子的形状、大小、色泽、表面纹理等随植物种类不同而异。常见圆形、椭圆形、肾形、卵形、多角形等，如蚕豆的种子呈肾形，花生为椭圆形，豌豆为圆形。大小差异悬殊，如椰子种子直径达 15~20cm，天麻、白及等兰科植物的种子极小，呈粉末状。种子颜色亦多样，如绿豆为绿色，赤小豆为红紫色，白扁豆为白色，相思子为一端红色另一端黑色。表面纹理也各不相同，如五味子、红蓼等的种子表面光滑，具光泽；天南星种子表面粗糙；车前种子表面具褶皱；木蝴蝶的种子具翅；萝藦等的种子顶端具毛茸，称种缨。种子的外部特征可用于鉴别植物种类。

（二）种子的组成

大多数种子都由种皮、胚、胚乳 3 部分组成。也有部分植物种子的胚乳在发育过程中被胚的子叶吸收利用，在种子成熟时消失，如蚕豆、菜豆等，这类种子只有胚和种皮。

1. 种皮

包被在种子最外面，由珠被发育而成，具有保护作用。通常只有 1 层种皮，如大豆；也有的种子有 2 层种皮，即外种皮和内种皮，外种皮常坚韧，内种皮较薄，如蓖麻。有的种子在种皮外尚有假种皮，是由珠柄或胎座部位的组织延伸而成，有的为肉质，如龙眼、荔枝、苦瓜、卫矛；有的呈菲薄的膜质，如砂仁、豆蔻等。成熟的种皮上常可见以下结构：

（1）种脐。是种子成熟后从种柄或胎座上脱落后留下的疤痕，一般呈圆形或椭圆形。

（2）种孔。是珠孔在种皮上留下的痕迹，是种子萌发时吸收水分和胚根伸出的部位。

（3）合点。是种皮上维管束汇合之处，来源于胚珠的合点。

（4）种脊。来源于胚珠的珠脊，是种脐到合点之间的隆起线，内含维管束。倒生胚珠发育的种子种脊较长，弯生或横生胚珠形成的种子种脊短，直生胚珠发育的种子，因种脐与合点重合，无种脊。

（5）种阜。有些植物的种皮在珠孔处有一个由珠被扩展形成的海绵状小隆起，称种阜，在种子萌发时可以帮助吸收水分，如蓖麻种子下端的白色海绵状突起物。

2. 胚乳

由极核细胞受精后发育而成，一般肉质，白色，是种子贮藏营养物质的场所，富含淀粉、蛋白质、脂肪等营养组织，以供胚发育所需。

大多数植物在胚发育和胚乳形成时，胚囊外面的珠心组织被胚乳吸收而消失，但也有少数植物在种子发育过程中珠心或珠被组织未被完全吸收而是形成营养组织，包围在胚乳和胚的外部，称外胚乳，如槟榔、肉豆蔻等。有些植物的种皮内层和外胚乳（红色）常插入胚乳（白色）中形成错入组织，如槟榔；少数植物的外胚乳内层细胞向内伸入，与类白色的胚乳交错，亦形成错入组织，如肉豆蔻。

3. 胚

由卵细胞受精后发育而成，是种子中尚未发育的幼小植物体，是构成种子最重要的部分，由以下4部分组成：

（1）胚根。幼小未发育的根，正对着种孔，将来发育成植物的主根。

（2）胚轴。又称胚茎，为连接胚根与胚芽的部分，以后发育成为连接根和茎的部分。

（3）胚芽。胚的顶端未发育的地上枝，以后发育成植物的主茎和叶。

（4）子叶。是胚吸收和贮藏养料的器官，占胚较大部分。有些植物的子叶在种子萌发后可变成绿色进行短期的光合作用，也有些植物的子叶主要是分泌酶类物质，以消化吸收胚乳的营养。通常单子叶植物具1枚子叶，双子叶植物具2枚子叶，裸子植物具多枚子叶。

（三）种子的类型

被子植物成熟种子根据胚乳的有无，可分为两类：

1. 有胚乳种子

由种皮、胚、胚乳组成。种子发育成熟时，胚乳发达，而胚相对较小，子叶薄，如蓖麻、稻等（图2-59）。

2. 无胚乳种子

由种皮、胚组成。在胚发育过程中胚乳的养料被胚吸收并贮藏于子叶中，故种子发育成熟后，胚乳不存在或仅残留一薄层，这类种子通常具有发达的子叶，如菜豆（图2-60）。

（四）种子的休眠与萌发

1. 种子的休眠

植物个体发育过程中，生长暂时停顿的现象称休眠。大多数植物种子成熟后，在适宜的外界条件下便可以很快萌发，但有些植物种子即使在适宜的条件下，也不进入萌发阶段，必须经过一段时间的休眠才能萌发，这种现象称种子休眠。种子休眠是植物在长期系统发育过程中获得的一种抵抗不良环境的适应性能，是调节种子萌发的最佳时间和空间分布的有效方法。种子休眠的原因和破除休眠的方法主要有：

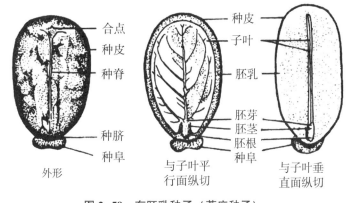

图2-59　有胚乳种子（蓖麻种子）

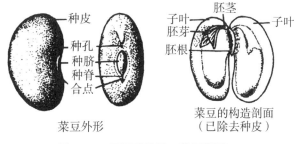

图2-60　无胚乳种子（菜豆种子）

（1）种皮障碍。许多植物种子常因种皮坚硬或不透水而引起休眠。如黄芪、甘草等部分豆科植物的种子具有坚厚的种皮，称硬实种子；而山茱萸、盐肤木、穿心莲等植物的种皮具蜡质、革质，不易透水、透气，具有机械约束作用，胚不能突破种皮，也难以萌发。

目前常采用物理、化学方法破坏种皮，增加种皮透水、透气性，解除种皮障碍。如黄芪、穿心莲种子的种皮有蜡质，可先用细砂摩擦，使种皮略受损伤，再用 35～40℃温水浸种 24h，发芽率显著提高；用氨水（1∶50）处理松树种子或用 98%浓硫酸处理皂荚种子，清水洗净后再用温水浸泡都可以破除休眠，提高发芽率。

（2）种子具有后熟作用。有些植物种子脱离母体后，胚未发育完全或在生理上还未成熟，还需经过一定时间，胚才能发育完全达到真正的成熟，称后熟作用或后成熟。后熟作用在高寒地区或阴生、短命速生的植物中较为常见，如人参、西洋参、刺五加、乌头、山茱萸、麦冬、玉竹、天门冬等的种子具有后熟作用。

具有后熟作用的种子须经过低温处理，常用湿砂将种子分层堆积在低温（5℃左右）的环境 1～3 个月，经过后熟才能萌发。通常认为在后熟过程中，种子内的淀粉、蛋白质、脂类等有机物的合成作用加强，呼吸减弱，酸度降低；经后熟作用后，种皮透性增加，呼吸增强，有机物开始水解。

（3）抑制物质的存在。有些种子不萌发是由于果实或种子内有抑制种子萌发的物质，如挥发油、生物碱、有机酸、酚类、醛类等。这类物质存在于种子的子叶、胚、胚乳、种皮或果汁中，如山楂、女贞、川楝等都含有抑制物质，阻碍种子萌发。该类种子可采用生长调节剂处理破除休眠。常用的生长调节剂有吲哚乙酸、α-萘乙酸、赤霉素、ABT 生根粉等；若使用浓度适当、使用时间合适，能显著提高种子发芽势和发芽率，促进生长，提高产量。如用 0.005%的赤霉素溶液浸泡党参种子 6h，发芽势和发芽率均提高 1 倍以上。

许多植物种子休眠的原因不止 1 个，是多因素的综合作用，如人参属胚发育未完全类型，同时也含发芽抑制物质。种子在成熟中后期自然形成的在一定时期内不萌发的特性，称原发休眠，又称自发休眠；无休眠或已通过了休眠的种子，因遇到不良环境因素重新陷入休眠，是环境胁迫导致的生理抑制性休眠，称次生休眠，或称二次休眠。

2. 种子的萌发

发育正常的种子，在适宜的水分、温度和良好的通气条件下开始萌发，有些种子的萌发还需受到光的影响。种子能够萌发的潜在能力或胚具有的生命力称种子生活力；种子从成熟到失去生命力所经历的时间称种子寿命。根据种子寿命不同，可分为：

（1）短命种子。寿命在 3 年以内。短命种子往往只有几天或几周的寿命，对这类种子，在采收后必须迅速播种。如可可属、咖啡属、金鸡纳树属、荔枝属等热带植物的种子，以及白头翁、辽细辛、芫花等春花夏熟的种子。

（2）中命种子。寿命为 3～15 年。如桃、杏、郁李等木本药用植物种子和黄芪、甘草、皂角等具有硬实特性的种子，其发芽年限达 5～10 年。

（3）长命种子。寿命在 15～100 年或更长。在长命种子中，以豆科植物居多，其次是锦葵科植物。如豆科植物野决明的种子寿命超过 158 年，莲的瘦果（莲子）寿命可达 200～400 年。

此外，种子寿命长短和种子贮藏条件有关。通常种子在低温、干燥状态下寿命较长，在高温、湿润状态下则易失去生活力。但细辛、黄连、明党参、孩儿参等少部分植物的种子不耐干藏，宜湿藏；槟榔、肉豆蔻、肉桂、沉香等许多南药的种子不耐脱水干燥，也不耐零上低温贮藏，这类种子称顽拗性种子，有别于其他正常性种子。顽拗性种子寿命短，常只有几天，若使种子保持一定含水量，贮藏在适宜温度环境，就可延长其寿命到几个月甚至更长。因此，掌握种子的休眠与萌发对中药材生产具有重要的指导意义。

第四节 中药材常见类群

一、药用藻类

（一）藻类药用概述

藻类植物种类繁多，资源丰富。我国利用藻类供食用、药用的历史悠久，在历代本草中均有记载，如海藻、昆布、裙带菜、鹿角菜、鹧鸪菜、葛仙米等。

藻类植物含有丰富的蛋白质、脂肪、碳水化合物、氨基酸、维生素、矿物质以及其他活性物质，具有广泛的食用和药用价值。如螺旋藻属 *Spirulina* 的极大螺旋藻 *S. maxima* Setch. et Gandn. 和钝顶螺旋藻 *S. platensis*（Notdst.）Geitl.，蛋白质含量达到干重的56%，含有多种重要的氨基酸；从螺旋藻中还提取分离出消炎、抗肿瘤成分。褐藻是提取氯化钾和碘的原料，碘可治疗和预防甲状腺肿瘤、颈淋巴结肿大、水肿、咽炎及疮毒等症。海带、马尾藻和巨藻中提取的褐藻胶在医疗上可作代血浆、抗凝血剂、乳化剂等。褐藻胶化学修饰而成的藻酸双酯钠有明显的抗凝血、降血压、降血脂、降低血黏度与扩张血管以及改善微循环的作用，可用于治疗高血脂症和缺血性心、脑血管疾病。利用胶石花菜 *Gelidiumcartilagineum*、星芒杉藻 *Gigartina stellata* 等制造的琼胶在医学上和生物学上可作各种微生物和组织培养的培养基，并且还是一种有效的通便剂。养殖羊栖菜是浙江温州市洞头区的支柱产业之一，《本草纲目》记载，羊栖菜咸能润下，寒能泄热引水，有消瘿瘤、结核，除水肿，利小便等功效。近年来研究表明，羊栖菜具有良好的抗肿瘤、抗病毒、抗氧化、调节血糖、提高记忆力、抗衰老等多种生物活性。有些藻类可驱虫，如海人草 *Digenea simplex* C. Ag.，而鹧鸪菜 *Caloglossa leprieurii* J. Ag. 又被称为蛔虫菜。

由此可见，藻类植物在海洋药用生物中占有重要地位，因此，对藻类的深入研究，不断开发海洋生物资源，寻找新的药物资源，发展海洋保健食品前景广阔。

（二）常见药用藻类植物

海带 *Laminaria japonica* Aresch：属于海带科。为多年生大型褐藻，长可达6m。藻体分固着器、柄和带片3部分。藻体深橄榄绿色，干后呈黑褐色；带柄支持带片，下端以分枝的固着器（假根）附着于岩石或其他物体上。海带除大量食用外，亦作昆布入药。

昆布 *Ecklonia kurome* Okam.：属于翅藻科。植物体明显区分为固着器、柄和带片3部分。带片为单条或羽状，边缘有粗锯齿。同科植物作昆布药用的还有裙带菜 *Undaria pinnatifida*（Harv.）Suringar，藻体大型，带片单条，中部有隆起的中肋，两侧形成羽状裂片。

羊栖菜 *Sargassum fusiforme*（Harv.）Setch.：属马尾藻科。藻体固着器假须根状；主轴周围有短的分枝及叶状突起，叶状突起棒状；其腋部有球形或纺锤形气囊和圆柱形的生殖托。藻体作海藻（小叶海藻）入药（图2-61）。

二、药用菌类

菌类植物的种类繁多，有10余万种，在分类上常分为3个门：细菌门、黏菌门和真菌门。由于细菌门一般在微生物学中介绍，黏菌和医药关系不大，因此，本节着重介绍真菌门。

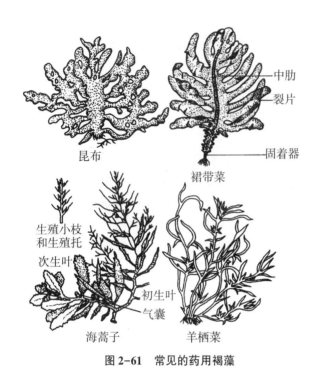

图 2-61　常见的药用褐藻

（一）真菌药用概述

真菌入药在我国有悠久的历史，从我国最早的药物书《神农本草经》及以后的其他许多本草著作均有记载，如灵芝、茯苓、虫草等，至今仍被广泛地应用。自然界的真菌种类繁多，我国已被研究过且有文献可查的有 12 000 余种，因此，真菌所蕴藏的药物资源是很丰富的。根据不完全统计，已知药用真菌 300 余种，其中具有抗癌作用的达 100 种以上，如从云芝菌丝体中提取到的蛋白多糖、猪苓中分离得到的猪苓多糖，又如香菇多糖、银耳酸性异多糖、茯苓多糖和甲基茯苓多糖、裂褶菌多糖、雷丸多糖、蝉花多糖等，均有抗癌作用。另外，竹黄多糖、香菇多糖对治疗肝炎有一定疗效。灵芝多糖对心血管系统的作用能降低整体耗氧量、增强冠状动脉流量。银耳多糖治疗慢性肺源性心脏病和冠心病方面都有一定的效果。随着科学水平不断提高、真菌的研究工作不断深入，从中寻找新的治疗疑难病的新型药物和保健药物具有很好的前景。

（二）常见药用菌类植物

灵芝 *Ganoderma lucidum*（Leyss ex Fr.）Karst.：属多孔菌科。子实体木栓质。菌盖半圆形或肾形，初生为黄色后渐变成红褐色，有漆样光泽，具环状棱纹和辐射状皱纹。菌柄生于菌盖侧方。现多栽培。子实体作灵芝入药（图 2-62）。同属植物紫芝 *G. sinense* Zhao，Xu et Zhang，菌盖及菌柄黑色，表面光泽如漆。生于腐木桩上。子实体亦作灵芝入药。

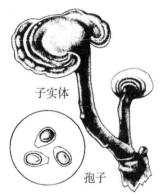

图 2-62　灵芝的子实体和孢子

茯苓 *Poria cocos*（Fries）Wolf.：属多孔菌科。菌核球形或不规则块状，大小不一，小的如拳头，大的可达数十千克；表面粗糙，呈瘤状皱缩，灰棕色或黑褐色，内部白色或淡棕色，粉粒状。子实体伞形，生于菌核表面，幼时白色，成熟后变为浅褐色。现多栽培。常寄生于松属植物的根上。菌核作茯苓入药（图 2-63）。

瓦尼桑黄 *Sanghuangporus vaninii*（Ljub）L. W. Zhou et Y. C. Dai：属锈革孔菌科。子实体无柄，菌盖扇形、扁蹄形或不规则形，大小不一，长 3～20cm，宽 3～10cm，厚 3～10cm。菌盖背面棕黄色或棕色至棕黑色；腹面黄棕色至棕褐色。体轻，质坚，易折断。

灰树花 *Polyporus frondosus*（Dicks.）Fr.［*Boletus frondosus* Dicks.］：属多孔菌科。子实体肉质，短柄，呈珊瑚状分枝。菌盖扇形至匙形，直径 2～7cm，灰色至浅褐色；重叠成丛，直径可达 40～60cm，重 3～4kg。表面有细毛，老后光滑，有反射性条纹，边缘薄，内卷。

猴头菇 *Hericium erinaceus*（Bull.）Pers.：属齿菌科。子实体肉质，新鲜时洁白或微带黄色，干后变淡黄褐色，形似猴子头，外布针形肉质菌刺。

图 2-63 茯苓的菌核

三、药用裸子植物

（一）裸子植物药用概述

裸子植物门在植物进化史中，是介于蕨类植物与被子植物之间的一群高等植物。裸子植物形成种子时，种子无果皮包被，种子是裸露的，不形成果实，裸子植物因此而得名。

裸子植物广布世界各地，分为 5 纲（苏铁纲、银杏纲、松柏纲、红豆杉纲、买麻藤纲），14 科，80 余属，近 800 种。我国有 5 纲，8 科，37 属，近 230 种。是世界森林的主要组成树种，经济价值较高。我国是裸子植物种类最多、资源最丰富的国家之一，其中不少是中国特产种，或者是第三纪子遗植物，也称"活化石植物"，如银杏、银杉、水杉、水松、油松、金钱松、侧柏等。很多裸子植物可供药用。人们在长期的生产与生活实践中，积累了大量利用裸子植物防病治病的宝贵经验。在《神农本草经》《本草纲目》《植物名实图考》等历代著名本草学中已记载了银杏、松、柏、麻黄等裸子植物的药用价值。近些年，科学家运用现代研究方法，从中筛选出更多具有重要生理活性的天然化合物。如我国民间自古以来就以银杏去除外种皮的种子入药，名为"白果"，用于治疗哮喘、咳痰、白带、尿频等症。现代用银杏叶提取物制成的各种药物制剂，治疗冠心病、心绞痛和脑血管疾患。金钱松的根皮入药，俗称"土荆皮"，可用于治疗多种皮肤癣症。紫杉醇、高三尖杉酯碱等，用于卵巢癌、白血病等恶性疾病的治疗。裸子植物已成为当今天然药物研究中的一个重要领域。

（二）常见药用裸子植物

银杏（公孙树，白果树）*Ginkgo biloba* L.：属银杏科。落叶乔木。单叶，扇形，顶端 2 浅裂或波状缺刻；叶脉二叉状分枝。球花单性异株。种子核果状，外种皮肉质，成熟时橙黄色，外被白粉，味臭；中种皮白色，骨质坚硬；内种皮棕红色，膜质。种子作白果入药，叶作银杏叶入药（图 2-64）。

马尾松 *Pinus massoniana* Lamb.：属松科。常绿乔木。叶二针一束，长而柔，长 12～20cm。花单性同株。种子具单翅。花粉作松花粉入药，松树瘤状节或分枝节作油松节入药。

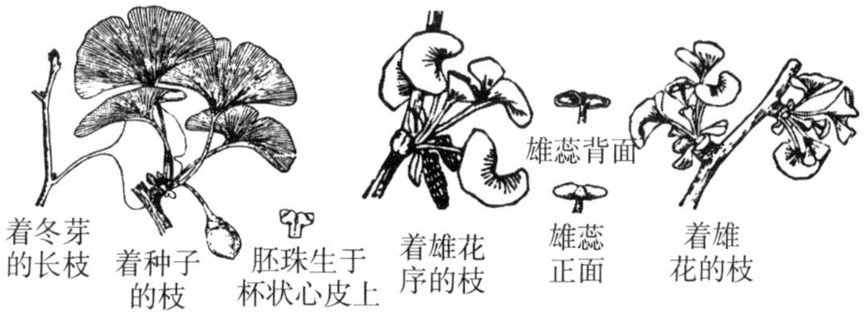

着冬芽的长枝　着种子的枝　胚珠生于杯状心皮上　着雄花序的枝　雄蕊背面　雄蕊正面　着雄花的枝

图 2-64 银杏

侧柏（扁柏）*Platycladus orientalis*（L.）Franco：属柏科。常绿乔木，小枝扁平，排成一平面。叶鳞形交互对生。球花单性同株。球果成熟时开裂。种子无翅或有极窄翅。枝叶作侧柏叶入药，种仁作柏子仁入药。

三尖杉 *Cephalotaxus fortune* Hook. f.：属三尖杉科。常绿乔木。叶螺旋状着生，排成 2 行，长 4～13cm，先端渐尖成长尖头；叶背中脉两侧各有 1 条白色气孔带（图 2-65）。

具种子的枝

着雌球花的枝　着雄球花的枝

雌球花序　雄球花序　雄球花　雌球花折去苞片示2粒胚珠

图 2-65　三尖杉

南方红豆杉（美丽红豆杉）*T. chinensis* var *. mairei*（Lemée et Levl.）Cheng et L. K. Fu：属红豆杉科。常绿乔木。叶2列，近镰刀形，长1.5~4.5cm；下面淡黄绿色，有两条气孔带；背面中脉带上无乳头角质突起，或与气孔带邻近的中脉两边有1至数条乳头状角质突起，颜色与气孔带不同，淡绿色。种子生于红色肉质杯状假种皮中。

四、药用被子植物

被子植物是植物界演化水平最高级、分布最广、种类最多的类群。全世界已知的被子植物有1万余属，25万余种，占植物界总数一半以上。我国有被子植物2 700余属，3万余种，为人类提供了万余种药用资源。据记载我国药用被子植物有213科，1 957属，10 027种，占我国药用植物总数的90%，中药资源总数78.5%，是药用植物最多的类群，大多数中药和民间药物都来自被子植物。

本书采用恩格勒分类系统，将被子植物门划分为双子叶植物纲（木兰纲）和单子叶植物纲（百合纲）。两个纲的主要区别见表2-1所示。

表 2-1　双子叶植物纲和单子叶植物纲的主要区别

	双子叶植物纲	单子叶植物纲
根	直根系	须根系
茎	维管束成环状排列，有形成层	维管束呈星散状排列，无形成层
叶	具网状脉	具平行脉或弧形脉
花	各部分基数为5或4 花粉粒具3个萌发孔	各部分基数为3 花粉粒具单个萌发孔
胚	具2片子叶	具1片子叶

上表中的区别特征是两纲植物的基本特征，并不排除少数例外。如双子叶植物纲中有具须根系、散生维管束的植物，也有具3基数花、有1片子叶的植物。单子叶植物纲中有具网状脉、具4基数花的植物。

（一）双子叶植物纲

双子叶植物是指一般其种子有两枚子叶的被子植物，极稀可为1个或较多；茎具中央髓部；多年生的木本植物有年轮；叶片常具网状脉；花常为5或4基数。双子叶植物纲分为离瓣花亚纲和合瓣花亚纲。

1. 离瓣花亚纲

离瓣花亚纲主要特征为：花两性到单性，无花被、单被、同被或重被，花瓣分离，雄蕊着生在花托上，珠被常为2层，种子多少有胚乳，从风媒发展到虫媒。

（1）胡桃科 *Juglandaceae* ♂ $K_{(3\sim6)}C_0A_{3\sim\infty}$；♀ $K_{(3\sim5)}C_{0(2:1)}$

【形态特征】落叶或常绿乔木，稀灌木；羽状复叶互生，无托叶。花单性同株，雄花下垂成柔荑花序；雌花单生、簇生或穗状花序；花萼与子房连生，3～5浅裂，子房下位，1室1胚珠。核果或翅果。

【识别要点】落叶或常绿乔木；羽状复叶互生；花单性单被；雄花下垂成柔荑花序，雌花单生、簇生或穗状花序。

【主要药用植物】

青钱柳 *Cyclocarya paliurus*（Batal.）Iljinsk.：落叶乔木。枝条黑褐色，髓心薄片状。叶互生，奇数羽状复叶，长15～30cm，小叶7～9，基部偏斜。花单性，雌雄同株；雌、雄花序均柔荑状。坚果，扁球形，果翅圆盘状。

（2）桑科 *Moraceae* ♂ $*P_{4\sim6}A_{4\sim6}$；♀ $P_{4\sim6}\underline{G}_{(2:1:1)}$

【形态特征】木本，稀藤本和草本。常有乳汁。单叶互生，托叶早落。花小，单被，单性、雌雄异株或同株；常成柔荑、穗状、头状或隐头花序。瘦果或核果，常与花被或花轴等形成聚花果。

本科中的大麻亚科（Subfam. Cannabioideae）为草本，无乳汁，花为聚伞花序或集成圆锥花序。

【识别要点】木本，常有乳汁；花单被，单性异株或同株，集成多种花序；聚花果。

【主要药用植物】

桑 *Morus alba* L.：落叶乔木，根皮褐黄色。叶互生，卵形，边缘有粗齿；托叶披针形，早落。雄花集成柔荑花序；雌花集成穗状花序。聚花果成熟时红色或紫黑色（图2-66）。根皮作桑白皮入药，嫩枝作桑枝入药，叶作桑叶入药，果穗作桑葚入药。

无花果 *Ficus carica* L.：落叶灌木。叶互生，厚纸质，倒卵形或卵圆形，3～5裂，掌状脉。隐头花序单生叶腋，梨形，肉质（图2-67）。隐头果称"无花果"，能健脾益胃，润肺止咳，解毒消肿。

图2-66　桑

图2-67　无花果

构树 *Broussonetia papyrifera*（L.）Vent.：落叶乔木，有白色乳汁。叶片边缘有粗齿，3～5深裂，两面有厚柔毛；叶柄长，密生茸毛；托叶大，卵状长圆形。雌雄异株。聚花果球形，熟时橙红色或鲜红色。成熟的果实作褚实子入药。

（3）蓼科 *Polygonaceae* ♀ * P $_{~6,(3~6)}$ A $_{3~9}$ $\underline{G}$ $_{(2~3:1:1)}$

【形态特征】草本。茎节常膨大。单叶互生；节部托叶鞘膜质。花两性、单被，花被片3~6，常花瓣状，宿存。瘦果或小坚果多有翅，三棱形或双凸镜状，包于宿存花被内。

【识别要点】草本；茎节常膨大；节部具膜质托叶鞘；瘦果常包于宿存花被内。

【主要药用植物】

何首乌 *Polygonum multiflorum* Thunb.：多年生缠绕草本。块根肥厚，断面有"云锦花纹"。叶长卵状心形，托叶鞘短筒状。花被片外侧3片背部有翅；圆锥花序大而展开，顶生或腋生。瘦果具3棱（图2-68）。块根作何首乌入药，茎藤作夜交藤或首乌藤入药。

虎杖 *Polygonum cuspidatum* Sieb. et Zucc.：多年生粗壮草本。根状茎粗大，黄褐色。地上茎中空，表面散生许多红色或紫红色斑点。托叶鞘短筒状（图2-69）。根和根状茎作虎杖入药。

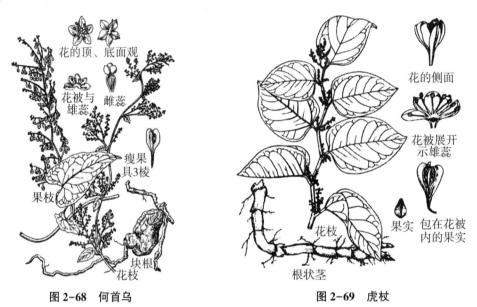

图2-68　何首乌　　　　　　　　　图2-69　虎杖

金荞麦（野荞麦）*Fagopyrum dibotrys*（D. Don）Hara.：多年生草本。根状茎粗大，呈结节状，红棕色。单叶互生，叶片为戟状三角形，托叶鞘抱茎。瘦果三棱形（图2-70）。根状茎作金荞麦入药。

（4）毛茛科 Ranunculaceae ♀ * ↑ K $_{3~∞}$ C $_{3~∞,0}$ A $_{∞}$ $\underline{G}$ $_{1~∞:1~∞}$

【形态特征】草本，少藤本。单叶或复叶，多互生，少对生（铁线莲属 *Clematis*）；叶片多缺刻或分裂；常无托叶。花多两性，辐射对称或两侧对称（乌头属 *Aconnitum*、翠雀属 *Delphinium*）；重被或单被；萼片3至多数，花瓣状；花瓣3至多数或缺，或特化成蜜腺；雄蕊和心皮多数，离生，螺旋状排列在隆起花托上；子房上位，1室。聚合蓇葖果或聚合瘦果，稀为浆果。

【识别要点】草本；叶多分裂；雌、雄蕊多数，离生，螺旋状排列在隆起花托上；聚合蓇葖果或聚合瘦果。

【主要药用植物】

小毛茛 *Ranunculus ternatus* Thunb.：多年生小草本。簇生多数肉质小块根。茎铺散，多分枝，疏生短柔毛。叶片形状多变，单叶 3 裂或三出复叶。瘦果卵球形。块根作猫爪草入药。

乌头 *Aconitum carmichaeli* Debx. ：多年生草本。块根倒圆锥形，母根周围常有数个子根。叶片通常 3 全裂，中央裂片近羽状分裂，侧生裂片 2 深裂。萼片蓝紫色，上萼片盔状；花瓣有长爪（图 2-71）。栽培品的母根作川乌入药，子根作附子入药。乌头根有大毒，需炮制后才能药用。

图 2-70　金荞麦

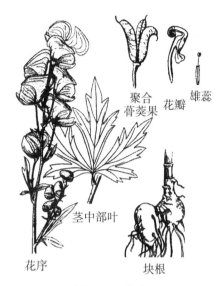

图 2-71　乌头

威灵仙 *Clematis chinensis* Osbeck：藤本，茎叶干后变黑色。羽状复叶对生，小叶 5，狭卵形。圆锥花序；萼片 4，白色，外面边缘密生短柔毛；雄蕊及心皮均多数，分离。聚合瘦果（图 2-72）。根及根状茎作威灵仙入药。

（5）芍药科 Paeoniaceae ☿ ＊ $K_5C_{5\sim10}A_\infty\underline{G}_{2\sim5:2\sim5}$

【形态特征】多年生草本或灌木。根肥大。叶互生，常为二回三出羽状复叶，无托叶。花大，顶生或腋生；花辐射对称；萼片 5，宿存；花瓣 5～10（栽培品多数），颜色各异；雄蕊多数，离生；花盘杯状或盘状；心皮 2～5 枚，离生。聚合蓇葖果。

【识别要点】草本或灌木；二回三出羽状复叶；花大，花盘杯状或盘状；心皮 2～5 枚，离生。聚合蓇葖果。

图 2-72　威灵仙

【主要药用植物】

芍药 *Paeonia lactiflora* Pall. ：宿根草本。根粗壮圆柱形。二回三出复叶，叶缘有骨质细乳突。花大，顶生和腋生；雄蕊多数，花盘肉质，仅包裹心皮基部；心皮 2～5，离生。蓇葖果先端钩状向外弯（图 2-73）。栽培种刮去栓皮并经水煮的根作白芍入药，野生种不去栓皮的根作赤芍入药。

同属植物川赤芍 *Paeonia veitchii* Lynch 的根亦作赤芍入药。

牡丹 *Paeonia suffruticosa* Andr. ：落叶灌木。根皮厚，外皮灰褐色至紫棕色。叶常为二回三出复叶；顶生小叶片常 3 裂，侧生小叶不等 2 浅裂。花单生枝顶；花瓣 5 或为重瓣；花盘杯状，包裹心皮。蓇葖果密生褐黄色毛（图 2-74）。全国各地均有栽培。根皮作牡丹皮入药。

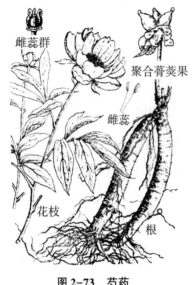

图 2-73 芍药

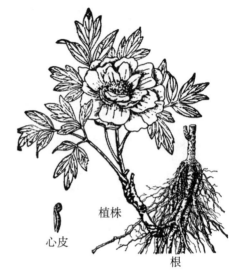

图 2-74 牡丹

（6）防己科 Menispermaceae ♂ ＊ K $_{3+3}$ C $_{3+3}$ A $_{3\sim6,\infty}$；♀ K $_{3+3}$ C $_{3+3}$ $\underline{G}_{3\sim6:1:1}$

【形态特征】多年生藤本。单叶互生，叶片常盾状着生，掌状叶脉；无托叶。聚伞花序或集成圆锥花序；花单性异株，萼片、花瓣均 6，各排成 2 轮，花瓣常小于萼片。核果，核多呈马蹄形或肾形。

【识别要点】藤本；叶片常盾状着生，掌状叶脉；花单性异株。

【主要药用植物】

粉防己（石蟾蜍、汉防己）*Stephania tetrandra* S. Moore：多年生草质藤本。块根圆柱形。茎纤细。叶宽三角状卵形，两面均被短柔毛，全缘，掌状脉 5 条；叶盾状着生（图 2-75）。根作防己入药。

蝙蝠葛 *Menispermum dauricum* DC.：多年生藤本。根状茎细长，断面黄白色。叶盾状着生；叶片肾圆形至心脏形，有 5~7 条掌状脉。花单性异株。核果肾圆形，黑紫色。根及根状茎作北豆根入药。

（7）木兰科 Magnoliaceae ⚥ ＊ P $_{6\sim\infty}$ A $_\infty$ $\underline{G}_{\infty:1:1\sim2}$

【形态特征】木本。具油细胞，有香气。单叶互生；托叶大，早落，在节上留有环状托叶痕。花单生，两性，辐射对称；花被片 3 基数，多为 6~12，每轮 3 片；雄蕊与雌蕊多数，离生，螺旋状排列在延长的花托上。聚合蓇葖果或聚合浆果。

【识别要点】木本，有香气；单叶互生，节上有环状托叶痕；花单被，雄、雌蕊多数，离生；聚合蓇葖果或聚合浆果。

本科与毛茛科有明显的亲缘关系，两者在花的结构上有些共同的特征，如均为雄蕊和雌蕊多数，离生，螺旋状地排列在膨大的花托上。但毛茛科为草本，无油细胞；而木兰科为木本，含油细胞。

【主要药用植物】

厚朴 *Magnolia officinalis* Rehd. et Wils.：落叶乔木。叶大，革质，倒卵形，集生于小枝

顶端。花白色；花被 9~12。聚合蓇葖果长椭圆状卵形（图 2-76）。根皮、干皮和枝皮作厚朴入药，花蕾作厚朴花入药。

同属植物凹叶厚朴 *Magnolia officinalis* Rehd. et Wils. subsp. *biloba*（Rehd. et Wils.）Law，根皮、干皮和枝皮亦作厚朴入药；花蕾作厚朴花入药。

五味子 *Schisandra chinensis*（Turcz.）Baill.：叶近膜质，阔椭圆形或倒卵形，边缘具腺齿。花被片 6~9，乳白色至粉红色；雄蕊 5；心皮 17~40。聚合浆果长穗状，红色。果实作五味子入药，习称"北五味子"。

同属植物华中五味子 *Schisandra sphenanthera* Rehd. et Wils.，落叶木质藤本。叶纸质，倒卵形、宽倒卵形，或倒卵状长椭圆形，1/2~2/3 以上边缘具疏齿；叶柄红色，长 1~3cm。花单性异株，聚合浆果长穗状，红色。果实作南五味子入药。

南五味子 *Kadsura longipedunculata* Finet et Gagn.：根称"红木香"，能行气开膈，活血止痛。根皮称"红木香皮"，能行气，活血，止痛。茎称"大活血"，能行气，活血。

（8）樟科 Lauraceae ☿ ＊ $P_{(6,9)}A_{3,6,9,12}\underline{G}_{(3:1:1)}$

【形态特征】　常绿乔木。具油细胞，有香气。单叶，常互生，全缘，羽状脉或三出脉，或离基三出脉，无托叶。花序多种；花小，两性，花单被，常 3 基数，2 轮，基部合生；雄蕊 3~12，通常 9，排成 3~4 轮，最内轮的雄蕊退化。核果或浆果状。

【识别要点】　常绿乔木，有香气；单叶，羽状脉或三出脉，或离基三出脉。

【主要药用植物】

樟（香樟）*Cinnamomum camphora*（L.）Persl：常绿乔木。全株具樟脑味。叶互生，近革质，离基三出脉，脉腋处有腺体。果球形，紫黑色，果托杯状（图 2-77）。新鲜枝叶提取加工成天然冰片入药。

乌药 *Lindera aggregata*（Sims.）Kosterm.：常绿灌木或小乔木。根膨大略成结节状。叶互生，革质，叶片椭圆形或卵形，三出脉，中脉直达叶尖（图 2-78）。块根作乌药入药。

（9）罂粟科 Papaveraceae ☿ ＊ ↑$K_2C_{4~6}A_{\infty,\ 4~6}\underline{G}_{(2~\infty:1:\infty)}$

【形态特征】　草本。常有黄、白色汁液。单叶基生或互生，常分裂，无托叶。花两性，多单生；辐射对称或两侧对称；萼片 2，早落；花瓣 4~6；雄蕊多数，离生，或 4、6 枚合成 2 束；子房上位，2 至多心皮，1 室，侧膜胎座。蒴果，瓣裂或孔裂。种子细小。

【识别要点】　草本，有黄、白色汁液；萼片 2，早落；雄蕊多数，离生；2 至多心皮，1

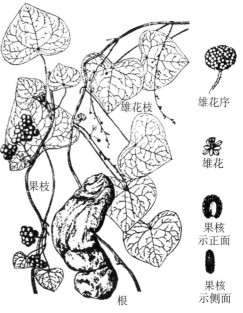

图 2-75　粉防己

图 2-76　厚朴

花纵剖面

果实

果枝

图 2-77　樟

花被片

雌蕊　雄蕊

不同
形状的叶　果枝　不同形状的叶　根

图 2-78　乌药

花

花冠的上瓣和
内瓣

花冠的下瓣

果实

植株全形

种子

内瓣展开
示二体雄蕊及雌蕊

图 2-79　延胡索

室，侧膜胎座；蒴果；种子细小。

【主要药用植物】

延胡索 *Corydalis yanhusuo* W. T. Wang ex Z. Y. Su：多年生草本。块茎扁球形，断面深黄色。茎节处常膨大成小块茎，3~4 个成串。叶片二回三出全裂。花冠两侧对称，花瓣 4，紫红色，上面花瓣基部具长距；雄蕊 6，花丝联合成 2 束；2 心皮。蒴果条形（图 2-79）。现多栽培。块茎作延胡索入药。

伏生紫堇（夏天无）*Corydalis decumbens*（Thunb.）Pers.：多年生草本。块茎近球形。基生叶有长柄，二回三出全裂，末回裂片狭倒卵形，具短柄。总状花序顶生；花瓣紫色，有距。蒴果线形，多少扭曲（图 2-80）。块茎作夏天无入药。

罂粟 *Papaver somniferum* L.：草本，茎叶、萼片均被白粉，具白色乳汁。叶互生，基部抱茎，边缘有缺刻。花蕾时弯曲，开放时向上；雄蕊多数，离生；心皮多数，侧膜胎座，无花柱，柱头 7~15 枚辐射状排列。蒴果近球形，孔裂。种子多数（图 2-81）。以已割取乳汁的成熟果壳作罂粟壳入药。

（10）十字花科 Cruciferae（Brassiaceae）$\male \female$ $*$ $K_{2+2}C_{2+2}A_{2+4}\underline{G}_{(2:1\sim2:1\sim\infty)}$

【形态特征】草本，常有辛辣味。单叶互生，基生叶莲座状；无托叶。总状花序；花两性，萼片 4，分离，排成 2 轮；花瓣 4，呈十字形；雄蕊 6，四强雄蕊；子房上位，2 心皮合生，侧膜胎座，由胎座边缘延伸的假隔膜分成 2 室。长角果或短角果。

【识别要点】草本，常有辛辣味；总状花序；花冠十字形；四强雄蕊；侧膜胎座；角果具假隔膜。

【主要药用植物】

菘蓝 *Isatis indigotica* Fort.：草本。主根圆柱形。叶互生；基生叶具柄；茎生叶半抱茎。

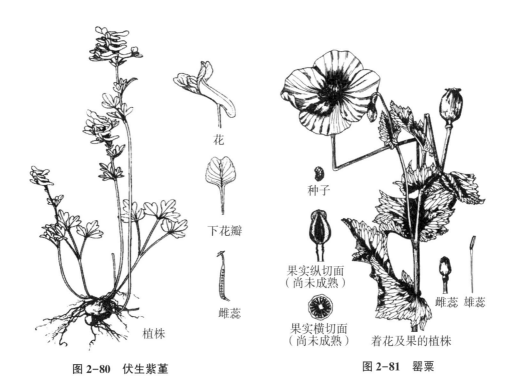

图 2-80　伏生紫堇　　　　　　　　　　图 2-81　罂粟

总状花序，花黄色。短角果扁平，边缘翅状，紫色。种子 1 枚（图 2-82）。根作板蓝根入药；叶作大青叶入药；叶可加工制成青黛。

萝卜（莱菔）*Raphanus sativus* L.：草本。具肉质直根。基生叶羽状分裂；茎生叶边缘有锯齿或缺刻。总状花序顶生。长角果圆柱形，在种子间缢缩形成海绵状横隔（图 2-83）。种子作莱菔子入药。开花结实后的老根称"地骷髅"，能利尿消肿，祛痰健胃。

图 2-82　菘蓝

图 2-83　萝卜

白芥 *Sinapis alba* L.：草本。全株被散生白色粗毛。叶互生；基生叶大头羽裂或近全裂；茎生叶较小，具短柄。总状花序顶生或腋生；花黄色。长角果密被白色硬粗毛，果瓣在种子间缢缩成念珠状。种子作白芥子入药。

（11）杜仲科 Eucommiaceae ♂ $P_0A_{4\sim10}$；♀ $P_0\underline{G}_{(2:1:2)}$

—— 75 ——

【形态特征】落叶乔木。树皮、叶折断时有银白色胶丝。单叶互生，无托叶。花单性异株，无花被，先叶或与叶同时开放；雄花密集成头状花序状，雄蕊 5~10，常为 8，花丝极短；雌花单生，2 心皮，子房上位，扁平。翅果扁平，含种子 1 粒。

【识别要点】落叶乔木，树皮、叶折断时有银白色胶丝；花单性异株，无花被；翅果。

【主要药用植物】

杜仲 *Eucommia ulmoides* Oliv.：形态特征与科同（图 2-84）。树皮作杜仲入药，叶作杜仲叶入药。

（12）蔷薇科 Rosaceae ☿ * $K_5 C_5 A_\infty \underline{G}_{1\sim\infty:1:1\sim\infty}$, $\overline{G}_{(2\sim5:2\sim5:2)}$

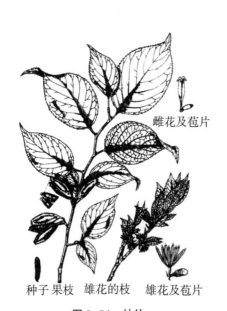

图 2-84 杜仲

雌花及苞片

种子 果枝 雄花的枝 雄花及苞片

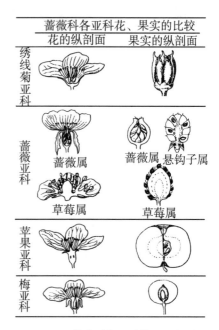

图 2-85 蔷薇科各亚科花、果的比较

蔷薇科各亚科花、果实的比较
花的纵剖面　果实的纵剖面
绣线菊亚科
蔷薇亚科　蔷薇属　蔷薇属　悬钩子属
草莓属　草莓属
苹果亚科
梅亚科

【形态特征】草本或木本。常具刺。单叶或复叶，多互生，常有托叶。花两性，辐射对称；花托扁平、凸起或凹陷，边缘延伸成一碟状、杯状、坛状或壶状的托杯，又称萼筒、花托筒、被丝托等，花瓣和雄蕊均着生托杯的边缘；萼片 5；花瓣 5，分离；雄蕊常多数；心皮 1 至多数，离生或合生，子房上位至下位，每室 1 至多数胚珠。蓇葖果、瘦果、核果或梨果。

【识别要点】叶互生，常有托叶；花 5 基数，雄蕊多数，着生托杯的边缘，花托隆起至凹陷；蓇葖果、瘦果、核果或梨果。

【亚科及主要药用植物】根据花托、托杯、雌蕊心皮数目，子房位置和果实类型分为绣线菊亚科、蔷薇亚科、苹果亚科和梅亚科（图 2-85）。

①绣线菊亚科 Spiraeoideae：灌木。单叶，稀复叶；多无托叶。心皮 1~5，离生；子房上位，具 2 至多数胚珠。蓇葖果，稀蒴果。

绣线菊 *Spiraea salicifolia* L.：叶互生，长圆状披针形至披针形，边缘有锯齿。圆锥花序长圆形或金字塔形；花粉红色。蓇葖果直立，常具反折裂片（图 2-86）。

②蔷薇亚科 Rosoideae：灌木或草本。多为羽状复叶，有托叶。托杯壶状或凸起；心皮多数，分离，子房上位，周位花。聚合瘦果或聚合小核果。

掌叶覆盆子（华东覆盆子）*Rubus chingii* Hu：落叶灌木，有皮刺。单叶互生，掌状深裂，边缘有重锯齿；托叶条形。花白色。聚合小核果，球形，红色（图2-87）。果实作覆盆子入药。

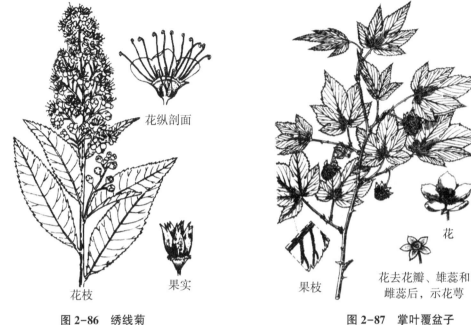

图2-86　绣线菊　　　　　　　　　　　图2-87　掌叶覆盆子

金樱子 *Rosa laevigata* Michx：常绿攀缘有刺灌木。羽状复叶；小叶3，近革质，光亮。花大，白色，单生于侧枝顶端。蔷薇果密生直刺，顶端具宿存萼片（图2-88）。果实作金樱子入药。

龙芽草（仙鹤草）*Agrimonia pilosa* Ledeb.：多年生草本，全株密生长茸毛。奇数羽状复叶，小叶5~7，各小叶大小相间排列；托叶近卵形（图2-89）。地上部分作仙鹤草入药；带短小根状茎的冬芽，称"鹤草芽"，能驱虫、解毒消肿。

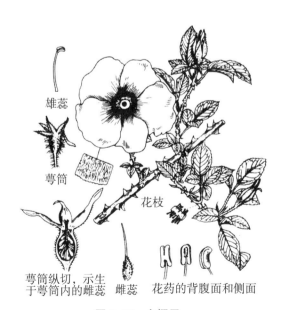

图2-88　金樱子

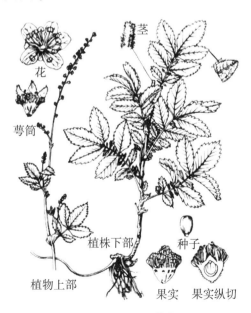

图2-89　龙芽草

月季 *Rosa chinensis* Jacp.：有皮刺常无刺毛；小叶 3~5，无毛；花较大，花色多样；蔷薇果卵圆形或梨形。花作月季花入药。

③苹果亚科（梨亚科）Maloideae：灌木或乔木。单叶或复叶；有托叶。心皮 2~5，多数与托杯内壁连合；子房下位，2~5 室，每室具 2 枚胚珠，少数具 1 至多数胚珠。梨果。

贴梗海棠（皱皮木瓜）*Chaenomeles speciosa*（Sweet）Nakai：落叶灌木。枝有刺。叶缘有尖锐锯齿；托叶大型，肾形或半圆形。花呈腥红色，3~5 朵簇生；花梗粗短；托杯钟状。梨果球形或卵圆形，芳香。果实作木瓜入药。

枇杷 *Eriobotrya japonica*（Thunb.）Lindl.：常绿小乔木。小枝密生锈色毛。叶片革质，披针形或倒卵形，上面光亮，下面密生茸毛。花瓣白色。果实球形或长圆形，直径 3~5cm，黄色或橘红色。叶作枇杷叶入药。

④梅亚科（李亚科）Prunoideae：木本。单叶，有托叶。子房上位，1 心皮，1 室，2 胚珠。核果，肉质。

梅 *Prunus mume*（Sieb.）Sieb. et Zucc.：小枝细长，先端刺状。单叶互生，叶片椭圆状宽卵形。春季先叶开花，花萼红褐色；花瓣 5，白色或淡红色。果实近球形，被茸毛（图 2-90）。近成熟果实经熏焙后作乌梅入药。

桃 *Prunus persica*（L.）Batsch.：落叶乔木。叶互生，披针形至倒卵状披针形，边缘有细锯齿；叶柄常有 1 至数枚腺体。花先叶开放；花瓣倒卵形，粉红色。核果表面有短茸毛。种子 1，扁卵状心形。种子作桃仁入药，枝条作桃枝入药。

同属植物山桃 *Prunus davidiana*（Carr.）Franch. 的种子亦作桃仁入药。

（13）豆科 Leguminosae（Fabaceae）♀ * ↑ $K_{5,(5)} C_5 A_{(9)+1,10,\,\infty} \underline{G}_{1:1:1\sim\infty}$

【形态特征】草本、木本或藤本。根部常有根瘤。叶常互生，羽状或三出复叶，少单叶；多具托叶和叶枕。花两性，花萼 5 裂，花瓣 5，多为蝶形花，少数为假蝶形花和辐射对称花；雄蕊 10，二体，少数分离或下部合生，稀多数；心皮 1，子房上位，胚珠 1 至多数，边缘胎座。荚果。

【识别要点】常羽状或三出复叶，有叶枕；花冠多为蝶形，少数为假蝶形和辐射对称花；雄蕊二体或离生；心皮 1，边缘胎座；荚果。

【亚科及主要药用植物】根据花冠形态与对称性，花瓣排列方式，雄蕊数目与类型等分为含羞草亚科、云实亚科和蝶形花亚科。

①含羞草亚科 Mimosoideae：多木本，稀草本。二回羽状复叶。穗状或头状花序，花辐射对称；雄蕊多数。荚果。

合欢 *Albizia julibrissin* Durazz.：落叶乔木。二回偶数羽状复叶，小叶镰刀状，主脉偏向一侧。头状花序；雄蕊多数，花丝细长，淡红色。荚果扁条形（图 2-91）。树皮作合欢皮入药，花或花蕾作合欢花入药。

②云实亚科 Caesalpinioideae：木本，稀草本。常为偶数羽状复叶。花两侧对称，花冠假蝶形；雄蕊 10，多分离。荚果，常有隔膜。

决明 *Cassia obtusifolia* L.：叶互生，偶数羽状复叶，小叶 3 对，最下方一对小叶间有腺体 1 枚。花成对腋生，花冠黄色；雄蕊 10，发育雄蕊 7。荚果细长，下弯呈镰状，近四棱形。种子菱柱形，淡褐色，光亮（图 2-92）。种子作决明子入药。

同属植物小决明 *Cssia tora*L. 的种子亦作决明子入药。

皂荚 *Gleditsia sinensis* Lam.：乔木。刺粗壮，常分枝。一回偶数羽状复叶；小叶 3~9

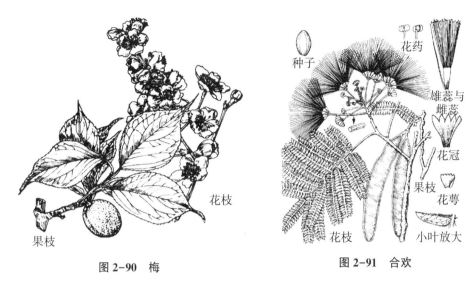

图 2-90　梅　　　　　　图 2-91　合欢

对，卵状矩圆形，边缘有圆锯齿。总状花序，花萼钟状，花瓣白色；子房条形。荚果条形，黑棕色，有白色粉霜。(图 2-93)。棘刺作皂角刺入药，成熟果实作大皂角入药，不育果实作猪牙皂入药。

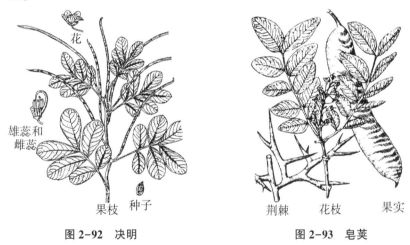

图 2-92　决明　　　　　　图 2-93　皂荚

③蝶形花亚科 Papilionoideae：草本或木本。奇数羽状复叶或三出复叶，稀单叶，有时有卷须，常有托叶。蝶形花冠；雄蕊 10，常为二体雄蕊。

膜荚黄芪 *Astragalus membranaceus* (Fisch.) Bunge：多年生草本。主根粗长，圆柱形。羽状复叶，小叶 9~25 枚，两面被白色长柔毛。总状花序腋生；花黄白色；子房被柔毛。荚果膜质，膨胀，具长柄，被黑色短柔毛 (图 2-94)。根作黄芪入药。

同属植物蒙古黄芪 *Astragalus membranaceus* (Fisch.) Bunge var. *mongholicus* (Bge.) Hsiao 的根亦作黄芪入药。

甘草 *Glycyrrhiza uralensis* Fisch.：多年生草本。根状茎多横走；主根粗长，外皮红棕色或暗棕色。全株被白色短毛及刺毛状腺体。羽状复叶，小叶 7~17 片。总状花序腋生；花冠蓝紫色。荚果呈镰刀状或环状弯曲，密被刺状腺毛及短毛 (图 2-95)。根和根状茎作甘草入药。

同属植物胀果甘草 *Glycyrrhiza inflata* Batalin 和光果甘草 *Gycyrrhiza glabra* L. 的根和根状茎亦作甘草入药。

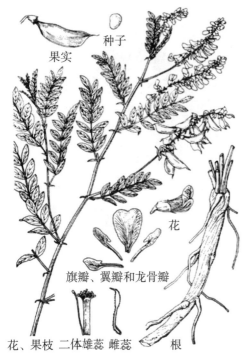

图 2-94 膜荚黄芪

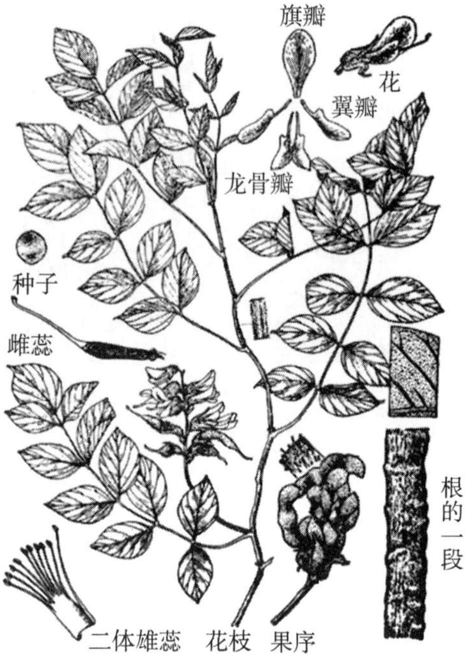

花、果枝　二体雄蕊　雌蕊　　根

图 2-95 甘草

旗瓣　花　翼瓣　龙骨瓣　种子　雌蕊　二体雄蕊　花枝　果序　根的一段

野葛 *Pueraria lobata*（Willd.）Ohwi：藤本。块根肥大。全株密被黄色长硬毛。三出复叶。总状花序腋生，花冠紫红色。荚果条状，扁平，密生黄色长硬毛（图2-96）。根作葛根入药；花称为"葛花"，能解酒毒，清湿热。

同属植物甘葛藤 *Pueraria thomsonii* Benth. 的花亦称为"葛花"。

槐 *Sophora japonica* L.：落叶乔木。奇数羽状复叶；小叶7~15，卵状长圆形；托叶镰刀状，早落。圆锥花序顶生；花乳白色；雄蕊10，分离，不等长。荚果肉质，串珠状，种子间极细缩。花作槐花入药，花蕾作槐米入药，果实作槐角入药。

（14）芸香科 Rutaceae ☿ * $K_{3~5}C_{3~5}A_{3~∞}\underline{G}_{(2~∞:2~∞:1~2)}$

【形态特征】木本，稀草本。叶、花、果常有透明腺点。叶常互生；多为羽状复叶或单身复叶，少单叶；无托叶。花多两性，辐射对称；萼片4~5，花瓣4~5；具明显花盘；雄蕊8~10；子房上位，心皮2~5或更多，合生。柑果、蒴果、核果和蓇葖果，稀翅果。

【识别要点】叶、花、果常有透明腺点；多为羽状复叶或单身复叶；萼片、花瓣常4~5；柑果、蒴果、核果和蓇葖果。

【主要药用植物】

橘 *Citrus reticulata* Blanco：枝细，多有刺。叶互生，单身复叶，翼叶狭窄；叶片有半透明油点。萼片、花瓣5，白色。柑果球形或扁球形，果皮易剥离（图2-97）。成熟果皮作陈皮入药，未成熟果皮作青皮入药，外层果皮作橘红入药，种子作橘核入药。果皮内层筋络称

花　果实　花枝　根

图 2-96 野葛

"橘络"，能化痰，通络。叶称"橘叶"，能疏肝、行气、化痰、消肿毒。

橘的栽培变种茶枝柑 *Citrus reticulata* 'Chachi'、大红袍 *Citrus reticulata* 'Dahongpao'、温州蜜柑 *Citrus reticulata* 'Unshiu'、福橘 *Citrus reticulata* 'Tangerina'，药用部位及功效均与橘相同。

佛手 *Citrus medica* var. *sarcodactylis* Swingle：常绿灌木或小乔木，新枝三棱形。果实上部变成拳状或指状。

酸橙 *Citrus aurantium* L.：常绿小乔木。枝三棱形、有长刺。叶片质地较厚，叶翼较大。柑果熟时橙黄色，果皮难剥离。幼果作枳实入药，能破气消积、化痰除痞；未成熟果实作枳壳入药。

同属植物甜橙 *Citrus sinensis*（L.）Osbeck 的幼果亦作枳实入药。

花枝

果实　　果实横切

图 2-97　橘

常山胡柚 *Citrus changshan-huyou* Y. B. Chang：与原变种的主要区别点是叶片椭圆形，先端钝尖，微凹头，全缘或有不明显微浅钝齿。柑果果皮较易剥离，果心中空。未成熟果实称"衢枳壳"，能理气宽中，行滞消胀。

吴茱萸 *Evodia rutaecarpa*（Juss.）Benth.：幼枝、叶轴及花序均被黄褐色长茸毛，有特殊气味。羽状复叶互生；小叶 5~11，下面密被白色长茸毛，有透明腺点。花单性异株；圆锥状聚伞花序顶生。蒴果扁球形，成熟时裂开呈 5 个果瓣，紫红色，表面有粗大油腺点。未成熟果实作吴茱萸入药。

其变种石虎 *E. rutaecarpa*（Juss.）Benth. var. *officinalis*（Dode）Huang 和疏毛吴茱萸 *E. rutaecarpa*（Juss.）Benth. var. *bodinieri*（Dode）Huang 的未成熟果实亦作吴茱萸入药。

（15）葡萄科 Vitaceae $\diameter * K_{(4~5)} C_{4~5} A_{4~5} \underline{G}_{(2~6:2~6:1~2)}$

【形态特征】多为木质藤本，卷须和叶对生。叶互生，掌状分裂、掌状或羽状复叶，有托叶。聚伞花序与叶对生，花两性或单性异株；花萼不明显，4~5 裂；花瓣 4~5；雄蕊生于花盘周围，花盘环形；子房上位，常 2 心皮 2 室，每室胚珠 1~2。浆果。

【识别要点】藤本，卷须和叶对生；聚伞花序与叶对生；具花盘；浆果。

【主要药用植物】

三叶崖爬藤 *Tetrastigma hemsleyanum* Diels. et Gilg.：攀缘藤本。有块根，卷须不分枝。三出复叶。聚伞花序腋生；花小，黄绿色；花瓣 4，柱头无柄，4 裂，星状开展。浆果球形，红褐色，熟时黑色。块根称"三叶青"，能清热解毒，消肿止痛，化痰散结。

白蔹 *Ampelopsis japonica*（Thunb.）Mak.：攀缘藤本。根块状。掌状复叶，小叶 3~5 片，羽状分裂及羽状缺刻，叶轴有阔翅。浆果球形，熟时白色或蓝色（图 2-98）。根作白蔹入药。

（16）五加科 Araliaceae $\diameter * K_5 C_{5~10} A_{5~10} \overline{G}_{(2~15:2~15:1)}$

【形态特征】木本，稀草本。茎常具刺。叶互生，掌状复叶或羽状复叶，少为单叶。花小，两性，稀单性；伞形花序或集成头状花序；萼齿 5，形小；花瓣 5~10，分离；雄蕊 5~10，生于花盘边缘，花盘生于子房顶部（上位花盘）；子房下位，常 2~5 室，每室 1 胚珠。浆果或核果。

【识别要点】木本，茎常具刺；掌状复叶或羽状复叶；伞形花序；上位花盘；子房下位；浆果或核果。

【主要药用植物】

人参 *Panax ginseng* C. A. Mey.：多年生草本。根状茎短，每年增生一节，习称"芦头"，有时其上生出不定根，习称"芋"。主根粗壮，胡萝卜形。掌状复叶轮生茎端，通常1年生者生1片三出复叶，2年生者生1片掌状五出复叶，3年生者生2片掌状五出复叶，以后每年递增1片复叶，最多可达6片复叶；小叶片上面脉上疏生刚毛，下面无毛。伞形花序单个顶生，总花梗比叶长。果扁球形，熟时红色（图2-99）。根作人参入药。

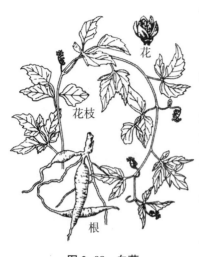

图2-98 白蔹

西洋参 *Panax quinquefolium* L.：形态和人参很相似，但本种的总花梗与叶柄近等长或稍长，小叶片上面脉上几无刚毛。根作西洋参入药。

三七 *Panax notoginseng*（Burk.）F. H. Chen：多年生草本。主根肉质，倒圆锥形或圆柱形。掌状复叶，小叶通常3~7片，中央一片最大，两面脉上密生刚毛（图2-100）。根作三七入药。

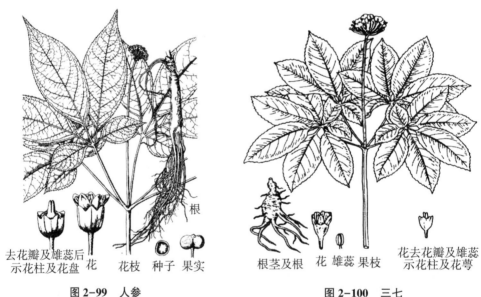

去花瓣及雄蕊后   花   花枝   种子   果实
示花柱及花盘

图2-99 人参

根茎及根   花   雄蕊   果枝   花去花瓣及雄蕊
     示花柱及花萼

图2-100 三七

细柱五加（五加、南五加）*Acanthopanax gracilistylus* W. W. Smith.：灌木，有时蔓状，无刺或单生扁平的刺。掌状复叶，小叶通常5片；叶无毛或沿脉疏生刚毛。伞形花序常腋生；花黄绿色；花柱2，分离。果扁球形，黑色（图2-101）。根皮作五加皮入药。

通脱木 *Tetrapanax papyrifera*（Hook.）K. Koch：灌木。小枝、花序均密生黄色星状厚茸毛。茎髓大，白色。叶大，集生于茎顶，叶掌状5~11裂。茎髓作通草入药。

（17）伞形科 Umbelliferae ⚥ * $K_{(5)0}C_5A_5\overline{G}_{(2:2:1)}$

【形态特征】芳香草本。茎常中空，有纵棱。叶互生，叶片分裂或羽状复叶，稀为单叶；叶柄基部扩大成鞘状。复伞形花序，具总苞片或缺，小伞形花序的柄称伞辐，其下常有小总苞片；花萼 5，与子房贴生；花瓣 5；雄蕊 5；子房下位，2 心皮 2 室，每室有 1 胚珠；上位花盘，花柱 2。双悬果。

【识别要点】芳香草本；茎常中空，有纵棱；叶柄基部鞘状；复伞形花序；上位花盘；双悬果。

【主要药用植物】

当归 *Angelica sinensis* (Oliv.) Diels：主根粗短，具香气。基生叶二至三回三出式羽状分裂；囊状叶鞘紫褐色。复伞形花序。双悬果椭圆形，侧棱具宽翅（图 2-102）。根作当归入药。

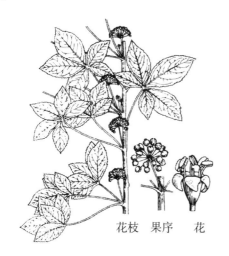

图 2-101　细柱五加

花枝　果序　花

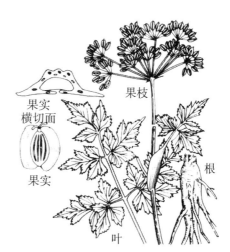

图 2-102　当归

杭白芷 *Angelica dahurica* (Fisch. ex Hoffm.) Benth et Hook. var. *formosana* (Boiss.) Shan et Yuan (*A. formosana* Boiss.)：植株较矮。根肉质，圆锥形，具四棱。茎基及叶鞘黄绿色。叶三出二回羽状分裂。小花黄绿色。双悬果长圆形至近圆形，侧棱延展成宽翅。根作白芷入药。

柴胡 *Bupleurum chinense* DC.：多年生草本。主根粗大，坚硬。茎多丛生，上部多分枝，稍成"之"字形。中部叶倒披针形，全缘，有平行脉 7~9 条，下被粉霜。根作柴胡入药，习称北柴胡。

同属植物狭叶柴胡 *Bupleurum scorzonerifolium* Willd. 根亦作柴胡入药，习称南柴胡。

白花前胡 *Peucedanum praeruptorum* Dunn.：多年生草本。主根粗壮，圆锥形，有分枝。基生和茎下部叶二至三回三出羽状分裂。复伞形花序，无总苞片，小总苞片 7，线状披针形；花白色。双悬果侧棱有窄而厚的翅。根作前胡入药。

同属植物紫花前胡 *Peucedanum decursivum* (Miq.) Maxim. 与白花前胡的主要区别是：茎紫色。叶为一至二回羽状分裂；茎上部叶简化成膨大紫色的叶鞘。复伞形花序，花深紫色。根作紫花前胡入药。

珊瑚菜 *Glehnia littoralis* (A. Gray) Fr. Schmidt et. Miq.：多年生草本，全体有灰褐色茸毛。主根圆柱状，细长。基生叶三出或羽状分裂或二至三回羽状深裂。花白色。双悬果果棱具木栓质翅，有棕色茸毛。根作北沙参入药。

（18）山茱萸科 Cornaceae ☿ * $K_{4\sim5,0} C_{4\sim5,0} A_{4\sim5} \overline{G}_{(2:1\sim4:1)}$

【形态特征】木本。单叶对生，少互生或轮生，无托叶。顶生聚伞花序或伞形花序，有时具大型苞片，或生于叶的表面；花萼通常4~5裂或缺；花瓣4~5，或缺；雄蕊4~5，与花瓣同着生于花盘基部；子房下位。核果或浆果。

【识别要点】木本。顶生聚伞花序或伞形花序，有时具大型苞片，或生于叶的表面。

【主要药用植物】

山茱萸 *Cornus officinalis* Sieb. et Zucc. ［*Macrocarpium officinalis* (Sieb. et Zucc.) Nakai］：落叶灌木或小乔木。叶对生，叶背脉腋具黄色锈毛。核果长椭圆形，熟时深红色（图2-103）。果肉作山茱萸入药。

2. 合瓣花亚纲 Sympetalae

合瓣花亚纲又称后生花被亚纲，主要特征是花瓣多少连合，出现了适应昆虫传粉及对雄蕊和雌蕊的保护增强的各种形状的联合花冠，如漏斗状、钟状、唇形、舌状等，由辐射对称发展到两侧对称。因此，合瓣花类群比离瓣花类群进化。

（19）唇形科 Labiatae ♀↑ $K_{(5)}$ $C_{(5)}$ $A_{4,2}$ $\underline{G}_{(2:4:1)}$

【形态特征】草本，稀灌木。多含挥发油。茎四方形。叶对生。轮伞花序腋生，常集成各式复合花序；花两性，两侧对称；花冠唇形，少为假单唇形或单唇形；雄蕊4，2强，或仅有2枚发育；雌蕊由2心皮组成，子房上位，常4深裂成假4室，每室1胚珠，花柱常着生于子房裂隙的基底。果实由4枚小坚果组成（图2-104）。

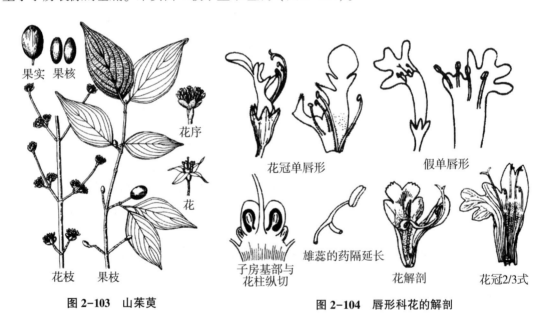

果实 果核
花序
花
花枝 果枝

图 2-103 山茱萸

花冠单唇形
假单唇形
子房基部与花柱纵切
雄蕊的药隔延长
花解剖
花冠2/3式

图 2-104 唇形科花的解剖

【识别要点】草本，有香气；茎四方形；叶对生；轮伞花序，花冠唇形；二强雄蕊；子房常4深裂，花柱基生；4枚小坚果。

【主要药用植物】

丹参 *Salvia miltiorrhiza* Bge.：全株密被柔毛及腺毛。根粗大，外皮砖红色。奇数羽状复叶对生。轮伞花序，再排成总状；花冠紫色。小坚果长圆形（图2-105）。根作丹参入药。

益母草 *Leonurus japonicus* Houtt.：1年生或2年生草本。茎钝四棱形。叶二型，基生叶有长柄，近圆形，5~9浅裂；茎生叶菱形，掌状3深裂，顶部叶线形或线状披针形，几无柄。轮伞花序腋生（图 2-106）。全草作益母草入药，果实作茺蔚子入药。

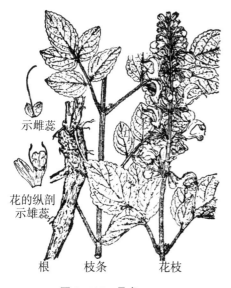

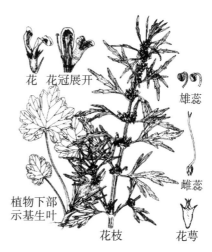

图 2-105 丹参

图 2-106 益母草

薄荷 *Mentha haplocalyx* Briq.：多年生草本，有清凉浓香气。茎四棱。叶对生，叶脉密生柔毛。轮伞花序腋生（图 2-107）。全草作薄荷入药。

紫苏 *Perilla frutescens* (L.) Britt. var. *arguta* (Benth.) Hand.-Mazz.：1 年生草本，具香气。茎方形。叶两面紫色或仅下面紫色，两面有毛。轮伞花序集成总状花序状；花冠白色至紫红色。小坚果灰褐色。叶作紫苏叶入药，茎作紫苏梗入药，果实作紫苏子入药（图 2-108）。

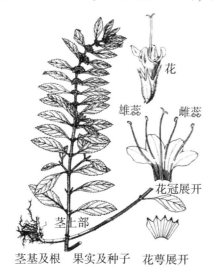

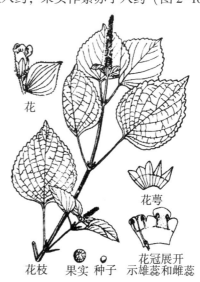

图 2-107 薄荷

图 2-108 紫苏

（20）玄参科 Scrophulariaceae ⚥ ↑ $K_{(4\sim5)} C_{(4\sim5)} A_{4,2} \underline{G}_{(2:2:\infty)}$

【形态特征】草本，稀木本。叶对生，稀轮生或互生，无托叶。花两性，常两侧对称；成总状或聚伞花序；花萼 4~5 裂，宿存；花冠 4~5 裂，多少呈 2 唇形；雄蕊多为 4 枚，2强；子房上位，2 心皮 2 室，中轴胎座；花柱顶生。蒴果，稀浆果。种子多而细小。

【识别要点】草本，稀木本；叶对生；花冠多少呈2唇形；二强雄蕊；花柱顶生；蒴果。

【主要药用植物】

玄参（浙玄参）*Scrophularia ningpoensis* Hemsl.：多年生高大草本。根肥大呈纺锤形，黄褐色，干后变黑。茎下部叶对生，上部叶有时互生。花冠二唇形，紫褐色，上唇明显长于下唇；2强雄蕊（图2-109）。根作玄参入药。

(21) 茜草科 Rubiaceae ⚥ ✳ $K_{(4\sim5)} C_{(4\sim5)} A_{4\sim5} \overline{G}_{(2:2:1\sim\infty)}$

【形态特征】木本或草本，有时攀缘状。单叶对生或轮生，常全缘；具各式托叶，常宿存。花两性，辐射对称，花4~5基数，花冠常4~5裂；雄蕊与花冠裂片同数而互生，贴生于花冠筒上；子房下位，2心皮2室。蒴果、浆果或核果。

【识别要点】单叶对生或轮生，常全缘；具各式托叶，常宿存；花4~5基数。

【主要药用植物】

白花蛇舌草 *Hedyotis diffusa* Willd.：一年生纤细草本。茎多分枝。单叶对生，叶片线性。花单生或成对生于叶腋，花梗较粗壮。全草作白花蛇舌草入药。

钩藤 *Uncaria rhynchophylla*（Miq.）Miq. ex Havil.：小枝四棱形，叶腋有钩刺。叶对生，托叶2深裂。头状花序腋生，花冠黄色，5数（图2-110）。带钩茎枝作钩藤入药。

图2-109 玄参

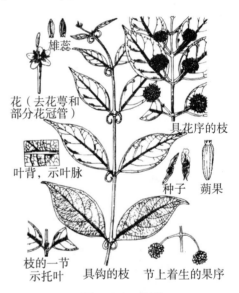

图2-110 钩藤

同属植物华钩藤 *Uncaria sinensis*（Oliv.）Havil.、大叶钩藤 *Uncaria macrophylla* Wall.、毛钩藤 *Uncaria hiruta* Havil. 及无柄果钩藤 *Uncaria sessilifructus* Roxb. 的带钩茎枝亦作钩藤入药。

栀子 *Gardenia jasminoides* Ellis：常绿灌木。叶革质，对生或轮生；托叶在叶柄内合成鞘。花大，白色，芳香，单生枝顶。果实具5~9条翅状纵棱，熟时黄色（图2-111）。果实作栀子入药。

(22) 忍冬科 Caprifoliaceae ⚥ ✳ ↑ $K_{(4\sim5)} C_{(4\sim5)} A_{4\sim5} \overline{G}_{(2\sim5:1\sim5:1\sim\infty)}$

【形态特征】木本，稀草本。叶对生，单叶，少复叶，常无托叶。花两性，辐射对称或两侧对称；聚伞花序，或再组成各种花序；花萼4~5裂；花冠管状，多5裂，有时二唇形；

雄蕊贴生于花冠管上；子房下位。浆果、核果或蒴果。

【识别要点】叶对生，无托叶；花两性，辐射对称或两侧对称，花冠管状，多5裂，有时二唇形；子房下位。

【主要药用植物】

忍冬 Lonicera japonica Thunb.：多年生半常绿木质藤本。幼枝绿色，密生短柔毛和腺毛。单叶对生。花双生于叶腋，花冠唇形，上唇4裂，下唇反卷不裂；初开时白色，后转黄色，故又称"金银花"（图2-112）。茎枝作忍冬藤入药，花蕾作金银花入药。

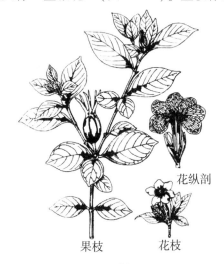

果枝　　　花枝

图2-111　栀子

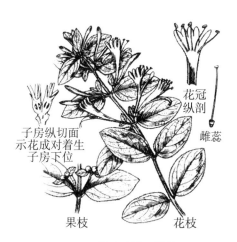

花冠纵剖

雌蕊

子房纵切面示花成对着生子房下位

果枝　　　花枝

图2-112　忍冬

灰毡毛忍冬 Lonicera macranthoides Hand.-Mazz.：老枝茎皮不规则条状剥落。叶下面密被灰白色或灰黄色柔毛，并散生橘黄色腺点。花蕾作山银花入药。

同属植物红腺忍冬 Lonicera hypoglauca Miq.、华南忍冬 Lonicera confusa DC.、黄褐毛忍冬 Lonicera fulvotomentosa Hsu et S. C. Cheng 的花蕾亦作山银花入药。

（23）葫芦科 Cucurbitaceae ♂ $*$ $K_{(5)} C_{(5)} A_{5, (2)+(2)+1}$；♀ $*$ $K_{(5)} C_{(5)} \overline{G}_{(3:1:\infty)}$

【形态特征】草质藤本，具卷须。多单叶互生，常掌状分裂。花单性，同株或异株；花萼及花冠5裂；雄花有雄蕊5枚，分离或两两联合，1枚分离，形似3雄蕊，花药弯成S形；雌花子房下位，3心皮1室，侧膜胎座，胎座肥大，柱头膨大，3裂。瓠果。

【识别要点】草质藤本，具卷须；叶掌状分裂；花单性，同株或异株；雄蕊5，花药弯成S形；雌蕊3心皮1室，侧膜胎座，胎座肥大；瓠果。

【主要药用植物】

栝楼 Trichosanthes kirilowii Maxim.：多年生攀缘草本。块根肥厚，圆柱状，外皮淡棕褐色。叶掌状分裂，边缘有疏齿；卷须2~3分枝。雌雄异株，花冠中部以上细裂成流苏状。瓠果熟时黄褐色。种子近边缘处有一圈棱线（图2-113）。块根作天花粉入药，果实作瓜蒌入药，种子作瓜蒌子入药，果皮作瓜蒌皮入药。

同属植物双边栝楼 Trichosanthes rosthornii Harms，与上种主要区别是：叶常5深裂几达基部，裂片条状或披针形。种子深棕色，有一圈与边缘平行的明显棱线。入药部位及功效同栝楼。

（24）菊科 Compositae（Asteraceae）☿ $*$ ↑ $K_{0\sim\infty} C_{(3\sim5)} A_{(4\sim5)} \overline{G}_{(2:1:1)}$

【形态特征】草本，稀木本，有的具乳汁或树脂道。单叶，多互生，稀对生，无托叶。头状花序，外被1至多层总苞片；花多两性；萼片5，变为冠毛或鳞片；花冠裂片5或3，合生，呈管状、舌状或假舌状（先端3齿、单性）；头状花序中小花有异型（外围舌状、假舌状或漏斗状花，称缘花；中央为管状花，称盘花）或同型（全为管状花或舌状花）；雄蕊5，聚药雄蕊；子房下位，2心皮1室，1枚胚珠而基生；花柱1，柱头2裂。瘦果，顶端常有刺状、羽状冠毛或鳞片（图2-114）。

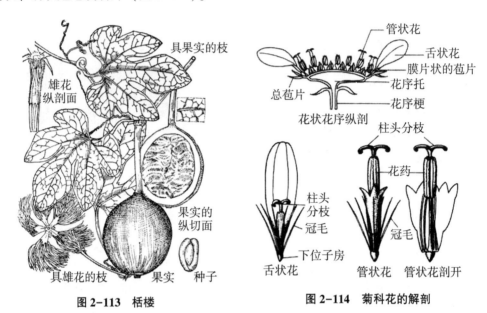

图2-113 栝楼　　　　　　　图2-114 菊科花的解剖

【识别要点】草本；头状花序由同型花或异型花组成，具总苞；聚药雄蕊；瘦果顶端带冠毛或鳞片。

【亚科及主要药用植物】根据头状花序花冠类型及分泌结构的不同，常分为两个亚科，即舌状花亚科（Liguliflorae）和管状花亚科（Carduoideae）。

①管状花亚科 Carduoideae：头状花序全部为管状花，或兼有舌状花（缘花）。植物体无乳汁。

菊花 *Chrysanthemum morifolium* Ramat.：茎基部木质，全株被白色茸毛。头状花序，总苞片多层；缘花雌性舌状，盘花两性管状，黄色。（图2-115）。头状花序作菊花入药。浙江北部产者称"杭菊"；安徽亳州、滁县、歙县等地产者分别称为"亳菊""滁菊""贡菊"；河南焦作（怀庆府）产者称"怀菊"。

白术 *Atractylodes macrocephala* Koidz.：根状茎肥大，块状。叶3深裂，稀羽状5深裂，叶缘有锯齿。苞片叶状，羽状分裂，裂片刺状；全为管状花，紫红色；冠毛羽状。瘦果密被柔毛（图2-116）。根状茎作白术入药。

红花 *Carthamus tinctorius* L.：1年生草本。叶互生，近无柄而稍抱茎，叶缘齿端有尖刺。总苞片外侧2~3层叶状，上部边缘有锐刺；全为管状花，初开时黄色，后转橘红色（图2-117）。花作红花入药。

黄花蒿 *Artemisia annua* L.：全株有强烈气味。茎中部叶二至三回羽状深裂；上部叶小，常一回羽裂。头状花序黄色，全为管状花。地上部分作青蒿入药。也是提取青蒿素的原料药。

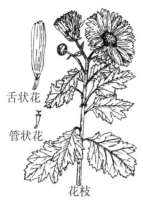

图 2-115 菊花

图 2-116 白术

②舌状花亚科 Liguliflorae：植物体含乳汁，头状花序全为舌状花。

蒲公英 *Taraxacum mongolicum* Hand. -Mazz.：多年生草本，有乳汁。根直生。叶莲座状生，羽状深裂，顶裂片较大。全为黄色舌状花。瘦果，冠毛白色（图 2-118）。全草作蒲公英入药。

图 2-117 红花

图 2-118 蒲公英

（二）单子叶植物纲

（25）禾本科 Gramineae（Poaceae） $\female * P_{2\sim3} A_{3,1\sim6} \underline{G}_{(2\sim3:1:1)}$

【形态特征】草本或木本。常具根状茎。地上茎常中空，节明显，特称为秆。常于茎基部分枝，称分蘖。单叶互生，2 列；常由叶片、叶鞘和叶舌组成，有时有叶耳；叶片常狭长，平行脉序；叶鞘抱秆，常一侧开裂；叶片和叶鞘连接处的内侧有叶舌，呈膜质或退化为一圈毛状物；叶耳位于叶片基部的两侧或缺。花序以小穗为基本单位，再排成穗状、总状或圆锥状；每小穗有花 1 至数朵，排列于一很短的小穗轴上，基部 2 枚苞片称颖片，下方的称外颖，上方的称内颖；小花基部的 2 枚苞片，特称为外稃和内稃；花被片退化为鳞被（浆片），常 2~3 枚；雄蕊常 3 枚，花丝细长，花药丁字着生；子房上位，2~3 心皮合生，1 室，胚珠 1，花柱 2，柱头常羽毛状。颖果（图 2-119）。

【识别要点】草本或木本；秆节间常中空；单叶互生，2 列，叶鞘抱秆，常一侧开裂；

由小穗组成各种花序；颖果。

【亚科及主要药用植物】

①竹亚科 Bambusoideae：秆为木质。叶2型，有茎生叶和枝生叶（即营养叶）两类；茎生叶为秆箨（笋壳）；枝生叶常绿性，具短柄，叶片和叶鞘连接处形成关节，叶片易从关节处脱落。

淡竹 *Phyllostachys nigra* (Lodd.) Munro var. *henonis* (Mitf.) Stapf ex Rendle：乔木状竹类。竿壁厚，秆环及箨环隆起明显；箨鞘黄绿色至淡黄色，具黑色斑点和条纹，箨叶长披针形；枝生叶1至5枚，叶片狭披针形（图2-120）。秆的中间层刮下作竹茹入药。

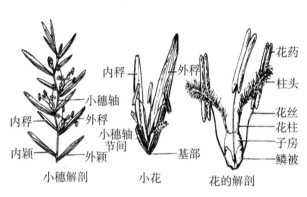

图 2-119 禾本科植物小穗、小花及花的构造

图 2-120 淡竹

图 2-121 薏苡

同属植物青竿竹 *Bambusa tuldoides* Munro、大头典竹 *Sinocalamus beecheyanus* (Munro) Mcclure var. *pubescens* P. F. Li 茎秆的中间层亦作竹茹入药。

②禾亚科 Agrostidoideae：草本。秆通常草质，秆生叶是普通叶，叶片与叶鞘连接处无关节，不易从叶鞘脱落。

薏苡 *Coix lacryma-jobi* L. var. *ma-yuen* (Roman.) Stapf：1年生草本。秆多分枝。叶片条状披针形。雄花序位于雌花序上部，雌小穗位于花序下部，为骨质总苞所包被。颖果球形，包藏于白色光滑的骨质总苞内（图2-121）。成熟种仁作薏苡仁入药。

淡竹叶 *Lophatherum gracile* Brongn.：多年生草本。须根中部膨大呈纺锤形的块根（图2-122）。茎叶作淡竹叶入药。

（26）天南星科 Araceae

$\male\female * P_{4\sim6} A_{4\sim6} \underline{G}_{(1\sim\infty:1\sim\infty)}$; $\male P_0 A_{(2\sim8),(\infty),2\sim8,\infty}$; $\female P_0 \underline{G}_{(1\sim\infty:1\sim\infty:1\sim\infty)}$

【形态特征】多年生草本；常具块茎或根状茎；富含苦味水汁或乳汁。叶柄基部常具膜质叶鞘，网状脉，脉岛中无自由脉稍。肉穗花序，具佛焰苞；花小，两性或单性；两性花花被片4~6，鳞片状；单性花常无花被，雌雄同株或异株，雌花群在下部，雄花群在上部，中间有无性花相隔；雄蕊愈合成雄蕊柱；子房上位，1~3室。浆果。

【识别要点】多年生草本；网状脉，脉岛中无自由脉稍。肉穗花序，具佛焰苞。

【主要药用植物】

半夏 *Pinellia ternata* （Thunb.）Breit.：块茎球形。幼苗叶片单叶全缘；成株叶片3全裂，叶柄有1珠芽。佛焰苞管喉闭合，有横膈膜。浆果绿色（图2-123）。块茎作半夏入药。

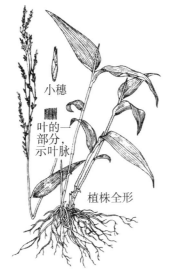

图 2-122 淡竹叶

图 2-123 半夏

掌叶半夏 *Pinellia pedatisecta* Schott：不同于半夏的是块茎较大，周围常生有数个小块茎，叶片鸟趾状全裂，裂片7~13。块茎称"虎掌南星"，能燥湿化痰，祛风止痉，散结消肿。

天南星 *Arisaema erubescens* （Wall.）Schott：块茎扁球形。叶1枚，叶柄中部以下具鞘，叶片放射状全裂，裂片11~23。佛焰苞绿色。浆果红色，状如玉米棒（图2-124）。块茎作天南星入药。

同属植物异叶天南星 *Arisaema heterophyllum* Blume，东北天南星 *Arisaema amurense* Maxim. 两者的块茎亦作天南星入药。

（27）百合科 Liliaceae $\male\female * P_{3+3,(3+3)} A_{3+3} \underline{G}_{(3:3:1\sim\infty)}$

【形态特征】草本，少木本。常具根状茎、鳞茎或块根。茎直立、攀缘状或变态成叶状枝。单叶互生或基生，少对生、轮生或退化成鳞片状。花被片6，花瓣状，2轮；雄蕊6，2轮；子房上位，稀半下位；3心皮3室，中轴胎座。蒴果或浆果。

【识别要点】具根状茎、鳞茎或块根；茎直立、攀缘状或变态成叶状枝；花被片6，花瓣状，2轮；雄蕊6，2轮；3心皮3室，中轴胎座。

【主要药用植物】

百合 *Lilium brownii* F. E. Brown var. *viridulum* Baker：鳞茎球形。茎有紫色条纹。叶倒卵状披针形。花喇叭形，有香气，乳白色。蒴果矩圆形，有棱（图2-125）。肉质鳞叶作百合入药。

雌花序果序
（去佛焰苞）

雄花序
肉穗花序（去佛焰苞） 块茎

图2-124 天南星

鳞茎 植株上部 雄蕊和雌蕊

图2-125 百合

同属植物卷丹 *Lilium lancifolium* Thunb.：茎具白色绵毛。细叶百合（山丹）*Lilium pumilum* DC. 两者的肉质鳞叶亦作百合入药。

浙贝母 *Fritillaria thunbergii* Miq.：鳞茎由2～3枚鳞片组成。叶无柄，下部叶对生或互生，中部叶轮生，上部叶先端卷曲呈卷须状。花1～6朵，淡黄色，钟形，府垂；叶状苞片2～4枚。蒴果棱上有6条宽翅（图2-126）。鳞茎作浙贝母入药。

川贝母 *Fritillaria cirrhosa* D. Don：叶常对生，少轮生，先端稍卷曲或不卷曲。花通常单朵，紫色至黄绿色，有紫色斑点或小方格；叶状苞片通常3枚。

暗紫贝母 *Fritillaria unibracteata* Hsiao et K. C. Hsia：鳞茎由2枚鳞片组成。茎基部1～2对叶对生，其余互生。叶先端不卷曲。花单生茎顶，深紫色，有黄褐色小方格，具1枚叶状苞片。蒴果棱上具狭翅。

甘肃贝母 *Fritillaria przewalskii* Maxim. ex Batal.：叶最下面的2枚对生，上面的2～3枚散生，条形。花常单朵，浅黄色，有黑紫色斑点。

梭砂贝母 *Fritillaria delavayi* Franch.：茎中部以上具叶3～5枚，互生。花单朵，浅黄色，具红褐色斑点或小方格。

上述4种植物和瓦布贝母 *Fritillaria unibracteata* var. *wabuensis*（S. Y. Tang et S. C. Yue）Z. D. Liu, Shu Wang et S. C. Chen、太白贝母 *Fritillaria taipaiensis* P. Y. Li 的鳞茎作川贝母入药。

同属植物湖北贝母 *Fritillaria hupehensis* Hsiao et K. C. Hsia. 鳞茎作湖北贝母入药。新疆贝母 *Fritillaria walujewii* Regel、伊犁贝母 *Fritillaria pallidiflora* Schrenk 鳞茎作伊贝母入药。平贝母 *F. ussuriensis* Maxim. 鳞茎作平贝母入药。

多花黄精 *Polygonatum cyrtonema* Hua：根状茎连珠状。叶互生，两面无毛。伞形花序具花 2~7 朵，总花梗 7~15mm。根状茎作黄精入药。

同属植物滇黄精 *Polygonatum kingianum* Coll. et Hemsl. 、黄精 *Polygonatum sibiricum* De-lar. ex Red. 的根状茎亦作黄精入药。

玉竹 *Polygonatum odoratum*（Mill.）Druce：根状茎扁圆柱形。茎上部稍具 3 棱。叶互生，叶柄基部扭曲成二列状。根状茎作玉竹入药。

七叶一枝花 *Paris polyphylla* Smith var. *chinensis*（Franch.）Hara：具根状茎。叶 5~8 枚轮生，通常 7 枚。雄蕊 8~10 枚，药隔突出部分长 1~1.5mm。根状茎作重楼入药（图 2-127）。

图 2-126 浙贝母

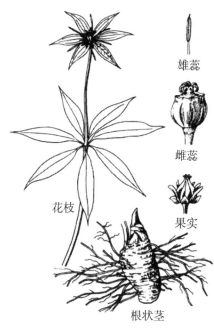

图 2-127 七叶一枝花

麦冬 *Ophiopogon japonicus*（L. f.）Ker-Gawl.：具椭圆形或纺锤形的块根。叶基生成丛，细条形。总状花序，花被片常稍下垂而不展开。浆果蓝黑色。块根作麦冬入药（图 2-128）。

光叶菝葜 *Smilax glabra* Roxb.：攀缘灌木；根状茎肥厚，叶革质，叶下面粉白色；具托叶卷须；伞形花序；浆果成熟时紫黑色（图 2-129）。根状茎作土茯苓入药。

（28）鸢尾科 Iridaceae ♀ * ↑ $P_{(3+3)}$ A_3 $\overline{G}_{(3:3:∞)}$

【形态特征】草本。叶多基生，条形或剑形，基部对折，成套叠状，排成 2 列。花大而美丽，蝎尾状或二歧聚伞花序；花两性，辐射对称或两侧对称；花被片 6，2 轮，花瓣状，基部常合生成管状；雄蕊 3；子房下位，3 心皮 3 室，中轴胎座，柱头 3 裂。蒴果。

【识别要点】叶条形或剑形，成套叠状，排成 2 列；花蝎尾状或二歧聚伞花序。

【主要药用植物】

射干 *Belamcanda chinensis*（L.）DC.：宿根草本。根状茎断面黄色。叶互生，嵌迭状排列，剑形，基部鞘状抱茎。花橙色，散生深红色斑点（图 2-130）。根状茎作射干入药。

番红花 *Crocus sativus* L.：球茎扁圆球形。叶基生，条形；叶丛基部包有 4~5 片膜质的鞘状叶。花紫红色，花被片 6，上有紫色脉纹；花柱上部 3 分枝，柱头 3，略扁，顶端有齿，橙红色（图2-131）。柱头作西红花入药。

图 2-128　麦冬

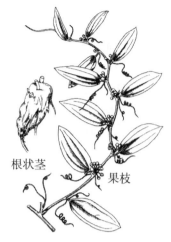

图 2-129　光叶菝葜

图 2-130　射干

图 2-131　番红花

（29）姜科 Zingiberaceae ☿ ↑ $P_{(3+3)} A_1 \overline{G}_{(3:3:∞)}$

【形态特征】草本。具块茎、根状茎或块根，通常具芳香味。单叶常2列，多有叶鞘和叶舌，羽状平行脉。花两性，两侧对称；花被片6，2轮，外轮花萼状，常合生成管，一侧开裂，顶端常3齿裂；内轮花冠状，基部合生，上部3裂，通常后方的一枚裂片较大；退化雄蕊2或4，外轮2枚称侧生退化雄蕊，呈花瓣状、齿状或不存在，内轮2枚联合成唇瓣；能育雄蕊1；子房下位，3心皮3室，中轴胎座，少侧膜胎座（1室），柱头漏斗状。蒴果，种子具假种皮（图2-132）。

【识别要点】草本，常具芳香味；叶鞘顶端有明显叶舌；内轮2枚退化雄蕊联合成唇瓣；能育雄蕊1。

【主要药用植物】

姜 *Zingiber officinale* Rosc.：根状茎肥厚，多分枝，有芳香及辛辣味。总花梗长达25cm；花冠黄绿色，唇瓣有紫色条纹及淡黄色斑点（图2-133）。根状茎作干姜入药，新鲜根状茎作生姜入药。

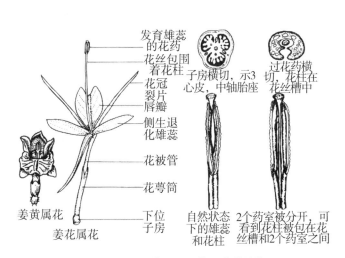

图 2-132　姜黄属和姜花属花的结构

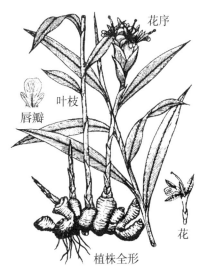

图 2-133　姜

温郁金 *Curcuma wenyujin* Y. H. Chen et C. Ling：根状茎肉质，肥大，黄色，芳香；根端膨大成纺锤状。叶无紫色带，叶背无毛。穗状花序圆柱形，花冠裂片白色而不染红。块根作郁金入药，根状茎作莪术入药。

（30）兰科 Orchidaceae ☿ ↑ $P_{3+3} A_{1\sim2} \overline{G}_{(3:1:\infty)}$

【形态特征】草本。陆生、附生或腐生。具根状茎、块茎或假鳞茎。单叶互生，2列，常有叶鞘。花两性，常两侧对称；花被片 6，常花瓣状，2 轮；外轮 3 片称萼片，离生或合生；内轮侧生的 2 片称花瓣，中间 1 片特化成唇瓣（由于子房作 180°扭转而居下方）；雄蕊与花柱合生成合蕊柱，与唇瓣对生；能育雄蕊通常 1 枚，生于合蕊柱顶端，稀 2 枚生于合蕊柱两侧；花粉粒黏结成花粉块；子房下位，3 心皮，1 室，侧膜胎座；柱头和花药间有 1 舌状突起称蕊喙。具极多细小粉状的种子（图 2-134）。

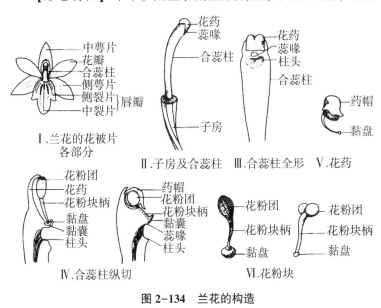

图 2-134　兰花的构造

【识别要点】草本，陆生、附生或腐生；单叶互生，2 列，常有叶鞘；有唇瓣；雄蕊与花柱合生成合蕊柱；花粉粒黏结成花粉块；柱头和花药间有蕊喙；种子微小极多。

兰科大多数为虫媒花，其花粉块的精巧结构与传粉机制的多样性，植物与真菌之间的共生关系等，都达到了极高的地步，因此说兰科是被子植物进化最高级，花部结构最为复杂的科之一。

【主要药用植物】

天麻 *Gastrodia elata* Bl.：腐生草本，与密环菌共生。块茎肉质，具较密的环节。茎直立，淡黄褐色，无叶绿体，叶退化成膜质鳞片状。花黄褐色，萼片和花瓣合生成斜歪筒，口偏斜（图2-135）。块茎作天麻入药。

铁皮石斛 *Dendrobium officinale* Kimura et Migo：茎圆柱形；唇瓣密布细乳突状的毛，在中部以上具1个紫红色斑块。新鲜或干燥茎作铁皮石斛入药。茎边加热边扭成螺旋形或弹簧状，习称"铁皮枫斗"（耳环石斛），或切成段，干燥或低温烘干，习称"铁皮石斛"。

白及 *Bletilla striata*（Thunb.）Reichb. f.：块茎肥厚，扁球形，短三叉状，富黏性。叶基部收狭成鞘并抱茎。花紫红色或粉红色（图2-136）。块茎作白及入药。

金线兰 *Anoectochilus roxburghii*（Wall.）Lindl.：茎下部具叶2~4枚，叶上面暗紫色，具金黄色脉网纹和丝绒样光泽。花白色或淡红色，花瓣质地薄，近镰刀状。全草称入药"金线莲"，能清热凉血、祛风利湿。

图2-135 天麻

复习思考题

1. 根常见的变态有哪些？

2. 复叶有哪些常见的类型？

3. 根据一朵花中雌蕊和心皮数目不同，雌蕊可分为哪些类型？

4. 南方红豆杉在浙江广泛种植，有哪些重要的形态特征？

5. 蔷薇科分为四个亚科，每个亚科各有哪些特点？

6. 浙八味的原植物分别来源于哪个科？

7. 伞形科具有哪些特征？

8. 请简述百合科的特征。浙八味中有哪几味是百合科的？

9. 铁皮石斛、白及、天麻都是兰科重要的药材，其基原各有什么特点？

10. 红花、番红花各属于哪个科？这两种植物各有什么特点？

图2-136 白及

第三章 中药材栽培技术

第一节 种植制度

2022年2月，《中共中央 国务院关于做好2022年全面推进乡村振兴重点工作的意见》公布，也就是2022年中央一号文件。2022年中央一号文件在耕地建设保护方面出台了一系列"长牙齿"的硬举措，归纳起来就是"保数量、提质量、管用途、挖潜力"。其中"管用途"就是强化耕地的用途管理。一是对耕地转为建设用地的要严格地限制，加大执法监督力度，严厉查处违规违法占用耕地从事非农建设的行为。二是对于耕地转为其他农用地的，要严格地管控。三是对于耕地种植用途，要严格落实利用的优先序。耕地主要用于粮食和棉、油、糖、蔬菜等农产品以及饲草饲料的生产，永久基本农田重点用于粮食生产，高标准农田原则上全部用于粮食生产。耕地、永久基本农田、高标准农田等概念如下：

耕地：根据《土地利用现状分类》（GB/T 21010—2017）标准，是指种植农作物的土地，包括熟地、新开发、复垦、整理地、休闲地（含轮歇地、休耕地）；以种植农作物（含蔬菜）为主，间有零星果树、桑树或其他树木的土地；平均每年能保证收获一季的已垦滩地和海涂。耕地包括南方宽度＜1.0 m，北方宽度＜2.0 m固定的沟、渠、路和地坎（埂），临时种植药材、草皮、花卉、苗木等的耕地，临时种植果树、茶树和林木且耕作层未破坏的耕地，以及其他临时改变用途的耕地。耕地包括水田、水浇地和旱地。

基本农田：是指中国按照一定时期人口和社会经济发展对农产品的需求，依据土地利用总体规划确定的不得占用的耕地。《土地管理法》《基本农田保护条例》等法律法规均规定了严禁在基本农田里种树，所以基本农田是不能随便种树。永久基本农田既不是在原有基本农田中挑选的一定比例的优质基本农田，也不是永远不能占用的基本农田。永久基本农田就是我们常说的基本农田。加上"永久"两字，体现了党中央、国务院对耕地特别是基本农田的高度重视，体现的是严格保护的态度。

高标准农田：是指在划定的基本农田保护区范围内，建成集中连片、设施配套、高产稳产、生态良好、抗灾能力强、与现代农业生产和经营方式相适应的高标准基本农田。属于"田成方、土成型、渠成网、路相通、沟相连、土壤肥、旱能灌、涝能排、无污染、产量高"的稳定保量的粮田。

粮食生产功能区：指为确保"谷物基本自给、口粮绝对安全"，能够稳定种植水稻、小麦和玉米等粮食作物的优势生产区域。

重要农产品生产保护区：是指为保障棉油糖胶等重要农产品有效供给，能够稳定生产大豆、棉花、油菜籽、糖料蔗、天然橡胶等重要农产品的优势生产区域。

基本农田是否可以种植中药材？《基本农田保护条例》明确指出："基本农田是指按照一定时期人口和社会经济发展对农产品的需求，依据土地利用总体规划确定的不得占用的耕地。基本农田保护区经依法划定后，任何单位和个人不得改变或者占用。禁止任何单位和个人占用基本农田发展林果业和挖塘养鱼。"《国务院办公厅关于防止耕地"非粮化"稳定粮食生产的意见》（国办发〔2020〕44号）明确指出："永久基本农田是依法划定的优质耕地，要重点用于发展粮食生产，特别是保障稻谷、小麦、玉米三大谷物的种植面积。一般耕地应主要用于粮食和棉、油、糖、蔬菜等农产品及饲草饲料生产。"因此，永久基本农田按"粮田"管理，主要保障稻谷、小麦、玉米三大谷物的种植面积，在优先满足粮食和食用农产品生产基础上，可以适度用于非食用农产品生产，但严格控制耕地转为林地、园地等其他类型农用地，防止"非粮化"问题。

一、种植制度含义

（一）种植制度的概念

种植制度是一个地区或生产单位的栽培植物组成、配置、熟制与间套作、轮连作等种植方式的总称。种植制度包括确定种什么栽培植物（粮食作物、经济作物、绿肥作物、中药材）、种多少、种哪里，即栽培植物布局；复种或休闲问题；采用什么样的种植方式，即单作、间作、混作、套作等；不同季节或不同年份植物的种植顺序如何安排，即轮作或连作问题等。种植制度必须与当地农业资源、生产条件以及养殖业和整个农村经济相适应。如磐安中药材主产区采用"浙贝母—稻"的种植制度，它既反映了浙贝母、水稻为主的栽培植物组成和一年两熟制，又体现了浙贝母与水稻轮换和单作的种植方式。种植制度是耕作制度的中心环节。

改革耕作制度，一般先从改革种植制度入手。种植制度的制定，要结合国家下达的种植计划，根据当地的自然生态、社会经济条件，充分合理地利用农业资源，正确处理好栽培植物（中药材）与栽培植物（中药材）之间、栽培植物（中药材）与土壤之间的关系，尽量采用先进生产技术，提高农业生产的科技化、机械化水平，用地养地紧密结合，保持良好的农业生态环境，达到稳产高产、丰收增收的目的。

（二）种植制度的功能

种植制度具有宏观布局功能和微观技术调节功能，具有较强的综合性、地区性、多目标性，包括因地种植、合理布局、复制、间套作立体种植、轮作、连作、单元与区域种植制度设计和技术优化等。合理的种植制度可以对一个单位（农户或地区）的土地资源合理利用并可优化种植结构，实现该地区的农业生产高效可持续发展。

从种植制度的战略目的出发，根据当地自然与社会经济条件，做出土地利用布局、栽培植物结构与配置、熟制布局及种植制度分区布局的优化方案，统筹兼顾、主次分明。种植制度强调系统性、整体性、地区性，可以妥善处理各种矛盾，减少片面性。协调利用各种资源与投入，包括自然资源以及劳动力、资金、物质等各方面的投入。有利于统筹安排国家、地方、集体与单位之间的利益，发展现代农业，保障供应，促使农业与国民经济协调发展。

二、栽培植物布局

（一）栽培植物布局含义

栽培植物布局是一个地区或一个生产单位栽培植物的构成和配置的总称。栽培植物构成包括植物种类、品种、面积、比例等。配置是指栽培植物在区域或用地上的分布，即解决种什么植物、种多少、种在哪里等问题。栽培植物布局是植物种植制度的主要内容与基础，有了确定的栽培植物结构，才可以进一步安排适宜的种植方式，包括复种、间套作、轮作与连作等。栽培植物布局决定于气候、土壤等自然条件，以及生产经济条件与社会需要、市场价格等社会经济因素。植物的生态适应性是栽培植物布局的基本依据，在决定栽培植物布局时必须因地因种制宜。同时，人类社会的干预也是重要的因素。因此，必须统筹考虑一个单位栽培植物布局的较佳方案，以便达到充分合理利用资源，促使生产力提升。

（二）栽培植物布局的原则

1. 满足需求原则

栽培植物布局需要满足人类对栽培植物的需求，这是农业生产的主要动力和目标。对农产品的需求，首先表现在自给性需要，主要是生产单位本身对农产品的需求，其次是市场对农产品的需求，最后是国家和地方政府或相关部门对农产品的需求。

2. 生态适应原则

生态适应是栽培植物布局的基础，植物需要在一定的环境条件下适宜的生长发育。根据栽培植物的特性，因时因地种植，以充分利用自然资源，发挥生产潜力，提高农产品的产量与质量。

3. 可行性原则

确定栽培植物的种类、品种、熟制、种植面积等，需要符合当地的自然、社会条件和市场需求。在栽培植物布局中，应根据当地实际情况，合理安排和有效搭配各种植物，以市场为导向，生产高产优质的农产品，达到生产可行、经济高效的目的。

4. 生态平衡原则

栽培植物布局中注意用地与养地结合，农田开发与生态保护并重，农林牧副渔各行业协调发展，从而达到布局合理、经济高效、生态平衡和可持续发展。

5. 创新发展原则

在优势栽培植物布局时，微观上着眼于具备竞争力的产业、产品、品牌，宏观上实施区域合理布局，形成优势产业区带，坚持科技创新，促进开发优势产品，提升区域竞争力。

三、复种与熟制

（一）复种及相关概念

1. 复种

是指在同一田地上一年内接连种植两季或两季以上的种植方式。复种方法有多种，可在上茬植物收获后，直接播种下茬植物，也可在上茬植物收获前，将下茬植物套种在其株、行间（称套作）。这两种复种方法在全国应用较为普遍。此外，还可以用移栽等方法实现复种。根据一年内在同一田地上种植季（次）数，把一年种植两季栽培植物的称为一年两熟，如莲子—泽泻（"—"表示年内复种）、浙贝母—水稻、油菜—荆芥等；一年种植三季植物的称为一年三熟，如绿肥（小麦或油菜）—早稻—泽泻；两年内种植三季植物，称为两年三熟，如莲子—川芎→夏甘薯（中稻）（"→"表示年间植物接茬播种）、冬小麦—玉米→地黄等。耕地复种程度的高低通常用复种指数来表示，即全年总收获面积占耕地面积的百分比。公式为：

$$耕地复种指数 = （全年种植植物总收获面积/耕地面积）×100\%$$

式中"全年种植植物总收获面积"包括绿肥、青饲料作物的收获面积在内。

根据上式，也可以计算粮田的复种指数以及某种类型耕地的复种指数等（国际上通用的种植指数其含义与复种指数相同）。套作是复种的一种方式，计入复种指数，而间作、混作则不计入。

2. 熟制

是指在同一块耕地上一年内收获植物的季（次）数。熟制是对耕地利用程度的另一种表示方法，它以年为单位表示种植的季数。一年一熟、一年两熟、一年三熟、两年三熟、五年四熟等都称为熟制。其中，对年播种面积大于耕地面积的熟制，如一年两熟、一年三熟、两年三熟3种，又统称为多熟制。

3. 休闲

是指耕地在可种植植物的季节只耕不种或不耕不种等方式。农业生产中，对耕地进行休闲是一种恢复地力的技术措施，其目的主要是使耕地短暂休息，减少水分、养分的消耗，并蓄积雨水，消灭杂草，促进土壤潜在养分转化，为后作植物创造良好的土壤条件。

4. 撂荒

是指耕地或荒地开垦种植几年后，较长时期弃而不种，待地力恢复时再行开垦种植的一种土地利用方式。生产中当土地休闲年限在两年以上并占到整个轮作周期的1/3以上时，也称撂荒。

（二）复种的条件

生产中，是否可以复种，能够复种到什么程度，与以下条件密切相关。

1. 热量条件

热量是决定能否复种的首要条件。复种所要求的热量指标——积温，不仅仅是复种方式中各种作物本身所需积温（喜凉作物以≥0℃积温计，喜温作物以≥10℃积温计）的相加，而且应在此基础上有所增减。如在前茬植物收获后再复播后茬植物，应加上农耗期的积温。套种则应减去上、下茬植物共生期间一种作物的积温。如果是移栽，则减去植物移栽前的积温。一般情况下，≥10℃积温为2 500～3 600℃，只能复种早熟植物或套种早熟植物；≥10℃积温为3 600～4 000℃，则可一年两熟，但要选择生育期短的早熟植物或者采用套种或移栽的方法；≥10℃积温为4 000～5 000℃，可进行多种植物的一年二熟；≥10℃积温为5 000～6 500℃，可一年三熟；≥10℃积温超过6 500℃，一年三熟至四熟。

2. 水分条件

在热量条件能满足复种的地区能否实行复种，取决于水分条件。即热量是能否复种的可能性的首要条件，水分是复种可行性中的关键条件。例如，热带的非洲热量充足，可以一年三熟、四熟；但是一些地区由于干旱，在没有灌溉的条件下，复种的发展受到很大的限制，因此只能一年一熟。降水量、降水分配规律、地上地下水资源、蒸腾量、农田基本建设等都影响着复种。从降水量看，我国一般年降水量达600 mm的地区，虽然热量能满足一年两熟的要求，但水分成为限制因子。

3. 地力与肥料条件

在光、热、水条件具备的情况下，地力条件往往成为影响复种产量高低的主要因素，这时增施肥料就成为极其重要的栽培措施，而且需要增施肥料才能保证多种多收。地力不足，肥料少，往往出现两季不如一季的现象。

4. 劳力、畜力和机械化条件

复种主要是从时间上充分利用光、热和地力措施，需要在作物收获、播种的大忙季节，在短时间内及时、保质保量地完成上季作物收获、下季作物播种以及田间管理等工作。所以有无足够的劳力、畜力和机械化条件也是事关复种成败的一个重要因素。因此，自然条件相同时，当地生产条件、社会经济的承载力则是决定复种的主要依据。

5. 技术条件与经济效益大小

除了上述自然、经济条件外，还必须有一套相适应的耕作栽培技术，以克服季节与劳力的矛盾，平衡各作物间热能、水分、肥料等的关系。如作物品种的组合，前后茬的搭配，种植方式（套种、育苗移栽），促进早熟措施（少免耕、硬茬直播、地膜覆盖、密植打顶，使用催熟剂等）等。复种是一种集约化的种植，高投入，高产出，所以，经济效益也是决定能否复种的重要因素。只有产量高，经济效益也增长时，提高复种才有生命力。

（三）我国中药材的主要复种方式

单独中药材复种的方式较少，一般都与粮食作物、蔬菜等相结合而进行复种，把待种中药材作为一种栽培植物搭配在复种组合之内。图 3-1 和图 3-2 为长江流域几种复种组合参考图。

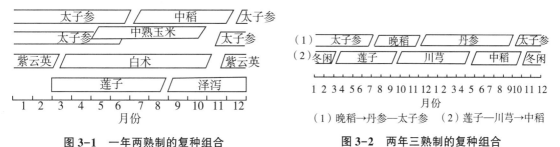

图 3-1　一年两熟制的复种组合　　　图 3-2　两年三熟制的复种组合

四、间作、混作及套作

（一）间作、混作及套作的概念

1. 单作

是指在同一块田地上种植同一种植物的种植方式，也称清种、净种。这种方式种植植物单一，群体结构单一，全田种植植物对环境条件要求一致，生育期比较一致，便于田间统一管理与机械化作业。人参、西洋参、当归、温郁金、菊花、莲、地黄、远志等以单作居多。

2. 间作

是指在同一田地上于同一生长期内，分行或分带相间种植两种或两种以上生育期相近植物的种植方式。比如在玉米、高粱地里，可于其株、行垄上间作穿心莲、补骨脂、半夏‖白菜（"‖"表示间作）等。与单作不同，间作是不同种植植物在田间构成人工复合群体，个体之间既有种内关系，又有种间关系。间作时，不论间作的作物有几种，皆不增计复种面积。间作的植物播种期、收获期相同或不相同，但植物共生期长，其中至少有一种植物的共生期超过其全生育期的一半。间作是集约利用空间的种植方式。

3. 混作

是指在同一块田地上，同时或同季节将两种或两种以上生育期相近的植物按一定比例混合撒播或同行混播的种植方式。如胡麻×黄芪（"×"表示混作）、油菜×党参等。混作与间作都是由两种或两种以上生育期相近的植物在田间构成复合群体，从而提高田间密度，充分利用空间，增加光能和土地利用率。两者只是配置形式不同，间作利用行间，混作利用株间。在生产上，有时把间作和混作结合起来。如玉米间作大豆，玉米混作小豆，玉米混作大豆（小豆）或间作贝母等。

4. 套作

是指在前季植物生长后期的行间播种或移栽后季植物的种植方式。如甘蔗/白术（"/"表示套作）、玉米/柴胡等。对比单作，套作不仅能阶段性地充分利用空间，更重要的是能延长后季植物对生长季节的利用，提高复种指数，提高年总产量。它主要是一种集约利用时间的种植方式。

5. 立体种植

是指在同一农田上，两种或两种以上的植物（包括木本植物）从平面、时间上多层次地利用空间的种植方式。立体种植形成了一个多层次的复合"绿化器"，使能量、物质转化效率及生物产量均比单一纯（林）种显著提高。

6. 立体种养

是指在同一块田地上，植物与食用微生物或农业动物或鱼类等分层利用空间的种植和养殖的结构。或指在同一水体内，高经济价值的水生或湿生中药材与鱼类、贝类相间混养、分层混养的结构。前者如玉米（或甘蔗）和菌菇、莲子和鱼共同种养（或养殖），后者如藻（海带）和扇贝、海参共养。

（二）间作、混作、套作的技术原理

间作、混作、套作是在人为调节下，充分利用不同植物间某些互利关系，减少竞争，组成合理的复合群体结构。这样既可以使复合群体既有较大的叶面积，延长光能利用时间或提高群体的光合效率，又可以具备良好的通风透光条件和多种抗逆性，以便群体更好地适应不良环境条件，充分利用光能和地力，保证稳产增收。如果选择植物种类不当，套作时间过长，几种植物搭配比例和行、株距不适宜，即不合理的间、混、套作，都会增加植物间的竞争而导致减产。

间套作的技术原理归纳如下：

1. 选择适宜的植物种类和品种搭配

中药材、蔬菜及其他栽培植物等都具有不同的形态特征和生态、生理特性，将它们间作、混作、套作在一起构成复合群体时，使其各自互利，减少竞争，就必须选择适宜的植物种类和品种搭配。考虑品种搭配时，在株型方面要选择高秆与矮秆、垂直叶与水平叶、圆叶与尖叶、深根与浅根植物搭配。在适应性方面，要选择喜光与耐阴、喜温与喜凉、耗氮与固氮等植物搭配。根系分泌物要互利无害，注意植物间的竞争和化感作用等。在品种熟期上，间、套作中的主栽植物生育期可长些，副作物生育期要短些；在混作中生育期要求要一致。总之，注意选择具有互相促进而较少抑制的植物或品种搭配，这是间、套作成败的关键因素。

2. 建立合理的密度和田间结构

密度和田间结构是解决间、套作中植物间一系列矛盾，使复合群体发挥增产潜力的关键措施。间、混、套作时，其植物要有主、副之分，既要处理好同一植物个体间的矛盾，又要处理好各间、混、套作植物间的矛盾，以减少植物间、个体间的竞争。就其密度而言，通常情况下主要植物应占较大的比例，其密度可接近单作时密度；副栽植物占较小比例，密度小于单作；总的密度要适当，既要通风透光良好，又要尽可能提高叶面积指数。副作栽培植物为套作前作时，一般要为后播主作栽培植物留好空行，共生期越长，空行要越多，土地利用率控制在单作的70%以下。后播主作栽培植物单独生长盛期的土地利用率应与单作相近。

在间作中，主作栽培植物应占有较大的播种面积和更大的利用空间，在早熟的副作栽培植物收获后，也可占有全田空间。高、矮秆植物间作时，注意调整好两种植物的高度差与行比。调整的原则是高要窄，矮要宽，即高秆植物行数少，矮秆植物行数要多一些，要使矮秆植物行的总宽度大致等于高秆植物的株高为宜。间、混、套作的行向，对矮秆植物来说，东西行向比南北行向接受日光的时间要多。

3. 采用相应的栽培管理措施

在间、混、套作情况下，虽然合理安排了田间结构，但仍有争光、争肥、争水的矛盾。为确保丰收，必须提供充足的水分和养分，使间、套作植物平衡生长。通常情况下，必须实行精耕细作，因植物、地块不同进行增施肥料和合理灌水，因栽培植物品种特性和种植方式不同调整好播期，搞好间苗、定苗、中耕除草等共生期的管理。要区别植物的不同要求，分别进行追肥与田间管理，这样才能保证间、套作植物都丰收。

（三）间作、混作、套作类型

间作、混作、套作是我国精耕细作的组成部分，早在 2 000 多年前就有瓜与韭菜或小豆间作、桑与黍混作的记载。如今全国各地都有本地的间、混、套作经验。

1. 间作、混作类型

间、混作类型很多，除常规的作物、蔬菜的间、混作类型外，还有粮药、菜药、果药、林药的间、混作类型。

粮药、菜药的间、混作中，一类是在作物、蔬菜的间、混作中引入中药材，如玉米+麦冬（芝麻、桔梗、山药、贝母、川乌）。一类是在中药材的间、混作中引入作物和蔬菜，如芍药（牡丹、山茱萸、枸杞）+豌豆（大豆、小豆、大蒜、菠菜、莴苣、芝麻），川乌+菠菜，杜仲（黄檗、厚朴、诃子、喜树、檀香、儿茶、安息香）+大豆（马铃薯、甘薯），巴戟天+山芋（山姜、花生、木薯）等。

果药间作，幼龄果树行间可间种红花、菘蓝、地黄、防风、苍术、穿心莲、知母、百合、长春花等；成龄果树内可间种喜阴矮秆中药材，如前胡、福寿草等。

林药间作，人工营造林幼树阶段可间、混种龙胆、桔梗、柴胡、防风、穿心莲、苍术、补骨脂、地黄、当归、北沙参、藿香等，人工营造林成树阶段（天然次生林）可间种人参、西洋参、黄连、三七、细辛、天南星、淫羊藿、刺五加、石斛、砂仁、草果、天麻等。

2. 套作类型

以棉花为主的套作区，可用红花、芥子、王不留行、莨菪等代替小麦；以玉米为主的套作有玉米+郁金、川乌+玉米、玉米+半夏、玉米+远志等；以小麦为主的套作有小麦+半夏、小麦+柴胡等。

五、轮作、连作

（一）轮作与连作概念

轮作是在同一田地上有顺序地轮换种植不同植物的种植方式。例如，二年三熟条件下的白术→小麦（"→"表示年间轮作）—玉米（"—"表示年内轮作或复种）的轮作，这是在年间进行的单一植物的轮作。也有年内的换茬，例如，南方的绿肥—莲子—泽泻→油菜—水稻—泽泻→小麦—莲子—水稻轮作，这种轮作由不同的复种方式组成，因此也称为复种轮作。

连作与轮作相反，是在同一田地上连年种植相同作物的种植方式。而在同一田地上采用同一种复种方式称为复种连作。

（二）轮作倒茬的作用

目前，在栽培的中药材中，根类药材占70%左右，并且存在着一个突出问题，即绝大多数根类药材"忌"连作，这在我国被称为连作障碍。连作的结果是使中药材品质和产量均大幅度下降。现代研究表明，植物化感自毒作用正是植物产生连作障碍的重要因素之一。如红花、薏苡、玄参、珊瑚菜、孩儿参、川乌、白术、天麻、当归、大黄、黄连、三七、人参等。连作会导致植株生育不良，造成产量、品质下降。因此，应根据植物化感作用和茬口特性等实行轮作倒茬。轮作倒茬的主要作用有：

1. 减轻栽培植物病虫草害

栽培植物的病原菌有一定的寄主，害虫有一定的专食性，有些杂草有其相应的伴生者或寄生者，连续种植同种栽培植物会使病菌害虫侵染源增多，发病率、受害率加重。一地种植某种植物，被病菌害虫侵染后，植物残体和土壤中存留了许多病菌害虫侵染源；连作时，这些病菌害虫又遇到适宜寄主，容易引起连续侵染为害，故发病率高。如人参黑斑病、菌核病，薏苡黑粉病，红花炭疽病，黄芪食心虫，大黄根腐病，罗汉果根结线虫，半夏、地黄的块茎腐烂病等。病菌害虫对寄主都有一定的选择性，它们在土壤中存活都有一定年限。有些专食性或寡食性害虫，在轮作年限长的情况下，很难大量滋生为害。因此，用抗病植物和非寄主植物与容易感染这些病虫害的植物实行定期轮作，就可达到消灭或减少这些病虫害发生为害的效果。中药材中，大蒜、洋葱（或称葱头）、黄连等根系分泌物有一定抑菌作用；细辛、续随子等有驱虫作用，把它们作为易感病、遭虫害的中药材的前作，可以减少甚至避免病虫害发生。实行抗病作物与感病作物轮作，改变其生态环境和食物链组成，从而达到减轻病害和提高产量的目的。连作使伴生杂草增多，如稻田里的稗草、麦田里的燕麦草等，这些杂草与其相应作物的生活型相似，甚至形态也相似，很不容易被消灭。寄生性杂草，如大豆菟丝子等，在连作后更易蔓延，而轮作则可有效地消灭之。

2. 协调、改善和合理地利用茬口

（1）协调不同茬口土壤养分等供应。各种栽培植物自身的生物学特性不同，各自从土壤中吸收养分的种类、数量、时期和吸收利用率也不相同。同一田块栽培某种植物后，其营养元素总量及其比例必然发生改变，依据改变后地块肥力状况，搭配相适应植物，就可少施肥、少投入，使其良好生长。如豆类对钙（Ca）、磷（P）和氮（N）吸收较多，但能增加土壤中N素含量；而根及根茎类入药的中药材需钾（K）较多；叶及全草入药的中药材需氮（N）、磷（P）较多；豆类、十字花科及荞麦等植物利用土壤中难溶性磷（P）的能力较强。黄芪、甘草、红花、薏苡、山茱萸、枸杞等中药材根系入土较深，而贝母、半夏、延胡索、孩儿参等入土较浅。将这些不同植物搭配轮作，维持土壤肥力，用养结合。

（2）避免植物化感自毒作用的危害。植物在生长过程中分泌多种物质，使土壤中该种植物自身代谢的产物增多，土壤pH值等理化性状变差，施肥效果降低。特别是有些植物的根系分泌物对植物的自身生长有毒害作用。轮作可有效避免其危害。

（3）改善土壤理化性状，调节土壤肥力。禾本科作物残留于土壤中有机碳较多，而豆科、油菜等落叶量大，氮（N）、磷（P）含量较多，因此，禾、豆轮作有利于调节土壤氮（N）、磷（P）平衡。密植植物根系对土壤穿插力强，使土壤耕层疏松，如多年生豆科牧草的根系对土壤耕作下层有明显的疏松作用。水旱轮作能明显增加土壤毛管孔隙，改善土壤通气条件，提高氧化还原电位，防止稻田土壤次生潜育化过程，消除土壤中有害物质（Mn^{2+}、

Fe^{2+}、H_2S 及盐分等），促进有益微生物活动，从而改善稻田的土壤理化性状，提高施肥效果。水旱轮作比一般轮作防治病虫草害效果更好，如油菜菌核病、烟草立枯病、小麦条斑病等的病菌，通过淹水 2~3 个月均能完全消灭。水田改旱地种棉花，可以扼制枯黄萎病发生；棉地改种水稻，水稻纹枯病大大减轻。丹参、桔梗、黄芪等旱作中药材如与水稻等轮作，能大大减少地下害虫和线虫的为害。水旱轮作更容易防除杂草。在连作稻区，应积极提倡水稻（或湿生中药材）和旱作中药材（或旱作农作物）的轮换种植。

3. 合理利用农业资源，经济有效地提高植物产量

根据植物的生理、生态特性，在轮作中前后搭配植物，紧密衔接茬口，既有利于充分利用各种资源，又能错开农忙季节，做到不误农时和精细耕作。国内外长期试验结果表明，合理轮作在不增加投入情况下，比连作能有效地提高产量。

（三）植物化感作用与连作

1. 植物化感自毒作用与连作障碍

（1）植物化感自毒作用。植物化感作用是指一种活体植物产生并以挥发、淋溶、分泌和分解等方式向环境释放次生代谢物而影响邻近伴生植物（杂草等受体）的生长发育的化学生态学现象。当受体和供体为同种植物时产生抑制作用的现象称为植物的化感自毒作用，即植物自身的分泌物，其茎、叶的淋溶物及残体分解产物所产生的有毒物质累积较多，抑制根系生长，降低根系活性，改变土壤微生物区系的作用。这种作用有助于病原菌的繁殖，并导致作物生长不良、发病、死亡。

（2）连作障碍及其产生的原因。在同一块土壤中连续栽培同种或同科作物时，即使在正常的栽培管理状况下，也会出现生长势变弱、产量降低、品质下降、病虫害严重的现象，称为连作障碍。在日本称为"忌地"现象、连作障害或连作障碍，欧美国家称之为再植病害或再植问题，我国常称"重茬问题"。连作障碍形成及加重的原因复杂多样，各因素相互关联相互影响，是植物土壤系统内多种因素综合作用的结果。

目前普遍认为产生连作障碍的原因有以下 5 个方面：即土传真菌病害加重、线虫增多、化感作用、栽培植物对营养元素的片面吸收和土壤理化性状恶化。随着现代分析技术的发展，学科间的相互渗透，探明中药材连作障碍成因、有效克服和解决连作障碍问题是近期研究的热点。

现有的一些研究认为造成中药材连作障碍的主要原因有三：一是土壤肥力下降。二是中药材根系分泌物的自毒作用。三是病原微生物数量增加，病虫害加剧。实际上，在中药材生产中，中药材与土壤相互作用形成一个以根际为中心的根际微生态系统，连作所引起的土壤理化性状的改变及中药材根系分泌物和残茬在土壤中的长期存留，使根际微生态系统中的微生物群体结构发生改变，这些微生物的代谢产物积累有可能抑制中药材的生长，中药材产生的大量次生代谢产物，有利于害虫卵孵化、使群体数量增加，侵染植物造成连作障碍的发生。

2. 不同栽培植物对连作的反应

（1）忌连作的栽培植物。以玄参科的地黄、薯蓣科的山药，茄科的马铃薯、烟草、番茄，葫芦科的西瓜以及亚麻、甜菜等为典型代表。这类栽培植物有的需要间隔 5、6 年以上方可再行种植，存在典型的连作障碍问题。

（2）耐短期连作的栽培植物。甘薯、紫云英、菊花、菘蓝等栽培植物，对连作反应的敏感性属于中等类型。这类栽培植物在连作 2、3 年内受害较轻。

（3）耐连作的栽培植物。这类栽培植物有水稻、甘蔗、玉米、麦类、莲子、贝母及棉花等。其中又以水稻、棉花的耐连作程度最高，苋科的怀牛膝耐连作程度也比较高。此外，莲、洋葱、大麻、平贝母等也较耐连作。

3. 连作的应用

（1）连作应用的必要性。同一栽培植物多年连作后常产生许多不良的后果。但是，当前生产上许多栽培植物运用连作的依然相当普遍。这是由于：

①社会需要决定连作：有些栽培植物，如粮、棉、糖等，是人类生活必不可少的，经济需求量大，不实行连作便满足不了全社会对这些农产品的需求。

②资源利用决定连作：为了充分利用当地优势资源，不可避免地出现最适宜栽培植物的连作栽培。

③经济效益决定连作：有些不耐连作的栽培植物，如烟草由于种植的经济效益高，其种植相隔年限由原来的"四年两头种"变为"两年一种"。栽培植物结构决定连作在商品粮、棉、中药材 GAP 基地建设，栽培植物种类必然出现单一化现象。

（2）连作应用的可能性。某些栽培植物耐连作特性允许连作，新技术推广应用允许连作。其中，化学技术的应用相当广泛，采用先进的植保技术，以新型的高效、低毒的农药、除草剂进行土壤处理或茎秆叶片处理，可有效地减轻病虫草的危害；而农业技术的应用，如进行合理的水分管理可以减轻土壤毒素。

（四）茬口顺序与安排

1. 茬口与不同类型栽培植物茬口特性

茬口是指在栽培植物轮作或连作中，影响后茬植物生长的前茬植物及其迹地的泛称。茬口特性是指植物生产的茬口安排中不同前后作的反应特点。包括季节特性和肥力特性两方面：季节特性即前作收获和后作栽种的季节早迟，收获期早的称早茬口，收获期迟的称晚茬口；肥力特性即前作对后作土壤理化性状、病虫杂草感染的影响特点。一年一熟地区主要是肥力特性的影响。多熟制地区前茬的季节特性影响远大于肥力特性。前作收获期与后作栽种期相近的情况下，则不同茬口的肥力特性影响有着很大的差异。

2. 不同类型栽培植物茬口特性

（1）抗病与易感病类植物。禾本科植物对土壤传染的病虫害的抵抗力较茄科、葫芦科、豆科等要强，前者比较耐连作，后者不宜连作。

（2）富氮与富碳耗氮类植物。富氮类植物主要是豆科植物。其中多年生豆科牧草富氮作用最显著。禾谷类植物从土壤中吸收的氮较多，但能固定大量碳素，有利于维持或增加土壤有机质水平。

（3）半养地作物。主要有棉花、油菜、芝麻等作物。

（4）密植作物与中耕作物。密植栽培植物如麦类、大豆、花生及多年生牧草，由于密度大，覆盖面积大，保持水土作用较好。中耕栽培植物如玉米、棉花，行距较大，覆盖度较小，又经常中耕松土，易引起土壤冲刷。

（5）休闲。休闲是作物轮作中一种特殊类型的茬口，是许多栽培植物的好茬口。休闲在北方旱区意义重大，它是旱区栽培植物稳产、高产的重要措施。

3. 茬口顺序的安排

生产上，茬口顺序安排要考虑前、后茬作物、中药材的病虫草害以及对耕地的用养关系。在安排中药材茬口应注意的问题有：

（1）叶类、全草类中药材。如菘蓝、毛花洋地黄、穿心莲、薄荷、北细辛、长春花、颠茄、荆芥、紫苏、泽兰等，要求土壤肥沃，需氮肥较多，应选豆科或蔬菜作前作。

（2）用小粒种子进行繁殖的中药材。如桔梗、柴胡、党参、藿香、穿心莲、芝麻、紫苏、牛膝、白术等，播种覆土浅，易受草荒危害，应选豆茬或收获期较早的中耕植物作前茬。

（3）有些中药材与作物、蔬菜等都属于某些病害的寄主范围或是某些害虫的同类取食植物，安排轮作时，必须错开此类茬口。如地黄与大豆、花生有相同的胞囊线虫，枸杞与马铃薯有相同的疫病，红花、菊花、水飞蓟、牛蒡等易受蚜虫为害。

（4）有些中药材生长年限长，轮作周期长，可单独安排它的轮作顺序。如人参需轮作20年左右、黄连需轮作7~10年、大黄需轮作5年以上。

六、农业生物多样性原理及应用

（一）农业生物多样性原理

1. 农业生物多样性概念

农业生物多样性是包含生物多样性（在遗传、物种和生态系统3个层面）所有组成部分的一个术语，它与粮食和农业密切相关，并且对农业所处的生态系统起支持作用。

2. 农业生物多样性的内涵

农业生物多样性可以分为狭义的农业生物多样性与广义的农业生物多样性。狭义农业生物多样性包括农业生物的遗传多样性、农业生物的物种多样性和农业生态系统的多样性3个层次。广义的农业生物多样性则指与农业生产相关的全部生物多样性。

农业生物遗传多样性方面，以水稻为例，狭义的农业生物遗传多样性仅仅考虑水稻不同品种间的遗传变异，然而在广义的农业生物多样性考虑的范畴就包括野生稻等野生近缘种。杂交水稻的不育基因就是在野生稻中发现的，通过杂交育种，转移到了现代品种中。在利用生物技术能够实现不同物种间基因转移的条件下，理论上所有生物基因及其变异都有可能通过转基因技术引入农业生物体内，例如苏云金杆菌的杀虫蛋白基因（简称Bt）已经导入到玉米、棉花、大豆等作物，并且已经进行商业化生产。实际上，Bt基因也已经成功转入水稻。因此广义的农业生物的遗传多样性包括农业生物物种的遗传多样性、农业生物近缘野生种的遗传多样性，以及有转入农业生物潜力的其他物种的遗传多样性。

农业生物的物种多样性方面，以植物生产为例，狭义的农业生物物种多样性仅仅考虑农业种植的植物物种，然而广义的农业生物物种多样性还考虑潜在可以成为农业生产对象的植物物种资源。很多中药材日益成为栽培对象，园林绿化中改造和利用的物种越来越多。为了防治农作物的害虫，害虫的天敌生物物种成为利用对象，例如，利用赤眼蜂防治水稻螟虫，利用白僵菌防治松毛虫等。农田土壤中的各种微生物、蚯蚓、蚂蚁、白蚁、线虫等生物物种对农作物生产起到重要的作用。园艺作物经常需要依赖授粉动物，包括蜜蜂、苍蝇、飞蛾、蝴蝶、甲虫、蝙蝠、蜂鸟等。又如在渔业方面，无论是淡水养殖还是海产养殖被人工养殖的物种越来越多，例如，鳄鱼、鲟鱼、龙虾、鲍鱼都成为养殖对象，捕捞的物种则更多。因此，广义的农业生物物种多样性不仅包括已经被驯化了的生产目标物种，也包括农业生产中的各类关联物种。无论是目标物种还是关联物种的名录都在急剧扩展之中。

农业生态系统多样性方面，狭义的农业生态系统多样性仅仅考虑开展农业生产的生态系统，例如，农田生态系统、放牧生态系统、农牧结合生态系统、淡水养殖生态系统等，广义的农业生态系统多样性还需要考虑生产以外的区域。以农田为例，田埂和周边的植被往往成为作物天敌的繁殖和栖息场所，对农田害虫的控制至关重要。农田灌溉水往往来自上游的水土保持林或者天然林，而农田的排水则会影响到河流下游甚至出海的海口。因此，广义的农业生态系统多样性包括以农业生产体系为核心的整个相关区域或流域的相互关系和整体格局。

（二）农业生物多样性应用

农业土壤生物是维持耕地功能的核心驱动者和稳定器。

1. 土壤生物对维持耕地生产功能具有重要作用

由土壤生物介导的生物地球化学过程驱动着土壤物质（元素）的转化与循环，在有机质分解、转换和积累以及养分矿化与固定方面起到重要调节作用，直接或间接地促进耕地生产力的形成。

2. 耕地的土壤生物多样性越高，其抗环境胁迫能力越强

土壤生物参与陆地生态系统的修复，在土壤结构改良、污染物分解、毒素去除等方面发挥着重要作用，对于耕地资源生产力的恢复与维持至关重要。

3. 土壤生物是气候变化和调节过程的重要参与者

除了植物，地球上第二大碳库就是土壤碳库。土壤碳循环最终是微生物生长和活动的结果。

4. 土壤生物是重要的生物资源宝库

（1）分解有机物质，直接参与碳、氮、硫、磷等元素的生物循环，使植物需要的营养元素从有机质中释放出来，重新供植物利用。

（2）参与腐殖质的合成和分解作用。

（3）某些微生物具有固定空气中氮，溶解土壤中难溶性磷和分解含钾矿物等的能力，从而改善植物的氮、磷、钾的营养状况。

（4）土壤生物的生命活动产物如生长刺激素和维生素等能促进植物的生长。

（5）参与土壤中的氧化还原过程。

（三）农业生物多样性防控植物病害

生物多样性与生态平衡是维系生物发展进化的自然规律之一，也是植物病害流行的天然屏障。

1. 农业生物遗传多样性

农业生物遗传多样性防控病害是指田间合理布局同一作物不同抗性品种，发挥不同抗性基因的群体作用，减少病原菌的定向选择压力，降低病原菌优势种群形成的风险，减少大田病害暴发流行的概率。利用抗病品种防控植物病害是最经济有效的手段之一。

2. 农业生物的物种多样性

农业生物的物种多样性防控病害是指通过时空优化配置不同栽培植物增加农田物种多样性指数，发挥物种间互作效应，降低病害发生程度。栽培植物品种搭配、群体空间结构、种植时间配置等均会影响防病效果。

3. 农业生态系统多样性

农业生态系统多样性控制栽培植物病害主要利用特殊生境条件下的环境因子（光、温、水）适宜植物生长但不利于病害发生流行的耦合原理降低病害暴发流行的风险。植物病害的发生和流行由寄主、病原和环境三要素决定，栽培植物特定病害的暴发流行往往与特殊的环境因子相耦合。

农业生物多样性与生态平衡是实现农业可持续发展的根本。未来农业将是一个从遗传、物种和生态系统不同尺度上保持丰富多样性，维持生态平衡，实现资源的高效利用和有害生

物生态防控的现代化农业系统，必将为人类的健康繁衍提供重要保障。

第二节　产地条件

一、大气环境质量

中药材植株在生长发育过程当中，能够通过滞留在大气环境当中的重金属使得其自身受较大污染，与此同时，大气当中的重金属，受沉降作用影响，降低土壤质量，使得中药材植株的重金属含量超过规定标准要求。根据大量的科研数据得知，中药材植株当中的重金属种类和大气重金属含量呈现正相关关系，在空气污染比较严重的地区，中药材植株内部的重金属含量显著高于非污染地区。

由于空气当中的污染物对中药材植株影响比较大，因此，可将二氧化氮、二氧化硫与氟化物等三项作为选测指标，均需要满足《环境空气质量标准》（GB 3095—2012）的规定，相关人员还要根据中药材种植基地的具体情况，经过中药材产地认定责任部门的认定，更好地明确标准范围。

二、灌溉水质量

为了满足中药材的生长需求，定期灌溉特别重要，灌溉水作为中药材正常生长的核心基础，如果灌溉水质量不达标，会降低中药材自身的药效，影响药材安全性。例如，使用工业废水进行中药材的灌溉，不仅会污染当地的土壤，而且对药物自身的药效产生较大影响，中药材植株中的重金属含量超过规定标准。所以，相关部门需要加大中药材灌溉水重金属含量控制力度，尽可能减少灌溉水中的污染物。

根据相关规定得知，农作物生产基地主要分为4种类型，分别是水田、蔬菜、旱地与食用菌，中药材的种植环境可以分成药用真菌与陆地中药材、水生中药材等。因为药用真菌，例如茯苓，具备较高的富集特点，不同类型的中药材，其药用真菌指标也不同，故相关人员要结合基本标准规定要求，结合中药材的类型与产地具体情况，提升灌溉水重金属控制要求。

中药材种植生产期间，在田间灌溉的过程中，相关人员要结合中药材的类型，包括其需水规律，进行科学灌溉，灌溉水水源质量要满足相关规定要求，灌溉水内部的总铜含量的限量与全盐量等均需要满足相关规定。

三、土壤质量

中药材在生长过程当中，土壤污染物残留量与重金属含量对中药材自身的质量影响特别大。土壤作为中药材稳定生长的重要物质条件，其内部所蕴含的营养物质与矿物质，可以为中药材植株的正常生长发育提供营养。但是，如果土壤内部的农药残留量过高，或者重金属含量较高，会影响中药材植株的快速生长，重金属也会进入到中药材植株内部，影响其药效。

根据《土壤环境质量农用地土壤污染风险管控标准（试行）》（GB 15618—2018），农用地指耕地（水田、水浇地、旱地）、园地（果园、茶园）和草地（天然牧草地、人工牧草地）。为了保证土壤安全，避免因土壤污染导致食用农产品质量安全、农作物生长或土壤生态环境受到不利影响。其中规定了两个界限值：农用地土壤污染风险筛选值和农用地土壤污染风险管制值。

农用地土壤污染风险筛选值指农用地土壤中污染物含量等于或低于该值的，对农产品质量安全、农作物生长或土壤生态环境的风险低，一般情况下可以忽略；超过该值的，对农产品质量安全、农作物生长或土壤生态环境可能存在风险，应当加强土壤环境监测和农产品协同监测，原则上应当采取安全利用措施。

农用地土壤污染风险筛选值基本项目包括镉、汞、砷、铅、铬、铜、镍、锌，风险筛选值见表3-1。

表3-1　农用地土壤污染风险筛选值（基本项目）　　　　单位：mg/kg

序号	污染物项目[①][②]		风险筛选值			
			pH 值≤5.5	5.5<pH 值≤6.5	6.5<pH 值≤7.5	pH 值>7.5
1	镉	水田	0.3	0.4	0.6	0.8
		其他	0.3	0.3	0.3	0.6
2	汞	水田	0.5	0.5	0.6	1.0
		其他	1.3	1.8	2.4	3.4
3	砷	水田	30	30	25	20
		其他	40	40	30	25
4	铅	水田	80	100	140	240
		其他	70	90	120	170
5	铬	水田	250	250	300	350
		其他	150	150	200	250
6	铜	水田	150	150	200	200
		其他	50	50	100	100
7	镍	水田	60	70	100	190
8	锌	其他	200	200	250	300

注：①重金属和类金属砷均按元素总量计。②对于水旱轮作地，采用其中较严格的风险筛选值。

其他项目为选测项目，包括六六六、滴滴涕和苯并［a］芘，风险筛选值见表3-2。

表3-2　农用地土壤污染风险筛选值（其他项目）　　　　单位：mg/kg

序号	污染物项目	风险筛选值
1	六六六总量[①]	0.10
2	滴滴涕总量[②]	0.10
3	苯并［a］芘	0.55

注：①六六六总量为 α-六六六、β-六六六、γ-六六六、δ-六六六 4 种异构体的含量总和。②滴滴涕总量为 p,p'-滴滴伊、p,p'-滴滴滴、o,p'-滴滴涕、p,p'-滴滴涕 4 种衍生物的含量总和。

当土壤中的污染物含量低于表 3-1 和表 3-2 规定的风险筛选值时，农用地土壤污染风险低，一般情况下可以忽略；当高于表 3-1 和表 3-2 规定的风险筛选值时，可能存在农用地土壤污染风险，应加强土壤环境监测和农产品协同监测。

农用地土壤污染风险管制值指农用地土壤中污染物含量超过该值的，食用农产品不符合质量安全标准，农用地土壤污染风险高，原则上应当采取管控措施。农用地土壤污染风险管制值项目包括镉、汞、砷、铅、铬，风险管制值见表 3-3。

表 3-3　农用地土壤污染风险管制值　　　　　　单位：mg/kg

序号	污染物项目	风险管制值			
		pH 值≤5.5	5.5<pH 值≤6.5	6.5<pH 值≤7.5	pH 值>7.5
1	镉	1.5	2.0	3.0	4.0
2	汞	2.0	2.5	4.0	6.0
3	砷	200	150	120	100
4	铅	400	500	700	1 000
5	铬	800	850	1 000	1 300

为了更好地满足无公害中药材植株生长发育需求，相关人员要结合该地区的土壤标准要求，不断提升无公害中药材生产基地土壤重金属控制要求。当土壤中镉、汞、砷、铅、铬的含量高于表 3-1 规定的风险筛选值、等于或低于表 3-3 规定的风险管制值时，可能存在食用农产品不符合质量安全标准等土壤污染风险，原则上应当采取农艺调控、替代种植等安全利用措施。土壤中镉、汞、砷、铅、铬的含量高于表 3-3 规定的风险管制值时，食用农产品不符合质量安全标准等农用地土壤污染风险高，且难以通过安全利用措施降低农用地土壤污染风险，原则上应当采用禁止种植食用农产品、退耕还林等严格管控措施。

第三节　土壤耕作

土壤耕作是农业生产最基本的农业技术措施。它对改善土壤环境，调节土壤中水、肥、气、热等肥力因素之间的矛盾，充分发挥土地的增产潜力起着重要作用。因此，为了使中药材持续增产，提高经济效益，必须掌握耕作的基本原理和各项耕作措施，因地制宜地制定与种植制度相适应的土壤耕作制度。

一、土地选择

《道地药园建设通用要求》（DB33/T 2390—2021）规定，在道地中药材产区，选用道地中药材良种，遵循中药材自然生长规律、传统生产经验，通过生态化技术和质量管理规范，实现中药材生产优质可持续发展的生产基地。道地药园周围 5 km 内无"三废"污染源，距离交通主干道 200 m 以上。空气符合 GB 3095 二类区要求，土壤符合 GB 15618 中的土壤污染物含量等于或低于风险筛选值，灌溉水符合 GB 5084 要求；产地初加工用水符合 GB 5749 要求。有空气、水、土壤（基质）等产地环境检测报告。选择生态条件良好，水源洁净的中药材道地产区，布局合理的生产基地。根据种植药材的生长特性和对生态环境要求，选择立地开阔，排水良好，且土壤、海拔、坡向、前茬作物等适宜的地块。

二、土壤耕作原理

(一) 土壤耕作与土壤、气候、植物的关系

土壤耕作是农业生态系统的一个重要环节，土壤是物质和能量的贮存库之一。土壤中的水、肥、气、热每一个肥力因素和它们的综合体都是土壤与无机环境能量转移和物质循环的结果。

土壤是植物和动物（包括人类）赖以生活的基础。植物和动物也为土壤提供物质资源。如植物残体及根茬还田和动物提供的厩肥等，通过土壤微生物活动，有机质被分解成腐殖质或矿质养分；植物根系在土壤内的穿插和蚯蚓的松土活动可以改善土壤的物理状况，提高土壤肥力。土体构造包括表土状况、土层结构和厚度以及蓄水、供水和保肥、供肥的性能等，都影响植物的生长发育。

气候条件的变化直接影响土壤结构变化，从而影响植物根系的生长发育。例如，雨、雪和太阳暴晒，出现干湿现象、冻融交替，使土壤膨松熟化，对植物根系生长有利。大风、暴雨的袭击导致土壤的板实，甚至造成风蚀和水蚀，不利于植物生长。土壤中的水、肥、气、热等肥力因素也经常因气候条件的影响而变化，并直接影响到土壤内部生态系统的平衡。

自然植被覆盖下的土壤生态系统，不受人类的干涉，是闭合式的生态系统。"气候植物土壤"之间的能量转移和物质循环比较缓慢和稳定。在中药材生产过程中，为了获得多的农产品即中药材，所采取各种农事操作，对土壤生态产生破坏性的影响，不利于中药材的生长，应采取耕作、施肥、灌溉和田间管理等农业技术措施调节土壤生态系统，促进中药材生长。

土壤耕作就是用机械方法改善耕层土壤的物理状况，调节土壤固相、液相、气相的比例关系，建立良好的耕层构造，以协调土壤中的水、肥、气、热等诸因素。

然而，不恰当的土壤耕作也会对土壤中诸因素的比例产生影响。例如，干旱地区或干旱季节，因耕作不当，搅动土壤过多，会导致跑墒，加重干旱程度。在斜坡地耕翻不当，还容易引起土壤的水蚀和风蚀。多雨季节，在土壤过湿的条件下，耕作可压实土壤或使耕作层形成大土块，降低整地质量，影响中药材播种和种子萌芽、出苗以及根系的生长。而在岩溶山区采用示踪法证实了锄耕会引起耕作侵蚀，单次耕作土壤的最大位移距离为 1 m 左右。因此，必须权衡利弊，选择对土壤破坏最轻的耕作措施和机具，或尽量减少耕作作业次数。研究和掌握当地、当时的气候、中药材、土壤之间的关系，采取相应的土壤耕作措施，合理地调节土壤内部的生态平衡，促进中药材的根系和地上部分的生长发育，达到中药材的稳产、高产和全面持续增产。这就是土壤耕作的最基本要求。

(二) 土壤耕作的任务

1. 创造和维持良好的耕层构造

农业土壤有其自身的理、化、生物特性和剖面构造，土壤耕作措施必须根据这些特性正确应用，才能创造出适于中药材生长的土壤环境。盐碱地的土壤耕作又要根据盐碱在土层中的运动规律来进行，所采用的耕作措施要有利于排水、脱盐、防止水分蒸发、保全苗等。而土壤质地黏重、结构性差、通透性不良、潜在肥力高、有效肥力低的土壤，耕作特点是采用伏耕秋翻、晒垡冻垡、早春及时耙地保墒等措施。地下水位高的低湿土壤，耕作要有利于散墒，提高地温，改善通气性状。水田因长期淹水，土壤物理性较差，耕作任务在于土壤松

软、柔匀和防止水分渗漏，促进土壤氧化，改进长期淹水的潜育化进程，降解还原性毒害物质。因此，水旱轮作、深耕晒垡、水耙、水耖是主要措施。无水稳性结构的土壤在降水和灌溉时可分散黏粒填入孔隙，而使表土结壳板硬，妨碍水分入渗、空气交换和幼苗出土。因此，要及时破除播前、播后和幼苗期的土壤结壳并正确选用机具，这是土壤耕作的重要任务。农田土壤在长期耕种中，土壤剖面有自己的特点，一般可为 4 层，每层的物理、化学和生物性质以及调节土壤肥力因素的作用不同，所采取的耕作措施也不同。

土壤是地球上能够生长绿色植物的疏松表层。土壤来自岩石、无机物、有机物，主要由矿物质、空气、水、有机物构成。地球表面形成 1cm 厚的土壤，约需要 300 年或更长时间。不同的土壤类型，分层也不一样。一般人为地把它们分为 A、B、C 3 个层，即表土层、心土层、底土层。

（1）表土层。表土层又可分为耕作层和犁底层。耕作层：受耕作，施肥，灌溉影响最强烈的土壤层，厚度一般约 20cm。耕作层易受生产活动和地表生物，气候条件的影响，一般疏松多孔，干湿交替频繁，温度变化大，通透性良好，物质转化快，含有效态养分多。根系主要集中分布于这一层中，一般占全部根系总量的 60% 以上。犁底层：位于耕作层之下，厚 6~8cm。典型的犁底层很紧实，孔隙度小，非毛管孔隙（大孔隙）少，毛管孔隙（小孔隙）多，所以通气性差，透水性不良，结构常呈片状，甚至有明显可见的水平层理。这是经常受耕畜和犁的压力以及通过降水，灌溉使黏粒沉积而形成的。对于土层薄、沙砾底土壤，犁底层有保水、保肥、减少渗漏的作用。但对土层深厚的土壤，则不利于将水分深贮在心土层，并有造成耕作层渍水的危险。这对盐碱地土壤极为不利。因此，土壤耕作要重视防止犁底层的形成和消除已有的犁底层。

（2）心土层。心土层又称"生土层"。是土壤剖面的中层。位于表土层与底土层之间。由承受表土淋溶下来的物质形成的。通常是指表土层以下至 50cm 深度的土层。由于有物质的移动和淀积，所以表土层和心土层最能反映出土壤形成过程的特点。在耕作土壤中，心土层的结构一般较差，养分含量较低，植物根系少。旱作土壤的心土层，一般保持着开垦种植前自然土壤淀积层的形态和性状，耕种引起的变化小；水稻土的心土层，在正常情况下多发育为具有棱块或棱柱状结构的斑纹层。

（3）底土层。底土层也叫母质层，是土壤中不受耕作影响，保持母质特点的一层。如成土母质为岩石风化碎屑，则底土层中也往往掺杂有这些碎屑物。底土层在心土层以下，一般位于土体表面 50cm 以下的深度。此层受地表气候的影响很少，同时也比较紧实，物质转化较为缓慢，可供利用的营养物质较少，根系分布较少。一般常把此层的土壤称为生土或死土。

2. 翻埋残茬和绿肥，混合土肥

播种前在地表常存在前作的残茬、秸秆和绿肥以及其他肥料，需要通过耕作将它们翻入土中，通过土壤微生物的活动促使其分解，并通过耕地、旋耕等土壤耕作将肥料与土壤混合，使土肥相融，调节耕层养分分布。

3. 防除杂草和病虫害

中药材收获后，翻耕可以将残茬和杂草以及表土内的害虫、虫卵、病菌孢子翻入下层土内，使之窒息，也可以将躲藏在表土内的地下害虫翻到地表，经暴晒或冰冻而消灭之，同时，将地表的杂草种子翻入土中，将原来在土层中的杂草种子翻在疏松、水分适宜的表土层内，促进杂草种子发芽，再用耙地措施，使杂草根土分离以消灭之。此外，中药材生育期间的中耕，也是防除杂草的主要措施。

（三）土壤耕性与耕作质量

农田土壤耕作质量的好坏，主要取决于土壤特性、耕作工具与操作技术3方面。研究和掌握与土壤耕作有关的土壤特性，确定宜耕期，采取正确的耕作措施，是土壤耕作质量的保证。

1. 土壤耕性和宜耕性的概念

在耕作过程中，土壤物理机械特性（包括黏结性、黏着性和可塑性等）的综合反映，称为土壤耕性。土壤耕性的好坏影响耕作的难易、宜耕期的长短和耕作质量的好坏。适宜耕作状态的土壤耕性又称为土壤宜耕性。处于宜耕状态的土壤，犁耕阻力小，耕作容易，土壤易散碎为较多的团粒结构，耕作质量好。

2. 影响耕性的因素

（1）土壤质地。土壤质地是决定土壤耕性好坏的基本条件。土粒越小，总的表面积越大，土粒之间的接触面也越大，黏结力也越强，黏着力和可塑性也较大。湿时耕作易粘农具，产生坶条，耕作质量和效能较差；干时耕作土质变硬，阻力大，耕作困难，耕作质量差，效能较低。砂壤土、砂土疏松易耕，宜耕期较长，但砂土不易团聚容易流失，肥力不高。壤土有机质多，结构好，土质疏松，耕性最好，肥力也高。

（2）土壤有机质含量。土壤有机质多，能使黏质土疏松，黏结力、黏着力、可塑性减少，另一方面，由于土壤有机质含量多，相应地增加了有效腐殖质含量，使土壤结构得到改善。结构良好的土壤，团粒内部的土粒结合紧密，团粒间的接触点大大减少，土壤的黏结力和黏着力降低，土壤的下塑限提高。因此，有机质多的土壤，易于耕作，耕作质量好，且宜耕期较长。

（3）土壤含水量。土壤含水量影响土壤物理机械特性，因而影响土壤宜耕性。土壤最适宜耕作的含水量范围称为宜耕范围或宜耕期。在影响土壤宜耕性的多种因素中，土壤质地、有机质等因素在同一种土壤里变化不大，而变化最剧烈的因素是土壤水分。为了提高土壤耕作质量，必须选择最适于耕作的宜耕期，也就是选择最适宜于耕作的土壤含水量范围。最适宜耕作的易耕期一般以土壤水分含量达到田间持水量的40%~60%（即土壤达湿润状态）时为宜。一般认为，当土壤的表面发白，干湿相间呈斑状，脚踏土块即碎或手捏土团平举松手下落易碎时，均为土壤宜耕的标志。

不同质地的土壤宜耕期的含水量的范围也有差别。这是由于土壤水分对黏结力、黏着力和可塑性的影响随土壤质地而变化。黏土宜耕的含水量范围较窄。水分超过田间持水量的60%时，就出现很强的可塑性；反之，水分少于田间持水量的40%时，黏结力又明显增加。砂土无论含水量多或少，黏结力和可塑性都小，因此，砂土宜耕含水量的范围大。在中药材栽培上，安排土壤耕作先后顺序时，由于黏土地宜耕期短，应首先保证黏土田地有最合适的宜耕期；壤土的宜耕期比黏土长，应排在黏土田地之后；砂土地宜耕期最长，可作为搭配安排。

三、土壤耕作技术

在中药材种植过程中，需要实施一系列的土壤耕作措施。不同的土壤耕作措施对土壤作用不同，其影响深度和广度也不一样。根据其对土壤耕层影响范围及消耗动力，可将耕作措施分为土壤的基本耕作和表土耕作措施两大类型。土壤的基本耕作是影响全耕作层的耕作措施，对土壤的各种性状有较深远影响；表土耕作一般在基本耕作基础上进行，往往作为土壤基本耕作的辅助性措施，主要影响表土层。

（一）土壤基本耕作

基本耕作，又称初级耕作，指入土较深、作用强烈、能显著改变耕层物理性状、后效作用较强的一类土壤耕作措施。

1. 翻耕

翻耕的工具主要是用铧犁，有时也用圆盘犁。先由犁铧平切土垡，再沿犁壁将土垡抬起上升，进而随犁壁形状使垡片逐渐破碎翻转抛到右侧犁沟中去。翻耕的作用主要在于翻土、松土、碎土。翻耕的作用主要是翻转耕层土壤，改善耕层理化和生物状况，通过翻转耕层土壤，将上、下层的土壤交换，通过晒垡等过程，促进土壤熟化。耕翻可以消除地表残茬、杂草和病虫害，调整养分垂直分布，有利于根的吸收。疏松耕层，增强土壤通气性，也有促进好气微生物活动，使养分得以分解释放，疏松的耕层也有利于根系伸展。但翻耕后的土壤水分易于挥发，在干旱地区翻耕的土壤水分容易流失。这项措施不适于缺水地区或缺水季节应用。

（1）翻耕方法。因犁壁的形状不同而不同，主要有3种耕翻方法：

①全翻垡：是用螺旋形犁壁将垡片翻转180°。这种方法，翻土完全，覆土严密，灭草作用强，但碎土作用小，消耗动力大，只适合开荒，不适用熟耕地。

②半翻垡：是用熟地型犁壁的犁将垡片翻转135°。翻后垡片彼此相连，犹如瓦覆，垡片和地面呈45°。这种方法牵引阻力小，兼有较好的翻土和碎土作用，适应一般熟地用。但垡片覆盖不严，灭草性能不如全翻垡。目前，我国机耕多用此法。

③分层耕翻：采用带小前犁的复式犁，将耕层的上、下层分层翻转。复式犁的主犁铧前的小犁铧，其耕深约为主犁的1/2，耕幅约为主铧的2/3。作业时，前面的小铧先把上层有残茬和比较板结的厚约10 cm的一层土壤先翻入犁沟，再由主犁把原土层10~20 cm的下层土壤连同剩余的上层土壤翻到上面。这样的分层耕翻，覆盖比较严密，质量较高。

（2）翻耕时间。南方翻耕多在秋、冬季进行，有利于晒垡、冻垡，以加速土壤熟化过程，又不影响春播适时整地。播前耕地宜浅，以利整地和及时播种。

（3）翻耕深度。耕翻深度因植物根系分布范围和土壤性质而不同。薏苡、麦冬、薄荷等须根系中药材和地黄、白术等地下块茎、块根的植物，其80%~90%的根系集中分布在表土至20~25 cm耕层内；而柴胡、白芷等直根植物入土较深，但大部分集中在30 cm以内。耕深超过主要根系分布的范围所起作用不大，过度的深耕常因肥力辅助耕作措施跟不上，反而引起减产。根据深耕所需动力消耗和增产效益，一般认为目前大田生产耕翻深度以旱地20~25 cm、水田15~25 cm较为适宜。在此范围内，黏壤土、土层深厚、土质肥沃、上下层土壤差异不大的，可适当加深；砂质土、上下层土壤差异大的，宜稍浅。

（4）翻耕后效。深耕后效的长短，因土壤特性、施用有机肥数量、气候条件以及作物栽培管理措施等情况而异。土壤肥沃、质地疏松、结构良好的，深耕后效较长；在少雨地区，有冻土层、施有机肥多的，深耕后效果也较长；反之则较短。但是，肥力低的黏重土壤深耕后，由于将一些生土翻上来，当季反而减产，第二、三季作物才表现增产效果，但可采用上翻下松耕法。

2. 深松耕

深松能使耕层疏松，土壤散碎成大小不等的团聚体状态，地表较平整，但紧实程度比耕翻大些。局部深松后，耕层构造呈虚实相间状态。虚的部位有利于通气透水和储水，实的部位利于提墒供水，促进根系发育，增强了抗旱、防涝性能。深松是在耕层原有位置疏松土壤。上、下层不翻转变换，不会造成生土、熟土相混，可一次分层深松至所需深度。深松可以打破犁底层，加厚耕作层，活化心土层。但是，深松也存在一些问题：不能翻埋肥料、残茬和杂草。一般经深松的田间杂草较多，容易发生草荒。在我国南方地区，由于气温高、雨水多，杂草易滋生繁茂，土质较黏重，复种指数高，残茬多，绿肥等有机肥料的施用量较多。因此，深松一般还不能取代翻耕作业。深松耕适宜于干旱、半干旱地区和丘陵地区以及土壤为盐碱土、白浆土的地区，有利于水土保持，增产效果也很显著。

（1）全面深松耕。采用无壁犁或深松铲全面松土。松土后，耕层构造呈比较均匀的疏松状态。对于深根系中药材如黄芪、甘草、山药、远志等适宜进行全面深松耕。深松耕的深度可达 25~30 cm，有的深达 50 cm。这种方法所需的动力大，多用于秋后作业。

（2）局部深松耕。采用凿形铲或鸭掌形铲进行局部松土，可分层或不分层作业。深松幅度也可变换。松后播种行与行间的耕层构造呈松紧相间状态，需要的动力比上者小，既可在前作收后，后作播种前作业，也可在作物生育前期的行间进行，灵活性较大。

（3）上翻耕下松耕。上翻下松在南方地区广泛应用，或北方长期采用普通耕作，在犁底下形成 5~10 cm 厚不等的"犁底层"（该层土壤紧实，影响根系下扎，使土壤通气透水性能下降），或在耕作层较浅薄的情况下，为了加深耕作层，又不使生土翻耕到地表，生产上常采用两架普通犁进行前后套犁的分层耕法，即是待前犁耕翻后再用去掉犁壁的犁或松土铲松土。麦茬地，压绿肥和施有机肥以及秸秆还田的地块，或草荒严重的大豆、玉米茬地，也都运用上翻下松的方法进行基本耕作。

3. 旋耕

采用旋耕机进行。旋耕机上安装犁刀，旋转过程中起切割、打碎、掺和土壤的作用。我国南方地区近年来常用旋耕机进行整地，1 次旋耕既能松土，又能碎土，土块下多上少。旋耕的碎土、拌土力强，使耕层松碎平整，也可以压下绿肥和其他有机肥料，使土肥相融，均匀混合，提高肥效。水田、旱田整地均可采用旋耕法。1 次作业就可以进行旱田播种或水田放水插秧，省工、省时，降低成本。旋耕机在实际应用中常只耕深 10~12 cm，不能长期采用此法，多年连续旋耕会使耕作层变浅，影响根系下扎。易导致土壤理化状况变劣，故旋耕应与翻耕轮换应用。

（二）表土耕作措施

表土耕作是用农机具改善 0~10 cm 以内的耕层土壤状况的措施，主要包括耙地、旋耕、镇压、开沟、作畦、起垄、筑埂、中耕、培土等作业。这些措施多数在耕地后进行，作为基本耕作的辅助作业，但却是完成土壤耕作的各项任务不可缺少的措施。现将表土耕作的作用、工具及其运用情况分述如下。

1. 耙地

耙地一般在作物收获后进行。多用圆盘耙、钉齿耙、刀耙、滚耙和"而"字耙进行。耙地有疏松表土、耙碎土块、破除板结、透气保墒、平整地面、混拌肥料、耙碎根茬、清除杂草等作用。北方地区在耙地后还常用轻型农具耢子耢地，形成干土覆盖层，以减少土表水分的蒸发，并有平地碎土和轻度镇压作用。此外，还有混拌土肥、防止脱氮、平整田面、便于排灌和清除杂草的作用。耙地与耕翻一样，运用不当也会产生不良后果。耙地次数过多，不仅消耗动力和劳、畜力，还会压实土壤，破坏土壤结构。在干旱地区和干旱季节，会损失土壤水分，不利于种子发芽生长。播种前耙地，若超过播种深度，会引起土层过松，种子贴土不紧，影响发芽出苗。

2. 耱地

耱地又称盖地、擦地、耢地，是一种耙地之后的平土碎土作业。一般作用于表土，深度为 3 cm，耱子除连接在耙后外，也可连接在播种机之后，起碎土、轻压、耱严播种沟、防止透风跑墒等作用。耱地多用于半干旱地区旱地上，也常用在干旱地区灌溉地上，但多雨地区或土壤潮湿时不能采用。

3. 镇压

镇压有压实土壤、压碎土块和平整地面的作用，一般作用深度为 3~5 cm，重型镇压器可达 9~10 cm。镇压器的种类很多，较为理想的是网型镇压器，可压实耕层，疏松地面，减少水分蒸发，起镇压保墒作用。主要应用于半干旱地区旱地和半湿润地区播种季节较旱时。播种前适当镇压，可防止土壤下陷，使种子与土壤密切接触，促进毛细管水上升，以利种子吸水萌芽，并使播种深度一致，出苗整齐粗壮。应用时应注意在土壤水分含量适宜时进行，一般以镇压后表土不结皮，同时表面有一层薄的干土层最为适宜。镇压后必须耢地，以疏松表土，防止土壤水分从地面快速蒸发。但盐碱地或水分过多的黏性土壤均不宜镇压，以免引起返盐。小型镇压器工具有石砘子、木碌等，可根据具体要求选择使用。

4. 作畦

我国有低畦、平畦、高畦 3 种作畦方式。平畦是生产上应用最多、最省力的作畦方式。平畦畦面与畦间步道高度相平，即将地分为长 10~15 m 不等，畦宽 1.3~3.0 m 不等的小块，过宽则不便于操作管理，太窄则步道增多，土地利用率减少，四周留宽 50~100 cm 的畦间道。作畦时、要求畦面平整。低畦有两种做法，一种是畦面低于地面 15~20 cm，畦的宽度和长度与平畦类似，畦间步道与地面高度相平；另一种是畦面与畦间步道高度相平，四周作宽约 20 cm，高 15 cm 的畦埂。灌水时由畦的一端开口，水流至畦长的 80% 位置即关水口，让余水流到畦的另一端。南方地区多采用高畦，畦面比步间道高 10~20 cm，畦的宽度一般以 1.3~1.5 m 为宜。高畦具有加厚耕作层、提高土温和便于排水等作用，有利于地下器官的生长发育，适用于栽培根及根茎类中药，一般在雨水较多、地下水位低，地势低洼地区多用高畦。

5. 起垄

块根、块茎类中药材常用起垄栽培。起垄一般用犁和锄头进行操作，先犁一行沟将肥料施入，再在行沟两侧向内翻犁两犁，即形成垄。在坡地上筑埂有防止冲刷、减少水土流失的作用。作用在于提高土壤温度，防风排涝，防止表土板结，改善土壤通气性，压埋杂草等。垄作的目的是提高局部地温以及雨季排水，山区垄作主要是为了保持水土。起垄是垄作的一项主要作业，用犁开沟培土而成，垄宽 50~70 cm 不等，按当地耕作习惯、种植的中药材及工具而定，可边起垄边播种，也可先播种后起垄。

6. 中耕

中耕是在中药材生长期间常用的表土耕作措施，尤其是目前不提倡施用除草剂的情况下，中耕工作更显重要。中耕有疏松表土，破除板结，增加土壤通气性，提高土温，铲除杂草，加强土壤养分有效化，以及促进好气微生物活动和根系伸展的作用。在不同的条件下，中耕可以防止或加强土壤水分的蒸发。农谚说"锄头下有火又有水"，就是指在不同的条件下中耕有不同的效果。

中耕不当，也会产生不良后果，如行间过分疏松，好气微生物分解有机质的矿化活动过盛，造成有机质的非生产消耗；中耕次数过多，土壤结构易受破坏；在风沙地区和坡地上易造成风蚀或水蚀。同时，工作量大，成本增高。

中耕时间和次数应根据中药材种类、播期、杂草与土壤状况而定，一般中耕 3~4 次。对于生育期长、封行迟的植物，杂草多、土质黏重、盐碱较重以及灌溉地等，则需增加中耕次数。中耕深度应视中药材种类、行距、是否是培土及其他技术措施而定。在播种行内的中耕，通常按浅—深—浅原则进行，即在中药材苗期根系入土较浅、中耕宜浅，深则易伤苗、压苗；在生育中期，根系已下伸，加深中耕有促进根系发育的效果；到接近封行时，根系已大量发生，中耕又要浅。如行距较宽，并需要培土的，则在行间中耕，第一次就要达到足够的深度，使行间有松土，便于培土，并有利于雨水渗入和保墒。中耕工具常用的有手锄、耪子、中耕犁、齿耙和各种耕耘器等。

7. 培土

多运用于块茎、块根和高秆中药材。培土常与中耕结合进行，将行间的土培向植株基部，逐步培高成垄。主要有固定植株、防止倒伏，增厚土层利于块根、块茎的发育，及防止表土板结、提高土温、改善土壤通气性、覆盖肥料和压埋杂草等作用。培土一般结合第二、三次中耕进行，在封行前结束。苗期培土过早、过高，会妨碍次生根发育，幼茎基部节间因受光不良而不够粗壮，反而不抗倒伏。在干旱地区和干旱季节不宜培土，否则翻动土壤过多，反而会引起土壤水分大量蒸发。培土工具一般有锄头、铲、耪子、犁和机引培土器等。用犁培土的可以在行间向植株行向犁两次，即可成垄；行间则成为行沟，比较省力。

四、土壤修复技术

（一）污染土壤修复技术

随着当代社会的不断发展工业化进程的不断加快，矿产资源的不合理开采及其冶炼排放、长期对土壤进行污水灌溉和污泥施用、人为活动引起的大气沉降、化肥和农药的施用等原因，造成了土壤污染严重。土壤修复便成了当务之急，归纳起来土壤修复技术主要由以下几点：

1. 热力学修复技术

利用热传导，热毯、热井或热墙等，或热辐射，无线电波加热等实现对污染土壤的修复。

2. 热解吸修复技术

以加热方式将受有机物污染的土壤加热至有机物沸点以上，使吸附土壤中的有机物挥发成气态后再分离处理。

3. 焚烧法

将污染土壤在焚烧炉中焚烧，使高分子量的有害物质、挥发性和半挥发性物质，分解成低分子的烟气，经过除尘、冷却和净化处理，使烟气达到排放标准。

4. 土地填埋法

将废物作为一种泥浆，将污泥施入土壤，通过施肥、灌溉、添加石灰等方式调节土壤的营养、湿度和 pH 值，保持污染物在土壤上层的好氧降解。

5. 化学淋洗

借助能促进土壤环境中污染物溶解或迁移的化学/生物化学溶剂，在重力作用下或通过水头压力推动淋洗液注入被污染的土层中，然后再把含有污染物的溶液从土壤中抽提出来，进行分离和污水处理的技术。

6. 堆肥法

利用传统的堆肥方法，堆积污染土壤，将污染物与有机物，稻草、麦秸、碎木片和树皮等、粪便等混合起来，依靠堆肥过程中的微生物作用来降解土壤中难降解的有机污染物。

7. 植物修复

运用农业技术改善土壤对植物生长不利的化学和物理方面的限制条件，使之适于种植，并通过种植优选的植物及其根际微生物直接或间接吸收、挥发、分离、降解污染物，恢复重建自然生态环境和植被景观。

8. 渗透反应墙

是一种原位处理技术，在浅层土壤与地下水，构筑一个具有渗透性、含有反应材料的墙体，污染水体经过墙体时其中的污染物与墙内反应材料发生物理、化学反应而被净化。

9. 生物修复

利用生物，特别是微生物催化降解有机污染物，从而修复被污染环境或消除环境中污染物的一个受控或自发进行的过程。其中微生物修复技术是利用微生物（土著菌、外来菌、基因工程菌）对污染物的代谢作用而转化、降解污染物，主要用于土壤中有机污染物的降解。通过改变各种环境条件，如：营养、氧化还原电位、共代谢基质，强化微生物降解作用以达到治理目的。

（二）坡地土壤耕作技术

坡地土壤耕作应注意土壤流失问题。土壤耕作是人为控制水土流失的重要手段之一，应用得当，可使水土流失大大减轻；若应用不当，将增加严重性。坡地土壤可以通过工程措施改变坡度和坡长，如修筑水平梯田、隔坡梯田、挖竹节壕等，也可以通过改良土壤改变土壤的通透性和结构性。坡地可以采取带状种植、等高耕作、沟垄种植、增加牧草比例、多种密植作物、实行间混作等。

（三）盐碱地土壤耕作技术

盐碱地是盐碱土经开垦、改良种植作物的田地，也是一种特殊类型的低产田，浙江沿江、沿海有较大面积盐碱地分布。盐碱地土壤耕作可以采用以下技术：

①平整土地：土地不平是使盐分水平分布不均形成盐斑的基本原因。平整土地在翻耕前进行，应采取起高垫低、抽沟、挖鱼鳞坑等方法。总的原则是抽生留熟，土层不乱。

②客土改良：这是改造盐碱地比较彻底的一种方法，运用于盐碱较重的土地上。通过客土、铺沙等办法，达到隔盐、抑盐、脱盐的目的。

③耕翻：耕翻盐碱地除具有一般作用外，还起到切断毛管、抑制地下水上升的隔盐作用和将盐分多的表土翻到底层的压盐作用。翻耕宜深于一般地，如下层含盐量偏高，则应上翻下松，如熟土层过薄，只好采用旋耕。

④躲盐巧种：旱地播种保苗要掌握"春迟、秋早、夏巧"的原则。春季适期晚播，地温高、出苗快、盐分危害时间短、易保苗。秋播小麦应适时早播，因雨季刚过，盐分淋溶到下层，表土含盐量低，抢时播种易保苗。

⑤中耕松土和苗期耙地：出苗前松土和苗期中耕，因松土切断毛管，减少返盐。盐碱地中耕次数通常都多于一般地。

（四）少耕和免耕技术

1. 少耕

少耕是指在常规耕作（传统耕作）的基础上尽量减少不必要的土壤耕作次数，以降低生产成本、减少对土壤结构破坏的耕作方法。目前采用的主要有：保留翻地作业而去掉耙耢土壤作业措施，翻地后直接播种的少耕法；保留翻、耙、耢作业环节，去掉中耕的少耕法；去掉翻地，连年耙茬的少耕法；采用凿型犁深松耕，一般可达 20~25 cm，将残茬的 2/3 混于土层，1/3 的残茬留在地面覆盖土壤，防止风蚀的少耕法；采用旋耕犁全面旋耕 10 cm 土层，属于浅土层耕作，但连年旋耕，会失掉底土的深耕后效；为避免秸秆全田覆盖后影响表土的增温作用，采用免耕垄作的少耕法。将秸秆覆盖于垄沟中，垄台裸露，继续保持垄台的增温作用，年年不破坏垄台，直接在垄台上播种。秸秆覆盖垄沟的优点有防止机轮对土壤的压实和保水、培肥土壤的作用。

2. 免耕

又称零耕、直接播种法。是指在植物播种前不必犁、耙整理土地，直接在茬地上播种，播后和植物生长期间也不使用农具进行土壤管理的耕作方法。免耕的基本原理，一是利用生物措施的秸秆或牧草等覆盖来代替土壤耕作，二是以除草剂、杀虫剂等代替土壤耕作的除草作业和翻埋病菌和害虫。免耕法可以减少水土流失和风蚀对土地的破坏，防止土壤水分蒸发，可以保持表土湿润，地面不易形成板结层。

少、免耕法仍处在不断发展中，它们不仅减少耕作、保护土壤、节省劳力、降低成本，而且还可争取农时，可以减少农耗时间，及时栽种，扩大复种面积。但是，随着少、免耕法的发展，所带来的问题也日渐明朗，诸如耕作表层 0~10 cm 富化，而下层 10~20 cm 土层贫化和杂草、病虫害增多等，有待进一步研究和寻找解决措施。

第四节　良种选择

由于各地的气候条件、地理条件和地势情况、土壤肥力和质地、雨水的多少等条件的不同，形成了生态条件的多样性，所以，要选择适宜本地区生态环境条件，熟性好、耐肥、抗病、抗倒伏、高产稳产、品质优良，并能够安全成熟的中药材品种。

一、良种标准

良种是指用常规原种繁殖的第一代至第三代和杂交种达到良种质量标准的种子。良种是供大田生产使用的种子，是种子市场交易的种子，是主要商品化的种子。

中药材种子分级标准研究多依据《农作物种子检验规程》对种子纯度、净度、发芽率、含水量、粒重、真实性、生活力等指标进行检测，采用相关性分析、聚类分析等统计分析法对种子进行质量分级，等级差异较真实地反映了种子内在品质，对中药材规范化生产意义重大。

1. 根及根茎类药材种子质量分级标准

以不同产地丹参种子为例，测定种子净度、千粒重、含水量、生活力、发芽情况等指标，采用 K-均值聚类法分为 3 级。一级种子为发芽率≥48%、发芽势≥48%、生活力≥44%、千粒重≥1.60g、含水量≤11%、净度≥85%；二级种子为发芽率 22%~48%、发芽势15%~39%、生活力 31%~44%、千粒重 1.50~1.60g、含水量≤11%、净度 73%~85%；三级种子为发芽率＜22%、发芽势＜15%、生活力＜31%、千粒重＜1.50g、含水量≤11%、净度＜73%，三级种子为不合格种子，本分级可作为新产丹参种子质量分级标准的参考依据。

2. 花及果实种子类药材种子分级标准

以不同产地红花种子为例，测定净度、千粒重、发芽率、品种纯度、水分等，利用 K-均值聚类法分为 3 级。一级种子发芽率≥96.0%，含水量≤6.09%，纯度≥94.7%，千粒重≥45.17g，净度≥99.20%；二级种子发芽率≥93.5%，含水量≤6.53%，纯度≥91.3%，千粒重≥39.64g，净度≥91.66%；三级种子发芽率≥67.5%，含水量≤6.91%，纯度≥81.3%，千粒重≥35.69g，净度≥91.04%，其中发芽率和含水量为主要指标，千粒重、净度和品种纯度为参考指标。

3. 全草及茎叶类药材种子分级标准

以肉苁蓉成熟种子为例，测定净度、生活力、含水量、千粒重等指标，采用相关性分析及聚类分析将种子分为 3 级，一级种子生活力≥50.0%，净度≥95.0%，含水量≥6.8%，千粒重 ≥90mg；二级种子生活力 30.0%～50.0%，净度 85%～95.0%，含水量 6.3%～6.8%，千粒重 70～90mg；三级种子生活力≤30.0%，净度≤85.0%，含水量≤6.3%，千粒重≤70mg。此分级标准可作为基本标准应用于肉苁蓉种子的质量分级。

二、良种选择

优先采用经国家或省有关部门审定（认定）的优良品种，基地选用的每批次种子种苗或种源的基原和种质应当明确，具备物种鉴定证书或品种审定（认定）证书。基地宜自建良种繁育基地，或使用具有中药材种子种苗生产经营资质单位繁育的种子种苗或其他繁殖材料。非浙产道地中药材品种不宜引种推广，非适宜产区不宜扩种。种子种苗或种源异地调运检疫制度按 GB 15569 标准执行。

三、播种技术

播种是育苗的重要环节，播种技术好坏会影响发育率、出苗速度和整齐度。一般可分为人工播种与播种机播种两种情况：

1. 人工播种

一般先划线，确保播种行通直。开沟深度要适宜，特小粒种子可不用开沟，直接播种。播种时为防治播种沟干燥，应边开沟边播种便覆土。覆土厚度要根据中药材种子的特性而定，一般大粒种子宜厚，小粒种子宜薄；子叶不出土的宜厚，子叶出土的宜薄。通常覆土厚度是种子短轴直径的 2～3 倍。此外，气候条件、土壤质地、覆土材料和播种季节也影响覆土厚度。下种量要均匀。为保证下种均匀，可在种子中掺入适量的细沙。

2. 播种机播种

播种机播种工作效率高，节省劳力，出苗均匀整齐，是机械化生产的重要手段。在条件允许的情况下，可考虑使用。

第五节　栽培技术

田间管理是根据中药材不同生育时期的特点，因地、因时、因品种制宜，采用促进和控制相结合的综合措施，以满足植物生长发育所需要的环境条件，从而达到丰产的目的。由于各种中药材的生物学特性以及人们对药用部位需求不同，其栽培管理工作有很大差别，要努力做到及时而充分满足各种中药材不同生育阶段中对温度、水分、光照、空气和养分的要求，综合利用各种有利因素，克服自然灾害，以确保优质、高产。

一、间苗、定苗、补苗

间苗是田间管理中一项调控植物密度的技术措施。对于用种子直播繁殖的中药材，在生产上为了防止缺苗和便于选留壮苗，其播种量一般大于所需苗数。播种出苗后需及时间苗，除去过密、瘦弱和有病虫的幼苗，选留生长健壮的苗株。间苗宜早不宜迟。过迟间苗，幼苗生长过密会引起光照和养分不足，通风不良，造成植株细弱，易遭病虫害；苗大根深，间苗困难，也易伤害附近植株。大田直播间苗一般进行 2~3 次，最后一次间苗称为定苗。

有些中药材种子由于发芽率低或其他原因，播种后出苗少、出苗不整齐，或出苗后遭受病虫害，造成缺苗。为保证苗齐、苗全，稳定及提高产量和品质，必须及时补种和补苗。大田补苗与间苗同时，即从间苗中选生长健壮的幼苗稍带土进行补栽。补苗最好选阴天后或晴天傍晚进行，并浇足定根水，保证成活。但是，在中药材栽培中，有的中药材由于繁殖材料较贵，不进行间苗工作。如人参、西洋参、黄连、西红花和贝母等。

二、中耕培土与除草

1. 中耕除草与培土

中耕是中药材在生育期间对土壤进行的表土耕作。中耕可以减少地表蒸发，改善土壤的透水性及通气性，为大量吸收降水及加强土壤微生物活动创造良好条件，促进土壤有机质分解，增加土壤肥力。中耕还能清除杂草，减少病虫为害。

杂草一般出苗早，生长速度快，但同时也是病虫滋生和蔓延的场所，对中药材生长极为不利，必须及时清除。目前，中药材生产中一般以人工除草为主。除草要与中耕结合起来，中耕除草一般在中药材封行前选晴天土壤湿度不大时进行。中耕深度视中药材地下部分生长情况而定。射干、贝母、延胡索、半夏等根系分布于土壤表层，中耕宜浅；而牛膝、白芷、芍药、黄芪等主根长，入土深，中耕可适当深些。中耕深度一般是 4~6 cm。中耕次数应根据当地气候、土壤和植物生长情况而定。幼苗阶段杂草最易滋生，土壤也易板结，中耕除草次数宜多；成苗阶段，枝叶生长茂密，中耕除草次数宜少，以免损伤植株。天气干旱，土壤黏重，应多中耕；雨后或灌水后应及时中耕，避免土壤板结。

有些中药材结合中耕除草还需进行培土。培土有保护植物越冬（如菊花）、过夏（如浙贝母）、提高产量和品质（如黄连、射干等）、保护芽头（如玄参）、促进珠芽生长（如半夏）、多结花蕾（如款冬）、防止倒伏、避免根部外露以及减少土壤水分蒸发等作用。培土时间视中药材不同而异。1~2 年生草本中药材培土结合中耕除草进行；多年生草本和木本中药材，培土一般在入冬前结合浇防冻水进行。

2. 化学除草

化学除草是采用化学除草剂代替人工进行除草的一种方法。化学除草可以节省劳力，降低成本，提高生产效率。但化学除草容易导致中药材农药残留含量增加，影响中药材品质。同时，长期使用除草剂还会导致土壤生产力的下降。因此，在选择化学除草时应避免使用长效除草剂，以及含有无机砷（如砷酸钠）和有机膦（如草甘膦）的除草剂。最好在用之前进行反复试验，选择除草效果好、农药残留低的除草剂，以确保除草的"安全、经济、高效"，保证所产中药材符合 GAP 标准。同时化学除草最好与人工除草交替进行，并适当减少施用面积和施用次数，降低对中药材生长的影响。

除草剂可从作用性质、作用方式、施药对象、化学结构等多方面分类。

（1）按作用性质分类

①灭生性除草剂：即非选择性除草剂。指在正常用药量下能将中药材和杂草无选择地全部杀死的除草剂，如五氯酚钠、百草枯、草甘膦等。

②选择性除草剂：有些除草剂能杀死某些杂草，而对另一些杂草则无效，对一些中药材安全，但对另一些栽培植物有伤害，具有这种特性的除草剂称为选择性除草剂。例如，2-甲基-4-氯苯氧基乙酸（2,4-D）只能杀死鸭舌草、水苋菜、异型莎草、水莎草等杂草，而对稗草、双穗雀稗等禾本科杂草无效，对水稻安全，适于稻田、麦田、玉米田内使用，但对棉花、大豆、蔬菜等阔叶作物则有严重药害。

除草剂的选择性不是绝对的，而是相对的。即选择性除草剂不是在对作物一点也没有影响的情况下能把杂草杀光，而是在一定对象、剂量、时间、方法和条件下的选择性，选择性好坏由选择性系数所决定。所谓系数是一种除草剂杀死（或抑制）10%以下作物的剂量和杀死（或抑制）90%以上杂草的剂量之比，系数越大越安全，一个选择性除草剂其选择性系数大于 2 才可推广。

除草剂选择性系数＝杀死或（抑制）作物 10%以内的剂量/杀死或（抑制）杂草 90%以上的剂量。

（2）按作用方式分类

①内吸性除草剂：一些除草剂能被杂草根茎、叶分别或同时吸收，通过输导组织运输到植物体的各部位破坏它的内部结构和生理平衡，从而造成植株死亡，这种方式称为内吸性。具有这种特性的除草剂叫内吸性除草剂。如草甘膦可被植物的茎、叶吸收，然后转运到植物体内各个部位，包括地下根茎，所以草甘膦能防除一年生杂草外，还能防除多年生杂草。

②触杀性除草剂：某些除草剂喷到植物上，只能杀死直接接触到药剂的那部分植物组织，但不能内吸传导，具有这种特性的除草剂叫触杀性除草剂。这类除草剂只能杀死杂草的地上部分，对杂草地下部分或有地下繁殖器官的多年生杂草效果较差，如除草醚、五氯酚钠等。

（3）按施药对象分类

①土壤处理剂：即把除草剂喷撒于土壤表层或通过混土操作把除草剂拌入土壤中一定深度，建立起一个除草剂封闭层，以杀死萌发的杂草。除草剂的土壤处理除了利用生理生化选择性来消灭杂草之外，在很多情况下是利用时差或位差来选择性灭草的。如氟床灵、西马津、阿畏达等。

②茎叶处理剂：即把除草剂稀释在一定量的水或其他惰性填料中，对杂草幼苗进行喷洒处理，利用杂草茎叶吸收和传导来消灭杂草。茎叶处理主要是利用除草剂的生理生化选择性来达到灭草保苗的目的。

（4）按施药方法分类

除草剂可采用的施药方法很多，如采用喷雾处理，这里包括常量喷雾、低量喷雾、微量喷雾，也可采用撒毒土法把除草剂与一定量的细润土混起来撒施。有些乳油或水剂的除草剂，如禾大壮、杀草丹、恶草灵，可以采用瓶甩，或利用滴注装置在稻田进行滴注处理。除草剂的不同物理化学特性决定其施药方法，如氟乐灵等挥发性强的除草剂就必须采用土壤处理，并要求耙地混土，如果采用茎叶喷雾不仅效果很差，而且容易使作物发生药害。

（5）按化学结构分类

现有的除草剂大致分为酚类、苯氧羧酸类、苯甲酸类、二苯醚类、联吡啶类、氨基甲酸酯类、硫代氨基甲酸酯类、酰胺类、取代脲类、均三氮苯类、二硝基苯胺类、有机磷类、苯氧基及杂环氧基苯氧基丙酸酯类、磺酰脲类、咪唑啉酮类以及其他杂环类等。

（6）按剂型分类

除草剂的加工剂型和加工质量对于除草剂的药效影响很大，应该根据各种除草剂的理化性质和作用方式加工成适宜的剂型，才能充分地发挥它的药效。目前常用的有水剂、水溶性、可湿性粉剂、悬浮剂、乳剂、油剂、颗粒剂和粉剂等。

三、株形调整

（一）打顶和摘蕾

打顶和摘蕾是利用植物生长的相关性，人为调节植物体内养分的重新分配，促进药用部位生长发育协调统一，从而提高中药材的产量和品质。

打顶能破坏中药材顶端优势，抑制地上部分生长，促进地下部分生长，或抑制主茎生长，促进分枝，多形成花、果。例如，附子及时打顶，并摘去侧芽，可抑制地上部分生长，促进地下块根迅速膨大，提高产量。菊花、红花常摘去顶芽，促进多分枝，增加花序的数目。打顶时间应以中药材的种类和栽培的目的而定，一般宜早不宜迟。

中药材在生殖生长阶段，生殖器官是第一"库"，这对以培养根及地下茎为目的的中药材来说是不利的，必须及时摘除花蕾（花薹），抑制其生殖生长，使养分输入地下器官贮藏起来，从而提高根及根茎类中药材的产量和品质。

摘蕾的时间与次数取决于现蕾时间持续的长短，一般宜早不宜迟。如牛膝、玄参等在现蕾前剪掉花序和顶部；白术、云木香等的花蕾与叶片接近，不便操作，可在抽出花枝时再摘除。而地黄、丹参等花期不一致，摘蕾工作应分批进行。

打顶和摘蕾都要注意保护植株，不能损伤茎叶，牵动根部。要选晴天 9：00 以后进行，不宜在有露水时进行，以免引起伤口腐烂，感染病害，影响植株生长。

（二）整枝修剪

修剪包括修枝和修根。如栝楼主蔓开花结果迟，侧蔓开花结果早，所以要摘除主蔓，留侧蔓，以利增产。修根只宜在少数以根入药的中药材中应用。修根的目的是促进中药材的主根生长肥大，以及符合药用品质和规格要求。如乌头除去其过多的侧根、块根，使留下的块根增长肥大，以利加工；芍药除去侧根，使主根肥大。

（三）支架

栽培药用藤本植物需要设立支架，以便牵引藤蔓上架，扩大叶片受光面积，增加光合产量，并使株间空气流通，降低湿度，减少病虫害的发生。

对于株形较大的药用藤本植物如栝楼、绞股蓝等应搭设棚架，使藤蔓均匀分布在棚架上，以便多开花结果；对于株形较小的如天冬、党参、薯蓣等，一般只需在株旁立竿牵引。生产实践证明，凡设立支架的药用藤本植物比伏地生长的产量增长一倍以上，有的还高达三倍。所以，设立支架是促进药用藤本植物增产的一项重要措施。

设立支架要及时，过晚则植株长大互相缠绕，不仅费工，而且对其生长不利，影响产量。设立支架，要因地制宜，因陋就简，以便少占地面，节约材料，降低生产成本。在实际生产中，为节约设立支架成本，可以结合间作模式进行，合理利用间作高秆植物的茎秆作为支架，如山药、玉米间作模式，据云南试验，玉米采收后，山药还有超过 80d 的时间生长，山药茎叶攀爬玉米茎秆能充分利用光热资源，合成大量有机物质，有利于山药块根的充分膨大。

四、人工授粉

风媒传粉植物（如薏苡）往往由于气候、环境条件等因素不适而授粉不良，影响产量；昆虫传粉植物（如砂仁、天麻）由于传粉昆虫的减少而降低结实率，这时进行人工辅助授粉或人工授粉以提高结实率便成为增产的一项重要措施。

实践证明，薏苡进行人工辅助授粉可以增产 10% 左右。砂仁花构造特殊，花药隐生在大唇瓣里，柱头高于花药，花粉粒彼此粘连不易散播，自然结实率一般只有 5%~6%，产量仅有 1.5~2.5 kg/亩；广东产区采用人工辅助授粉方法，使结实率提高到 40%~48%，产量提高到 15~25 kg/亩。天麻花的构造也较特异，合蕊柱隐生于大唇瓣上方，花冠外轮与内轮花瓣合生成歪壶状花被筒，筒口小，大昆虫不能进出，花粉块状不易散落，在高山区天麻野生环境条件下，昆虫传粉结实率可达到 40% 左右，在较低海拔的种子园内，昆虫传粉结实率极低，一般在 10% 以下，人工授粉者结实率平均在 70% 以上。

人工辅助授粉及人工授粉方法因植物而有不同。薏苡，采用绳子振动植株上部，使花粉飞扬，以便于传粉。砂仁，采用抹粉法（用手指抹下花粉涂入柱头孔中）和推拉法（用手指推或拉雄蕊，使花粉擦入柱头孔中）。天麻，则用小镊子将花粉块夹放在柱头上。不同植物由于其生长发育的差异，各有其最适授粉时间及方法，必须正确掌握，才能取得较好的效果。

五、覆盖与遮阳

（一）覆盖

覆盖是利用草类、树叶、秸秆、厩肥、草木灰或塑料薄膜等撒铺于畦面或植株上，覆盖可以调节土壤温度、湿度，防止杂草滋生和表土板结。有些中药材如荆芥、紫苏、柴胡等种子细小，播种时不便覆土，或覆土较薄，土表易干燥，影响出苗。有些种子发芽时间较长，土壤湿度变化大，也影响出苗。因此，它们在播种后，须随即盖草，以保持土壤湿润，防止土壤板结，促使种子早发芽，出苗齐全。浙贝母留种地在夏、秋高温季节，必须用稻草或秸秆覆盖，才能保墒抗旱，安全越夏。冬季，三七地上部分全部枯死，仅种芽接近土壤表面，而根部又入土不深，容易受冻，这时须在增施厩肥和培土的基础上盖草，才能保护三七种芽及根部安全越冬。覆盖对木本中药材如杜仲、厚朴、黄皮树、山茱萸等，特别是在幼林生长阶段的保墒抗旱更有重要意义。这些中药材大都种植在土壤瘠薄的荒山、荒地上，水源条件差，灌溉不便，只有在定植和抚育时，就地刈割杂草、树枝，铺在定植点周围，保持土壤湿润，才能提高造林成活率，促进幼树生长发育。

覆草厚度一般为 10~15 cm。在林地覆盖时，避免覆盖物直接紧贴木本中药材的主干，防止干旱条件下，蟋蟀等昆虫集居在杂草或树枝内，啃食主干皮部。

地膜覆盖，可达到保墒抗旱、保温防寒的目的，同时也是实现优质高产、高效栽培的一项重要技术措施。

（二）遮阳

遮阳是在耐阴的中药材栽培地上设置荫棚或遮蔽物，使幼苗或植株不受直射光的照射，防止地表温度过高，减少土壤水分蒸发，保持一定的土壤湿度，以利于生长环境良好的一项措施。如西洋参、黄连、三七等喜阴湿、怕强光，如不人为创造阴湿环境条件，它们就生长不好，甚至死亡。目前遮阳方法主要是搭设荫棚。由于阴生植物对光的反应不同，要求荫棚的遮光度也不一样，应根据中药材种类及其生长发育期的不同，调节棚内的透光度。例如，黄连所需透光度一般较小，三七一般稍大，黄连幼苗期需光小成苗期需光较大，三七幼苗期和成苗期所需透光度与黄连成苗期基本一致。

在林间种植黄连，可利用树冠遮阳。它可以降低生产成本，但需掌握好树冠的荫蔽度。有研究表明，黄连为阴生植物，并且不同生长年龄对荫蔽度有着不同的需求，3、4、5年生黄连最适荫蔽度分别为65%、45%和全光照。近年来研究利用荒山造林遮阳栽培黄连获得成功。这不仅解决了过去种黄连乱伐林木的问题，而且提高了经济效益和生态效益，值得大力推广。

半夏喜湿润，不耐高温、干旱及强光可不搭荫棚，而用间作玉米来代替遮阳，因为玉米株高叶大，减少了日光的直接照射，给半夏创造了一个阴湿的环境条件，有利于生长发育。

六、预防自然灾害

（一）抗寒防冻

抗寒防冻是为了避免或减轻冷空气的侵袭，提高土壤温度，减少地面夜间的散热，加强近地层空气的对流，使植物免遭寒冻危害。

抗寒防冻的措施很多，除选择和培育抗寒力强的优良品种外，还可采用以下措施。

（1）调节播种期各种中药材在不同的生长发育时期，其抗寒力亦不同。一般苗期和花期抗寒力较弱。因此，适当提早或推迟播种期，可使苗期或花期避过低温的危害。

（2）灌水灌水是一项重要的防霜冻措施。根据灌水防霜冻试验，灌水地较非灌水地的温度可提高2℃以上。灌水防冻的效果与灌水时期有关。越接近霜冻日期，灌水效果越好，最好在霜冻发生前一天灌水。灌水防霜冻，必须预知天气情况和霜冻的特征。一般潮湿、无风而晴朗的夜晚或云量很少且气温低时，就有降霜的可能性。因为地面的热能迅速发散，近地面的温度急剧下降，极易结霜。所以，春、秋季大雨后，必须注意。另外，由东南风转西北风的夜晚，也容易降霜。

灌水防霜冻，最适于春季晚霜的预防，灌水后既能防霜，又能使植株免受春季干旱。

（3）增施磷、钾肥此法可增强植株的抗寒力。磷是植物细胞核的组成成分之一，特别在细胞分裂和分生组织发展过程中更为重要。磷能促进根系生长，使根系扩大吸收面积，促进植株生长充实，提高对低温、干旱的抗性。钾能促进植株纤维素的合成，利于木质化，在生长季节后期，能促进淀粉转化为糖，提高植株的抗寒性。因此，为增强中药材幼苗的防冻能力，除在其生长前期、中期加强管理外，还需在生长后期，即在降霜前45 d内适当增施磷、钾肥，促其充分木质化，以便安全越冬。

（4）覆盖对于珍贵或植株矮小的中药材，用稻草、麦秆或其他草类将其覆盖，可以防冻。覆盖厚度应超过苗梢5 cm，同时应采取固定措施，防止被风吹走。土壤如果太干，可在土壤结冻前灌一次冬水。对寒冻较敏感的木本中药材，可进行包扎并结合根际培土，以防冻害。在北方，为了避免"倒春寒"的危害，不宜过早除去防冻物。

中药材遭受霜冻危害后，应及时采取补救措施，如扶苗、补苗、补种和改种、加强田间管理等。木本中药材可将受冻害枯死部分剪除，促进新梢萌发，恢复树势。剪口可进行包扎，以防止水分散失和病菌侵染。

（二）预防高温

高温常伴随着大气干旱，高温干旱对中药材生长发育威胁很大。生产上，可培育耐高温、抗干旱的品种，灌水降低地温，喷水增加空气湿度，覆盖遮阳等办法来降低温度，减轻高温危害。

（三）预防风害

在我国西部风沙频繁的地区栽培木本中药材，春季容易遭受风沙的危害。风沙严重时可导致树木叶枯、花焦、断根、折枝，甚至折毁树冠，影响木本中药材生产力的发挥。对于风害的防治可从以下几方面着手：首先，栽培时尽量选用抗风树种或品种，并且尽量避免在风口位置的地块上栽培。其次，在栽培上采用适当密植，低干矮冠栽培，对于苗期木本或藤本植物可在种植地用沙柳等材料沿与风向垂直的方向设置沙障，从而起到预防风害的作用。

复习思考题

1. 复种的条件有哪些？
2. 比较间作、混作、套作的概念，有何相同点、不同点？
3. 立体种植的概念是什么？
4. 什么是立体种养？
5. 间套作的技术原理是什么？
6. 轮作的定义是什么？
7. 什么是连作？
8. 土壤耕作的任务有哪些？
9. 污染土壤修复技术有哪些？
10. 抗寒防冻的措施很多，除选择和培育抗寒力强的优良品种外，还可采用哪些措施？

第四章　中药材品种认定和良种繁育

中药材种子种苗作为中药材产业链的起点，质量好坏直接影响到中药材、中药饮片或中成药的质量，影响到中医临床疗效，甚至会威胁患者生命安全。由于中药材种植历史悠久、地域广阔、历史演变和各地习惯等，造成同物异名、同名异物的现象大量存在，因此，繁育前必须明确种子种苗或其他繁殖材料的基原及种质，包括种、亚种、变种或者变型、农家品种或者选育品种。植物基原必须符合相关法律、法规和标准等规定。《国家重点保护野生植物名录》收摘的资源，使用时应当符合相关法律法规规定。

第一节　品种认定

品种审定或认定是指品种审定委员会（国家级或省级）根据区域试验生产试种表现，对照品种审定标准，对新育成或引进品种进行评审，从而确定其生产价值及适宜推广的范围。《中华人民共和国种子法》《中华人民共和国植物新品种保护条例》等相关法律法规的颁布实施，对植物品种区域试验、审定、繁殖推广等工作做出了详细的法律规定。

浙江省中药材品种的认定，参照《浙江省非主要农作物品种认定办法》（浙农专发〔2021〕7号），申请、受理和认定要求为：

1. 申请资格

申请品种认定的单位、个人（以下统称申请者）均可以向省品种认定委员会（以下统称省品认会）办公室提出申请。

2. 申请认定品种条件

（1）人工选育或发现并经过改良。

（2）具备特异性、一致性、稳定性（与现有已受理或认定的品种有明显区别、遗传性状相对稳定、形态特征和生物学特征一致）。

（3）具有符合《农业植物品种命名规定》的名称。

（4）完成适宜种植区域连续两个生产周期的品种试验。

（5）产量或品质、抗性等性状优于对照，已在生产上推广应用，当年推广面积达1 000亩以上或占同类型品种的5%以上，并提供示范种植现场（含对照）。

（6）无知识产权纠纷。

3. 申请认定品种资料

在适宜现场考察审查时间前1个月向省品种认定委员会办公室提交相关材料：

（1）申请表，包括申请者名称、地址、邮政编码、联系人、联系号码、品种选育单位或者个人等内容。

（2）品种选育报告，包括亲本组合以及杂交亲本的血缘、选育过程、选育方法、世代特征特性描述等。

（3）两年多点品种试验总结及各点分年度试验总结。

（4）品质检测、抗性鉴定报告。

（5）DUS 测试报告或 DNA 指纹鉴定结果。

（6）反映品种特征特性的标准图片。

（7）农业农村主管部门提供的推广面积证明。

（8）转基因检测报告或无转基因成分承诺书。

（9）品种和申请材料合法性、真实性和无知识产权纠纷承诺书。

其中，品种试验应对品种丰产性、适应性、抗逆性和品质等农艺性状进行鉴定，并进行品质检测、抗性鉴定、DUS 测试或 DNA 指纹鉴定等。品种试验的试验点原则上不少于 5 个，应当分布在适宜种植范围的不同区域。

品质检测、抗性鉴定以及转基因检测、DUS 测试或 DNA 指纹鉴定由具有相关资质的测试机构或其他具备测试条件的单位出具报告。

4. 现场考察审查

受理的申报品种，由省品认会办公室组织专业组进行现场考察审查。专业组对申报材料和品种特征特性等进行现场考察审查后进行无记名投票，赞成票超过 2/3 以上的，通过现场考察审查。

通过现场考察审查的品种，专家组应当出具现场考察审查意见。

5. 认定与公告

每年 12 月中旬，省品认会办公室将通过现场考察审查的品种名称、选育单位等信息公示 10 个工作日。公示结束后，若无异议或异议排除后，由省品认会办公室提交省品认会进行认定。认定通过的品种，由省农业农村厅发布公告，省品认会编号并颁发证书。

认定未通过的品种，省品认会办公室在 10 个工作日内通知申请者。申请者对认定结果有异议的，在接到通知书之日起 30 日内，可以提出重新认定。复认未通过的，不得再次提出复认。

认定通过的品种，在使用过程中出现不可克服的严重缺陷、种性严重退化或失去生产利用价值的、未按要求提供品种标准样品或者标准样品不真实的、以欺骗或伪造试验数据等不正当方式通过认定的，由省品认会确认后撤销认定，并由省农业农村厅予以公告。

6. 监督管理

申请者须对申请文件和种子样品的合法性、真实性负责并接受监督。

申请者在申请认定过程中，有虚报试验点、伪造试验数据和推广面积不实等不正当行为的，省品认会 3 年内不受理其申请。

品种测试、试验、鉴定机构伪造测试、试验数据或者出具虚假证明的，依照《中华人民共和国种子法》等法律法规的规定依法处理。

第二节 良种繁育程序

一、良种繁育的意义及任务

"药材好，药才好"，优良品种是药材质量稳定的基础，为了满足生产上对优良种子种苗数量和质量上的要求，必须加强良种繁育工作，实现品种良种化、种子质量标准化。中药材种子种苗的质量水平是衡量中药材规模化种植的重要指标，只有提高中药材种子种苗质量，规范种子质量标准，提高良种普及率，才能推动中药材规范化种植的发展，才能从根本上加速中药材产业的发展。药用植物优良品种，是指在一定地区范围内，所拥有的品质好、产量高、有效成分含量高、抗逆性强、适应性广等特性，具有"优形、优质、优效"特征。

良种繁育的主要任务：一是品种更换，即迅速繁殖通过审定的新品种种子，以代替生产上已混杂的退化或经济性状较差的原有品种。二是品种提纯复壮，即对生产上仍在使用但已开始混杂退化的良种，及时采用科学的繁育方法，恢复和提高其种性，延长使用年限。

二、良种繁育的程序

良种繁育指将选育的优良品种扩大繁殖，同时保持品种的纯度和种性并推广于生产的过程。良种繁育包括原原种、原种和良种 3 级程序。

1. 原原种

又称育种家种子，指育种专家育成的、遗传性状稳定品种的最初一批种子（种苗），其纯度为 100%。

2. 原种

指由原原种直接繁殖出来的与原原种性状一致的种子（种苗），或由生产上推广应用的品种通过"三圃法"提纯更新后，达到原种质量标准规定的种子（种苗）。

原种是繁殖良种的基础，应具有：

（1）主要特征、特性符合品种的典型性，纯度一般不小于 99%。

（2）与原有品种比较，由原种生长成的植株及其生长势、抗逆性和生产力都不降低，甚至略有提高。

（3）种子质量好，成熟、饱满一致，发芽率高，无杂草及霉烂子，不带检疫病虫害。

3. 良种

又称生产用种。指用原种繁殖的种子（种苗），其纯度、净度、发芽率、水分 4 项指标均达到良种质量标准的种子（种苗）。

三、良种繁育基地建设

1. 基地选址

基地应选择在药材的道地产区，周围 5 km 内无"三废"污染源，距离交通主干道 200 m 以上，空气符合《环境空气质量标准》（GB 3095）二类区要求；土壤符合《土壤环境质量 农用地污染风险管控标准（试行）》（GB 15618）中的土壤污染物含量等于或低于风险筛选值的要求；灌溉水符合《农田灌溉水质标准》（GB 5084）；产地初加工用水符合《生活饮用水卫生标准》（GB 5749）。

2. 生产方式

良种繁育基地可采用农场、林场、公司（合作社、家庭农场）+基地+农户等多种组织方式生产。

3. 基地管理

是良种繁育基地一项重要的日常工作。应该做好以下几方面内容建设：

①制定明确的合作制度，公司与农户在平等自愿、互惠互利的基础上展开合作，以合约的形式约束双方的行为。

②建立完善的管理体系，健全岗位责任制，奖惩分明，责任到人。

③搭建学习培训平台，加强对国家、省、市及当地政府相关法律、法规及政策的学习，组织开展形式多样的专业技术培训，有效提升从业者的综合专业素养。

第三节　营养繁育

药用植物营养繁殖是指利用药用植物的营养器官（根、叶、茎等），在适宜的条件下培养形成一个独立新个体的繁殖方式，又称无性繁殖，主要有分离、压条、扦插、嫁接等方式。随着植物组织培养技术的成熟和完善，在中药材健康脱毒种苗研究和产业化方面应用日益广泛。营养繁育能够保持母本的优良性状，而且繁殖速度快，以营养繁育为主的药材有：杭白菊、白芍、玄参、杭麦冬、浙贝母、温郁金、延胡索、黄精、玉竹、覆盆子、三叶青、半夏、西红花、瓜蒌等。有的药材可以采用多个方式繁育种子种苗，如：杭白菊可以扦插或者压条繁殖，三叶青可以扦插或块根繁殖，覆盆子可以扦插、压条、分离等多种方式繁殖。

一、分离繁殖

是指将由植物体的根、茎、匍匐枝等器官长成的新植株，人为地加以分割，使之与母体分离，栽种后形成独立新个体的繁殖方式。分离繁殖方式有鳞茎分离（浙贝母、百合等，图4-1）、球茎分离（延胡索、西红花等，图4-2）、根茎分割（地黄、黄精等，图4-3）、分株（杭白菊、麦冬等，图4-4）、分根（杭白芍、玄参等，图4-5）和珠芽分离（半夏、山药等，图4-6）等多种方式。

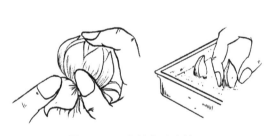

图4-1　百合鳞茎分离繁殖

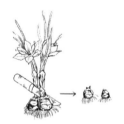

图4-2　西红花球茎分离繁殖

图4-3　多花黄精根茎分割繁殖

图4-4　麦冬分株繁殖

图4-5　杭白芍分根繁殖

图4-6　卷丹株芽繁殖

二、压条繁殖

是将母株的枝条或茎蔓埋入土或其他湿润材料包裹，促其生根后再与母株分离，经移栽形成新个体的繁殖方法。压条繁殖通常在植物生长旺盛的季节进行，此时生根快，成活率高。压条的方法主要有：直立压条、横向埋土压条和空中压条等。直立压条法应用于分蘖、丛生性强的植株，在植株基部直接堆土，覆土部位发出新根，形成新植株（图4-7），如栀子、木兰、杜鹃等。横向埋土压条法应用于株形低矮、枝条柔软的植株，将枝条部分埋入土中，生根后与母体分离即可栽植。如果枝条较硬，可用插棍固定。可分为普通单支压条法、水平压条法和波浪状压条法（图4-8），如连翘、覆盆子、杭白菊等。空中压条法（又称高压法）是在枝条上适当部位进行切割或环状剥皮，在环剥处包上苔藓、椰糠等保湿的生根材料，外面用塑料薄膜包扎紧实，生根后与母体分离即可栽植（图4-9），如肉桂、枳壳、含笑、玉兰等。

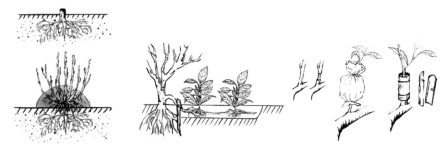

图4-7 直立压条繁殖　　图4-8 连翘水平压条繁殖　　图4-9 枳壳空中压条繁殖

三、扦插繁殖

是将植物的根、茎、叶、芽等营养器官，离体插入基质中，经生根、发芽形成完整新个体的繁殖方法。依据扦插的材料，分为茎插（又称枝插）、叶插和根插。

扦插成活率因植物种类和扦插材料而异，如杭白菊（图4-10）、三叶青、覆盆子、厚朴、黄栀子、山银花、食凉茶、青钱柳、吴茱萸、菊米、连翘、柽柳等易生根植物，扦插成活率高，而杜仲、黄柏生根难，成活率低。对于生根困难的植株，可用生长素处理。

图4-10 杭白菊扦插繁殖

四、嫁接繁殖

指将需要繁殖的植株的枝条或芽接到另一植物体上，使其愈合形成独立的新个体的方法。用于嫁接的枝条称接穗，所用的芽称接芽，被嫁接的植株称砧木，嫁接后成活的苗称嫁接苗。嫁接常用于花果入药的木本药用植物，如山茱萸、衢枳壳、佛手、代代、木瓜等。生产上常用的嫁接方法有芽接法和枝接法。芽接法应用最为广泛，只要砧木较粗大、皮层较厚并易剥离，接芽发育充分，成活率就高。衢枳壳、代代、山茱萸、佛手均可使用芽接法嫁接。芽接的方式可分T形芽接和嵌芽接。T形芽接又称盾状芽接，要求砧木和接穗形成层都处于活跃期，即木质部与韧皮部处于易剥离期。砧木处开T形切口，剥开后插入接芽，使芽片上端与砧木横切口紧密相接，加以绑缚（图4-11）。嵌芽接是指从接穗母株的枝条上，削取带有木质部的芽片，在砧木侧部切去与芽片形状、大小相等的皮层，将芽片镶嵌其中，加以绑缚（图4-12）。枝接法，包括切接、劈接、靠接、舌接等，最常用的是切接和劈接。切接是砧木切断后，再垂直纵切偏于一边的切口，插入接穗（图4-13），砧木切口大小与接穗大小相近，该法有利于接穗和砧木的形成层紧密结合，成活率高，更适用于小砧木。劈接是砧木切断后再垂直纵切，将接穗插入劈口中（图4-14），砧木切口明显大于接穗，适用于粗大砧木，高枝嫁接一般采用劈接，佛手可采用此法嫁接。

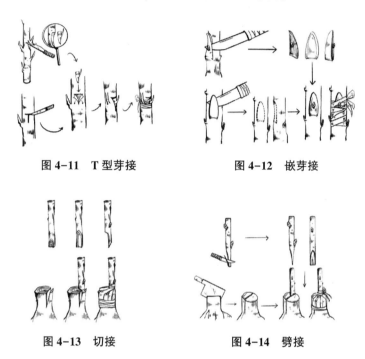

図4-11　T型芽接　　　　　　図4-12　嵌芽接

図4-13　切接　　　　　　　図4-14　劈接

以嫁接苗形式繁育木本药用植物时，要明确接穗（接芽）基原的准确性和砧木苗的适应性。引种时做好病虫害的检疫。

五、植物组织培养

是根据植物细胞的全能性原理，利用植物体细胞、组织或器官，在人工控制条件下，规模化提供遗传背景一致的优质种子种苗的一种无性繁殖技术。此外，优良品种在经过多年种植后，难免会受到病毒感染，造成种性退化，导致品质变劣、产量和抗性下降等现象，直接影响中药质量的稳定可控，组织培养技术为健康脱毒种苗的产业化生产提供了可能，可以有效提高良种的应用率。目前已经广泛应用于杭白菊、浙贝母、铁皮石斛等种苗的生产。

中药材健康脱毒种苗的培育，根据培育代数一般可以分成原原种苗、原种苗和生产种苗。

1. 原原种苗生产

通过植物组织培养技术结合茎尖分生组织剥离、热处理、低温处理等脱毒技术获得，并经过电镜、分子生物学、免疫学等检测鉴定为已经脱除侵染该药材的主要病毒。利用组织培养技术开展脱毒健康种苗的无性快繁，茎段继代控制在5~8代，原球茎继代控制在4~6代，不定芽继代控制在3~5代，以防种性退化。

鉴定为脱毒苗的种苗作为原原种，移栽于种苗圃里，进行植物特征、生长势等指标观察，对于1年生的药材要检测品质和产量。

2. 原种苗生产

在种源圃里要及时剔除生长势弱、形态特征不符合《中国高等植物图谱》的植株，确保长势健壮、遗传稳定一致的原原种苗繁育原种苗。原种苗的繁育方式按照药材的常规繁育方式。

3. 生产用苗

经过检测符合质量要求的原种苗繁育生产用苗，要及时剔除生长势弱、形态特征不符合《中国高等植物图谱》的植株，确保长势健壮、遗传稳定一致的原种苗繁育生产用苗。生产用苗的繁育方式按照药材的常规繁育方式。种子种苗生产过程中注意良种的隔离保护。经检测符合质量要求的生产用苗方可用于生产。

移栽于具有防虫网的种苗繁育基地，可以有效阻断蚜虫类传播病毒，脱毒种苗可以生产繁育 3~4 年。

注意事项：健康脱毒种苗繁育基地应用土壤消毒技术、防虫网防护等措施。原原种、原种繁育种源圃建议使用消毒基质，确保种苗健康。扦插类种苗繁育时，剪刀等工具消毒要及时。种苗繁育基地应远离马铃薯、甘薯、辣椒、豇豆等病毒易感染的蔬菜，确保有效防控蚜虫类传播病毒的侵染。

第四节　种子繁育

种子繁殖又称有性繁殖，是利用种子发育形成新个体的繁殖方法。大部分药材品种均可利用种子进行繁殖，实际生产中利用最为广泛，方法简便，经济繁殖系数大。但有些药材品种种子繁殖后代易发生变异，且药材成熟年限较长。采用种子繁育的中药材主要有：白术、前胡、白芷、薏苡、丹参、益母草、白花蛇舌草、红花、桔梗等。

一、种子贮藏方法

药用植物种类不同，种子寿命也不同，长的可达百年以上，短的仅能存活几周。绝大多数药用植物的种子都是自然干燥后采收，寿命多为 2~3 年。种子寿命不仅受遗传因素影响，还与种子的组成成分、成熟度及贮藏条件有关，常用的贮藏方法有：

1. 普通贮藏法（开放贮藏法）

是将充分干燥的种子用麻袋、布袋、编织袋等容器盛装，置于贮藏库中保存的方法。该法简单、经济，适合于贮藏大批量的生产用种。贮藏年限为 1~2 年为好，贮藏 3 年以上的种子生活力明显下降。

2. 密封贮藏法

是将种子干燥至符合密封要求的含水量要求后，将其密封保存的方法。密封贮藏法适用于雨量较多、湿度变化较大的地区。需要注意的是此保存方法需要低温环境，高温环境会使密封贮存的种子严重失水加速死亡。

3. 真空贮藏法

是将充分干燥的种子（含水量＜4%）密封在近似于真空条件的容器内，该方法适用于育种用的原始材料的种子贮藏。贮藏种子的真空罐要放置在低湿的环境条件下保存，如冷库、防空洞或埋在地下等。

4. 低温除湿贮藏法

是在大型的种子贮藏库中装备冷冻机和除湿机等设施，保持贮藏库内温度＜15℃，相对湿度＜50%。此种方法能加强种子贮藏的安全性，延长种子寿命。

5. 超低温贮藏法

利用液态氮气–196℃的低温贮藏，种子代谢作用极低，则可作长时间的保存。此法贮藏的种子解冻时应注意解冻速度，若速度太快亦可能对种子造成损害。一般情况下，低含水量下的普通种子均可贮藏于液氮中。

二、打破种子休眠的方法

有生命力的种子在适宜萌发的条件下，不能正常萌发或推迟萌发的现象称为休眠。如芍药、浙贝母、延胡索、天冬、人参、西洋参、三七、细辛、黄连、银杏等种子都具有休眠的特性。种子休眠的原因主要有：

①种皮限制，由于种皮坚硬、致密或者具有蜡质，透水和透气性差，不利于胚的萌动。此外，坚硬的种皮还会阻碍胚根突破种皮而影响发芽。

②种胚尚未成熟，仍需要从胚乳中吸收养料，完成形态上的分化和生理上的成熟。

③抑制物质的存在，有些植物的果皮、胚乳或胚中含有氨、氰化氢、芳香油类、植物碱及有机酸类等物质，抑制了发芽。

在生产中需先打破种子休眠，然后适时播种。对于种皮或果皮过厚的种子（如南方红豆杉），常常采用温水浸泡、机械损伤种皮等方式进行催芽；对于胚后熟休眠的种子（如银杏），常采用低温处理以及高低温变温处理；含有发芽抑制物的种子，采用浸种或流水冲洗的方法打破其休眠。

三、种子的品质检验

药用植物种子质量决定了播种后的出苗速度、秧苗整齐度、秧苗纯度和秧苗健壮度等，因此，需要依据《中药材种子检验规程 GB/T 41221—2021》进行种子质量检验。种子质量检验的必检项目有：种子真实性鉴定、净度分析、发芽试验、水分测定和重量测定。

1. 种子真实性鉴定

（1）种子形态鉴定。对种子大小、形状、颜色、光泽、表面构造、气味等特征进行检测，鉴别种子真伪。

（2）幼苗鉴别。根据幼苗下胚轴的颜色、茸毛有无，子叶的形态和颜色，真叶的形态、颜色、大小、叶缘缺裂等性状对全部幼苗进行形态观察与测定，鉴别幼苗真伪。

2. 净度分析

中药植物生产通用品种种子的净度要求不低于95%。

3. 发芽试验

将净种子置于发芽床（纸床、沙床或土壤）上，在适宜条件下培养，发芽法炮制的中药材（如稻芽、谷芽和麦芽）发芽率不低于85%。

4. 水分测定

根据种子烘干后失去的重量计算种子水分百分率。中药材种类不同，其种子含水量要求不同，如：砂仁种子含水量≤20%、西洋参种子含水量≤15%、栀子种子≤13%，北柴胡、黄芩、知母和远志的种子含水量均要求不大于10%等。

5. 重量测定

重量测定有百粒重和千粒重2种方法。

（1）百粒重。即 100 粒种子的克数。

（2）千粒重。即 1 000 粒种子的克数。

种子重量表示种子饱满度，种子百粒重/千粒重越大，种子越充实饱满，质量也越好，也是估算播种量的一个重要参数。

四、种子繁育

1. 繁育步骤

对检测合格的种子进行繁育，其繁育步骤一般有保种、育种、制种 3 步。

（1）保种。即隔离保留优良种源，远离主产区保种，确保与其他种源无杂交发生。

（2）育种。原种的优种筛选，在选择优质和高产品种时，应结合良种的抗病性。

（3）制种。栽培过程中注意除杂，需要保证制种群体的营养供给，以生产更多的优质种子为目的，成熟期较长的植物可以对种子进行风选、筛选和色选，进一步提高种子质量。

在种子繁育过程中，基地应有相应的隔离措施、严格执行种子生产技术规程、建立完善的种子生产制度以及优化栽培技术，有效保障种子繁育工作顺利进行。

2. 种子处理及播种

在生产实际中，播种量是以理论播种量为基础，视地块土壤质地、气候条件、降水量、种子大小及质量，直播或育苗、耕作水平、播种方式等适当增加播种量。理论上的播种量公式如下：

$$播种量（g/亩）= \frac{（亩/行距×株距）×每穴粒数}{每克种子粒数×纯度（\%）×发芽率（\%）}$$

（1）种子处理。播种前需要对种子进行处理，包括晒种、消毒、催芽等。

① 晒种：播种前翻晒 1~2d，使种子干燥均匀一致，增加种子透性，促进吸水，提高种子生活力，同时也具有一定的杀菌作用。

②消毒方法：有温汤浸种、药剂浸种和药剂拌种等。

③浸种催芽：浸种催芽的时间和温度因种子种类和季节而异。通常低温季节浸种时间长，高温季节浸种时间短。

（2）播种。种子的播种方式主要有撒播、条播和穴（点）播。生长期短的、营养面积小的药用植物多用撒播，如白花蛇舌草、夏枯草、荆芥等。生长期较长或营养面积较大的药用植物多采用条播，如：前胡、红花等。穴播用种量最省，植株分布均匀，名贵珍稀的药用植物多采用穴播，如西红花。

（3）种子收获。中药材种类繁多，其种子成熟季节各不相同，大部分植物种子在秋季成熟，如：前胡、白术、白芷、乌药、厚朴、杜仲、益母草、薏苡、人参等；种子夏季成熟的植物，如：蒲公英、丹参等；种子冬季成熟的植物，如：虎刺等；种子春季成熟的植物，如：枇杷、菘蓝等。一般来说，中药材种子是在自然成熟时采收。种子采收时，要选择健壮、生活力强的优良植株作为采种株系。对于果实成熟不易开裂的中药材（如：薏苡、栝楼、忍冬、茜草等），可以等种子成熟后集中采集；而果实易开裂的中药材（如：芍药、百合、菘蓝等），需在种子即将成熟前采集；对于种子成熟到散布时间较短的中药材（如：蒲公英），需一旦成熟立即采收。

思考题：

1. 浙江省中药材新品种认定的申报材料包括哪些？

2. 中药材品种申请认定中，"特异性、一致性、稳定性"具体指什么？

3. 药用植物的繁殖方式主要有哪些？各有何特点？

4. 营养繁殖的繁殖方式有哪些？各有何特点？

5. 健康脱毒种苗有何优势？

6. 种子质量检验主要包含哪些项目？

7. 种子的贮存方法主要有哪几种？

8. 种子休眠的原因主要有哪些？

9. 良种繁育的任务主要是什么？

10. 简述良种繁育程序。

第五章　中药材肥水管理

第一节　肥料种类

肥料是指提供植物养分为主要功能和部分兼有改善土壤性质的物料。市场上的生长素、赤霉素、细胞分裂素等植物激素和人工合成的植物生长调节剂就不属于肥料的范畴，至于声、光、电、磁等物理干扰因素，那就更不是肥料。肥料一般按照化学成分可分为无机肥料、有机肥料和生物肥料；按照植物所需的有效成分的种类，可分为单一肥料、复合肥料和全营养肥料；按照肥料供应的速率，可分为速效肥料、缓效（控释）肥料；按照物态可分为固态肥料、液态肥料和气态肥料。现用在中药材上的肥料种类繁多，但应尽量选用国家生产绿色食品的肥料使用准则中允许使用的肥料种类，且以提高中药材的药效为目标。

一、无机肥料

无机［矿物］肥料为标明养分呈无机盐形式的肥料，由提取、物理和（或）化学工业方法制成，也称化肥，含有一种或几种中药材生长需要的营养元素，其特点是成分较单纯，养分含量高，肥效快，施用和贮运方便。适合中药材常用的化肥主要有以下几种。

（一）氮肥

氮肥是无机盐的一种，施用氮肥不仅能提高中药材的产量，还能提高中药材的质量。氮肥分铵态氮肥、硝态氮肥、铵态硝态氮肥、酰胺态氮肥和氰氨态氮肥等。其中铵态氮肥包括碳酸氢铵、硫酸铵、氯化铵、氨水、液氨等；硝态氮肥包括硝酸钠、硝酸钙、硝酸铵等；铵态硝态氮肥包括硝酸铵、硝酸铵钙、硫硝酸铵；酰胺态氮肥主要为尿素；氰氨态氮肥为石灰氮。用在中药材上主要以尿素为主，含氮（N）46.7%，是固体氮中含氮量最高的肥料。部分中药材种植区也有用石灰氮（又名氰氨化钙），主要是土壤消毒或作为改良酸性的土壤调理剂应用，但要注意氰氨成分的毒害作用，一般在中药材栽种前 10~15d，结合翻耕入土作基肥。

（二）磷肥

磷肥是以磷矿为原料生产的含有作物营养元素磷的化肥。磷肥施用适量时，能促进中药材分蘖和早熟，加强其抗寒能力，提高其产量和质量。主要有过磷酸钙、钙镁磷肥、磷矿石粉和骨粉。在中药材上以钙镁磷肥或过磷酸钙使用较多。

（三）钾肥

钾肥全称钾素肥料，是以钾为主要养分的肥料。钾肥能使中药材茎秆长得坚强，防止倒伏，促进开花结实，增强抗旱、抗寒、抗病虫害能力。作物缺少钾肥，就会得"软骨病"，易倒伏，常被病菌害虫困扰，钾元素常被称为"品质元素"。根据钾肥的化学组成可分为含氯钾肥和不含氯钾肥，主要钾肥品种有氯化钾、硫酸钾、磷酸二氢钾、钾石盐、钾镁盐

（肥）、光卤石、硝酸钾、窑灰钾肥（草木灰）。在中药材上以硫酸钾、磷酸二氢钾、钾镁盐（肥）施用为佳，其中硫酸钾含氧化钾 $50\%\sim54\%$，较纯净的硫酸钾系白色或淡黄色，物理性状良好，不易结块，用于中药材上硫酸钾比氯化钾安全；磷酸二氢钾主要用于中药材后期叶面喷施；钾镁盐（肥）除含有钾元素外，还起到补中量元素镁的作用。

（四）复合肥

氮、磷、钾 3 种养分中，至少有两种养分表明量由化学方法和（或）物理方法制成的肥料，根据氮、磷、钾总养分含量（$N+P_2O_5+K_2O$）%，分高浓度（$\geqslant40\%$）、中浓度（$\geqslant30\%$）和低浓度（$\geqslant25\%$）；因品种繁多，实际施用时尽量根据土壤理化性状和不同收获器官选氮、磷、钾不同配比肥料，满足不同生长阶段中药材营养需求。

（五）中、微量元素肥料

中量元素主要是指含钙、镁、硫等肥料的统称，根据非水溶中量元素肥料标准要求，含量达到20%。微量元素是指能提供硼、锌、钼、锰、铁和铜等的肥料，主要是一些无机盐类和氧化物，大多为矿业和冶金的副产物或废料。市场上种类繁多，常见的为硼砂（硼酸）、硫酸锌、钼酸铵、硫酸亚铁、硫酸锰和硫酸铜及各种微量元素混合物或络合态多种新型微量元素肥料，常见含中微量元素肥料及其养分含量见表5-1（不包括新型肥料的中微量元素）。应根据中药材对中、微量元素敏感程度，选择单一元素或几种复合元素基施或叶面喷施。

表 5-1　常见含中微量元素肥料及其养分含量

名称	主要成分	含量（%）	适宜施用方式
生石灰（石灰岩烧制）	CaO	$90\sim96$	基施
石灰氮	CaO	54	基施
钙镁磷肥	CaO	$25\sim30$	基施
硫酸镁（泻盐）	MgO	9.6	基施
硫酸镁（水镁矾）	MgO	17.4	基施
硫酸钾镁（钾泻盐）	MgO	8.4	基施
硫酸钾	S	17.6	基施
硫酸镁	S	13	基施
硼砂	B	11（$10H_2O$）	基施、叶面喷施
硼酸	B	17	基施、叶面喷施
硫酸锌	Zn	$20\sim23$（$7H_2O$） 35（$1H_2O$）	基施、叶面喷施
螯合锌	Zn	$6\sim14$	叶面喷施
硫酸铜	Cu	$24\sim25$（$5H_2O$）	基施、叶面喷施
硫酸锰	Mn	$24\sim28$（$7H_2O$）	基施、叶面喷施
硫酸亚铁	Fe	$19\sim20$（$7H_2O$）	基施、叶面喷施
螯合铁	Fe	$5\sim14$	叶面喷施
钼酸铵	Mo	$50\sim54$	基施、叶面喷施

二、有机肥料

有机肥料主要以畜禽粪便、秸秆等有机废弃物为原料，经过发酵腐熟后制成的物料（包括商品化），其功能是改善土壤肥力、提供植物营养、提高中药材品质。

（一）农家肥料

通过收集、加工、贮存、利用的农家肥料有粪尿、饼肥、灰肥、泥肥、秸秆5大类。粪尿类：包括人粪尿和家畜粪尿，进入21世纪后，随着城镇化不断推进，人粪尿大部分已冲入地下污水管，无法再作肥用；家畜粪尿，以猪粪、鸡粪、羊粪等堆沤肥为主。饼肥类：有大豆饼、菜籽饼、芝麻饼、花生饼、棉籽饼，还有少量的乌桕籽饼、桐籽饼等。灰肥类：灰肥可分为草灰、木灰及草木灰肥，是一种优质有机肥，成分复杂，但以钾钙含量为最多、磷次之，是农家土杂肥中一项重要的钾肥肥源，值得大力推广，目前以无烟草木灰生产技术替代农民以前的制作方法。泥肥类：包括河泥、塘泥、地脚泥等。秸秆类：包括稻草、麦秆及其他粮油作物秸秆，采取堆沤还田、过腹还田（牲畜粪尿）、直接翻压还田、覆盖还田等多种形式。

（二）绿肥

绿肥有冬季绿肥、夏季绿肥、水生绿肥、多年生绿肥和野生绿肥。目前适合浙江省种植并作为肥料的主要有紫云英、苕子、黄花苜蓿、大荚箭筈豌豆、黑麦草、肥田萝卜、蚕（豌）豆和三叶草等。是中药材种植中有待开发利用的重要天然肥源，安全性高，应根据不同地形地貌、土壤类型和种植的中药材类型选择。

（三）商品有机肥

商品有机肥是工厂化加工的有机肥，包括符合 NY/T 525 标准的"有机肥料"、符合 NY884 标准的"生物有机肥"和符合 GB/T 18877 标准的"有机无机复混肥料"，有机无机复混肥料不同的有机质含量对应不同的无机养分，见表5-2。

表5-2　有机无机复混肥料的主要技术指标

项目	指标		
	Ⅰ型	Ⅱ型	Ⅲ型
有机质含量/%≥	20	15	10
总养分（N+P$_2$O$_5$+K$_2$O）含量/%≥	15.0	25.0	35.0
水分（H$_2$O）/%≤	12.0	12.0	10.0
酸碱度（pH值）	5.5~8.5	5.0~8.5	—

三、新型肥料

新型肥料，是指加入新材料，采用新工艺、新设备，改变品种或剂型提高肥料利用率的肥料，即在肥料生产中如采用包衣技术、添加抑制剂、接种微生物制剂等新型原材料和工艺，使肥料的品种呈多样化、效能稳定化、易用化。因此，新型肥料除有肥料功能外，还有保肥、抗寒、杀虫、防病的功能。新型肥料用久了，也就变成常规肥料了，不管是"新型肥料"还是常规肥料，它的本质必须是肥料，离开肥料，就根本谈不上新与旧。目前没有统一的分类标准，市场上品种繁多，现介绍在中药材上常用或者具有"肥药"作用的主要种类。

（一）缓控释肥料（稳定性肥料）

缓控释肥料是以各种调控机制使其养分最初释放延缓，延长药材对其有效养分吸收利用的有效期，使其养分按照设定的释放率和释放期缓慢或控制释放的肥料。稳定性肥料指含有用于改善肥料性能物质的肥料，包括含有防止或减少肥料吸湿结块的添加剂和抑制铵态氮挥发、减少氮损失的消化抑制剂及脲酶抑制剂等。一般在中药材中作基肥施用。

（二）微生物肥料

由一种或数种有益微生物、培养基质和添加剂培制而成的生物性肥料，通常也叫菌剂或菌肥，包括固氮菌类、磷细菌、钾细菌、抗生菌类和加速有机肥堆腐速度、除臭等功能的微生物菌剂。微生物肥料除含有生物活性的微生物以外，还含有调节植物生长的多种调节剂、氨基酸等。市场上主要的肥料品种有：硅酸盐菌剂、复合菌剂和复合微生物肥料，但比较混杂，在中药材上施用值得关注。

（三）氨基酸肥料

能够提供各种氨基酸类营养物质的物料统称为氨基酸类肥料。市场上氨基酸肥料多为氨基酸和微量元素等复合（络合）而成的复合氨基酸水溶性肥料居多，适用于水肥一体化喷滴灌或叶面喷施。

（四）腐殖酸肥料

富含腐殖酸和一定标明量无机养分的肥料。有促进植物生长、改善土壤性质和提供少量养分作用。主要肥料品种有：腐殖酸铵、生化黄腐酸和腐殖酸复合肥，可制成有机无机复混肥的原材料，也可与大量元素和微量元素复合制成新型水溶性肥料，适用于水肥一体化喷滴灌。

（五）有机水溶肥料

以游离氨基酸、腐殖酸、海藻提取物、壳聚糖、聚谷氨酸、聚天门冬氨酸、糖蜜、低值鱼及发酵降解物等有机资源为主要原料，经过物理、化学和（或）生物等工艺过程，按植物生长需添加适量大量、中量和（或）微量元素加工而成的、含有生物刺激成分的液体或固体水溶肥料。包括氨基酸水溶肥料、含腐殖酸水溶肥料、含海藻酸有机水溶肥料、含壳聚糖有机水溶肥料、含聚谷氨酸有机水溶肥料、含聚天门冬氨酸有机水溶肥料和其他类有机水溶肥料。

第二节　施肥技术

一、测土配方施肥原理

（一）定义与技术原理

测土配方施肥是指以肥料田间试验、土壤测试为基础，根据中药材需肥规律、土壤供肥性能和肥料效应，在合理施用有机肥料的基础上，提出氮、磷、钾及中、微量元素等肥料的施用品种、数量、施肥时期和施用方法。一般在道地中药材生产区域，确定取土时间和样品数量，测定土壤 pH 值、有机质、氮、磷、钾等常规理化性状，结合不同种类的中药材，增加中、微量等敏感元素养分检测，明确施肥总量，实现"多什么减什么""缺什么补什么"，同时注重土壤砂黏的特性，明确有机肥比例及施肥次数。

（二）化肥定额制

自2019年开始，浙江省农业农村厅、浙江省财政厅出台《试行农业投入化肥定额制的意见》，即通过制定主要作物化肥投入定额标准，综合采取免费测土、科学配方、合理替代、精准施肥等措施，达到减少农田化肥投入、保障耕地综合产能、优化生态环境质量的目标。此《意见》同样适用药用植物，以"五通过"来实现，具体是：通过制定标准实现限量施用、通过建立平台实现定额管理、通过建立档案实现追溯管理、通过养分替代实现化肥减量和通过技术推广实现化肥减量。

二、土壤与药用植物营养诊断

（一）土壤养分诊断

浙江省地形地貌复杂，土壤类型多，土壤养分差异较大，经过前期田间试验和耕地质量调查等，系统总结并形成《浙江省耕地质量监测指标分级标准》，中药材种植基地的土壤养分是否丰富或缺乏可以参照表5-3的分级标准。此表中的4级一般可以理解为：有机质的含量低，在新垦耕地或砂性土居多，保肥供肥性能差；氮磷钾大量元素和中、微量元素是缺素的临界指标，容易诱发药用植物缺素；酸碱度为酸性或碱性，不适宜大多数中药材的种植；土壤水溶性盐较高，是次生盐渍化的特征，在大棚中容易出现，中药材生长过程容易出现盐害而发生障碍。

表5-3 浙江省耕地质量监测指标分级标准

指标	单位	分级标准				
		1级（高）	2级（较高）	3级（中）	4级（较低）	5级（低）
有机质	g/kg	＞35	35~25	25~15	15~10	≤10
pH值		6.5~7.5	5.5~6.5	7.5~8.5	4.5~5.5或＞8.5	≤4.5
全氮	g/kg	＞2.0	2.0~1.5	1.5~1.0	1.0~0.75	≤0.75
有效磷	mg/kg	＞35	35~25	25~15	15~10	≤10
速效钾	mg/kg	＞150	150~120	120~80	80~50	≤50
缓效钾	mg/kg	＞800	800~600	600~400	400~200	≤200
交换性钙	mg/kg	＞1 200	1 200~1 000	1 000~800	800~500	≤500
交换性镁	mg/kg	＞300	300~200	200~100	100~50	≤50
有效硫	mg/kg	＞40	40~30	30~20	20~10	≤10
有效铁	mg/kg	＞20	20~10	10~4.5	4.5~2.5	≤2.5
有效锰	mg/kg	＞50	50~15	15~7.0	7.0~3.0	≤3.0
有效铜	mg/kg	＞2	2.0~1.0	1.0~0.2	0.2~0.1	≤0.1
有效锌	mg/kg	＞3	3~2	2~1	1~0.5	≤0.5
有效硼	mg/kg	＞2	2~1	1~0.5	0.5~0.25	≤0.25
有效钼	mg/kg	＞0.2	0.2~0.15	0.15~0.10	0.10~0.05	≤0.05
有效硅	mg/kg	＞200	200~150	150~100	100~50	≤50
土壤水溶性盐	g/kg	≤1	1~2	2~3	3~4	＞4

（二）药材植株缺素诊断

充分考虑土壤、药材、肥料的3个因素，即土壤养分是否缺乏、中药材对某些养分的需求是否敏感和所施用肥料的肥效，三者缺一不可，否则很容易引起药用植物缺素，影响产量和质量。但如过多地使用某种营养元素，不仅会对中药材产生毒害，还会妨碍中药材对其他营养元素的吸收，引起缺素症，即营养元素的拮抗性，例如，施氮过量会引起缺钙，施钾过多会降低钙、镁、硼的有效性，施磷过多会降低钙、锌、硼的有效性。对于一些中药材对中、微量元素特别敏感的需注重土壤中的有效性和肥料中的含量，以防影响药效。这可从药用植物的外形来诊断是否缺素，当然发现外形变化时，某一养分的缺素可能已比较严重，会影响产量和品质。表5-4是营养元素缺乏症检索表，各个药用植物缺素在具体表现形式上会有一些变异，要结合田间实际情况进行应对。

表5-4　营养元素缺乏症检索表

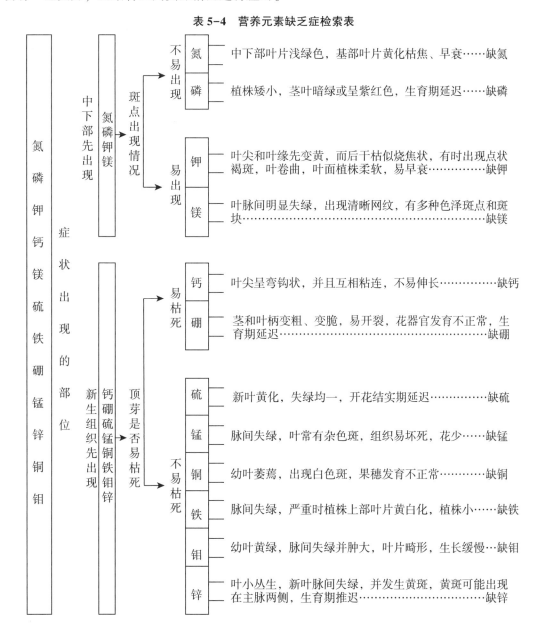

三、施肥量

推广中药材生态种植技术，减少化肥用量，培育健康土壤，生产优质药材。大、中、微量元素的肥料，作用不同，施肥方法也不同，主要功能和作用简单归纳见图5-1。

（一）大量元素

中药材因其品种以及各生长发育的阶段不同，所需养分的种类、数量和对养分的吸收强度也不相同。一般以收获部分即药用器官为主要考虑因子，对全草类、花果实种子类、多年生及根（地下）茎类等药材分类，确定氮、磷、钾及中微量元素比例和数量。

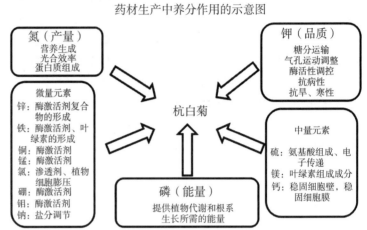

药材生产中养分作用的示意图

图5-1 大、中、微量元素肥料的主要功能

1. 单质的氮、磷、钾肥

总体上一年生、二年生全草类中药材，适当注重氮肥，促茎叶生长，如尿素，原则上基肥每亩不超过25kg，追肥每次10kg左右为宜。花果实种子类中药材注重磷、钾及钙、硼肥。俗话说"无磷难成花、无钾不上色、无硼难成果、缺钙裂果多"，不同的生长阶段施肥也不同，磷肥以基施为主，一般每亩施用钙镁磷肥30~50kg，生长后期多钾肥，增果实早熟、种子丰满，一般每亩施用量硫酸钾15~25kg为宜；多年生及根（地下）茎类中药材，整地时在施足有机肥基础上，生长期需追肥的次数，主要考虑春季萌发后、花芽分化期、花后果前等关键生长期，冬季进入休眠前还要重施越冬肥。

2. 复合肥料

因其氮、磷、钾配比不一，适合不同种类的中药材，施肥量一是可以参照肥料说明书，二是根据中药材不同生长期，选择高氮或高钾等肥料，如1年生、2年生全草类中药材或在营养生产期选择高氮低钾复合肥，花果实种子类中药材在结果期选择低氮高钾复合肥等。缓控释肥料（稳定性肥料）可延长中药材对其有效养分吸收利用，与等养分（配方相同）的复合肥相比，可减少施用量达到10%~20%，或者根据不同缓控释肥料产品使用说明书施肥。

（二）中量元素

非水溶性中量元素肥料主要是指含钙和镁为主的肥料，原则上配合有机肥混合基施，根据土壤缺钙或镁的情况而定，如缺镁，土壤硫酸镁一般亩基施10~20kg。中量元素水溶肥料按照水肥一体化技术在果实结果前滴施，施用量和浓度需根据肥料施用说明。

（三）微量元素

当土壤缺微量元素肥料时，钼酸铵一般每亩基施10~50g，硼砂、硫酸锌、硫酸锰、硫酸亚铁和硫酸铜每亩基施1~2kg，隔年施用1次，缺素严重时，可考虑每年施用，但超量容易中毒，最好与大量元素肥料或有机肥掺混后基施；叶面喷施时，一定要把握浓度和使用次数，这样才有预期的效果，一般喷施浓度如下：钼酸铵 0.05%～0.10%、硼砂 0.10%～0.20%、硫酸锌 0.05%～0.20%、硫酸锰 0.10%～0.30%、硫酸亚铁 0.20%～1.0% 和硫酸铜 0.02%～0.10%，络合微量元素或新型微量元按照产品说明书。禁止在花期喷施。水溶肥料按照水肥一体化技术要求，施用量和浓度需根据肥料施用说明。

（四）有机肥料

要避免"仿自然生长不施肥与施用大量的化肥"两个误区。

1. 草木灰

适用于酸性土壤，可作基肥和追肥，以集中施用为宜，一般采用沟施或穴施，深度为 10～15cm，亩施用量 100～200kg。以农业基地的植物材料，包括多年生植物的整枝修剪材料、1 年生作物的秸秆、田边地角及生态保护区的杂草，烧制成草木灰后成为基本营养元素进入中药材生产过程，形成就地取材循环利用的模式，完成基地内部种植业的生态循环。经过初步试验，草木灰烧制过程中产生的烟尘过滤水，对农作物叶面病害具有一定的防治作用，可以有针对性地选择使用。

2. 有机肥

是指符合 NY/T 525 标准的"有机肥料"，一般做基肥，亩施用 500～800kg；符合 GB/T 18877 标准的"有机无机肥料"根据无机养分含量确定施用量（无机养分含量见表 5-2），含量高的施用量每亩不超过 50kg，含量低的施用量每亩原则上不超过 100kg。选择有机肥时要根据有资质单位对重金属、激素等含量的检测报告，不宜长期大量使用以鸡粪、猪粪为主的有机肥。

3. 绿肥

根据药园选择 1 年生或多年生绿肥，轮作或套种，起到培肥、保温（降温）和以草压草的作用，具体栽培种植技术和翻压量因药园而定。以紫云英为例，种植技术要点如下：

（1）种子处理。选择晴天的中午晒种 4～5h，晒种后将种子与细沙按 2∶1 的比例拌匀，装入编织袋内用力揉搓，将种子表皮上的蜡质擦掉，以提高种子吸水速度和发芽率。然后，用 5% 的盐水选种，清除病粒和空秕粒。将选出的种子用 0.2% 的磷酸二氢钾溶液浸种 10～12h，或用 0.1%～0.2% 的钼酸铵溶液浸种 12～24h，浸足时间后捞出晾干，用根瘤菌或钙镁磷肥拌种后即可播种。

（2）开沟。紫云英喜湿，但忌渍水。在播种前，药园四周应开好沟，除围沟外，一般每隔 10～15m 开一条直沟，形成"十"字沟或"井"字沟，做到沟沟相通，排灌自如，药园土沉实、不积水。

（3）播种。一般在 9 月中下旬至 10 月初播种。药园套种的，播种过早，药肥共生期过长，幼苗瘦弱；播种过迟，则易受冻害，越冬苗不足。若在生长旺盛的药园播种，应选在药收割前 20～25d 播种，以利于中药材成熟和草子出苗、生长。播种时药园保持湿润状态。一般亩播种量为 2kg 左右，播种时一定要按药园定量，分畦匀播，落子均匀。

（4）施肥。在收获中药材或紫云英第一真叶出现时，施用硫酸钾每亩 5～10kg，另外亩用 250～300kg 0.02% 尿素溶液结合抗旱浇施，充分利用冬前温光条件，加速幼苗生长。在 12 月上中旬，每亩施土杂肥 400～500kg 加过磷酸钙 25～30kg，以增强抗寒能力，减轻冻害。开春后即 2 月中旬到 3 月上旬，每亩追施尿素 2～4kg，叶面喷施 0.2% 硼砂溶液 2 次，可提高鲜草产量 20%。

（5）盛花或结荚初期翻耕。盛花初荚期为适宜翻耕期，最好控制在 60%～70% 开花时翻耕，具体可根据药园种植而定。一般在中药材种植前 15~20d 就要压青沤药园，每亩绿肥压青量 1 500 kg 为宜，可根据土壤肥力或砂黏状况适当调整压青量。翻压时同时每亩撒施 15~20kg 石灰，促进加速腐蚀。

（6）成熟翻耕。适用于 6 月上、中旬种植中药材地区。5 月中旬紫云英结荚成熟后再翻耕，刚好与中药材茬口相衔接，绿肥种子成熟后撒落药园中，冬季减少或无需再播种，自然长出绿肥苗，减少重复播种，节省种子、播种及一次机耕绿肥的费用，并能年复一年，循环往复。一般不宜超过 5 年，以防鲜草中的纤维素、木质素增多，不利于腐烂分解。

（五）注意事项

总体上应注意肥料的品种、浓度和用量，免得引起肥害。

1. 种肥

尿素含有缩二脲，含量超过 2%，对种子和幼苗就会产生毒害。另外，含氮量高的尿素分子也会渗入中药材种子的蛋白质分子结构中，使蛋白质变性，影响种子的发芽。过量氮会改变土壤理化性质，土壤 pH 值降低，电导率上升，土壤碳氮比（C/N）失衡下降，土壤酶活性下降，土壤养分间发生拮抗作用。氯化钾、硝酸铵类化肥分别含有氯、硝酸根离子，对种子发芽影响大，建议不要对中药材施用。

2. 微生物肥料

目前市场上微生物肥料的抽检合格率较低，同时可能存在着一些不为人知的杂菌，建议此类肥料先进行小范围试验、适度示范，确保安全后再用。购买时注意保质期，一般微生物肥料保质期不超过 6 个月。

3. 新型肥料

因品牌繁多，需根据各种肥料使用说明施用，但切记新型肥料必须符合相关国家或行业标准。

4. 农业生产中肥料混合使用

混施原则首先是过磷酸钙、磷矿粉、骨粉不能与草木灰、石灰氮、石灰等碱性肥料混用。因过磷酸钙含有游离酸，呈酸性反应，而上述碱性肥料含钙质较多，若二者混合施用，会引起酸碱反应，降低肥效，又会使钙固定磷素，导致两败俱伤。磷矿粉、骨粉等难溶性磷肥，会中和土壤内的有机酸类物质，使难溶性磷肥更难溶解，作物无法吸收利用。其次是钙镁磷肥等碱性肥料不能与铵态氮肥混施，因为碱性肥料与铵态氮肥如硫酸铵、碳铵、氯化铵、硝酸铵等混施，会导致和增加氨的挥发损失，降低肥效。第三是人畜粪尿等农家肥不能与钙镁磷肥、草木灰、石灰氮、石灰等碱性肥料混施。因为人畜粪尿中的主要成分是氮，若与碱性肥料混用，则会中和而失效。另外，未腐熟的农家肥不能与硝酸铵混施，否则二者氮素都会受损，降低肥效。第四是化肥不能与根瘤菌肥等细菌肥料混施。因为化肥有较大的腐蚀性、挥发性和吸水性，若与细菌肥料混合施用，会杀伤或抑制活菌体，使肥料失效。另外碳铵不能与草木灰、人粪尿、钾肥等混施。硫酸铵不能与草木灰、碳铵混施。硝酸铵不能与草木灰等混施。总之，在施肥中，要谨防混错肥，以免让自己的庄稼产量受到损失。

肥料混配或掺混表

肥料	硫酸铵、氯化铵	碳酸氢铵	尿素	硝酸铵	石灰氮	过磷酸钙	钙镁磷肥	重过磷酸钙	磷矿粉	硫酸钾、氯化钾	窑灰钾肥	磷酸铵	硝酸磷肥	草木灰	石灰	人粪尿
硫酸铵、氯化铵																
碳酸氢铵	△															
尿素	○	×														
硝酸铵	○	×	△													
石灰氮	×	×	×	×												
过磷酸钙	○	△	○	△	×											
钙镁磷肥	×	×	△	×	×	○										
重过磷酸钙	○	△	○	△	×	○	△									
磷矿粉	○	×	○	○	×	○	○	○								
硫酸钾、氯化钾	○	○	△	○	△	○	○	○	○							
窑灰钾肥	×	×	×	×	×	○	×	○	×	○						
磷酸铵	○	△	△	○	×	○	○	○	○	×	○					
硝酸磷肥	△	△	△	△	×	△	×	△	△	×	△	△				
草木灰	×	×	×	×	○	△	○	△	○	○	○	×	×			
石灰	×	×	×	×	×	×	×	×	○	○	×	×	○	×		
人粪尿	○	△	△	×	○	×	○	○	×	○	○	×	○	×	×	
新鲜堆肥、厩肥	○	△	△	○	×	○	×	○	○	×	○	×	○	○	×	○

○表示可混合施用

×表示不能混合施用

△表示混合后要立即施用，不宜久放

四、施肥方式

所有在中药材上施用的肥料应以对环境和药材的营养、味道、品质和抗性不产生不良后果为基本原则。

（一）基施

基施即底肥，底肥的施用深度为15～20cm或更深，根据不同中药材而定，可先将肥料撒施于地表再翻耕入土，也可在翻耕作业的同时将肥料施入犁沟内，如实现机械深施更理想。为避免肥料烧伤种子，种肥的施用深度以5～6cm为宜，种肥与种子的水平距离（侧距）应适当，一般为3～5cm。有机肥、钙镁磷肥、缓释复合肥和固体状（粉剂）中、微量元素肥料以基施为主。

（二）追施

追施即在其生长发育的不同时期，分期、分批施用，充分满足中药材各生长发育阶段对养分的需要。追肥种类以速效为主，硫酸钾、尿素及不同配比复合肥。不同种类中药材追施有讲究，如以种子和果实为药用的中药材，在蕾期和花期追肥为好，且以高钾复合肥为佳。追肥时中药材根系已初步形成，如采用机械追肥，应尽量减少伤根，施肥不宜太深，侧距应适当，一般情况下，行间追肥，窄行栽培的中药材追肥深度以6～8cm为宜，宽行栽培的中药材追肥深度以 8~12cm 为宜，侧距以 10~15cm 为宜。如有水肥一体化设施，可采用滴施，按照各种不同水溶肥料使用说明书要求滴施（见"水肥一体化技术"）。

（三）叶施

叶施即叶面喷施，一般是在生长过程中补充营养不足或敏感中、微量元素而进行，肥料原则上选择经国家登记的各类大量元素、中量元素、微量元素、含氨基酸、含腐殖酸水溶肥料为佳。喷施时间以 9 时前或 16 时后为宜，7~10d 喷施 1 次，不超过 3 次，按说明书中肥料浓度喷施，也可充分利用水肥一体化设施的喷灌施肥。

第三节　水肥一体化技术

将肥料溶解在水中，利用管道灌溉系统，同时进行灌溉与施肥，适时、适量地满足中药材对水分和养分需求的水肥同步管理和高效利用的节水节肥技术（图 5-2）：

一、灌溉施肥制度

（一）总体要求

按照总量控制、分段拟合、以水带肥、少量多次的原则，将药材总施肥量和灌溉水量在不同的生育阶段进行合理分配，制定灌溉施肥制度，包括基肥与追肥比例、不同生育期的灌溉施肥的次数、时间、灌水量、不同养分配比、施肥量等，以满足中药材不同生育期水分和养分需要。

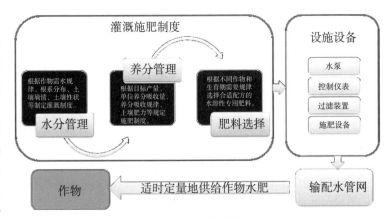

图 5-2　水肥一体化技术流程

（二）水分管理

根据中药材需水规律、土壤墒情、根系分布、土壤性状、设施条件和技术措施，制定灌溉制度。需依据不同中药材的特点差别对待，喜干旱的少浇水，喜湿润的则不能缺水。通常 1 年生中药材从播种到开花，需水量不断增长，苗期宜勤灌、浅灌，生长盛期应按期灌水。花期对水分需求较严，水分过多常引起落花，过少则影响其受精。结果期在不造成落果的情况下，可恰当偏湿，接近成熟期应停滞灌水。为减少土温与水温的差别，夏季灌水宜在早、晚进行。

（三）养分管理

以当地近几年常规平均产量增加 10%~20% 作为目标产量，按目标产量和单位养分吸收量计算中药材所需氮（N）、磷（P_2O_5）、钾（K_2O）等养分吸收量，作为施肥总量控制值。依据不同中药材对养分的偏好和不同生育阶段对养分的需求，调节氮、磷、钾比例，并根据土壤肥力的高低适当调整各生育期施肥量。同时，注意钙、镁、硼、锌等中、微量元素的施用。优先施用能满足中药材不同生育期养分需求的含腐殖酸水溶肥料和含氨基酸水溶肥料。基肥施用常规化肥的，宜选择适合中药材生长特点的专用配方肥料。肥力中等以下土壤施用有机肥量每亩（667m^2）不高于 500kg 的，可不考虑有机肥的当季养分供应量。

（四）浓度控制

根据中药材种类、植株大小和使用方式等确定肥液浓度，避免中药材肥害或施肥不足。设施中药材适宜的滴灌浓度（根际）为 0.3%~0.5%，喷灌浓度（叶面）为 0.2%；多年生中药材滴灌浓度（根际）为 0.5%~0.8%，喷灌浓度（叶面）为 0.2%。通常控制肥料溶液的电导率（EC 值）为 1~3ms/cm，或盐分浓度 1~3g/L，或根据水溶肥料产品说明书确定稀释倍数。

（五）水肥耦合

充分拟合各种中药材需水规律和需肥规律，并根据区域气候、土壤墒情、作物长势等，依据不同中药材对土壤湿度的要求范围和适宜喷、滴灌施肥浓度，统筹协调施肥与灌水的关系，以水为主，少量多次，确定具体施肥次数、施肥时间和单次用量。

二、应用条件

（一）水源准备

依据中药材灌溉定额和灌溉方式选择适宜水源，水质应符合 GB 5084 的要求。季节性或水质性少水地区，宜根据实际调蓄量修建带有初滤装置的蓄水池。

（二）肥料选择

水肥一体化的肥料要求相对较高，尽量选择有行业标准的水溶肥料，包括大、中微量元素及腐殖酸、氨基酸等水溶肥料。水溶肥料是经水溶解或稀释，用于灌溉施肥、叶面施肥、无土栽培、浸种蘸根等用途的液体或固体肥料。适用于水肥一体化肥料要求为：溶解性好，而且速溶不会阻塞过滤器、滴头和管道，且能清洗管道；能与其他肥料混合，与灌溉水的相互作用小；不会引起灌溉水 pH 值的剧烈变化对控制中心和灌溉系统的腐蚀；在土壤中展开性能好。常见的有《大量元素水溶肥料》《中量元素水溶肥料》《微量元素水溶肥料》《含氨基酸水溶肥料》《含腐殖酸水溶肥料》，主要技术指标含量见表 5-5。采用非标肥料产品的，其不溶物含量应低于 1% 或 10g/L。不同肥料混合使用的，不应造成有效养分损失或发生沉淀等反应。

表 5-5　不同水溶肥料养分技术指标（固体产品）

名称	项目	含量
大量元素水溶肥料（中量元素型）	总养分（$N+P_2O_5+K_2O$）含量/%	≥50.0
	中量元素（$CaO+MgO$）含量/%	≥1.0
大量元素水溶肥料（微量元素型）	总养分（$N+P_2O_5+K_2O$）含量/%	≥50.0
	微量元素（$Cu+Fe+Mn+Zn+B+Mo$）含量/%	≥0.2~3.0
中量元素水溶肥料	中量元素（CaO 或 MgO 或 $CaO+MgO$）含量/%	≥10.0
微量元素水溶肥料	微量元素（$Cu+Fe+Mn+Zn+B+Mo$）含量/%	≥10.0
含氨基酸水溶肥料（中量元素型）	游离氨基酸含量/%	≥10.0
	中量元素（$CaO+MgO$）含量/%	≥3.0
含氨基酸水溶肥料（微量元素型）	游离氨基酸含量/%	≥10.0
	微量元素（$Cu+Fe+Mn+Zn+B+Mo$）含量/%	≥2.0
含腐殖酸水溶肥料（大量元素型）	腐殖酸含量/%	≥3.0
	总养分（$N+P_2O_5+K_2O$）含量/%	≥20.0

名称	项目	含量
含腐殖酸水溶肥料 （微量元素型）	腐殖酸含量/%	≥ 3.0
	微量元素（Cu+Fe+Mn+Zn+B+Mo）含量/%	≥ 6.0

设施设备及灌溉施肥参数	肥料选择、配制与注入

自建蓄水池取水。蓄水池容量16m³。　采用2只7.5kW水泵，分区块控制，单次灌溉20个棚约15亩。

选用DOSATRON比例注入器，调节进肥比例1%～2%。　根据作物需肥规律选择合适配方水溶专用肥。

采用叠片式冲洗过滤器组合。　调节灌溉施肥压力约0.3kPa。

水肥药一体化运行。　按照重量比1:2～1:4配制药液。

（三）设施设备

主要有微喷或滴灌系统（包括控制器、动力泵、过滤器、调节阀与田间管网等）、肥液注入器（如注肥泵、文丘里注肥器、比例施肥器等）或施肥池与配肥桶以及喷滴头或滴（淋）灌带等。施肥池一般适用于较大面积的种植园；配肥桶一般适用于多品种、单批次面积小的种植园，也可多只配合应用于较大区域。

（四）维护保养

定期检查设备及管道，防止系统滴漏。每次施肥时应先滴清水，待压力稳定后再施肥；施肥完成后再滴清水15~20min以清洗管道。每30d或酌情清洗肥料罐，并依次打开各个末端堵头，使用高压水流冲洗主、支管道。按设备说明书要求保养肥液注入器。灌溉施肥过程中，若供水中断，应尽快关闭肥液注入器和进水管阀门，防止含肥料溶液倒流。大型过滤器的进出口压力差超过正常压差的25%，或其进出口压力差高于起始压差0.02 MPa时需要清洗，或按出厂要求定期清洗；小型单体过滤器根据使用额度把握肥料罐、过滤器、管道系统清洗时间。中药材生育期第一次施肥前和最后一次施肥后应结合系统检查做彻底清洗。

三、主要类型

（一）滴灌施肥

将肥料溶于灌溉水中，通过滴灌系统随水输送到中药材根部。

（二）喷灌施肥

将肥料溶于灌溉水中，通过喷灌机、微喷带等方式均匀喷洒至中药材叶片表面。

（三）淋灌施肥

将肥料溶于灌溉水中，通过软管、淋水壶等设备施至中药材叶片表面和植物根部。

田间灌水器的几种类型	田间输送

采用内镶式滴灌管或薄壁滴灌带，出水孔间距10～30cm。

薄壁滴灌带

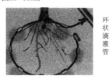

滴头式滴灌管，出水孔间距根据药园而定。

环状滴灌管

山地药园不规则行多采用环状滴灌管，出水孔间距50～100cm。

田间小区块水肥一体化施肥。

肥、药液通过输配水管网输送至田间。

通过滴灌管或滴灌带输送水肥至植株根部，顶部喷头进行叶面施肥和喷药。

复习思考题

（一）是非题

1. 市场上的生长素、赤霉素、细胞分裂素等植物激素和人工合成的植物生长调节剂属于肥料范畴。（　　）

2. 石灰氮，又名氰氨化钙，主要是土壤消毒或作为改良酸性的土壤调理剂应用，因氰氨成分有毒害作用，一般在中药材栽种前 10～15d，结合翻耕入土作基肥为宜。（　　）

3. 过磷酸钙能与草木灰、石灰氮等碱性肥料混用。（　　）

（二）填空题

1. 氮、磷、钾 3 种养分中，至少有_____种养分表明量的由化学方法和（或）物理方法制成的肥料称复合肥；根据氮、磷、钾总养分含量（N+P_2O_5+K_2O)%，分_____高浓度、_____中浓度和_____低浓度。

2. 土壤中有机质含量小于等于_____g/kg，表明土壤中有机质含量较低，在种植药材过程中要增加有机肥投入，提高土壤肥力。

3. 尿素含有缩二脲，含量超过_____%，对种子和幼苗就会产生毒害。

4. 叶面喷施，一般是在生长过程中补充营养不足或敏感中、微量元素而进行。喷施时间以 9 时前或 16 时后为宜，_____天喷施 1 次，不超过_____次。

（三）选择题

1. 老叶叶脉间失绿，出现清晰网纹，即叶脉绿的、叶肉黄的，并表现出多种色泽斑点和斑块，表明中药材（　　）。

A. 缺钾　　B. 缺镁　　C. 缺锰　　D. 缺铁

2. 用于中药材水肥一体化技术的大量元素水溶肥料，符合行业标准的总养分（N+P_2O_5+K_2O）含量（固体）应该（　　）。

A. ≥50.0%　　B. ≥40.0%　　C. ≥30.0%　　D. ≥25.0%

3. 用于中药材水肥一体化技术的含氨基酸水溶肥料，符合行业标准的游离氨基酸含量（固体）应该（　　）。

A. ≥3.0%　　B. ≥5.0%　　C. ≥8.0%　　D. ≥10.0%

第六章　中药材病虫害及其防治

中药材种类繁多，来源广泛，根据基本属性可将其分为植物类药、动物类药和矿物类药。除了矿物类药外，植物类药和动物类药在生产、加工、贮运过程中均会受病虫的侵染危害，导致药材枯死、霉变、被寄生或蛀损等。因此，病虫害防治是植物类和动物类中药材生产、加工、贮存过程中的重要环节之一。本章仅以植物类中药材生产过程中的病虫害为例，阐述中药材相关的植物保护基本概念、理论和技术及其防治方法。

第一节　中药材病害

中药材种类繁多，栽培生产过程中，受光照、气温、水分、气流、土壤、生物等环境因素及农事操作的影响较大，以致长期以来病虫害及其防治问题十分突出，成为影响中药材产量和品质的重要因素。因此，加强中药材的规范化生产管理，重视病虫害的有效预防和治理，是中药材稳产、优质、高效的重要保障。

中药材在生长发育和贮藏运输过程中，由于遭受其他生物的侵染或不利非生物因素的影响，生长发育受到显著影响，生理上、形态上发生反常变化，导致产量降低、品质变劣甚至死亡的现象称为中药材病害。

中药材发生病害的原因称为病原，引发中药材病害的原因很多，既有不适宜的环境因素，又有生物因素，还有环境与生物相互配合的因素。即病原包括非生物因素、生物因素和遗传因子。由非生物因素如弱光、高温、干旱、洪涝、严寒、土壤、有毒物质等不良的环境因素导致的病害，没有传染性，称为非侵染性病害，或生理性病害。由生物因素如真菌、细菌、病毒、类菌原体、线虫、寄生性种子植物等导致的病害，能相互传染，有侵染过程，称为侵染性病害或寄生性病害。

在侵染性病害中，引起病害的有害生物称病原生物（简称"病原物"），病原物中的真菌、细菌称病原菌。被侵染的植物称寄主植物（简称"寄主"）。侵染性病害不仅取决于病原物的作用，与寄主的生理状态以及环境条件也有密切关系。植物侵染性病害的形成过程，是寄主与病原物在外界条件影响下相互作用的过程。

病害的发生过程有一个病理变化的过程，总是伴随有生理机能和组织形态的逐渐改变，最后导致植物外部形态上表现病变。这与机械伤害（如风雨、昆虫等造成的伤害）不同。由于虫伤、雹伤、风灾、电击及各种机械损伤对植物造成的破坏，没有一个病理变化过程，故称伤害，而不是病害。其次，植物病害必须具有经济学的影响，造成产量降低、品质变劣。如茭白实际上是黑粉菌侵染而形成的；郁金香受病毒侵染而出现杂色花型；韭黄是遮光栽培所致，这些现象不但没有经济损失，而且提高了经济价值，故也不属病害范畴。

一、中药材病害的症状

植物受病原物侵染或不良环境因素影响后，在组织内部或外表显露出来的异常状态，称为症状。根据其表现部位，症状可分为外部症状和内部症状。

内部症状是指病株体内细胞形态或组织结构发生的变化，主要有内含体、侵填体、胼胝质和维管组织变褐等，常需借助显微镜观察。

外部症状是指病株外表所显示的病变，如萎蔫、变色、腐烂等，一般肉眼可以看到。外部症状可根据其组成的性质分为病症和病状。病状是指发病植物本身所表现出来的反常现象，主要有变色、坏死、萎蔫、腐烂、畸形 5 种表现类型；病症是指病原物在病部上表现出来的特征性结构，主要有霉状物、点状物、粉状物、锈状物、颗粒状物、索状物、菌脓等。

习惯上对病症和病状术语的区分并不严格，常统称为症状。

（一）病状类型

1. 变色

罹病植株的全株失去正常绿色或发生颜色变化，称为变色。变色常常是病毒病害、类病毒病害、植原体病害和生理病害等的病状类型。根据植物绿色部分是否为均匀变色，叶绿素的合成受抑制，将植株正常绿色均匀变淡称为褪绿；或叶绿素被破坏、叶色变黄称为黄化；叶绿素合成受抑制，而花青素生成过盛，使得叶色变红或紫红，称为红叶。将植物叶片的不均匀褪色，呈黄绿或黄白相间、界限分明，称为花叶；或深、浅绿相间，界限不分明，称为斑驳。主脉和支脉为半透明状的称作明脉。

2. 坏死

植物的细胞和组织受到破坏而死亡，称为坏死。坏死时植物的细胞和组织基本保持原有轮廓。坏死可以发生在植物的根、茎、叶、果等各个部位，形状、大小和颜色均不同。植物叶片最常见的坏死是叶斑和叶枯。

叶斑有的受叶脉限制，形成角斑；有的病斑上具有轮纹，称为轮斑或环斑；有的病斑呈长条状坏死，称为条纹或条斑；有的病斑上的坏死组织脱落后，形成穿孔。坏死可呈现不同的颜色，根据其颜色的不同，有灰斑、黑斑、褐斑等之称。

叶枯是叶片上较大面积的枯死，其轮廓不如叶斑明显。叶尖和叶缘的枯死常称为叶烧。坏死可不断扩大，或多个坏死相互愈合，造成叶枯、枝枯、茎枯、穗枯、梢枯等。

另外，有的病组织木栓化，病部表面隆起、粗糙，形成疮痂；有的则茎干的皮层坏死，病部凹陷，边缘木栓化，形成溃疡。幼苗茎基部坏死导致地上部分迅速倒伏，称为猝倒，如地上部分枯死但不倒伏，称为立枯。

3. 腐烂

植物细胞和组织发生较大面积的消解和破坏称为腐烂。一般来说，腐烂与坏死的区别是其植物的细胞和组织原有轮廓不复存在。植物的根、茎、花、果都可发生腐烂，而幼根或多肉的组织更容易发生腐烂。若细胞消解较慢，腐烂组织中的水分能及时蒸发而消失，则表现为干腐。如果细胞消解较快，腐烂组织不能及时失水则称为湿腐。若细胞中间层先受到破坏，出现细胞离析，然后再发生细胞的消解，则称为软腐。根据腐烂的部位，可将腐烂分为根腐、基腐、茎腐、花腐、穗腐和果腐等。流胶是枝干受害部位溢出的细胞和组织的分解物。

4. 萎蔫

植物由于失水而导致枝叶萎垂的现象称为萎蔫。萎蔫有生理性和病理性之分。生理性萎蔫是由于土壤中含水量过少，或高温时过强的蒸腾作用而使植物暂时缺水，若及时供水，则植物可以恢复正常，即暂时性萎蔫，生理性萎蔫的特点是可逆的。病理性萎蔫是植物根系吸水机能障碍（如根毛中毒）、导管输水机能障碍和导管输水组织坏死而导致细胞失去正常的膨压而凋萎的现象，此种凋萎出现之后即便不缺水，大多不能恢复，即永久性萎蔫，最终将导致植物死亡，病理性萎蔫的特点是不可逆的，如由真菌或细菌所致的黄萎病、枯萎病和青枯病等。通常植物维管束受侵染时，可导致全株性凋萎。

5. 畸形

由于病组织或细胞生长受阻或过度增生而造成的外部形态异常称为畸形。植物发生抑制性病变，生长发育不良，植株可出现矮缩、矮化或叶片皱缩、卷叶、蕨叶等症状。病组织或细胞也可以发生增生性病变，生长发育过度，病部膨大，形成瘤肿；枝或根过度分枝，产生丛枝或发根；有的病株比健株高而细弱，形成徒长。此外，植物花器变成叶片状结构，使植物不能正常开花结果，称为变叶。

（二）病征类型

1. 霉状物

病部形成各种毛绒状的霉层；其颜色、质地、结构变化较大，常见的有棉霉、霜霉、青霉、绿霉、黑霉、灰霉和赤霉等。

2. 粉状物

病部形成白色或黑色粉层，分别是白粉病和黑粉病的病症。

3. 锈状物

病部表面形成小疱状突起，破裂后散出铁锈色的粉状物，是锈病的病症。

4. 颗粒状物

病部产生大小、形状及着生情况差异很大的颗粒状物。有的似针尖大的黑色或褐色小粒点，不宜与寄主组织分离，如真菌的子囊果或分生孢子果；有的为较大颗粒，如真菌的菌核、线虫的胞囊等。

5. 索状物

患病植物的根部表面产生紫色或深色的菌丝索，即真菌的根状菌索。

6. 脓状物

潮湿条件下在病部产生淡黄褐色、胶黏状似露珠的脓状物，即菌脓；干燥后形成黄褐色的薄膜或胶粒。脓状物是细菌性病害特有的病症。

此外，还有膜状物（菌膜）、伞状物和蹄状物等病症类型。病症的有无、类型、大小和颜色对判断病原类型、诊断病害具有意义。

二、中药材病害的主要病原

病害发生的原因称为病原。植物病害的病原按照性质不同可分为两大类：非生物因素和生物因素，即非侵染性病原和侵染性病原。目前，引起植物病害的非侵染性病害的环境因素有温度、湿度、水分、光照、土壤、大气及栽培和管理措施等。侵染性病害的病原物主要有真菌、细菌（包括有细胞壁和无细胞壁细菌）、病毒、类菌原体、寄生性线虫和寄生性植物等。

（一）非侵染性病原

非侵染性病原主要是指不适宜的环境条件，由此引起的病害称非侵染性病害或生理性病害。按照病因不同，可以分为：

①中药材自身遗传因子或先天性缺陷引起的遗传性病害或生理病害。

②物理因素恶化所致病害，包括大气温度过高或过低引起的灼伤或冻害；大气物理现象造成的伤害，如风、雨、雷电、雹害等；大气与土壤水分和湿度的过多或过少，如旱、涝灾害；农事操作或栽培措施不当所致病害，如密度过大、播种过早或过迟、杂草过多等造成苗瘦发黄，矮化及不结实等各种病态。

③化学因素恶化所致病害，包括肥料元素供应过多或不足，如营养失调症或缺素症；大气与土壤中有毒物质的污染与毒害；农药与化学制品使用不当造成的药害。在一定的栽培区域内，当生长条件不适宜或有害物质的浓度超过了它的适应范围时，正常的生理活动就受到严重的干扰和破坏而发生病变，这类病害的诊断有时很困难，在田间多呈大面积同时发生，病部表现症状的部位有一定的规律。

引起非侵染性病害的环境因素主要有以下 5 个方面。

1. 温度

中药材的生长和发育都有其温度三基点（最低、最高和适宜温度），超出了适宜温度范围，就有可能造成不同温度的损害。因此，温度是中药材栽培必须考虑的重要因子。高温往往与强光照相结合造成对植物的灼伤，$0\sim5℃$ 低温常使热带和亚热带中药材遭受严重冻害，导致植物枯萎。有些中药材常因温度条件不适宜而诱发其他侵染性病害。

2. 湿度

土壤湿度对中药材生长的影响是显而易见的。土壤水分不足或连续干旱，植株生长发育受到抑制，甚至导致凋萎而死亡，如枸杞在结果期遇干旱，果实明显瘦小，产量和品质下降。土壤湿度过大会引起涝灾，使土壤中氧气供应不足，根部得不到正常生理活动所需要的氧气而容易烂根，同时，由于土壤缺氧促进了厌氧性微生物的生长，产生一些对根部有害的物质。

3. 光照

光照的影响包括光照强度和光照时间两个因素。光照过弱常引起植物黄化，植株生长过弱，干物质积累较少，极易遭受病原物的侵染，这种情况常发生在颠茄、洋地黄等多种中药材的温室或冷床育苗时。光照过强与高温结合导致植物灼伤，光照时间长短影响营养生长和生殖生长，光照不适宜可推迟或提早开花和结实。

4. 土壤和空气的成分

土壤中的营养条件不适宜或存在其他有害物质，可使中药材表现各种病状。中药材的缺素症很多，不同植物对同一种元素的反应也不尽相同。如缺氮、磷、钾、镁时，都会引起中药材生长不良、变色；缺锌时细胞生长分化受影响，导致花叶和小叶簇生；缺硼引起幼芽枯死或造成器官矮化或畸形。土壤中某些元素或有害物质的含量过多也能引起病害，微量元素超过一定限度就会危害中药材，尤其是硼、锰、铜对植物有毒。

空气中的有害成分也常造成对中药材的危害，造成中毒现象。如氟化氢中毒引起叶缘或叶尖呈水渍状、变黑褐色或黄褐色，最后枯死脱落；二氧化硫或二氧化氮中毒导致生长受抑制，叶片褪色早落，甚至整株死亡；豆科植物对二氧化硫最为敏感；臭氧中毒症状是叶片形成斑驳或褪绿斑点并早落，植株矮化，危害最大。

5. 杀虫剂、杀菌剂、除草剂和植物生长素等施用不当

常引起中药材的各种药害。这些药害引起叶面出现斑点或灼伤，或干扰、破坏植物的生理活动，导致产量和品质受到影响。

此外，还有植物自身遗传因子或先天性缺陷引起的遗传性病害，以及农事操作或栽培措施不当所致病害，如密度过大、播种过早或过迟等造成苗瘦发黄或不结实等各种病状。

(二) 侵染性病原

中药材的侵染性病原是病原生物。目前已知的中药材病原生物有真菌、细菌、病毒、类菌原体、寄生性线虫及寄生性种子植物等。

1. 病原真菌

目前已知的中药材病害绝大部分是由真菌引起的。致病真菌的种类繁多，在中药材栽培中，能引起多种严重病害，真菌病害的症状多为枯萎、坏死、斑点、腐烂、畸形及瘤肿等。较为常见的致病真菌种类及其致病特点如下所述。

(1) 鞭毛菌亚门 (Mastigomycotina)。该亚门真菌多生活在水中，潮湿环境有利于其生长繁殖，如腐霉菌引起人参、三七、颠茄等多种中药材的猝倒病，霜霉菌能引起元胡、菘蓝、大黄、当归等多种中药材的霜霉病，白锈菌能引起牛膝、菘蓝、牵牛、白芥子、马齿苋等中药材的白锈病。

(2) 接合菌亚门 (Zygomycotina)。该亚门真菌广泛分布于土壤和粪肥及其他无生命的有机物上，多能引起中药材贮藏器官的霉烂。其中毛霉菌常引起中药材贮藏期的腐烂，根霉菌能引起人参、百合、芍药等腐烂。

(3) 子囊菌亚门 (Ascomycotina)。该亚门真菌为陆生的寄生真菌，常导致中药材的缩叶病、丛枝病等。曲霉菌和青霉菌能引起许多贮藏药材腐烂；白粉菌能引起菊花、黄芩、黄芪、川芎、甘草和黄连等的白粉病；核盘菌能引起北细辛、番红花、人参、补骨脂、红花、三七及元胡等的菌核病。

(4) 担子菌亚门 (Basidiomycotina)。该亚门为寄生或腐生真菌。其中黑粉菌多引起禾本科和石竹科植物的黑粉病；锈菌多引起枯斑、落叶、畸形等锈病，病症多呈锈黄色粉堆，如太子参、牡丹、桔梗、党参、木瓜、乌头、何首乌、当归、苍术、白术、元胡、山药、大黄和三七等的锈病。

(5) 半知菌亚门 (Deuteromycotina)。该亚门含有大量的植物病原菌，约占植物病原真菌的半数。能为害植物的所有器官，引起局部坏死、腐烂、畸形及萎蔫等症状。如柴胡、人参、白术、红花、党参、地黄、牡丹、菊花、白苏和紫苏等的斑枯病，玄参、三七、大黄和半夏等的炭疽病，防风、芍药、黄芪和枸杞等中药材白粉病，贝母、牡丹、百合等中药材的灰霉病，人参、颠茄、三七等多种中药材苗期立枯病，白术、附子、丹参等的白绢病或叶枯病。

2. 病原细菌

中药材细菌病害的数量和危害性都不如真菌和病毒病害，细菌性病害多为急性坏死病，呈现腐烂、斑点、枯焦、萎蔫等症状。在潮湿情况下常从病部溢出黏液（菌脓），细菌性腐烂常散发出特殊的腐败臭味。其中假单胞杆菌引起人参细菌性烂根、白术枯萎病，欧氏杆菌引起浙贝母、人参、天麻等软腐病等都是生产上较难解决的问题。

3. 病原病毒、类菌原体

目前，中药材病毒病的发生相当普遍，寄生性强、致病力大、传染性高，能改变寄主的

正常代谢途径，使寄主细胞内合成的核蛋白质变为病毒的核蛋白质，所以，受害植株一般在全株表现出系统性的病变。病毒性病害的常见症状有花叶、黄化、卷叶、缩顶、丛枝矮化和畸形等。北沙参、白术、桔梗、太子参、人参、牛膝、萝芙木、天南星、玉竹、地黄、洋地黄和欧白芷等都较易感染病毒病。

近年来发现，许多过去认为是病毒引起的黄化、丛枝、皱缩等症状的病毒病，它们的病原体并不是病毒，而是类似菌原体的生物，称类菌原体。目前已发现多种中药材有这类病害。类菌原体侵染植物均为全株性，独特的症状是丛枝、花色变绿等，其他变色和畸形症状与病毒病很难分，如牛蒡矮化病。

4. 寄生线虫

线虫为害中药材所表现的症状与病害相似，故习惯上将线虫作为病原物对待。中药材普遍受到线虫的为害，其中某些药材的根结线虫病和胞囊线虫病已成为生产上的重要问题。

已发现中药材的线虫有为害根部、形成根结的根结线虫，如三叶青、人参、川芎、草乌、丹参等 50 多种中药材有根结线虫病；为害地下根茎、鳞茎等的茎线虫，如浙贝母、元胡等受茎线虫为害；导致紫苏、蛔蒿、菊花、薄荷等中药材矮化的矮化线虫；引起芍药、栝楼、砂仁、地黄和麦冬等根部损伤的根腐线虫、针线虫等。

5. 寄生性种子植物

有些种子植物，由于本身缺少足够的叶绿素或某些器官的退化而不能自养，必须寄生在其他植物上，从而导致对其他植物的为害。寄生性种子植物大部分属于桑寄生科、旋花科和列当科。为害中药材的寄生性种子植物主要有：全寄生性的菟丝子和列当，前者主要为害多种豆科、菊科、茄科、旋花科的植物，后者主要为害黄连；半寄生性的桑寄生、樟寄生和槲寄生等。寄生性种子植物对寄主的为害较慢，主要是抑制寄主的生长，中药材受害后呈现生长衰弱，植株矮小、黄化，开花减少，落果或不结果现象，严重时全株枯死。

三、中药材侵染性病害的发生和流行

（一）病害的发生

从病原物与寄主植物接触、侵入，到寄主出现症状的过程称为侵染过程，简称病程。病害的侵染过程是一个连续的过程，通常人为地分为侵入期、潜育期和发病期。

1. 侵入期

是指病原物与寄主植物接触到建立寄生关系的这一段时间。各种病原物的侵入能力不一样，寄生性种子植物、部分真菌、线虫可由表皮直接穿透侵入，多数细菌和真菌由自然孔口（气孔、皮孔、水孔、蜜腺等）侵入，所有病毒、许多细菌和寄生性弱的真菌由伤口（虫伤、机械伤、病斑伤、冻伤等）侵入。病原物侵入寄主后，如寄主有较强的抵抗能力，常可延缓或阻碍侵染过程的进行；反之病原物便在寄主体内迅速扩展。环境条件对侵入期的影响主要是湿度和温度，尤其是湿度影响最大。对寄主而言，环境湿度大，愈伤组织形成缓慢，气孔开张放大，水孔的溢泌水多而持久，保护组织也变柔软，从而降低了植物的抗病能力，有利于病原物的侵入。对病原物而言，细菌及大多数真菌的孢子都必须在水中才能萌发，其中经气流传播的病原菌，湿度越高，对侵入越有利，特别是水滴的存在是很重要的条件。但对存在于土壤中的病原物，湿度过高，影响氧气供应，对侵入不利。所以，南方的梅雨季节和北方的雨季，病害发生普遍且严重，少雨干旱季节发病较轻或不发病。适宜的温度可以促进孢子的萌发，缩短侵入所需时间。其他环境条件如光照等对病原物的侵入也有一定的影响。掌握侵入期，就可以在病菌侵入植物之前进行防治，以提高防治效果。

2. 潜育期

从病原物侵入寄主建立寄生关系后到寄主表现症状前的时期。它是寄主植物和病原物两者激烈斗争的时期，如果通过改进栽培技术，加强管理，创造有利于植物健康生长的条件，增加植物本身的抗逆能力，就可以减轻或限制病原菌的为害。潜育期的长短各异，几天或一年、数年不等，这与病原物的生物学特性、寄主植物的种类和生长状况以及温度等环境因素有关。

3. 发病期

从寄主出现症状到症状停止发展称为发病期。植株出现症状是其体内一系列生理、组织构造病变的必然结果，标志着一个侵染过程的结束。当被侵染的中药材表现出明显症状时，病原物也已经达到繁殖时期，多数已形成繁殖体，并随着症状的发展，经常在发病部位产生孢子，成为下一代侵染源；细菌和病毒则个体已达到一定数量。大多数中药材侵染性病害，在侵染过程停止以后，症状仍然存在，直至寄主死亡。

（二）病害的流行

植物病害流行是指在一定时期或者在一定地区病害大量发生，造成植物生产的显著损失。病害流行学是研究群体发病及其在一定时期、一定地区变化规律的科学。它是以个体发病规律为基础的，但是与个体发病有所不同。

从系统的角度进行分析，病害流行是寄主、病原物及其所需生态环境所组成的动态系统：病原对寄主来说只是一个外因，病害的发生发展最根本的还取决于植物的抗病性，此外，有了病原菌的存在，植物是否生病，还取决于环境条件的制约，它既可影响植物的抗病性，也可影响病原菌的致病性。病害流行的主导因素也是不同的，人参苗期的立枯病，土壤中的病原物总是存在的，人参品种对立枯病的抗病性也无显著差异，地温较低，湿度较大，幼苗过密，都能降低人参的抵抗力，导致参苗大量发病致死，所以苗期低温高湿是人参立枯病流行的主导因素。

系统是开放的，在气象、土壤、生物等环境因素以及农业措施等人为因素等输入项的作用下，其系统内部进行运行和转化，并输出病害流行程度、作物损失、病原物残留量，以及其他种种后果。系统内部由多个子系统和多种组分组成，主要为寄主子系统、病原物子系统和病害子系统。寄主子系统包含数量、密度、品种的组成、各品种的抗病性类型、程度等多种因素或属性组分；病原物子系统由数量、小种及各小种的毒性和侵袭力等组成；病害子系统可分成越冬、传播、侵入、潜育和扩展、产孢等多个环节或子系统。

1. 病害流行的 3 个基本因素

侵染性病害的流行与植物病害的发生一样，同样必须具备病原物、寄主植物和环境等 3 个基本要素。不同的是这 3 个基本要素均有利于植物群体严重发病。侵染性病害的流行是寄主植物群体和病原物群体在环境条件影响下相互作用的结果。

（1）大量的感病寄主

感病植物的数量和分布，是病害能否流行和流行程度轻重的基本要素之一。植物的不同种和品种对某一病害具有不同的感病性，大面积栽种感病的品种就会造成病害的流行。即便是抗病的品种，若大面积单一化栽培。也会构成病害流行的潜在威胁。因此，在植物生产中，避免大面积栽种感病品种、品种单一化栽培，注重抗病品种的合理布局、品种组合和轮换等，都可以起到减轻病害流行程度和降低危害的作用。

（2）大量致病力强的病原物

病原物的数量多和致病力强，是病害流行的另一基本要素。没有再侵染或再侵染次要的病害，病原物越冬或越夏的数量，即初侵染来源的多少，对病害的流行有着决定性的作用。而再侵染重要的病害，除初侵染来源外，再侵染次数多，潜育期短；病原物繁殖快，对病害的流行常起着很大的作用。病原体寿命长和大量传播介体以及其他有利的传播动力等都可以增强传染效率，从而加速病害的流行。病原物大多是微生物，容易受环境的影响而发生变异，同时病原物本身遗传物质的重组也能发生变异。而大面积种植遗传上同质的品种，引起定向选择，使病原物的生理小种的改变，是导致品种从抗病到感病，造成病害流行的重要原因。因此，新的致病力强的生理小种的形成常常是病害流行的主导因素。

（3）适宜发病的环境条件

在具备病原物和感病寄主的情况下，适宜的环境条件常常成为病害流行的主导因素。所谓环境条件，主要是指气象条件、栽培条件和土壤条件，其中以气象条件的影响较大。温度、湿度（雨、露、雾）、光照等与病害流行的关系很密切。在气象条件中，对病害流行影响较大的是温度和湿度。由于年份间温度的变化比湿度小。因而湿度更为重要。病原物的繁殖、侵入和扩展都需要一定的温度和湿度，寄主植物的感病或抗病，也与气象条件有关。土壤条件对寄主植物和在土壤中活动的病原物影响较大，因此，根部病害的流行常受土壤条件的制约。种植密度、肥水管理、品种搭配等栽培条件，对病害的流行也有一定的影响。

此外，人类作为环境因素内的生物因素，人类的活动对植物病害的流行有着直接和间接的作用。种什么，如何种，怎样管，这些都可以通过影响三要素从而影响到植物病害的流行。

2. 病害流行的三角关系

大量致病力强的病原物，大量的感病寄主和适宜发病的环境条件这3个基本要素在病害流行中所构成的相互作用、相互影响的关系称为病害流行的三角关系（图6-1）。如果病害流行的三要素能分别被量化为一条线，那么这3条被量化的线所构成的三角形的面积也被量化，则三角形的面积被确定；此三角形的三边长任一个发生变化，则三角形的面积也将发生变化。三角形的面积等于病害发生的面积和程度，即流行的程度。任何一种侵染性病害在某个地区流行时期的早晚，发展的快慢，对生产的危害程度，均是这3个基本因素相互影响的结果。

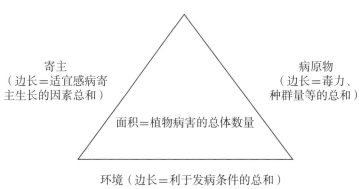

图6-1　植物病害流行的三角关系

但是，各种流行性病害，由于病原物、寄主和它们对环境条件的要求等方面的特性不相同，在一定地区，一定时间内，分析某一病害的流行条件时，不能把3个因素同等看待。可能其中某些因素基本具备，变动较小，而其他因素容易变动或变动幅度较大，不能稳定地满足流行的要求，限制了病害的流行。因此，把那种容易变动的限制性因素称为主导因素，如种植作物品种由于病菌生理小种的改变，植物品种由抗病变为感病，这时，品种为主导因素；如品种抗性、病菌生理小种、栽培管理未改变，高湿利于发病，则降雨的早晚、频率和量常为主导因素。

3. 植物病害的计量

植物病害的计量是植物病害研究方法中的基本技术。植物群体的发病程度可以用多种指标计量，其中最常用的有发病率、严重度和病情指数。

（1）发病率。发病率是发病植株或植物器官（如叶片、根、茎、果实、种子等）个体数占调查植株总数或器官总数的百分率，用以表示发病的普遍程度。但是，病株或病器官间发病轻重程度能有相当大的差异。例如，同为发病叶片，有些叶片可能仅产生单个病斑，另一些则可能产生几个甚至几十个病斑。这样，发病率相同时，发病的严重程度和植物受损程度可能不同。为了计量发病的严重程度，便需要应用严重度指标。

（2）严重度。严重度表示植株或器官的罹病面积（点发性病害，如病斑面积占总面积的比率）或受害的严重程度（系统性病害），衡量发病个体受害或发病的程度。严重度用分级法表示，即，将发病的严重程度由轻到重划分出级别，分别用各级的代表值或百分率表示。调查统计时，以整株或者以个别器官为单位，对照事先制定的严重度分级标准，找出与发病实际情况最接近的级别。

严重度分级标准常采用统一的分级标准体系，如联合国粮食及农业组织（FAO）的各个作物委员会制定的各种作物的分级标准。一般采用 10 级法（0~9），分级标准如下：

0 级：无可见反应；1 级：发病面积比或损失率在 1% 以下；2 级：发病面积比或损失率在 1%~3%；3 级：发病面积比或损失率在 4%~5%；4 级：发病面积比或损失率在 6%~10%；5 级：发病面积比或损失率在 11%~15%；6 级：发病面积比或损失率在 16%~25%；7 级：发病面积比或损失率在 26%~50%；8 级：发病面积比或损失率在 51%~75%；9 级：发病面积比或损失率在 76%~100%。

除用文字描述外，还可制成分级标准图。分级标准也可以调整，如小麦条锈病严重度分级标准，以叶片为单位，将其严重度分为 8 级，用百分率表示。国际水稻研究所（IRRI）则大多采用 0、1、3、5、7 和 9 这 6 级记载标准。

（3）病情指数。病情指数是全面考虑发病率与严重度两者的综合指标。若以叶片为单位，当严重度用分级代表值表示时，病情指数计算公式为：

病情指数 =（各级病叶数×各级代表数值）/（调查叶总数×最高一级代表数值）×100

当严重度用百分率表示时，则用以下公式计算：

$$病情指数 = \frac{\sum（各级病叶数 \times 各级代表数值）}{（调查叶总数 \times 最高一级代表数值）} \times 100$$

除发病率、严重度和病情指数以外，有时还用其他指标定量估计病害数量。如调查麦类锈病流行初期发病数量时，还常用病田率（发病田块数占调查田块总数的百分率）、病点率（发病样点数占调查样点总数的百分率）和病田单位面积内传病中心或单片病叶数量等指标。

（三）病害的侵染循环

病害的侵染循环是指从前一个生长季节开始发病到下一个生长季节再度发病，周而复始的过程。侵染循环包括病原物的越冬或越夏、病原物的传播、初侵染和再侵染 3 个基本环节。掌握侵染循环是了解病害的中心问题，也是制定防治措施的主要依据。一种病害要完成侵染循环，需要有侵染的病菌来源，并通过一定的途径传播到植物上去才能引起侵染，这些病菌还要以一定的方式越冬、越夏，以度过寄生植物休眠期，然后引起下一季的发病。

1. 病原物的越冬或越夏

在寄主植物收获后或进入休眠期后，病原物度过不良环境，成为下个生长季的病害初次侵染源，称为病原物的越冬或越夏。不同的病原物，其越冬或越夏的场所也不同。

（1）病株或病株残体。多年生植物染病后，病原物可在寄主体内定殖，染病植物的落叶、秸秆、枯枝、落果等残体，常带有病原繁殖体，这些病原物可继续生长繁殖或经越冬或越夏后成为侵染源。如地黄斑枯病病菌以分生孢子器附着在病残体上、人参疫病病菌以菌丝体或卵孢子附着在病残体上等。

（2）种子及无性繁殖材料。在寄主植物收获或休眠后，很多病原菌可潜伏在种子或苗木、地下茎等的表面或内部，成为苗期主要的侵染源。如人参、红花炭疽病常以分生孢子和菌丝体在种子内外越冬，薏苡黑粉病的厚垣孢子多附在种子上越冬，地黄花叶病毒多在根茎中越冬等。

（3）土壤和肥料。对以土壤为传播途径，主要为害中药材根部的病害来说，土壤是最重要或唯一的侵染源。病原物常随病残体落在地上，以各种休眠体或腐生等方式在土壤中越冬或越夏。大部分病原真菌和细菌只能寄生在寄主残体上，随寄主残体腐败分解而死亡，不能单独在土壤中生存，称土壤寄居菌；有些病原物具有很强的腐生能力，寄主病残体腐败分解后，仍可以单独长期存在于土壤中，称土壤习居菌。病原物可在没有经过充分腐熟，发酵的粪肥中越冬，造成粪肥带菌。

2. 病原物的传播

病原物经过越冬或越夏以后，从越冬或越夏场所到达新的传染地，从一个病程到另一个病程，都需要一定的传播途径。有些病原物可以通过孢子游动、细菌游动，线虫爬行等作短距离传播，称主动传播。但大多数病原物是借助于各种媒介进行被动传播，其传播途径主要有风力传播、雨水传播、昆虫传播和人为传播。

（1）风力传播。病原真菌的孢子通常小而轻，易于飞散，可以借助风力传播，如锈病孢子、霜霉病的分生孢子等。

（2）雨水传播。病原真菌的游动孢子或病原细菌常借雨水的下落和飞溅、土壤中的流水而传播。如根瘤病菌可通过灌溉水传播。

（3）昆虫传播。昆虫本身可以携带病原物，而且常在植物体上造成伤口而利于细菌侵入：蚜虫、叶蝉，飞虱等为主要传播媒介。

（4）人为传播。主要通过栽培操作、贮藏流通等方式传播病原物，如带病种子及繁殖材料的调入调出、栽培过程的人工操作等。人为传播方式数量大、距离远、危害极大。

3. 初侵染和再侵染

经越冬或越夏的病原物在寄主植物生长期进行的第一个侵染过程称为初侵染。在同一个生长季内，病株上的病原物又传播出去进行重复侵染称为再侵染。有些病害只有初侵染，而无再侵染，1 年只发生 1 次，如薏苡黑粉病。大多数病害都有再侵染，其病原物产生的孢子量最大，病害潜育期短，侵染期长，如环境条件有利于病害的发生，就可造成多次再侵染。

总之，典型的侵染性病害的病程是：病原菌以某种方式越冬或越夏以后，经过一定的传播途径进行初侵染，染病部位或植株上的病原物再传播到新的侵染点后进行再侵染；再侵染可以反复进行多次，寄主于生长季的末期进入休眠期，病原物随之进入越冬或越夏状态。

第二节　中药材虫害

为害中药材的动物种类很多，其中以有害昆虫为最多，其次为螨类、蜗牛、鼠类等。昆虫中的害虫能啃食植物各器官，而且还能传播病原物，使中药材生产受到很大损失。但也有些昆虫对人类是有益的，如蜜蜂能酿蜜，蚕能吐丝，寄生蜂能防治害虫，步行虫、瓢虫能捕食害虫。故在防治过程中，要保护和利用益虫，消灭害虫，保证中药材获得优质高产。

一、昆虫的特征、特性

昆虫属动物界节肢动物门（Arthropoda）昆虫纲（Insecta），其基本特征是由头、胸、腹3个体段构成，每个体段上分别着生不同的附属器官。

（一）成虫

成虫是昆虫个体发育过程中的性成熟的阶段，生殖器官发育完成，有繁殖后代的能力。成虫虫体分头、胸、腹3部分。

1. 头部

昆虫的头部是感觉和摄取食物的中心。头上有口器、触角、单眼等。成虫的口器一般分为2种类型。一是咀嚼式口器，由上唇（1个）、上颚（1对）、下颚（1对）、下唇（1对，但有部分愈合）和舌（1个）等部分组成，各部分均相当发达，适于咀嚼、蚕食坚硬的植物，如蝗虫、蝼蛄、金龟子、豆象及天牛等的口器。二是吸收式口器，刺吸式口器是其中主要一种，这种口器的下唇形成一槽管，管内两上颚左右抱住下颚，两下颚左右合抱，其中有食物道和唾液管，整个口器形成针状的管，昆虫吸食时，将上下颚组成的针状构造插入植物组织中吸食液汁，如椿象、蚜虫、介壳虫、叶蝉等的口器，螨类也具有刺吸式口器。此外，昆虫还有虹吸式口器（如蛾蝶类）、舐吸式口器（如蝇类）等。

了解口器不同类型，与选择防治药剂有很大关系。咀嚼式口器，可用胃毒剂和触杀剂防治；刺吸式口器的害虫是吸收植物汁液的，附着在植物表面的胃毒剂不能进入它们的消化道使其中毒，可选用触杀剂或内吸杀虫剂防治。

2. 胸部

昆虫的胸部是昆虫运动的中心。分为前、中、后胸3节。每个胸节各为4部分，上面称背板，下面称腹板，两侧称侧板。成虫一般有足3对，着生在各个胸节侧下方，分别称前足、中足、后足；翅2对，着生在中胸和后胸的背侧方，分别称前翅和后翅。但有的昆虫翅已完全或部分退化。常见的翅有膜翅、鞘翅、半鞘翅、鳞翅等，不同类型的昆虫，翅的质地和特征不一样。昆虫的翅常是昆虫分类和识别害虫种类的重要依据。此外，在中、后胸还各有气门1对。

3. 腹部

昆虫的腹部是昆虫生殖和新陈代谢的中心。一般分为9~10节。腹末有外生殖器、腹部一般有气门8对。熏蒸杀虫剂的有毒气体，就是由胸、腹部气门进入，经过气管进入虫体，使害虫中毒死亡的。

（二）体壁

昆虫的体壁由表皮层、真皮细胞层和基底膜3层构成。表皮层又可分为3层，由内向外称为内表皮、外表皮和上表皮。内表皮最厚，外表皮是体壁的硬化部分，颜色较深。上表皮是表皮最外层，也是最薄的一层，其内含有不渗透性蜡质或类似物质，这一层对防止体内水分蒸发和药剂的进入起着重要的作用。

一般来讲，昆虫随虫龄的增长，体壁对药剂的抵抗力也不断增强。因此，在杀虫药剂中常加入对脂肪和蜡质有溶解作用的溶剂。如乳剂由于含有溶解性强的油类，一般比可湿性粉剂和粉剂的毒效高。药剂进入害虫机体，主要是通过口器、表皮和气孔3个途径。所以针对昆虫体构造选用适宜药剂，对于提高防治效果有着重要意义。

（三）卵

卵是昆虫发育的第一个阶段。卵的形状和特征随害虫种类不同而不同。卵是一个大型细胞，常见的形状有圆形、长圆筒形、半球形、瓶形、桶形及具柄形等。卵表面被有卵壳，呈高度的不透性，起着保护作用，有的还具有特定的构造和纹理（图6-2）。卵的形态特征，亦是识别害虫的依据。昆虫产卵，有的是散产，卵粒分散分布；有的是成块地产，卵粒以各种形式排列成块状；有的外围还有胶质或鳞毛等物。掌握害虫的产卵类型、产卵地点，就可以采取措施，将其消灭。掌握害虫卵的形态，对识别害虫种类和适期防治有重要意义。

（四）幼虫

幼虫是昆虫发育的第二个阶段，习惯上指完全变态类昆虫由卵孵化出来的幼体。幼虫的形态和习性与成虫完全不同。如蛴螬为金龟子的幼虫。幼虫的胸部无翅，而腹部一般有足。按足的数量变化，幼虫可分为3个类型，即无足型，胸、腹部全部无足，如蝇的幼虫；寡足型，只有胸足，而无腹足，如蛴螬；多足型，除胸足外，尚有2~8对腹足，如木撩尺蠖（2对）、黄凤蝶（5对）、叶蜂（6~8对）。害虫足型和腹足的数量，亦是识别害虫的依据（图6-3）。

图6-2 常见害虫卵的形状

1. 长圆筒形（负蝗） 2. 长椭圆形（种蝇）
3. 半球形（棉铃虫） 4. 卵圆形（金龟子）
5. 球形（柑橘凤蝶）

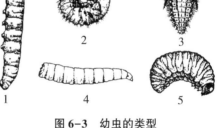

图6-3 幼虫的类型

1. 多足型 2、3. 寡足型 4、5. 无足型

（五）蛹

蛹是完全变态类昆虫由幼虫过渡到成虫时的中间阶段。此时大多不食不动，体内进行原有的幼虫组织器官的破坏和新的成虫组织器官的形成。蛹分为裸蛹（又称离蛹、自由蛹，体外无特殊的蛹壳包围，触角、足和翅芽不黏附在蛹体上，而呈游离状态，如褐天牛、甲虫等的蛹）、被蛹（触角、足和翅芽都黏附于蛹体上，外面由一层坚固透明的薄膜包围住，如蝶、蛾和白术术籽虫等的蛹）、围蛹［蛹体由一层坚硬不透明的硬壳（幼虫末龄的皮）将蛹体围在当中，如蝇的蛹］3个类型（图6-4）。

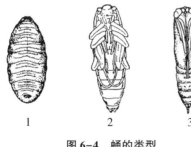

图6-4 蛹的类型

1. 围蛹 2. 裸蛹 3. 被蛹

二、昆虫的繁殖和发育

（一）昆虫的繁殖

昆虫为了适应复杂的环境条件不仅其生活方式多种多样，而且其繁殖方法也不同。

1. 两性繁殖

经过雌雄交配受精，产生受精卵，再发育成新个体的繁殖方法，称两性繁殖亦称有性繁殖，是昆虫繁殖的主要方法。

2. 孤雌繁殖

不经过雌雄交配，由雌虫产生后代的繁殖方法，称孤雌繁殖，也称单性繁殖。如蚜虫、瘿蜂，在春、夏两季全是孤雌繁殖。

3. 卵胎生

卵在母体内孵化，直接产出幼虫的繁殖方法，称为卵胎生。因为卵胎生的昆虫，是卵产在生殖道内，胚胎所需营养物质由卵黄供给，所以，此种卵胎生实质上仍是卵生，仅在产出前卵已孵化而已。

4. 多胚繁殖

由一个卵在发育过程中分裂成许多胚胎，每一胚胎发育成一新个体，如某些小茧蜂、跳小蜂等。

（二）昆虫的发育

昆虫个体发育分两个阶段：第一阶段为胚胎发育，由卵受精开始到孵化为止，是在卵内完成。第二阶段为胚后发育，是由卵孵化成幼虫后至成虫性成熟为止的整个发育时期。

1. 孵化、生长和蜕皮

当卵完成胚胎发育后，幼虫破壳而出，这个过程称为孵化。自卵产生至幼虫孵化的一段时期称为卵期。幼虫期是昆虫生长时期，经过取食，身体不断长大。但由于昆虫属外骨骼动物，具有坚硬的体壁，生长到一定程度后，受到体壁的限制，不能再行生长。因此，必须将旧的表皮蜕去，才能继续生长发育，这种现象称为蜕皮。幼虫孵化后，称为 1 龄幼虫。第一次蜕皮后称为 2 龄幼虫，以后每蜕皮 1 次，就增加 1 龄，最后一次蜕皮就变成蛹（完全变态昆虫）或直接变为成虫（不完全变态昆虫）。幼虫最后停止取食，不再生长，称为老熟幼虫。昆虫蜕皮次数依种类而不同，大多数昆虫蜕皮 4~6 次，如黏虫幼虫蜕皮 6 次，最后一次蜕皮化蛹，幼虫共有 6 龄。昆虫的食量随龄期的增长而急剧增加，有许多害虫都是在高龄阶段进入暴食期，对植物造成严重危害。因此，一般低龄幼虫，体小幼嫩，食量小，抗药性差，最易防治。高龄幼虫不但食量大，危害重，抗药力也强，所以，防治害虫必须在低龄时进行。每一龄发育所需要的时间，称为龄期。龄期的长短随昆虫种类、外界条件而变化。如黏虫幼虫，从 1~6 龄所需时间：在气温 15℃ 条件下，需 50~60d，而在 25℃ 时，只需 17~24d。

2. 变态

昆虫从卵孵化后，直至羽化为成虫的发育过程中，要经过一系列外部形态到内部器官的变化，从而形成几个不同的发育时期，这种现象称为变态，所变的形态称为虫态。昆虫的变态可分为不完全变态和完全变态两种。不完全变态的昆虫在个体发育过程中只经过卵、若虫、成虫 3 个发育阶段（图6-5）。完全变态的昆虫在个体发育过程中要经历卵、幼虫、蛹、成虫 4 个发育阶段（图6-5）。幼虫与成虫的形态生活习性极不相同，老熟幼虫经最后一次蜕皮变为蛹，由蛹羽化为成虫，如蛾、蝶、蝇和甲虫等。多数中药材的害虫都是这种变态类型。

3. 羽化和产卵

昆虫从末龄若虫蜕皮或由蛹蜕去蛹壳，变为成虫，这种现象称为羽化。从幼虫化蛹到羽

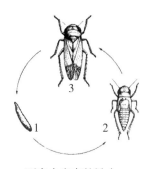

不完全变态的昆虫
1.卵 2.若虫 3.成虫

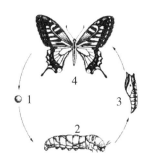

完全变态的昆虫
1.卵 2.幼虫 3.蛹 4.成虫

图6-5 昆虫的变态类型

化为成虫,这段时间称为蛹期;成虫羽化到死亡,这段时期称为成虫期。刚羽化的成虫,除少数种类(如赤眼蜂)外,绝大部分性器官未完全成熟,特别是雌成虫需要经过几天甚至几十天的取食,补充营养,待性器官和卵成熟后才能繁殖。昆虫产卵的方式和处所随种类不同而异,有的是单粒散产,如菜粉蝶、黄芪食心虫等;有的是数十粒或数百粒聚合成为卵块,如黏虫;多数昆虫卵产在裸露的植物表面,有的则产在隐蔽处。产卵的位置虽各异,但一般都产在其幼虫取食的植物上或其邻近。

4. 世代和生活史

昆虫由卵发育开始到成虫能繁殖后代为止的个体发育史称为1个世代(简称一代)。昆虫种类不同,其世代历期长短也不同,而同一种昆虫因其分布地区不同,或在同一地区因环境条件不同,其世代历期也有差异。有些昆虫1年中只有1个世代,如黄芪食心虫、白术术籽虫等,有些昆虫1年可发生3~4代,如珊菜钻心虫、黄凤蝶等。有的昆虫一年中能发生十几代甚至数十代,如蚜虫、红蜘蛛等。还有的昆虫1个世代要长达几年,如某些叩头虫、天牛等。世代的长短及1年内发生的代数,不仅与昆虫本身生物学特性有关,而且与气候条件也有关,在适合于昆虫生活的温度范围内,气温越高,昆虫发育越快,完成世代的时间就短,如黏虫在气温越高的地区,年发生的世代越多。据调查,在辽宁1年发生2~3代,山东3~4代,江苏4~5代,而广东可增至6~8代。

昆虫完成了1个世代的全部经历,称为生活史。害虫卵、幼虫、蛹、成虫的发生期,都有其初期、盛发期和末期。初发期、末期是指害虫虫态出现最早、最迟的时期。盛发期是指某虫态发生最多的时期。一般在某种虫态达20%左右时为初发期,达50%左右时为高峰期,达80%左右时为末期。有些昆虫,在1年中同一个时期,常可发现前后的各种不同虫态,这种现象称为世代重叠。了解害虫的生活史、每1个世代的发生期和每个虫态的初发期、盛发期等,就可抓住害虫生活中的薄弱环节,采取措施,进行有效地防治。

三、昆虫的生活习性

害虫的种类不同,生活习性也不同,掌握其生活习性,常可作为制定防治措施的重要依据。

(一)食性

昆虫食性复杂,按采食种类可分为植食性,以植物为食料,如大多数中药材害虫;肉食性以其他动物为食料,如寄生蜂、食虫瓢虫、蜻蜓等益虫;腐食性,以动、植物的残体或排泄物为食料,如有些金龟子幼虫、蝇、蛆等。

按昆虫的取食种类多少,又可分为:单食性,只为害1种植物,如术籽虫;寡食性,能为害同科或其近缘的多种植物,如黄凤蝶幼虫为害伞形科植物;多食性,能为害不同科的多种植物,如小地老虎、蝼蛄等。

(二) 趋性

趋性是昆虫较高级的神经活动。某些外来的刺激使昆虫发生一种不可抑制的行为，称为趋性。昆虫受到刺激后，向刺激源运动，称为正趋性；反之，称为负趋性。引起昆虫趋性活动的主要刺激有光、温度及化学物质等。这些趋性在防治害虫上是很有用处的，例如，对正趋光性的害虫，如蛾类、金龟子、蝼蛄等可以设诱蛾灯诱杀之；对喜食甜、酸或喜闻化学物质气味的害虫，如地老虎、黏虫等可用含毒糖醋液或毒饵诱杀。

(三) 假死性

有些害虫，当受到外界震动或惊扰时，立即从植株掉落至地面，暂不动弹，这种现象叫假死性。如金龟子、大灰象甲、银纹夜蛾幼虫等，防治上常利用这一习性将其震落捕杀。

(四) 休眠

昆虫在发育过程中，由于低温、酷热或食料不足等多种原因，虫体不食不动，暂时停止发育的现象，称为休眠。昆虫的卵、幼虫、蛹、成虫都能休眠。昆虫以休眠状态度过冬季或夏季，分别称为越冬或越夏。害虫种类不同，越冬或越夏的虫态和场所亦异。害虫休眠是其一生中的薄弱环节，特别是在越冬阶段。许多害虫还具有集中越冬现象，而越冬后的虫体又是下一季节害虫发生发展的基础。因而利用害虫休眠习性，调查越冬害虫的分布范围、密度大小、潜藏场所和越冬期间的死亡率等，开展冬季防治害虫，聚而歼之，是一种行之有效的防治方法。此外，害虫还有迁移、群集等习性，了解这些习性，亦可为防治措施提供依据。

四、中药材重要害虫种类及为害

(一) 根部害虫

根部害虫，或称地下害虫，是指活动为害期或主要为害虫态生活在土中、主要为害作物根部的一类害虫。我国已记载的根部害虫有 320 余种，隶属 8 目 38 科，包括地老虎、蛴螬、蝼蛄、根蛆、金针虫、白蚁、蟋蟀、根蟓、根蚜、根粉蚧、拟地甲、根象甲、根叶甲、根天牛和弹尾虫等。其中以前 4 类发生面积最广，为害程度最大，其他类群在局部地区有时也能造成较大的为害。

根部害虫发生的特点：适宜于发生在北方旱作地区，多数种类的生活周期和为害期很长，寄主种类复杂，且多在春、秋两季为害。主要为害植物的种子、地下部及近地面的根茎部。发生与土壤环境和耕作栽培制度的关系极为密切。化学防治主要采取药剂拌种、土壤处理、毒饵和毒水浇灌等方法。

我国根部害虫的发生曾几度起伏。20 世纪 50 年代，蝼蛄、蛴螬、金针虫和地老虎十分猖獗，其中尤以蝼蛄在华北地区为害极重，常导致毁种重播，后经用六六六为主的大面积药剂防治，虫口密度大为减少。20 世纪 70 年代，蝼蛄为害已基本得到控制，金针虫和地老虎仅在局部地区发生严重，而蛴螬在很大范围内普遍上升，成为大害。20 世纪 80 年代后，推广用辛硫磷、甲基异硫磷等取代六六六进行大面积防治，对控制根部害虫为害起到了明显的效果。20 世纪 90 年代以来，随着农业产业结构的调整和水利设施条件的不断改善，农田生态体系有了新的变化，根部害虫的发生蛴螬仍居首位，沟金针虫在河南、河北、甘肃等地为害有加重趋势，尤其是在陕西关中平原扩大水浇地面积后，喜湿的细胸金针虫已逐渐演替为优势种，成为潜在性威胁。随着地膜覆盖面积扩大及设施农业的逐渐推广，使土温增高，蝼蛄和金针虫的活动为害期也相应提早。

目前，根部害虫的防治仍以化学防治占主导地位，但生物防治研究也发展迅速，特别是昆虫病原线虫在地下害虫防治中的应用已得到了很大的发展。根部害虫天敌种类虽多，但国内正在试验中的仅有卵孢白僵菌、乳状芽孢杆菌和线虫等。今后应大力开展其天敌种类的调查和引进，研究其保护和利用的可能性。同时，还需开发农业防治和其他配套防治技术，以提高综合防治水平。

（二）茎部害虫

茎部害虫大多数以幼虫为害寄主植株的茎干、枝条或嫩梢等，形成各种形式的蛀道或虫瘿，影响水分、养料和光合产物的运输，造成寄主受害部位以上枝叶生长衰弱，易风折，甚至失水萎蔫、干枯。多年连续受害时，高大木本、藤本植物常整株枯死，使药材严重减产，品质下降。

为害植物茎干的主要害虫类群有鞘翅目的天牛类、象甲类、吉丁虫类；鳞翅目的蝙蝠蛾类、木蠹蛾类、螟蛾类、夜蛾类、透翅蛾类；双翅目的潜蝇类、瘿蚊类等。

（三）叶部吸汁害虫

中药材刺吸类害虫是指以刺吸和锉吸式口器取食植物汁液为害的昆虫，包括同翅目、半翅目的有害昆虫和螨类，多数为害叶片。植物叶片受害后，造成叶片失绿、变色、皱缩卷曲、畸形或形成虫瘿，严重时花、叶枯焦脱落。这类害虫有些同时吸食嫩枝、幼茎和花果汁液，使植株生长停滞，甚至枯死。由于很多植物是以叶、花、果入药，因此，植株受害后，严重影响了药材的产量和品质。

叶部吸汁害虫主要类群有蚜虫类、螨类、蚧类、椿象、叶蝉、粉虱、木虱等。

（四）食叶害虫

中药材食叶害虫种类很多，它们主要属于直翅目、鳞翅目和鞘翅目，少数属于膜翅目和双翅目。主要食叶害虫类群有直翅目的蝗虫，鳞翅目的食叶夜蛾、食叶螟蛾、尺蛾、蓑蛾、天蛾、天蚕蛾、凤蝶、菜粉蝶、东北网蛱蝶，鞘翅目的叶甲、马铃薯瓢虫、中华豆芫菁，膜翅目的银花叶蜂，双翅目的豌豆潜叶蝇、美洲斑潜蝇。这些害虫取食植物的叶片，造成孔洞或缺刻，严重受害则仅剩叶柄；有的害虫取食叶肉，留下网状叶脉。以叶入药的植物可直接造成中药材产量损失，以植株其他部位入药的植物叶部受害后，影响营养物质的合成和药物有效成分的积累，同样可造成中药材产量损失和品质下降。

中药材食叶害虫在低龄幼虫期一般虫体小、食量少，高龄期取食量大增，往往暴发成灾。因此，对这类害虫，应当掌握其发生和为害规律，及时采取综合防治措施，把害虫消灭在严重为害之前。

（五）花果害虫

花果是植物的繁殖器官，也是多种植物的药用产品。因此，花果害虫的为害常严重影响中药材产量、质量和繁殖再生产。花果害虫种类繁多，为害方式也有所差别。有的种类取食花蕾、花序，造成花蕾残缺、畸形、脱落或花序腐烂，不能正常开花；有的种类取食果皮、果肉，造成果实畸形、果肉腐烂或早落；有的种类取食种子，常将种子吃成缺刻或被食尽。由于多数花果害虫以幼虫隐蔽取食，暴露时间很短，并且为害期与药材采收期相距较近，常给药剂防治带来困难，要求掌握好防治时机，并需注意选择药剂种类和用药方法。

常见的花果害虫类型有鳞翅目的食花果螟蛾、蛀果蛾，除两者之外还有很多鳞翅目害虫为害植物的花果，其中主要有梨小食心虫、棉铃虫、枸杞蛀果蛾、黄栀子灰蝶等。

（六）药用真菌害虫

药用真菌种类很多，应用广泛。传统的药用真菌有灵芝、天麻、茯苓、冬虫夏草等，而银耳、香菇、平菇、猴头菌、蜜环菌、猪苓等的医疗作用也逐渐得到开发利用。药用真菌具有保健和医疗双重功效，社会需求日益增加。

但是，药用真菌在生产过程中常会受到多种害虫的为害。发生普遍、为害严重的药用真菌害虫有白蚁类、菌蚊类、菌蝇类、菌螨类等。白蚁蛀食茯苓的料筒和菌种木片，严重时可将茯苓蛀食成粪土状；菌蚊主要以幼虫为害，在真菌培养料中取食养分和菌丝，在真菌子实体上为害菌盖、菌褶、菌柄等，轻者在菌盖、菌褶上形成蛀孔，重者导致子实体生长停滞或萎缩死亡；菌蝇同菌蚊一样主要以幼虫为害期但菌蝇取食真菌培养料、菌丝体、菇蕾、子实体等，导致药用和食用真菌枯萎、变色和腐烂；菌螨以幼螨、若螨或成螨为害栽培真菌的菌丝和子实体，造成菌丝、菇蕾、子实体生长不良、枯死或萎缩，严重影响产量和品质，并且大量菌螨集于子实体，还对产品造成污染。这些害虫的为害，不仅造成药用真菌产量下降，而且严重影响真菌类药材的品质和药用价值。因此，必须做好药用真菌害虫的研究和防治工作。

五、中药材虫害发生与环境条件的关系

各种虫害的发生都与环境条件有密切关系。环境条件影响害虫种群数量在时间和空间方面的变化，如发生时期、地理分布、为害区域等。揭示虫害与环境条件相关的规律，找出虫害发生的主导因子，对防治害虫具有十分重要的意义。

（一）气候因子

气候因子包括温度（热）、湿度（水）、光、风等因素，其中以温度、湿度的影响为最大。

1. 温度

昆虫是变温动物，没有稳定的体温，其体温基本上取决于太阳辐射的外来热量。昆虫的新陈代谢与活动都受外界温度的影响，一般害虫有效温区为 10~40℃，适宜温度为 22~30℃。当温度高于或低于有效温区，害虫就进入休眠状态；温度过高或过低时，害虫就要死亡。害虫种类不同，对温度的反应和适应性不同，同种害虫的不同发育阶段对温度的反应也不相同。如黏虫卵、幼虫、蛹及成虫发育起点温度分别为 13.1℃、7.3℃、12.6℃、9.0℃。同种害虫也因地区、季节、虫期和生理状态等不同，对低温的忍受能力也有差异。如栖息在北方的害虫较南方的耐低温，越冬虫期较其他虫期更耐低温，滞育状态的害虫对低温的抵抗能力最强。停止发育或已达成熟的虫期，抗低温能力稍差，正在发育的虫期则最差。

2. 湿度

湿度对害虫的影响明显地表现在发育期的长短、生殖力和分布等方面。害虫在适宜的湿度下，才能正常生长发育和繁殖。害虫种类不同对湿度的要求范围不一，有的喜干燥，如蚜虫、叶蝉类；有的喜潮湿，如黏虫在 16~30℃ 时，湿度越大，产卵越多，在 25℃ 温度下，相对湿度 90% 时，其产卵量比在相对湿度 40% 以下时多 1 倍。

一般来讲，害虫对温、湿度各具有特殊要求，但在温度适宜时，对不适宜湿度的适应力常稍强些；而在温、湿度都不适宜的情况下，将抑制其生长、繁殖，甚至死亡。

此外，光、风等气候因子对害虫的发生也有一定的影响，光与温度常同时起作用，不易区分。风能影响地面蒸发量、大气中的温湿度和害虫栖息的小气候条件，从而影响害虫的生长发育，还可以影响某些害虫的迁移、扩散及其为害。

（二）土壤因子

土壤是害虫的一个特殊的生态环境，大部分害虫都和土壤有着密切关系。有些害虫终生活在土壤中，如蝼蛄；有的害虫1个或几个虫期生活在土中，如地老虎、金龟子等。土壤的物理结构、酸碱度、通气性、温度、湿度等，对害虫生长发育、繁殖和分布都有影响。如蝼蛄用齿耙状的前足在土内活动，故在砂质壤土中蝼蛄多，为害重；而黏重土壤则不利其活动，为害轻。又如蛴螬喜在腐殖质多的土壤中活动；金针虫多生活在酸性土壤中；小地老虎则多分布在湿度较大的壤土中。

（三）生物因子

生物因子包括食物和天敌两个方面。它主要表现在害虫和其他动、植物之间的营养关系上。害虫一方面需要取食其他动、植物作为自身的营养物质；另一方面它本身又是其他动物的营养对象。它们互相依赖，互相制约，表现出生物因子的复杂性。食料的种类和数量对于害虫的生长、繁殖和分布有密切的关系。单食性害虫的分布，以食料的有无所限。如白术术籽虫只以白术为食料，没有白术的地方就没有白术术籽虫。多食性害虫，食料对其分布的影响较轻微。但是每一种害虫，都有它最适宜的食料，食料越合适，就越有利其发生发展。如黏虫喜食薏苡，黄凤蝶幼虫喜食小茴香、珊菜、防风、白芷等。

在自然界中，凡是能抑制病、虫的生物，通称为该种病、虫害的天敌。天敌的种类和数量是影响害虫消长的重要因素之一。害虫的天敌主要有捕食性（如食蚜瓢虫、食蚜虻、食蚜蝇、草蜻蛉及步行虫等）和寄生性（如赤眼蜂、蚜茧蜂、肿腿蜂等）两种。

（四）人为因子

人类的生产活动对于害虫的繁殖和活动有很大的影响，采用各种栽培技术措施，及时组织防治工作，可以有效地抑制害虫的发生和为害程度。在种苗调运中，实施植物检疫制度，可以防止危险性害虫的传播、蔓延。当人类进行垦荒改土等生产活动时，也就同时改变了害虫的生活环境，有些害虫因寻不到食物和不能适应新的环境条件而逐渐衰亡，但也有些害虫因适应新的环境条件而繁殖猖獗。

六、中药材病虫害田间调查

（一）中药材病害田间调查

中药材病害调查包括病害种类、分布、为害情况及病害的发生发展规律的调查。对于中药材病害的调查，调查前应有充分的准备，调查后对掌握的材料及时分析研究。许多问题往往不是一二次的调查就能够得出结论的。在中药材病害调查工作中由于一些环节上的失误，往往会发生一些情况缺失或缺乏代表性，如调查的地点选择不当，调查结果不能反映当地的真实情况；资料不完全，由于调查准备工作不充分，无明确要收集的资料，造成部分资料缺失；发病程度记载不一致，由于多人调查记载病害发生情况，标准不规范，造成记载不一致，导致各方面的资料不能分析和比较；损失估计误差等。

1. 调查内容

调查的内容依据调查的目的而定。根据调查的内容确定采用的调查方式。调查的内容一般包括病害的分布、种类、病情的发生发展、农事操作与病害的关系以及其他特殊问题的调查等。

2. 调查方式

中药材病害的种类很多，其发生和为害的情况不同，一种病原菌寄生于不同寄主植物上。发病情况则也不一定完全相同。根据病害的性质和需要解决的问题，可以采取多种调查方式。调查的方式一般包括实地勘察、访问、开座谈会和收集当地有关资料等。

3. 调查时期与次数

实际工作中，往往根据调查的目的和病害的特点确定调查的时间与次数。

4. 取样方法

在一个地区调查病害，选择地块、选点和取样是调查的关键。选择不当，调查结果则不具有代表性，不能反映田间的实际情况。

5. 记载方法

对一般性调查，内容要求比较广泛，记载的项目比较多。每一项目的记载并不要求很精确，可以设计一种通用调查表。调查表应该包括调查日期、中药材名称、中药材品种、种子来源、病害名称、发病率与田间分布情况、土壤性质与肥力情况、施肥情况、土壤湿度、当地降水情况（特别是发病前和发病盛期情况）、当地群众对病害的认识和防治经验等。

6. 对发病程度的记载

发病程度包括发病率和严重度，发病率以百分比来计，严重度是指田块植株或器官的受害程度，常用的记载方法如下：

$$发病率 = \frac{发病株数}{调查株数} \times 100\%$$

（1）直接计数法。这是使用最广泛也是比较简便的方法，是以调查发病部位占所有调查数量的百分比，也称发病率。如调查 1 000 株植物，其中发病的株数 250 株，发病率为 25%。

（2）分级计算法。病害发生的程度不同，对中药材的影响也不同。为能区分不同程度的发病情况，就需要用分级计数法来记载。分级计数法的分级标准要明确具体，并能符合实际情况，使不同人的调查结果可以互相比较，在不同地点调查的结果可以汇总。分级标准可以用文字说明，也可以用绘图照相来表示。主要根据病害的性质，可以按叶片、果实、植株、田块进行分级。也可根据病斑的多少，病斑的面积，花叶的轻重等进行分级。无论使用哪一种记载标准，都应使标准最大程度地接近自然发病情况，最好是在田间采集发病轻重不同的标本，选出每一级的代表，然后制成分级标准。有时可用几个标本代表一个级别。

对于采用百分率表示的分级记载，比较容易计算其平均百分率。而对于不适用百分率表示的分级记载，往往可用病情指数来表示其发病程度。其计算公式如下：

$$发病率 = \frac{发病株数}{调查株数} \times 100\%$$

$$病情指数 = \frac{\sum（病级株数 \times 代表数值）}{总株数 \times 最高病级} \times 100\%$$

有的病害分级标准是用百分比表示的，可分别先统计病害的普遍率和平均严重率，然后根据普遍率和严重度来统计病情指数。

①普遍率：指病情的普遍程度。在白芨锈病中用病叶数占总调查叶数的百分比（病叶率）表示。

②严重度：指病叶或病秆上孢子堆数量的多少，即受害植株病情的严重程度。在条、叶锈病中用孢子堆占叶面积的百分比表示；在秆锈病中用茎秆上部两节中孢子堆占茎秆面积的百分比表示。小麦锈病调查分级标准中严重率分为 13 级，即 0%、1%、5%、10%、20%、30%、40%、50%、60%、70%、80%、90%、100%。

普遍率、平均严重度、病情指数的关系如下：

$$病情指数 = 普遍率 \times 平均严重度 \times 100（普遍率和严重度均计百分号）$$

7. 植物病害的损失估计

病害造成的经济损失包括直接的、间接的、当时的和后继的多种不同形式，不可能对病害造成的全部损失完全搞清楚。一般所指的损失是指产量的损失和品质的降低。损失估计是指通过调查或实验，实地测定或估计出某种病害造成的损失。

（二）中药材害虫田间调查

田间害虫调查是开展中药材害虫预测预报和防治工作的前提，在害虫的田间调查中要及时、准确地记录每一个调查数据。为了便于调查，最好在调查前制作好调查记载表，记载表中应尽可能包含所需要的调查内容，如调查时间、地点、处理类别、作物品种和生育期、样点编号、昆虫种类、虫期虫龄、虫口数量等。对田间调查取得的原始资料，应进行适当的统计整理，以便于分析和从中得出可靠的结论。常用的统计项目有：

1. 虫口密度

在调查一种中药材某种虫口密度时，由于害虫总体一般甚大，不可能也不必要对整个总体进行调查。一般是按照一定的抽样方法和抽样单位，从调查对象的总体中，抽取一定数量的个体。常用的抽样方法有：简单随机抽样、分层抽样、分级抽样、双重抽样和顺序抽样。一般统计为平均每个取样单位的虫口数量，例如，每株、每片叶、每平方米的虫口数量等。在此基础上，经折算后也可采用其他的单位表示，例如，每百株、每百叶、每公顷的虫口数量等。

2. 中药材被害率和损失率

中药材被害率表示中药材植株或其根、茎、叶、花、果实等受害的普遍程度。

$$被害率 = \frac{被害株（根、茎、叶、花、果）数}{调查总株（根、茎、叶、花、果）数} \times 100\%$$

中药材损失率表示中药材受害后的损失程度。

$$损失率 = 损失系数 \times 被害率$$

$$损失系数 = \frac{健株单株平均产量 - 被害株单株平均产量}{健株单株平均产量} \times 100\%$$

3. 防治效果

防治措施的防治效果主要用保苗率和校正防效表示。

$$保苗率 = \frac{对照区被害率 - 防治区被害率}{对照区被害率} \times 100\%$$

$$校正防效 = \frac{防治区虫口减退率 - 对照区虫口减退率}{1 - 对照区虫口减退率} \times 100\%$$

$$虫口减退率 = \frac{防治前平均虫量 - 防治后平均虫量}{防治前平均虫量} \times 100\%$$

第三节　中药材病虫害的综合防治

一、中药材病虫害的发生特点

植物病虫害的发生、发展与流行取决于寄主、病原、虫原及环境因素三者之间的相互关系。由于中药材本身的栽培技术、生物学特性和要求的生态条件有其特殊性，因此，也决定了中药材病虫害的发生和一般农作物相比有它自己的特点。这些主要表现在以下几个方面。

（一）害虫种类复杂、单食性和寡食性害虫相对较多

中药材包括草本、藤本、木本等各类植物，生长周期有 1 年生、几年生甚至几十年生。由于各种中药材本身含有特殊的化学成分，这也决定了某些特殊害虫喜食这些植物或趋向于在这些植物上产卵。因此，中药材上单食性和寡食性害虫相对较多。如射干钻心虫、栝楼透翅蛾、白术术籽虫、金银花尺蠖、山茱萸蛀果蛾及黄芪籽蜂等，它们只食 1 种或几种近缘植物。

（二）中药材地下部病害和地下害虫为害严重

由于许多中药材的根、块根和鳞茎等地下部分，既是营养成分积累的部位，又是药用部位，这些地下部分极易遭受土壤中的病原菌及害虫的为害，导致减产和药材品质下降，由于地下部病虫害防治难度很大，往往经济损失惨重，历来是植物病虫害防治中的老大难问题。其中地下部病害尤为突出，如人参锈腐病、根腐病和立枯病、贝母腐烂病、地黄根结线虫病等。地下害虫种类很多，如蝼蛄、金针虫等分布广泛，因植物根部被害后造成伤口，导致病菌侵入，更加剧地下部病害的发生和蔓延。

（三）无性繁殖材料是病虫害初侵染的重要来源

应用植物营养器官（根、茎、叶）来繁殖新个体在中药材栽培中占有很重要的地位。由于这些繁殖材料基本都是植物的根、块根、鳞茎等地下部分，常携带病菌、虫卵，所以无性繁殖材料是病虫害初侵染的重要来源，也是病虫害传播的一个重要途径，而当今种子、种苗频繁调运更加速了病虫害的传播蔓延。

（四）特殊栽培技术易致病害

中药材栽培中有许多特殊要求的技术措施，如人参、当归的育苗定植，附子的修根，板蓝根的割叶，枸杞的整枝等。这些技术如处理得当，是防治病害、保证药材高产优质的重要措施，反之则成为病虫害传染的途径，加重病虫害的流行。

二、中药材病虫害的绿色综合防治

中药材病虫害的防治应采取综合防治的策略（integrated pest management，IPM）。综合防治就是从生物与环境的整体观点出发，本着预防为主的指导思想和安全、有效、经济、简便的原则，因地制宜，合理运用农业、生物、化学、物理的方法及其他有效的生态手段，把病虫害的为害控制在经济阈值以下，以达到提高经济效益、生态效益和社会效益的目的。

中药材栽培除要求一定的产量外，更注重药材的品质，活性成分的含量必须符合国家药典的规定。因此，在中药材病虫害防治的各项措施的应用中，要做到既控制病虫的为害，又不降低中药材的品质，避免农药残留及其他污染物对中药材的污染，并研究中药材病虫害的防治技术对中药材活性成分的影响。为推进《中药材生产质量管理规范（GAP）》的实施，在加强中药材病虫害基础研究力度的同时，在病虫害防治方面，应重点加强无污染新技术的研究。

病虫害综合防治主要应围绕以下几个方面进行：消灭病虫害的来源；切断病虫的传播途径；利用和提高中药材的抗病、抗虫性，保护中药材不受侵害；控制田间环境条件，使它有利于中药材的生长发育，而不利于病虫的发生发展；直接消灭中药材上的病原和害虫。

（一）植物检疫

植物检疫是依据国家法规，对植物及其产品进行检验处理、防治检疫性有害生物通过人

为传播进、出境并进一步扩散蔓延的一种植物保护措施。根据国务院发布的《植物检疫条例》（1992 年 5 月 13 日国务院第 98 号令发布）和农业部发布的《植物检疫条例实施细则（农业部分）》（1995 年 2 月 25 日农业部第 5 号令发布）规定，设立植物检疫机构，对植物检疫对象进行病虫害的检验，以防止威胁性病虫害检疫对象传入和带出。根据农发〔1995〕10 号文公布的全国植物检疫对象和应施检疫的植物、植物产品名单，中药材被明确列入植物检疫对象。因此，在引种、种苗调运过程中，应进行必要的检查。对危险性病虫害的种苗严禁输出或调入，同时采取有效措施消灭或封锁在本地区内，防止扩大蔓延。植物检疫是防治病虫害一项重要的预防性和保护性措施。

（二）农业防治

农业防治即是在农田生态系统中，利用和改进耕作栽培技术，调节病原物害虫和寄主及环境之间的关系，创造有利于作物生长、不利于病虫害发生的环境条件，控制病虫害发生发展的方法。其特点是：无须为防治有害生物而增加额外成本；无杀伤自然天敌、造成有害生物产生抗药性以及污染环境等不良副作用；可随作物生产的不断进行而经常保持对有害生物的抑制，其效果是累积的；一般具有预防作用。农业防治一般不增加开支，安全有效，简单易行。

1. 合理轮作和间作

一种中药材在同一块地上连作，就会使其病虫源在土壤中积累。对寄主范围狭窄，食性单一的有害生物，轮作可恶化其营养条件和生存环境，或切断其生命活动过程的某一环节。如大豆食心虫仅为害大豆，采用大豆与禾谷类作物轮作，就能防止其为害。对一些土传病害和专性寄主或腐生性不强的病原物，轮作也是有效的防治方法之一。此外，轮作还能促进有拮抗作用的微生物活动，抑制病原物的生长、繁殖。因此，进行合理轮作和间作对防治病虫害和充分利用土壤肥力都是十分重要的。特别对那些病虫在土中寄居或休眠的中药材，实行轮作更为重要。如土传病害发生多的人参、西洋参绝不能连作，老参地不能再种参，否则病害严重。如浙贝母与水稻隔年轮作，可大大减轻根腐病和灰霉病的危害。合理选择轮作物对象很重要，同科、属植物或同为某些严重病虫害寄主的植物不能选为轮作物。此外，中药材在生长过程中分泌一些有毒物质在土壤中，也使得连作的效果不好。一般中药材的前作以禾本科植物为宜。一般烂根病严重的中药材与禾本科作物进行水旱轮作 4 年以上，可减轻根腐病和白绢病的发生。但是如果轮作作物选择不当，也会使某些病虫害加剧，如地黄、花生、珊瑚菜都有枯萎病和根线虫病，不能互相轮作。

2. 深耕细作

深耕细作能促进根系的发育，增强吸肥能力，使中药材生长健壮，同时也有直接杀灭病虫的作用。很多病原菌和害虫在土内越冬，因此，冬耕晒土可改变土壤物理、化学性状，促使害虫死亡，或直接破坏害虫的越冬巢穴，或改变栖息环境，减少越冬病虫源。耕耙不仅能直接破坏土壤中害虫巢穴和土室，还能把表层内越冬的害虫翻进土层深处，使其不易羽化出土，又可把蛰伏在土壤深处的害虫及病菌翻露在地面，经日光照射、鸟兽啄食等，亦能直接消灭部分病虫。例如，对土传病害发生严重的人参、西洋参等，播前除耕地必须休闲外，还要耕翻晒土几次，以改善土壤物理性状，减少土中病原菌数量，达到防病的目的。

3. 除草、修剪和清洁田园

田间杂草和中药材收获后的残枝落叶常是病虫隐蔽及越冬场所和来年的重要病虫来源。因此，除草、修剪病虫枝叶和收获后清洁田园将病虫残枝和枯枝落叶进行烧毁或深埋处理，可大大减少病虫越冬基数，是防治病虫害的重要农业技术措施。

4. 其他农业措施

（1）调节播种期。有些病虫害常和中药材某个生长发育阶段的物候期有着密切关系。调节中药材播种期，使其病虫的某个发育阶段错过病虫大量侵染为害的危险期，可避开病虫为害达到防治目的。如北方薏苡适期晚播，可以减轻黑粉病的发生；红花适期早播，可以避过炭疽病和红花实蝇的为害；黄芪夏播，可以避免春季苗期害虫的为害；地黄适期育苗移栽，可以有效地防止斑枯病的发生。

（2）合理施肥。合理施肥能促进中药材的生长发育，增强其抗病虫害的能力和避开病虫为害时期，特别是施肥种类、数量、时间、方法等都对病虫害的发生有较大影响。一般来说，增施磷、钾肥，特别是钾肥可以增强植物的抗病性，偏施氮肥对病害发生影响最大。使用厩肥或堆肥，一定要腐熟，否则肥中的残存病菌以及地下害虫蛴螬等虫卵未被杀灭，易使地下害虫和某些病害加重。

（3）抗病虫品种。中药材不同类型或品种之间往往对病虫害抵抗能力有显著差异。如地黄农家品种"金状元"对地黄斑枯病比较敏感，而"小黑英"品种比较抗病。由于植物对病虫的抗性是植物一种可遗传的生物学特性，因此，利用这些抗病、抗虫特性，选育出理想的抗病虫的高产优质品种，并在生产上加以推广应用，这是一项最经济有效的病虫害治理措施。通常在同一条件下抗性品种受病虫为害的程度较非抗性品种为轻或不受害。选育和利用抗病、虫品种植物的不同类型或品种往往可增强植株对病虫害抵抗能力。如阔叶矮秆型白术苞片较长，能盖住花蕾，可抵挡白术术籽虫产卵。同一品种内，单株之间抗病、虫力也有差异。为了提高品种的抗性，可在病、虫害发生盛期，在田间选择比较抗病、抗虫的单株留种，并通过连年不断选择和培育，可以选育出抗病、虫能力较强的品种。

中药材种质资源抗性鉴定方法通常可分为直接鉴定和间接鉴定。直接鉴定又分为人工接种鉴定和自然发病鉴定。

人工接种鉴定又可分为室内人工接种鉴定和田间人工接种鉴定。因不受地点、季节、年份、人为限制，在不同的地点和年份可重复、可比较，可加速鉴定进程，同时鉴定每个病原物或同一病原物的多个生理小种，还能了解温度、水分、光照、气流等环境因素对种质材料抗病性的影响。

室内人工接种鉴定就是采用标准化的方法将人工培养的病原物，直接以一定浓度、接种方式等，人工接种于培育在温室、网室或其他人工控制环境下的药用植物上，并采用标准化的调查方法，鉴定评价中药材的抗病性。

田间人工接种鉴定又可分为田间人工直接接种鉴定和田间人工诱发接种鉴定。田间人工直接接种鉴定就是采用标准化的方法将人工培养的病原物，直接以一定浓度、接种方式等，人工接种于种植在田间环境下的中药材上，并采用标准化的调查方法，鉴定评价中药材的抗病性。田间人工诱发接种鉴定就是采用标准化的方法将人工培养的病原物，以一定浓度、接种方式等，人工接种于田间四周栽种的感病品种上，诱导中心位置种植的中药材发病；而不直接人工接种于被鉴定的中药材上，并采用标准化的调查方法，鉴定评价中药材的抗病性。

自然发病鉴定，主要在田间进行，是将被鉴定的种质材料播种或定植到病区，或自然发病率高田块内，不进行人工接种病原物，在田间条件下进行自然发病鉴定，调查方法同人工接种方法。这种受气候、环境、病原等因素影响大。可靠性较低。

室内鉴定必须接种病原物，所以不能显示植物的避病性。此外，植物遭受病原物侵染后，会产生一些特殊的代谢产物。这些物质的产生可能是植物的保卫反应，也可能是病原物代谢活动的结果。间接鉴定是检测这些物质存在的量，作为中药材抗病性鉴定的指标，如毒素测定、植物保卫素测定、酶活性测定、同工酶电泳、血清实验等。间接鉴定方法大部分处于实验研究阶段，在实践中尚未广泛应用。间接鉴定只能建立在直接鉴定特别是田间鉴定的基础上，作为田间鉴定的辅助手段。

植物抗虫性鉴定主要有田间自然鉴定法、增加为害压法和网室鉴定法 3 种。田间自然鉴定法是在虫口密度较大的地区和年份种植待鉴定的种质材料，观察各材料发生虫害的程度。这种方法完全依靠自然发生的害虫群体来鉴定，受外界条件的限制很大；增加为害压法是在虫口发生较少的地区或年份，采用人工接种虫源，以增加害虫对待鉴定种质材料的为害压力，从而强化种质材料间抗虫性的差异；网室鉴定法是在田间建造的网室内种植待鉴定的种质材料，并接种一定数量的害虫，然后观察不同材料的受害程度。这种方法将害虫限制在隔离的范围内的为害，鉴定结果比较可靠，但建造网室的成本较高。以上 3 种抗虫鉴定方法在应用中均应注意控制其他非鉴定虫害的同时为害，且避免害虫天敌的干扰。

（三）生物防治

生物防治是利用生物或其代谢产物控制有害生物种群的发生、繁殖或减轻其为害的方法。一般指利用有害生物的寄生性、捕食性和病原性天敌来消灭有害生物。这些生物产物或天敌一般对有害生物选择性强，毒性大；而对高等动物毒性小，对环境污染小，一般不造成公害。中药材病、虫害的生物防治是解决中药材免受农药污染的有效途径。如应用管氏肿腿蜂防治金银花天牛等蛀干性害虫，应用木霉菌制剂防治人参、西洋参等的根病，木霉在土传病害的生物防治中有重要的应用价值。

生物防治，目前主要是采用以虫治虫、微生物治虫、以菌治病、抗生素和交叉保护以及性诱剂、诱集植物捕杀等方法防治害虫。

1. 以虫治虫

利用天敌昆虫防治害虫包括利用捕食性和寄生性两类天敌昆虫。捕食性昆虫主要有螳螂、蚜狮（草蛉幼虫）、步行虫、食虫椿象（猎蝽等）、食蚜虻及食蚜蝇等。寄生性昆虫主要有各种卵寄生蜂、幼虫和蛹的寄生蜂。如寄生在菘蓝菜粉蝶幼虫中的茧蜂、寄生在金银花咖啡虎天牛中的肿腿蜂以及寄生在木通枯叶蛾卵的赤眼蜂等。这些天敌昆虫在自然界里存在于一些害虫群体中，对抑制这些害虫虫口密度起到不可忽视的作用。

2. 微生物治虫

以微生物治虫主要包括利用细菌、真菌、病毒等昆虫病原微生物防治害虫。病原细菌主要是苏云金杆菌类，它可使昆虫得败血症而死亡。现在已有苏云金杆菌（Bt）各种制剂，有较广的杀虫谱。病原真菌主要有白僵菌、绿僵菌、虫霉菌等。目前应用较多的是白僵菌。罹病昆虫表现运动呆滞、食欲减退、皮色无光，有些身体有褐斑、吐黄水，3~15 d 后虫体死亡僵硬。昆虫病毒有核多角体病毒和细胞质多角体病毒。害虫感病 7 d 后死亡，虫尸常倒挂在枝头。一般 1 种病毒只能寄生 1 种昆虫，专化性较强。

3. 抗生素和交叉保护作用在防治病害上的应用

抗生素（曾称抗菌素），指微生物所产生的，能抑制或杀死其他微生物（包括细菌、真菌、立克次氏体、病毒、支原体及衣原体等）的代谢产物，或化学半合成法制造的相同和类似物质。抗生菌，亦称"拮抗菌"，能抑制其他微生物的生长发育，甚至杀死其他微生物。其中有的能产生抗生素，主要是放线菌及若干真菌和细菌等。如链霉菌产生链霉素，青霉菌产生青霉素，多黏芽孢杆菌产生多黏菌素等。用抗生素或抗生菌防治植物病害已获得显著成绩。如哈茨木霉防治甜菊白绢病，用 5406 菌肥防治荆芥茎枯病有良好效果。

用非病原微生物有机体或不亲和的病原小种首先接种植物，可导致这些植物对以后接种的亲和性病原物的不感染性，即类似诱发的抵抗性，称为交叉保护。应用此法防治枸杞黑果病获初步成功。

4. 性诱剂防治害虫性

诱剂是一种无毒，对天敌无杀伤力，不使害虫产生抗药性的昆虫性外激素。迄今已合成了几十种昆虫性诱剂用于防治害虫。如小地老虎性诱剂、橘小实蝇性诱剂、瓜实蝇性诱剂等。性诱剂防治害虫主要有两种方法。

（1）诱捕法。又称诱杀法，是用性外激素或性诱剂直接防治害虫的一种方法。在防治区设置适当数量的性诱剂诱捕器，把田间出现的求偶交配的雄虫尽可能及时诱杀，降低交配率，降低子代幼虫密度，以达到防治的效果。在虫口密度较低时，该法防治效果较好。

（2）迷向法。又称干扰交配，是大田应用昆虫性诱剂防治害虫的一项重要的方法。许多害虫是通过性外激素相互联系求偶交配的，如果能干扰破坏雄、雌昆虫间这种通讯联络，害虫就不能进行交配和繁殖后代，以此达到防治的效果。

若采用综合防治措施，将性诱剂与化学不育剂、病毒、细菌、原生动物及线虫等配合使用更有意义。用性诱剂把害虫诱来，使其与不育剂、病毒等接触，然后使之与其同类或其他昆虫交配、接触，这样，对害虫种群造成很大威胁，可达到更佳的害虫防治效果。

5. 诱集植物捕杀

在田间种植害虫喜欢栖息、聚集、取食的植物即诱集植物，定期在诱集植物上进行高效的化学防治，而不对中药材用药的方法。如种植芋头诱集植物捕杀斜纹夜蛾、甜菜夜蛾等。

生物防治具有不污染环境、对人和其他生物安全、防治作用持久、易于同其他植物保护措施协调配合、节约能源等优点，已成为植物病虫害和杂草综合治理中的一项重要措施。

（四）物理机械防治

根据害虫的生活习性和病虫的发生规律，利用物理因子或机械作用对有害生物生长、发育、繁殖等干扰，以防治植物病虫害的方法，称为物理机械防治法。物理因子包括光、电、声、温度、激光、红外线及核辐射；机械作用包括人力扑打，使用简单的器具、器械装置，直至应用现代化的机械设备等。这类防治方法可用于有害生物大量发生之前，或作为有害生物已经大量发生为害时的急救措施。如对活性不强，为害集中，或有假死性的大灰象甲、黄凤蝶幼虫等害虫，实行人工捕杀；对有趋光性的鳞翅目、鞘翅目及某些地下害虫等，利用扰火、诱蛾灯或黑光灯等诱杀均属物理机械防治法。

（五）化学防治

应用化学农药防治虫害的方法，称为化学防治法。其优点是作用快、效果好、应用方便，能在短期内消灭或控制大量发生的虫害，受地区性或季节性限制比较小，是防治虫害常用的一种方法。但如果长期使用，害虫易产生抗药性，同时杀伤天敌，往往造成害虫猖獗；有机农药毒性较大，有残毒，能污染环境，影响人畜健康。尤其是中药材大多数都是内服药品，农药残毒问题，必须严加注意，严格禁止使用毒性大或有残毒的药剂，对一些毒性小或易降解的农药，要严格掌握施药时期，防止污染植物。对于使用农药后，能使某些中药材的活性成分含量降低而影响中药材品质的，亦应禁止使用。对有趋化性的黏虫、地老虎等成虫用毒性糖醋液诱杀；对苗期杂食性害虫，用毒饵诱杀；对有些种子带有害虫的，实行药剂浸、拌种等方法，将害虫消灭在播种之前。

化学农药的合理使用是在确保人、畜和环境安全的前提下，以最少的农药用量取得最佳的防治效果，并可避免或延缓病原物及害虫抗药性的产生。因此，农药的科学合理使用应遵循对症下药、按需施药、轮换用药的原则。在农药防治中，常用将两种或两种以上的农药混用，通常有现混现用和加工成混剂使用两种方式。混用农药可以扩大防治对象谱，提高防效，降低劳动强度，增加经济效益。但应遵循下列原则：

①混用的农药之间不起化学反应，遇酸、碱易分解失效的农药不能与酸、碱混用。

②现混现用的农药混合后其物理性状应保持不变，如不能产生分层和沉淀。

③农药混用后应不提高对人、畜、家禽和鱼类的毒性及对其他有益生物和天敌的危害。

④混用的农药应具有不同的作用方式、作用位点或靶标，以延缓病原物抗药性的产生。

⑤农药混用后应能明显增效或扩大杀菌谱。

⑥施用混剂后，农副产品中的残留量应低于单用的药剂。

⑦农药混用应能降低使用成本。

（六）植物源农药的研究和利用

植物源农药是用具有杀虫、杀菌、除草及生长调节等特性的植物功能部位，或提取其活性成分加工而成的药剂。种类繁多的植物次生代谢物是潜在的化学因素，构成了各具特色的化学生态，而正是这些次生代谢物抵御了多数害虫的侵扰。据不完全统计，目前已发现的对昆虫生长有抑制、干扰作用的植物次生物质有 1 100 余种，这些物质不同程度地对昆虫表现出拒食、驱避、抑制生长发育及直接毒杀作用。富含这些高生理活性次生物质的植物均有可能被加工成农药制剂。害虫及病原微生物对这类生物农药一般难以对其产生抗药性，这类农药也极易和其他生物措施协调，有利于综合治理措施的实施。很多中药材本身就含有杀虫抗菌的成分。如现在生产上已应用的有苦参碱制剂、蛔蒿素制剂，川楝素制剂等。总之，植物源农约是作常庞大的生物农药类群，其类型之多，性质之特殊，足以应付各类有害生物。因此，植物源农药将在植物病虫害的防治中将起到重要的作用，是一个非常值得去研究及开发的领域。

三、浙产特色中药材病虫害发生现状与防治对策

浙江是全国道地中药材主产区之一，浙江生态类型多样、四季分明（春湿、夏热、秋燥、冬冷）的气候条件，造就了"浙八味"及"新浙八味"等道地中药材品质上乘，享誉海内外。浙产特色中药材主要包括铁皮石斛、灵芝和西红花等道地名贵药材和传统"浙八味"：浙贝母、杭白菊、元胡、白术、玄参、浙麦冬、杭白芍和温郁金。近年来，铁皮石斛、西红花和灵芝等新兴名贵药材发展迅猛，种植面积仍在逐年增加。经过多年的发展，浙江省已经基本形成了"浙八味"等传统中药材和铁皮石斛等名贵药材的优势产区，并逐渐培育了乐清铁皮石斛、龙泉灵芝、建德西红花、磐安"磐五味"、桐乡杭白菊、东阳元胡、鄞州浙贝母和瑞安温郁金等集聚种植带。浙产特色中药材的病虫害种类多、为害重、损失大，且因种植区域、气候、环境和栽培模式及管理等方面的差异，病虫发生情况不尽相同。其中铁皮石斛为兰科石斛属多年生附生型草本植物，随着组织培养、种子生产、设施栽培等人工繁育关键技术的突破，种植规模迅速扩大，设施栽培、基质栽培、仿生态栽培等种植方式多样，病虫发生的差异较大。浙江省铁皮石斛上常见病虫害有炭疽病、黑斑病、白绢病、灰霉病和软腐病。其中黑斑病发生普遍，发病率为30%～50%；灰霉病发生严重，发病率在

30% 左右，高的达 90%；炭疽病发病率在 20%～30%，高的达 50% 以上；白绢病在炼苗驯化期造成的死苗率为 30% 左右，严重的可达 70% 以上；双叉犀金龟在浙江建德暴发为害较严重。灵芝主要受蝇蛆、螨虫、线虫、软体动物、鼠等为害。西红花上球茎腐烂病发生严重。浙贝母上常见病虫害有灰霉病、软腐病和干腐病 3 种病害及蜗牛、蛴螬发生普遍。杭白菊发生严重的有"三病三虫"，即叶枯病、根腐病和病毒病 3 种病害以及蚜虫、斜纹夜蛾和小地老虎 3 种虫害。元胡、白术、玄参、浙麦冬和杭白芍等中药材上常见病虫种类较多，为害重的病虫害有 4～8 种，具体见下篇的各论。

2 月初，浙江地区多发雨雪冰冻天气，浙贝母、元胡已出苗，铁皮石斛等多年生药材处于越冬生长期，需做好抗寒防冻措施。对浙贝母、元胡等覆盖稻草、地膜等防冻，在低温天气来临前，培土提高地温护根，增强根系活力，减轻低温冰冻对根系的伤害。受冻植株长势差，抵抗力较弱，易加重病虫害的发生，应及时清理受冻植株枝叶并喷药防治。重点防治浙贝母灰霉病、元胡霜霉病、菌核病、根腐病等病害。6、7 月份梅雨季节，持续的降雨天气，造成田间积水及部分中药材受淹，长势衰弱，极易诱发病虫害。铁皮石斛处于花期，长期淹水，会枯黄死亡。灵芝处于采收孢子粉的关键期，高温、高湿容易造成发霉变质；杭白菊易受春雨及梅雨天气影响，容易出现沤根现象，基部叶早衰甚至全株死亡；白术等药材渍害下易烂根。汛期中药材生产管理要点：一是及时深挖排水沟，降低田间地下水位；二是及时清淤松土，及时追肥，促使根系恢复能力；三是加强病虫害防治；四是适时提早采收，减少损失。7—9 月是一年当中气温最高的月份，若遇长期高温干旱，对中药材的生长发育危害极大，会使中草药植株造成死苗或药用果树的异常落果，造成药材受害减产，影响药农种药效益。此外，雨后天晴的高温、高湿气候，有利于中药材各种病虫害发生与流行，特别是块茎类中药材易发生青枯病、软腐病、根腐病、炭疽病等。要针对不同品种、受害程度及时喷施杀菌、杀虫剂。抢晴天用药，选择安全、对口药剂防治，注意轮换用药，保障中药材安全生产。

第四节　常用农药及其施用原则及方法

一、常用农药及其性质

农药是一类用来防治病、虫、鼠害和调节植物生长的具有生物活性的物质。按照防治对象不同可分为杀虫剂、杀螨剂、杀线虫剂、杀菌（病毒）剂、除草剂、植物生长调节剂和杀鼠剂七大类。在这里主要介绍常用的杀虫剂、杀螨剂和杀菌剂。

（一）杀虫剂

1. 辛硫磷

一种低毒、高效、广谱有机磷杀虫剂。对害虫以触杀和胃毒作用为主，击倒力强，无内吸作用。在田间使用时，因对光不稳定，很快分解失效，所以残效期很短，残留危险性极小。叶面喷雾一般残效期 2～3d，但施入土中残效期可达 1～2 个月。适于防治地下害虫，特别是对蛴螬等地下害虫有良好防治效果。田间喷雾最好在傍晚进行，注意在避光、阴凉干燥处贮存。

2. 敌百虫

一种低毒、广谱有机磷杀虫剂。对害虫有很强的胃毒作用，并可触杀。对植物有渗透作用，但不能内吸传导。可有效防治双翅目、鳞翅目、鞘翅目害虫，对螨类和某些蚜虫防治效果很差。

3. 溴氰菊酯

高效、广谱的拟除虫菊酯类杀虫剂，对人、畜毒性中等。对眼睛有轻度刺激，但在短期内即可消失。对鱼和水生昆虫毒性高，对蜜蜂和蚕剧毒。对害虫以触杀和胃毒作用为主，有一定驱避和拒食作用，无内吸和熏蒸作用。杀虫谱广，击倒速度快，尤其对鳞翅目幼虫和蚜虫高效，但对螨类无效。高剂量能杀死成虫、幼虫和卵，低剂量可使幼虫拒食、成虫拒绝产卵。对直翅目、缨翅目、半翅目、鳞翅目、双翅目、鞘翅目等多种害虫有效。

4. 灭幼脲

低毒杀虫剂，以胃毒作用为主，触杀作用次之，无内吸性。害虫取食或接触后，抑制表皮几丁质的合成，使幼虫不能正常蜕皮而死亡。对鳞翅目和双翅目幼虫有特效。不杀成虫，但能使成虫不育，卵不能正常孵化。毒性低，对人畜和植物安全，对天敌杀伤性小。药效缓慢，2~3d 后才能显示杀虫作用。残效期长达 15~20d，且耐雨水冲刷，在田间降解速度慢。

5. 苏云金杆菌

一种低毒微生物杀虫剂，属好气性蜡状芽孢杆菌，在形成芽孢的同时，产生伴孢晶体即δ-内毒素，这种晶体蛋白进入昆虫中肠后，在中肠碱性条件下降解为具有杀虫活性的毒素，破坏肠道内膜，引起肠道穿孔，使昆虫停止取食，最后因饥饿和败血症而死亡。据统计，目前在各种苏云金杆菌变种中已发现 130 多种可编码杀虫蛋白的基因，由于不同变种中所含编码基因的种类及表达效率的差异，使不同变种在杀虫谱上存在较大差异，现已开发出可有效防治直翅目、鞘翅目、双翅目、膜翅目，特别是鳞翅目的苏云金杆菌生物农药制剂。不能与杀菌剂或内吸性有机磷杀只剂混用，对蚕高毒。

6. 白僵菌

一种真菌类杀虫剂，产品为白色或灰色粉状物，活性成分为活孢子。对人、畜无毒，对家蚕、柞蚕毒性高。白僵菌活孢子在较适宜温、湿度条件下萌发，生长菌丝侵入虫体，产生大量菌丝和分泌物，害虫感染后 4~5d 死亡，虫尸变白色、僵硬，体表长满白色孢子，可随风扩散或被其他活虫接触，继续感染其他害虫个体。白僵菌可防治多种鳞翅目害虫幼虫，对松毛虫防治效果突出，对菜青虫、玉米螟、大豆食心虫、稻苞虫等害虫有良好防治效果。

7. 印楝素

从印度楝树（*Aadirachta indica*）中提取得到的杀虫活性成分，主要分布在种核，其次在叶子中。其作用机制特殊，具有拒食、忌避、触杀、胃毒、内吸和抑制昆虫生长发育等作用，被国际公认为是最重要的昆虫拒食剂。结构类似昆虫的蜕皮激素，是昆虫体内蜕皮激素的抑制剂，可降低蜕皮激素等激素的释放量；也可直接破坏表皮结构或阻止表皮几丁质的合成，或干扰呼吸代谢，影响生殖系统发育等。其体作用为：破坏或干扰卵、幼虫或蛹的生长发育；阻止若虫或幼虫的蜕皮；改变昆虫的交尾及性行为；对若虫、幼虫及成虫有拒食作用；阻止成虫产卵及破坏卵巢发育；使成虫不育。该药高效、广谱、无污染、无残留、不易产生抗药性，对人、畜等温血动物无害，对害虫天敌安全。

8. 苦参碱

由苦参根、茎叶、果实经乙醇等有机溶剂提取制成，其成分主要是苦参碱、氧化苦参碱等多种生物碱。属广谱性植物杀虫剂，害虫接触药剂后可使神经中枢麻痹，蛋白质凝固堵塞气孔窒息而死。对人、畜低毒，具触杀和胃毒作用，对各种中药材上的菜青虫、蚜虫、红蜘蛛等有明显防治效果，也可防治地下害虫。

（二）杀螨剂

1. 阿维菌素

原药为白色至黄色结晶粉末，活性成分含量70%，无味。光解迅速，半衰期4h。为微生物代谢产物，属大环内酯类，是一种高效、广谱的杀虫、杀螨剂。按我国农药毒性分级标准，该品属高毒杀虫剂，但制剂低毒，对眼睛有轻度刺激。对蜜蜂高毒，对鸟类低毒，对螨具有胃毒和触杀作用，并有微弱熏蒸作用，无内吸性，对叶片有很强的渗透作用，可杀死表皮下的害虫，残效期长，不能杀卵。作用机制是刺激神经传递介质 γ- γ- 氨基丁酸的释放，干扰正常神经生理活动。螨、若虫中毒后，麻痹、不活动，停止取食，2~3d 后死亡。因不引起昆虫迅速脱水，所以作用速度慢。对捕食性昆虫和寄生性天敌没有直接触杀作用，在植物表面残留少，对益虫损伤小。在农业上应用时，单位面积上用量低，在土壤中无移动性，在水和土壤中可被迅速降解而无生物富集作用。在推荐剂量下，对环境无不利影响。适用于防治双翅目、鞘翅目、同翅目、鳞翅目害虫，持效期8~10d，对螨类持效期可达30d 左右，可防治红蜘蛛、锈螨、短须螨等。应贮存在阴凉干燥处，远离火源。

2. 哒螨灵

属哒嗪类低毒杀虫、杀螨剂，对蜜蜂毒性较高。该药触杀性强，无内吸传导和熏蒸作用。对活动期螨作用迅速，持效期长，一般可达 1~2 月。药效受温度影响小，与苯丁锡、噻螨酮等常用杀螨剂无交互抗性。对瓢虫、草蛉和寄生蜂等天敌较安全。可用于防治螨类、粉虱、蚜虫、叶蝉和蓟马等，对叶螨、全爪螨、跗线螨、锈螨和瘿螨的各个生育期（卵、幼螨、若螨和成螨）均有较好效果。

（三）杀菌（病毒）剂

1. 三唑酮

属低毒杀菌剂。具有很强的内吸性，对病害有预防、铲除和治疗作用。除卵菌纲真菌外，对多数真菌均有作用。可与多种有机杀菌剂、杀虫剂、除草剂和植物生长调节剂混用。适用于防治锈病、白粉病等。施药安全间隔期为20d。

2. 恶霉灵

属低毒杀菌剂。具有内吸传导活性，同时又是一种土壤消毒剂，对腐霉菌、镰刀菌等引起的猝倒病有很好的预防效果。作为土壤消毒剂，恶霉灵与土壤中的铁、铝离子结合，可抑制孢子萌发。能被植物根部吸收并在根系内移动，在植株内代谢产生两种糖苷，能促进植株根的分集、根毛的增加和根活性的提高。因对土壤中病原菌以外的细菌、放线菌影响很小，对土壤微生物生态不产生影响。在土壤中能分解成毒性很低的化合物，对环境安全。常与福美双混配，用于种子消毒和土壤处理。

3. 代森锰锌

属低毒杀菌剂，是杀菌谱较广的保护性杀菌剂。其作用机制主要是抑制菌体丙酸的氧化。对炭疽病、早疫病等多种病害有效，同时它常与内吸性杀菌剂混配，用于延缓抗性的产生。可用于防治褐斑病、黑斑病等。

4. 棉隆

属低毒广谱杀菌、杀线虫剂，该药熏蒸性强，易于在土壤及其他基质中扩散，杀线虫作用全面而持久，能与肥料混用，但会在植物体内残留，易污染地下水。除线虫外，对地下害虫、真菌和杂草也有一定的防治效果，用于温室、苗床、育种室、混合肥料、盆栽植物基质及大田土壤处理等。为保证获得良好的药效和避免产生药害，土壤温度以 12~18℃、含水量

40%为宜。

5. 硫悬浮剂

剂型为50%悬浮剂。粒度细，防效高，有广谱杀菌和杀螨作用。可用于防治中药材螨、白粉病、黑穗病等。稀释200~400倍液喷雾使用，对人畜安全，不污染环境。

6. 波尔多液

该剂是用硫酸铜和石灰乳配制成的天蓝色胶状悬液。黏着力强，不易被雨水冲刷，残效期可达半月，是很好的保护性杀菌剂。有效成分是碱式碳酸铜。配制时可采用硫酸铜：生石灰：水=1：1：（100~200）、2：1：（100~200）、1：2：（100~200）的比例，主要用于防治霜霉病和各种叶斑病，也可用于种苗处理。

7. 石硫合剂

为硫素保护剂。用硫黄与生石灰加水熬煮而成，是一种深红色透明液体，有臭鸡蛋味，呈强碱性。主要成分是多硫化钙，对白粉病、锈病防治效果较好，亦有一定杀螨作用。在植物生长期使用浓度为0.2~0.4波美度，越冬休眠期使用浓度为2~3波美度。

8. 瑞毒霉

一种高效、低毒、内吸性苯类杀菌剂，有良好治疗作用。对霜霉病、疫病、白粉病、根腐病等有很强的杀菌能力。制剂有25%可湿性粉剂、5%颗粒剂、35%拌种剂。安全间隔期31d。

9. 甲基硫菌灵

一种高效、低毒、广谱内吸性苯类杀菌剂，有强渗透力，能杀死侵入植物体内的病菌。对灰霉病、白粉病、炭疽病等多种病害有预防和治疗作用。制剂有70%、50%可湿性粉剂，10%乳油。安全间隔期为14d。

10. 井冈霉素

为葡萄糖苷类化合物，在自然界能被多种微生物分解。对丝核菌有良好的生物活性，内吸作用很强，有治疗作用。对人、畜、鱼类和蚕低毒，对蜜蜂和其他天敌无毒。对植物安全，在动物体内不蓄积，是我国农用抗生素中产量和用量最大的品种。可防治纹枯病、立枯病等。用50~100mg/L浓度药液灌根。

11. 春雷霉素

是由放线菌 *Streptomyces kasgaersis* 产生的代谢产物，属农用抗生素类杀菌剂，有较强的内吸性，具有预防和治疗作用，是防治多种细菌和真菌性病害的理想药剂。渗透性强并能在植物体内移动，喷药后见效快，耐雨水冲刷，持效期长。可用于防治叶霉病、细菌性角斑病、细菌性疮痂病、早疫病和蔓枯病等。

12. 农抗120

嘧啶核苷类抗生素在中性和酸性介质中稳定，遇碱性物质则不稳定，抗菌谱较广，有保护和治疗作用。对人畜低毒，对天敌无害，不污染环境。用于防治纹枯病、锈病、白粉病、黄萎病、枯萎病等。

13. 木霉菌

有效成分是绿色木霉菌的分生孢子，通过重复寄生、营养竞争及裂解酶的作用而杀灭病原菌。使用后可迅速消耗浸染位点附近的营养物质，立即使致病菌停止生长和浸染，再通过几丁质酶和葡聚糖酶消融病原菌的细胞壁，使菌丝体消失，植株恢复绿色。木霉菌与病原菌有协同作用，即越有利于病菌发病的环境条件，该药作用效果越强。杀菌谱广，可防治灰霉病、霜霉病、白粉病、黑心病、纹枯病、全蚀病、立枯病、枯萎病以及多种苗期病害等。使用后，由于环境中微生物群落及分泌物发生了变化，可促使植株生长更加健壮。

14. 高脂膜

由十二碳醇（月桂醇）和十六碳醇（棕榈醇）等高级脂肪醇组成，本身不具杀菌活性，但能在植物表面自动扩散，形成一层肉眼看不到的单分子膜，保护作物不受外部病害侵染和抑制病菌扩展，而不影响中药材生长，透光透气，起到防病作用。该药低毒，对皮肤无刺激性，对眼睛有一定刺激性，但 7 天后症状可消失。主要用于防治霜霉病、白粉病等。

15. 混合脂肪酸

对植物病毒、传毒介体有综合作用，能诱导植物抗病基因的表达，有助于提高抗病相关蛋白、多种酶、细胞分裂素的含量，使感病品种达到或接近抗病品种的水平；具有植物激素活性，刺激植物根系生长；具有使病毒在植物体外失去侵染活性的钝化作用，抑制病毒初侵染；降低病毒在植物体内的增殖与扩展速度，对病毒的传播介体蚜虫有抑制作用。低毒，无污染，可用于防治烟草花叶病毒等。

二、农药使用原则

农药使用对于保证中药材的稳产、高产作出了巨大贡献，但也带来了不少的负面影响，因此，必须掌握农药使用原则，做到正确安全使用农药。农药的合理使用原则如下。

（一）对症下药、适时用药

1. 根据病虫种类及为害方式，选用适当药剂和相应施用方法

首先，应根据病虫种类选用适当药剂，防治虫害要用杀虫剂，防治病害要用杀菌剂。防治咀嚼式口器害虫要用敌百虫等胃毒剂，防治刺吸式口器害虫要用乐果等内吸剂。其次，要根据病虫为害方式与特点，采取相应用药方法。如对在叶背为害的害虫，应作叶背喷洒；对为害种子种苗的地下害虫，应用药剂拌种或作土壤处理等；对立枯病、根腐病等一些土壤带菌的病害，则要用药剂对土壤进行消毒处理等。

2. 根据害虫各生育期的不同特点而适时用药

害虫的不同发育阶段对同一化学农药表现的敏感程度不同。一般杀虫剂施药适期应选择在害虫 3 龄以前的幼虫期；钻蛀性害虫要在卵孵化高峰期施药。

3. 根据不同的气候选择最佳施药时期

许多农药的防治效果与温度关系密切，在一定温度范围内随着温度的增高而提高，选用此类农药，应在温度较高时施用，如啶虫脒、敌百虫等。而拟除虫菊酯类杀虫剂在温度较低时反而防治效果较好，此类农药应在早晨或傍晚施用，如功夫、敌杀死等；微生物杀虫剂对光照、温度较敏感，应选择在作物生长后期，尤其雾天露水较多时施用较好，如苏云金杆菌、白僵菌等。

（二）掌握合理用药剂量

是指准确控制药剂浓度、用药数量和用药次数。在使用农药过程中应提倡最低有效剂量，降低农药的使用次数，这样既可节省防治成本，又可减少对天敌的伤害。在施用农药时任意提高农药剂量或浓度，随便增加施药次数，会产生或加重农药的副作用，所以在考虑使用农药剂量的同时，还应降低农药的使用次数。

（三）合理混用

合理混用农药可扩大防治对象，提高防治效果，防止或延缓病虫对农药的抗性。但应

注意：

①混用的农药彼此不能产生化学反应，以免分解失效，例如，有机磷农药和氨基甲酸酯类不能与碱性物质混用。

②应现配现用。

③混用后的药液不应增加对人、畜的毒性。

④混用要求具有不同的防治对象或不同作用方式，混用后可达到 1 次施药兼治多种病虫害的目的。

⑤不同农药混用后要达到增效的目的。

（四）交替使用

交替使用农药是为了克服和延缓有害生物对农药产生抗性。首先应选择合适的农药品种。对于杀虫剂，应选择作用机理不同或能降低抗性的不同种类的农药，交替使用，如有机磷、拟除虫菊酯类、氨基甲酸酯类等杀虫剂之间的交替使用。对于杀菌剂，将保护性杀菌剂和内吸性杀菌剂交替使用，如百菌清和雷多米尔的交替使用；或者将不同杀菌机制的内吸杀菌剂交替使用。不同种类农药交替使用的间隔期限应越长越好。

（五）避免发生药害，禁用剧毒农药

中药材因品种和生育期不同，抗药能力差别很大。如瓜类和豆类植物对波尔多液等比较敏感。一般情况下，植物的苗期抗药力较弱。因此，对这些抗药力弱的植物或正处于对药剂敏感的生育期，用药时应选择不易发生药害的农药种类或者适当降低用药浓度。

在防治中药材病虫害的过程中，要注意选择施用高效、低毒、低残留的无公害化学农药或植物性和生物性农药，严禁使用剧毒、高毒、高残留或具有致癌、致畸和致突变的农药。限量施用的农药要严格按照《农药安全使用准则》的规定执行。

三、中药材生产质量管理规范（GAP）农药施用原则

中药材生产质量管理规范（GAP）农药使用原则规定了中药材规范化生产过程中允许使用的农药种类、毒性分级、卫生标准和使用原则。适用于在我国取得登记的生物源农药、矿物源农药和有机合成农药。

（一）允许施用的农药种类

1. 生物源农药

指直接利用生物活体或生物代谢过程中产生的具有生物活性的物质或从生物体提取的物质作为防治病虫害的农药。有微生物源农药，如灭瘟素、春雷霉素、多抗霉素、井冈霉素、农抗 120、苏云金杆菌、蜡质芽孢杆菌等；有动物源农药，如昆虫信息素、寄生性或捕食性天敌；有植物源农药，如鱼藤酮、除虫菊素、烟碱、苦楝、印楝素、川楝素、大蒜素等。

2. 矿物源农药

指有效成分起源于天然矿物原料的无机化合物和石油的农药。如硫悬浮剂、可湿性硫、石硫合剂、硫酸铜、王铜、氢氧化铜、波尔多液、矿物油乳剂。

3. 有机合成农药

指由人工研制合成并由有机化学工业生产的商品化的一类农药，包括杀虫杀螨剂、杀菌剂、除草剂。此类农药只允许在中药材 GAP 生产中限量使用。其中有机合成植物生长调节剂以及各类除草剂均禁止在中药材 GAP 生产中使用，尽量减少或避免使用除草剂。

（二）中药材生产农药使用原则

中药材 GAP 产品生产应从中药材-病虫草等整个生态系统出发，综合运用各种防治措施，创造不利于病虫草害滋生和有利于各类天敌繁衍的环境条件，保持农业生态系统的平衡和生物多样性化，减少各类病虫草害所造成的损失。优先采用农业措施，通过选用抗病、抗虫品种、非化学药剂种子处理、培育壮苗、加强栽培管理、中耕除草、秋季深翻晒土、清洁田园、轮作倒茬、间作套种等一系列措施起到防止病虫害的作用。还应尽量利用灯光、色彩诱杀害虫，机械捕捉害虫，机械和人工除草等措施，防止病虫害。

特殊情况下，必须使用农药时，应遵守以下原则：

（1）允许施用植物源杀虫剂、杀菌剂、趋避剂和增效剂。如除虫菊素、鱼藤酮、大蒜素、芝麻素、苦楝、印楝素、川楝素等。

（2）允许释放寄生性捕食性天敌动物。如赤眼蜂、瓢虫、捕食螨、各类天敌蜘蛛及昆虫病原线虫等。

（3）允许在害虫捕捉器中使用昆虫外激素。如性信息素或其他动物源引诱剂。

（4）允许使用矿物源农药中的硫制剂、铜制剂。

（5）允许有限度地使用活体微生物农药。如真菌制剂、细菌制剂、病毒制剂、放线菌、昆虫病原线虫等。

（6）允许有限度地使用农用抗生素。如春雷霉素、多抗霉素、井冈霉素等。

（7）严格禁止使用剧毒、高毒、高残留或具有三致（致癌、致畸、致突变）的农药。（参见表6-1）

（8）如生产上实属必需，允许生产基地有限度地使用部分有机合成化学农药。浙江省中药材登记农药品种及技术要求见表6-2。

表6-1　国家禁止及限用农药清单

国家禁止使用的农药（50种）	国家限制使用的农药（48种）	停止新增农药登记（23种）
六六六、滴滴涕、毒杀芬、二溴氯丙烷、杀虫脒、二溴乙烷、除草醚、艾氏剂、狄氏剂、汞制剂、砷类、铅类、敌枯双、氟乙酰胺、甘氟、毒鼠强、氟乙酸钠、毒鼠硅、甲胺磷、对硫磷、甲基对硫磷、久效磷、磷胺、苯线磷、地虫硫磷、甲基硫环磷、磷化钙、磷化镁、磷化锌、硫线磷、蝇毒磷、治螟磷、特丁硫磷、氯磺隆、胺苯磺隆、甲磺隆、福美胂、福美甲胂、三氯杀螨醇、林丹、硫丹、溴甲烷、氟虫胺、杀扑磷、百草枯、2,4-滴丁酯、甲拌磷、甲基异柳磷、水胺硫磷、灭线磷	氧乐果、甲基异硫磷、涕灭威、克百威、甲拌磷、特丁硫磷、甲胺磷、甲基对硫磷、对硫磷、久效磷、磷胺、甲基硫环磷、治螟磷、内吸磷、灭线磷、硫环磷、蝇毒磷、地虫硫磷、氯唑磷、苯线磷、三氯杀螨醇、氰戊菊酯、丁酰肼（比久）、氟虫腈、水胺硫磷、灭多威、硫线磷、硫丹、溴甲烷、毒死蜱、三唑磷、杀扑磷、氯化苦、氟苯虫酰胺、磷化铝、乙酰甲胺磷、丁硫克百威、乐果、氟鼠灵、百草枯、2,4-滴丁酯、C型肉毒梭菌毒素、D型肉毒梭菌毒素、敌鼠钠盐、杀鼠灵、杀鼠醚、溴敌隆、溴鼠灵	内吸磷、苯线磷、地虫硫磷、甲基硫环磷、磷化钙、磷化镁、磷化锌、硫线磷、蝇毒磷、治螟磷、特丁硫磷、杀扑磷、甲拌磷、甲基异硫磷、克百威、灭多威、灭线磷、涕灭威、磷化铝、氧乐果、水胺硫磷、溴甲烷、硫丹

使用化学农药需注意以下事项：

（1）有机合成农药在农产品中的最终残留应从严掌握，采用国际上最低的残留限量标准或为国家标准的1/2。

（2）最后1次施药距采收间隔天数不得少于附表中规定日期。

（3）每种有机合成农药在中药材生长期内使用不得超出最多使用次数。

表 6-2　中药材病虫害防治主要登记农药使用技术

中药材	登记药剂	防治对象	使用剂量	施用方法	每季最多使用次数	安全间隔期（d）
铁皮石斛	68%精甲霜·锰锌水分散粒剂	疫病	500~600 倍	喷雾	3	14
	33.5% 喹啉铜悬浮剂	软腐病	500~1 000 倍	喷雾	3	14
	20% 噻森铜悬浮剂	软腐病	500~600 倍	喷雾	3	28
	75% 苯醚·咪鲜胺可湿性粉剂	炭疽病	1 000~1 500 倍	喷雾	2	30
	25% 咪鲜胺乳油	炭疽病	1 000~1 500 倍	喷雾	3	28
	450 克/升咪鲜胺水剂	黑斑病	900~1 350 倍	喷雾	3	28
	16% 井冈·噻呋悬浮剂	白绢病	1 000~2 000 倍	喷雾	2	14
	22.5% 啶氧菌酯悬浮剂	叶锈病	1 200~2 000 倍	喷雾	3	28
	80% 烯酰吗啉水分散粒剂	霜霉病	2 400~4 800 倍	喷雾	3	28
	12% 四聚乙醛颗粒剂	蜗牛	325~400g/亩	撒施	1	7
	20% 松脂酸钠可溶粉剂	介壳虫	200~400 倍	喷雾	—	—
	30% 松脂酸钠水乳剂	介壳虫	500~600 倍	喷雾	—	—
杭白菊	5%甲氨基阿维菌素水分散粒剂	斜纹夜蛾	1 200~1 500 倍	喷雾	1	7
		根腐病	200~250 倍	喷淋或灌根	3	14
	8% 井冈霉素 A 水剂	叶枯病	200~250 倍	喷雾	3	14
	25% 吡蚜酮可湿性粉剂	蚜虫	1 000~1 200	喷雾	3	14
浙贝母	3% 阿维·吡虫啉颗粒剂	蛴螬	2~3 kg/亩	药土法	1	21
元胡	25% 嘧霉胺可湿性粉剂	菌核病	400~600 倍	喷雾	2	7
	2%甲维盐乳油	白毛球象	1 200~2 000 倍	喷雾	2	7
	722g/升霜霉威盐酸盐水剂	霜霉病	500~600 倍	喷雾	3	7
白术	6% 井冈嘧苷素水剂	白绢病	200~250 倍	喷淋	3	7
	20% 井冈霉素水溶粉剂	白绢病	300~400 倍	喷淋	3	14
	60% 井冈霉素可溶粉剂	立枯病	1 000~1 200 倍	喷淋	3	14
	5% 二嗪磷颗粒剂	小地老虎	2 000~3 000g/亩	撒施	1	75

四、中药材农药残留量的控制

中药材是人们用以防病、治病的特殊商品，首先应对人体无毒害作用。中药材一旦被农药和重金属污染，将可能对人体产生潜在的威胁，尤其是患病者，往往解毒功能较差，造成的危害比常人更大，这样不但不能治病，反而加重和延误患者的治疗。在中药引种栽培过程中，一些农田以往使用农药引起残留问题，以及为了提高产量，预防和防治植物病虫害不得不施用化肥、农药，不可避免地造成中约材的农药和重金属残留和污染。药材中的农药、重金属残留和污染已严重影啊药材的质量，成为中药走向世界的"瓶颈"。

药材农药残留量的控制

从目前中药材生产的实际情况看，造成中药材农药污染的主要原因有：

①农药品种使用不当，如大量施用有机氯、有机磷这两类高毒、高残留的农药，有机氯农药中又尤以六六六及 DDT 残留危害严重。该类农药在人体内具有浓缩、累积及胚胎转移现象，其在土壤中的残留期也较长。

②滥用、误用农药问题突出。大多数中药材生产由于零星分散，农民自行管理，自主经营，生产者缺乏有关的技术知识，滥用、误用农药的问题严重。

③采收时期不当。一些药材产区，在施用农药后不久（农药的降解期未过，如一些内吸性农药）就开始采收。

由于大量人工种植药材中存在农药残留，在中药材生产中应采取措施降低农药的污染，具体方法如下。

（1）尽量使用无公害农药，特别是生物源农药。例如，用木霉属真菌防治白术、菊花的白绢病及人参、西洋参的立枯病；用农用抗生素防治细菌病害，如农抗 120 防治人参根腐病、新多氧霉素防治人参黑斑病；用植物源农药，如苦参碱、苦皮藤提取物、烟碱防治鳞翅目害虫；用病毒类农药，如棉铃虫核多角体病毒防治为害穿心莲、丹参的棉铃虫；昆虫病原线虫防治枸橘负泥虫、射干钻心虫和细胸金针虫。

（2）采用综合防治技术，减少农药的使用量。综合防治是利用物理的、农业的、生物的防治措施，将各种防治病害虫的技术有机地联系起来，形成一个防治体系，把有害生物的数量控制在经济阈值以下，尽量减少化学农药的施用。

（3）应用现代生物技术选育推广抗病抗虫的中药品种。如利用脱毒技术快繁怀地黄、山药等脱毒苗；应用分子育种技术选育人参、丹参、山茱萸等的抗病品种等。

（4）制定相关配套法规。国家有关管理部门应尽快制定相关法规，大力宣传、推荐使用低毒、低残留的农药，如苦参碱、川素、烟碱、必效散、Bt 浮剂、青虫菌、杀螟杆菌、白僵菌、木霉、井冈霉素、阿奇霉素等。

（5）实施相关技术操作规程。农药剂型及使用方法的改进：通过采用微囊剂、颗粒剂代替粉剂，使用超低容量喷雾、静电喷雾等技术可减少用药量，节省投入，提高药效。

五、农药使用方法

农药的使用，既要达到防治病虫、杂草为害，又要保障人畜、作物及有益生物的安全，还要经济、简便。因此，应针对防治对象的特点，选择药剂种类和剂型，还要有正确的农药施用方法。

（一）喷粉法

喷粉是利用喷粉器械将粉剂均匀的撒布于防治对象、活动场所及寄主表面的一种施药方法。优点是使用比较方便，工作效率高，不受水源的限制；缺点是药粉易被风吹失和易被雨水冲刷，药粉附着在作物表体的量减少，药效差，降低了防治效果，粉粒易飘移，污染环境。因此，喷粉法的使用在逐年减少。

（二）喷雾法

利用喷雾器械将药液雾化为细小雾滴，并使其均匀地覆盖在作物表面或防治对象上的施药方法。目前，国内外喷施药液量均向低用量发展，因为其单位面积用药量小、功效高、机械性能消耗低、防治及时、对环境影响小。

（三）拌种法

拌种法是指作物播种前，将农药与种子混拌均匀，使农药均匀黏着于种子表面，形成一层药膜，然后进行播种的施药方法，主要用于防治地下害虫及种子带菌的病害。

（四）撒施法

撒施法是指将颗粒剂、毒土或其他农药制剂撒施于地面、水面的一种施药方法。注意：撒施的农药必须是低毒或经过加工而低毒化了的药剂。毒土是由一定的农药和细土混合而成。

（五）土壤处理法

将药物均匀地施于地表，然后耕耙，使药剂分散在土壤耕作层内的方法叫土壤处理法，主要用于防治地下害虫、土传病害及杂草。

（六）毒饵

毒饵是指用防治对象喜食的食物为饵料，再加入一定比例的胃毒剂混配成的含毒饵料。利用防治对象的活动规律，将毒饵施于田间或其出没的场所，主要用于防治地老虎、蝼蛄、鼠。

（七）熏蒸法

熏蒸法利用药剂挥发的有效成分来防治病虫害。可用于防治仓库害虫，也适用于大棚和温室病害的防治。

此外，根据特定的农药施用要求，还有浸种法、浸苗法、泼浇法、灌根法、土壤穴施法、沟施法、涂抹法、注射法等施药方法。

复习思考题

1. 什么是病状？病状主要有哪些类型？
2. 中药材病害的主要病原菌有哪几类？
3. 植物病原物有哪些传播方式？各有何特点？
4. 为害根部药材的虫害主要有哪些？
5. 刺吸式口器害虫可对植物造成什么样的为害？
6. 农药的使用方法主要有哪几种？
7. 中药材的农药残留如何控制？
8. 中药材生产农药使用的原则是什么？
9. 简述中药材病虫害发生的特点？
10. 中药材的种植管理中常用的农业防治措施有哪些？防治原理是什么？

第七章　中药材采收与加工

第一节　采收

浙江省中药材品种繁多，野生、家种均有，入药部位、采收季节和方法也不相同。因此，合理采收药材，对保证药材质量，保护和扩大药源都有重大意义。

中药材在不同的生长发育阶段，其有效成分的含量不同，同时也受到气候、土壤等多种因素的影响。因此，只有掌握各种药材的不同发育阶段、化学成分的变化规律，合理采收，才能保证药材质量，保护药源，获取优质高产的药材。

一、采收时间

中药材种类繁多，药用部位不同，最佳采收期对药材的产量、品质和收获效率都有很大影响。所谓最佳采收期，是针对中药材的质量而言，中药材质量的好坏，取决于有效成分含量的多少，与产地、品种、栽培技术和采收的年限、季节、时间、方法都有密切关系。为保证中药材的质量和产量，大部分中药材成熟后应及时采收。中药材的成熟是指药用部位已达到药用标准，符合国家药典规定的要求。药材质量包括内在质量和外观性状，所以，中药材最佳采收期应在有效成分含量最高，外观性状如色、形、质地、大小等最佳的时期进行，才能得到优质的药材，达到较好的效益。

根据前人经验，结合影响药材性状和品质的因素及中药材生长发育过程中营养物质贮存规律，按中药材药用部位的不同，中药材最佳采收期如下。

（一）以根及根茎类入药的中药材

根及根茎类中药材一般以根及根茎结实、根条直顺、少分杈、粉性足的质量为好，采收季节多在秋、冬，或早春，待其生长停止，花叶凋谢的休眠期及早春发芽前采收。大部分品种春季发芽前采收为最适时期，因为初春时植物准备萌发，根茎部贮存的大量营养物质还没有或刚刚开始分解，所以有效成分含量最高，营养物质最丰富，质量最好。但也有例外情况，如黄芪、草乌、党参等在秋季采收，而太子参、半夏、附子等则以夏季采收有效成分含量高、质量好。丹参在第四季度收获其丹参酮及次甲丹参酮含量较其他季节收获高 2~3 倍。石菖蒲挥发油含量在冬季高于夏季。秋季采收 6 年生黄连最佳，此时药材产量高、总生物碱含量也高，绝对含量达最高；春季采收含量仅为秋季的一半，第 7 年小檗碱含量反而低于 6 年生。姜黄、郁金生产上常在 1 月采收。

延胡索、夏天无、半夏、贝母等药材地上部分开始枯萎，但是地下部分物质合成积累仍较活跃，正处于增长期，因此宜在初夏或夏季采收。白头翁在开花前采收较适宜，总皂苷含量为 8.3%，开花期为 5.8%，开花后期为 4.7%。栽培平贝母以 8 月中旬以后采收为最宜。桔梗以在 6 月末到 7 月上中旬期间采收最佳。黄芪传统上在 4 月底和 10 月底采收，经测定黄芪甲苷含量达最高为 0.106%，同时微量元素铜、铁、锌也达最高，说明传统的采收期是有科学道理的。亳白芍 2 年生采收，大小与 3 年生相差无几，含量却为 3 年生的二倍。4 年生以上细辛的根及根茎中挥发油在 4、5、9 这 3 个月份中达最高。栽培黄芩根在 8 月末果实期黄芩苷含量最高。部分品种最适宜的采收期见表 7-1，供参考。

表 7-1 部分根及根茎类中药材最适宜采收期

早春采收	甘草、拳参、虎杖、赤芍、北豆根、地榆、苦参、远志、甘遂、白蔹、独活、前胡、藁本、防风、柴胡、秦艽、白薇、紫草、射干、莪术、天麻、南沙参、苍术、紫菀、漏芦、三棱、百部、黄精、玉竹等
夏季采收	元胡、附子、川乌、太子参、贯众、川芎、白芷、半夏、川贝、浙贝、麦冬等
秋季采收	黄芪、狗脊、防己、威灵仙、草乌、白芍、黄连、升麻、商陆、常山、人参、三七、当归、羌活、北沙参、龙胆、白前、徐长卿、地黄、续断、党参、香附、白附子、重楼、天冬、山药、白及、黄芩、桔梗等
冬季采收	大黄、何首乌、牛膝、板蓝根、葛根、玄参、天花粉、白术、泽泻、天南星、木香、土茯苓、姜黄、郁金等

（二）以花入药的中药材

花类中药材多在花蕾含苞未放时采收，质量较好，如花已盛开，则花易散瓣、破碎、失色、香气逸散，严重影响质量。如金银花应在夏秋花蕾由青转黄时；丁香在秋季花蕾由绿转红时；辛夷在冬末春初花未开放时；玫瑰在春末夏初花将要开放时；槐米在夏季花蕾形成时，采收最适宜，其有效成分含量高，质量好。西红花当天开花的一定要当天采摘；红花则在开花第三天采集最佳，即花由黄变红时采收；杭白菊以花开放程度 70% 时采收最佳，此时重量显著高于 50% 和 100% 开放程度，挥发油、维生素 E、精氨酸含量等都相对较高，且色泽好、花瓣厚质佳，但也有部分花类中药材品种需在花朵开放时采收，如月季花在春夏季当花微开时；闹羊花在 4—5 月花开时；洋金花在春夏及花初开时为最适宜的采收期。

（三）以果实及种子类入药的中药材

果实、种子药材除较特殊的如覆盆子、青皮等以未成熟果或幼果采收外，果实多在自然成熟或将近成熟时采收较好。如枳壳在直径 35～40cm 时采收，品质佳，产量却提高 4 倍。五味子在 9 月挥发油、总酸、浸出物、五味子素、百粒重等含量都大于 8 月的含量。种子类中药材应在种子完全发育成熟、籽粒饱满、有效成分含量高时采收较好。如火麻仁、地肤子、青葙子、王不留行、肉豆蔻、莱菔子、木瓜、山楂、瓜蒌、苦杏仁、郁李仁、乌梅、金樱子、沙苑子、草决明、补骨脂、葫芦巴、吴茱萸、巴豆、胖大海、大风子、使君子、诃子、小茴香、蛇床子、山茱萸、连翘、女贞子、马钱子、菟丝子、牵牛子、天仙子、枸杞子、牛蒡子、薏苡仁、砂仁、草果、益智仁等。对成熟度不一致的品种，应在成熟时随熟随采，分批进行，如急性子、千金子等。

（四）以叶入药的中药材

叶类中药材品种宜在植株生长最旺、花未开放或花朵盛开时采收，此时植株已经完全长成，光合作用旺盛，有效成分含量最高。如大青叶、紫苏叶、番泻叶、艾叶等。银杏叶总黄酮含量在 4 月芽期最高达 0.893%，但由于 4 月叶产量极低，因此在 10 月叶落地时采收合适，这与传统的采收期相符。桑叶霜前 8—10 月芸香苷含量比经霜桑叶高。丁香叶在 9、10月采收最为适宜。香椿在清明前后抽出的香椿芽中总黄酮苷元含量最高达 1.05%，9 月最低。常绿的枸骨叶，熊果酸含量除 4 月稍低外，在 2、6、8、10 月的含量基本上一致。另外，有时甚至在同一天的不同时间采集，有效成分含量也不同。如薄荷，在开花盛期，此时叶片肥厚叶反卷下垂，散发强烈香气，薄荷油与薄荷脑含量也最高。而且又以连续晴数天后每天于朝露干后至 14：00 采集的叶挥发油含量最高，而在阴雨 2~3d 采收，挥发油含量降低 3/4。艾叶以端午节前后几天采收，挥发油含量最高，同一天又以 13：00 采集的挥发油含量最高为 0.54%。

（五）以全草入药的中药材

全草入药的中药材应在植株生长最旺盛而将开花前采收，如青蒿、薄荷、穿心莲、鱼腥草、淫羊藿、透骨草、藿香、泽兰、半枝莲、白花蛇舌草、千里光、佩兰、茵陈、石斛等。但也有部分品种以开花后秋季采收，其有效成分含量最高。如垂盆草的垂盆苷含量从 4—10 月逐渐升高，从 0.1% 升至 0.2%，而春节则无。因此，10 月采收，才能对迁延性肝炎有较好的治疗作用。荆芥的采收期比正常的采收期提前 5~7d，挥发油含量却比正常采收的提高 20%。野生和人工栽培的麻黄应 2 年采收 1 次，且在 10 月至次年 4 月休眠状态时采收，麻黄碱含量最高。

（六）以皮类、茎木藤类入药的中药材

大都遵循传统采收经验，通常在春夏之交，植物生长旺盛时，树的汁液流动最快时采剥。此时树皮类汁液充足，形成层生长最活跃，皮部与木质最容易分离，伤口也易愈合，树皮类有效成分含量最高。如杜仲、黄柏、肉桂等树皮，厚朴含有的厚朴酚含量随树龄的增大而迅速增加，树龄 12 年基本稳定，种植 12 年以上的厚朴树方可开始采收。

二、采收原则

由于绝大多数常用药材，其有效成分在植物生长发育过程中的变化规律还不清楚。所以，多数药材的采收，通常可根据传统经验，并结合动、植物生长发育过程中营养物质消长的一般规律来确定合理的采收期。

（一）植物类

1. 根和根茎类

多在秋末春初或在植物生长停止、花叶萎谢的休眠期采集。这时候植物体的营养物质大多贮存于根和根状茎内，药物有效成分亦较多。如桔梗、葛根、天花粉、丹参、人参、党参、柴胡、防风等。过早浆水不足，过晚则不易寻找。春初在开冻到刚发芽时采挖较好，过晚则养分消耗，影响质量。但也有例外情况，如柴胡、明党参在春天采收较好，孩儿参则在夏季采收较好，延胡索立夏后地上部分枯萎，不易寻找，故多在谷雨和立夏之间采挖。

2. 皮类

以树皮入药的中草药，多在春夏之交采收，含量既高，也易于剥离。这时期植物生长旺盛，皮内养分充足，但肉桂则例外，在寒露前采剥含油量最丰富。根皮以春秋采剥为好，这时容易剥下，且汁液充足。根皮多在秋季采收，因为树皮、根皮的采收，容易损害植物生长，应当注意采收方法，有些采收可结合林木采伐来进行。

3. 叶类

应在植物生长最旺盛，叶片茂盛、颜色青绿时采摘，如荷叶、大青叶，但桑叶多在秋冬霜打后采集，或在花盛开而果实种子尚未成熟时采收。

4. 花类

多在花朵将开未开时采集，这时气味俱浓，如金银花、款冬花等。有的在开花时采摘，如旋覆花、菊花等。过早采花不饱满，气味不足；过晚则花瓣残落，气味消失。有些则于花蕾期采收，如槐米、丁香等。此外如除虫菊，宜在花头半开放时采收，红花则在花冠由黄变橙红时采收为宜。

5. 全草类

全草类药材，多在枝叶茂盛、花朵初开时采集，如益母草、泽兰、仙鹤草、荆芥、薄荷、大青叶、藿香等，在夏季茎叶繁茂，生长进入全盛时期，这时候采收，可提高质量和产量。但茵陈则宜在幼嫩时采收。也有在花未开前采割，如薄荷、青蒿等。研究证实，薄荷在其开花盛期采收者，挥发油含量最高，而传统上均在未开花前采割。中药的采集时间与其有效成分含量及其药理作用之间的关系有待深入研究。

6. 果实、种子类

多在成熟后采收，如杏仁、白果、五味子、枸杞子等。青葙子、茴香等，则宜在即将成熟前采收。枳壳、桑椹、西青果等则宜在未成熟时采收。种子多应在完全成熟后采收。

7. 菌、藻、孢粉类

各自情况不一，如麦角在寄主（黑麦等）收割前采收，生物碱含量较高。茯苓在立秋后采收质量较好。马勃应在子实体刚成熟时采收，过迟则孢子飞散。

（二）动物类

1. 野生动物

可根据生长和活动季节捕捉，如蛤蚧、蛇类、地鳖虫等宜在活动时间多的夏秋季捕捉；但蜈蚣在春前未进食时捕捉质优；一般有翅的虫类，以早晨露水未干，栖息于植物上时捕捉为宜；桑螵蛸应在 3 月中旬前采收，过时则虫卵孵化成虫影响药效。大动物一般在秋冬猎取。

2. 家养动物

应根据生长周期和宰杀时采集，如鸡内金、牛黄、狗肾、胆汁等可在宰杀时收集，而鹿茸须在每年清明后 45~60 天内锯取，僵蚕等应在幼虫生长期内加工。

（三）矿物类

矿物类药材随时可以采收，亦可结合开矿进行。还可结合修路、修水利、建筑等收集采挖，如龙骨、滑石等。

三、采收方法

依据各种不同的入药部位应用不同的采收方法。

（1）挖掘。根及地下部分。

（2）收割。地上部分为全草、花、叶、果实等。

（3）采摘。不同成熟期的叶、花、果等；击落或利用高枝剪摘取。

（4）剥离。活树剥皮、砍枝剥皮、挖根剥皮等。

（5）割伤。割伤植物体或树皮取分泌物，如安息香、松香、桃胶、鸦片等；划割的方法以及用具各异。

在采收中应尽量避免非药用部分，特别是杂毒草混入，采集机具要洁净无污染。采挖地下部位应清除泥土，避免产品由于酸不溶灰分超标而不合格。

1. 根及根茎类药材的采收

选雨后的阴天或晴天，在土壤较湿润时用锄头或特制的工具挖取。采挖时要注意保持根皮的完整，避免损伤影响药材质量。

2. 皮类药材的采收

分树皮和根皮两类。

（1）树皮药材的采收。采收方法：剥取、环状剥皮或采取"剥皮再生法"进行采收，以利再生。

（2）根皮药材的采收。先将根部从土中挖出然后进行砸打或搓揉使皮肉与木心分离。如五加、白鲜、远志等。

3. 花类药材的采收

选晴天分期分批采摘。采后必须放入筐内，避免挤压。并注意遮阳，避免日晒变色。

4. 全草类药材的采收

通常多在枝叶生长茂盛、花初开时割取或挖取，如益母草、荆芥、穿心莲、半边莲、藿香等。

5. 叶类药材的采收

采收方法：摘取、割取或拾取。

6. 果实类药材的采收

采收方法：摘取或剪取。但对同一果序上的果实而成熟期一致的，如女贞子、五味子等，可将整个果序剪取，放置若干天后摘取果实。

7. 种子类药材的采收

采收方法：摘取或割取后脱粒。干果类一般在干燥后取出种子，蒴果通常敲打后收集。肉质果若果肉亦可作药用，可先剥取果皮，留下种子或果核，如瓜蒌子等品种。有些果肉不能作药用的，取出种仁，如苦杏仁、酸枣仁等品种。

四、采收注意的问题

（一）适宜采收期的确定问题

适宜采收期的确定是比较复杂的，需要考虑各种因素，其中主要依据是有效成分和积累动态与单位面积产量，即药材品质与产量的综合考虑。如花类药材一般在花正开放时采摘，过迟则易致花瓣脱落和变色，有效成分含量降低，影响了药材质量。如红花含红花苷、新红花苷和醌式红花苷，在开花初期，花中主要含无色的新红花苷及微量的红花苷，故花冠呈淡黄色。在开花中期，花中主要含红花苷，故花冠为深黄色。开花后期或干燥处理过程中，红花苷受植物体中酶的作用，氧化变成红色的醌式红花苷，故花冠逐渐成红色或深红色，所以，红花采集时间则在花冠由黄变红时采集。麻黄所含平喘发汗的有效成分是麻黄碱，如果在春季采集麻黄，麻黄碱的含量较少。而从夏季到8—9月含量渐高至顶峰，随后含量又逐渐降低。所以采集麻黄的最佳季节在8—9月。若以麻黄的重量作为标准，不以有效成分的含量为依据，则无法控制药材的质量。

要确定中草药的适宜采收期，必须把有效成分的积累动态与植物生长发育阶段这两个指标结合起来以确定适宜采收期。中药材含有的活性物质在体内的积累是随着生长发育不同时期而变化的，其产量也在变化，均有一定的规律。

此外，有些中草药中除含有有效成分外尚含毒性成分，则采收时应予以考虑。如照山白叶中有效成分总黄酮和毒性成分浸木毒素含量与生长季节的关系。照山白叶在6、7、8这3个月生长最旺盛，产量最高，但此时总黄酮含量最低而毒性成分含量却最高，故以往在此期间采叶似不合理。5、9、10这3个月叶的产量虽稍低，但总黄酮含量较高，毒性成分含量较低，在此期间采集为宜。至于何月为最适宜采收期，应根据叶产量、总黄酮含量、浸木毒素含量的数据，综合考虑确定。

（二）野生或半野生药用动植物的采收问题

由于过度采挖和非法捕猎，野生资源越来越少，生态日趋恶化，产量逐年下降，价格不断上涨，许多传统制剂被迫考虑替代品。中药产业的快速发展，导致野生资源的过度采挖（猎），资源保护已刻不容缓，因此，对于野生或半野生药用动、植物采集应坚持"最大持续产量"原则，有计划地进行野生抚育、轮采与封育，以利生物的繁衍与资源的更新，以保持物种种源以及本地区药材资源协调，永续生产，使野生药材资源随着人类的发展与延续而持续发展，造成一种可持续利用的优良环境。

1. "最大持续产量"采收

最大持续产量是以不危害环境生态，可持续生产（采收）的最大产量，强调是"不危害环境生态"，同时要控制采收的"度"。最大持续产量的确定可参考的经验数据：根和根茎类药材10%；茎叶类药材30%~40%；花和果实类药材50%，野生动、植物采集应遵守国家及国际有关法规（如CITES等）。

2. 野生抚育、轮采、封育

野生抚育、轮采封育可保证药源的可持续供应，保护中药的生物多样性，保持生态平衡和保护环境。在药材资源的天然生长地，通过人工科学管理，逐步形成半野生栽培状态的资源居群，以满足生产需要。

轮采封育可和药材资源保护区结合起来，药用动、植物保护区可分为核心区和保护开发区，可以在保护开发区中按照中药材生态产业模式进行建设，中药材野生抚育可使药材资源协调永续生产，中药材野生抚育可使中药材资源持续合理利用，用以保持物种种源以及本地区药材资源的持续利用。野生抚育药材无药性变异，不占耕地，中药材野生抚育基地建设是一项新兴的中药材生态产业。

第二节 产地加工

一、中药材加工的一般原则

中药材进行加工时应根据加工目的和要求不同、药材性质和药用部位不同，选择不同的加工原则与加工方法。总的要求是要达到外形完整，含水量适度，色泽好，气味正常，有效物质损失少，从而确保药材商品的规格与质量。具体情况按药用部位不同分述如下。

（一）植物类药材

1. 根和根茎类药材

采收后一般应趁鲜除去地上部分、须根、芦头等非药用部位，洗净泥沙，剔除腐烂变质部分，然后按不同情况进一步进行加工处理。

（1）按大小进行分级，然后干燥，如延胡索、浙贝母、白术、白芷等。

（2）药材形体较粗大，不易干燥，或干燥后质地太过坚硬，不易进行下一步加工的，要趁鲜切片，如白术、白芍、片姜黄、乌药、浙贝母、葛根等。

（3）有的需要去皮而干燥后难以去皮的药材，应趁鲜刮去栓皮，再进行干燥或下一步加工，如山药、北沙参、大黄等。

（4）有的药材需先放入沸水中煮至透心，再刮去或剥去外皮，洗净，干燥，如白芍（安徽亳州是先煮后去皮，浙江磐安是先去皮后煮）、天冬、明党参等。含有淀粉或黏液质的药材，含糖分或水分较高的块根或鳞茎类药材，或肉质性药材，不宜直接进行干燥，需用沸水煮或蒸至透心后再干燥，如黄精、郁金、姜黄、天麻、玉竹、延胡索、百部等。

（5）有的药材需经反复"发汗"处理后，使药材内部的水分渗出，再干燥，才能符合药用要求，如玄参、续断等。

2. 皮类药材

采收后一般趁鲜切成一定长度或大小的片或块，再进行干燥。有的需趁鲜刮去外皮、再进行干燥，如桑白皮、牡丹皮、黄柏等。有的需经"发汗"处理，使内表皮变成紫褐色或棕褐色再干燥，如杜仲、厚朴。

3. 叶类药材

采收后一般应放在通风处晾干或阴干，如番泻叶；或晒干，如大青叶、艾叶等。

4. 花类药材

大多数花类中药都含有芳香挥发性成分，采收后应放在通风处晾干或在低温下迅速干燥，这样一方面可以保持花朵的完整和色泽的鲜艳，另一方面可以保持花类药材的浓郁香气，减少有效成分散失，如西红花、月季花、玫瑰花、金银花、辛夷等。杭白菊需要水蒸气蒸 $3\sim5min$ 后，再晒干。

5. 果实类药材

采收后一般直接干燥。以果皮或果肉入药的药材，如陈皮、山茱萸、瓜蒌皮等，应先除去瓤、去核或剥下果皮后干燥。女贞子、五味子、栀子等药材需将果实蒸至上汽或置沸水中略烫后干燥，以保证药材的质量。对于大而不易干透的药材，如香橼、佛手、木瓜、枳壳等，应趁鲜切片后干燥。

6. 种子类药材

一般多采收成熟的果实，干燥、脱粒后收集种子，如决明子、葶苈子等。有的需要击碎果核，取出种子，如酸枣仁、郁李仁、桃仁、苦杏仁等。有的需要除去种皮，以种仁入药，如肉豆蔻、薏苡仁等。

7. 全草类药材

采收后一般应放在通风处晾干、阴干或晒干。对于含有挥发性成分，药材不宜暴晒，宜晾干、阴干或低温下迅速干燥，如广藿香、荆芥、薄荷等。有的全草类药材在未干透之前需扎成小把，再晾至全干，以免叶、花、果等破碎或散失，如紫苏、香薷、薄荷等。有的全草类药材为肉质叶片，含水量较高，不易干燥，应先用沸水略透后再进行干燥，如垂盆草、马齿苋等。

（二）动物类药材

动物类药材大多含有蛋白质、脂肪油等成分，干燥加工时不宜温度过高，否则易"泛油"，引起药材变色、变质，一般自然晒干、阴干或低温烘干。

（1）来源于动物的干燥全体的药材，如水蛭、全蝎、蜈蚣、土鳖虫等，通常把动物处死后晒干或低温烘干。

（2）药用部位为除去内脏的动物体的中药材，如蚯蚓、蛤蚧、乌梢蛇、蕲蛇、金钱白花蛇等，要先剖开动物腹部，除去内脏，洗净血迹或泥沙，再干燥。

（3）多数动物药材为动物体的某一部分，如角类的鹿角、羚羊角、水牛角等，为动物骨化的角，采收后晾干即可，鹿茸为未骨化的幼角，含有血液和较多水分，需要排血、煮烫、烘干等加工。

（4）来源于鳞、甲类的穿山甲、鳖甲、龟甲等，以及贝壳类的石决明、牡蛎、珍珠母、海螵蛸、瓦楞子等，含水分很少，一般剔除筋肉，洗净泥沙，晾干即可。

（5）来源于脏器类的药材，一般含有大量的蛋白质和脂肪油，容易腐烂变质，需要及时阴干或低温烘干，如蛤蟆油、鸡内金、鹿鞭、海狗肾、刺猬皮等；桑螵蛸、五倍子等含有昆虫的卵，需要蒸透至虫卵死后再干燥。

（6）来源于动物生理产物的药材，如分泌物类的麝香、蟾酥、熊胆粉、蜂蜡、虫白蜡等，排泄物类的五灵脂、蚕沙、夜明砂等，其他生理产物如蝉蜕、蛇蜕、蜂蜜、蜂房等，一般晾干或低温干燥。

（7）动物的病理产物，如牛黄、马宝、狗宝、猴枣等，为胆囊结石，需要用通草丝或棉花包裹，在阴凉处晾干，多在半干时还需用线扎好以防破裂。

（三）矿物类药材

矿物类中药材大多结合开矿采挖，如石膏、滑石、雄黄、自然铜等，或在开山掘地、水利工程中获得的动物化石，如龙骨、龙齿等，加工时需要除去黏附的泥沙和夹带的非药用部分，有的根据药材成分的性质，利用升华的方法得到净制的药材，如朱砂、硫黄等。还有些矿物类药材是人工炼制的，如轻粉、红粉等，也需要严格按加工工艺规范操作。

二、中药材加工方法

选择加工方法时要考虑药材种类、质地及加工要求，还要注意因地制宜。常用的加工方法如下。

（一）净选与分级

药材采收后，需要选取规定的药用部分，除去非药用部分、霉变品、虫蛀品，以及石块、泥沙、灰屑等杂质，使其达到药用净度标准，如筛选、水洗、风选等。通常在挑拣过程中，根据下一步加工干燥的需要，进行药材的分级，以使加工的产品质量均一。分级的方法通常是根据药材的大小、粗细、形状等。

1. 清洗

将采收的新鲜药材于清水中洗涤以除去药材表面的泥沙，同时除去残留枝叶、粗皮、须根等。但多数直接晒干或阴干的药材，不用水洗，以免损失有效成分，影响药材质量，如木香、白芷、薄荷、细辛等。清洗有毒药材如半夏、天南星，以及对皮肤有刺激、易发生过敏反应的药材如银杏、山药时，应做好保护，以免造成伤害。常用清洗的方法有水洗和喷淋。

（1）水洗。药材的清洗一般以洗去泥沙为主，洗的时间不宜过长，以免损失有效成分；尽量避免使用过硬的毛刷，防止刷破表皮，造成有效成分流失，如浙贝母。对于贝壳及某些动物类药材，如牡蛎、石决明、刺猬皮等脏垢较多，洗的时间要长一些。

（2）喷淋。将药材放在可沥水的筛网上，用清水均匀喷洗。在喷淋过程中要进行轻翻，以便喷淋均匀。药材表面泥土较多、药材量大时，有时采用高压水泵或高压水枪喷洗，但注意压力不可过高，防止将药材表皮冲破。

2. 筛选分级

是根据药材的体积大小不同，选用不同规格的筛，使不同大小的药材分开，达到分级的目的。

（二）修制

是指选取规定的药用部分，除去非药用部分，以达到药材质量标准要求，符合商品规格，保证临床疗效。

1. 去芦头、鳞叶、须根、茸毛等

根和根茎类药材，头部常有芦头，有的是非药用部分，加工时需切去，如牛膝、丹参、黄芪、甘草等。有的药材表面有鳞叶、须根或毛茸等，需要在加工时除去。一般是把干燥的药材放在竹篓、箩筐、滚筒等容器中，然后通过"撞"或搓揉等方法去掉药材表面的鳞叶、须根，如莪术、麦冬、白及等；或者采用"火燎"的方法用火烧去药材表面鳞叶、茸毛或须根，如泽泻、狗脊、骨碎补、香附等。

2. 去皮

"去皮"以除去表皮或栓皮为度，个大的根及根茎类药材可刮或削去外皮，如大黄、山药、桔梗、北沙参、明党参、知母等；天冬、白芍等需置于沸水中烫或煮至透心，再刮去外皮。有些皮类、茎木类药材的栓皮属非药用部位，可用刀刮去，如杜仲、黄柏、厚朴、肉桂等。

3. 去心

一般指除去根类药材的木质部或种子的胚芽，如牡丹皮、远志、巴戟天等木质心；如莲子心与莲子肉分别入药。去心多在产地趁鲜进行。

4. 去核

有的核（或种子）为非用部位，须去除，如山茱萸、乌梅、诃子、金樱子等；有的果肉（果皮）果核（种子）作用不同，须分别入药，如瓜蒌皮与瓜蒌子、陈皮与橘核、大腹皮与槟榔等。

5. 去壳

有的晒干去壳，收获种子，如车前子、菟丝子等。有的外壳坚硬，加工时须除去外壳，如杏仁、桃仁、郁李仁、酸枣仁、核桃仁、薏苡仁等。

6. 去内脏

有些动物类药材需除去内脏后入药，再加工干燥，如地龙、蕲蛇、金钱白花蛇、乌梢蛇、蛤蚧等。

（三）切制

切制是将净选、修制后的中药材切成一定规格的段、片、块、丝等形状的一类操作过程。中药材产地加工切制一般是指中药材产地趁鲜加工，即在产地就将药材切制成片（段、块、丝），然后干燥。一般产地趁鲜加工分为两种：一是直接趁鲜切制，即在产地将新鲜的药材，经过挑选、清洗后，趁鲜切制成片或段、块，然后干燥，如白术、浙贝母、片姜黄、乌药、葛根、白芷、白芍、茯苓、枳壳等。二是保持传统特色的半趁鲜加工，即在产地将新鲜药材先按照传统方法（如发汗、蒸、煮、杀青等）加工，待药材干燥至一定程度后再直接切成片（或段、块、丝），如延胡索等。

（四）蒸、煮、烫

含浆汁、糖分、淀粉多的药材，一般方法难于干燥，煮后使其细胞组织被破坏，酶被杀死，缩短了干燥时间，如温郁金、延胡索、莪术、黄精、明党参、白芍等。五倍子、桑螵蛸蒸后杀死了虫卵，可防止其孵化变质。杭白菊经蒸汽杀青后，防止变色。烫法指将药材放入沸水中浸烫片刻。如青娘虫、虻虫、斑蝥等，蜣螂、蝼蛄等，烫死入药。

（五）发汗

有些药材在加工过程中，需堆积起来，或经过微煮、蒸后堆积起来发热，使其内部水分向外渗透，当药材堆内的水汽达到饱和，遇堆外低温，水汽就凝结成水珠附于药材表面，称为"发汗"，如厚朴、杜仲、玄参等。

（六）硫黄熏蒸

有些药材为使色泽洁白、防止霉烂，常在干燥前后用硫黄熏制。由于硫黄熏蒸对药材具有一定的危害性，目前硫黄熏蒸的方法已逐渐被取代。《中国药典》对药材的二氧化硫残留量也进行了控制，如对山药、牛膝、葛粉、甘遂、天冬、天麻、天花粉、白及、白芍、白术、党参11味药材规定二氧化硫残留量不得超过400mg/kg，其他中药材不得超过150mg/kg。

（七）浸漂

浸漂是将药材进行浸渍或漂洗处理。目的是为减除药材的毒性或不良性味，以及抑制氧化酶活性，以免药材氧化变色。如附子加工过程中长时间在食用胆巴溶液中浸渍可降低药材的毒性，有些药材含有大量盐分，在使用前需要漂去，如海藻、昆布等。浸漂掌握好浸漂时间、水的更换频次、辅料的用量等。天冷时每天换水1~2次，天热时每天换水2~3次。浸漂的时间根据具体情况而定，短则3~4天，长则15天。浸漂的季节最好在春秋两季，夏季由于气温高，药材易腐烂变质，必要时可加明矾防腐。

（八）干燥

干燥是药材产地加工的重要环节，是药材产地加工中使用最普遍、最主要的加工方法。干燥能使药材体积缩小，重量减轻，避免发霉、虫蛀以及有效成分的分解和破坏，便于运输、贮藏，保证药材的质量。不同药材的安全水分有差异，多数药材的安全水分为10%~15%。

1. 晒干法

是利用太阳能直接晒干药材的方法，是一种最常用的、既经济又简便的干燥方法。多数药材可用此法干燥。但含挥发油的，如薄荷；易变色的，如白芍、槟榔、红花等，均不易暴晒。

2. 阴干法

是把药材置于室内或阴凉通风处，避免阳光直射，借空气的流动使之干燥的方法。适用于含挥发性成分的花类、叶类、全草类药材，或日晒易变色、变质的药材，如荆芥、薄荷、紫苏、玫瑰花、红花、细辛等，又如酸枣仁、知母、柏子仁、苦杏仁、火麻仁等。

3. 烘干法

是利用人工加热使药材干燥的方法。此法适合大多数药材的应用，具有效率高、省劳力、省费用、不受天气限制的优点，特别适用于阴湿多雨的季节。其方法是将药材置于烘箱、烘房、火炕等加热干燥。

4. 其他方法

如远红外干燥、微波干燥、冷冻干燥等。可根据药材性质及成本选择合适的干燥方法。

（九）熬制

一些胶类药材是用原料加水煎煮提取，然后浓缩、熬制加工而成的，如阿胶、鹿角胶、龟板胶、鳖甲胶等。还有些药材，是将植物的汁液或水煎液浓缩、干燥制成，如芦荟、儿茶等。

（十）炼制

某些矿物类药材经过加热熔化，或升华产生结晶的方法，除去杂质得到纯净的药材，如硫黄、朱砂等；或把矿物原料混合加热，通过化学反应、升华结晶生产药材，俗称"炼丹"，如轻粉、红粉等。

（十一）提取

有些药材为植物的化学成分或化学部位，在产地加工时采用化学提取的方法进行生产，如薄荷油、桉叶油、樟脑、冰片等。

（十二）人工合成

有少数药材是通过化学反应合成的，如机制冰片、天竺黄（合成）等；还有某些药材是用一些原料勾兑而成，如人工牛黄、人工虎骨粉、人工麝香等。

（十三）其他

1. 发酵

将物料与辅料拌和，在一定的温度和湿度条件下，利用真菌使其生霉发酵，改变了原物料的性质，形成了新的药材，如神曲、淡豆豉、胆南星等。

2. 发芽

将具有发芽能力的种子用水浸泡后，保持一定的湿度和温度，使其萌发生芽，形成药材，如麦芽、谷芽、大豆黄卷等。

3. 灰贝

将新鲜洗净的药材撞擦，拌以煅贝壳粉或石灰粉，吸去擦出浆汁，干燥，如浙贝母、东贝母等。

4. 枫斗

将石斛类药材边加热边扭成螺旋形或弹簧状，俗称"枫斗"，如铁皮石斛、石斛、浙石斛等。

结合《浙江省中药炮制规范》2015年版，整理了浙江省中药材特色加工技术及其品种，见表7-2。

表7-2　浙江省中药材特色加工技术品种汇总

序号	加工技术	品种
1	趁鲜加工	三棱、白术、山楂根、毛冬青、丹参、水杨梅根、白芍、白药脂、延胡索、红木香、苎麻根、芦竹根、苦甘草、知母、金雀根、金樱子根、贯众、茶树根、穿破石、桔梗、桃金娘根、黄芪、黄药子、野葡萄根、猫人参、落新妇、温山药、藤梨根、浙紫苏梗、水牛角、巴戟天、薏苡根、土藿香、祖司麻、檀香、浙木瓜、薜荔果、衢枳壳、甘草、浙肉苁蓉、青蒿梗、雷公藤、土茯苓、片姜黄、乌药、功劳木、佛手、粉萆薢、浙贝母、桑枝、菝葜、绵萆薢、葛根、紫苏梗、竹茹、青风藤、钩藤、益母草、通草、首乌藤、铁皮石斛、茯苓块、商陆、枳实、枳壳、防己、虎杖、大黄、天麻、刺五加、金果榄、白芷、槟榔、紫苏叶、肉苁蓉、大血藤
2	蒸、煮、烫	天冬、太子参、玉竹、白及、白芍、百合、百部、延胡索、郁金、香附、莪术、浙黄精、黄精、薤白、山茱萸、无花果、南山楂、南五味子、栀子、南山楂、南五味子、栀子、浙木瓜、预知子、景天三七、佛手花、菊花、浙石斛、水牛角、水蛭、青娘虫、珍珠母、斑蝥、虻虫、蛴螬、蜂房、蜣螂、鼠妇虫、蝼蛄、蟋蟀、鳖甲、五倍子

（续表）

序号	加工技术	品种
3	鲜用	三叶青、石菖蒲、芦竹根、骨碎补、铁皮石斛、浙石斛
4	灰贝	浙贝母、东贝母
5	发汗	玄参、厚朴、茯苓
6	枫斗	铁皮石斛、石斛、浙石斛

三、中药材趁鲜加工

中药材趁鲜加工是指在产地将采收的新鲜中药材趁鲜加工成片、段、块、丝或去皮、芯等非药用部位，或者按照传统加工工艺（如发汗、蒸煮、杀青等）加工，干燥到一定程度后再切成片（或段、块、丝）的加工方法。

（一）中药材趁鲜加工优势

1. 有利于干燥保质

对于部分有较大的根及根茎类、坚硬的藤木类和肉质的果实类药材，趁鲜切成片、段、块等，更易干燥，可有效防止因干燥时间过长所致的霉变。

2. 提升饮片质量

（1）减少了有效成分流失。可避免后期浸泡软化再加工导致有效成分的无谓流失，利于提高产品质量。例如，甘草、黄芪、泽泻、川芎以及绝大部分草类药材，晒干后拉到中药饮片生产企业再加工时，必须经过长时间水润甚至浸泡才能切得动，其必然容易导致有效成分流失。

（2）降低了药材发霉的风险。药材长期贮存过程中，容易发霉，造成黄曲霉素超标，如泽泻等，产地趁鲜加工后直接避免了发霉的风险。

3. 提升加工水平

目前趁鲜切片加工的中药材多为大宗品种，产地比较集中，为趁鲜切片加工提供了有利条件，同时也为企业建立规模化产地加工基地，实施标准化、集约化产地加工创造了条件。

4. 降低生产成本

根及根茎类药材所占比重较大（60%～70%）且产量大，其鲜药材由于含水量高，质地柔软，如在产地干燥至一定程度后，直接切片，不经浸泡，一次干燥、一次包装即可成为商品药；另外，全草类饮片，由于分量轻，体积大，所需贮存空间大，二次浸润也会浪费成本，开展产地趁鲜加工后，可以节省大量人力、物力、财力。

5. 降低物流成本

先进行产地切制、修整和筛选后的初加工中药材，再进入流通环节，显然要比原药材直接流通高效。大批量的原药材拉到中药饮片生产企业去净化、筛选和加工，既大大增加物流成本，又制造了大量工业垃圾。

（二）现有法定中药材趁鲜加工品种

1. 药典收载

2020 年版《中国药典》共收载趁鲜加工中药材 69 种，具体内容见表 7-3。

表 7-3 2020 年版《中国药典》趁鲜加工中药材品种

趁鲜加工方法	品种
切片	干姜、土茯苓、山柰、山楂、山药、川木通、三棵针、片姜黄、乌药、功劳木、地榆、皂角刺、鸡血藤、佛手、苦参、狗脊、粉萆薢、浙贝母、桑枝、菝葜、绵萆薢、葛根、紫苏梗、黄山药、竹茹、桂枝、狼毒、滇鸡血藤、附子
切段	大血藤、小通草、肉苁蓉、青风藤、钩藤、高良姜、益母草、通草、桑寄生、黄藤、锁阳、槲寄生、颠茄草、野木瓜、广东紫珠、首乌藤、桃枝、铁皮石斛
切块	何首乌、茯苓、商陆
切瓣	木瓜、化橘红、枳壳、枳实
去心	远志、莲子
去粗皮	苦楝皮、椿皮
多种切制方法（切片、切段、块或瓣）	丁公藤、大黄、天花粉、木香、白蔹、防己、两面针、虎杖、香橼、粉葛、大腹皮

2. 全国及各省市炮制规范收载

《全国中药炮制规范》以及各省市的中药炮制规范中允许的趁鲜加工品种，详见表7-4。

表 7-4 中药饮片炮制规范中允许的趁鲜加工中药材品种

省区市名称	品种
全国	黄药子、白药子
安徽	岗梅、八角枫根、白首乌、八角莲、瑞香狼毒、紫葳根、菊叶三七、十大功劳根、檀香、红木香、赤茯苓、茯神、雷公藤
北京	千年健、玉竹、青蒿、金荞麦、络石藤、薄荷、姜黄、檀香、三棱
福建	三叉苦、五指毛桃、化血丹、牛大力、四叶参、买麻藤、地不容、芋头、过岗龙、岗梅、牡荆根、苏铁蕨贯众、姜皮、矮陀陀、美丽胡枝子根、海芋、常春油麻藤、藕片、十大功劳根、玉叶金花、黄药子、猕猴桃根
甘肃	当归、党参、红芪、黄花白及、甘肃白药子、红药子、苦瓜、黄芪、甘草、贯众、茯神
广东	五指毛桃、玄参、防风、赤芍、川芎、杜仲、牡丹皮
河北	牛大力、白首乌、山芝麻、岗梅、葎草、穿破石、藤梨根
河南	土大黄、四叶参、白首乌、索骨丹根、海芋、薯莨、无花果、仙人掌、胡枝子、葎草、三分三、山芝麻、毛冬青、穿破石、桃金娘根、檀香、白药子、猕猴桃根、茯神
江西	木板蓝根、枫荷梨、钻山风、樟树根、内风消、红茴香、毛冬青、穿破石、黄药子、白药子
辽宁	小檗根、红药子、毛冬青、白药子
内蒙古	文冠木、细叶铁线莲、毛茛、柳穿鱼、酸梨干、檀香
宁夏	槐枝、凤仙透骨草
青海	牛尾蒿、风毛菊、角茴香、苞叶雪莲、臭蒿、藏党参
山东	松萝、重楼、黄药子

（续表）

省区市名称	品种
山西	大青叶、藿香
上海	千斤拔、羊乳根、羊蹄根、胡颓子根、枸骨根、海芋、蛇六谷、苦瓜干、预知子、拓木、瘪竹、石龙芮、白药子、岗稔根、水杨梅根、毛冬青、丹参、黄药子、雷公藤、藤梨根、红木香、檀香、苦甘草、藿香
四川	白土苓、扁枝槲寄生、川黄芪、红毛走马胎、黄花白及、寄生、葎草、南星、柠檬、石斛、薯莨、碎米柴、台乌、香通、雪胆、朱砂七、草藓、绣球小通草、贯众、黄药子
天津	土大黄、红药子、薯莨、铁包金、宽筋藤、黄药子、白药子
浙江	三棱、白术、山楂根、毛冬青、丹参、水杨梅根、白芍、白药脂、延胡索、红木香、苎麻根、芦竹根、苦甘草、知母、金雀根、金樱子根、贯众、茶树根、穿破石、桔梗、桃金娘根、黄芪、黄药子、野葡萄根、猫人参、落新妇、温山药、藤梨根、浙紫苏梗、水牛角、巴戟天、薏苡根、土藿香、祖司麻、檀香、浙木瓜、薜荔果、衢枳壳、甘草、白蔹、浙肉苁蓉、青蒿梗、雷公藤

注：不含与《中国药典》2020 年版中重复的品种。

3. 中药材趁鲜加工最新政策

随着国家对中医药事业和中药大健康产业发展的日趋重视，为顺应市场需要和时代潮流，国务院办公厅、国家食品药品监督管理局等部门发布了《国家药监局综合司关于中药饮片生产企业采购产地加工（趁鲜切制）中药材有关问题的复函》等系列文件，提出鼓励趁鲜加工的政策，鼓励中药生产企业向中药材产地延伸产业链，开展趁鲜切制和精深加工。

浙江省积极响应国家政策，组织团队开展中药材趁鲜加工品种研究，并于 2021 年 9 月 29 日在浙江省中药材博览会上发布首批《浙江省产地加工（趁鲜切制）品种目录》，具体为：莪术、金荞麦、白花蛇舌草、椇木、杜仲、芦根、三叶青、蛇六谷、无花果、玄参、温郁金、泽泻、天冬、香茶菜，进一步规范了浙产药材的产地趁鲜加工，全面提升了中药质量安全控制水平，推动了浙江省中药材产业高质量发展。

目前，已有多省发布规范产地趁鲜加工的征求意见稿，山东、甘肃、云南等 9 省确定了实行趁鲜加工的品种目录，具体见表 7-5。

表 7-5　各省市政策新增产地趁鲜加工中药材品种

省份	发布日期	品种
陕西	2021.03.12	（1）药材切片：干姜、土茯苓、山奈、山楂、山药、川木通、三棵针、片姜黄、乌药、功劳木、附子、地榆、皂角刺、鸡血藤、佛手、苦参、狗脊、粉萆薢、浙贝母、桑枝、菝葜、绵萆薢、葛根、紫苏梗、黄山药、竹茹、桂枝、狼毒、鸡血藤 （2）药材切段：大血藤、小通草、肉苁蓉、青风藤、钩藤、高良姜、益母草、通草、桑寄生、黄藤、锁阳、槲寄生、颠茄草、野木瓜、广东紫珠、首乌藤、桃枝、铁皮石斛 （3）药材切块：何首乌、茯苓、商陆 （4）药材切瓣：木瓜、化橘红、枳壳、枳实 （5）药材切瓣或片、段：丁公藤、大黄、天花粉、木香、白蔹、防己、两面针、虎杖、香橼、粉葛、大腹皮 （6）去心：远志、莲子、牡丹皮 （7）去粗皮：苦楝皮、椿皮

省份	发布日期	品种
山东	2021.07.27	（1）药材切片：丹参、柴胡、生地黄、西洋参、拳参、赤芍、桔梗、白芷、黄芩、山楂、天花粉、山药、白芍 （2）药材切段：北沙参、荆芥、泽兰、忍冬藤、徐长卿、水蛭、蒲公英 （3）药材去心：远志、牡丹皮
天津	2021.08.23	（1）药材切片：知母、桔梗、白芍、白术、白芷、牡丹皮、苏木、当归、党参、黄芪、甘草、延胡索、苎麻根、丹参、三棱、柴胡、拳参、生地黄、西洋参、赤芍、黄芩、天花粉、郁金、莪术、槟榔、川牛膝、天麻、泽泻、前胡、川芎、苍术、人参、鹿角、山药 （2）药材切段：徐长卿、北沙参、荆芥、泽兰、忍冬藤、蒲公英、水蛭、牛膝、细辛、石斛、远志 （3）药材切丝：桑白皮 （4）药材切瓣：金樱子（除去毛、核）、川楝子 （5）药材切丝或片、段、块：茯神（块）、樟木（片、块） （6）去心：巴戟天
甘肃	2021.10.20	当归、党参、黄芪、红芪、大黄、甘草、板蓝根
云南	2021.11.05	三七、天麻、重楼、白及
安徽	2021.12.09	白芍、白术、桔梗、知母、丹参、板蓝根、桑白皮、紫菀、射干、何首乌、天麻、灵芝、蒲公英、墨旱莲、马齿苋、半枝莲、白花蛇舌草、穿心莲、大蓟、藿香、马鞭草、佩兰、仙鹤草、紫苏、桑枝、杜仲
福建	2022.01.24	铁皮石斛、巴戟天、黄精、灵芝、显齿蛇葡萄、荷叶、盐肤木、穿心莲、福建胡颓子叶、养心草、满山白、肿节风、福建山药、三叶青、绞股蓝、泽泻
吉林	2022.02.11	人参、西洋参、鹿茸、天麻、苍术、淫羊藿、甘草、返魂草、虎眼万年青、桑黄
湖北	2022.03.08	川牛膝、天麻、木瓜、白及、白茅根、陈皮、黄连

四、"共享车间"的实践应用

中药材"共享车间"模式是指利用药企或加工点的专业设备，参照 GMP（药品生产质量管理规范）规范要求，在中药材产新季节为当地的药农提供中药材初加工服务，解决药农自行加工不规范的问题，增加企业创收途径，提高中药材内在质量，实现企业、农户、监管部门等多方共赢。

2018 年 6 月，浙江省药品监督管理局批复了浙江省磐安某公司建立了全国首家产地中药材及饮片加工车间一体化试点项目，推动了浙产药材产地趁鲜加工品种进入一体化车间统一按标准加工，确保符合《中国药典》或《浙江省中药炮制规范》质量要求。同时，整个加工和仓储过程实施信息化管理，使药材加工可追溯，是中药材种植质量追溯体系的延伸，有利于中药材的品质保障和提升。同时，制定了"共享车间"加工管理规范，主要包括加工工艺技术标准、委托加工方管理、新鲜中药材收货和验收、新鲜中药材加工管理、包装及标签管理、寄库管理、标识和标签管理、放行管理等方面，为共享车间的规范化运行提供了保障。

通过一体化试点，中药材初加工环节的质量管理严格受控且易于监管，为浙江省中药材产业的质量监管创新探索监管路径与监管模式，有利于中药材产业的行业监管。同时，一体化的试点也可为后续 GAP 政策的落地摸索经验与夯实可行性基础。

实施一体化后，可以充分利用中药饮片加工方面已经形成的技术支撑和理论研究体系，加大对药材产地加工的研究和投入，进一步完善和发展产地加工的理论支持。同时，中药材与饮片加工存在大量的相同工序，可减少不必要的重复投入，降低综合成本，有利于中药材产业的健康持续发展。

目前，列入磐安县的"共享车间"已达 11 家，每天能处理近 200t 鲜贝母（片），不仅满足磐安当地所需，还能辐射服务周边的仙居县、缙云县、东阳市、永康市、宁波市、海曙区等浙贝母产地。11 家中药材"共享车间"均已纳入磐安中药材质量追溯体系，为中药材全产业链质量管控疏通一道关键环节。

第三节　包装与贮运

一、中药材产品的包装

中药材自产地采收，经过必要的加工后，对不同规格等级的药材进行包装，包装后再经贮藏、运输，成为中药饮片加工和中成药制剂的原材料。实行标准化要求的中药材包装，有利于保证药材质量，便于贮存、运输和装卸，便于识别与计量，有利于现代化交通运输，有利于贮运费用的减少。

（一）中药材包装前的质量要求

采收初加工后的原药材，经过净选、清洗、切制或修整等工序，应达到以下要求，再行包装。

1. 沙、杂草及其他杂质等异物要尽可能除去

原药材采收时，特别是植物药往往带有泥沙、杂草、枯枝、腐叶，产地采收的初加工，应该通过水处理清洗、过筛、挑选等方法清除杂质，使药材达到一定的净度。

2. 非药用部位除去和药用部位保留应符合规定的要求

中药因药用部位的不同，需要选择规定的药用部位，去除非药用部位。芦头、残基或残根、枝梗、皮壳、核、瓤、木质心、毛刺等是各类植物药常有的非药用部位；头尾、足翅、鳞片、残筋皮肉是各种动物药常有的非药用部位。大部分形式的非药用部位适宜在产地就地加工除去，使药物净洁。如需要去皮的根或根茎药材，一般多趁鲜时在产地去皮。桔梗、芍药、知母等如不趁鲜去皮，干燥后就不易刮除。五加皮、白鲜皮、地骨皮、桑白皮、远志、牡丹皮等根皮类药材，往往在产地趁鲜除去木质心，剥取根皮。龟板、鳖甲等动物药其残留的膜皮肉易引起腐败变质，应除净。

果实种子类药材坚硬的外壳、致密的种皮是药物的保护屏障，去壳取仁反而会使药材发生走油等变质现象，不便于保存，应予以保留，无须在产地去除。

3. 无伪品、破损、虫蛀、腐烂、霉变、走油的个体夹杂

经过品种鉴定，伪品不得混入药材中。破损、虫蛀、腐烂、霉变、走油的药材混杂于药材中进入包装后，经过长时间、长途的贮运，必然会影响到整个包装内药材的质量。如枸杞子、百合等常混有霉变品，包装前均须挑拣除去。

4. 加工分离相同来源的不同药用部位

同一来源的中药，因不同药用部位的临床功效不同，须加以分离，以分别入药。有些植物药共生于同一植株的几个药用部位，由于临床功效的差异或不同，在产地采收加工时应予分离。如麻黄与麻黄根、何首乌与夜交藤、莲子肉与莲子心、桂枝和桂皮。

5. 药材经过干燥处理后，水分要达到规定的含量要求

中药的含水量是药材在贮运中发生质量变异的主要因素之一，绝大多数中药发生质量和数量的变化，水分是起主要作用的。药物超过或低于本身应有的水分含量时，均容易出现质量的变化。如果水分过多；中药中所含的淀粉、蛋白质、糖类等成分在受热后发生分解并产生热，使药材发霉和变质；含盐类中药如芒硝等则易潮解、返潮、流水；花粉类中药如蒲黄易发热结块，气味散失而变质。

6. 按规定项目完成质量检验，有合格的质量检验书

GAP 规定：药材包装前，质量检验部门应对每批药材，按中药材国家标准或经审核批准的中药材标准进行检验。检验项目应至少包括药材性状与鉴别、杂质、水分、灰分与酸不溶性灰分、浸出物、指标性成分或有效成分含量。农药残留量、重金属及微生物限度均应符合国家标准和有关规定。药材在施行包装前应再次进行质量检查，待包装的药材应附有应标明和检测项目的质量检验报告书，所列指标应符合规定要求。

(二) 中药材包装的器材与技术要求

中药材的包装分为内包装和外包装的不同要求。一些细贵药材、毒性药材或进口中药材往往要使用内、外两种包装。大多数中药材品种只使用外包装。外包装又称为运输包装。

1. 中药材包装器材的类型

中药材包装器材和包装形式应符合交通运输部门的规定。参照《医药商品定额损耗管理办法（试行）》中有关中药材运输包装的器材要求，包装材料主要有以下类型。

袋：指麻袋、布袋、尼龙编织袋 3 种。凡盛装过农药、有毒物品的旧袋，一律不得使用。

箱：指木箱、纸板箱、铁皮箱 3 种。具体品种已定者，不应机动。

筐：指用竹、藤或木质性枝条等编制而成的方形或长方形的硬筐。内有衬垫，有筐盖，具有一定的耐压性，外用绳索或铅丝等捆扎。

机包：指用机械加压后打成的货包，周围用麻布、席片或尼龙编织布等捆包。

捆绑：指用绳索、铅丝等捆绑 3~5 道腰后而成的货包。

桶：指木桶、铁皮桶、纤维胶合板桶以及塑料桶等。

2. 中药材包装器材的技术要求

中药材的包装器材应是清洁、干燥、无毒、无污染、无破损的。GB 6264—86 中药材袋运输包装件是适用于宜装袋的中药材在国内流通的运输包装标准。该"标准"对中药材包装袋类型、中药材装袋含潮率、袋口缝合技术要求、包装件内装净重规格、标志（包括运输货签、包装件文字和图案的刷写、包装贮运指示标志）、包装件内附质量合格证、所装品种、规格及重量等项目都作了明确的规定。其中包装材料所选用的麻袋和塑料编织袋在选材、编织等技术要求上都应符合相应的国家标准或其他可参照标准。

GB 6265—86 中药材压缩打包运输包装件是适用于空压缩打包的轻泡中药材在国内流通的运输包装标准。该"标准"对压缩打包机的内径尺寸和压缩打包件的规格尺寸、包装材料（包括裹包及捆扎材料、加固用的支撑材料）、打包技术要求、标志（包括运输货签、包装件文字和图案的刷写、包装贮运指示标志）、中药材的含潮率、包装件内附质量合格证，以及各中药材具体品种的打包重量、压缩高度、内衬物和支撑材料的放置、密度等都作了具体规定。

CB 6266—86 中药材瓦楞纸箱运输包装件是适用于装箱的中药材国内流通的运输包装标准。该"标准"对瓦楞纸箱材料的标准名称、编号和技术要求,内衬材料、捆扎和箱外裹包材料的品种和技术要求,成型瓦楞纸箱的物理性能数据、箱型、箱号、箱规格,以及不同药材内衬物的选用、装箱重量,封口、捆扎技术要求、标志、中药材的含潮率、质量合格证等均作了详尽的规定。如纸箱内衬的防潮纸应清洁,能起到防潮作用,不污染药材,纸箱应清洁不污,箱面涂防潮油。

(三) 中药材包装的标识

运输包装的标识包括收发货标志和包装贮运指示标志。

1. 中药材运输包装标志的制作要求

中药材的运输包装标志是准确标明反映中药商品性质及作业要求的图示标志,应符合国家标准的规定。收发货标志应按国家标准 GB—85 规定办理,包装贮运指示标志按国家标准 GB191—85 规定办理。运输包装标志应制作在包装件显而易见的部位,以利于搬运、堆垛等操作。制作标志的颜料应具有耐湿、耐晒、耐磨等性能,以免在贮运中发生褪色、脱落现象,造成标识模糊不明,导致药材发生混淆或辨别不清。不能印刷包装标志的容器,应选择适当部位拴挂不易脱落的货签。

2. 中药材收发货标志

收发货标志由运输货签和刷写的文字和图案两部分组成。运输货签上应具有运输号码、品名、发货件数、到达站、收货和发货单位、发站的栏目要求。袋装的包装件货签拴挂在包装件两端,压缩打包的包装件货签粘贴或拴挂在包装件的两端,装瓦楞纸箱的包装件货签粘贴在瓦楞纸箱的指定部位,纸箱用麻布或麻袋裹包的,货签刷写或拴挂在包装件上。

包装件上刷写的文字和图案,项目包括医药分类标志、品名、规格(等级)、毛重、净重、产地及包装单位、日期。

在每件药材包装上,必须附有质量合格的标志。

为了方便中药材堆垛转运,在同一包装上必须制作两个相同的标志,以备贮运人员在一面无法看到或模糊不清时,从另一面加以辨认。

3. 包装贮运指示标志

包装贮运指示标志应按国家标准 GB—191 规定办理,毒、麻药材等危险品应按国家标准 GB 190—85 规定办理。

(四) 特殊中药材的包装

特殊中药材是指性质特殊,须专职保管的中药品种。特殊中药在贮运中应给予特殊的包装和贮运管理,以保证运输中的人员和财产安全。

1. 特殊中药材的类别

与麻醉药品、精神药品、医疗用毒性药品、放射性药品 4 类须实行特殊管理的药品概念有所不同,特殊中药材可分为细贵中药、毒麻中药、易燃中药、鲜用中药等类别。

与一般药材相比,细贵药材来源稀少,价格昂贵,如野山参、冬虫夏草、牛黄、麝香等。毒性、麻醉中药因药性作用剧烈,贮运不当极易引起严重的伤害事故,甚至危及生命,或引发犯罪等社会治安问题,如砒石、川乌、半夏、马钱子、罂粟壳等。易燃中药在热和光的适宜条件下,当达到本身的燃点后就会引起燃烧,如硫黄、干漆、生松香、海金沙等易燃品种遇助燃物及火源即易燃烧。鲜用药材在中药配伍中的使用,是中药区别于其他药品在临床应用的一个独特方式,常用鲜用中药品种有:鲜石斛、鲜生地、鲜藿香、鲜佩兰、鲜芦根、鲜茅根、鲜生姜、鲜荷叶等。除此之外，有的中药材其因其性状质脆易碎，如鸡内金、银耳，在包装贮运中也应采取必要的措施。

2. 特殊中药材的包装要求

（1）细贵药材要从商品价值和功效价值的双重意义上设计使用相应的内包装和运输包装，应使用特制的包装箱；并加以外包装，以防包装件破损后使药材受损；而细贵药材的外包装上不宜标明品名，以防中途发生被盗窃现象。

（2）国务院发布的《医疗用毒性药品管理办法》规定：毒性药品的包装容器上必须印有毒药标志。《药品经营质量管理规范实施细则》规定："特殊管理药品、外用药品包装的标签或说明书上有规定的标识和警示说明。"麻醉、有毒中药材应按不同性质分开单独包装，或采用特殊包装，并在外包装上粘贴或印刷相应的明显标志，加封，以引起运输、贮藏各环节工作人员的注意。质地特殊且具毒性的水银就是采用特制铁铸罐贮存运输，以防泄漏，发生不必要的伤害事故。

（3）易破碎的药材应装在坚固的箱（盒）内，尽可能保证药材在贮运过程中的完好率。

（4）由于受到保鲜方法和包装形式的局限，鲜用药材往往因含水量高，易腐烂，不宜长期保管。鲜用药材可用珍藏、沙藏、罐贮、生物保鲜等适宜的保鲜方法，保持一定的湿度，既要注意避免过于干燥而枯死，又要注意防止过于潮湿而腐烂，冬季还要注意防冻冰结。

二、中药材产品的贮运

（一）中药材的贮藏

药材的贮藏是中药材流通使用中的一个重要环节，是保证中药材质量的必不可少的重要组成部分。重视药材的贮运，与重视药材生产同等重要。随着中药材种植、生产的规范化管理，加强仓储管理、改善仓库条件对于保证药材的质量，就显得尤为重要。

中药材的养护保管是一项知识面广、技术性强的工作，既有传统的经验，又有科学的新技术。中药材资源丰富，品种多样，特性各异，给中药材仓储养护带来了复杂性。目前一些中药材产地存在着露天存放，或者是药农将药材采收后自行随意存放，或者仓库存储条件不符合药典规定等现象。因此中药材生产地，应该根据当地所产药材的特性，改变农户自由采收存贮的形式，建设规范的中药材贮存库房，合理贮存中药材。在此基础上逐步建立形成一套科学的中药材养护措施，使产地的中药材仓库养护科学化、现代化。

1. 中药材在储存中的主要养护要求

（1）中药材在贮藏中的水分控制。中药材采收后，药材（主要指植物药）中的水分如不及时控制，就如同蔬菜、水果，极易出现霉烂变质。动物药也应及时做好杀生处理，去除杂物、干燥、控制水分。药材水分的含量测定和控制，是中药材仓储养护中对中药材质量检测和监控的主要指标。在仓储管理中正确有效地控制药材水分，可以基本解决中药材在储存中出现的霉烂变质问题。

（2）中药材在贮藏中的虫害控制。虫蛀是中药材及饮片贮藏中最常见的现象，危害也最大。全国中药材仓虫调查鉴定数据显示仓虫有2纲、14目、58科200余种，可见药材害虫种类繁多。在仓库满足通风、干燥等基本条件下，中药仓储中虫蛀现象仍普遍存在，对药材的危害也最大，因此，虫害防治是药材养护工作的重点、难点。

药材包装入库前可采取以下措施控制虫害的发生：

①剔除或销毁已受虫蛀的药材，以防进一步传播，防止虫害事故的发生。

②药材在贮藏前，须经过必要的过筛，既可除去泥沙、杂物，又可筛除部分虫卵、蛹等。

③采用晾、晒、烘等干燥措施，控制药材的含水量，使干燥后的药材不利于害虫的孵化、生长。

④及时发现药材受虫蛀迹象，防止进一步蔓延。

⑤掌握药材特性，避免药物受热、吸潮。如含脂肪、淀粉、糖类、蛋白质类成分的药材比较容易发生蛀蚀，这些成分都是害虫的营养物质。

2. 中药材仓库的类型和技术要求

（1）中药材仓库的类型。依据仓库的露闭形式不同，分为露天库、半露天库和密闭库。露天库和半露天库一般仅作临时的堆放或装卸，或作短时间的贮藏，而密闭库则具有严密、不受气候的影响、存储品种不受限制等优点。依据仓库温度要求不同，分为常温库、阴凉库、低温库。常温库温度一般控制在 0~30℃，阴凉库温度不高于 20℃，低温库包括冷藏库和冷冻库，冷藏库温度一般控制在 2~8℃，冷冻库温度低于 0℃。各库房相对湿度应保持在 45%~75%。

（2）中药材仓库的技术要求。现代中药仓库的建筑要求，在性能上要求仓库的地板和墙壁应是隔热、防湿的，以保持室内的干燥，减少库内温度的变化；仓库通风性能良好，以散发中药材自身产生的热量，又是保持干燥的重要条件；仓库密闭性好，避免空气流通而影响库内的湿度和温度，同时对防治害虫也有重要作用；建筑材料能抵抗昆虫、鼠的侵蚀；避免阳光的照射；仓库在建筑时，为了达到坚固、适用、经济的目的，应在长、宽度、地面、墙壁、房顶、门窗、库房柱、照明与通风等方面达到规定的技术数据要求。还应充分顾及仓库所处的建筑地理位置。产地的中药材仓库应与药材种植地相邻近，远离家禽、家畜等的饲养场所，避免禽畜进入药材的仓库吃食、污染中药材。

（3）中药材低温贮藏。低温贮藏在浙江通常是利用机械制冷设备产生冷气，使中药材处于低温状态下，防止中药材的霉变、虫蛀、变色、走油等现象的发生，较好的保存了药材的品质。低温贮藏由于受到设备限制，相对费用较高，主要适用于一些量少贵重、受热易变质的中药材，应用范围相对较窄。在实际应用中，浙贝、元胡、杭白菊等品种有较多选择在冷库中进行低温贮藏，原因是在低温贮藏中的品质更好，更有利于优质优价的达成，特别是销往中国台湾、日本等客户时。

由于适宜的温度、湿度最有利于微生物的繁殖与生存，大部分细菌、部分霉菌微生物属于湿生型，几乎所有的微生物都属于中温型，环境温度在 10℃ 以下就不易繁殖生存。在微生物中，霉菌对药材的危害最大，如果霉菌污染了药材将会使药材变质，破坏药材的有效成分。低温及低湿是抑制霉菌的有效方法。

已知的造成中药材虫害的仓虫大约有 200 种，分属不同种类。不同的仓虫对环境温度、湿度的要求以及适应能力不同。大多数仓虫维持其生命的有效温度是 8~40℃；8~15℃ 是生长发育的起点，22~32℃ 是最高有效区域，-4~8℃ 是停育低温区。另外，水分是仓虫进行生命活动的重要介质，仓虫体内水分占其体重的 44%~67%，所需水分主要来源于药材的环境空气。如果仓虫在环境中失去过多的水分或得不到充足的水分，它的生长、发育和繁殖都会受到抑制，以至达到死亡线。可见，环境中的温度、湿度以仓虫的生存繁殖有很大的影响。实际经验已经证实，在南方地区，环境的相对湿度 70% 以下不利于仓虫的发生，由此可见，低温低湿环境是抑制仓虫的有效途径。

建议使药材周围环境温度低于10℃，相对湿度低于70%。制冷设备一般选用氟冷空调，也可以选择水冷空调。冷库库房隔断一般采用冷库专用防火隔热岩棉板，要注意的是，为了减少以后运行过程中的能耗，建议在冷库地面也要进行保温隔热处理。由于浙江属于亚热带季风气候区，空气湿度偏高，尤其在"梅雨季节"，所以冷库内必须配置足够的专用低温除湿机进行湿度的控制，若是"库中库"的结构，建议在冷库库板外，楼房库板内空间也加装常温除湿机来辅助完成湿度控制。为确保温湿度实时监控，可选购有短信推送或App报警功能的温湿度监控系统，同时在库外安装超标声光报警装置。另外，为防止人员被意外困在冷库，应设置可在库内打开的应急逃生门。

3. 中药材常见的变异和养护（表7-6）

（1）中药材的变异。根及根茎类药材营养丰富，在适宜条件下，极易发霉、生虫；花类药材在贮藏中，常发生褪色、发霉、虫蛀、走气、花冠脱落变形等现象；果实种子类中药因自身的呼吸作用，及易吸潮、发霉，同时也极易被虫蛀食；茎、皮类药材易发生霉蛀，皮类药材还易发生走气现象；菌类药材养护不当极易引起霉变和虫蛀；动物类药材在贮藏中易发生发霉、虫蛀、走气、变色、变味等各种变化，还易遭鼠害。

表7-6　中药材常见变异及养护

中药材变异	原因	防治方法
虫蛀：常见的有害昆虫与活螨种类很多，如甲虫类的米象、谷象、大谷盗等，蛾类的印度谷螟、谷蛾等；螨类的粉螨、干酪螨等	1. 中药材在采收、加工、炮制、运输等过程中都可能因未能有效地将害虫或虫卵杀灭等而受到污染 2. 在中药材贮藏场所和容器内有害虫生存，可能侵入药材并进行繁殖 3. 环境温度为10～35℃，相对湿度70%以上，药材成分中含有淀粉、蛋白质、脂肪和糖类等营养成分更易使害虫滋生	1. 温度处理法：低温法、高温法 2. 传统养护法：利用某些物质的特殊成分或特殊气味，以达到防虫目的 3. 化学杀虫法：可在较短时间内杀灭害虫和虫卵，但可能对人体健康以及药材质量产生一定影响 4. 气调养护法：调节贮藏系统内的气体组分，充入氮气或二氧化碳，除氧剂密封贮藏降低氧气含量 5. 核辐射灭菌技术
变色	1. 药材所含某些成分在酶的作用下，易氧化聚合成大分子有色化合物 2. 外界条件：如日照或烘干时温度过高；使用某些杀虫剂，如硫熏；贮藏日久；贮藏不当	干燥、冷藏和避光
霉变：真菌在药材表面或内部滋生的现象。常见的真菌为根霉属、毛霉属、青霉属、曲霉属等。有些真菌能产生毒素，如曲霉属中某些黄曲霉	大气中的真菌孢子散落在药材表面，在适当的温度、湿度、药材含水量、适宜的环境和足够的营养条件下，即萌发为菌丝，分泌酵素，溶蚀药材组织，促使腐败变质，失去药效	1. 水分控制法：采用通风、干燥、吸湿剂或吸湿机降湿等方法，控制含水量在安全水分最高临界含水量以下 2. 温度控制法：将库房温度调节至10℃以下，或采用日晒、烘干、蒸等高温处理法 3. 密封法：利用严密的包装或其他方法与外环境隔绝，达到防霉目的
走油：含油药材因贮藏不当，油质泛于药材表面，或含糖药材在受潮、变色、变质后，表面呈油样物质变化	1. 药材自身成分有关 2. 贮存温度过高或贮存过久	保持低温、干燥环境，减少与空气的接触。易走油的药材，应贮存于阴凉干燥的库房，堆码不宜过高、过大

（续表）

中药材变异	原因	防治方法
其他：风化、挥发严重、自然分解等		用不同的养护措施

（2）中药材的养护。中药材的在库养护，要合理堆垛，要有效控制温度、湿度、日光、空气等自然因素和霉菌、虫害等生物因素对药材的影响，采用相应的措施，通过防热、防潮、避光、降温、密封包装等方法，起到有效的养护作用。由于有毒的传统硫黄、磷化铝熏蒸已经不适应当前发展，相关的法律法规已经禁止使用，同时鼓励使用有利于中药材质量稳定的冷藏、气调等现代储藏保管新技术。

中药材的气调养护是通过物理、化学集成方法调控中药材密闭货垛或密封包装箱（袋）等密闭空间的空气组分，达到防治虫害、防止霉变、保持品质的一种养护方法。

是把影响药材变质的空气中氧气浓度进行有效控制，人为地造成一个低氧环境，使害虫不能生长，霉菌的繁殖受到抑制，从而保证药材质量的方法。这种方法可以消除因长期使用化学杀虫剂对环境和药材等造成污染的弊病。是用特制的塑料膜将放置药材的堆垛密封，抽出垛内的空气，利用制氮机充入氮气或二氧化碳，或者使用气调剂有效调控密闭空间内的氧气浓度、二氧化碳浓度以及相对湿度，从而达到防治害虫、防止霉菌滋生、保持中药材水分恒定、抑制中药材氧化变色，延缓活性成分降解，从而实现中药材综合养护目的。

应用方式根据中药材养护数量大小及在库周期长短，可以分为垛封气调、箱装气调、袋装气调等。

随着科技技术的发展，物联网和大数据应用的下沉，通过物联网自动监测技术，可以实时监测垛内环境参数，无缝对接中药材质量追溯体系。

（二）中药材的运输

1. 中药材的运输标识

《医药商品运输管理试行办法》规定：医药商品运输包装，应有明显清楚的运输标记，内容包括品名、规格、内装数量、批号、出厂日期、效期、每件重量、体积、生产单位、到站（港）、收、发货单位名称和指示标志。危险品必须有国家标准的危险货物包装标志。贵重品可以不书写品名，用商品经营目录的统一编号代替。这一规定明确要求投运的物品要标志明确。

2. 特殊中药材的运输

中药材中有不少品种具有各种特殊的性质特点。如鲜用药材要注意采取防腐保鲜措施；细贵中药材要严格监管、有押运措施；质脆易碎的中药材要用坚固的箱盒包装，避免包装受重压而变形。

易燃中药材和药性剧烈的毒性、麻醉中药，必须参照国家药品监督管理部门和相关部门颁发的各项管理规定。对易燃中药材及毒性、麻醉中药材的生产、供应、运输、使用等实行严格的管理。在运输这些特殊品种的过程中，应当采取有效措施；防止盗窃、人身伤害、燃烧、爆炸等事故的发生，确保贮运安全。

3. 中药材的运输条件

装载和运输中药材的集装箱、车厢等运载容器和车、船等运输工具应符合以下条件：
车辆固定、清洁无污、通气性好、干燥防潮、温湿调控。

药材产地和其他运输部门对运输车辆相对固定，便于对车辆进行清洗、消毒，以保证运载容器和运输工具的清洁，使运输的药材免遭污染；发运时尽可能采用药材单品种的批量运输；不使中药材与其他药材或非药材货物混装运输，以避免串味、混杂现象的发生。

中药材在贮运过程中有效控制温、湿度等贮运条件，是保证中药材在贮运过程中质量稳定所不容忽视的一个方面。运载容器应具备良好的通气性，通气性好可以有效调节运载容器内环境的温、湿度；运输途中采用适当的防潮措施，可以保持运输环境的干燥。运输过程中贮运环境的温、湿度应符合药材仓储的温、湿度条件。

低温运输泛指在运输工具上使用制冷设备保证所运货物对温度的要求，是从托运人仓库到收货人仓库全程低温保存。应遵循快装快运、轻装轻卸、防热防冻、平稳运输的原则。

低温运输过程必须依靠冷藏专用车辆或者低温保持用品进行，冷藏专用车辆除了需要有一般货车相同的车体之外，必须额外在车上设置冷藏设备；低温保持用品可以选择带冰排的保温箱完成少量贵重中药材的低温运输。在运输过程中要特别注意必须是连续的冷藏。在运输时，应该根据中药材的种类、运送季节、运送距离和运送地方确定运输方式。在运输过程中，尽量组织"门到门"的直达运输，减少转运，提高运输速度，温度要全程符合规定。

低温运输要求在中、长途运输及短途配送等运输环节的低温状态。在冷藏运输过程中，温度波动是引起中药材品质下降的主要原因之一，所以运输工具应具有良好性能，在保持规定低温的同时，更要保持稳定的温度，远途运输尤其重要。如果有条件的话，建议选用带有温、湿度实时监测系统对车厢内部或者保温箱内部温度进行管理。

第四节　机械化生产技术

中药材种植加工机械化生产设备主要分为5类，分别为种植设备、田间管理设备、采收设备、加工设备、存储设备。

一、种植设备

1. 旋耕机

结构简单、功能广、效率高、操作方便、通过性能好等特点的旋耕机可完成旋耕、除草、开沟、施肥、灭茬、起垄、打药等作业，如甘草（图7-1）。

图7-1　旋耕机

型号	450型
生产效率	2~3亩/h
额定功率	34kW
刀片数量	28
外形尺寸	2 200mm×1 100mm×1 100mm
重量	1 500kg

2. 药材穴播机

适用于中、小种子类型药材的播种，如益母草，黄精（图7-2）。

型号	JY-XBJ 型
重量	256kg
生产率	5~8 亩/h

图 7-2 药材穴播机

3. 深松机

用于行间或全方位的深层土壤耕作的机械化翻整，如覆盆子、黄栀子（图 7-3）。

型号	SDL 型
基本配置	深松部件 6 个及以上
深松铲结构型式	凿铲式
铲间距	≥180mm

图 7-3 深松机

4. 开沟机

开沟机是一种新型挖沟开槽设备装置，适用于各类中药材，尤其适合丘陵地的便携操作，如浙贝母（图 7-4）。

结构净重	48kg	机器尺寸	65cm×120cm×90cm
工作马力	7.5 马力	传统方式	齿轮传动
额定转速	3 600r/min	耕作深度	20~30cm
配套动力	单缸风冷四冲程	燃油型号	92#
油箱体积	3.6 L	耕作宽度	60~80cm

图 7-4 开沟机

二、田间管理设备

1. 无人驾驶航空器

无线遥控启动、远程控制，实现全自主作业，通过卫星实时查看植保作业进度（图 7-5）。可适用于大多数作物的农药喷洒等，如黄芪。

图 7-5 植保无人驾驶航空器

型号	ZFJN410 型
遥控距离	1km
载重	10L
整机质量	8kg
作业效率	80 亩/h
展开尺寸	1 050mm×1 050mm×57mm

2. 覆膜机

可以对所有允许覆盖地膜的农作物（中药材）产品进行覆盖薄膜（图 7-6）。

图 7-6 覆膜机

型号	LY-80 型
生产率	1~20km^2/h

3. 湿帘降温设备

大棚药材生产时可过滤加湿降温空气使其符合药材生长条件，如灵芝、西红花（图 7-7）。

图 7-7 湿帘降温设备

型号	T-T6-t13 型
厚度	10~15cm
降温范围	28~38℃

三、采收设备

1. 药材收获机

适用于根茎类药材的采收，如麦冬、北沙参、防己、桔梗等（图 7-8）。

图 7-8 药材收获机

型号	50-180 型
功率	40kW
割幅	50~180cm

2. 单轨运输机

可用于地形较为复杂地带作物或海拔较高地带药材的采集运输，如果实类药材等（图7-9）。

图7-9 单轨运输机

型号	ZK-40 型
载重	400kg
自重	220kg
车体尺寸	2 000mm×1 000mm×650mm

四、加工设备

1. 洗药机

一般适用于形状规则、形态短小、不易缠绕的药材清洗，如麦冬等。生产效率高、清洗均匀、不易伤水（图7-10）。

图7-10 洗药机

型号	XY-500 型	XY-700 型	XY-900 型
内部直径	500mm	700mm	900mm
生产能力	200~700kg/h	300~1 000kg/h	500~1 200kg/h
整机功率		2.2kW	
水压		0.12MPa	
外形尺寸	2 110mm×735mm×1 085mm	2 570mm×960mm×1 250mm	2 990mm×1 170mm×1 460mm
重量	480kg	550kg	750kg

2. 润药机

润药机适用于中药材或农副产品的快速软化和浸润（图7-11）。如白术、苍术、泽泻。

图7-11 润药机

型号	KRY-1000 型	KRY-2000 型	KRY-3000 型
箱体容积	1 000L	2 000L	3 000L
真空度		≤-0.09MPa	
蒸汽压力		常压	
时控范围		0~99min	
整机功率	2.2+0.75kW	4.0+0.75kW	6.0+0.75kW
外形尺寸	2 250mm×1 220mm×1 300mm	3 500mm×1 500mm×1 700mm	4 300mm×1 500mm×1 700mm
重量	1 100kg	1 480kg	2 150kg

3. 分档机

分档机适用于原料、半成品、成品的风选分级（图7-12）。如紫苏子、王不留行、牵牛子。

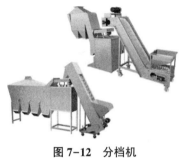

图7-12 分档机

型号	FLBL-380型	FWBL-500型
分级档数	3档	4档
生产能力	200~1 000kg/h	
整机功率	1.8kW	
外形尺寸	3 360mm×550mm×1 950mm	4 000mm×590mm×2 140mm
重量	260kg	320kg

4. 切制机

（1）全自动高速切药机：适用于所有植物类的叶、皮、根、藤、草、花和大部分果实种子类药材的切制加工（图7-13）。如衢枳壳，元胡。

图7-13 全自动高速切药机

型号	NCCQ-300型	NCCQ-500型
切刀频率	20~260次/min	80~520次/min
截断长度	0.1~60mm	
整机功率	3kW	4.5kW
刀门宽度	264mm	464mm
外形尺寸	1 720mm×935mm×1 260mm	2 007mm×1 280mm×1 616mm
重量	500kg	600kg

（2）直线往复式切药机：适用于所有植物类的叶、皮、根、藤、草、花和大部分果实种子类药材的切制加工（图7-14）。如温山药。

图7-14 直线往复式切药机

型号	QWZL-300型	QWZL-500型
生产能力	26~260kg/h	30~520kg/h
截断长度	0.7~60mm	
整机功率	1.1kW	1.5kW
刀门宽度	264mm	464mm
外形尺寸	1 720mm×935mm×1 260mm	1 720mm×1 135mm×1 260mm
重量	500kg	700kg

（3）转盘式切药机：适用于切制大小颗粒及软硬性、根茎类、纤维性等药材（图7-15）。如葛根、浙贝母。

图7-15　转盘式切药机

型号	QYP-2068型	QYP-80型
生产能力	200~800kg/h	100~300kg/h
进料尺寸	202mm×68mm	82mm×35mm
切片厚度	0.5~10mm	0.8~10mm
整机功率	5.2kW	3.0kW
外形尺寸	2 060mm×1 100mm×1 635mm	1 181mm×1 080mm×1 054mm
重量	700kg	300kg

（4）专用切片机：专门适用于某种药材的切制，如浙贝母（图7-16）。

图7-16　浙贝母切片机

型号	JF-BMQ-9B型	JF-BMQ-9C型
刀片间距	7.5mm	6mm
工作效率	≥40kg/h	
外形尺寸	32cm×16cm×26cm	
重量	3.2kg	

5. 蒸煮机

（1）蒸笼：适用于硬、韧性根块类中药材的蒸制（图7-17）。如白及、天麻等。

图7-17　蒸笼

型号	ZL-2000型
单层堆料体积	1.85m×1.85m×0.2m
蒸汽压力	常压
进汽口径	DN25
排气口径	DN50
排污口径	DN50
单层体积	2 080mm×2 000mm×320mm
单层重量	850kg

（2）可倾式蒸煮锅：适用于各种中草药的蒸煮（图7-18）。如何首乌、黄精等。

图 7-18　可倾式蒸煮锅

型号	ZYG-500 型	ZYG-700 型	ZYG-900 型
锅体压力	常压		
锅体转速	0.4r/min		
整机功率	0.75kW		
外形尺寸	1 550mm×1 150mm×1 350mm	1 650mm×1 250mm×1 450mm	175mm×1 350mm×1 500mm
重量	520kg	650kg	780kg

6. 干燥机

（1）烘房：适用于大多数药材的干燥（图 7-19）。如白及、白术、浙贝母等。

图 7-19　烘房

（2）热风循环烘箱：适用于大多数药材的加热除湿烘干（图 7-20）。

图 7-20　热风循环烘箱

型号	CT-C-O 型	CT-C-Ⅰ型	CT-C-Ⅱ型	CT-C-Ⅲ型	CT-C-Ⅳ型
干燥量	50kg	100kg	200kg	300kg	400kg
风机功率	1.55kW	1.55kW	2.45kW	2.45kW	3.8kW
耗用蒸汽	10kg/h	20kg/h	40kg/h	70kg/h	90kg/h
散热面积	10m²	20m²	40m²	80m²	100m²
风量	3 450m/h³	3 450m/h³	6 900m/h³	10 350m/h³	13800m/h³
配用烘车	1	2	4	6	8
整机重量	400kg	620kg	1 130kg	1 560kg	2 120kg

（3）翻板式烘干机：适用于大多数中药材的烘干（图 7-21）。

图 7-21　翻板式烘干机

型号	HFL-16 型	HFL-25 型	HFL-140 型
烘干面积	16m³	25m³	25m³
生产能力	80~160kg/h	130~280kg/h	800~1800kg/h
整机功率	5.25kW	6.25kW	22.45kW
蒸汽耗量	≤300kg/h	≤400kg/h	≤800kg/h
外形尺寸	8 000mm×1 900mm× 2 050mm	8 000mm×2 350mm× 2 150mm	8 000mm×2 200mm× 3 100mm
重量	3 500kg	5 000kg	10 000kg

（4）多层网带式干燥机组：适用于大多数根、茎、叶等药材的连续烘干作业（图 7-22）。

图 7-22　多层网带式干燥机组

型号	DWF3-1.6-10 型	DWF5-1.6.10 型
单元数	6	
带宽	1.6m	
干燥段长	10m	
干燥时间	0.25~1.5h	0.5~2.5h
散热面积	500m²	
蒸汽耗量	170~470m/h	500~800m/h
温度	50~140℃	
铺料厚度	≤50mm	
蒸汽压力	0.2~0.8MPa	
干燥强度	4.5~6kgH₂O/h	
整机功率	36.7kW	
外形尺寸	12 100mm×3 100mm× 4 000mm	12 100mm×3 100mm× 4 500mm
整机重量	10 000kg	12 000kg

（5）红外干燥机：适用于中药材短时间内的除水干燥（图 7-23）。如枸杞子。

图 7-23　红外干燥机

型号	deyan 型
功率	3.00kW
重量	16.20kg
隔板数量	3.00 块
最高温度	251℃

（6）冷冻干燥机：将含水物质先冻结成固态，而后使其中的水分从固态升华成气态，以除去水分而保存物质的冷干设备。如三七、人参（图7-24）。

型号	华豫兄弟型
功率	98W
重量	98kg
电压	220V

图7-24　冷冻干燥机

五、存储设备

1. 冷库

冷库适用于低温冷藏的中药材，一般控制在0~5℃。如新鲜药材贮存，以及含糖分和胶质、挥发油较多的药材等（图7-25）。

2. 气调库

气调冷库贮藏主要应用于中药材的保鲜，在低温贮藏的基础上，调节贮藏环境中氧、二氧化碳的含量，及一些特殊气体（如乙烯、一氧化碳）的含量，以达到更好地贮藏药材的目的（图7-26）。

图7-25　冷库

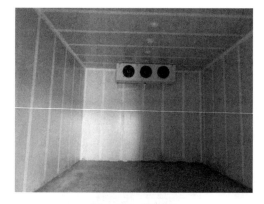

图7-26　气调库

复习思考题

1. 简要描述采收方法有哪些？
2. 简要阐述皮类中药的采收原则。
3. 简要阐述花类中药的采收原则。
4. 简要阐述全草类中药的采收原则。
5. 简要阐述根茎类药材产地加工所遵循的一般原则。
6. 简要阐述中药材产地加工"修制"包括哪些内容？

7. 简要阐述中药材产地趁鲜加工有哪些优势？列举浙江省可产地趁鲜加工品种。

8. 浙江省特色产地加工技术有哪些？并列举相关品种。

9. 简要叙述中药材包装前的质量要求有哪些？

10. 简要列举说明中药材生产有哪些机械设备。

11. 结合实际，列举浙贝母药材种植生产加工的相关设备。

第八章　中药材规范化基地建设

第一节　中药材 GAP 基地建设

GAP，英文全称 Good Agricultural Practices，中文翻译为"良好农业规范"，中药材 GAP 在中药行业译为"中药材生产质量管理规范"。为加强对药品的监督管理，我国自 20 世纪 90 年代便引进中药材 GAP 相关概念和知识，1998 年，原国家药品监督管理局组织成立了 GAP 起草专家组，经过对 WHO、欧盟、日本等有关药用植物种植管理规范的深入研究和借鉴，2002 年我国首部 GAP 法规发布，旨在从源头控制中药材质量，进而促进中医药高质量发展。

2022 年 3 月 17 日，为贯彻落实《中共中央　国务院关于促进中医药传承创新发展的意见》，推进中药材规范化生产，加强中药材质量控制，促进中药高质量发展，国家药品监督管理局、农业农村部、国家林业和草原局、国家中医药管理局联合发布《中药材生产质量管理规范》（2022 年版），内容涉及质量管理、人员与设备、基地选址、种子种苗、种植养殖、采收加工、包装储运、质量检验等中药材质量管理全流程，是中药材规范化生产和管理的基本准则。本章主要从中药材 GAP 基地建设规程、管理规程、操作规程等方面指导广大药农、药企进行中药材的规范化生产。

一、建设要点

（一）生产质量控制

1. 质量标准制定

根据种植品种生长特性与生产实际情况，制定不低于现行法定标准的质量控制指标，包括药材性状、检查项、理化鉴别、浸出物、指纹或者特征图谱、指标或者有效成分的添加等；药材农药残留或者兽药残留、重金属及有害元素、真菌毒素等有毒有害物质的控制标准等；制定中药材种子种苗或其他繁殖材料的标准；必要时可制定采收、加工、收购等中间环节中药材的质量标准。

2. 技术规程制定

根据种植品种的生长特性与生产实际情况，制定生产基地选址、种子种苗或其他繁殖材料要求、种植、采收与产地加工、包装放行与贮运等技术规程，作为实际生产操作应当遵照执行的技术要求。

3. "六统一"管理要求

中药材 GAP 基地应当建立有效的监督管理机制，实现关键环节的现场指导、监督和记录，实施六统一管理要求，即统一规划生产基地，统一供应种子种苗或其他繁殖材料，统一肥料、农药等投入品管理措施，统一种植技术规程，统一采收与产地加工技术规程，统一包装与贮存技术规程。

4. 人员与设施设备配备

中药材 GAP 基地负责人对中药材质量负责，且应当配备足够数量并具有和岗位职责相对应资质的生产和质量管理人员；生产、质量的管理负责人应当有中药学、药学或者农学等相关专业大专及以上学历并有中药材生产、质量管理 3 年以上实践经验，或者有中药材生产、质量管理 5 年以上的实践经验，且均须经过 2022 版 GAP 的培训。

中药材 GAP 基地应当建设必要的种植、产地加工、中药材仓储、包装设施等。存放的农药、肥料和种子种苗等场所能够保障存放物品质量稳定和安全；分散或者集中加工的产地加工设施均应当卫生、不污染中药材，达到质量控制的基本要求；仓库应当符合贮存条件要求；根据需要建设控温、避光、通风、防潮和防虫、防禽畜等设施；质量检验室功能布局应当满足中药材的检验条件要求，应当设置检验、仪器、标本、留样等工作室（柜）。

（二）选址要求

1. 道地性要求

中药材 GAP 基地应当选址于道地产区，在非道地产区选址，应当提供充分文献或者科学数据证明其适宜性。浙江省道地药材品种的道地性要求可参照浙江团体标准《浙江中药材及饮片质量提升标准》中关于相关品种的产地范围。

2. 环境要求

中药材 GAP 基地周围不应有工厂、农场、生活区等污染源，确保基地不会受到周围农药飞散、污水排灌等污染，空气、土壤、灌溉水及产地加工用水等应当持续符合国家标准。在基地的周围设置隔离网、隔离带，以有效地防止来自附近的污染物质对种植基地环境的影响。

3. 基地选址

基地应当规模化，种植地块或者养殖场所可成片集中或者相对分散，鼓励集约化生产。应当明确至乡级行政区划；每一个种植地块或者养殖场所应当有明确记载和边界定位。

（三）追溯体系建设

中药材 GAP 应当建立中药材生产质量追溯体系，保证从生产地块、种子种苗或其他繁殖材料、种植养殖、采收和产地加工、包装、贮运到发运全过程关键环节可追溯。

（四）禁止性要求

1. 种源

禁止使用运输、贮存后质量不合格的种子种苗或其他繁殖材料。

2. 种植

禁止直接施用城市生活垃圾、工业垃圾、医院垃圾和人粪便。

3. 加工

禁止将中毒、感染疾病的药用动物加工成中药材；禁止使用有毒、有害物质于防霉、防腐、防蛀；禁止染色增重、漂白、掺杂使假等

4. 包装

禁止采用肥料、农药等包装袋包装药材。

5. 储运

禁止贮存过程使用硫磺熏蒸。

二、文件管理

（一）文件编制

1. 确定文件标题，文件的标题应清楚地说明文件性质。设计文件表头，其内容包括标题、编号、制定人、制定日期、审核人、审核日期、批准人、批准日期、颁发部门、颁发日期、分发部门、分发数等。

2. 按照实事求是的原则用确切、易懂的语言起草文件正文，并交本部门领导审核。文件审核可分有关部门会审和领导审核，最后经领导批准、有关部门发布并执行。

例表：**XXX 操作规程文件编制**

文件名称：	XXX 操作规程	
文件编号：	XXX-XXX-SOP-XX-XX	
制定人：	制定部门：	制定日期：
审核人：	审核部门：	审核日期：
批准人：	批准部门：	批准日期：
颁发部门：质量管理部	生效日期：	
	复审日期：	
分发部门	分发份数	
质量管理部	X	
生产管理部	X	

（二）文件颁发与回收

1. 颁发程序。制订的文件经质量部门核对无误，由制订人、审核人、批准人签字并加盖企业公章后方可生效，然后加密印章，收发双方签字，在回收前版文件后才最后颁发。

2. 回收程序。凡不符合规程的文件由有关管理部门决定回收，并经发、收双方签字。

3. 归档程序。所有文件原稿及复印件回收后应上交档案室或质量管理部门，并填写归档记录。

4. 销毁程序。废止的文件及原稿凡有密级的，由技术部门清点、登记、填写销毁申请单，经领导批准签字后，专人监督销毁。

（三）文件修订

中药材 GAP 基地制定的操作规程（SOP）不得任意修改，如需更改时，应按制定时的程序办理修订审批手续。一般每隔 2~3 年文件复审后可进行修订。

（四）文件记录

1. 生产管理记录

包括种质（种子种苗繁育、质量检测等）记录；播种、移栽、扦插（时间、密度、播种方式等）记录；田间管理（中耕除草、培土、摘心等）记录；施肥（肥料种类、施肥时间、施肥数量等）记录；病虫害防治（农药种类和使用方法如剂型、浓度、喷洒方式、次数、安全使用的注意事项等）记录；灌溉（时间、方法）记录；重大气候灾害记录；收获记录；气象资料及小气候记录等。

2. 质量管理记录

种源鉴定（包括原产地、科、属、种等）记录；种植品种作为"地道药材"或"原产地"

的各种证明文件；符合现行《中国药典》或《浙江省中药炮制规范》的质量检验操作记录和质量检验报告书；生态环境，如空气、土壤、灌溉水等各项技术标准及检验操作记录。

3. 采收加工记录

包括采收时间及方法；临时存放措施（时间、地点）；加工方法与操作流程等。

4. 包装贮运记录

包装时间；入库时间；仓库温湿度；除虫、除霉时间及方法；出库时间及去向；运输条件。

5. 农药肥料管理

包括采购、领用、退回等记录。

6. 参考例表

一、中药材 GAP 基地生产记录表

基地名称：　　　　　　　　　　　　　　　　　　管理负责人：

项目	内容	备注
基地地址		
基地面积（亩）		
设施类型		
土地整理		
基肥		
种植品种		
种苗来源		
育苗/种植方式		
种植时间		
基地环境		

部门负责人：　　　　　　　　　　　　　记录人：

二、种子种苗入库登记表

基地名称：　　　　　　　　　　　　　　　　　　管理负责人：

时间	通用名	拉丁名	生产企业/供应商	规格	数量	采购说明（计划用途、检验）	责任人	备注

三、种子种苗出库使用记录

基地名称：　　　　　　　　　　　　　　　　　　管理负责人：

时间	通用名	拉丁名	批号	规格	出库数量	使用数量	出库说明（实际用途）	责任人	备注

四、农药/肥料入库登记表

基地名称：　　　　　　　　　　　　　　　　　　　　　　管理负责人：

时间	产品名称	成分含量	生产企业/供应商	登记证	规格剂型	数量	内容（计划用途）	责任人	备注

五、农药/肥料出库登记表

基地名称：　　　　　　　　　　　　　　　　　　　　　　管理负责人：

时间	产品名称	批号	规格剂型	出库数量	使用数量	出库说明（实际用途）	责任人	备注

六、农药使用记录

基地名称：　　　　　　　　　　　　　　　　　　　　　　管理负责人：

时间	农药名称	英文名	成分含量	批号	规格剂型	使用数量	使用方法（说明书、标准、特例）、地块、品种	责任人	备注

七、肥料使用记录

基地名称：　　　　　　　　　　　　　　　　　　　　　　管理负责人：

时间	肥料名称	成分含量	批号	规格剂型	使用数量	使用方法（说明书、标准、特例）、地块、品种	责任人	备注

八、农具及易消耗品库存表

基地名称：　　　　　　　　　　　　　　　　　　　　　　管理责任人：

时间	产品名称	生产企业/供应商	规格	单价	采购数量	剩余库存	用途说明	责任人	备注

九、田间管理过程记录

基地名称： 管理责任人：

时间	内容（田间管理包括整地、翻耕、除草、施农药肥料、地块、品种等）	责任人	天气记录

十、产品收获记录

基地名称： 管理责任人：

时间	品名	地块	鲜货数量（kg）	加工方式（药典或企业标准）、包装要求	干货数量（kg）	入库	批号	责任人

十一、产品销售管理记录

基地名称： 管理责任人：

时间	批号	销售客户	数量（kg）	单价（元）	规格（鲜、干）（包装标识）	责任人	备注

十二、XXX栽培记录

基地名称： 管理责任人：

品名	
基源	
栽培地	
性状	
检查	
贮运	
栽培方式	
种植面积	
种子数量	

十二、XXX 栽培记录	
计划收获量	
农药使用记录	
肥料使用记录	
田间管理记录	
采收加工	药典要求或企业标准
实际采收量	鲜货、干货
特别事项	

三、培训管理

（一）培训管理

包括确定责任部门，制订培训计划，按培训规程进行管理。主要内容是编制培训方案，组织编写培训教材，选择教员，安排培训、考试、阅卷等工作；做好培训记录，并将考核结果及记录等进行归档。

（二）培训对象

种植生产管理人员、质量管理人员及农事、加工、仓储等种植生产各环节操作人员等。

（三）培训内容

种植生产管理人员主要培训 GAP 生产规程与管理规程，重点培训种植、加工、仓储等环节的 SOP。

质量管理人员主要培训 GAP 生产规程和管理规程，重点培训 GAP 药材的质量控制部分的 SOP。

其他各环节操作人员主要培训 GAP 生产规程和管理规程，重点培训种植生产各环节的 SOP。

（四）培训方式

根据培训对象不同，可分普及性培训与深化培训。可采用现场培训、脱产学习等方式。

（五）培训效果评价

可建立培训考核制度。如属于计划内培训，结束后进行必要的考核。对新上岗的职工，尤其是检验人员，可采取考核后"上岗证"制度。接受 GAP 培训的员工，应建立培训档案，统一管理，作为职工考核的内容之一。

例表：中药材 GAP 基地人员培训记录	
培训责任部门	
培训内容	
培训对象	
培训人数	
培训方式	
主讲人	
培训效果评价	
培训时间	
培训地点	
填表人	审核人

四、种植操作规程

中药材 GAP 基地应制定符合品种生长特性的操作规程，包括整地、种植生产、病虫害防治、肥料施用、品种选育等农事操作规程。

（一）整地

根据种植品种的生长特性，制定整地操作规程，如翻耕时间及深度，垄宽、沟深，排灌水位置、方向、深度，基肥施入时间及用量，喷滴灌设施的建设等。

（二）种植生产

根据种植品种的生长特性，制定种植生茶操作规程，如直播或育苗移栽（播种或移栽方式、密度、间距、时间等），间苗定值（弱壮苗形态、间苗间距等），中耕除草（除草方式、培土、时间等），摘花打顶（时间、方式），追肥（时间、肥料性质、用量、追肥方式等），以及采收加工（机器、流程、洗、切、选、烘干方式及温度等）的操作规程。

（三）病虫草害防治

根据种植品种生长特性，制定病虫草害防治规程，如各类病害（真菌、细菌、病毒病等）、虫害（地下害虫、夜蛾、蚜虫、线虫等）、草害（双子叶、单子叶杂草等）的操作规程。

（四）肥料施用

根据种植品种生长特性，制定肥料施用规程，如基肥、追肥、花果肥等施用的种类、数量、方式等。

（五）品种选育

根据种植品种选育特性，制定选育规程，如良种品性、选种方法，苗地选择及管理，优质苗选择等。

第二节　中药材全程溯源体系建设

中药材追溯是借助现代物联网技术与信息技术，对中药材种植、加工、生产、流通、使用等关键信息进行处理，实现中药材来源可追、去向可查，责任可究，全程可监控的链条式管理，在服务监管、规范行业、保障用药安全方面将起到至关重要的作用。

一、中药材企业信息溯源

建立中药材企业信息溯源，主要包含中药材企业或合作社的名称、企业负责人、质量负责人、经营范围、企业信息等，提供相关材料与证件照片、基地照片、产品商标等。

二、种植生产管理系统

满足中药材企业基地种植全过程追溯信息的管理，支持文字、数字、图片不同类型资料的采集上传。实现中药材从基地档案、种源、种植、田间管理、采收、加工、仓储、仓储养护、检验、包装、赋码、销售、运输的全流程追溯所需信息的采集、数据汇总和展示。

（一）中药材基地环境信息

基地（地块）信息：对基地基础信息的维护、地块的划分、可在地图中圈化地块。记录基地的坐标信息以及气象环境信息。实现对基地信息的增删改查等。具体信息包括：基本信息，即基地名称、基地总面积、详细地址、负责人、基地照片。

地块信息：所种药材信息（药材名、基原名）、位置信息（经度、纬度、海拔）、土壤类型、地块面积、地块作物信息（前茬作物、在地作物）。

环境信息：海拔、无霜期、年平均气温、年平均日照、年平均降水量；大气、水、土壤等环评检测报告。

（二）中药材种源信息

中药材生产所需种源的相关信息进行采集管理，详细要求包括：

1. 种源信息

药材名称、基原名称、品种或品系名称、批次、繁殖材料、发芽（出苗）率、等级、来源（自留、自繁、赠送、购买）、贮藏条件（冷冻、阴凉）、检测报告、品种介绍、种源性状。

2. 供应方信息

生产经营者名称、注册地地址、联系人姓名、联系人电话、资质证明。

3. 质量信息

质量检测报告。质量指标按照质量特性和特性值进行标注，检测日期和质量保证期。

（三）中药材田间管理信息

（1）中药材种植任务管理。种植批次、药材品种、种植时间、种植方式、种植面积等信息采集管理，详细要求包括：种植批号、种植基地、种植面积、种植方式、选用的种源品种、种源批次信息、种植类型、种植开始时间、前茬作物、种植负责人等信息。

（2）中药材种植过程管理。包括种子种苗、播种、灌溉、耕地、除草、病虫害防治等信息，详细要求包括：

①投入品信息：农药登记名称、登记证号、生产企业，化肥肥料名称、登记证号、生产企业。

②种植模式：间作、轮作、套种、直播、移栽。

③整地：整地方式、整地次数、耕地深度、耕地亩数、执行人、审核人、土壤处理。

④种子/种苗处理：处理方式–消毒、液剂种类、用量、用量单位、执行人、审核人、操作时间、图片。

⑤播种/移栽：播种方式（穴播、条播、插播、机播、撒播）、亩播种量、行距、株距、畦面、畦距、播种深度、土壤温度、土壤湿度、执行人、审核人、操作时间、图片。

⑥灌溉：灌溉方式（喷灌、漫灌、滴灌、其他）、灌溉用水（地下水、自然降水、河水）、灌溉频率、用水量、执行人、审核人、开始时间、结束时间、图片。

⑦除草：为害程度、发生时间、除草方式、执行人、审核人、开始时间、结束时间、图片。

⑧施肥：施肥方式、肥料种类、亩用量、登记证号、生产厂家、执行人、审核人、操作时间、图片。

⑨病害防治：病害种类、为害部位、为害程度、发生时间、防治方式、执行人、审核人、开始时间、结束时间、图片。

⑩虫害防治：虫害种类、为害部位、为害程度、发生时间、防治方式、执行人、审核人、开始时间、结束时间、图片。

⑪中耕、摘花打顶等：操作时间、操作次数、操作方式（人工、机器）、执行人、图片。

⑫其他：操作名称、操作时间、操作描述、执行人、备注、图片。

三、中药材采收加工信息

中药材采收加工相关信息进行采集管理，详细要求包括：

药材信息：种植批次、药材名称、入药部位、生长年限、采收次数、采收批次。

采收地块：采收面积、采收重量、采收次数。

采收时间：开始时间、结束时间。

采收方式：（人工、机械）摘取、割取、拾取、挖取。

采收天气：自行输入。

负责人信息：负责人姓名。

临时保存：地点、条件、方法。

加工方法：拣选、清洗、剪切、干燥或保鲜，以及其他特殊加工的流程和方法等内容。

四、中药材包装检验信息

包装信息：包装规格、材料、包装时间。

设施设备：滚筒式洗药机、履带式洗药机、刮板式洗药机、润药机、切药机、卧式炒药机、筛选机、粉碎破碎两用机等。

原料信息：原料重量、药材重量、负责人、图片。

药材信息：药材名称、规格、等级、生产批号、重量、包装规格、包装材料、包装时间。

负责人信息：负责人姓名。

质检信息：质检单号、取样量、执行标准、检验人、取样日期、检验时间、报告日期、检验依据、质检报告图片。

五、中药材储存信息

中药材仓储相关信息进行采集管理，详细要求包括：

加工入库信息：入库单号、仓库、入库时间、操作人、备注。

药材信息：药材名、规格、内部批次、单价、重量。

采购入库信息：药材供应商、入库单号、仓库、入库时间、操作人、备注。

药材信息：供应商物料批号、药材名、规格、内部批次、单价、重量。

库存管理：记录各个批次药材的进出库明细数据，可以根据实际情况进行盘库操作。保持实际库存和账面库存的一致性。

库存养护：开始时间、结束时间、养护人、养护标准、养护图片。

养护药材信息：养护药材名称、批号信息、规格、重量、所在仓库。

负责人信息：负责人姓名。

六、中药材销售运输信息

中药材销售交易相关信息进行采集管理详细要求包括：

销售：包括销售单号、客户名称、联系人姓名、联系人电话、总价；药材名称、规格、销售批次、包装规格、单位、重量。

运输：物流信息，包括物流单号、物流公司名称、车牌号、司机姓名、司机电话、销售单号。

召回平台具备药材召回模块，对召回进展过程记录，并形成电子报告召回：新建召回单，发布召回公告通知，关联对应需要召回的批次，记录召回的数量；药材名称、规格、供应商批次、销售单号、批次、销售数量、已召回数量。

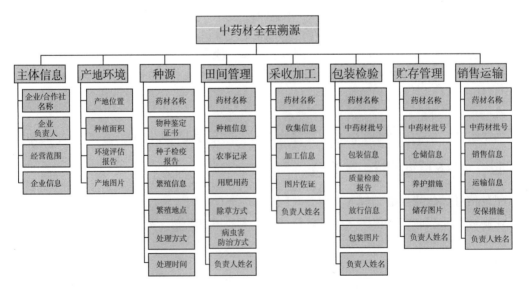

第三节 浙江省品牌基地建设

一、"三无一全"基地建设

(一)"三无一全"概念

"三无一全"即无硫黄加工、无黄曲霉素超标、无公害(包括无农残超标、无重金属超标、无使用生长调节剂促进采收器官的生长)及全过程可追溯,是中药材基地共建共享联盟与中药材企业及相关饮片加工企业、行业专家等合作,自觉按"三无一全"要求完善相应技术与管理措施,并自愿向社会承诺达到"三无一全"品牌要求。

无硫黄加工:中药材产地加工过程中,采取无硫黄参与的加工工艺。

无黄曲霉毒素超标:药材经《中国药典》规定方法检测,黄曲霉毒素含量不超标。

无公害:中药材无农药或兽药残留超标、无重金属含量超标、无使用生长调节剂促进药用部位生长。

全程可追溯:无论是植物类中药材还是动物类中药材以及菌类中药材,只要是进行人工种植或养殖形成的中药材,都要求对其关键节点提供可追溯信息,目的就是为了向社会显示其种植或养殖的规范性和安全性,给用户以放心,给社会以承诺。

(二)"三无一全"申报条件与承诺书

按照"三无一全"品牌品种核定办法,申报"三无一全"品牌建设项目,联盟盟员凭相关专业委员会的联盟专家《推荐书》可直接向工作组申报,非盟员单位需得到所在地区联盟联络站推荐及联盟专家《推荐书》方可申报。企业可通过网上平台向国家中药材标准化与质量评估创新联盟提出"三无一全"申请,按照"三无一全"品牌品种核定管理办法进行核定,主要程序有:

1. 申报条件

①申报品种的种植、养殖基地必须位于行业内认可度高的道地产区或主产区。

②原则上常规单品种种植面积不低于1 000亩,特殊品种需200亩以上,满足两个采收期,对于生长周期不小于5年的,可满足1个采收周期。

③有高于《中国药典》要求的企业内控标准,包括但不限于对《中国药典》现行版品种各论项下、通则项下的二氧化硫、农残(禁高毒农药)、重金属、黄曲霉素等限制指标。连续两年检测符合此标准。此内控标准经查核后,可转化为企业品牌标准向社会承诺。

④具备"三无一全"相关技术规程和操作规程SOP。

⑤全过程可追溯记录资料。

⑥三年内未被国家药监或监管等部门通报过,无违规经营记录。

2. 承诺书

"三无一全"品牌品种建设承诺书分为两个部分,第一部分为承诺简表,第二部分为承诺书正文,相关内容可参考附件《申报承诺信息简表》《品牌建设内容及承诺撰写提纲》。

附件 优质药材"三无一全"品牌品种建设承诺书

建设单位：（公章）

单位法人：

申报品种：

填报时间：　　年　　月　　日

第一部分 申报承诺信息简表

申报单位基本情况	单位名称：		农业企业□ 工业企业□ 合作社 □ 其他			
	成立时间：年 月 日		GAP 认证信息：_____			
	通信地址：			邮政编码：		
责任人	姓名	职务	职称	邮箱	联系方式	
单位法人						
项目负责人						
推荐专家						
品牌产品生产基本情况	药材名称：基原物种： 生产基地位置：（具体到乡镇） 基地建设主体及运营方式：（自建、合作建、委托建或其他） 基地建设情况及规模：（建立时间、基地总规模、配套设施等）					
近3年药材生产情况	当年种植面积（亩）	采收面积（亩）	在地总面积（亩）	采收药材总量（t）	药材销售总量（t）	药材销售额（万元）
年						
年						
年						
未来3年建设计划	当年种植面积（亩）	采收面积（亩）	在地总面积（亩）	采收药材总量（t）	药材销售总量（t）	药材销售额（万元）
年						
年						
年						
"三无一全"药材特色质量指标项						
"三无一全"主要管控环节及科技创新						
品牌建设技术支撑、科技合作或应用技术成果						
品牌建设情况自我评价						

说明：动物药可根据品种特点，对表格填写内容和生产规模及统计单位等进行调整。

第二部分　品牌建设内容及承诺撰写提纲

一、企业简介

二、生产基地建设基本情况

主要为生产基地所在行政区域及地理位置，建设时间、规模及历程；基地气候、土壤及相关环境条件，选址的依据与环评等；基地药材加工、仓储场区及水电道路等配套设施建设情况；基地建设主体和生产组织管理模式等；近3年来生产规模、药材产量及销售额，取得的经济、社会、生态效益，包括乡村振兴及扶贫情况等。

三、药材生产技术与管理体系建设

主要为土地选用标准及操作规程，包括土地肥力、重金属和农药残留及连作、轮作等要求；物种基原鉴定，种子种苗或其他繁殖材料来源与质量管控，自建种源基地说明建设情况；药材生产技术流程及关键控制点与参数，采用的生产技术规程与标准；采用的生产管理办法及主要措施，所制定生产制度和管理文件等。

四、"三无一全"品牌特定技术与管控

主要为无硫加工特定生产技术与管控；"无真菌毒素污染"特定生产技术与管控；"无公害"特定生产技术与管控，申报日期前1年内施用的肥料和农药清单。

五、全程可追溯体系建设

主要为全生产过程质量追溯体系设计和主要内容及关键技术点；采用的技术方法或手段；全过程生产记录信息及要求，包括工作和数据记录及影像资料；追踪管理制度及文件等。

六、药材质量标准体系建设

主要为"三无一全"药材质量标准及其特色指标和参数；已生产批次药材质量检测情况及检验报告；药材生产质量管控体系及实施效果等。

七、品牌建设与管理情况

八、相关附件

（1）《营业执照》复印件及生产经营相关资质。

（2）近2年"三无一全"药材质量检测报告，包括特定指标的第三方检测报告。

（3）药材物种基原鉴定报告。

（4）基地证明材料。包括土地租赁合同、合作种植协议、环评报告或其他相关佐证资料、GPS定位图。

（5）"三无一全"品牌建设单位承诺函，签字、盖章。

（6）"三无一全"品牌建设专家推荐书，专家签字。

（7）其他相关材料。

（三）"三无一全"品牌品种年度报告

凡被授予"三无一全"品牌建设荣誉的企业必须按要求填报相关材料，并提供附件资料。申报了多个品种的企业，每个品种都需要进行年度报告。未按时提交材料的企业，视为放弃复审资格，由联盟回收证书。只提交部分品种资料，则视为放弃其他品种复审资格，由联盟回收并更换证书。

年度报告分两个部分，详见附件：第一部分《年度工作进展信息简表》、第二部分《品牌建设年度进展报告撰写提纲》。

附件：优质药材"三无一全"品牌品种年度报告

年度

建设单位：（公章）

单位法人：

建设品种：

填表时间：　　年　　月　　日

第一部分　年度工作进展信息简表

建设单位 基本信息	单位名称：				法定负责人：	
	建设负责人：				联系电话：	
	通信地址：				邮政编码：	
品牌建设审核 通过基本情况	药材名称：　　　　基原物种： 推荐专家： 通过审核时间：　　　年　　月　　日 生产基地位置：（具体到乡镇） 基地建设主体及运营方式：（自建、合作建、委托建或其他） 基地建设总体计划：（基地建设总规划、药材生产计划、配套设施建设等）					
立项后连续3年建设计划	当年种植 面积（亩）	采收面积 （亩）	在地总 面积（亩）	采收药材 总量（t）	药材销售 总量（t）	药材销 售额 （万元）
年						
年						
年						
品牌建设工作完成情况	当年种植 面积（亩）	采收面积 （亩）	在地总 面积（亩）	采收药材 总量（t）	药材销售 总量（t）	药材销 售额 （万元）
年						
年						
年						
"三无一全"（新）生产技术应用及研发情况						
"三无一全"（新）管理技术及执行情况						
"三无一全"全程溯源体系建设与药材质量检测评价						

（续表）

品牌建设工作进展自我评价	

说明：动物药可根据品种特点，对表格填写内容和生产规模及统计单位等进行调整。

第二部分　品牌建设年度进展报告撰写提纲

一、通过审核的品牌建设承诺主要内容

二、通过审核以来生产基地建设与药材生产工作进展

主要为新建生产基地（地块）所在村镇、地理位置及规模，具体到村镇，有 GPS 定位数据；种植土地的选定标准及土地条件等；药材物种基原和种源使用及管控情况；生产技术规程的执行情况，包括各生产环节工作记录；建设工作（种植）完成情况，取得的成效；该工作是否按审核计划完成，或有哪些调整，建设工作计划完成情况等。

三、"三无一全"特定生产技术使用及优化

主要为无硫加工特定生产技术使用与管控；"无真菌毒素污染"特定生产技术与管控；"无公害"特定生产技术与管控；"三无"生产新技术开发与应用等。

四、全程可追溯体系运行及其完善或升级

主要为全生产过程质量追溯体系建设工作进展；全程溯源工作主要内容及生产记录信息，包括工作和数据记录及影像资料等；溯源体系的完善或迭代升级情况。

五、"三无一全"药材质量标准应用及优化

主要为"三无一全"药材质量标准的应用情况；审核后所产各批次药材质量检测情况及检验报告，药材质量达标分析评价；药材质量标准的进一步完善或参数优化情况等。

六、"三无一全"品牌管理与工作成效

主要为品牌建设与管理情况；品牌建设促进企业发展及取得相关技术成果等；品牌建设以来取得的经济、社会、生态效益，包括乡村振兴及扶贫情况等。

七、"三无一全"品牌建设承诺工作进展自我评价

八、相关附件

（1）《营业执照》复印件及生产经营相关资质。

（2）生产基地建设证明材料。包括土地租赁合同、合作种植协议、GPS 定位图。

（3）通过审核以来"三无一全"各批次药材质量检测报告，包括特定指标的第三方检测报告。

（4）通过审核以来取得的相关成效证明资料，包括技术成果、药材销售资料和效益证明等。

（5）其他相关材料。

（四）品牌品种核订

核订流程："三无一全"品牌品种核订包括初审、专家资料审核、现场核查，通知联盟秘书处后进行专家集中审议、编写审核报告、审核决定、证书发放等主要流程（图 8-1）。

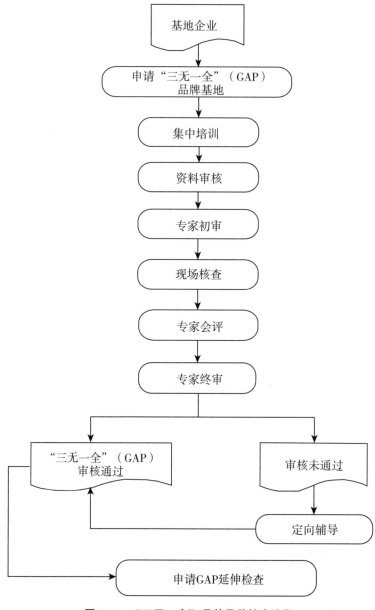

图 8-1　"三无一全"品牌品种核定流程

二、中药材"三品一标"基地建设

（一）中药材"三品一标"概念

传统意义上的中药材"三品一标"是指无公害、绿色、有机和具有地理标志的中药材产品，其侧重点在产品。随着国家对中药材质量和安全水平的不断提升，2021 年，农业农村部发布《农业生产"三品一标"提升行动实施方案》，将"三品一标"的内涵升华，着重在"品种培优、品质提升、品牌打造和标准化生产"方面，以更高层次、更深领域推进中药材绿色发展。

（二）品种培优

中药材种业是中药材产业高质量发展的基础，中药材品种培优重点在于发掘优质的种质资源，提纯复壮道地特色的中药材品种、建设良种繁育基地。包括加快实施中药材种业提升工程，构建集种质资源保护、品种选育、良种繁育推广在内的"育繁推"全过程体系；加快科研育种创新基地建设，强化中药材品种区域试验站基础设施建设；加快形成完善的中药材品种区域试验体系，不断提高试验质量和技术水平。

（三）品质提升

提升中药材品质，中药材产业绿色发展是基础。控制农药、化肥等过量使用，减少中药材种植生产废弃物污染；大力推广生物有机肥、高效低毒低残留农药等绿色投入品，推广农中药材病虫害绿色防控技术；开展数字中药材基地建设试点，发展智慧农机，实现高精度自动作业、精准导航与实时信息采集；配置水肥一体化、精量播种、养分管理、农情调度监测、精准收获等系统，加强物联网设施设备建设。

（四）品牌打造

全面推进品牌兴药战略，围绕产业园区建设、龙头企业培育、知名品牌打造的发展思路，统筹推进中药材产品品牌培育，提高优质特色中药材产品知名度，打造区域中药材产品公用品牌，加快构建现代中药材品牌体系。加强中药材品牌管理，建立中药材品牌评价体系，严格执行品牌进入及退出标准和程序。挖掘中药材产品内在文化因素，通过文化塑造农中药材产品品牌核心价值；创新品牌影响模式，通过电商平台、展销会等多渠道进行品牌宣传，探索线上线下互动、体验式营销、社区支持等模式提升品牌影响力。

（五）标准化生产体系建设

开展中药材标准化生产基地示范场创建，加强规模种养基地质量管理，建立基地环境定期监测制度，严格按照标准化技术规程组织生产，完善田间生产档案，建立中药材生产质量控制体系。推动龙头企业、农民专业合作和专业大户率先实现标准化生产。搭建中药材质量安全追溯平台，建立中药材质量安全追溯数据库和质量信息查询系统，实现对生产和经营农产品的全程监管；建立中药材质量检测点，形成全方位、多层次、全覆盖的中药材质量监测体系；把好市场准入关，保障上市中药材质量安全；加强中药材质量安全风险监测信息采集预警平台建设，实现监测数据的有效整合、有序管理和有效运用。

三、浙江省道地药园建设

浙江省道地中药材资源丰富，文化底蕴深厚，资源总量和道地药材总数均列全国第3位，素有"东南药用植物宝库"之称。中药材已成为绿色生态农业强省建设和山区农民致富最具亮点的特色优势产业之一，为健康浙江建设和乡村振兴发挥了积极作用。2018年，浙江省制定了《浙江省种植业"五园创建"实施方案》，同时编制了《道地药园创建规范》，2020年浙江省市场监督管理局第三批地方标准修订计划中立项《道地药园建设通用规范》，2021年《道地药园建设通用要求》正式发布，对"道地药园"的产地环境要求、种源要求、生产管理措施、病虫害绿色防控、减肥减药、生产过程质量管控及产品安全要求，对推进中药材基地规范化、标准化生产，提升中药材基地的生产能力和质量效益，促进中药材"道地性、安全性、有效性、经济性"发展具有十分重要的意义。

			道地药园基地建设
道地药园建设	选址要求	周围环境	道地药园周围5km内无"三废"污染源，距离交通主干道200m以上。
		环境要求	空气符合GB 3095二类区要求，土壤符合GB 15618中的土壤污染物含量等于或低于风险筛选值，灌溉水符合GB 5084要求；产地初加工用水符合GB 5749要求。
		规模要求	大宗药材生产基地在200亩以上，珍稀名贵药材基地生产规模在50亩以上。
	生产规模和方式	采用方式	宜订单生产，可采取农场、公司（合作社、家庭农场）+基地+农户等多种方式。
		布局要求	设置相应的道路和生产操作道路等，满足机械化生产的需求，保障药材的生产、采收和产地初加工需要。
		田间管理	具备蓄水、过滤、节水、灌溉、防涝等田间管理设施设备，配备相应农业环境监测记录仪器。
	设施设备	环保设施	设置专门的农业投入品管理房；地设置垃圾、农业废弃物及投入品包装废弃物收集装置。
		生产设备	建立药材初加工设施，配置采收、清洗、筛选和干燥等初加工装备。
道地药园管理	良种要求	基源明确	采用经国家或省有关部门审定（认定）的优良品种，具备物种鉴定证书或品种审定（认定）证书。
		资质合规	使用具有中药材种子种苗生产经营资质单位繁育的种子种苗或其他繁殖材料；种子种苗或种源异地调运检疫制度按GB 15569标准执行。
	生态化生产	生态推广	推广使用脱毒健康种苗；推广与药材共生或互生促进的作物轮作、间作套种、林下等种植模式；推广应用紫云英等绿肥植物；实行减肥、减药生态技术。
		肥料要求	测土配方；推广有机肥，限额化学肥料，不应施用城市生活垃圾、工业垃圾和未经腐熟的人畜粪便；推广无烟草木灰（焦泥灰）技术。
		生长调节剂	不应使用壮根灵、膨大剂等生长调节剂。
	病虫草害绿色防控	防治原则	"预防为主、综合防治"，优先采用农业、物理、生物等绿色防控技术。
		农业防治	选用抗病虫和抗逆性好的优良品种；采用轮作、间作套种等合理的种植模式；及时清理病虫枝、叶、果等，清洁田园推广覆盖除草技术。
		物理防治	应用防虫网阻隔斜纹夜蛾等虫害；推广应用光诱、色诱、性诱、食诱技术和产品，最大限度避免对天敌的杀伤。

			道地药园基地建设
道地药园管理	病虫草害绿色防控	生物防治	采用昆虫信息素诱杀害虫；因地制宜种植显花植物等；推广应用赤眼蜂、丽蚜小蜂等寄生性天敌，瓢虫、小花蝽、捕食螨等捕食性天敌；推广应用芽孢杆菌、核型多角体病毒等生物农药。
		化学防治	选用已登记农药，不应使用除草剂，合理使用杀虫剂和杀菌剂；开展病虫害预测预报，按规定执行施药剂量（或浓度）、施药次数和安全间隔期。
	生产质量与技术管理		建立以质量为中心、符合生产实际的生产管理与质量管理体系，生产过程应有相应的生产技术标准、操作规程和工艺流程。
采收与产地初加工	采收		遵循传统经验，坚持质量优先、兼顾产量的原则确定采收年限、采收时间、产地加工等。
	产地初加工	环境要求 场所设施	初加工场所的选址、环境卫生以及原料采购、初加工、包装、贮存及运输等环节的场所、设施、人员等参照 GB 14881 中的相关规定。
		加工方法	采用拣选、清洗、去除非药用部位、干燥或保鲜以及其他特殊加工方法。
		采收设备	鼓励采用不影响药材质量和产量的机械化采收方法。
		干燥要求	宜采用科学的高效干燥技术以及集约化干燥技术。
包装与贮运管理		包装要求	包装袋应有清晰标签，标签不易脱落或损坏；标示内容包括品名、基原、产地、批号、规格、数量或重量、采收日期、质量保证期限、追溯标志等信息。
		制定规范	根据药材包装、温湿度、光照度对药材质量的影响，制定适宜该药材品种的包装与贮藏运输规范。
生产记录管理		生产记录	农业投入品记录、生产过程记录以及采收、初加工、贮藏与运输记录应真实、完整、连续，票据齐全。
		追溯管理	实施生产信息体系建设，建立生产合格证制度，对重要过程有照片和录像，记录档案保留 3 年。
生产质量与示范要求	产量		以道地药园药材产量的平均值为标准，药材产量应较建设前提高 5%以上。
	质量		符合《中华人民共和国药典》《浙江省中药炮制规范》《浙江省中药材标准》要求；药材所含重金属和农药残留量，应符 WM/T 2 和《中华人民共和国药典》的要求，且每批（年）药材质量应有取得有资质的第三方评价报告。
	示范		道地药园生产的药材其道地性、品质及药效具有较高的认可度，产品品牌具有显著的优势，社会声誉良好，三产融合发展有创新，带动农业结构调整，经济效益好，辐射示范性强，同时对当地生态环境保护有改善作用。

复习思考题

1. 简述两次中药材 GAP 的发布时间、部门及目的。
2. 中药材 GAP 质量控制指标包含哪些项？至少举例 10 项。
3. "六统一"管理要求具体指哪些？
4. 中药材质量负责人由谁担任？生产及质量管理负责人应当具备哪些条件？
5. 简述中药材 GAP 基地选址要求，并作相关说明。

6. 质量追溯体系包含哪些环节？

7. 中药材 GAP 基地生产管理文件记录主要包含哪几项？

8. 简述"三无一全"概念及申报条件。

9. 简述"三品一标"概念。

10. 简述道地药园基地建设要求。

第九章　中药质量管理

第一节　药品质量管理的要求

一、药品质量管理规范的概念

药品质量管理是指药事管理组织和药事单位，为保证药品质量，决定药品质量方针、目标和责任，并在质量系统内，以诸如质量策划、质量管制、质量保证和质量改进等手段予以实施的整体管理功能的一切活动。

二、药品质量管理的特点

1. 质量标准的权威性

药品质量标准的确定是以保证药品质量，保障人体用药安全，维护人民身体健康和用药的合法权益这个根本宗旨和指导思想为指导制定的。

我国的《药品管理法》规定：药品必须符合国家药品标准、中药饮片有国家标准的必须按照国家药品标准炮制，国家药品标准没有规定的，必须按照省、自治区、直辖市人民政府药品监督管理部门制定的炮制规范炮制。省、自治区、直辖市人民政府药品监督管理部门制定的炮制规范应当报国务院药品监督管理部门备案。《中华人民共和国药典》和《全国中药炮制规范》为国家药品标准，由国务院药品监督管理部门颁布。国务院药品监督管理部门组织药典委员会负责国家药品标准的制定和修订，国务院药品监督管理部门的药品检验机构负责标定国家药品标准品和对照品。

2. 执行标准的强制性

药品质量标准由权威机构制定，并以法的形式颁布，执行起来就是强制性的。按《中华人民共和国标准化实施条例》第18条规定，药品标准为强制性标准，除药品研制、生产经营、使用过程中涉及的药品质量标准外，药品卫生标准、生产安全标准、环境保护标准、通用检验方法等标准也均为强制性标准。

3. 宏观与微观管理的协调性

为了保证药品质量，国家与药事单位采取了双管齐下的宏观与微观相结合的管理体制。国务院药品监督管理部门主管全国药品监督管理工作。国务院有关部门在各自的职责范围内负责与药品有关的监督管理工作，省、自治区、直辖市人民政府有关部门在各自的职责范围内负责与药品有关的监督管理工作。省以下药品监督管理实行垂直管理。药品监督管理部门设置或者确定的药品检验机构，承担依法实施药品审批和药品质量监督检查所需的药品检验工作。各药事单位设有与药品质量管理有关的机构和专门人员负责药品质量工作。此外，还设有群众性的药品质量监督员和检查员。

4. 质量管理手段的多样性

为了保证药品质量，国家和药事单位采取了一系列行之有效的管理方法，主要有行政、法律、技术、经济等方面的咨询和培训等。随着法律体系的完善，法律的方法将在药品质量管理中发挥越来越大的作用。

常用的中药真伪鉴别方法有：来源鉴别、性状鉴别、显微鉴别、理化鉴别、聚合酶链式反应、指纹图谱鉴别等，常见的中药质量优劣鉴别指标包括：检查、浸出物、含量测定等。其中检查是指对药材的纯净程度、可溶性物质、有害或有毒物质进行的限量检查，包括杂质、水分、灰分、毒性成分、重金属及有害元素、二氧化硫残留量、农药残留量、黄曲霉毒素、玉米赤霉烯酮、33 种禁用农药（植物类）等。

5. 质量管理的全过程性

药品质量管理就其管理模式而言，是一个质量环连着一个质量环，环环相扣的环链式管理模式。从企业准入资格的审查许可到《药品非临床研究质量管理规范》（GLP）、《药品临床试验质量管理规范》（GCP）、《中药材生产质量管理规范》（GAP）、《药品生产质量管理规范》（GMP）、《药品经营质量管理规范》（GSP）的推行和实施都体现了这一管理思想。同时，这种全过程管理还体现在全员的参与性，即从事医药工作的每一个成员都是药品质量的直接或间接相关者。

《药品非临床研究质量管理规范》（GLP）适用于药品研发单位，为申请药品注册而进行的药物非临床研究。药物非临床安全性评价研究机构也应遵守本规范。该规范对我国药物非临床安全性评价相关内容进行了详细规定，满足行业发展和监管工作的需要。

《药品临床试验质量管理规范》（GCP）适用于医院等使用单位，为申请药品注册而进行的药物临床试验。药物临床试验的相关活动应当遵守本规范。本规范对药物临床试验全过程进行规范，确保结果科学可靠，保护受试者的权益及保障其安全。

《药品生产质量管理规范》（GMP）适用于生产企业，是对药品生产质量进行控制和管理的基本要求，以确保持续稳定地生产出适用于预定用途、符合注册批准或规定要求和质量标准的药品，并最大限度减少药品生产过程中污染、交叉污染以及混淆、差错的风险。

《药品经营质量管理规范》（GSP）适用于经营单位，是药品经营管理和质量控制的基本准则，对药品的采购、贮存、销售、运输等环节采取有效的质量控制措施，确保药品质量。

《中药材生产质量管理规范》（GAP）适用于中药材基地等，为规范中药材生产，保证中药材质量，促进中药标准化、现代化而制定；是中药材生产和质量管理的基本准则，适用于中药材生产企业生产中药材（含植物、动物药）的全过程。中药材生产企业运用规范化管理和质量监控手段，保护野生药材资源和生态环境，坚持"最大持续产量"原则，实现资源的可持续利用。

缩写	具体中文名称
GAP	中药材生产质量管理规范
GMP	药品生产质量管理规范
GSP	药品经营质量管理规范
GLP	药品非临床研究质量管理规范
GCP	药品临床试验质量管理规范

第二节　质量标准审批要求

中药材的质量标准分为国家标准和地方标准。国家标准分为药典标准，部（局）颁标准，全国统一执行；地方标准由各省市药监局根据本地药用习惯而颁布，在本地执行。浙江省中药材标准现行版为《浙江省中药材标准》2017 年版，中药饮片的炮制标准为《浙江省中药炮制规范》2015 年版。

中药材标准由本省有关科研、生产单位，向药监局申请，经过药监局指定的药检机构等单位复核后，药监局组织有关专家进行审核，向社会公示征求意见后，再由药监局颁布执行。中药材标准包括来源、性状、鉴别、检查和含量测定，以及功能与主治、用法与用量、注意事项以及贮藏等内容，国家和地方分别有规定的报批要求，必须符合相关的要求和规定。

第三节　现行版质量标准的执行原则

一、《中华人民共和国药典》《浙江省中药炮制规范》的执行原则

中药饮片必须按照现行版国家药品标准《中华人民共和国药典》《全国中药炮制规范》执行，国家药品标准没有规定的，按现行版地方标准《浙江省中药炮制规范》炮制。国家标准是最低标准。

部分中药饮片没有国家标准、省级标准的，企业可自行制定生产工艺和质量标准，但必须报省、自治区、直辖市人民政府药品监督管理部门审批后方可执行。

二、国家药品标准的历史沿革

（一）《中华人民共和国药典》历史沿革

年份	详情	中药材及饮片品种数量	增补本情况
1953 年版（第一版）	植物药与油脂类65 种	31	1957 年出版《中国药典》1953 年版增补本
1963 年版（第二版）	一部收载 643 种	446	
1977 年版（第三版）	一部收载 1 152 种	740	
1985 年版（第四版）	一部收载 713 种	455	1987 年 11 月出版《中国药典》1985 年版增补本
1990 年版（第五版）	一部收载 784 种	493	《中国药典》1990 年版的第一、第二增补本先后于 1992 年、1993 年出版
1995 年版（第六版）	一部收载 920 种	510	《中国药典》1995 年版的第一、第二增补本先后于 1997 年、1998 年出版
2000 年版（第七版）	一部收载 992 种	520	《中国药典》2000 年版的第一、第二增补本先后于 2002 年、2004 年出版

（续表）

年份	详情	中药材及饮片品种数量	增补本情况
2005 年版（第八版）	一部收载 1 146 种	551	《中国药典》2005 年版的增补本于 2009 年出版
2010 年版（第九版）	一部收载 2 165 种	616	《中国药典》2010 年版第一、二、三增补本先后于 2012 年、2013 年、2015 年出版
2015 年版（第十版）	一部收载 2 598 种	618	《中国药典》2015 年版第一增补本于 2019 年出版
2020 年版（第十一版）	一部收载 2 711 种	616	

（二）《全国中药炮制规范》历史沿革

《全国中药炮制规范》为 1988 年版，共收载 554 种常用中药及不同规格的炮制品。

三、地方标准历史沿革

《浙江省炮制规范》历史沿革

年份	名称	饮片品种数量
1960 年版	《浙江中药加工炮制规范》	共收载饮片 489 种
1965 年版	《浙江中药加工炮制规范》	共收载饮片 477 种
1977 年版	《浙江省中草药加工炮制标准》	共收载中草药 934 种
1985 年版	《浙江省中药炮制规范》	共收载常用中药 786 种
1994 年版	《浙江省中药炮制规范》	收载中药品种 894 种及不常用品种 124 种
2005 年版	《浙江省中药炮制规范》	共收载 952 种
2015 年版	《浙江省中药炮制规范》	共收载 632 种

四、国家药品标准（中药）起草与复核工作流程

（一）标准起草和修订

1. 标准起草

应对质量控制项目进行全面考察，如方法是否合理，专属性、准确度和精密度是否达到要求等，起草单位应严格按照规定的技术要求和任务书（表）中规定的项目逐一进行研究，完成起草工作；修订标准参考上述要求执行。

2. 再验证要求

承担起草任务的药检所如将研究起草工作分解给企业或其他单位完成，则应对企业或其他单位提供的方法进行再验证，再验证要求如下：

（1）鉴别项和限量检查至少应进行专属性和精密度中的重现性验证。

（2）测定项至少应进行准确度（回收率）和精密度中的重现性、专属性等验证，验证

方法可适当简化。

3. 形成供复核用资料

将资料及其电子文本转交复核单位，供复核用资料由下述内容组成：

（1）请复核公文。

（2）质量标准草案。

（3）起草说明（方法确定依据及相应的验证试验结果、所有新增或修订项目要逐项说明，须有全部数据和相应的图谱或彩色照片）。

（4）复核用样品检验报告书。

（5）复核用样品。

（6）复核用对照物质（如为中国药品生物制品检定所能提供的品种由复核所自行购买。如是新增对照物质，由起草单位提供给复核所，并提供新增对照物质相应的技术资料）。

（7）项目任务书。

（二）标准复核

1. 复核单位首先应审核起草单位提供的资料是否符合要求

确认资料完整并基本符合起草技术要求后安排复核工作，否则应向起草单位提出补充资料或退回的要求。

2. 复核单位重点复核新增或修订方法的可行性与重现性

根据复核结果对标准草案中各项内容提出同意或修订的意见。

3. 形成复核资料

复核资料由下述内容组成：

（1）复核结果（意见）回复公文。

（2）标准修改稿（包括电子文本）。

（3）复核总结报告。

（4）复核样品的检验报告书。

4. 报送材料

将复核资料及其电子文本报送起草单位

（三）复核结果的处理

（1）起草单位对复核单位提出的意见，要逐条进行补充研究，无论结论是否采纳复核单位意见，均要求正式行文答复复核单位，必要时再次进行复核。有较大分歧的须报送药典会，必要时安排第三方药检所进行再复核。

（2）复核单位的再审或再复核要求同上。

（四）形成标准起草申报资料

申报资料由下述内容组成：

（1）起草单位报送药典会的公文。

（2）起草工作总结报告。对起草过程和结果进行总结［包括原标准情况、任务情况、任务落实情况（明确到人）、起草研究工作过程情况、对任务指标的落实情况或修订情况、生产企业情况及样品情况、复核情况、与复核所的协调情况及最终结果形成的说明、经费使用情况等］。

（3）质量标准草案（属标准修订的须将修订内容标记注明）。

（4）起草说明（编写细则另附）。

（5）复核所的全套复核资料（原件）。

（6）注释。供编写药典注释用（编写细则另附）。

（7）质量标准草案的英文稿。供编写药典英文版用（编写细则另附）。

申报资料要规范齐全，所有资料均须报送电子文档（包括色谱图、光谱图和彩色照片）。

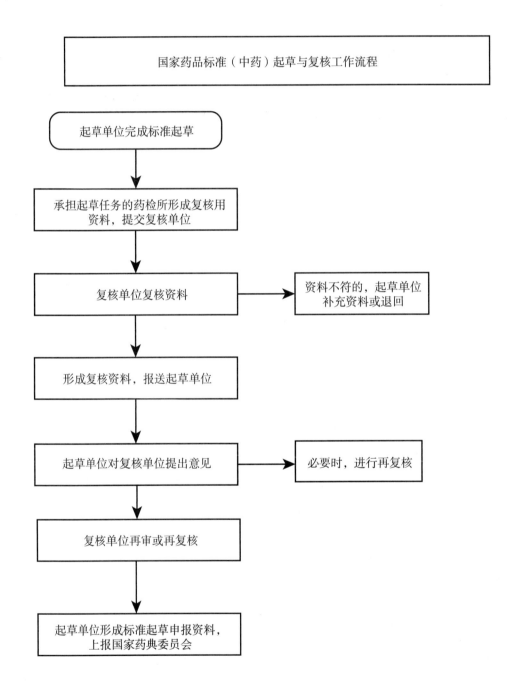

（五）企业自行制定生产工艺和质量标准申报流程

以桑黄标准为例的申报流程

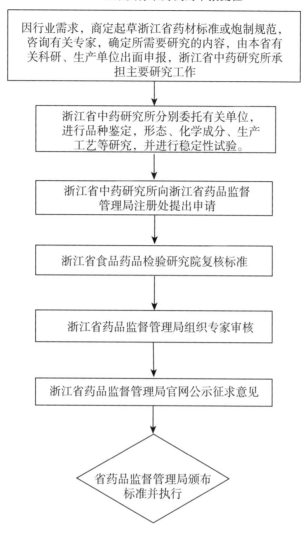

因行业需求，商定起草浙江省药材标准或炮制规范，咨询有关专家，确定所需要研究的内容，由本省有关科研、生产单位出面申报，浙江省中药研究所承担主要研究工作

浙江省中药研究所分别委托有关单位，进行品种鉴定，形态、化学成分、生产工艺等研究，并进行稳定性试验。

浙江省中药研究所向浙江省药品监督管理局注册处提出申请

浙江省食品药品检验研究院复核标准

浙江省药品监督管理局组织专家审核

浙江省药品监督管理局官网公示征求意见

省药品监督管理局颁布标准并执行

第四节　地理标志产品保护

一、地理标志产品保护概念

地理标志产品是指产自特定地域，所具有的质量、声誉或其他特性本质上取决于该产地的自然因素和人文因素，经审核批准以地理名称进行命名的产品。

二、地理标志商标的概念

地理标志商标是指由对某种商品或者服务具有监督能力的组织所控制，而由该组织以外的单位或者个人使用于其商品或者服务，用以证明该商品或者服务的原产地、原料、制造方法、质量或者其他特定品质的标志。

三、地理标志保护的两种方式

目前我国地理标志保护包括产品保护和商标注册，两种方式。在产品保护方面，主要依据《关于国务院机构改革涉及行政法规规定的行政机关职责调整问题的决定》和《地理标志产品保护规定》，由产品所在地县级以上人民政府指定的申请机构或认定的协会和企业提出，经省级知识产权管理部门初审和国家知识产权局审查批准予以保护。在商标注册方面，主要依据《商标法》《商标法实施条例》和《集体商标、证明商标注册和管理办法》，由管辖该地理标志所示地区的人民政府或行业主管部门批准的具体资格的团体、协会或其他组织提出，经国家知识产权局审查核准予以注册集体商标或证明商标。

四、地理标志产品保护申请及受理

由当地县级以上人民政府指定的地理标志产品保护申请机构或人民政府认定的协会和企业提出。申请保护的产品在县域范围内的，由县级人民政府提出产地范围的建议；跨县域范围的，由地市级人民政府提出产地范围的建议；跨地市范围的，由省级人民政府提出产地范围的建议。

（一）申请人需提交的资料

1. 有关地方政府关于划定地理标志产品产地范围的建议。

2. 有关地方政府成立申请机构或认定协会、企业作为申请人的文件。

3. 地理标志产品的证明材料，包括：

（1）地理标志产品保护申请书；

（2）产品名称、类别、产地范围及地理特征的说明；

（3）产品的理化、感官等质量特色及其与产地的自然因素和人文因素之间的关系说明；

（4）产品生产技术规范（包括产品加工工艺、安全卫生要求、加工设备的技术要求等）；

（5）产品的知名度，产品生产、销售情况及历史渊源的说明。

4. 拟申请的地理标志产品的技术标准。

五、地理标志产品保护专用标志使用

地理标志产品产地范围内的生产者使用地理标志产品专用标志，应向当地质量技术监督局或出入境检验检疫局提出申请，并提交以下资料：

（一）地理标志产品专用标志使用申请书。

（二）由当地政府主管部门出具的产品产自特定地域的证明。

（三）有关产品质量检验机构出具的检验报告。

六、不予地理标志保护的情况

（一）对环境、生态、资源可能造成破坏或对健康可能产生危害的。

（二）产品名称已成为通用名称的。

（三）产品的质量特色与当地自然因素和人文因素缺乏关联性的。

（四）地域范围难以界定，或申请保护的地域范围与实际产地范围不符的。

七、地理标志产品保护中药材登记保护及品牌建设

农产品地理标志中药材登记保护的目的：保护中药材品质、特色和声誉，保证生产者的收益，保护当地的文化与传统，保护当地的生态环境，是地方名片。

农产品地理标志中药材品牌建设六个一：制定一套扶持地理标志保护品牌发展政策与规划，抓好一个品牌运行与管理机构（公用品牌证书持有人），扶持一批地理标志中药材生产经营企业形成"企业集群"（抱团发展、集体营销），成立一个强有力的地理标志中药材专业技术服务机构，培育一个品牌传播营销活动——公共品牌传播与营销（持续传播、推介），培养一批专业技术人才。

绿色优质农产品发展路径：一标一品一产业融合发展，建设一片规模基地，制定一个操作规程，新增一批绿色食品，打响一个区域品牌，提升一个特色产业，带动一方农民致富。

八、附件

地理标志产品保护工作程序

工作阶段	工作部门	工作流程	文件及资料
一、申报准备阶段	相关申请机构及产品所在地质量技术监督局〔县（区）以上〕	（1）县级以上人民政府并提出拟划定地理标志产品保护范围的建议 （2）县级以上人民政府成立申报机构，组织申报材料 （3）收集、整理现行的针对该产品的标准或技术规范 （4）收集、整理已有的产品检测报告。	1.《地理标志产品保护申请书》 2. 成立地理标志产品申报机构的文件 3.《县级以上人民政府划定地理标志产品保护范围的建议的函》 4. 现行针对该申报产品的标准或技术规范（企业标准须经当地标准化部门认可） 5.《申报材料》
	相关申请机构及产品所在辖区出入境检验检疫局	（1）（3）（4）同上 （2）政府授权协会和企业作为申报主体的申请，组织申报材料	1.3.4.5 同上 2.《政府授权协会和企业作为申报主体的函》
二、初审阶段	省级质检机构	（5）对申报机构提出的建议和申报材料进行初审，初审时间一般不超过 30 个工作日。 （6）向总局管理机构提交初审意见	1. 以上相关材料 2. 初审意见的函
三、受理阶段	总局管理机构和专家委员会	（7）形式要件不合格的，30 个工作日内向省级质检机构下发审查意见通知书； （8）形式要件合格的，进入受理程序 （9）发布受理公告 （10）受理异议	1. 以上相关材料 2. 审查意见通知书 3. 受理公告

（续表）

工作阶段	工作部门	工作流程	文件及资料
四、审核批准阶段	省级质检机构申报机构	（11）申报机构进行评审准备	1.《地理标志产品陈述报告》 2.《产品质量技术要求》 3. 申报材料 4. 省级质检机构申请召开地理标志保护专家审查会的函
	总局管理机构省级质检机构	（12）异议处理。异议期2个月，如有异议，一般由省级质检机构负责协调；无异议的，由总局管理机构组织召开专家审查会。	《专家审查会会议纪要》
	产地质检机构	（13）申报方根据专家审查会意见修改《产品质量技术要求》等相关文件	《产品质量技术要求》
	国家质量监督检验检疫总局	（14）申报方将《产品质量技术要求》报总局管理机构，经专家确认后，由总局管理机构起草公告。 （15）发布批准公告	《地理标志产品保护批准公告》
	国家质量监督检验检疫总局	（16）向申报机构颁发证书	《地理标志保护产品证书》
五、地理标志产品技术标准体系的建立	省级质检机构产地质检机构	（17）省级质检机构根据总局批准公告中的质量技术要求，组织制定地理标志产品的综合标准。	地理标志保护产品综合标准
	总局管理机构	（18）综合标准制定后，由省级质检机构报总局管理机构委托的技术机构备案。	
六、专用标志申报阶段	产地质检机构	（19）生产者向产地质检机构提出使用专用标志的申请，并提交相关材料。	1.《地理标志产品专用标志使用申请书》 2.《地理标志保护产品综合标准》 3. 产品生产者简介 4. 产品（包括原材料）产自特定地域的证明 5. 指定产品质量检验机构出具的检验报告 6. 申请专用标志企业汇总表（含电子版）
	省级质检机构	（20）省级质检机构向总局提供审核意见及相关材料。	
七、专用标志注册登记阶段	总局管理机构	（21）注册登记，发布批准专用标志使用公告 （22）向企业颁发《地理标志产品专用标志使用证书》	1.《核准企业使用地理标志保护产品专用标志公告》 2.《地理标志保护产品专用标志使用证书》

（续表）

工作阶段	工作部门	工作流程	文件及资料
八、后续 监管阶段	产地质检机构	（23）负责专用标志的印制、发放、使用的监督 （24）对地理标志产品保护范围实施监控 （25）对生产数量实施监控 （26）实施从原材料到销售各环节的日常质量监控 （27）对标识标注进行监督	1.《地理标志产品监督管理办法》 2.《印制、发放、使用专用标志管理办法》
	省级质检机构	（28）负责本辖区的地理标志产品保护的监督管理	
	国家质量监督检验检疫总局	（29）统一管理地理标志产品保护工作	

注："产地质检机构"是指国家质量监督检验检疫总局发布的批准公告中确定的管理机构。

复习思考题

1. 中药的质量标准有哪些？

2. GSP 全称是什么？

3.《中华人民共和国药典》现行版是哪一版？

4. 没有国家标准、省级标准的中药饮片，企业自行制定生产工艺和质量标准，向省、自治区、直辖市人民政府药品监督管理部门提出的申报流程如何？

5.《浙江省中药炮制规范》现行是哪一版？

6. 常用的中药真伪鉴别方法有哪些？

7. 常见的中药质量优劣鉴别指标包括哪些？

8. GMP 的意义？

9. 地理标志产品的持有人有哪几类？

10. 地理标志品牌保护申请原则及申报流程是什么？

下 篇

第十章 各论

第一节 根和根茎类中药材

浙贝母

基原及性味功效

为百合科植物浙贝母 *Fritillaria thunbergii* Miq. 的干燥鳞茎，又称浙贝、大贝、象贝、元宝贝、珠贝。苦，寒；归肺、心经。具有清热化痰止咳，解毒散结消痈等功效（图10-1）。

产业概况

浙江省主产于磐安、东阳、海曙、缙云、定海等地。目前全省种植面积5.2万亩左右，每亩单产450kg左右（干品），总产量2.35万t，种植面积和产量占全国总产量的90%左右。"樟村浙贝"获国家地理标志保护产品、国家地理标志证明商标，"磐安浙贝母"获国家地理标志证明商标。

生物学特性

（1）生长发育习性。鳞茎繁殖时，浙贝母完成1个生长周期，需要1年时间，分为生长活动期和鳞茎休眠期两个阶段。浙江一般从9月中、下旬开始，鳞茎的根与芽明显生长，经出苗、生长，到第二年5月中、下旬地上部分枯萎止为生长活动期；从地上部分枯萎起，到9月中、下旬为鳞茎休眠期，在休眠期中，鳞茎仍进行着呼吸以及芽的后熟等变化活动，但从外表上不易发现。

（2）对环境及产地要求。浙贝母喜阳光充足而又凉爽、润湿的气候，怕高温、干旱和积水。土壤含水量达27%左右时最利于浙贝母生长。根的生长适温在7~25℃，以15℃左右为最宜。地上部分正常生长发育的温度范围在4~30℃，在这个范围内，气温越高，生长速度越快。开花适宜气温在22℃左右。

栽培技术

（1）选地与整地。选择质地疏松肥沃，排水良好，微酸性或近中性的砂质壤土种植，土壤pH值在5.5~6.8。浙贝母不宜连作，前作以禾本科和豆科作物为好，轮作间隔时间宜2年以上，提倡水旱轮作。

整地深翻25~30cm，碎土耙平，利于排水和透水。耕翻后作龟背形畦，畦宽连沟100~120cm，沟宽25~30cm，沟深20~25cm。或做成凹状播种床。结合耕翻施入基肥，每亩施用厩肥3 000~5 000 kg。

（2）种植。选用"浙贝1号""浙贝2号""浙贝3号"等良种，以9月中旬至10月中旬为宜，种鳞茎芽头朝上。每亩用种量250~450kg。播种后，畦面覆盖稻草等。

（3）田间管理。出苗前及出苗期雨后及时排除积水。提倡使用草木灰，除了基肥和种肥，不宜大量施用鸡粪等有机肥，后期视生长情况施肥或叶面追肥，不得使用植物激素膨大剂。中耕宜浅。翌年 2 月下旬，防治浙贝母灰霉病。在植株有 2~3 朵花开放时，选露水干后将花连同顶端花梢一并摘除。

（4）病虫害防治。常见病害有灰霉病、枯萎病、黑斑病、干腐病、软腐病等。虫害主要有豆芫菁和葱螨，此外还有蛴螬、蝼蛄、金针虫等。

繁种技术

生产上一般采用鳞茎繁殖，提倡异地繁种，引种前注意携带病菌的检疫，栽培前需要用广谱杀菌剂浸种后再进行产区驯化和生产。浙贝母繁种用田，成为种子田。种子田的土壤一定要选择疏松、肥沃、透水性好、微酸性或中性的砂质土壤，黏土地不能作为种子田。选择直径 3~5cm、鳞片紧抱、芽头饱满、无病斑虫咬伤的种鳞茎，在 9 月下旬至 10 月上旬下种。整地时做高畦，高 30cm，排水沟宽 30~40cm，畦面看地形特征略呈龟背形，有利排水，畦上开横沟，沟距 20cm 左右，够深 10~13cm，每隔 10cm 左右放鳞茎 1 枚。水肥等栽培管理参考商品贝母的栽培管理，基肥和追肥以商品有机肥为主。5 月中下旬地上部分倒苗后，有室内越夏、移地越夏和田间越夏 3 种越夏方式。室内越夏，鳞茎起土后，剔除有病害、虫害和破碎的鳞茎，健康饱满的鳞茎在阴凉通风处晾 2~3d，然后一层沙一层鳞茎堆放在室内阴凉通风处，定时检查鳞茎干湿度，过干时适量淋水。移地越夏，取健康饱满鳞茎阴凉通风处晾 2~3d 后，于地势较高、排水好的阴凉处集中贮存，底层略铺土垫高 10~15cm，然后一层土一层鳞茎，铺至 3~4 层，最上面盖土 15~20cm。田间越夏，大量生产浙贝种鳞茎来不及采挖时，可采用田地越夏，植株枯萎后清除地上残株，开好排水沟，地上套种瓜类和豆类蔬菜，注意浙贝母种鳞茎起土栽培前地上经济作物需要采收完成。

采收加工

（1）采收。5 月上、中旬，在浙贝母地上部枯萎后，选晴天进行。

（2）产地初加工。采收后洗净，大小分开，分别撞擦，除去外皮，拌以煅过的贝壳粉，吸去擦出的浆汁，干燥；或取鳞茎，大小分开，洗净，除去芯芽，趁鲜切成厚片，洗净，晒干或烘干，习称"浙贝片"。提倡产地"共享车间"统一加工，控制好加工时间和温度，浙贝片烘干温度不超 55℃。

性状要求

（1）药材性状。浙贝片为鳞茎外层的单瓣鳞叶切成的片。椭圆形或类圆形，直径 1~2cm，边缘表面淡黄色，切面平坦，粉白色。质脆，易折断，断面粉白色，富粉性（图 10-2）。

大贝为鳞茎外层的单瓣鳞叶，略呈新月形，高 1~2cm，直径 2~3.5cm。外表面类白色至淡黄色，内表面白色或淡棕色，被有白色粉末。质硬而脆，易折断，断面白色至黄白色，富粉性。气微，味微苦。

珠贝为完整的鳞茎，呈扁圆形，高 1~1.5cm，直径 1~2.5cm。表面类白色，外层鳞叶 2 瓣，肥厚，略似肾形，互相抱合，内有小鳞叶 2~3 枚和干缩的残茎（图 10-3）。

（2）规格等级（图 10-4）。

浙贝片选货：边片不得过 15%，过 8 号筛。

浙贝片统货：边片不得过 40%，过 3 号筛。

大贝统货：无僵个、杂质、虫蛀、霉变。

珠贝统货：大小不分，间有松块、僵个、次贝。无杂质、虫蛀、霉变。

贮藏

置干燥处，防止虫蛀、霉变、腐烂。

延胡索（元胡）

基原及性味功效

为罂粟科植物延胡索 *Corydalis yanhusuo* W. T. Wang 的干燥块茎，又称元胡、玄胡。辛、苦，温；归肝、脾经。具有活血，行气，止痛等功效（图10-5）。

产业概况

浙江省是元胡道地主产区，主产于磐安、东阳、仙居等地。目前全省种植面积3.89万亩，每亩单产334kg左右，总产量约1.3万t，占全国总产量的1/3。"磐安元胡"获国家地理标志证明商标，"东阳元胡"获国家农产品地理标志登记保护产品。

生物学特性

（1）生长发育习性。元胡块茎一般在9月下旬至10月上、中旬从芽眼上萌芽，同时也长出新根，进入地下茎生长阶段。次年2月上旬基本形成整个地下茎。一般翌年1月下旬至2月上旬为出苗期，3月上旬出现初花，3月下旬开花盛期，地上部于翌年4月下旬至5月初完全枯死。整个地上部生长期在90d左右。

（2）对环境及产地要求。元胡喜阳光充足、温暖、干燥气候，耐寒，怕积水，怕干旱，生长期雨水要均匀。地上部生长期平均气温在11~12.5℃。

栽培技术

（1）选地与整地。选择生态条件良好、远离污染源、土层较深、排水良好、疏松肥沃的砂质壤土，提倡水旱轮作。

起沟整平作畦，畦宽90~110cm，沟宽25~30cm，沟深20~25cm。稻板田用锄头等工具削平稻桩，填平低洼处，依地势拉绳用削刀划好畦和沟，畦宽、沟宽、沟深同前。

（2）种植。选用"浙胡1号""浙胡2号"等良种，以10月上旬至11月上旬为宜，选晴天播种，每亩用种块茎40~45kg。在畦上按行株距10cm×（11~13）cm的密度排放种块茎，芽眼朝上。临播前，除去病烂的种块茎，将选好的种块茎在50%多菌灵可湿性粉剂500倍药液中浸种1h，以浸没为准，捞出晾干后备用。

（3）田间管理。在施足基肥的情况下，一般是追肥3~4次，注意控制用量，推广应用草木灰。在苗期注意排水降湿，做到沟内不留水。12月中旬，施腊肥前用铲浅中耕1次，选晴天露水干后进行，操作时应小心谨慎，避免伤及种芽。春季旺长期，用手拔除田间杂草2~3次，选晴天露水干后进行。在翌年2月下旬选择晴天进行1次防治元胡霜霉病、菌核病、根腐病等病害。

（4）病虫害防治。常见病害有霜霉病、菌核病、锈病等。虫害主要为金龟子幼虫。

繁种技术

元胡种块茎繁殖采用无性繁殖方式，提倡选用浙胡2号、浙胡3号等良种，宜选择水田，不应选择前1年曾经种植延胡索的旱地。繁种田的种植行株距可适当扩大，以便于去除杂株。应根据株型、开花习性等品种特征特性，及时拔除杂株，后期还应挖尽杂株的地下块茎。收获后选择当年新生的无病虫害、完整无伤块茎做种茎，剔除母元胡。在室内选择干燥阴凉的泥地，用砖或木板围成长方形，长度不限，宽1.2~1.5m，在地上铺10~12cm厚的细砂或干燥细泥，其上放块茎20~25cm厚，上盖12~15cm砂或泥。放过化肥或盐碱物质的地不宜贮藏。每半月检查 1 次，发现块茎暴露，要加盖湿润的砂或泥，发现块茎霉烂，要及时翻堆剔除。临栽时将贮存的块茎取出，筛去砂子，选无病害、完整无伤、直径 1.2~1.6cm 上面有凹陷的芽眼，外皮呈黄白色的扁球形块茎作种。栽种时如土地干旱，先向畦内灌水，待水渗下后，表土稍松散时再种。栽种株距 3~4.5cm，芽头向上摆正，覆土 5~7cm。每亩用种量 60~70kg。种块茎应单独贮藏，避免与其他品种混杂。

采收加工

（1）采收。5 月上、中旬，当地上茎叶枯萎后，选晴天及时收获。清理田间杂草，用四齿耙等工具浅翻，边翻边捡净延胡索块茎，运回室内摊晾。

（2）产地初加工。及时加工，提倡产地"共享车间"统一加工，除去须根，洗净，置沸水中煮至恰无白心时，取出，晒干，一次性烘干后用密封袋包装贮存，防止产生黄曲霉素。切厚片或用时捣碎。

性状要求

（1）药材性状。元胡成品呈不规则的扁球形，直径 0.7~1.5cm。表面黄色或黄褐色，有不规则网状皱纹。顶端有多数凹陷的茎痕，底部中央稍凹陷呈脐状，也有底部略呈圆锥状突起。质硬而脆，断面黄色，角质样，有蜡样光泽。气微，味苦（图 10-6）。

（2）规格等级（图 10-7）。

浙元胡选货：每 50g 有 45~100 粒或直径 1.0~1.5cm。

浙元胡统货：直径 0.4cm 以上。

浙元胡（产切）片选货：直径 0.8cm 以上占 80%；过 5 号筛；边片不得过 15%。

浙元胡（产切）片统货：直径 0.4cm 以上；过 2 号筛；边片不得过 40%。

贮藏

置干燥处，防止虫蛀、霉变、腐烂。

白术

基原及性味功效

为菊科植物白术 *Atractylodes macrocephala* Koidz. 的干燥根茎，又称冬术、冬白术、于术、种术等。苦、甘，温；归脾、胃经。具有健脾益气、燥湿利水、止汗、安胎的功效（图 10-8）。

产业概况

浙江省是白术道地主产区，主要分布于磐安、新昌、天台、仙居、临安等地。目前全省种植面积 2.4 万亩，每亩单产 300kg 左右（干品），总产量约 0.72 万 t，质量居全国之首。"磐安白术""临安於术""新昌白术"获国家地理标志证明商标，"磐安白术"申报国家农产品地理标志登记保护产品。

生物学特性

（1）生长发育习性。白术栽培是两年收获。第一年播种培育术栽，也称 1 年生白术，从种子播种到术栽收获需 220d 左右。术栽当年冬季或次年春季栽种，从术栽栽种到产品收获，一般约需 320d。

（2）对环境及产地要求。白术喜凉爽气候，怕高温多湿，一般生长在偏阴的坡向。种子发芽需较多的水分，吸水量达到种子重量的 3~4 倍时，才能萌动发芽，适温在 20~25℃。平均气温在 24~29℃ 时，植株生长速度随温度升高而加快。根茎生长适宜温度 26~28℃，8

月中旬至 9 月下旬为根茎膨大最快时期。

栽培技术

（1）选地与整地。宜选在海拔 300m 以上，避风、气候凉爽，土层深厚、排水良好、疏松肥沃的砂质壤土为好，忌连作。前作不宜为白菜、玄参等作物，种过白术的土地要间隔 3 年以上。

翻耕土地，深度 30~40cm，整平耙细后，作龟背形畦，畦宽 120~150cm，沟宽 25~35cm。

（2）种植。选 5 年以上没种过作物的山地做好苗床，开好排水沟。选用"浙术 1 号"良种，宜在 2 月下旬至 3 月中旬种子条播，覆一层细肥土，畦面盖稻草或杂草。幼苗 2~3 片真叶时，结合中耕除草进行第一次追肥，11 月上、中旬当术苗茎叶枯黄时，选晴天挖出术栽，除去茎叶和过长的须根。11 月下旬至 12 月下旬，施好基肥和种肥，推广应用草木灰，条栽或穴栽，术栽芽头向上，齐头，栽后覆土 3cm 为宜。每亩种植 8 000 个术栽。

（3）田间管理。白术封行前进行 2~3 次中耕除草。白术封行后拔除田间杂草 1~2 次。雨季及时清沟排水，做到雨停田间无积水。6—7 月摘花蕾，捏住茎秆，摘下或剪下花蕾。分批摘净花蕾，人工摘时，不伤茎叶，不动摇根部。白术采摘花蕾结束后，每亩浇施或撒施复合肥 20~25kg。防治好根腐病和白绢病等，拔除病株，在病株周围撒生石灰。

（4）病虫害防治。病害主要有根腐病、白绢病、铁叶病、立枯病等。虫害主要有白术长管蚜、白术术籽虫、小地老虎。

繁种技术

用种子留种，白术是异花授粉作物，靠蜜蜂来传花粉，且容易杂交。选生长势好、优良性状的蛙形、鸡腿形种苗或种根茎作繁殖材料，每亩种 4 000 株左右，做好隔离，栽培过程中剔除杂株，保证所繁种子的纯度。每株留顶端花蕾 5~6 个，其他花蕾全部摘除。11 月上、中旬，植株基叶枯黄，选晴天，挖取白术植株，剪去地下根茎，将地上部扎成小把，倒挂在阴凉通风处 20~30d，使种子成熟，再打下种子，除去杂质，装于布袋或麻袋内，置通风干燥处贮藏备用。重视使用硼肥，硼肥一般使用 3 次；"立冬"和"小雪"期间，在留种地内分批采收成熟的术蒲，再分批阴干处理，待采收的术蒲露出白茸毛后，再晒 1~2d，用竹棒轻击术蒲，使术籽受震脱落。将采收的术籽装入棕制或布制的袋中，挂在通风阴凉处贮藏，防止鼠害或风雪侵入。

采收加工

（1）采收。立冬前后，当白术茎秆变黄褐色、叶片枯黄时，选晴天及时采收。

（2）产地初加工。用锄头挖出地下根茎，抖去泥土，除去茎秆，将鲜白术根茎放晒场上晒 15~20d，经常翻动，在翻晒时逐步搓、擦去须根，直至干燥，即成生晒术。

将鲜白术根茎放入柴囱灶囱斗中囱。用没有芳香等气味的杂木作燃料。最初火力稍大，温度 80~100℃，1h 后，蒸汽上升，根茎表皮已热，可将温度降至 60℃，2h 后，将根茎上下翻动使细根脱落，继续囱 5~6h，将根茎全部翻出，不断耙动，使细根全部脱落。再将大小根茎分开，大的放底层，小的放上层，继续囱 8~20h，中间翻动一次，到七八成干时全部翻出。将大小根茎分别在室内堆置 6~7d，使内部水分外渗，表皮转软，再用文火（60℃）分别囱 24~36h，直至干燥，即成烘术商品。

性状要求

（1）药材性状。干品形似如意、鸡腿或蛙形，长 5.0~13.0cm；直径 3.0~7.0cm。断面或有裂隙，色较深，呈菊花纹；油室点明显。气清香，味甘、微辛，嚼之略带黏性（图10-9）。

（2）规格等级（图10-10）。

选货：每千克不得过40个。

统货：每千克不得过70个。

贮藏

白术含挥发油，应置阴凉干燥处，防潮、防虫、防蛀。

杭白芍

基原及性味功效

为毛茛科植物芍药 *Paeonia lactiflora* Pall. 的干燥根，又名白芍。苦、酸，微寒；归肝、脾经。具有养血调经，敛阴止汗，柔肝止痛，平抑肝阳的功效（图10-11）。

产业概况

浙江省主产于磐安、东阳、柯城等地，质量居全国之首。目前全省种植面积6 500亩，每亩单产261kg左右（干品），总产量约1 700t。"磐安杭白芍"获国家地理标志证明商标。

生物学特性

（1）生长发育习性。自栽种到收获一般为3年。9月下旬至11月为发根期，以10月发根最盛，11月至12月中旬根生长速度最快。翌年早春2—3月露芽出苗。4月上旬为现蕾期，杭白芍第二年、第三年花蕾量很大。4月底至5月上旬为开花期，开花时间比较集中，约在1个星期。5—6月根膨大最快，5月间芍头上已形成新的苞芽。7月下旬至8月上旬种子成熟。9月开始地上部分逐渐枯死，这时是杭白芍苷含量最高的时期。

（2）对环境及产地要求。杭白芍喜充足的阳光，适宜温和气候，在无霜期较长的地区生长良好。杭白芍耐干旱，怕潮湿，忌土壤水分过高。土壤疏松、肥沃深厚，中性至微碱性有利于生长，以砂质壤土、夹沙黄泥土、冲积壤土为好。种过杭白芍的地块宜间隔1年以上再种，以防止连作加重病虫害发生程度。

栽培技术

（1）选地与整地。以温湿、肥沃的砂质壤土为好，忌连作，盐碱地不宜种植。选择阳光充足、土层深厚、保肥保水能力好、疏松肥沃、排水良好、远离松柏的地块种植。

整地深翻土地25~35cm，清除草根、石块，然后耕细整平，四周开通排水沟。

（2）种植。选择"浙芍1号"优质高产、抗病良种。在收获或亮根修剪时，将带芽新根剪下，每株留壮芽1~2个及根1~2条即成芍栽；也可用芍头繁殖芍栽，不亮根修剪，2年后起挖，将带芽新根剪成株。选择通风、阴凉、干燥、泥土地面的仓库或室内贮存种栽。栽种适期11月。穴栽，每穴2根，分叉斜种，根呈"八"字形，芽头靠紧朝上，种后初覆细土压紧固定，然后在根尾部上方穴边施入基肥，覆细土成垄状。每亩种植2 500~3 000个种栽。

（3）田间管理。幼苗出土时，即应中耕除草，中耕宜浅，勿伤及苗芽。雨季及时清沟排水，做到雨停田间无积水；干旱严重时，适当浇水抗旱。施肥以农家肥料为主，实行配方施肥，推广应用草木灰，不应施用硝态氮肥。现蕾盛期，选晴天露水干后将其花蕾全部摘除。对一年、二年生的杭白芍，枯苗后，进行亮根修剪，把带病、带虫、空心的粗根剪去，选取粗大、不空心、无病虫的2~3个主根，留做商品芍根。在留好主根上芽头的同时，将带芽新根剪下作种栽，然后施肥、覆土重新起垄。

（4）病虫害防治。常见病害有褐斑病、锈病、根腐病、灰霉病、红斑病、炭疽病、疫病、软腐病等。虫害主要有蜗牛、蛴螬、小地老虎等。

繁种技术

目前杭白芍良种的主要繁殖方法是分根繁殖。药材采收的前一年的冬季取消整根，促进芍头部支根生长，为分根创造条件。在收获芍药时，将较粗可入药的芍根从芍头着生处切下，像筷子样粗的根全部留下，按其芽和根的自然分布，剪成2~4株，每株留壮芽1~2个及根1~2条，根的长度保留18~22cm，剪去过长的根和侧根，供种苗用。贮藏方法：选阴凉高燥通风的室内，于地上铺8~10cm湿润细砂土，将芽头向上堆放，厚10~13cm，上面盖湿润砂土8~12cm，四周用砖砌好。约半个月后，盖土因砂或泥容易下漏至药苗孔隙中，芍芽露出，易发生干烂，再加盖湿润砂土3~6cm。贮藏期间应经常检查，如干旱应适当洒水，以保持砂土潮润不干。如发现霉烂，应及时翻堆，拣去霉烂，重新堆放，以防蔓延。种植按行距50~60cm，株距40cm，用锄头或二齿耙开穴，穴开成35~45°的斜面，深约20cm。每穴种两条根，头朝南，根向北，栽于斜面上，芽与畦面平，将两根栽成"八"字形，根要栽直，用少量土固定芍根，然后在根尾部上方施入有机肥和过磷酸钙，再覆土，作成馒头状或垄状均可。并在其上盖稻草，适当培土。

采收加工

（1）采收。栽后3年，8~10月采收，选晴天进行。挖出地下根并抖去泥土。

（2）产地初加工。切下芍根，并分级。修剪后的芍根分大、中、小3级分别置滚动式擦皮机内，加沙、水滚动擦皮，擦洗后的芍根表面洁白即可。倒入烧至75~80℃的锅水中，煮时不断下翻，并保持锅水微沸，煮至芍根切面色泽一致时立即捞出晒干。

性状要求

（1）药材性状。呈圆柱形，平直或稍弯曲，两端平截，直径1~2.5cm，表面淡棕红色，全体光洁或有纵皱纹及细根痕，粗壮者有断续突出横纹；断面较粗糙，微带棕红色。形成层环明显，射线放射状。气微，味微苦、酸（图10-12）。

（2）规格等级（图10-13）。

杭白芍（个）选货：中部直径1.2cm以上，最窄处直径不得低于0.6cm。

杭白芍（个）统货：中部直径1.0cm以上，最窄处直径不得低于0.4cm。

杭白芍（产切）选货：直径1~1.5cm，其中1.2~1.5cm占80%。无根头片，无黑片。过9号筛。

杭白芍（产切）统货：直径大于1.0cm。根头片、黑片小于3%。过5号筛。

贮藏

置干燥处，防虫，防蛀。

浙麦冬

基原及性味功效

为百合科植物麦冬 *Ophiopogon japonicus*（L. f）Ker-Gawl. 的干燥块根，又称麦门冬、寸冬，传统浙麦冬为3年生。甘、微苦，微寒；归心、肺、胃经。具有养阴生津，润肺清心等功效（图10-14）。

产业概况

浙江省主产于慈溪、三门等地，质量居全国之首。目前全省种植面积 1.25 万亩，每亩单产 80kg 左右（干品），总产量约 800t。用于中成药参麦注射液、生脉胶囊等。"慈溪麦冬"获国家农产品地理标志登记保护产品。

生物学特性

（1）生长发育习性。浙麦冬在 1 年中的生长发育可分为：地上部分叶丛的生长（11 月至翌年 4 月），根的生长（移栽后至 7 月前、8—10 月），块根形成及膨大（10 月下旬至翌年 4 月）等。块根自形成至其最终体积的 80% 的时间最长约 48d，最短约 35d。

（2）对环境及产地要求。麦冬喜温暖湿润、较荫蔽的环境，耐寒但不耐霜冻。但药用栽培麦冬为提高其块根皂苷的含量，一般还是种植在阳光充足的地方。土壤以质地粉砂壤土和地下水位低的"流沙板"土壤为好。

栽培技术

（1）选地与整地。选择温湿、深厚、肥沃的砂质壤土为好，忌重茬。选择土层较深、排水良好、地下水位低、疏松肥沃、有夜潮性、呈偏微碱、含盐量 0.2% 以下的壤土或砂质壤土。

起沟整平作畦，阔畦宽为 180~200cm，窄畦宽为 120~130cm，畦间沟宽为 25~30cm，沟深为 20~25cm。

（2）种植。选用植株长势旺，分蘖能力强，发病轻，抗性良好、加工商品率高的"浙麦冬 1 号"良种。浙麦冬采用分株繁殖，于立夏至芒种之间采收麦冬时，选择二至三年生生长健壮、叶色黄绿、青秀的植株，从基部剪下叶基和老根茎基，只留下长 2~3cm 的茎基，以根茎断面出现白色放射菊花心，叶片不散开为度，同时将叶片长度剪至 5~10cm，再"十"字或"米"字形切开分成 4~6 个种植小丛，每个小丛留苗 10~15 个单株，即可栽种。移栽时间宜在 4 月上、中旬至 6 月初，种植密度为行距 35~40cm，丛距 25~40cm。将苗垂直放入穴内 3~5cm 深，然后两边用土压紧，苗应稳固直立土中，达到地平苗正，每穴栽 10~15 株，栽后浇水 1 次，浇水应浇透，保成活。每亩用 300~400kg 种苗。

（3）田间管理。移栽当年与玉米、西瓜、丝瓜等作物间作。移栽后半个月左右，除草 1 次，并松土深约 3cm。5—10 月杂草生长旺盛，选晴天除草并浅松表土。遇干旱天气，及时浇水抗旱，遇多雨季节，立即清沟排除积水。施肥掌握"头年轻，翌年重"原则，以有机肥和复合肥为主，推广应用草木灰。

（4）病虫害防治。常见病害有炭疽病、黑斑病、灰斑病、根结线虫病等。虫害主要有蛴螬、非洲蝼蛄等。

繁种技术

主要采用分株繁殖。每母株可分种苗 1~4 株。选用优良品种进行繁育，5 月上旬收获时，选择 2 至 3 年生生长健壮、株矮、单株绿叶数 60~80 丛，根系发达，根茎粗 0.5~0.8cm、块根多、长而饱满的无病虫植株作为种苗。剪去老根茎，留下长 2~3cm 的茎基，以根茎断面出现白色放射菊花心，叶片不散开为度。将割去块根的苗，上部叶片截除，只留 5~10cm，根全部切除。再"十"字或"米"字形切开分成 4~6 个种植小丛，每个小丛留苗 10~15 个单株。种苗准备好后，应随即栽植。若缺少劳动力不能及时栽种，则须"养苗"。把捆好苗子的茎基，放在清水里浸泡，使其吸饱水分然后竖立放在挖好的松土上（应选阴凉处），周围覆土保护，可每天或隔天灌水 1 次。养苗时间不能超过 7d。

采收加工

（1）采收。移栽后第三年，以立夏至芒种之间采收为宜。选晴天，将麦冬丛连根掘起，敲抖去净泥土。

（2）产地初加工。用刀斩切下带须块根，清洗干净。将洗净的块根摊薄在塑料网片或水泥晒场上，在烈日下暴晒，上、下午各翻动 1 次。连晒 3~5d，随后在室内堆闷 2~3d 至须根变软时进行第二次暴晒，晒 3~4d，至须根发硬再按上法堆闷待须根再次发软时，进行第三次晒，以须根发脆为度，再按上法堆闷至须根再次发软，将两端的须根剪下，后再复晒 1 次至干燥，除去杂质，即成商品。

性状要求

（1）药材性状。呈纺锤形，两端尖，长 1.5~3cm，直径 0.4~0.6cm。表面黄白色或淡黄色，纵纹明显。质柔韧，断面黄白色，半透明，中柱细小，明显有韧性，气香浓郁，味甘、微苦，嚼之有黏性。每 50g 280 个以内。无须根、油粒、枯子、烂头、杂质、霉变（图 10-15）。

（2）规格等级（图 10-16）

选货：直径 0.4~0.6cm，过 4 号筛，每 50g 150 个（粒）以内。

统货：过 2 号筛，每 50g 280 个（粒）以内。

贮藏

置阴凉干燥处，防潮，防泛油。

玄参

基原及性味功效

为玄参科植物玄参 *Scrophularia ningpoensis* Hemsl. 的干燥根，又称浙玄参、元参、乌玄参。甘、苦、咸，微寒；归脾、胃、肾经。具有清热凉血，滋阴降火，解毒散结等功效（图 10-17）。

产业概况

浙江省是玄参道地主产区，主产于磐安等地。目前全省种植面积 900 亩，每亩单产 660kg 左右（干品），总产量约 600t。"磐安玄参"获国家地理标志证明商标。

生物学特性

（1）生长发育习性。于秋末栽种，第二年 3 月中旬开始萌发，萌发后生长较快，只要肥水合适，5 月初即可全面封行，进入 6 月底即开始抽薹开花，8—9 月是玄参根部生长的最佳时期，10 月后逐渐进入枯萎阶段，此时即可采挖。

（2）对环境及产地要求。玄参喜温和的气候，湿润的环境，但在生长期内也不宜长时间积水，排水不良容易造成根部腐烂而减产。玄参对土壤的适应性较强，以土层深厚、疏松肥沃、腐殖质较多、排水良好的砂壤土、壤土为好。

栽培技术

（1）选地与整地。以温湿、肥沃的砂质壤土为好，忌重茬，采取轮作措施，宜与禾本科作物轮作 2~3 年；选择疏松、土层深厚、排水良好的砂质壤土，不宜选择黏土或保水保肥能力差的砂土，不宜选与白术及豆科、茄科等易发生白绢病的作物轮作的田块。

翻耕土地，深度 30~40cm，整平耙细后，作龟背形畦，沟宽 25~35cm，畦面宽 100~130cm。

（2）种植。选择抗逆性强、丰产性好的"浙玄1号"良种。秋末冬初玄参收获时，选择无病害、粗壮、侧芽少、长2~4cm的白色子芽，剔除芽头呈红紫色、青色的子芽及芽鳞开裂（开花芽）、细小和带病的子芽。栽种以12月中旬至翌年1月下旬为宜。每穴放种栽1个，覆土时使种栽芽头向上，齐头不齐尾，土层高出芽头3cm为宜。每亩种植3 000~4 000株种苗。

（3）田间管理。当玄参抽薹开花时，应选晴天，及时将花薹剪除，并集中销毁。宜使用腐熟农家有机肥和商品有机肥，推广应用草木灰，限量使用化肥，实行配方施肥，结合施肥中耕除草。四周开好排水沟，防渍害。

（4）病虫害防治。常见病害有斑枯病、叶斑病、白绢病、褐斑病等。虫害主要有黑点球象、金龟子、小地老虎、棉红蜘蛛、蜗牛等。

繁种技术

玄参的繁殖方法有种子繁殖、子芽繁殖、分根繁殖及扦插繁殖等，但生产上应用广泛的为子芽繁殖，秋末冬初玄参收获时，对不能形成商品的无病、健壮、白色、长2~4cm的子芽，从根茎（芦头）上扳下来作繁殖材料用于种植，剔除芽头呈红紫色、青色的子芽及芽鳞开裂（开花芽）、细小和带病的子芽。按株行距（30~40）×（30~40）cm，深10cm开穴，播上种芽，芽头朝上，齐头不齐尾，并覆土至芽头以上3cm。亩用种量40~50kg，成苗后每亩保持3 000~4 000株。种栽不能及时下种时，应做好种栽的贮存。选择在高燥、排水良好的地方挖好土坑，坑深30~40cm，四周开好排水沟。将在室内摊放过1~2d的种芽放入坑中，厚30~35cm，堆成馒头形，盖土20cm，当气温下降到0℃以下时加盖稻草，防止种栽受冻。种栽贮藏期间每20d左右检查1次，发现霉烂、发芽、发根的及时剔除，随天气变暖逐渐去掉盖土。

采收加工

（1）采收。秋末冬初，当玄参地上茎叶枯萎时，割去茎秆，选晴天采挖。

（2）产地初加工。采挖后切下块根，将块根运回室内加工。先将块根白天摊晒，经常翻动，夜晚收拢堆积，使其"发汗"，反复堆积摊晒至五六成干时，再集中堆积5~7d，等块根内部全部变黑，再进行翻晒，直至全干。遇阴雨天气，可用火烘干，保持温度40~50℃。在烘烤时应适时翻动。烘至五六成干时，取出堆积"发汗"，上面可用草或薄膜盖严，至块根内部变黑后再用文火烘至全干。

性状要求

（1）药材性状。类纺锤形或长条形，个头均匀，长6~20cm，直径2~3cm。表面灰黄色或灰褐色，有不规则的纵沟、横长皮孔样突起和稀疏的横裂纹和须根痕。体重，肉肥厚，质坚实，无空泡，断面黑色，柔润，微有光泽。有浓郁焦糖气味，味甘、微苦（图10-18）。

（2）规格等级（图10-19）

选货：每千克36个以内，最窄处直径2.0cm以上。

统货：每千克72个以内，最窄处直径1.0cm以上。

贮藏

置干燥处，防霉，防蛀。

温郁金

基原及性味功效

为姜科植物温郁金 Curcuma wenyujin Y. H. Chen et C. Ling 的干燥块根。其块根、根茎根据不同方法可加工成 3 种不同药材：块根煮熟晒干称温郁金，又称玉金、黑郁金；根茎煮熟晒干称温莪术；根茎趁鲜纵切厚片晒干称片姜黄，又称片子姜黄。温郁金，辛、苦、寒；归肝、心、肺经。具有活血止痛，行气解郁，清心凉血，利胆退黄等功效。温莪术，辛、苦，温；归肝、脾经。具有行气破血，消积止痛的功效。片姜黄，辛、苦、温；归脾、肝经。具有破血行气，通经止痛的功效（图 10-20）。

产业概况

浙江省主产于瑞安、永嘉、龙泉等地，质量居全国之首。目前全省种植面积 1.3 万亩，每亩单产 384kg 左右（干品），总产量约 5 000t。"温郁金"获国家地理标志保护产品。

生物学特性

（1）生长发育习性。温郁金生长期一般为 4—12 月，约 250d。4 月中、下旬至 5 月初出苗，同时抽出花茎或先于叶抽出。6—8 月是生长发育旺盛期，枝叶繁茂，这时长出的侧根根尖开始膨大，长成块根，并迅速膨大。11—12 月地上植株逐渐枯黄，块根营养物质积累充分，日趋成熟。

（2）对环境及产地要求。温郁金喜温暖湿润的气候，喜稍荫蔽的环境，需水较多。对土壤条件的要求常因收获药材的目的不同而稍有差别。收获加工郁金的应选择土层深厚，最好是表层疏松、底层较紧实的细砂土、潮砂泥为好；以收获加工片姜黄为目的，除了太黏重或板结黄泥土及过沙化的土壤，其他土质均可栽培。

栽培技术

（1）选地与整地。选择阳光充足、土壤肥沃、土层深厚、土质疏松、排水良好的沿江平原、河坝滩地及丘陵缓坡地带的砂壤土，pH 值呈中性或微酸性。

翻耕土地，深度 30～40cm，整平耙细后，作龟背形畦，沟宽 25～35cm，畦面宽 100～130cm。

（2）种植。选择抗病性强、丰产性好的"温郁金 1 号""温郁金 2 号"等良种，推广应用健康种苗，以无病虫害、生长健壮、芽饱满、形短粗的二头、三头作种茎。栽种适期为 4 月上旬，每穴倾斜放种茎 1 个，芽朝上，覆土 3～6cm。下种不应过深，穴底要平。每亩用种量为 120～130kg。

（3）田间管理。在苗齐后全面松土 1 次，以后每隔半个月中耕培土 1 次，中耕宜浅，植株封行后停止。在 7—9 月生长旺盛期，植株需水分多，应及时灌溉，10 月以后不宜再灌水。施肥以农家肥为主，控制硝态氮肥，实行磷、钾肥配施，推广应用草木灰。

（4）病虫害防治。常见病害有细菌性枯萎病、姜腐烂病等。虫害主要有姜弄蝶、亚洲玉米螟，此外还有小地老虎、蛄蝓、蛴螬等地下害虫等。

繁种技术

温郁金以根茎进行无性繁殖。收获时，选择根茎中健壮结实、形状粗壮、无病虫害、无伤疤的二头、三头、奶头留作种用，将无芽的根茎剔除。选好后堆于朝南的屋檐下，高 70～100cm，上盖稻草或温郁金的茎叶即可。在贮藏期间酌情翻堆 1～2 次，以免堆内发热或提早发芽。天气较冷的地方要用泥土封盖，保暖防冻。栽植前将种栽取出晒 1～2d，除去须根，大小分开。大的纵切数块，每块有芽 1~2 个，切后稍晾使伤口愈合，或用草木灰涂抹伤口。

采收加工

（1）采收。12 月中、下旬（冬至前后），地上植株枯萎后，选晴天先清理地上的茎叶，将根茎及块根全部挖起。

（2）产地初加工。采收后分开放置，剔除上年做种的老根茎，去掉须根，除去杂质，洗净泥土，分别加工。温郁金将块根放置锅内，加适量清水或已煮过的原汁，煮约 2h；拣较大的 1 颗折断，用指甲掐其内心无响声或呈粉质即可，捞出沥干，摊放竹帘上晒干，不宜烘烤。温莪术将根茎煮沸后再煮 2h 至熟透（竹筷轻戳能横穿根茎即可），取出摊放竹帘上晒干。片姜黄将鲜侧生根茎纵切厚约 0.7cm 的薄片、晒干，筛去末屑即成。

性状要求

（1）药材性状。

温郁金：呈长圆形或卵圆形，稍扁，有的微弯曲，两端渐尖，长 3.5~7cm，直径 1.2~2.5cm。表面灰褐色或灰棕色，具不规则的纵皱纹，纵纹隆起处色较浅。质坚实，断面灰棕色，角质样；内皮层环明显。气微香，味微苦（图 10-21）。

片姜黄：呈长圆形或不规则的片状，大小不一，长 3~6cm，宽 1~3cm，厚 0.1~0.4cm。外皮灰黄色，粗糙皱缩，有时可见环节及须根痕。切面黄白色至棕黄色，有一圈环纹及多数筋脉小点。质脆而坚实。断面灰白色至棕黄色，略粉质。气香特异，味微苦而辛凉。

温莪术：直径 1.5~4cm。表面灰黄色至灰棕色。断面黄棕色至棕褐色，常附有淡黄色至黄棕色粉末。气香或微香，味微苦、辛（图 10-22）。

（2）规格等级（图 10-23，图 10-24）。

温郁金选货：每千克不得过 200 粒。

温郁金统货：每千克超过 200 粒。

片姜黄选货：过 12 号筛。

片姜黄统货：过 6 号筛。

温莪术选货：每千克不得过 45 个。

温莪术统货：每千克超过 45 个。

贮藏

置阴凉干燥处，防蛀。

前胡

基原及性味功效

为伞形科植物白花前胡 *Peucedanum praeruptorum* Dunn 的干燥根。苦、辛，微寒；归肺经。具有降气化痰，散风清热的功效（图 10-25）。

产业概况

浙江省的淳安、丽水等地是前胡传统道地产区。目前全省种植面积约 1.63 万亩，每亩单产 165kg（干品），年产量约 2 700t，占全国的 60% 左右。"淳安白花前胡"获国家农产品地理标志登记保护产品。

生物学特性

（1）生长发育习性。前胡种子发芽率较高，在 11 月上旬至翌年 1 月下旬开始播种较好，催芽的种子播种 15d 以后出苗，未经催芽的种子播种后长达 30~45d 出苗，在 8—9 月见花，10—11 月见果。

（2）对环境及产地要求。前胡喜冷凉湿润的气候，土壤以土层深厚、疏松、肥沃的砂土为好，温度高且持续时间长的平坝地区以及荫蔽过度、排水不良的地方生长不良且易烂根，质地黏重的黄泥土和干燥瘠薄的河砂土不宜栽种。

栽培技术

（1）选地与整地。选择海拔 100~1 000m、土质疏松、有机质含量高、排水良好向阳坡地，以海拔在 400~800m、pH 值 6.5~7.5 的石灰岩发育的土壤最为适宜，也可选择在疏林下套种。大田种植宜选地势高，排水好的田块，精耕细作。排水不良易烂根，质地黏重的黄泥土和干燥瘠薄的河砂土不宜栽种。

结合施肥，施足基肥；每亩施土杂肥 3 000kg，尿素 20kg，磷钾肥 50kg。然后作畦，等待播种。

（2）种植。采用种子繁殖，育苗移栽或直播，冬播时间在 11 月上旬至翌年 1 月下旬，春播在 3 月上旬。采用穴播或条播，将种子均匀撒于畦面，然后用竹扫帚轻轻扫平，山地每亩用种量 2~3kg，田地每亩用种量 1.5~2kg。春播的同时，可在畦埂上播种玉米，隔一行种一行，株距 30cm 左右。夏天高温干旱时需常浇水，当幼苗长到 3~5cm 高时，间苗，拔除过密和过细的前胡苗。

（3）田间管理。3 月底至 4 月初，当前胡植株长到 20~30cm 高、花茎形成时，结合第一遍中耕除草，除保留基生叶外，从基部折断花茎、打顶。对一年生生长过于旺盛的植株，可在 6 月中旬折枝打顶。基肥和追肥以有机肥为主，推广无烟草木灰技术，幼苗期至 7 月底不宜追肥，以免造成植株提前抽薹开花，后期可施追肥 2 次，第一次在 8 月上旬，第二次在 8 月下旬至 9 月上旬，每次每亩施复合肥 15kg。冬季在根茎上面覆盖土壤或厩肥，防止冻害发生。

（4）病虫害防治。常见病害有根腐病、白粉病等。虫害主要有黏虫、蚜虫、黄刺蛾、蛴螬、白草蚧履等。

繁种技术

采用种子繁殖。良种前胡需要隔离繁育，霜降后，采集健壮无病的种蓬，放于室内后熟 10~15d，晒干擦打，使种子脱出，过筛去除杂质，晾干用布袋贮存阴凉处备用。春播在"清明"到"谷雨"为宜，不可过晚。播种前用 40℃ 以下的温水，室内浸种过夜 8~10h，捞出装子筐内，放在温暖处，每天用清水浸洗 1 次，待幼芽萌动时播种。秋播在"霜降"到"立冬"之间，种子不用处理。播种时，在整好好的畦面上，按行距 15~18cm，开 1.6cm 深的沟，将种子拌细沙，均匀地撒于沟底，覆薄土，搂平，顺行压紧。

采收加工

（1）采收。于霜降后植株枯萎时至翌年春分前采收。

（2）产地初加工。采收时全株挖起，抖去泥土，去除叶茎，晒干或低温烘干。须根干燥而主根未干时，应及时除去须根后再干燥至全干，含水量≤12.0%。加工后的成品前胡药材宜用净麻（布）袋装，并置于阴凉干燥处保存，贮藏环境应整洁干燥，且应定期检查，发现吸潮、返软时，应及时晾晒。

性状要求

（1）药材性状。呈不规则的圆柱形、圆锥形或纺锤形，稍扭曲，下部常有分枝，长

3~15cm，直径 1~2cm。表面黑褐色或灰黄色，根头部多有茎痕和纤维状叶鞘残基，上端有密集的细环纹，下部分枝少或较小分枝已去除，有纵沟、纵皱纹及横向皮孔样突起。质较柔软，干者质硬，可折断，断面不整齐，淡黄白色，皮部散有多数棕黄色油点，形成层环纹棕色，射线放射状。香气浓郁，味微苦、辛（图 10-26）。

（2）规格等级（图 10-27）。

选货：野生或仿野生，黑褐色，根头部具密集的横向环纹，形似"蚯蚓头"。

统货：栽培，灰黄色，"蚯蚓头"少见。

贮藏

置阴凉干燥处，防霉，防蛀。

乌药

基原及性味功效

为樟科植物乌药 *Lindera aggregata*（Sims）Kos-term. 的干燥块根，又称台乌药。辛，温；归肺、脾、肾、膀胱经。具有行气止痛、温肾散寒等功效（图 10-28）。

产业概况

浙江省天台是"中国乌药之乡"、道地主产区，目前种植面积 4 000 亩，年总产量约 200t。"天台乌药"为国家地理标志保护产品，"天台乌药"获地理标志证明商标。乌药嫩叶列入新食品原料目录。

生物学特性

（1）生长发育习性。在每年清明前后播种，于 3—4 月开花，随后结果，生长 6~8 年后可采挖。

（2）对环境及产地要求。喜亚热带气候，适应性强。以阳光充足，土质疏松肥沃的酸性土壤为宜。

栽培技术

（1）选地与整地。选择阳光充足、雨水充沛的亚热带气候地带，海拔 300~600m 的向阳坡地、山谷，以土质肥沃疏松，土壤为红壤土或黄红壤土最宜。

整地一般在 10—12 月进行。地势平缓、土层深厚、肥力好的地块宜采用带状整地；荒山荒地和林下种植的地块，根据郁闭度大小及林木分布情况，在林中空地采用穴状整地。穴状整地应尽量连成带状或小带状。挖穴规格长 40cm×宽 40 cm×深 30cm，除净杂草、树根、石块、杂物等，再每穴施 5kg 腐熟有机肥。

（2）种植。选取 3 年生健壮有块根的树苗，于 2—3 月，按株行距 1.5m×1.5m 定植，每亩约 300 株。

（3）田间管理。自第 2 年开始，结合抚育进行施肥 1 次，在苗枝干的基部挖穴，每穴均匀施入 100~200g（逐年增加）复合肥。种植 3~4 年后，可根据幼树生长情况进行适当修剪、整枝，达到一定的郁闭度后，应及时进行抚育间伐。

（4）病虫害防治。常见病害有梢枯病、黑斑病、白粉病等。虫害主要有樟梢卷叶蛾、樟叶蜂、樟巢螟、樟天牛等。

繁种技术

乌药可以采用播种及压条繁殖，以种子繁殖为主。选取纺锤状块根的台乌药良种作为采种的母株，于 10 月中、下旬至 11 月上旬，采集种子应在霜降前后 10d 内进行。核果采摘后，在水中轻轻搓去果肉，然后洗净种子，用流水法剔除变质及不饱满的种子，用0.3%的高锰酸钾浸种消毒30min，晾干。将晾干的种子与湿沙按1:10的比例混合并拌匀后，用筛网袋装袋然后放在室外沙埋50cm以下。也可挖坑（穴）直接将种子埋于土下然后覆盖厚5~10cm的土层，其间需勤检查，保持一定湿度。翌年2月底至3月上旬种子开口露白时取出播种。选择避风向阳的缓坡地或新开垦的山地作为乌药的育苗地。育苗地土壤要求是土质疏松、有机质丰富、排水良好的红壤土或黄红壤土，有利于生根出苗。育苗地选好后，应在年前进行冬耕翻土，有条件的可以铺草烧土。整地要做到深耕细整，清除草根、石块，山地要在主要杂草种子成熟前开垦。在育苗前整地，育苗地前茬是农作物的，先浅耕灭茬再整地。结合整地，每亩施商品有机肥200kg或复合肥50kg，将肥料翻拌入土后整平畦面，整地后分畦做床，床宽120cm，步道宽30cm，床高20cm，苗床长度可视苗圃地而定，将苗床做成龟背状，以利排水。2月底至3月上旬播种，每亩播种量为5~6kg。条播时，在整平的苗床上用15cm宽的木板压出播种沟，沟深2cm，播种沟间距20cm，将种子均匀地播在沟内，然后覆盖厚2~3cm的细土，覆土厚度以不见种子为度，并稍加压实。撒播时，苗床整平后，将种子均匀地撒在苗床上，种子之间保持一定的间距，为防止阳光直晒种子影响芽的生长，撒播后应立即覆土。播种覆土后均需再覆盖稻草或锯末，以保持土壤湿润、土质松软。立夏前后陆续出苗，此时应加强苗期管理，以培育壮苗。6月上、中旬用遮阳率为0%~70%的遮阳网进行遮阳。9月入秋后，选阴天或下雨天揭去遮阳网。2年生苗无须覆盖遮阳网。播种后第3年的3月，选阴天用齿耙将种苗挖起，抖落泥土，然后进行分拣，选择块根苗，并对苗木截枝干，留高度15~20cm，以便进行假植。假植密度为10~20cm，假植后浇定根水，并做好施肥、除草虫害防治工作。假植1年后起苗，并再次筛选健壮有块根树苗，然后每50~100株为1捆，运输期间注意保湿，可以放在铺有湿稻草的草束中央，将苗的整个根系和主干包住之后捆紧，准备运至大田栽植。

采收加工

（1）采收。种植6~8年后可开始采收块根，冬季采收为好。

（2）产地初加工。采收到的块根，除净根部泥土，采呈纺锤状块根，去除直根、须根，洗净、风干，或切片、风干，置通风干燥处贮藏。每年3—5月采收当年生乌药嫩叶，经晾干、杀青、干燥、密封包装，置阴凉干燥处贮藏。

性状要求

（1）药材性状。块根中间膨大，均呈纺锤形、连珠状。长6~15cm，直径1~3cm。表面黄棕色或黄褐色，有须根痕及横生环状裂纹。质嫩有韧性不易折断。外表皮较薄，切片厚0.2~2mm，切面黄白色或淡黄棕色，射线放射状，可见年轮环纹，中心颜色较深。气香，味微苦、辛，有清凉感（图10-29）。

（2）规格等级（图10-30）。

台乌药（产切）片选货：过8号筛。

台乌药（产切）片统货：过3号筛。

贮藏

置阴凉干燥处，防蛀。

三叶青

基原及性味功效

为葡萄科植物三叶崖爬藤 *Tetrastigma hemsleyanum* Diels et Gilg 的块根，又称金线吊葫芦、蛇附子、石老鼠。微苦，平；归肝、肺经。具有清热解毒、消肿止痛、化痰散结等功效（图 10-31）。

产业概况

浙江省是三叶青传统道地产区，主产于遂昌、莲都、龙泉、武义、磐安、淳安、余杭、衢江、温岭、黄岩等山区，目前全省种植面积 1.87 万亩，三年生每亩产量 200~400kg，总产约 2 700t。"遂昌三叶青"获国家农产品地理标志登记保护产品。

生物学特性

（1）生长发育习性。以野生浙江三叶青扦插繁殖为主。三叶青在 25℃ 左右生长健壮，4 月上旬至 6 月下旬进入快速生长期，7 月上旬至 10 月上旬处于生长缓慢期，10 月中旬至 11 月下旬，又进入快速生长期。11 月下旬至翌年 2 月下旬，冬季气温降至 10℃ 时进入休眠期，生长停滞。4 月下旬现蕾，进入花期，盛花期在 5 月上、中旬。10—12 月种子成熟。

（2）对环境及产地要求。三叶青喜土壤干爽且空气湿润、闷热及光照度适当的气候环境，宜生长于山坡灌丛、山谷、溪边林下岩石缝中。对土壤要求不严，以含腐殖质丰富或石灰岩发育的土壤种植为好。

栽培技术

（1）选地与整地。喜凉爽气候，耐旱，忌积水，以含腐殖质丰富或石灰岩发育的土壤为好。宜选择生态条件良好，海拔在 200~800m、年均温度在 -5~35℃、排水通风良好、坡度不大于 15° 的地块，且近几年未使用过除草剂；禁止选择低洼、排水不良、雨季易积水的平原水田。

整地在春季 2—3 月进行，地栽宜先深翻细耙，然后施肥，再做沟宽 30cm、畦宽 80cm 的高畦。容器栽培地整平，做好排水沟。

（2）种植。选用浙江产基源的三叶青良种，4 月上旬至 6 月下旬或 9 月下旬至 10 月下旬栽种。有地栽和容器栽培等，地栽每亩地种植密度在 4 000~6 000 株，株距 25~30cm，行距 25~30cm，容器栽培每袋 3 株。栽后压紧，浇足定根水。

（3）田间管理。棚架遮阳网透光率 60%，避免强光直射，保持基地通风良好。基肥和追肥以腐熟的农家肥料或有机肥为主，推广无烟草木灰技术；在生长季节及时人工除草，不得使用除草剂。做到田间不积水，收获前保持田间持水量保持在 60% 左右；当气温低于 10℃，用两层透光率 60% 遮阳网中夹 1 层塑料薄膜架空覆盖。

（4）病虫害防治。常见病害有叶斑病、炭疽病等。虫害主要有蛴螬（金龟子幼虫）、小地老虎、根结线虫等。

繁种技术

生产上三叶青良种通常用扦插苗繁殖。2 月上旬至 6 月下旬或 9 月上旬至 11 月下旬扦插。扦插繁殖通常选择在配备各类移动苗床的温室中进行，如无移动苗床，地面需覆盖园艺地布，遮光率为 50%~60%。露地育苗场地表面应平整无杂草，覆盖园艺地布，搭建荫棚，其上覆盖遮光率为 50%~60% 的遮阳网。以 70% 园土+20% 泥炭+10% 草木灰作扦插基质，加施基质量 1.5%~2.5% 的腐熟有机肥或缓释肥作基肥，充分拌匀，消毒。扦插前装入 50 孔穴盘，压紧。在母本株上选择2年生健壮枝条，斜剪成2~3节、8~10cm长的插穗，上部留1叶。扦插前用甲基托布津（70%粉剂）500倍液浸泡插穗全株1~2h，然后用IBA 500mg/L浸泡插穗基部1min后马上扦插。将插穗斜插入穴孔，每穴1株，入土深度为枝条的1/3~1/2，插后压紧，浇透水。扦插后35~40d生根出叶前，每天喷水（浇水）1~2次，保持基质潮湿。生根后减少浇水次数，增加单次浇水量。可在穴盘上方搭建小拱棚，保持60%~80%的空气相对湿度和15~25℃温度。扦插后20d，每隔15d喷施1次浓度为0.3%磷酸二氢钾肥液，一般喷施3~4次。扦插后60~80d，视根系及枝叶生长情况，分次逐步延长通风时间、提高光照强度，最后达到根系3条以上，新叶3张以上的出圃移栽条件。

采收加工

（1）采收。栽后3年，当植株茎的颜色呈褐色、块根表皮呈棕褐色、个体饱满不皱皮、肉质呈银白色时，可在10月下旬至翌年4月上旬晴天采收块根。

（2）产地初加工。除去杂质、洗净，干燥。

性状要求

（1）药材性状。呈纺锤形、葫芦形或椭圆形，表面棕红色至棕褐色。切面类白色或粉红色。质松脆，粉性。气微，味微甘。鲜品呈纺锤形、葫芦形或椭圆形，长1~7.5cm，直径0.5~4cm。表面灰褐色至黑褐色，较光滑。切面白色，皮部较窄，形成层环明显。质脆。气微，味微甘（图10-32）。

（2）规格等级。

选货：过10号筛。

统货：过3号筛。

贮藏

置干燥处，防蛀。

杭白芷

基原及性味功效

为伞形科植物杭白芷 *Angelica dahurica* （Fisch. exHoffm.） Benth. et Hook. f. var. formosana （Boiss.） Shan et Yuan 的干燥根。辛，温；归胃、大肠、肺经。具有解表散寒，祛风止痛，宣通鼻窍，燥湿止带，消肿排脓的功效（图10-33）。

产业概况

浙江省主产于磐安、东阳等地。目前，杭白芷种植规模不断萎缩，全省已不足1 000亩。

生物学特性

（1）生长发育习性。杭白芷采用种子繁殖，喜温和湿润的气候及阳光充足的环境，能耐寒。在黏土、土壤过砂、浅薄中种植则主根小而分叉多，亦不宜在盐碱地栽培，不宜重茬。

（2）对环境及产地要求。喜温暖湿润、四季分明气候，宜选择海拔在50~500m，生态条件良好、水源无污染、质地疏松、土层浓厚、土壤肥沃、排水良好、立地开阔、通风的平地，周围半径5km范围内无工业厂矿、无"三废"污染、无垃圾场等其他污染源，并距离交通主干道500m以外的生产区域。

栽培技术

（1）选地与整地。选择土层较厚、疏松肥沃、地势较为平坦、向阳通风、排水良好、远离病虫害的地块，pH 值 6.5~8.0 为宜。

翻耕深度 30cm 以上，整平耙细、作厢，厢沟宽 25~35cm，厢高 15~20cm，厢宽 1.0~1.5m。四周做好排水沟。

（2）种植。筛选表面黄绿色或淡黄色，有特异香气，无霉变，的种子。采用川楝苦参液浸种 30min，捞起晾干；或者用水浸泡。播种期为 9 月中旬至 10 月上旬之间。采用厢上条播，将种子均匀撒播在沟里，随即人工踩踏，使种子紧贴泥土或覆盖一层细土。播种后，用作物秸秆等覆盖畦面。

（3）田间管理。间苗、定苗翌年早春，苗高 5~7cm 时开始间苗，间密去弱。清明前后苗高约 15cm 时间苗，株距为 8~10cm，选留叶柄呈青紫色的健壮苗。

翌年植株封行前追肥 1~2 次，沿着播种沟撒施 N：P_2O_5：K_2O = 15：15：15 的复合肥，施肥量每亩 12~15kg。追肥后要及时灌水，如积水应及时开沟排水。应及时中耕除草，除早、除小，避免伤根和幼苗。

（4）病虫害防治。常见病害有斑枯病、灰斑病、根腐病。虫害主要有黄凤蝶、大造桥虫、蚜虫等。

繁种技术

杭白芷良种繁育多采用选苗移栽方法。在 7 月下旬采收杭白芷时，选根长圆形，粗大、健壮、无分枝、无病虫害的植株作种苗。选出的种苗应及时移栽，行距 100cm，株距 60cm。加强田间管理，除施有机肥之外，应注意增施磷钾肥。抽薹长花蕾时，摘除顶生花序和细弱的侧生花序。果实陆续成熟，当果实表面呈浅绿色转浅黄色时及时采摘，于室内通风处摊开，晾干，除去杂质及干瘪、瘦小种子，装麻袋置阴凉干燥通风处贮存备用。

采收加工

（1）采收。翌年 7 月下旬（农历初伏第 1 天前后 1 周），地上茎叶枯黄时选晴天顺行采挖，抖泥去杂，洗净晒干。

（2）产地初加工。将新鲜药材除去多余泥沙和非药用部位，按直径进行大、中、小分档。采用日晒法或烘房烘干法干燥至水分≤14.0%。

性状要求

药材呈长圆锥形，长 10~25cm，直径 1.5~2.5cm。表面灰棕色或黄棕色，根头部钝四棱形或近圆形，具纵皱纹、支根痕及皮孔样的横向突起，有的排列成 4 纵行。顶端有凹陷的茎痕。质坚实，断面白色或灰白色，粉性，形成层环棕色，近方形或近圆形，皮部散有多数棕色油点。气芳香，味辛、微苦（图 10-34）。

贮藏

置阴凉干燥处，防蛀。

玉竹

基原及性味功效

为百合科黄精属玉竹 *Polygonatum odoratum*（Mill.）Druce 的干燥根茎，又称萎蕤。甘，微寒；归肺、胃经。具养阴、润燥、清热、生津、止咳等功效（图 10-35）。

产业概况

浙江省主产于磐安、新昌、云和、瓯海等山区。目前全省种植面积 3 300 亩左右，每亩产量 330kg 左右，总产量约 1 100t。

生物学特性

（1）生长发育习性。玉竹生产上适宜的生长年限是 3 周年。根茎生长年限过长，老根茎会逐渐腐烂。每年的生长发育过程大致可分为：每年春分至谷雨期间为萌芽生长阶段，生长较缓慢。4—8 月为生长旺盛期，新生根茎上有一个长势甚强的主条及左右各一个长势较弱的侧条，形成三叉，呈鸡爪状，每年如此以 3 的倍数增加。8 月以后玉竹植株生长趋缓慢，地上部分逐渐枯死，植株进入休眠阶段，以根状茎在地下越冬。

（2）对环境及产地要求。玉竹适应性很强，喜凉爽潮湿蔽荫环境，耐寒，忌强光直射。野生于山阴湿处、林下及灌木丛中。宜选土层深厚、肥沃、排水良好、微酸性砂质壤土栽培。不宜在黏土、湿度过大的地方种植。忌连作，如前茬为玉米、花生等为好。

栽培技术

（1）选地与整地。宜选在海拔 500m 以上、避风、气候凉爽，土层深厚、排水良好、疏松肥沃的砂质壤土为好，忌连作，前茬以禾本科和豆科作物（水稻、玉米、小麦、大豆、花生）为好。

（2）种植。选择抗逆性强、丰产性好的"浙玉竹 1 号"良种。在 8—9 月玉竹收获时，选择黄白色、新鲜、无病虫害、无霉变、无破损、肥壮、顶芽饱满，长度 10cm 以上的玉竹根茎作种栽。栽种以 9 月下旬至 11 月下旬为宜，每亩用种茎量 200~300kg，株距 35~40cm，行距 35~40cm，穴深 8~12cm，穴底平整，每穴交叉放 3~4 个种栽，种栽平放，芽头向四周呈放射状，种植后覆土至畦面平。覆土后上盖一层 10~15cm 厚的秸秆覆盖物。

（3）田间管理。宜使用腐熟农家有机肥和商品有机肥，推广应用草木灰，限量使用化肥，实行配方施肥，结合施肥中耕培土；栽种后视草情进行人工除草。四周开好排水沟，防渍害；防治好灰霉病、锈病、根腐病、蛴螬、小地老虎等。

（4）病虫害防治。常见病害有叶斑病、根腐病、灰斑病、紫轮病。虫害主要是地老虎、蛴螬和菜青虫。

繁种技术

玉竹良种以根茎繁殖为主。在收获时，地下茎挖出后当天切下或掰下顶芽和侧芽，作为栽种的种茎，随挖、随选、随种。每亩用种量 250~300kg。一般从苗杆粗壮的植株中选取、选当年生长的肥大、黄白色、无虫害、无黑斑、无麻点、无损伤、色黄白、顶芽饱满，须根多的根茎作为种茎。若遇天气变化不能下种时必须将根芽摊放在室内背风阴凉处，长时间不能下种需用湿沙覆盖保湿。

采收加工

（1）采收。栽后第三年的 8—9 月，待玉竹地上茎叶枯萎时，选晴天采挖。

（2）产地初加工。先将茎叶割除，然后用齿耙顺行挖取，抖去泥土，运回室内。加工时先用清水洗去玉竹根茎的泥沙、污渍，再将清洗干净的玉竹根茎放在阳光下暴晒 3~4d，至外表变软，有黏液渗出时，置竹篓中轻轻撞去根毛，继续晾晒至由白变黄时，用手反复搓擦数次，至柔软光滑、无硬心、色黄白时，晒干即可。

性状要求

（1）药材性状。呈长圆柱形，略扁，少有分枝，长度不得小于 9cm，直径不得小于 0.6cm。表面黄白色或淡黄棕色，半透明，具纵皱纹和微隆起的环节，有白色圆点状的须根痕和圆盘状茎痕。质硬而脆或稍软，易折断，断面角质样或显颗粒性。气微，味甘，嚼之发黏（图 10-36）。

（2）规格等级。

选货：过 4 号筛。

统货：过 2 号筛。

贮藏

置通风干燥处，防霉，防蛀。

黄精

基原及性味功效

为百合科植物滇黄精 *Polygonatum kingianum* Coll. et Hemsl.、黄精 *P. sibiricum* Red. 或多花黄精 *P. cyrtonema* Hua 的干燥根茎。按形状不同，习称"大黄精""鸡头黄精""姜形黄精"。甘，平；归脾、肺、肾经。具补气养阴，健脾润肺，益肾等功效（图 10-37）。

产业概况

浙江省是黄精传统的道地产区，以多花黄精为主。浙西南山区的淳安、桐庐、衢江、开化、龙游、江山、遂昌、庆元、云和、龙泉、景宁、松阳等地山区发展较快。目前全省种植面积 7.5 万亩，干品产量约 7 700 t。黄精是药食两用品种，近年来加大产品研发，如"九制黄精"休闲食品、黄精酒、黄精膏、黄精茶、系列药膳等。

生物学特性

（1）生长发育习性。多花黄精一般 4 月上旬出苗，4—5 月开始现花蕾，6 月初到 10 月下旬果实完全成熟为生殖生长期。栽种 3~4 年后于 10 月底植株地上部分倒苗后采收。

（2）对环境及产地要求。多花黄精喜荫蔽湿润的环境，野生于阴湿的山地灌木丛及林边草丛中，耐寒、怕干旱。土壤要求土层深厚，疏松肥沃，富含有机质的砂质壤土为好。重黏土、盐碱地、低洼地不宜种。幼苗能在田间越冬，但不宜在干燥地区生长。种子发芽时间较长，发芽率为 60%~70%，种子寿命为 2 年。

栽培技术

（1）选地与整地。宜选择生态环境良好、土层深厚、pH 值 5.5~7.0 的林地或山地，宜选阴坡、半阴坡，郁闭度 0.5~0.6、坡度≤25°；黏重土、低洼积水、地下水位高的地块不宜种植。

整地前，应先清理林地上的枯枝，除去杂草、灌木、藤本等。整地方法如下：

建有水平带的林地，带内侧按水平带方向开一条 20~30cm 宽的排水沟，水平带外侧保留 30~50 cm 作业道，带中间全垦，深翻 20~30cm，泥土耙细；没有水平带的林地，按水平方向整地，每两条种植带之间隔一条生态保护带。种植带宽 1.0~1.2 m，全垦 20~30 cm，耙细泥土；生态保护带宽 1.2~1.5 m，实行劈抚，不整地。毛竹林等林地整地时，种植带和生态保护带宽度，应根据林分自身特点和林地坡度等。实际情况作适当优化调整。

（2）种植。选择多花黄精优质苗和合格苗作为种苗，根茎粗壮，1~2 节重 50g 以上、健壮新芽 1 个或多个，根系发达，无病害，无腐烂。一般采用穴播或条播，9—12 月或翌年 3—4 月种植，种植密度每平方米 6~11 株，种茎最好随挖随种，播种深度 8~10cm，有条件的可用稻草、稻壳、茅草等覆盖，以减少杂草。种植前施足有机肥，建议选择腐熟农家肥、商品有机肥等作基肥，每亩施有机肥 1 320~1 650 kg、钙镁磷肥 20~40kg，施于穴底或沟底，与土充分拌匀。

（3）田间管理。除草松土、除顶摘蕾、施追肥。4—5 月驻顶现蕾时，摘除多花黄精顶梢、花蕾、花朵，每株保留 7~9 片叶，同时中耕除草和施追肥。多花黄精根茎新芽发生时间与开花基本同步，一般在 4 月中旬到 5 月初是施追肥的最佳时间，每亩撒施有机无机复混肥 20~40kg。梅雨季节过后不宜除草，大田种植可在 4 月上旬搭建透光率 30%~40% 的荫棚遮阳，10 月中旬左右可除去荫棚。黄精病虫害主要有小地老虎、蛴螬、叶蝉和叶斑病、黑斑病、炭疽病、根腐病、枯萎病等，防治须遵循"预防为主，综合防治"方针，优先选用农业、物理、生物等绿色防控防治技术。

（4）病虫害防治。常见病害有叶斑病、黑斑病、炭疽病、根腐病、枯萎病等。虫害主要有小地老虎、蛴螬、叶蝉等。

繁种技术

（1）种子繁殖

1）种子处理。选用变温水浸种法对黄精种子消毒。即干燥种子先放入 50℃ 温水中浸 10min 后，再转浸入 55℃ 温水中浸 5min，再转入冷水中降温。然后将黄精种子经低温沙藏法处理，即黄精种子拌 3 倍体积的湿沙，放在 5±2℃ 的温控箱内贮藏，贮藏约 100d 取出。

2）铺床。选用耙细均匀的砂质壤土铺垫发芽床，按行距 15cm 划深 2cm 细沟，育苗肥按每亩尿素 50~60kg，普钙 85~100kg，硫酸钾 15~20kg 均匀拌土施入细沟内。将种子用清水冲洗后均匀植入发芽床细沟内，覆平细土，用木耙轻拍压实，浇 1 次透水，上覆盖一薄层细碎秸秆。

3）种子育苗管理。在塑料大棚环境下将温度控制在 25±2℃ 范围内，白天可适当通风，保持充足光照。若逢阴雨天，可打开大棚内日光灯。20d 左右出苗。出苗后，小心揭去秸秆，锄草，待黄精苗高 5~8cm 时间苗，去弱留强，定株留用。

（2）根茎育苗

取黄精 4 年生地下新鲜根茎，选择具有顶芽的根茎段做种栽，种茎重 500g 左右。播种前一年 10—12 月，选择长势较好的同一种根茎留种育苗，用湿润细土或细沙集中排种于避风、湿润荫蔽地块越冬。翌年 2—3 月翻开表土，选择具健壮萌芽的根茎，切削成 8~10cm 长的段，用草木灰涂切口，于阳光下暴晒 1~2d 播种。

采收加工

（1）采收。一般栽后 3~4 年采收，秋季植株地上部分完全枯萎时，选无雨、无霜天挖取根茎。

（2）产地初加工。采收的新鲜根茎，除去残存植株、烂疤，清洗干净后，置蒸锅内上气后蒸 30min 以上，蒸至透心时取出，抹去须根，烘干或晒干，密封贮藏或销售。

性状要求

（1）药材性状。姜形黄精分枝粗短，形似生姜，表面灰黄色或黄褐色，粗糙，结节上侧有突出的圆盘状茎痕，质硬而韧，不易折断，断面角质，气微，味甜，嚼之有黏性（图 10-38）。

（2）规格等级（图 10-39）。

选货：多花黄精，直径 1.5cm 以上。

统货：直径 0.8cm 以上。

贮藏

置通风干燥处，防霉，防蛀。

防己

基原及性味功效

为防己科植物粉防己 *Stephania tetrandra* S. Moore 的干燥根，又称汉防己、石蟾蜍等。苦，寒；归肺、膀胱经。具有祛风止痛，利水消肿等功效（图 10-40）。

产业概况

种植规模小。

生物学特性

（1）生长发育习性。粉防己主根肉质、圆柱形，深达 70cm。野生根茎常外露，表面密布突起。春季 3 月份萌芽长出藤蔓，4—6 月是生长高峰，夏季高温干旱生长缓慢，秋季再次生长较快，冬季落叶休眠。花期 5—6 月，果期 7—9 月。

（2）对环境及产地要求。喜光照充足、温暖气候，生长适宜温度为 15～28℃，耐旱、耐寒，喜肥、喜湿润而不积水，忌涝，但苗期和根茎生长期需要充足水分。深根性，对土壤的要求较严，以深厚、中性偏酸、疏松，腐殖质、有机质丰富的壤土或砂壤土为好。

栽培技术

（1）选地与整地。选择排灌方便、光照充足、土层深厚、肥沃的砂质土壤，基地周边有大面积阔叶林为佳。

清除土壤中的杂质，将土地整平，再将土地深挖 40～60cm；入冬后每亩土地施入 1 800～2 500 kg 腐熟有机肥、20～30kg（高浓度）复合肥和 45～55kg 过磷酸钙，并将肥料与土壤混匀；引入灌溉水源，开挖排水沟。

（2）种植。春季栽植，在晴天，将 1～2 年生小苗采挖，每窝 1 株或 3～4 根块根进行双行栽种。在种植床上，按株距 30cm 栽植 1 行。由于粉防己的苗弱，不宜栽深，以埋入根茎为宜，压实土壤，浇水定根，用粉碎的秸秆等覆盖保湿。

（3）田间管理。第二年早春，种苗移栽前翻一遍土，使土壤结构松散而细碎，将土地整成若干个高畦，在畦面上以株行距（20～30）cm×（35～45）cm 挖穴移栽，并搭架给粉防己攀爬。移栽的种苗恢复生长后，追施 1～2 次有机肥；第三年春季，行间开沟，每亩追施 1 400～1 600 kg 土杂肥。整个生长期注意及时除杂除草，小面积杂草采用人工防除，大面积杂草采用人工防除和选择性除草药剂防除相结合。

（4）病虫害防治。常见病害有叶斑病、根腐病等。虫害主要有蚜虫等。

繁种技术

粉防己生产上常用种子繁殖。9—10 月，粉防己种子成熟时采收。将果实连柄摘下，置阴凉处保存，或用水浸泡揉搓，洗出种子阴晾干。由于种子小、质量轻，保存时需注意透气纱网袋孔径大小。秋冬季犁地冬炕，清除前茬根等杂质。播种前，每亩施入硫酸钾复合肥 100kg、有机肥 100kg，苗床耕作深度 20～30cm，浇湿浇透，整平苗床。播种后，再铺上 1 层基质，厚 2～3cm，浇湿表层。在 3 月中下旬播种，每亩用种 2～3kg，出苗前，苗床湿度，出苗后，及时搭建 2m 高牵引架，将藤蔓引至牵引架上，防止密不透风，引起病虫害。苗期需要遮阴处理，出苗后，防止夏季高温干旱天气，苗床采用遮光率 50%～60% 的遮阳网遮阳，夏季昼夜温度 10～28℃，及时移栽密苗，株距 12cm 左右，每亩保留约 4 万株。粉防己幼苗生长 30d 后，地上叶片与地下块根均较多。在喷灌过程中，加入适量水溶肥，土壤湿度 45%～55%。杂草在小时及时拔出，并疏松苗床基质。

采收加工

（1）采收。种植 4~5 年可以采挖，用锄头挖取根部。

（2）产地初加工。采收后洗净，大小分开，分别撞擦，除去外皮，切断或纵剖后干燥。

性状要求

呈不规则圆柱形、半圆柱形或块状，多弯曲，长 5~10cm，直径 1~5cm。表面淡灰黄色，在弯曲处常有深陷横沟而成结节状的瘤块样。体重，质坚实，断面平坦，灰白色，富粉性，有排列较稀疏的放射状纹理。气微，味苦（图 10-41）。

贮藏

置干燥处，防霉，防蛀。

天麻

基原及性味功效

天麻为兰科植物天麻 *Gastrodia elata* Bl. 的干燥块茎，又称赤箭、明天麻等。甘，平；归肝经。具有息风止痉，平抑肝阳，祛风通络的功效（图 10-42）。

产业概况

浙江省是天麻传统道地产区之一，主产于磐安、东阳、仙居等地，目前全省种植面积约 300 亩，每亩产量 500kg 左右，年产量约 155t。

生物学特性

（1）生长发育习性。天麻块茎常年潜居于土中，是典型的异养植物。天麻生长的基本营养来源于蜜环菌。天麻块茎于 4 月萌发生长，并形成营养繁殖茎，具有同化蜜环菌，输送养分和繁殖功能。6 月其顶芽和侧芽开始膨大，7—9 月高温季节生长加快，10 月随气温降低，生长缓慢，11 月上、中旬停止生长进行休眠。

（2）对环境及产地要求。喜凉爽湿润环境，适宜生长在疏松的砂质土壤中，黏重的土壤排水性差易积水，影响透气，导致块茎死亡，砂性过大的土壤，保水性能差，易引起土壤缺水，同样影响块茎和蜜环菌生长。以 pH 值 5.5~6.0 的微酸性土壤中栽培为宜。

栽培技术

（1）选地与整地。喜阴湿，以富含腐殖质、疏松肥沃、排水良好、微酸性的砂质壤土为好，土壤 pH 值宜 5.5~6.0。宜选在海拔 500m 以上，无特定病原体、夏季气候凉爽，而冬季又有明显冷冻期的区域，坡度在 25° 以下的山坡林地。

（2）种植。选用发育完好、无病虫害、无损伤、新鲜健壮的 0 代种麻或 1 代个体重 10g 以上白麻最佳，选用合格的蜜环菌栽培菌种，栽培时间以 11 月至翌年 2 月底。栽培时首先在山坡上挖深 30cm 左右，穴宽 50~60cm，穴长根据菌棒数而定，一般每穴放 5~10 根；种麻摆在两棒之间和棒头旁，每根长 40~50cm 菌材栽 6~8 个种麻，盖土填好。覆土厚 10cm 左右，并在穴顶盖一层 5~6cm 的树叶，可保湿和防止土壤板结。

（3）田间管理。4 月开始生长，6—8 月进入旺盛生长期，此时要覆草或搭棚遮阳，要防止干旱、高温和注意补水。土壤含水量保持在 45%~50%，温度在 18~26℃ 时蜜环菌和天麻块茎生长最快，低于 12℃ 或高于 30℃，蜜环菌生长受到抑制，天麻生长缓慢。9 月中旬以后，天麻进入相对稳定到日渐停止生长期，需注意开沟排水，防止积水。

（4）病虫害防治。常见病害有黑腐病、锈腐病。虫害主要是白蚁、蛴螬。

繁种技术

（1）种子繁殖

1）制种。选择个体健壮、无病虫害、无损伤，重量100~150g的次生白麻块茎做种麻。种麻在大棚内栽培，棚内或温室内温度保持20~24℃，相对湿度80%左右，光照70%，畦内水分含量45%~50%。天麻花现蕾后3~4d开花，清晨4~6时开花较多，上午次之，中午及下午开花较少。现蕾初期，花序展开可见顶端花蕾时，摘去5~10个花蕾，减少养分消耗，利壮果。授粉时用左手无名指和小指固定花序，拇指和食指捏住花朵，右手拿小镊子或细竹签将唇瓣稍加压平，拨开蕊柱顶端的药帽，蘸取花粉块移置于蕊柱基部的柱头上，并轻压使花粉紧密黏附在柱头上，有利花粉萌发。每天授粉后挂标签记录花朵授粉的时间，以便掌握种子采收时间。从种植到开花结果，种子成熟需两个月时间，故种麻应在播种期前两个月。天麻授粉后，如气温25℃左右，一般20d果实成熟。果实开裂后采收的种子发芽率很低，应采嫩果，即将要开裂果的种子播种，其发芽率较高。果实种子已散开，乳白色，为最适采收期。授粉后第17~19d；或用手捏果实有微软的感觉；或观察果实6条纵缝线稍微突起，但未开裂，都为适宜采收期的特征。天麻种子寿命较短，应随采随播。

2）播种前的准备。菌床。选择气候凉爽、潮湿的环境，疏松肥沃、透气透水性好的土壤，有灌溉水源的地方做菌床。在播种前两个月做好菌床，床长2~4m，宽1m，深20cm，每平方米用菌材10kg，新段木10kg，用腐殖土培养。先将床底挖松，铺3cm厚的腐殖质土，将菌材与新段木相间搭配平放，盖土填满空隙，再如法放第二层，最后盖土8cm。

菌种。为萌发菌和蜜环菌三级种，按每平方米用4~5瓶（500mL）准备。

树枝。选青冈、桦木等阔叶树的树枝，砍成长4~5cm，粗1~2cm的树枝段，每平方米用量10~20kg

落叶。青冈树叶先在水中浸泡充分吸水，然后每平方米用4~5瓶（500mL）准备。

制作播种筒。用高10cm、直径5cm的塑料杯，将底面锯掉，然后用纱布盖严即成。

3）播种。菌液拌种。播种前先将萌发三级种，按每平方米用量4瓶，用清洁的铁钩从菌种瓶中取出，放入清洁的拌种盆中，将菌叶撕开成单张；采收的天麻嫩果和即将裂果按每平方米播种蒴果30~40个，将种子抖出；将种子装入播种筒撒在菌叶上，同时用手翻动菌叶，将种子均匀拌在菌叶上，并分成两份；撒种与拌种工作应两人分工合作，免得湿手粘去种子，防止风吹失种子。

菌床播种。播种时挖开面床，取出菌材，耙平床底，先铺1薄层湿落叶，然后将分好的菌叶1份撒在落叶上，按原样摆好下层菌材，菌材间留3~4cm距离，盖土至菌材平，再铺湿落叶，撒另1份拌种菌叶，放菌材后覆土5~6cm，床顶盖1层树叶保湿。

畦播（菌枝、树枝、种子、菌叶播种）。挖畦长2~4m，宽1m，深20cm，将畦底土壤挖松整平，铺1层水泡透并切碎的青冈树落叶，撒拌种菌叶1份，平放层树枝段，树枝段间放入蜜环菌三级种，盖湿润腐殖质土填满树枝段间隙，然后用同法播第二层，盖腐殖质土10cm，最后盖1层枯枝落叶，保温保湿。

（2）无性繁殖

无性繁殖结合商品天麻生产过程，剔除商品麻后的全部球茎，需作为种麻进行移栽，移栽方法与上述白麻下种法相同。唯挖麻后的原来塘穴需加以清理，将塘内菌材、泥土拿出来，底部排放新砍来的段木，上层重放原塘取出的老菌材。利用老菌材作菌种及速效菌材之用，使其上伸出的菌索向下接入新段木，平出接连移栽的白麻。原塘多出一半的老菌材，又可作为另外一塘的上层菌材使用。

采收加工

（1）采收。天麻收获期一般安排在 11 月底至翌年 2 月。

（2）产地初加工。挖出块茎后应立即洗净，擦去外皮，及时浸入清水或白矾水，然后捞起，入沸水中蒸煮透至无白心为度，再将蒸煮好的天麻摊晾于通风处至半干后在 60℃ 以下烘干或晒干。

性状要求

椭圆形或长条形，略扁，皱缩而稍弯曲，长 3~15cm，宽 1.5~6cm，厚 0.5~2cm。表面黄白色至淡黄棕色，有纵皱纹及由潜伏芽排列而成的横环纹多轮，有时可见棕褐色菌索。顶端有红棕色至深棕色鹦嘴状的芽或残留茎基；另端有圆脐形疤痕。质坚硬，不易折断，断面较平坦，黄白色至淡棕色，角质样。气微，味甘（图 10-43）。

贮藏

置通风干燥处，防蛀。

半夏

基原及性味功效

半夏为天南星科植物半夏 *Pinellia ternate*（Thunb.）Breit. 的干燥块茎，又称旱半夏。辛，温；归脾、胃、肺经。具有燥湿化痰，降逆止呕，消痞散结的功效（图 10-44）。

产业概况

浙江省是半夏的主要分布区，在衢州市、桐庐、淳安等地有种植。目前，全省种植面积约 1 000 亩。一般亩产鲜品 200~300kg，干制后 50~100kg。

生物学特性

（1）生长发育习性。1 年生半夏为心形的单叶，第二至第三年开花结果，有 2 或 3 裂叶生出。半夏 1 年内可多次出苗。在长江中下游地区，每年平均可出苗 3 次：第一次为 3 月下旬至 4 月上旬，第二次在 6 月上、中旬，第三次在 9 月上、中旬。相应每年平均有 3 次倒苗，分别为 3 月下旬至 6 月上旬、8 月下旬、11 月下旬。

半夏块茎一般于 8~10℃ 萌动生长，13℃ 开始出苗，随着温度升高出苗加快，并出现珠芽。15~26℃ 最适宜生长，30℃ 以上生长缓慢，超过 35℃ 而又缺水时开始出现倒苗，秋后低于 13℃ 以下出现枯叶。

（2）对环境及产地要求。喜温和、湿润气候，怕干旱，忌高温。夏季宜在半阴半阳中生长，畏强光；在阳光直射或水分不足情况下，易发生倒苗。耐阴、耐寒，块茎能自然越冬。半夏为浅根性植物，对土壤要求不严，除盐碱土、砾土、重黏土以及易积水之地不宜种植外，其他土壤基本均可，但以疏松、肥沃、深厚，含水量在 20%~30%、pH 值 6.0~7.0 的砂质壤土较为适宜。

栽培技术

（1）选地与整地。宜选疏松肥沃、湿润、日照不强的田间平缓地种植。前茬为豆科或禾本科作物，无杂草滋生，排灌良好，富含有机质的砂壤土为宜。黏土、盐碱地、低洼积水地不宜种植。

土地经多次翻耕打碎，结合整地，施农家肥翻入土中作基肥。起畦高 30cm，宽 1.2~1.3m，畦面整平。畦沟宽 40cm，长度不宜超过 20m，以利灌排。考虑半夏为耐阴植物，亦可在果园或玉米、高粱等高秆作物下进行间种。

（2）种植。以块茎繁殖为主，选择无机械损伤、无病斑、直径 0.5～1.0cm 的块茎作种，每亩用种量125kg 左右。浙西地区春、秋季均可进行播种，春季 2 月下旬至 3 月上旬前播种为好。在畦上按行距 15～20cm，开 6～8cm 深的沟，将块茎播于沟中，株距 5cm 左右，播后用腐熟农家细肥或土杂肥撒盖种子，后盖土与畦面平，有条件的可每亩泼施 1 500～2 000kg稀释沼液。播种后畦面可用茅草、稻草覆盖 1～2cm，起到保持土壤湿润、防止杂草滋生的作用。

（3）田间管理。浙西地区半夏一般出苗生长两次，倒苗两次，有时因天气适合生长也可能出现 3 次。半夏生长期除施足基肥外，应确保 1 年 4 次追肥。第 1 次一般在 4 月上中旬苗出齐后进行，每亩泼施1：3的沼液 1 000kg，三元复合肥25kg，促进半夏生长，中耕除草宜浅不宜深；第二次一般在 5 月上旬珠芽形成期进行，每亩施用有机肥或土杂肥 1 000kg；第三次一般在 8 月中下旬半夏出苗前，可用 1：10 稀沼液泼洒，促进半夏生根萌发新芽；第四次一般在 9 月 20 日左右，半夏基本全苗时，可每亩施三元复合肥25kg，或每亩施用过磷酸钙20kg、尿素 10kg、腐熟菜籽饼肥 30kg 撒施。应及时做好排灌水。

（4）病虫害防治。常见病害有病毒病、软腐病。虫害主要有半夏蓟马、红天蛾和地下害虫等。

繁种技术

建立半夏的种源基地，选择植株形状一致，生长良好，无病虫害的半夏，精心管理，拔除异型植株。最好选择直径较小的块茎和珠芽为种源，在半夏的倒苗期可以采取不浇水等措施，促使倒苗，并及时覆土，以增加珠芽和块茎的数量。留种半夏采收后应过筛分级，将直径在 2.5cm 以上的块茎作为加工用（组织已趋于老化，生命力弱，不宜作种），横径粗0.5～1.5cm，生长健壮、无病虫害的当年生中、小块茎作种用，分级后晒干表面水分，除净所带的泥沙。半夏种茎选好后，在室内摊晾 2～3d，随后将其拌以干湿适中的细砂土，贮藏于通风阴凉处，于当年冬季或次年春季取出栽种。

采收加工

（1）采收。一般在半夏倒苗后，选晴好天气采挖，上半年采挖利于无烘干设备农户快速晒干。上半年采挖时间一般在 6 月上旬，即农历芒种至夏至期间采挖。下半年采挖时间一般在 11 月上旬，即农历立冬左右。人工采挖时，应选用两齿小锄头进行采挖，避免采挖过程中半夏大量破损。

（2）产地初加工。半夏采挖后应避免暴晒，洗净后装入麻袋揉搓去皮或机械去皮，尽快晾晒干或低温烘干。

性状要求

（1）药材性状。类球形，有的稍偏斜，直径 0.8～1.5cm。大小均匀，异形在 5% 以内。表面白色或浅黄色，顶端有凹陷的茎痕，周围密布麻点状根痕；下面钝圆，较光滑。质坚实，断面洁白，富粉性。气微，味辛辣、麻舌而刺喉（图10-45）。

（2）规格等级（图10-46）。

选货：直径 0.8～1.2cm，其中 1.0～1.2cm 占75%。

统货：直径 0.8cm 以上

贮藏

置通风干燥处，防潮、防蛀。

重楼

基原及性味功效

重楼为百合科植物云南重楼 *Paris polyphylla* Smith var. *yunnanensis*（Franch.）Hand. -Mazz. 或七叶一枝花 *Paris polyphylla* Smith var. *chinensis*（Franch.）Hara 的干燥根茎，又称蚤休、草河车。苦，微寒，有小毒；归肝经。具有清热解毒，消肿止痛，凉肝定惊的功效（图 10-47）。

产业概况

浙江省是重楼传统道地主产区，以七叶一枝花为主。产于浙西南山区的淳安、桐庐、临安、遂昌、庆元等地，主要在天目山和百山祖等林下套种。目前全省种植面积 7 660 亩，可产 150t 干品，产值可达 1 亿元。

生物学特性

（1）生长发育习性。重楼生命周期较长，一般都在 10 年以上。种子萌发周期需要 2 年，立春前后开始萌发，一般在播种当年年底萌发 1 条主根，第二年萌发 1 片心形叶，进入营养生长期。重楼营养生长发育需 5~6 年。二叶及多叶期在心形叶期生长 1~2 年后，地上茎增高、加粗，叶片数增多，这是重楼的快速生长期。栽培条件下，出苗 4 年后四叶期就可以进入生殖生长阶段，4—6 月开花。重楼的叶片数通常随年龄的增加而增加，第五年有 4~6 片叶，第六年叶片数目开始固定下来。9—11 月种子陆续成熟，外种皮由淡红色转变为深红色自然脱落。

（2）对环境及产地要求。喜凉爽阴湿环境，忌强光直射。重楼植株较耐寒，低温无冻害。宜生长在湿润、肥沃、疏松、透水性好的含腐殖质高的砂质壤土中。

栽培技术

（1）选地与整地。喜斜射或散射光，忌强光直射。宜选海拔 700~1 100m、地势平坦、灌溉方便、排水良好、有机质含量较高、疏松肥沃的砂质（浙江无此土壤）或红壤土，土壤耕层厚度为 30~40cm，忌连作。清除地块中的杂质、残渣，并用无烟草木灰处理。地块四周开好排水沟，再耙细整平做成 100~120cm 宽的畦。

（2）种植。选取 10 年生以上的重楼植株，10 月份当果实裂开后外种皮为深红色时采收种子，洗去外种皮备播，按宽 120cm、高 25cm、沟宽 30cm 做苗床，床面上撒一层 3~4cm 厚筛过的腐殖土，整平。按 4cm×4cm 点播，每穴 1 粒种子。每亩播种 6~7kg，搭建荫棚，铺盖遮光率为 70% 的遮阳网。人工除草，做好追肥管护。在育苗地安装频振式杀虫灯诱杀害虫。出苗后第三年 10 月份倒苗后起苗，做到边起、边选、边栽。3—4 月，在阴天或午后阳光弱时进行，按株行距 20cm×20cm，在畦面横向开沟，沟深 4~6cm，随挖随栽，注意要将顶芽芽尖向上放置，根系在沟内会展开，用开第二沟的土覆盖在前一沟。畦面要覆盖松针或腐殖土，厚度以不露土为宜。栽好后浇透定根水。

（3）田间管理。中耕除草宜浅锄，一般每年中耕 3 次，壤水分保持在 30%~40%。多雨季节要及时排水。肥料以有机肥为主，辅以复合肥和各种微量元素肥料，在 4、6、10 月份营养生长的旺盛期及挂果阶段施肥。2~3 年生苗需光 10%~20%，4~5 年生苗需光 30% 左右，5 年以后的苗需光 40%~50%。

（4）病虫害防治。常见病害有猝倒病、根腐病、叶茎腐病、叶斑病、褐斑病、灰霉病。虫害主要有蛴螬、地老虎、金针虫等。

繁种技术

（1）种子繁殖

1）苗床。种子苗床要选择地势较高，排水良好，富含有机质、蔽荫较好（透光率20%）的林下空地或坡地，旱地则要搭3~4层遮阳网。选择晴天，田块较干时翻耕，翻耕15cm左右，翻耕时将土块碾碎，并捡去石块和杂草。平整做畦。畦面宽120cm，沟宽30cm，沟深25cm，沟要畅通，利于排水。

2）选种和种子处理。10月份七叶一枝花的果实成熟，当果实呈鲜红色时采收，用草木灰搓去种皮果肉，用清水洗净；随后用1%硫酸铜浸泡5min，或用0.1%多菌灵浸泡30min，对种子实施消毒；晾干后纯净的种子用1：3湿沙贮藏。重楼种子具有"二次休眠"的特性，如果种子数量少，家中有冰箱，可将种子与湿润细沙按照1：1的比例拌匀后装于洁净的布袋中，在5℃左右的保鲜室存放2个月，再在20℃左右的室温下存放1个月，然后继续在冰箱保鲜室低温存放2个月，通过"低—高—低"变温处理打破休眠。湿沙层积、变温处理后的种子，播种前需再用100mg/L赤霉素浸泡24h，进一步打破休眠，提高种子萌芽率。后播种，在此期间要注意保湿。

3）播种。育苗处理过后的种子可进行点播和条播，也可进行撒播，播后覆盖1.5~2cm薄土层，再盖一层细碎草以保水分。这样既利于小苗出土，又利于子叶脱壳保证出苗率。在此期间要保持苗床湿润、荫蔽的环境。避免土壤的板结、干燥和过度日照。种子苗在出苗3年后移栽，株行距为15cm×20cm。

（2）切割根茎繁殖

秋季重楼倒苗后，将无病虫害、形态正常的重楼地下茎按两个节（约2cm）切割，不能过短，否则出苗过细或不出苗，伤口用草木灰处理。带顶芽的切块可直接到大田栽种。不带顶芽的切块按株行距为7cm×7cm栽种，种植后覆盖碎草或腐殖土保湿（土壤湿度为60%~70%），并保持荫蔽环境。

采收加工

（1）采收。以重楼种子栽培的7年、块茎种植的5年后采收块茎，秋季倒苗前后，11—12月至翌年3月前均可收获，把带顶芽部分切下留作种苗，采挖时尽量避免损伤根茎。

（2）产地初加工。抖落泥土，清水刷洗干净后，放晒场上晾晒干燥或烘干。在晾晒或烘干时要经常翻动，逐步搓、擦去须根。以粗壮、坚实、断面白、粉性足者为佳。

性状要求

结节状扁圆柱形，略弯曲，长5~12cm，直径1.0~4.5cm。表面黄棕色或灰棕色，外皮脱落处呈白色；密具层状突起的粗环纹，一面结节明显，结节上具椭圆形凹陷茎痕，另一面有疏生的须根或疣状须根痕。顶端具鳞叶和茎的残基。质坚实，断面平坦，白色至浅棕色，粉性或角质。气微，味微苦、麻（图10-48）。

贮藏

置阴凉干燥处，防蛀。

白及

基原及性味功效

为兰科植物白及 *Bletilla striata*（Thunb.）Reichb. f. 的干燥块茎，又称白芨、甘根等。苦、甘、涩、微寒；归肺、肝、胃经。具有收敛止血，消肿生肌的功效（图10-49）。

产业概况

白及是浙江省特色道地中药材，种植品种紫花。2021 年全省种植 19 288 亩，总产量约 2 900t。主要分布在浙江江山、衢江、开化、安吉、淳安、临安、磐安、桐庐、平阳、新昌、天台等地。

生物学特性

（1）生长发育习性。白及 2—3 月开始萌芽、出苗；4 月初，叶子 4~5 片，已展开完成；4 月上旬现蕾，5 月盛花期；6—9 月为果期；10 月中下旬茎叶枯萎。块茎每年都呈 1~2 歧连接新生的仔茎，一般是 10 个左右。但块茎生长缓慢，一般要种植 4 年才可采收药用。

（2）对环境及产地要求。白及喜温暖、湿润、阴凉的气候。怕高温多湿环境，不耐寒，10℃ 以下停止生长，在霜冻出现时不能安全越冬。常野生在丘陵和低山地区的溪河两岸、山坡草丛中及疏林下。白及要求较肥沃、疏松而排水良好的砂质壤土或富含腐殖质的壤土。

栽培技术

（1）选地与整地。选择土层深厚、肥沃疏松、排水良好、富含腐殖质的砂质壤土以及阴湿的地块进行种植。土壤 pH 值 5.5~7.5，连作障碍小，可进行连作。

整地深翻 25~30cm，每亩施入腐熟厩肥或堆肥 1 500~2 000kg，翻入土中作基肥。栽种前浅耕 1 次，然后整细耙平，利于排水和透水。耕翻后作畦，畦宽 120cm，沟宽 30cm，沟深 25cm 以上。畦面瓦背状，四周开好排水沟。

（2）种植。一般在 3 月初或 10 月份后进行种植。选紫花三叉（或直接用驯化苗）优质块茎，用刀横切小块，每块有 2 个以上芽，无蛀虫、无病，伤口沾草木灰后栽种。株行距以 25cm×30cm 为宜，挖穴约 10cm。栽时穴内先放点磷肥或火灰土，再覆点细土，种茎放细土上，每穴栽种茎 2 个，然后覆上 5cm 内土，再浇定根水。白及是带菌根的植物，适合大密度种植，每亩用苗 8 000~10 000株，一般山坡地 4 000~6 000株。

（3）田间管理。白及植株矮小，要特别注意中耕除草。一年 4 次，第一次在 3—4 月白及出苗后，第二次在 6 月生长旺盛时，第三次在 8—9 月，第四次可结合间作作物收获时间。每次中耕都要浅锄，以免伤芽伤根。白及喜湿怕涝，不仅要注意栽培地保持湿润，还要注意及时排水，避免烂根。

（4）病虫害防治。常见病害有块茎腐烂病、叶褐斑病等。虫害主要有菜蚜、地老虎等。

繁种技术

（1）分株繁殖。分株繁殖自然状态下一般是传统的分株繁殖。掘起 4 年生老株将带顶芽的假鳞茎分成 3~5 份进行分植，为提高成活率，常在气温为 15~25℃，春季新叶萌发前、秋冬季地上部分枯萎后进行。由于繁殖周期长，繁殖效率低，而且耗种量大，很难满足大量栽培的需要。

（2）组培快繁。在 4 月到 5 月初的白及花期，选择优质的白及株系。进行人工授粉，以在 8—9 月获得白及成熟蒴果，为进入组培室进行组培快繁提供果实。在相对无菌状态的培养室，种子在无菌条件下进行播种，并给予一定的光照、温度、湿度等条件；同时需要种子萌发形成原球茎、原球茎诱导丛生芽、壮苗生根培养 3 个阶段，每个阶段所需的培养基营养条件又各不相同，形成培养基的不同配方。组培时间 7 个月以上，再经驯化 1 年成苗移栽。

（3）种子繁殖。直播育苗一般常规方法是搭 3m 高棚，棚内用砖围宽 1.2m、长 3~5m、低于地面 10cm 的箱，箱内铺上膜、5cm 基质；再铺上 5cm 发酵好的有机肥，然后对苗床消毒，安装好雾化喷灌系统；再将消毒后种荚剖开，使种子均匀播于苗床，把草木灰覆于苗床上掩盖种子即可。关键做好温度、湿度、土壤氧气的控制。

采收加工

（1）采收。一般在栽种后的第四年 9—10 月茎叶枯黄时进行采收。注意不要挖伤或挖破。

（2）产地初加工。将采挖的白及剪去茎秆，至清水中浸泡一小时洗去粗皮和泥土，放进蒸笼中大火蒸 15~20min 或者水煮 10~15min 后，以"过心"为标准，取出放在烘烤架上烘烤，烘烤温度常规在 55~60℃，并经常翻动。若遇阴雨天可烘干。然后放入箩筐内来回撞击，去净粗皮与须根，筛去灰渣即可。

性状要求

（1）药材性状。不规则扁圆形，多有 2~3 个爪状分枝，长 1.5~6cm，厚 0.5~3cm。表面灰白色至灰棕色或黄白色，有数圈同心环节和棕色点状须根痕，上面有突起的茎痕，下面有连接另一块茎的痕迹。质坚硬，不易折断，断面类白色，角质样。气微，味苦，嚼之有黏性（图 10-50）。

（2）规格等级（图 10-51）。

选货：过 10 号筛。长 1.5~5.0cm，厚 1.5cm 以上，每千克不得过 150 个。

统货：过 6 号筛，每千克不得过 300 个。

贮藏

置通风干燥处。

第二节　全草类和叶类中药材

白花蛇舌草

基原及性味功效

为茜草科植物白花蛇舌草 *Hedyotis diffusa* Willd. 的干燥全草，又称蛇舌草。甘、淡、凉；归胃、大肠、小肠经。具有清热解毒、消肿止痛的功效（图 10-52）。

产业概况

浙江省是传统道地产区，主产于开化、衢江、常山等地，种植面积 1 145 亩，单产 300~350kg（干品），年产量约 400t。

生物学特性

（1）生长发育习性。整个生育期为 140~150d。通常 4 月下旬气温约 25℃ 时播种，5~12d 开始出苗。6 月上旬至 7 月上旬开始现花，花期约 65d。6 月底初见结果，延续约 80d，成熟于 9 月下旬至 10 月。

（2）对环境及产地要求。白花蛇舌草中对环境条件要求不高，喜温暖湿润，不耐干旱，适宜生长温度为 22~28℃，不耐严寒，低于 12.0℃ 则生长不良。喜生于水田埂和潮湿的旷地上，幼苗期忌阳光直射，需要有一定的荫蔽；成苗要求阳光较好。排水良好，具有一定肥力的微酸性至中性砂质壤土均可种植，尤以疏松肥沃、富含氮素和腐殖质的稻田土为佳。

栽培技术

（1）选地与整地。种植白花蛇舌草应选择地势低洼，靠近水源，周围无污染源，光照充足的地块，且土壤应疏松肥沃、富含腐殖质。

整地深翻 25～30cm，碎土耙平，利于排水和透水。耕翻后作龟背形畦，畦宽连沟 100~120cm，沟宽 25~30cm，沟深 20~25cm。或做成凹状播种床。结合耕翻施入基肥，每亩施用厩肥 3 000~5 000kg。

（2）种植。播种时间可分为春播或秋播，春播在 3—5 月为宜，秋播在 8 月中下旬进行。由于白花蛇舌草的种子较细小，为了增加发芽率，播种前要进行处理，去除果皮和种子外壳的蜡质层，再用种子拌数倍的细土后播种。

（3）田间管理。出苗前及出苗期雨后及时排除积水。提倡使用草木灰，除了基肥和种肥，不宜大量施用鸡粪有机肥等，后期视生长情况施肥或叶面追肥，不得使用植物激素膨大剂。中耕宜浅。2 月下旬，防治浙贝母灰霉病。在植株有 2~3 朵花开放时，选露水干后将花连同顶端花梢一并摘除。

（4）病虫害防治。常见病害有根腐病。虫害主要有地老虎、斜纹夜蛾等。

繁种技术

白花蛇舌草生产上用种子繁殖。留种田块应加强管理，苗期勤除草，确保留种田块植株生长健壮，无杂草混入。于 9 月下旬至 10 月上旬，种子呈棕黄色成熟时，选择植株粗壮、分枝多、无病虫害的全草，齐地割取地上部分，去除泥土和杂草，平铺在干净的水泥地或铺垫物上晾晒干，用木棍轻打，使种子掉落，去除杂质后放置于阴凉干燥处保存，用于来年播种。白花蛇舌草种子是光敏种子，即在黑暗条件下几乎不发芽。在光照保证的情况下，白花蛇舌草种子较易萌发。4 月上、中旬播种，将白花蛇舌草种子腐殖土浆中拌匀，种子与腐殖土（1：4），将混合好的种子-腐殖土充分打湿，以不粘手为度，条播或撒播，播种后盖一层稻草保温保湿，12~15d 出苗揭去稻草，加强苗期管理，每亩用种 500g 左右。

采收加工

（1）采收。白花蛇舌草于秋后果实成熟后及时采收。

（2）产地初加工。采收后洗净，鲜用或晒干，使茎叶干燥，均匀整齐。以全株叶多、色灰绿、无杂质、不霉变者为佳。

性状要求

（1）药材性状。茎纤细，具纵棱，淡棕色或棕黑色。叶对生；叶片线形，棕黑色；托叶膜质，下部连合，顶端有细齿。花通常单生于叶腋，具梗。蒴果扁球形，顶端具 4 枚宿存的萼齿。种子深黄色，细小，多数。气微，味微涩。以无杂草、无枯死者，无碎末，无泥土为佳（图 10-53）。

（2）规格等级。

选货：有茎有叶，长度均匀，色墨绿均一，杂质不得过 1%。

统货：杂质不得过 3%。

贮藏

置干燥处。

益母草

基原及性味功效

为唇形科植物益母草 Leonurus japonicas Houtt. 的新鲜或干燥地上部分，又称坤草、红花艾等。苦、辛，微寒；归肝、心包、膀胱经。具有活血调经，利尿消肿，清热解毒的功效（图 10-54）。

产业概况

浙江省主要分布在义乌、莲都、诸暨等地。目前全省种植面积 2 390 亩，单季每亩鲜品产量 1 200kg 左右，总产量约 2 850t，以制药企业订单生产为主，浙江大德药业生产鲜益母草胶囊，年销售额 2 亿多元。

生物学特性

（1）生长发育习性。益母草可以在 3 月中下旬春播，花期为 7 月上旬至 8 月上旬，果期为 8 月中下旬。也可在 8 月下旬秋播，花期为翌年 4 月，果期为 4 月下旬至 5 月中旬。生产上，以春播益母草为主。益母草为喜肥作物，由于其生长周期较短，因此施足基肥对益母草生长非常重要。

（2）对环境及产地要求。喜温暖湿润气候．海拔在 1 000m 以下的地区均可栽培。对土壤要求不严，人工栽培以向阳、肥沃、排水良好的砂质土壤为优。

栽培技术

（1）选地与整地。喜温暖湿润气候，喜阳光，对土壤要求不严，一般土壤和荒山坡地均可种植，以较肥沃的土壤为佳，需要充足水分条件，但不宜积水，怕涝，以向阳处为好。

每亩施腐熟厩肥 2 000kg 左右作底肥，深耕 20～25cm，整细整平，作畦 1.0～1.2m 宽，并开好排水沟。

（2）种植。选用"浙益 1 号"良种。在春秋两季以直播方式播种，播种前，种子可用草木灰及腐熟有机肥拌种。穴播每亩用种量 400～450g，按穴行距各约 25cm 开穴，穴直径 10cm 左右，深 3～7cm；条播每亩用种量 500～600g，在畦内开横沟，沟心距约 25cm，播幅 10cm 左右，深 4～7cm。播种后，不必盖土。

（3）田间管理。苗高 5cm 左右开始间苗，以后陆续进行 2～3 次，当苗高 15～20cm 时定苗。条播的采取错株留苗，株距在 10cm 左右；穴播的每穴留苗 2～3 株。间苗时发现缺苗，要及时补苗。春播的，中耕除草 3 次，分别在苗高 5cm、15cm、30cm 左右时进行；秋播的，在当年以幼苗长出 3～4 片真叶时进行第一次中耕除草，第二年再中耕除草 3 次，方法与春播相同。注意保护幼苗。每次中耕除草后，要追肥 1 次，以施氮肥为佳，追肥时要注意浇水，切忌肥料过浓，以免伤苗。雨季应注意适时排水。

（4）病虫害防治。常见病害有白粉病、菌核病、花叶病等。虫害主要有蚜虫、小地老虎等。

繁种技术

益母草生产上用种子繁殖。在田间选择品种纯、生长良好、无病虫害的植株留种，或选定留种区，拔除杂株，种子充分成熟后单独收获。播种种子田的播种时间在 8 月中、下旬或 11 月中、下旬。播种采用穴播，每穴留 2 株，行距 40～50cm，株距 15～20cm。其他具体操作见益母草大田播种。间苗出苗后要及时间苗，每穴留 2 株。

①基肥：每亩施 200～300kg 商品有机肥，耕前将基肥铺施在畦面上，然后深耕 30cm，

把细整平。整地后，在畦面上横向开沟，在沟中每亩 施复合肥 15~20kg，用锄头把复合肥与沟中的泥土混匀。

②种肥：每亩施草木灰 15~30kg，拌入种子 0.5~0.6kg，再用腐熟的人粪尿（目前好多地方已没有）15kg 拌湿成种子灰；或使用过磷酸钙 5~10kg 代替草木灰拌入种子，然后播种。

③苗肥：在第一次间苗后，每亩施尿素 3kg，配水稀释后浇施，促进幼苗生长。

④壮肥：结合中耕除草进行，每亩施尿素 5~10kg、过磷酸钙 15~20kg；或同量的复合肥配水稀释后浇施，可分 2~3 次施用。

⑤花、果肥：在花蕾期和果期分别施复合肥 5kg，可根外追肥。剪枝孕果初期，去密留疏，剪去病枝、徒长枝和少果枝，保留累果枝。元采收在 7 月中、下旬益母草种子成熟后，制取带果枝条，在晒场上经日晒后脱粒，扬净，贮藏备用。采收时要特别注意去除杂草，以免杂草种子混入益母草种子中，影响益母草种子的纯度。

采收加工

（1）采收。鲜品春季幼苗期至初夏花前期采割；干品夏季茎叶茂盛、花未开或初开时采割。

（2）产地初加工。晒干，或切段晒干。

性状要求

茎表面灰绿色或黄绿色；体轻，质韧，断面中部有髓。叶片灰绿色，多皱缩、破碎，易脱落。轮伞花序腋生，小花淡紫色，花萼筒状，花冠二唇形。切段者长约 2cm（图 10-55）。

鲜益母草幼苗期无茎，基生叶圆心形，5~9 浅裂，每裂片有 2~3 钝齿。花前期茎呈方柱形，上部多分枝，四面凹下成纵沟，长 30~60cm，直径 0.2~0.5cm；表面青绿色；质鲜嫩，断面中部有髓。叶交互对生，有柄；叶片青绿色，质鲜嫩，揉之有汁；下部茎生叶掌状3 裂，上部叶羽状深裂或浅裂成 3 片，裂片全缘或具少数锯齿。气微，味微苦。

贮藏

置干燥处。

铁皮石斛

基原及性味功效

为兰科植物铁皮石斛 *Dendrobium officinale* Kimura et Migo 的干燥茎，又称铁皮枫斗、黑节草、云南铁皮等。甘，微寒；归胃、肾经。具有益胃生津，滋阴清热的功效（图 10-56）。

产业概况

浙江省是铁皮石斛传统道地主产区，主产于天台、乐清、武义、磐安、义乌、婺城、莲都、龙泉、庆元、临安、建德、桐庐、淳安等地，目前全省种植面积 5.58 万亩，单产50~75kg（干品），干品总产量 3 000t 以上。"天目山铁皮石斛"获国家地理标志保护产品，"武义铁皮石斛""雁荡山铁皮石斛"获国家农产品地理标志登记保护产品。

生物学特性

（1）生长发育习性。铁皮石斛为多年生草本植物，一般在硕果采收后当年 11 月或翌年4 月开始组培播种，经 12~15 个月组织培养后出苗移栽大田，5—6 月开花，6—9 月植株生长速度比较快，株高、鲜重等都会明显增加，8 月萌生新芽，10 月硕果陆续成熟，10 月底至 11 月初铁皮石斛小部分开花（俗称"小阳春"），11 月植株封顶进入休眠期。

（2）对环境及产地要求。铁皮石斛喜温暖湿润气候，适宜在凉爽、湿润、空气流通的环境中生长，常常附生于山地半阴湿的岩石或树上。要求年平均气温18~21℃，空气相对湿度70%~90%。铁皮石斛生长缓慢，种子极小、无胚乳，自身繁殖力低，需与某些菌根真菌共生才能萌发，植株营养生长和生殖生长都需要与特定菌根形成共生关系，才能完成生活史。

栽培技术

（1）场地准备。栽培设施搭建前先翻耕土壤20cm左右，暴晒，表面撒生石灰，用量为每亩75kg。开畦宽1.3m左右，畦沟宽0.35m，长不宜大于40m；畦面平整，畦高约15cm；开好畦沟、围沟，使沟沟相通，排水良好，地下水位0.5m以下。使用单体（或连体）钢架大棚设施栽培，单体棚棚间距在1~2m，配备遮阳网、防虫网、无滴大棚膜、微喷灌等设备。采用离地栽培的搭30~50cm高苗床。石棉瓦等存在安全隐患的材质不得用于垫板、护栏等。

（2）种植。选用"天斛1号""仙斛1号""森山1号""仙斛2号"等良种，以3—6月栽种为宜，有保护地设施9—10月也可栽种，3~4株为一丛，按（10~20）cm×（10~15）cm行株距栽种，做到浅种，轻覆基质。用苗量为每亩8万~10万株。

（3）田间管理。

温度：控制铁皮石斛生长温度为15~30℃。生长期的铁皮石斛遮光率以60%~70%为宜。

水分：栽种后视植株生长情况，控制基质含水量在55%左右，空气相对湿度在75%~85%。

施肥：栽种1周后，可施保苗肥；栽种1个月后，每亩施腐熟的有机肥200~300g（还是kg）；10月下旬喷施1次0.2%的磷酸二氢钾；翌年开春后追施有机肥，每亩100~200kg。

除草：栽种后，及时人工去除棚内及棚外的杂草，棚外可用覆盖除草方法，不应使用化学除草剂除草。

越冬管理：冬季可采用加盖二道膜、无纺布等方式进行越冬保温。进入冬季前要进行抗冻锻炼并适时通风、降低湿度，保持基质含水量在45%~50%。

（4）病虫害防治。主要病害有黑斑病、灰霉病、白绢病等。虫害主要有斜纹夜蛾、短额负蝗、蛴螬、蜗牛等。

繁种技术

铁皮石斛有蒴果无菌培养、茎尖/茎段无菌繁殖、分株扦插3种繁育方法。生产上一般采用蒴果无菌培养，挑选健康饱满的铁皮石斛蒴果，切除花托和花瓣残留。

（1）当地栽培环境的优质、高产、抗病、抗逆性强的审定品种或经鉴定确认的种源。

（2）留种地应具备有效的物理隔离条件。

（3）留种株应该选择品种特性纯正、生长健壮的植株。

（4）在盛花期进行授粉，授粉后立即摘除唇瓣，及时挂标志牌。授粉当年10月以后，采收转黄、饱满、成熟的蒴果，在冰箱中4度短期保存。将挑选好的蒴果用洗涤液清洗干净后，晾干至蒴果表面无水，再用75%的酒精浸泡，擦干，进行无菌播种。利用植物组织培养技术培育铁皮石斛的实生苗、类（拟）原球茎诱导苗和不定芽诱导苗，原球茎继代控制在4~6代，不定芽继代控制在3~5代。3—6月，小心取出经检验合格的组培瓶苗，用清水洗净培养基后，晾至根部发白。用于栽培的苗应该生长健壮、无污染、无烂茎、无烂根，根

2 条以上，叶 4 片以上，株高 3.0cm 以上，茎粗 0.2cm 以上，叶片正常展开，叶色嫩绿或翠绿。栽培前可用 0.1%高锰酸钾溶液泡根 3~5min。作为商品苗，应单层直立放置在塑料筐或纸箱中，包装箱应该结实牢固并设有透气孔，出具质量检验证书，贴上合格标签。

采收加工

（1）采收。鲜品采收时间以当年 11 月至次年 5 月为宜，加工铁皮枫斗（干条）的原料宜在 1—5 月采收。可实行采旧留新和全草采收的方式。

（2）产地初加工。

鲜品：经挑选、除杂、去须根，置阴凉处，防冻。

鲜茎：经挑选、除杂、去叶、去须根，按长短、粗细分类包装，置阴凉处，防冻。

干条：鲜茎经清洗切段，置 50~85℃烘至水分≤12%。

铁皮枫斗：取鲜茎，剪成 6~12cm 的短条。50~85℃烘焙至软化，并在软化过程中尽可能除去残留叶鞘。经卷曲加工、烘干定形成螺旋形或弹簧状的枫斗。用打毛机除去毛边或残留叶鞘。

性状要求

（1）药材性状。

①铁皮石斛鲜品：圆柱形，茎长小于 60cm，横断面圆形，节间微胖；节明显，节间 1.3~1.7cm，不分枝，茎粗 2~6mm，中部以上带叶，叶二列，互生，矩圆状披针形，基部下延为抱茎的鞘，边缘和中肋常带淡紫色，叶鞘常具紫斑，老时其上缘与茎松离而张开，并且留下 1 个环状铁青的间隙。

②铁皮石斛鲜茎：不带叶，圆柱形，横断面圆形，节间微胖；节明显，节间 1.3~1.7cm，不分枝，茎粗 2~6mm，叶鞘常具紫斑（图 10-57）。

③铁皮石斛干条：呈圆柱形的段，长短不等（图 10-58）。

④铁皮枫斗：呈螺旋形或弹簧状。通常为 2~6 个旋纹，茎拉直后长 3.5~10cm，直径 0.2~0.4cm。表面有细纵皱纹，节明显，一端可见茎基部留下的短须根。质坚实，易折断，断面平坦，略角质状（图 10-59）。

（2）规格等级。

铁皮枫斗特级：螺旋形，一般 2~4 个旋纹，平均单重 0.1g~0.5g。色暗绿色或黄绿色，表面略具角质样光泽，有细纵皱纹。质坚实，易折断。断面平坦，略角质状。气微味淡，嚼之有黏性。久嚼有浓厚的黏滞感，残渣极少。

铁皮枫斗优级：螺旋形，一般 4~6 个旋纹，平均单重≥0.5g，色暗绿色或黄绿色，表面略具角质样光泽，有细纵皱纹。质坚实，易折断。断面平坦，略角质状。气微味淡，嚼之有黏性。久嚼有浓厚的黏滞感，残渣极少。

铁皮枫斗一级：螺旋形或弹簧状，一般 2~4 个旋纹，平均单重 0.1g~0.5g。色黄绿色或略金黄色，有细纵皱纹。质坚实，易折断。断面平坦，略角质状。气微味淡，嚼之有黏性。久嚼有浓厚的黏滞感，略有残渣。

铁皮枫斗二级：螺旋形或弹簧状，一般 4~6 旋纹，平均单重≥0.5g。色黄绿色或略金黄色，有细纵皱纹。质坚实，易折断。断面平坦，略角质状。气微味淡，嚼之有黏性。久嚼有浓厚的黏滞感，有少量纤维性残渣。

铁皮石斛一级：呈圆柱形的段，长短均匀，直径 0.2~0.4cm。色黄绿色或略带金黄色，两端不得发霉。质坚实，易折断。断面平坦，略角质状。气微味淡，嚼之有黏性。久嚼有浓厚的黏滞感，略有残渣。

铁皮石斛二级：呈圆柱形的段，长短不一，直径 0.2~0.4cm。色黄绿色或略带金黄色，两端不得发霉。质坚实，易折断。断面平坦，略角质状。气微味淡，嚼之有黏性。久嚼有浓厚的黏滞感，有少量纤维性残渣。

贮藏

置通风干燥处，防潮。鲜品应置具有一定湿度的阴凉库中。

紫苏

基原及性味功效

为唇形科植物紫苏 *Perilla frutescens*（L.）Britt. 的干燥叶（或带嫩枝），又称白苏、青苏。辛，温；归肺、脾经。具有解表散寒，行气和胃的功效（图 10-60）。

产业概况

主要种植于开化、淳安等地，种植面积 1 200 亩左右。

生物学特性

（1）生长发育习性。3 月至 4 月初播种，一般谷雨时（4 月下旬）陆续出苗，至 5 月下旬植株高 4.5~18cm 时具 3~6 对叶片。6 月初至 8 月为紫苏茎叶生长旺盛期。因播种的先后，紫苏 7 月至 9 月初陆续开花，以开花到种子成熟约需 1 个月。果期 9 月初至 10 月下旬。

（2）对环境及产地要求。紫苏性喜温暖湿润气候，如空气过于干燥，茎叶粗硬、纤维多，品质差。对土壤要求不严，以疏松肥沃，排灌方便的砂质壤土或富含腐殖壤土，中性和微碱性土壤为佳。带黏性的黄土壤也能栽种。前茬以小麦、蔬菜为好，也可在果树幼林下间作；可在房前屋后、沟边地角、田边、垄梗上种植，以充分利用土地。

栽培技术

（1）选地与整地。各类土壤都可栽培紫苏，以 pH 值 6.0~6.5 的壤土和砂壤土栽培为好。种植紫苏的田块要求地势平坦、排灌便利。土壤翻耕整细耙平后作畦，畦面宽 90cm，畦沟宽、深各 30cm。为消灭杂草和防止地老虎为害幼苗，定植前 3d 可用除草通喷洒土表并用糖麸和 500 倍液的敌百虫洒在畦面诱杀。

（2）种植。选用日本的食叶紫苏或国内的大叶紫苏品种。3 月中下旬播种，播种前在床面喷洒 300 倍除草通药液除草。喷药后 4d 播种，将种子均匀地撒在床面上，覆盖薄土和稻草浇足水，平覆或架设小拱棚盖膜压平即可。

（3）田间管理。紫苏幼苗具 1~2 片真叶时，开始间苗，拔除瘦弱苗，保留健壮苗。定苗株距宜为 30cm，每穴 1 株。定植 20d 后，对已长成 5 茎节的植株，应将茎部 4 茎节以下的叶片和枝杈全部摘除，促进植株健壮生长。5 月下旬至 8 月上旬是采叶高峰期，每次采摘 2 对叶片，每隔 3~4d 采 1 次。以采收茎叶为目的时，可摘除已进行花芽分化的顶端，促进茎叶旺盛生长。

（4）病虫害防治。常见病害有白粉病和锈病等。虫害主要有小地老虎、蚜虫等。

繁种技术

紫苏生产上以种子繁育。选择生长整齐一致的优良紫苏种源作为留种田，适当少施氮肥，增施磷钾肥，促进其开花结实。根据不同种源特征，在 10 月下旬至 11 月，当种子大部分成熟时，即大部分果萼变褐色时，于晴天上午收割，扎成小把晒干后脱粒扬净，种子保存在阴凉干燥处。

采收加工

（1）采收。夏秋季开花前分次采摘。

（2）产地初加工。除去杂质，晒干。

性状要求

叶片多皱缩卷曲、破碎，完整者展平后呈卵圆形，长 4~11cm，宽 2.5~9cm。先端长尖或急尖，基部圆形或宽楔形，边缘具圆锯齿。两面紫色或上表面绿色，下表面紫色，疏生灰白色毛，下表面有多数凹点状的腺鳞。叶柄长 2~7cm，紫色或紫绿色。质脆。带嫩枝者，枝的直径 2~5mm，紫绿色，断面中部有髓。气清香，味微辛（图 10-61）。

贮藏

置阴凉干燥处。

紫苏梗

基原及性味功效

为唇形科植物紫苏 *Perilla frutescens*（L.）Britt. 的干燥茎。辛，温；归肺、脾经。具有理气宽中，止痛，安胎的功效。

采收加工

（1）采收。秋季果实成熟后采收。

（2）产地初加工。除去杂质，晒干，或趁鲜切片，晒干。

性状要求

呈方柱形，四棱钝圆，长短不一，直径 0.5~1.5cm。表面紫棕色或暗紫色，四面有纵沟和细纵纹，节部稍膨大，有对生的枝痕和叶痕。体轻，质硬，断面裂片状。切片厚 2~5mm，常呈斜长方形，木部黄白色，射线细密，呈放射状，髓部白色，疏松或脱落。气微香，味淡。

紫苏子

基原及性味功效

为唇形科植物紫苏 *Perilla frutescens*（L.）Britt. 的干燥成熟果实。辛，温；归肺经。具有降气化痰，止咳平喘，润肠通便的功效。

采收加工

（1）采收。秋季果实成熟时采收。

（2）产地初加工。除去杂质，晒干。

性状要求

呈卵圆形或类球形，直径约 1.5mm。表面灰棕色或灰褐色，有微隆起的暗紫色网纹，基部稍尖，有灰白色点状果梗痕。果皮薄而脆，易压碎。种子黄白色，种皮膜质，子叶 2，类白色，有油性。压碎有香气，味微辛。

桑叶

基原及性味功效

为桑科植物桑 *Morus alba* L. 的干燥叶。甘、苦，寒；归肺、肝经。具有疏散风热，清肺润燥，清肝明目的功效（图 10-62）。

产业概况

浙江省杭嘉湖种植较多，为主产区，种植面积 280 亩，年产量约 85t。

生物学特性

（1）生长发育习性。桑为落叶乔木或灌木，雌雄异株，花期 4 月，果期 5—6 月。春季当气温上升至 20℃以上时，冬芽开始萌发，随着气温升高，桑树进入旺盛生长期。中秋以后气温逐渐下降，桑树转入缓慢生长期。当气温降至 12℃以下时，桑树停止生长，进入落叶休眠期。

（2）对环境及产地要求。桑树喜光，耐寒，可耐−40℃低温，耐旱，不耐湿涝，可在温暖湿润环境下生长。喜深厚疏松肥沃的土壤，能耐轻度盐碱。

栽培技术

（1）选地与整地。将土地平整、清除杂物，进行深翻。方法有两种。全面深翻：深翻前每亩撒施土杂肥或农家肥 4 000~5 000kg，深翻 30~40cm；沟翻：按种植方式进行沟翻，深 50cm，宽 60cm，表土、心土分开设置，在沟上每亩施土杂肥或农家肥 2 500~5 000kg，回填表土 10cm，拌匀。

（2）种植。12 月至翌年 3 月，在水肥条件好、平整的地块，采用宽窄行种植，三角形对空移栽。要求大行距 200 cm，小行距 67 cm，株距 33~50 cm。每亩移栽桑苗 1 000~1 200 株。要求苗正、根伸，浅栽踏实，以嫁接口入土 10cm 左右为宜，浇足定根水，覆盖地膜。

（3）田间管理。种植翌年春离地 35cm 左右进行伐条，每株留 2~3 个树桩，以后每年以此剪口为准进行伐条，培养成低干有拳式或无拳式树型。每年养蚕结束后进行 1 次中耕，除草根据杂草生长情况，一般每年进行 2~3 次除草。每年进行 4 次施肥。春肥：于桑芽萌动时施，每亩施 20kg 尿素。夏肥：春蚕结束后施，每亩施尿素 20kg，桑树专用复合肥 25kg。秋肥：早秋蚕结束后施，每亩施尿素 5kg，桑树复合肥 10kg。冬肥：12 月初施，每亩施农家肥 1 500~2 000kg。

（4）病虫害防治。常见病害有花叶病、白粉病、疫病等。虫害主要有桑螟、桑瘿蚊、桑尺蠖等。

繁种技术

桑树的良种繁育以无性繁殖为主，常用嫁接繁育和扦插繁育。

（1）嫁接繁育。选用性状比较一致良好无病的种子播种，4~6 月，收集桑树果实洗净种子，播种前，先用温水浸种 15~30min，在浸种时，用手不停搅拌桑种。等到水温自然冷却以后，用滤布将桑树种子沥干，然后再放入清水中浸泡 36~48h，桑树种子在浸泡以后，种子出现明显肿胀并破口后播种。可以穴盆育苗或者做育苗畦育苗，播种后覆盖一层 0.5cm 厚的细砂土，并用水壶喷湿，气温高时注意遮阳，待桑苗生长出 3~4 片嫩叶时进行定植。繁殖实生苗，加强培育管理，使根系发达，主根粗壮，2~3 年后，选择生长大小一致且健康无病的实生苗作砧木。3 月上旬至 4 月中旬嫁接，嫁接方法多采用劈接、插皮、斜接等方法，关键保证皮下形成层对接。在嫁接过程中，刀口要平滑，对接要吻合，尽量少留白，或者不留白。露天嫁接，必须使用胶带捆绑牢固，便于伤口愈合，防止生水灌进，影响成活率。嫁接后，防止砧木部分出青，一般 15~30d 检查一遍，发现砧木部分有新芽，即时抹掉，避免影响成活率。

（2）扦插繁育。一般秋季进行扦插，适宜选用桑树新条上部未木栓化且即将木柱化的部分。母枝则为年轻的桑树。选取生长健壮的枝条中下部，截成长度为 20cm 左右的一段，上部芽要饱满充实且无病害，平芽尖剪，在下端芽的反方向稍下方进行斜剪，剪口需平滑，用吲哚丁酸 500mg/kg（50%）酒精液浸渍插穗 1~10s。斜插在苗床中，插入深度约 10cm，在地上露出部分保留 2 个芽即可，株间距为 2~3cm，保持沙地的湿润，等到发根后就可进行移植。

采收加工

（1）采收。初霜后采收。

（2）产地初加工。除去杂质，晒干。

性状要求

叶片展平后呈卵形或宽卵形，长 8~15cm，宽 7~13cm。先端渐尖，基部截形、圆形或心形，边缘有锯齿或钝锯齿，有的不规则分裂。上表面黄绿色或浅黄棕色，有的有小疣状突起；下表面颜色稍浅，叶脉突出，小脉网状，脉上被疏毛，脉基具簇毛。质脆。气微，味淡、微苦涩（图 10-63）。

贮藏

置干燥处。

桑枝

基原及性味功效

为桑科植物桑 *Morus alba* L. 的干燥嫩枝。微苦，平；归肝经。具有祛风湿，利关节的功效。

采收加工

（1）采收。春末夏初采收。

（2）产地初加工。去叶，晒干，或趁鲜切片，晒干。

性状要求

呈长圆柱形，少有分枝，长短不一，直径 0.5~1.5cm。表面灰黄色或黄褐色，有多数黄褐色点状皮孔及细纵纹，并有灰白色略呈半圆形的叶痕和黄棕色的腋芽。质坚韧，不易折断，断面纤维性。切片厚 0.2~0.5cm，皮部较薄，木部黄白色，射线放射状，髓部白色或黄白色。气微，味淡。

金线莲

基原及性味功效

为兰科植物金线兰 *Anoectochilus roxburghii*（Wall.）Lindl. 的全草，又称花叶开唇兰。味甘，性凉。入肺、肝、肾、膀胱经。具有清热凉血，除湿解毒的功效（图 10-64）。

产业概况

2020 年，浙江生产金线莲面积约 1 000 多亩，组培繁育种苗量约 2 亿余株，初步形成了金华、杭州、温州、台州等产业集聚区。生产模式主要为设施栽培和林下仿野生栽培，其中设施栽培 300 多亩，亩产鲜品 180~210kg，产干药材 19.5kg/亩；林下仿野生栽培亩产面积 1 568 亩，鲜品 80~100kg，产干药材 12kg/亩。

生物学特性

（1）生长发育习性。12 月或翌年 1 月开始组培播种，经 12~15 个月组织培养成母苗，后经茎段培养 4 个月种植于大棚内。每年 4 月金线莲生长速度明显加快；9 月份，金线莲生长速度明显变缓。9 月初，金线莲植株顶端出现花蕾；11 月份初，金线莲花苞开始绽放，11 月中、下旬花开完全，11 月底，花朵开始凋谢；12 月上旬，金线莲经人工授精开始结果，1 月中旬果实成熟，之后金线莲进入休眠期。

（2）对环境条件要求。金线莲适生于温暖湿润的气流环境，要求年平均气温 18~21℃，空气相对湿度 70%~90%。海拔高度影响着植物种类的分布和蕴藏量，主要分布海拔在 200~1 200m，低海拔常分布在山涧溪流两侧，高海拔一般为针阔叶混交林下阴湿、肥沃的环境。金线莲生长缓慢，种子极小、无胚乳，自身繁殖力低，需与某些菌根真菌共生才能萌发，植株营养生长和生殖生长都需要与特定菌根形成共生关系，才能完成生活史。

栽培技术

（1）选地与整地。种植地坡度应小于30°，以东坡、东北坡为佳。土壤类型为红壤或黄红壤，土壤 pH 值为 6.0~6.5，郁闭度 0.7~0.8，腐殖质层 3cm 以上，有机质含量大于等于 40g/kg，有充足的无污染天然水源。在华东地区，林下原地栽培常种于杉木、杂木林或竹林。不宜连作，轮作间隔时间宜 2 年以上。在林下沿等高线顺地形整畦，深翻 20cm，挑除畦内树枝，树根，细致整地，畦宽 60~100cm，畦高 25cm，畦面稍微倾斜，避免积水，畦边开设排水沟，沟深 20cm。

（2）种植。选用"金康 1 号""健君 1 号"等良种，以 3 月中旬至 10 月中旬为宜。

（3）田间管理。移栽苗要求无病虫害，叶片舒展，色泽正常，移栽前基部的培养基用清水漂洗干净，整齐排放在塑料筛里，用 0.05% 高锰酸钾溶液浸泡 1~2min，然后用清水漂洗。移栽时基质保持湿润疏松。移植深度为第一条气生根根尖刚好触及基质，栽植密度 500~600 株/m²，移植后及时遮阳、保湿。栽后 20d 内，培养环境空气湿度保持在 80%~95%；栽植 20d 后，空气湿度保持在 80%~90%，基质含水量用手紧握刚好可以挤出水来。温度保持在 20~30℃，遇到高温和低温天气，进行人工升降温调节。光照强度 1 500~2 000lx，可用遮阳网调节。以腐殖酸肥、有机肥为主，成活前根外施肥一般用植物氨基酸 1 000 倍液喷施，追肥可用根部营养液淋灌，稀释肥料用的水应是干净无污染的清水，采收前停止施肥。

（4）病虫害防治。常见病害有茎腐病、软腐病、灰霉病等。虫害主要有蜗牛、蜻蜓、小地老虎和蛞蝓等。

繁种技术

金线莲目前生产以离体快繁等形式为主。

（1）外植体获取

外植体的选择选取抗病性强及梗茎粗大、叶片宽大且厚者金线莲梗茎作为外植体。外植体的处理首先在流水下用软刷仔细清洗灰尘，用自来水冲洗 10~15min，再用蒸馏水冲洗 1~2 次，移入无菌操作台晾干，把叶片切除至柄底，然后置 75% 酒精液中 12s，取出后放入 5% 次酸钠（商品次氯酸钠 5mL+15mL 水）灭菌 15~18min（最初手摇动 2~3min，再静置 13~15min），接者投入无菌水中清洗 6 次，最后取出在无菌条件下将茎每节眼切成一段置入启动培养基中进行诱导。

（2）无菌培养

1）启动培养基：MS+肌醇 100mg/L+烟酸 0.5mg/L+盐酸硫酸氨 1.0mg/L+盐酸吡哆素 0.5mg/L+甘胺素 20mg/L+6-BA2.5mg/L+KT 3.0mg/L+NAA0.25mg/L+椰子水 50mL/L+蔗糖 2.5%+琼脂 0.7%，pH 值=5.8，在该培养基上培养的金线莲视茶的休眠芽 3 周左右渐新能

大成原球茎，60d 原球茎分裂成丛苗。

2）增殖培养基：MS+肌醇 100mg/L+烟酸 0.5mg/L+盐酸硫酸氨 1.0mg/L+盐酸吡哆素 0.5mg/L+甘胺素 20mg/L+6-BA2.0mg/L+ NAA1.0mg/L+椰子水 50mL/L+蔗糖 2.5%+琼脂 0.7%，pH 值=5.4，培养时间 2 个月。

3）生根培养基：为 1/2MS+NAA0.6mg/L +IBA0.3mg/L+香蕉汁 100g/L，pH 值=5.4~5.6，培养时间 2 个月。以上培养温度为 25±2℃，每天光照 10h，分生期光照度 300~700lx，壮芽期瓶苗 1 200~1 500lx。

采收加工

（1）采收。待金线莲栽培 4~6 个月后，植株高度 10cm 以上，5~6 片叶时即可采收。选择晴天露水干后进行采收。采收时将栽培基质用小铁锹铲松，将金线莲植株连根挖起。

（2）产地初加工。挑选、整理鲜品、除杂，置阴凉潮湿处，防冻；对于干品的加工要以金线莲鲜品为原料，经清洗，采用一定干燥工艺制干，含水量≤12%，置于通风避光干燥处，防潮。

性状要求

金线莲鲜品：全长 4~18cm。根茎弯曲，淡红褐色，稍肉质，节上生根，根粗壮，根表面被柔毛。叶互生，呈卵圆形或卵形，长 1~5cm，宽 1~4cm，先端急尖或骤尖，基部圆钝；叶上表面墨绿色，具金黄色或金红色绢丝光泽的脉纹，下表面淡紫红色或淡绿色；叶柄基部扩大成抱茎的鞘。气微香，味淡微甘。

金线莲干品：常缠结成团，淡红褐色或深褐色。展开后完整的植株 4~18cm。根茎弯曲，节上生根，根表面被柔毛。茎细，具纵皱纹，断面棕褐色。叶互生，多皱缩，完整者展开后呈卵圆形或卵形，长 1~4cm，宽 0.5~3cm，先端急尖或骤尖，基部圆钝；叶上表面暗绿色或深褐色，可见金黄色或橙红色脉纹，下表面红褐色，可见主脉凸起；叶柄基部扩大成抱茎的鞘。气微香，味淡微甘。

贮藏

置通风干燥处，防潮，防蛀。

青钱柳

基原及性味功效

为胡桃科植物青钱柳 *Cyclocarya paliurus*（Batal.）lljin. 的叶，又称摇钱树。微苦，温。树皮、叶、根有杀虫止痒，消炎止痛祛风等功效；叶具清热消渴解毒的功效（图 10-65）。

产业概况

青钱柳为常用中药材，主产于遂昌县，景宁、文成、衢州等地也有种植。全省种植面积在 4 000 多亩，总产量 360t，开发有青钱柳茶等产品。青钱柳被誉为植物界的大熊猫，医学界的第三棵树。

生物学特性

（1）生长发育习性。青钱柳为落叶大乔木，树干通直，常处林冠上层，自然整枝良好，速生。高生长以 1~5 年生最快，5 年以后略降低，但仍处于速生阶段，25 年后迅速下降；胸径在 25 年前均速生，25 年后下降。

（2）对环境及产地要求。青钱柳常生长在海拔 500~2 500m 的山地湿润的森林中。喜光，幼苗稍耐阴，要求深厚、肥沃湿润、排水良好的酸性红壤或黄红壤。较耐旱，萌芽力强，根系发达，生长中速。

栽培技术

（1）选地与整地。喜光，幼苗稍耐阴；要求深厚、喜风化岩湿润土质；耐旱，萌芽力强，生长中速。宜选择生态环境良好，无污染，海拔500m以上，土壤透气性好的地方作为园地。

整地时要求每亩用硫酸亚铁8kg，杀螟松2kg进行土壤消毒。耕耙时，每亩用菜籽饼80kg，磷肥25kg，厩肥2 500~3 000kg作基肥。

（2）种植。10月，果实由青转黄时采摘，去翅混沙贮藏。冬播或春播，种子外壳坚硬，播种前需用温水浸种2~3d，每千克种子5 600粒左右，每亩播种约10kg，采用扦插法较为普遍。11月底至3月中旬种植，选用2年生或1年生以上充分木质化苗木，根系发达、健壮，无病虫害苗，将枝叶修剪干净，主干保留25~30cm，刀口用蜡或树胶涂抹封口，用200~500mg/升的生根粉溶液浸根30min左右。株行距宜1.5m×1.5m，穴宽50cm×50cm，穴深50~60cm，上下两行错位呈"品"字形挖穴。每穴深施充分腐熟有机肥25~30kg，有机肥表面宜覆盖表土10cm以上，树苗与土壤要紧实，然后在树苗周围做成馒头状高墩。

（3）田间管理。前五年幼林期，做好补植，除杂草，扩穴松土、施肥等工作。种植初期，每3~5d浇水1次，保持穴周围土壤湿润，不积水。种植1个月后，发现枯苗、缺苗，宜在种植季节及时补苗。肥料以充分腐熟有机肥为主，结合扩穴松土根施有机肥。叶用青钱柳每年休眠期进行1次修剪，株高宜控制在2m以内，主干高1.5m左右，便于人工采叶。

（4）病虫害防治。青钱柳病虫害少见，常见病害有立枯病等。虫害主要有蜡蝉、地老虎等。

繁种技术

压条繁育。

①培育侧枝：11—12月，选择苗高为0.8~1m、地径为0.6~1.2cm的青钱柳苗木进行栽植，株行距为30cm×100cm。2015年春季发芽时，及时去除苗木主干的顶芽，3—6月主要培育主干左方的4个侧枝，每个侧枝之间的间距为15cm左右。

②主干处理：在第二年6月下旬，当青钱柳侧枝长度为20~30cm时，采用塑料绳对青钱柳苗主干进行捆绑，捆绑位置在两侧枝中间，使每段主干上具1个侧枝，每段主干长度约为15cm，捆绑处分别位于侧枝的上方和下方8cm处。主干的顶梢段仅捆绑其左方8cm处。每株可分为5段。

③挖沟埋条：主干捆绑完后，在青钱柳苗木右方的行间挖沟，沟深度为10cm、宽度为10cm，将其主干弯曲并置于沟中，侧枝的叶片置于地面以上，将主干顶梢前段的叶和芽均露出地面上，用土将沟填平并压实。在主枝弯曲处插入小木叉固定。

④施生根剂：填土后，在每段埋条的侧枝基部浇20mL浓度为100mg/L的吲哚丁酸生根剂溶液，以促进不定根的生长。

⑤苗木管护：在侧枝旁边插入木棍绑扶侧枝，使侧枝直立生长。7—8月青钱柳生长的旺盛期及时进行浇水和施肥，每半个月喷施1次浓度为0.2%的磷酸二氢钾溶液叶面肥，土壤干旱时及时浇水。

⑥分株：在第2016年4月中旬，雨水条件较好时，挖出青钱柳埋条，从捆绑处剪断，即可形成新的青钱柳苗木单株。

采收加工

（1）采收。选择晴天露水干后采收青钱柳叶。3月份采收嫩芽，3~5cm；4月份采收鲜叶，6~8cm；5月份采收鲜叶，10~15cm；6—9月底采收老叶。

（2）产地初加工。工艺流程：鲜叶整理→摊青→杀青→摊晾回潮→揉捻→解块分筛→（烘）炒二青→摊晾回潮→复炒→烘干（足干）。采收后，应及时摊晾，散发热量防止鲜叶变质。因不同时期采收的叶子木质化程度不同，工艺流程中杀青、炒二青、复炒等温度、时间有所不同。

性状要求

小叶片多破碎，完整者宽披针形，长5~14cm，宽2~6cm，先端渐尖，基部偏斜，边缘有锯齿，上面灰绿色，下面黄绿色或褐色，有盾状腺体，革质。气清香，味淡（图10-66）。

贮藏

置干燥处。

第三节　果实和种子类中药材

山茱萸

基原及性味功效

为山茱萸科植物山茱萸 *Cornus officinalis* Sieb. et Zucc. 的干燥成熟果肉。酸、涩，微温；归肝、肾经。具有补益肝肾，收涩固脱的功效（图10-67）。

产业概况

浙江省是山茱萸传统道地主产区，主产于淳安、临安，质量居全国之首。全省种植面积5.45万亩，年产量1 089t，产值约5 500万元，是知名中药"六味地黄丸"中重要的一味。"淳萸肉"获国家地理标志证明商标。

生物学特性

（1）生长发育习性。山茱萸从种子播种出苗到开花结果一般需要6年以上。若采用嫁接苗繁殖，2~3年就能开花结果。山茱萸先花后叶，花期一般在3月初；叶一般在3月上旬展开、4月下旬初步形成。果实生长期在4月上旬至10月中下旬。

（2）对环境及产地要求。山茱萸喜温暖、湿润地区，畏严寒。花芽萌发需气温在5℃以上，最适宜温度为10℃左右，如果低于4℃则受危害。花期遇冻害是山茱萸减产的主要原因。山茱萸喜阳光，透光好的植株坐果率高。山茱萸由于根系比较发达，耐旱能力较强。对土壤要求不严，能耐瘠薄，但在土壤肥沃、湿润、深厚、疏松、排水良好的砂质壤土中生长良好。

栽培技术

（1）选地与整地。宜选择海拔600~1 200m的阴坡、半阴坡或阳坡的山谷和山下部。园地要求光照充足，土质肥厚，质地疏松，排灌良好，富含有机质、肥沃的砂质壤土为主，pH值5.0~7.0，呈微酸性偏中性。

（2）种植。选择抗性好、产量高、品质优良的品种进行栽培。每年11月份苗木落叶后至翌年2月底之间起苗，苗高70cm以上，适当修剪苗木根系。分为秋栽和春栽。实生苗每亩宜栽植30~40株。嫁接苗每亩宜栽植50~55株。扶正苗木，用手轻提苗木，使根系舒展，然后踏实，同时浇透水以定根，之后再覆一层松土。定植后应灌溉2~5次。

（3）田间管理。幼林期每年6—7月进行除草，10月份进行浅垦；成林后每年7月上旬旱季来临至采收前劈除杂草，不得使用任何种类的除草剂，10月份后逐年向树干外围深挖垦抚。施肥第一次在11月或翌年3月上中旬，第二次在6月上中旬。以施有机肥为主，每株施有机复合肥1.0~1.5kg或施尿素和过磷酸钙各0.5kg、饼肥0.5kg。幼林期离幼树30cm处沟施，成林后沿树冠投影线沟施。初花期用2.5%~3.5%的农用硼砂液涂干，盛花期用0.5%~1%的农用硼砂水和5~10mg/kg的2，4-D液混合喷雾2~3次保花保果。整形修剪，培养高产树形。

（4）病虫害防治。常见病害有角斑病、炭疽病、灰色膏药病等。虫害主要有山茱萸蛀果蛾、木橑尺蠖、绿尾大蚕蛾等。

繁种技术

（1）有性繁殖

1）良种选择。要选择树势健壮、冠形丰满、生长旺盛、抗病虫害能力强的中龄树作为采种母株。在山茱萸成熟季节，及时把采集到的果实，从中再挑选果大、籽粒饱满、无病虫的果实，略晒3~4d，待枣皮柔软后剥去皮肉作种。

2）种子处理。山茱萸种壳坚硬，内含一种透明的黏液树脂不易渗水，影响种子的萌发。因此，在育苗前必须进行处理，否则需经2~3年才能发芽。先将种子放到5%碱水中，用手搓5min，然后加开水烫，边倒开水边搅拌，直到开水将种子浸没为止。待水稍凉，再用手搓5min，用冷水泡24h后，再将种子捞出摊在水泥地上晒8h，如此反复最少3天，待有90%种壳有裂口，用湿沙与种子按4∶1混合后沙藏即可。经常喷水保湿，勤检查，以防种子发生霉烂，第2年春开坑取种即可播种。这种处理办法适合春播时采用。如果选择秋播只需用不低于70℃的温水将种子浸泡3d后即可播种（注意待水凉透后要及时更换热水），下种后用薄膜覆盖催芽。也可以用每公斤种子用漂白粉15g，放入清水内搅匀，溶化后放入种子，根据种子多少加水，水面要高出种子12cm左右，加水后用木棍搅拌，每日4~5次，让其腐蚀掉外壳的油质，促使外壳腐烂，浸泡至第3d，把种子捞出拌入草木灰，即可育苗或直播。立春后即可播种育苗。除上述方法之外，农民还有把种子倒入猪圈内的沤制习惯，让其自行踩踏，第一年倒入，第二年或第三年早春扒出，这种方法发芽率高、出苗整齐。

3）播种育苗。

苗床育苗法："春分"前后处理的种子破头萌发，即可播入苗床，播种前每亩施400~500kg有机肥，捣碎后撒施，深耕20cm左右，将地整平：作成宽1米，埂高18cm，长度可视地形而定，平畦床。每畦3行，行距80cm，沟深6cm，种子顺沟均匀撒入，上面先盖有机肥1.5~2cm，再盖1.5~2cm土，经常注意防止旱涝，40d后即可发芽出土。每亩苗田需种子40~60 kg。

直播育苗法：直播育苗法也称为以育代造法。按造林距离，将种子直接播种于山坡上。这种育苗法，管理费工：种子播得过深过浅或天旱都会影响发芽，不宜掌握。种子直播穴深33cm左右，施足底肥，每穴3~5粒，覆土3~5cm。

4）苗期管理。出苗前后，要保持土壤湿润。当幼苗出现3~4对真叶时，进行间苗，除草2~3次。留苗距离7cm，6—7月追肥2次，结合中耕每亩喷施叶面肥2~4kg或复合肥10kg，也可用腐熟的圈肥撒于行间，并将肥料翻入土中，然后浇水。当苗高10~20cm时，干旱、强光处要注意防旱、遮阳。入冬前浇 1 次封冻水，并在根部培土或土杂肥，以保幼苗安全越冬，苗高 70cm 左右时在"春分"前后移栽定植。

（2）无性繁殖

多年来，山茱萸直采用种子繁殖，很少采用无性繁殖方法。山茱萸的无性繁殖首先要选择优良单株；要选择优质丰产的石磙枣、珍珠红等类型作为母株。无性繁殖选出的优良单株，能够保持母株的优良遗传性状，是山茱萸良种繁育的一个重要手段。同时，无性繁殖的植株可提早开花结果，是山茱萸丰产栽培的技术措施之一。无性繁殖的方法有压条、插条、嫁接和组织培养 4 种，此处介绍嫁接繁殖。

1）砧木的选择。嫁接所用砧木必须生长健壮、无病虫害。如果高接换种，砧木树龄不宜过大（以幼龄期或初果期为宜），生长地环境条件要好；如在苗圃地嫁接，砧木粗度应与接穗粗度近似或略粗一些；如进行室内嫁接，则要求根颈部要直，根系要发达完整。

2）接穗的采集和处理。采接穗的母株，必须是优良品系或类型，且树势健壮、无病虫害。要在休眠期采树冠外围的一年生发育枝，采后注意保鲜，防止失水，最好用塑料薄膜包起来。嫁接前将接穗剪成长 10cm 左右的小段（具 1～2 对芽），用石蜡封闭。方法是将石蜡置于容器中（铝盆、铝锅、罐头盒等）加热至 90～100℃时，使容器离开火源，手握接穗一端，浸入蜡液，迅速蘸一下，并甩掉表面多余的蜡液。用同样方法再蘸另一端。这样，整个接穗表面附有一层透明的蜡膜，能很好地防止接穗失水。如蜡层发白，是温度太低，易掉块。温度过高时也易烫坏接穗。蜡封后放在低温处贮藏，以备嫁接。

3）成活的关键因素。

①嫁接时期：嫁接时期应选在砧木的芽萌动时为最佳期，如果嫁接过早，砧木和接穗都处于休眠状态，接口不但不能及时产生愈合组织，反而会使接穗失水影响成活或成活迟缓。嫁接过晚，接穗易萌发，砧木也会因消耗营养而降低成活率，还会影响当年的生长量或造成枝条幼嫩而难以越冬。

②接穗和砧木的形成层要对齐。嫁接能够成活的一个基本原理就是接穗和砧木有亲和力，形成层产生愈合组织填充接缝，使接穗和砧木互相沟通，提高成活率。所以在嫁接时，刀子要快，接穗削面要平直光滑，砧木切口处要光滑挺直，两者形成层务必对齐。

③接口绑扎要牢：山茱萸内含单宁，所以一般认为山茱萸较别的果树难嫁接。山茱萸快速接上以后应立即缚紧接口防止因碰动而使形成层错位。嫁接后至接口愈合前的这段时间内，要尽量减少接穗水分的蒸发，如果这一时期的水分蒸发很快，又得不到及时补充，接穗会逐渐干枯，生命力逐渐衰退，对愈合组织的产生极为不利。因此，防止接穗干燥，特别是接口处干燥，要采取一定措施。如埋土、用塑料薄膜包扎等。

4）嫁接的方法。山茱萸目前多采用枝接，常用的有劈接法、切接法、腹接法等。

①劈接：为最常见的一种传统的嫁接方法。将砧木在距地面 5～10cm 处剪断，在断面中央直向下直切一刀，深 3～5cm，然后取接穗，两侧各削刀，下端削成斜形，一侧稍厚，一侧稍薄，插入砧木的切口中。厚朝外、薄向里，使外侧的砧木和接穗形成层相对，用塑料薄膜条绑紧，以防内部水分蒸发和雨水浸入。

②切接：切接是应用较广的一种枝接方法与劈接相似。操作时在 5～10cm 高的剪断砧木上，选光滑挺直的一面向下纵切长 3～5cm，再把接穗削 3cm 左右的斜面，下端的另一侧削成 45°的马蹄形，随即插入砧木切缝中，使接穗与砧木一侧的形成层对齐，缚紧。

③腹接：在砧木距地面 5～10cm 处，选，光滑挺直的一面，在砧木一侧向下斜切 2～

3cm深，注意下刀的角度要小，切缝的下端不要超过砧木的髓部，以防切断砧木，并能保持一定的夹力。接穗削成一面大一面小的楔形，小面下端削成45°斜面，剪留1~2个芽，劈开砧木切缝，插入接穗，对齐形成层，缚紧扎牢，然后在接口上方5cm处剪去砧木梢部。也可先剪砧后接，但先接后剪砧为好，因为这样做容易劈开切缝，避免接穗插伤，也容易使二者形成层对齐。

采收加工

（1）采收。当山茱萸果实由青变红，大部分（80%以上）为红色，即可采收。采收时期一般为10月前后，不得在露水、雨天下采摘。

（2）产地初加工。净选枝叶、果柄、病果等杂质，软化方法分为水煮、水蒸、火烘3种。将软化冷却后的果实用脱核机或人工挤去果核，同时清除残核等杂物。将果肉均匀薄摊于干净的竹匾上，晾晒，初晒勤翻动后期减少翻动次数；也可用炭火缓烘，初烘温度70℃，勤翻动，后期温度60℃，减少翻动次数；日晒或缓烘至沙沙响时收起，摊凉，置容器中密封。

性状要求

（1）药材性状。呈不规则的片状或囊状，长1~1.5cm，宽0.5~1cm。表面鲜红色、紫红色至紫黑色，皱缩，有光泽。顶端有的有圆形宿萼痕，基部有果梗痕。果肉较厚，油润，质柔软。气微，味极酸、涩、微苦（图10-68）。

（2）规格等级。

选货：鲜红色或深红色，紫红色、暗红色不得过10%，过3号筛。

统货：暗红色、紫红色、红褐色、紫黑色不得过15%，过1号筛。

贮藏

置干燥处，防蛀。

覆盆子

基原及性味功效

为蔷薇科植物华东覆盆子 *Rubus chingii* Hu 的干燥果实。甘、酸，温；归肝、肾、膀胱经。具有益肾固精缩尿、养肝明目的功效（图10-69）。

产业概况

浙江省是华东覆盆子传统道地产区，主产于淳安、临安、建德、桐庐、莲都、江山等山区，目前全省种植面积11万多亩，单产40~50kg，年总产量约4 600t，产业规模占全国50%强。"淳安覆盆子"获国家农产品地理标志登记保护产品。

生物学特性

（1）生长发育习性。覆盆子根属浅根系，主根不明显，侧根及须根发达，有横走根茎。枝为2年生，产果后死亡。在气温低于5℃时，植株常处于休眠状态。5月中旬达盛果期，下旬果实由绿转黄，再转为橘红色，果枝也逐渐枯黄。

（2）对环境及产地要求。覆盆子生山地杂木林边、灌丛或荒野，海拔500~2 000m。覆盆子喜温暖湿润气候；喜光，要求光照良好的散射光；对土壤要求不严格，适应性强，但以土壤肥沃、保水保肥力强及排水良好的微酸性土壤至中性砂壤土的红壤、紫色土等较好。

栽培技术

（1）选地与整地。喜光、喜温暖湿润气候，适应性强，宜选土质疏松肥沃、湿润不积水、土层深厚,以弱酸性至中性的砂壤土为宜,pH 值宜为 5.5~7.0,有机质含量 15g/kg 以上,未使用过除草剂的地块。

深耕 30~35cm,彻底清除树根、杂草等杂物,平整地面,起垄栽培,畦宽 2m 左右。采用带状栽植,平地宜南北向,坡地的行向应与等高线平行。15° 以下坡地全垦,15°~25° 山地建梯田。

(2)种植。选用适合浙江省生态条件的抗病、高产的良种。春季栽植,浙南山区 2—3 月,浙北山区或高海拔地区 3—4 月,秋冬季也可栽植。行距为 2.0m,穴距为 1.5m 左右,每亩 200~250 穴,栽植根系舒展,土壤压实,浇足定根水,地上部分剪留 5~8cm。

(3)田间管理。基肥和追肥以有机肥为主,沟肥推广无烟草木灰,冬季撒播紫云英等绿肥;初夏果实采收后,剪去全部的当年结果枝,每穴保留当年新萌根蘖 2~3 个,长到 1.5m 高度打顶,每丛保留 20~30 个均匀分布的健壮枝条;春季花芽萌发前剪去其顶部干枯、细弱枝条,保持树冠形状,促进结果率;中耕除草,并及时注意补水管理。

(4)病虫害防治。常见病害有根腐病、褐斑病、茎腐病、白粉病等。虫害主要有柳蝙蝠蛾、穿孔蛾、蛀甲虫、金龟子(蛴螬)等。

繁种技术

采用根蘖繁殖为主。根蘖苗繁育期一般在 3—4 月,在浙北山区为 4 月初。

基地留苗:选留发育良好的根蘖苗,移栽后保持土壤潮润、疏松和营养充足,根蘖苗间距 10~15cm。秋冬季根蘖成苗,待其落叶后将根系完整挖出,移植到大田中。

苗圃育苗:在 3~4 月选择新梢发出并已产生不定根(株高 25~35cm)的根蘖苗移栽到育苗圃,株距 35cm,行距 70cm。定植后对植株进行短截,保留 3~4 片叶,株高 15~20cm。

采收加工

(1)采收。从 4 月中下旬开始,果实由绿转黄时选晴天进行采摘,阴雨天、有露水不宜采摘,每次采摘时将成熟适度的果实全部采净。

(2)产地初加工。除净梗叶,置沸水浸略烫或蒸 5~8min 杀青,杀青后的果实,置烈日下晒至完全干燥,筛去灰屑,拣净杂物去梗和红果;或者杀青后的果实,摊开置于烘干设备内,60~70℃烘干,烘 4~8h 直至干燥。干燥后的果实,置清洁、通风、阴凉、干燥处贮藏,避免高温及强光照射。有条件的采用低温冷藏法,温度 5℃ 以下。

性状要求

(1)药材性状。聚合果,由多数小核果聚合而成,呈圆锥形或扁圆锥形,高 0.6~1.3cm,直径 0.5~1.2cm。表面黄绿色或淡棕色,顶端钝圆,基部中心凹入。宿萼棕褐色,下有果梗痕。小果易剥落,每个小果呈半月形,背面密被灰白色茸毛,两侧有明显的网纹,腹部有突起的棱线。体轻,质硬。气微,味微酸涩。红色果实、病残果等杂质不得过 3%(图 10-70)。

(2)规格等级。

选货:红色果实、病残果等杂质不得过 1%,过 6 号筛。

统货:红色果实、病残果等杂质不得过 3%,过 4 号筛。

贮藏

置阴凉干燥处。

栀子

基原及性味功效

为茜草科植物栀子 *Gardenia jasminoides* Ellis 的干燥成熟果实，又称黄栀子、山栀。苦，寒；归心、肺、三焦经。具有泻火除烦，清热利湿，凉血解毒的功效（图10-71）。

产业概况

浙江省是栀子的主产区之一，主产于平阳、泰顺、文成、苍南、淳安、安吉等地。目前全省种植面积6.4万亩，每亩产量约150kg，年总产量约1万t。以栀子为原料开发的美妆产品、洗护产品、食用油等产品已推向市场。"温栀子"获国家农产品地理标志保护产品。

生物学特性

（1）生长发育习性。栀子根系较发达，1~2年生植株主根生长明显，随后侧根生长量大于主根。1年之中，根系生长有3个高峰，分别是春梢停止后、夏梢抽发后和秋梢停止生长后。栀子的芽分顶芽和腋芽，顶芽萌发力强，腋芽多呈隐芽，萌发率低。春梢顶芽，也叫叶芽，大多抽生夏梢；夏梢顶芽，也叫花芽；夏梢腋芽，多数为隐芽。主茎在1年内于春、夏、秋有3个明显的抽生阶段。分别是4月下旬至5月下旬抽春梢，7月上旬至8月上旬抽夏梢，8—9月抽秋梢，11月上旬枝梢停止生长。夏梢是扩大树冠的主要枝条，秋梢则是主要的结果母枝。花期为5月底至6月，果期7—11月，可分4个阶段：生理落果期、果实膨大期、果实着色期和果实成熟期。

（2）对环境及产地要求。幼苗耐荫蔽，成株喜阳光，4年以后在充足阳光的环境里生长，植株矮壮，发棵大，结果多，如过荫，阳光不足，则生长纤弱，影响单株产量。日平均气温高于10℃时，地上部分开始萌芽，14℃开始展叶，18℃现蕾开花，立冬后，气温低于12℃，植株地上部分停止生长，进入休眠。对土壤的适应性较广，在紫色土、黏土、黄壤、卵石土、红壤中均能生长，但以土层深厚，质地疏松，排水透气良好的冲积土、砾质土、夹沙黄壤土为好。

栽培技术

（1）选地与整地。喜温暖湿润气候，幼苗能耐荫蔽，成年植株要求阳光充足，较耐旱。宜选择疏松肥沃，通透性好且排灌方便的沙壤土作为育苗地；种植地宜选土层深厚土壤疏松肥沃的地块。

可利用向阳的荒山、丘陵地成行栽植。整地可分3种方式，一是全垦整地，二是带状整地，带宽0.8~1m，三是穴状整地，穴面积为0.8m×0.8m。整地深度一般40cm。

（2）种植。2月中下旬和9月下旬至10月下旬，选2年生健壮枝条，截成15~20cm长的小段，按株行距10×15cm插于与苗床中，插条入土深约2/3。插后浇透水，保持苗床湿润，1年以后可以移栽定植。

（3）田间管理。12月至翌年2月栽植，一般以2月中旬为好。穴大小为30cm×30cm，每亩栽种350~450株，移栽前苗木用钙镁磷肥拌黄泥浆蘸根。定植后每年在春、夏、秋各中耕除草1次，冬季全垦除草并培土1次，发现死亡缺株及时补种。追肥分别施用发枝肥、促花肥、壮果肥，冬季施基肥。定植生长1年后冬季开始修剪，定植后2年内摘除花芽。

（4）病虫害防治。常见病害有斑枯病、栀子黄化病等。虫害主要有龟蜡蚧、蚜虫等。

繁种技术

（1）扦插繁殖

春、秋两季均可进行。春季多在2月中下旬，秋季在1月前。扦插时，从生长健壮，果大肉厚，无病虫害的母株上，剪取 1~2 年生、发育充实的嫩枝，截成 15~20cm 长的插条，每段要有 3 个以上的节位，剪去下端叶片，仅留上端叶片 2~3 张，斜插入土。也可用 ABT 生根粉或萘乙酸浸泡促进生根。

（2）种子繁殖

春、秋两季均可播种，以春播为佳。春播多在 2 月下旬至 3 月初，秋播在 9 月下旬至 10 月。播种前，剥开果皮，取出种子，置清水中揉搓，漂洗去杂质，捞去浮在水面的瘪子，将沉于水底的饱满种子取出，稍晾干后，随即播种。或用 45℃ 温水浸种 2h 播种；或用选出的种子进行沙藏催芽，待大部分种子裂口露白时播种，播后出苗整齐。

采收加工

（1）采收。3 年后每年在果皮呈红黄色时分批采收，10 月下旬采收第 1 批已经成熟的果实，11 月上旬采收剩余的全部果实。

（2）产地初加工。及时除去杂质、虫果和霉果，将栀子用 105~135℃ 蒸汽杀青 4~6min，进入烘房用 55℃ 以下热风循环烘干约 20h，再"发汗" 1d，最后用 65℃ 烘干；或太阳下暴晒约 5d，至七成干，然后堆放室内"发汗" 1~2d，接着再晒 4~5d，再收回"发汗" 2~3d，最后晒 5~6d，控制含水量在 7%，风机去杂、装袋，仓储注意防鼠防霉。

性状要求

（1）药材性状。呈长卵圆形或椭圆形，长 1.5~3.5cm，直径 1~1.5cm。表面红黄色或棕红色，具 6 条翅状纵棱，棱间常有 1 条明显的纵脉纹，并有分枝。顶端残存萼片，基部稍尖，有残留果梗。果皮薄而脆，略有光泽；内表面色较浅，有光泽，具 2~3 条隆起的假隔膜。种子多数，扁卵圆形，集结成团，深红色或红黄色，表面密具细小疣状突起。气微，味微酸而苦。成熟果实，空壳、虫孔等杂质不得过 3%（图 10-72）。

（2）规格等级。

选货：过 10 号筛，无空壳、虫口等杂质。

统货：过 8 号筛，空壳、虫口等杂质不得过 3%。

贮藏

置通风干燥处。

吴茱萸

基原及性味功效

为芸香科植物吴茱萸 *Euodia rutaecarpa*（Juss.）Benth.、石虎 *Euodia rutaecarpa*（Juss.）Benth. var. officinalis（Dode）Huang 或疏毛吴茱萸 *Euodia rutaecarpa*（Juss.）Benth. var. bodinieri（Dode）Huang 的干燥近成熟果实，又称吴萸、曲药子。辛、苦、热，有小毒；归肝、脾、胃、肾经。具有散寒止痛，降逆止呕，助阳止泻的功效（图 10-73）。

产业概况

浙江省主产于建德、淳安、缙云、平阳等地，以吴茱萸为主。目前全省种植面积 1.08 万亩，投产每亩产量 100kg 左右，年产量约 1 020t。浙江传统生产以小花品种为主，近几年从湖南等地引种中花品种，会受梅雨季影响，造成落果现象。

生物学特性

（1）生长发育习性。每年均有一个生长周期，在春季气温回升到 20℃ 时开始抽芽展叶，5—6 月进入生长高峰，花期 6—8 月，果期 7—9 月，11—12 月开始落叶。吴茱萸为多年生木本植物，一般扦插苗在定植后第四年即可挂果。但第 1 年产量少，产量以后逐年增加，4~12 年为盛果期。植株寿命 15~20 年，抚育管理好的可达 30~35 年。

（2）对环境及产地要求。吴茱萸喜阳光充足、温暖的气候环境，不耐寒冷、干燥。土壤要求不严，一般山坡地、平原、房前屋后、路旁均可种植，中性、微碱性或微酸性的土壤都能生长，但作苗床时以土层深厚、较肥沃、排水良好的壤土或砂壤土为佳，低洼积水地不宜种植。

栽培技术

（1）选地与整地。选地宜选阳光充足，温和湿润，土质疏松，排水良好，耕作土层深度大于 30cm，pH 值 6.0~7.0 的微酸性砂质壤土为宜。可选择疏松的坡地、疏林下或林缘旷地，海拔一般不超过 1 000m。

整地以坡度 15° 以下平缓坡地直接开穴栽种，坡度 15° 以上坡地沿等高水平线挖定植穴，穴大小以直径 50cm，深 50cm 为宜。按定植密度按株行距 3m×4m，挖定植穴时要注意将心土与表土分开堆放。

（2）种植。宜选用本省小花品种，慎用中花品种。早春萌发前移栽定植，每亩种植 110 株左右。每株底肥施腐熟有机肥 10kg、钙镁磷肥 0.5kg 拌 25kg 土混匀。一般扦插苗在定植后第四年即可挂果。

（3）田间管理。在当年 5 月、翌年发芽前、第二年发芽前，定期对幼龄期吴茱萸进行修剪，成矮干低冠、外圆内空、树冠开展、通风透光的丰产树，修剪后及时施肥。进入盛果期后，保留枝条粗壮、芽苞饱满的枝条，剪除过密枝、重叠枝、徒长枝和病虫枝。及时中耕除草，中耕深度 5~10cm；冬季在离根茎 40cm 处开挖宽 20cm，深 30cm 环形沟，每年依次向外扩展，每株施入腐熟有机肥 10~15kg、草木灰 1~2kg 和钙镁磷肥 0.5~1.0kg。及时清除病枝病叶及有虫枝叶，带出田外烧毁。用灯光诱杀土蚕和金龟子成虫，用黄板诱杀蚜虫。整地时，人工捕杀暴露的土蚕和蛴螬，在土蚕为害高峰期的清晨进行田间人工捕杀。

（4）病虫害防治。常见病害有煤污病、锈病等。虫害主要有褐天牛、凤蝶、小地老虎、红蜡蚧、铜绿丽金龟等。

繁种技术

吴茱萸花单性异株，人工一般只栽培雌株，因此，种子多不发育，故常用扦插繁殖。于冬季或早春 2 月新梢萌发前进行，选择 4~5 年生雌性吴茱萸优良品系健壮母株，从上选取 1~2 年生的枝条，截成 20~25cm 长的插穗（含 2~3 节），上端剪成平口，下端近节处削成马耳形斜面。每 50 根左右捆成一捆，用 500mg/kg 萘乙酸蘸下端切口 1~2cm 处，1~2s 后，取出晾 15~30min。由下而上剪取，插穗上端剪口距离叶柄 0.3~0.4cm，下端剪口剪成一个马耳形的斜面，剪口平滑，不要撕破表皮，不可伤腋芽。

选择阴天，按株行距 15cm×20cm，把处理好的插穗斜插入整好的苗床上，插穗与床面呈 60° 角，扦插深度为插条的 1/2~2/3，枝条上端露出地面 10cm 左右，芽眼向上，扦插完毕，浇足一遍水，并加盖塑料拱棚保温保湿，若遇晴天应加盖透光率为 30% 的遮阳网遮阳，阴天及晚上及时揭去。

采收加工

（1）采收。在 6—9 月，当吴茱萸植株上的果实饱满并呈青绿转为黄绿色，心皮尚未分离时即可采收。宜在晴天采摘，采摘时应将果穗成串剪下，严防折断果枝及过分振动植株。

（2）产地初加工。采收后，应立即摊在网筛或竹席上晾晒，晚上收回需晾开，切勿堆积发酵，连晒 5~8d，则可全干。若遇雨天，可加热烘干。晒干或烘干时，温度不得超过 60℃，并经常翻动，使之干燥一致。干燥后直接用手或木棒等搓揉敲打下果实，用网筛筛去枝叶、果柄等杂质。

性状要求

（1）药材性状。呈球形或略呈五角状扁球形，颗粒细小，直径 2~5mm，表面暗黄绿色，粗糙，有多数点状突起或凹下的油点。先端裂瓣不明显，多闭口，基部残留被有黄色茸毛的果梗。质硬而脆，横切面可见子房 5 室，每室有淡黄色种子 1 粒。气芳香浓郁，味辛辣而苦（图 10-74）。

（2）规格等级。

选货：无黑色颗粒，直径 0.2~0.3cm，杂质不得过 3%。

统货：直径 0.2cm 以上，杂质不得过 6%。

贮藏

置阴凉干燥处，防潮，防泛油，防虫。

薏苡仁

基原及性味功效

为禾本科植物薏米 *Coix lacryma-jobi* L. var. ma-yuen（Roman.）Stapf 的干燥成熟种仁，又称薏苡、米仁。甘、淡、凉；归脾、胃、肺经。具有利水渗湿，健脾止泻，除痹，排脓，解毒散结的功效（图 10-75）。

产业概况

浙江省是薏苡的传统道地主产区，也是我国最早栽培薏苡的地区之一，主要分布于泰顺、缙云、文成、江山、庆元县等地。全省种植面积 8 200 亩，单产每亩 220kg，年总产量 1 822t。"缙云米仁"获国家地理标志登记保护产品。浙江康莱特药业用于提取生产"康莱特注射液"，年销售额 5 亿多元。

生物学特性

（1）生长发育习性。薏苡的生育期一般是 130~180d。可分为幼苗期、分蘖期、拔节期、孕穗期、抽穗开花期和成熟期。薏苡幼苗期种粒大胚乳多，外壳坚硬。分蘖从三叶期开始，一般出苗后 3 周左右，分蘖期为 30~45d。肥沃、湿润的土壤环境有利于分蘖，一般气温在 24~26℃分蘖多而快，适期早播、适当稀植产生的分蘖多。当薏苡的幼苗长出 8~10 片叶子即进入拔节期，地上基部茎节开始生出气根。随着茎节的伸长，叶片不断长大，薏苡进入孕穗期，这时应及时灌水保湿，保持湿润栽培，适时增加追肥，增产效果显著。当薏苡的雌雄小穗从平头状剑叶露出时即进入抽穗开花期，抽穗后 10~15d 就开花，花期持续 30~40d。雌雄子穗的花期为 3~4d，雌小穗比雄小穗提早 3~4d 抽出和开放。花期连雨或过分干旱将影响受粉。

（2）对环境及产地要求。薏苡为湿生性植物，耐涝不耐旱，喜温暖气候，喜光照充足，忌高温闷热，不耐寒。对土壤要求不严，一般肥沃潮湿、中性或微酸性、保水性强的黏壤土中植株生长良好。海拔高度对薏苡栽培也有一定的影响，海拔 200~2 000m 处常见，一般随着海拔的升高，薏苡植株高度降低，分蘖能力相应减退。

栽培技术

（1）选地与整地。薏苡对土壤要求不严，可选择河道和灌渠两侧低洼涝地种植，干旱严重环境和过于瘠薄土壤不宜种植。忌连作，也不宜与禾本科作物轮作。

播种前 10~20d 用 41% 草甘膦 150~250mL 兑水 30~40kg 喷雾，除草后及早翻地，开沟做畦，畦宽 120cm，畦沟深 25cm，腰沟 25cm，围沟 30cm。

（2）种植。选用"浙薏 1 号""浙薏 2 号"或"缙云米仁"等地方品种，每亩播种量 5~6kg。为预防薏苡黑穗病，播种前应晒种 1d 后再浸种 24h，然后在沸水中烫 2~3 秒，立即摊开，晾干水气。4 月底至 5 月初直播或育苗移植。直播提倡穴播，按株行距 50cm×30cm，每穴种 3~4 粒，播后盖土压实与地面相平。育苗移植，在苗高 15~20cm 时移植大田。

（3）田间管理。幼苗 3~4 片真叶时间苗，每穴留苗 2~3 株。拔节后，摘除第一分枝以下的老叶和无效分蘖，以利通风透光。及时中耕除草、培土，防后期倒伏。第一次中耕时，每亩施农家肥 1 500kg，或过磷酸钙 5kg 加硫酸铵 10kg（此肥料现在很少直接施用）；第二次中耕时，施复合肥 50kg；于开花前叶面喷施 1~2% 的磷酸二氢钾溶液。孕穗和扬花期，注意及时灌水。提倡使用生物源农药和矿物源农药及新型高效、低毒、低残留农药。

（4）病虫害防治。常见病害有黑穗病、叶枯病等。虫害主要有玉米螟、黏虫等。

繁种技术

用种子繁殖。薏苡是常异花授粉植物，薏苡良种需要隔离繁育，从苗期、拔节期和灌浆期注意拔除杂株。扬花期可以用长竹竿赶粉辅助授粉。采收前，选分蘖率强、着粒密度高、成熟期一致的丰产性单株作为种株。待种子成熟时采收，剔除有病虫害及未熟种子。选留饱满、具光泽的种子作为翌年繁殖用种。

采收加工

（1）采收。霜降至立冬前（10 月下旬至 11 月中旬）采收，以植株下部叶片转黄时，80% 果实成熟为适宜。收割时选晴天割取全株或只割茎上部，割下打捆堆放 3~5d，可使未成熟粒后熟，用打谷机脱粒。大面积种植可以采用收割机作业，提高采收效率。

（2）产地初加工。脱粒后晒干或烘干，扬去杂质进行贮藏。将净种子用碾米机碾去外壳和种皮，筛或风净。注意要根据近期使用量进行定量加工，加工成薏苡米后很难长时间保存。

性状要求

宽卵形或长椭圆形，长 4~8mm，宽 3~6mm。表面乳白色，光滑，偶有残存的黄褐色种皮；一端钝圆，另端较宽而微凹，有 1 淡棕色点状种脐；背面圆凸，腹面有 1 条较宽而深的纵沟。质坚实，断面白色，粉性。气微，味微甜（图 10-76）。

贮藏

置通风干燥处，防蛀。

佛手

基原及性味功效

为芸香科植物佛手 *Citrus medica* L. var. *sarco dactylis* Swingle 的干燥果实，又称佛手柑。辛、苦、酸，温；归肝、脾、胃、肺经。具有疏肝理气，和胃止痛，燥湿化痰的功效（图 10-77）。

产业概况

金华北山罗店、赤松等多个出山口及周边区域种植已有 600 多年，现种植面积超过 2 000 亩，结果面积约 1 000 亩，年产值约 5 000 万元，2014 年获国家农产品地理标志保护，选育出"阳光""秋意""千指百态"等良种。

生物学特性

（1）生长发育习性。佛手用扦插法种植的 2～3 年后开花结果。其结果期为每年 3—5 月、6—8 月。3—5 月结的果称为"春果"，春果坐果率低，果小；6—8 月中旬结的果称为"伏果"，果大且多。

（2）对环境及产地要求。喜光，不耐阴；喜温暖湿润环境，最适生长温度为 20～25℃，低于 0℃易受冻害，低于-8℃易死亡，高温季节要移至凉爽而又荫蔽的地方养护。适合疏松肥沃、富含腐殖质、排水良好的酸性土壤、砂质土壤。

栽培技术

（1）选地与整地。育苗地宜选避风向阳、排灌良好、交通方便的平地。移栽时作床，苗床高 25cm，宽 100～120cm。

（2）种植。在 4 月初移栽，种植密度具体视植株大小而定，以 25cm×25cm 或 30cm×30cm 为宜。

（3）田间管理。移植前 1 个月，每亩施腐熟栏肥 1 000kg，或腐熟饼肥 100kg，缺磷的土壤每亩增施磷肥 50kg。整形修剪时，主干上保留 3～4 个分布均匀的健壮枝条，待枝条木质化时进行修剪。枝条的长度可根据培养目标而定，盆栽苗控制在 5～10cm 为宜。水分管理以不干不浇，浇则浇透为原则。采用沟灌的苗圃，苗床中心湿润即放水，有条件的可采用喷灌。高温季节灌溉应在早晨、傍晚或夜间进行。雨季及时清沟排水。施肥次数应根据苗木的生长情况而定。5—6 月可适当施氮肥，8 月中旬可施 1 次磷钾肥。

（4）病虫害防治。常见病害有炭疽病、灰霉病、脚腐病及茎腐病等。虫害主要有红蜘蛛、潜叶蛾、介壳虫、凤蝶、斜纹夜蛾、金龟子、蚜虫及白粉虱等。

繁种技术

佛手生产上主要用扦插繁殖。春季扦插在 4 月中旬至 5 月，秋季扦插在 8 月中下旬。温室条件下四季都可扦插。从采穗圃或优良植株上采集枝条。春季扦插采用上年的秋梢，秋季扦插采用当年生的枝条。要求枝条的中央直径在 0.5cm 以上，截成长度 8～12cm 的插条，要求切口平滑，每根插条至少有 4～6 个芽，要求随剪随插。

采收加工

（1）采收。7 月下旬至 10 月果实陆续成熟，果皮由绿开始变浅黄绿色时采收。分批成熟，随熟随采。

（2）产地初加工。选晴天，摘下果实，趁鲜纵切成薄片、摊薄快速晒干或低温烘干。药材水分不得过 15.0%。

性状要求

类椭圆形或卵圆形的薄片，常皱缩或卷曲，长 6～10cm，宽 3～7cm，厚 0.2～0.4cm。顶端稍宽，常有 3～5 个手指状的裂瓣，基部略窄，有的可见果梗痕。外皮黄绿色或橙黄色，有皱纹和油点。果肉浅黄白色或浅黄色，散有凹凸不平的线状或点状维管束。质硬而脆，受潮后柔韧。气香，味微甜后苦（图 10-78）。

贮藏

置阴凉干燥处，防霉，防蛀。

衢枳壳

基原及性味功效

为芸香科植物常山胡柚 *Citrus changshan-huyou* Y. B. Chang 的干燥未成熟果实，又称胡柚片。苦、辛、酸，微寒；归脾、胃经。具有理气宽中，行滞消胀等功效（图 10-79）。

产业概况

衢枳壳是浙江省地方特色药材品种，衢州市的常山、柯城、衢江、龙游等地为主产区，目前胡柚种植面积约 12 万亩，年产衢枳壳 6 500 余 t，产值达 2 亿多元。常山县是"中国胡柚之乡"，"常山胡柚"获国家农产品地理标志保护产品、国家地理标志证明商标。

生物学特性

（1）生长发育习性。常山柚橙实生树冠较高大，呈高圆头形，主干高而明显，8~10 年投产；枳砧树冠矮化，呈扁圆头形，4~5 年投产，但株高不及实生树高。常山柚橙树势强健，叶肥厚，对严寒的抵抗力强；其枝条柔韧性好，故能抗冰雪压迫而不折断。实生树主根发达、嫁接树侧根发达。水平分布比树冠投影面积大，树冠投影外缘附近的根群最密集。

（2）对环境及产地要求。常山柚橙喜阳光，宜栽于排水良好，富含有机质、保水能力强的土质疏松的微酸性土壤。土壤含水量保持 20%~30% 时最利于不同生育期的生长。

栽培技术

（1）选地与整地。选择土层疏松、地下水位低于 1m 的砂壤土或坡度 20° 以下的红黄壤坡地，不易发生冻害的，pH 值 5.5~6.5。

整地于秋冬挖定植沟，山地可挖定值穴宽 1.0m、深 0.8m 为宜，每亩下填有机肥 10t，后覆土填实，高出地面 15~20cm。平地可挖穴定植，定植穴长宽各 1.0m，深 0.5m 以上，穴内分层，施有机肥 50~70kg。

（2）种植。

种子采穗：必须采自常山柚橙原产地产品保护范围内的种苗繁育基地生产的良种。选择品系纯正，产品质量稳定，没有变异的成年树作为采集接穗的母本树。

种苗培育：选用枳属枳为砧木，在选定的母本树上剪取当年的粗壮春梢或成熟夏梢为接穗。采用柑橘单芽腹接的方式嫁接。春季定植，以嫁接苗进行矮化密植，山地株行距（3.5~4.0）m×4.0m 为宜；平地株行距 4.0m×（4.0~4.5）m 为宜。

（3）田间管理。培养主枝和副主枝，合理布局侧枝群，投产前 1 年树高冠率控制在 1.0~1.2m，保持生长结果相对平衡，绿叶层厚度 120cm 以上，郁闭度控制在 80%~85%，达到通风透光，立体结果。将草覆盖在树基部四周；叶花比在 2：1 以下的树应采取保果（花）措施。按叶果比（60：1）~（70：1）进行疏果，7 月疏除的幼果可作为衢枳壳中药材原料。在花期、新梢生长期和果实膨大期要求土壤含水量保持在 20%~30%，田间持水量 60%~80%。重点施好芽前肥、壮果肥、冬肥，注重有机肥的使用，注意平衡施肥，使氮、磷、钾及钙、镁、锌等微量元素供应全面，防止缺素症的发生。小青果采摘前一个月禁止使用化学农药。

（4）病虫害防治。常见病害有黄斑病、黑点病等。虫害主要有红蜘蛛、锈壁虱、潜叶甲、蚧类等。

繁种技术

常山胡柚多采用嫁接繁殖。常山胡柚长期以来实生繁殖，20 世纪 80 年代初开始应用嫁接繁殖，以枳为砧，砧穗亲和，树冠矮化，表现良好。产区作为胡柚砧木的种类有 10 余种，应用最普遍的是枳、柚与本砧，其中枳砧树冠矮化，始果期早，目前生产上大面积应用的也是枳砧嫁接苗。11 月采集砧木果实，洗净胶质物，阴干至表皮发白，保留饱满种子。砧木树的种子可于冬春季播种，但冬播比春播好，冬播在立冬以后，春播在 2 月底之前。砧木幼苗长到 10cm 左右高时于 3—4 月进行移栽。当年秋季 9—10 月，砧木幼苗用胡柚叶芽作接穗，芽接当年不解绑、不剪砧。待到第二年春天萌芽前，再将嫁接苗解绑，并将嫁接处上方的砧木苗剪去。当苗高达 30cm 可以摘心以促进侧枝生长。胡柚苗怕冻，尤其是冬季连续低温时，要盖稻草或农用薄膜。大面积商品基地的苗木定植，宜在 3 月上旬，秋季也可移植。

采收加工

（1）采收。7 月，果皮尚绿时选晴天采收。

（2）产地初加工。采摘的小青果应及时摊置阴凉处或进行初加工处理，应尽量避免损伤。自中部横切，果面直径 3~5cm。切面向上摊放在洁净场所上晾晒，翻晒 7~10d 至含水量低于 10% 即可。机械烘干需将温度控制在 40~60℃，避免温度过高，造成炭化，影响质量。仓储环境整洁，无污染源，做好防虫蛀、防鼠、防霉变等。

性状要求

（1）药材性状。呈半球形，直径 3~5cm，切面外果皮棕褐色至褐色，中果皮黄白色至黄棕色，近外缘有 1~2 列点状油室，内侧有的有少量紫褐色瓤囊。质脆。气香，味苦、微酸（图 10-80）。

（2）规格等级。

选货：过 10 号筛，直径 3.0~4.0cm。

统货：过 8 号筛。

贮藏

置阴凉干燥处，防霉，防蛀。

衢陈皮

基原及性味功效

为芸香科植物柑橘 *Citrus reticulate* Blanco 其栽培变种（主要为椪柑、朱橘等）的干燥成熟果皮。苦、辛，温；归肺、脾经。具有理气健脾，燥湿化痰等功效（图 10-81）。

产业概况

衢州是衢陈皮主要产区，其辖区内湖南镇以其独特的库区环境小气候，夏季昼夜温差相对较大，相对湿度较高，该地区产出的衢陈皮品质高。目前衢州常年种植面积 3.3 万亩，年产衢陈皮原材料 1 132 余 t，产值约 1 600 万元。

栽培技术

（1）选地与整地。喜阳光，排水良好，保水能力强的肥沃砂质壤土。选择坡度 25° 以下、海拔 300m 以下的地方建园。土层深 50cm 以上，地下水位在 100cm 以下，经改土后土质疏松肥沃，土壤 pH 值 5.5~6.5，有机质 15g/kg 以上。

（2）种植。春季定植在 2 月下旬至 3 月中旬。秋季定植在 10 月上旬至 10 月中旬。定植采用定植沟或定植穴两种方式。定植沟宽 80cm、深 60cm。定植穴直径 100cm、深 60cm。丘陵坡地株行距 3.5m×4m 或 4m×4m，每亩栽 42～48 株。平地株行距 4m×5m，每亩栽 34 株。当树冠覆盖率达 70%，应对加密部分植株进行间伐或移栽。

（3）田间管理。对 1～3 年生树，以整形培养树冠为主，培养主枝、选留副主枝，树高率控制在 1.5～1.7m，及时摘除花蕾。对 4～6 年生长结果树，继续培育扩展树冠，合理安排骨干枝，适量结果。对 6～30 年盛果期树，绿叶层厚度 200cm 以上，树冠覆盖率控制在 80% 以内，通风透光，立体结果。多花树春季适度修剪，减少花量；在 7 月中旬将横径在 2cm 以下的果实疏除，8 月下旬将横径在 3.5cm 以下的果实疏除。幼龄橘园在夏季和冬季于树盘外种植绿肥或豆科作物。土壤 pH 值小于 5.5 的园地改土时，每亩撒施石灰 50～100kg；结果树每亩年施肥量以氮磷钾纯养分计为 115～145kg，施好芽前肥、保果肥、壮果肥等，花期和幼果期根据树体营养状况叶面喷施锌、镁、硼等微量元素肥料。旱季做好培土和树盘覆盖进行保水，果实品质形成关键期（采收前的 20d 内）控水。

（4）病虫害防治。常见病害有疮痂病等。虫害主要有蚜虫、螨类、红蜘蛛等。

繁种技术

（1）种子繁殖

以生长旺盛、无病虫害、果脐显著的植株作采种母树。采下成熟果实，去掉果皮，取出种子，用清水洗净，晒干水汽。选择成熟种子与湿沙 1∶2 混合贮藏。3 月播种，播种前用 35～40℃温水浸种 1h，再用 0.1% 高锰酸钾浸泡 10min，用冷水洗净，晾干后播种。将种子均匀撒播在畦上，每亩用种 25～35kg，播后覆细土，厚度约 1cm，盖草保持湿润，10 多 d 后即可发芽。生长 1 年后分栽 1 次，培育 2～3 年后移栽。

（2）嫁接繁殖

1）砧木的选择。选生长快，根系发达，抗逆性强，与接穗亲和力强，抗寒的品种，有枳橙、枸头橙、红柠檬、酸橘、香橙、酸柚、宜昌橙等的 2～3 年壮苗。将砧木苗地面 10～30cm 处锯断，断面宜平，再从砧木断面中央向下垂直纵切 5～6cm 深切口。

2）接穗选择和截取。选择无病虫害、健壮、质量好的橘树嫩枝作接穗，并将接穗剪成 10～15cm 长，并有 2～3 个芽的接穗，在接穗基部两侧各削 1 刀，成"V"形，其长度与劈口相等。

3）枝接时期。在砧木树液开始流动，而接穗尚未萌动时进行。

4）枝接方法。将接穗插入砧木切口内，双方形成层韧皮部互相衔接，然后以薄膜包扎。培育 2 年后即可移栽。

采收加工

（1）采收。在果实面红只占 1/4 的即可采摘，若采摘时间过迟，会影响果树翌年的结实。采摘时要用采果工具（果剪、采果梯、箩筐等），不可用棍乱打，或用手摘而使果蒂留在枝上，这样会影响翌年产量，采的果实也易于腐烂。

（2）产地初加工。采摘后的鲜果宜及时加工，无法及时加工的，应规范地做好保鲜措施。加工的主要流程是净选→开皮→翻皮→干皮→包装→入库。

性状要求

衢陈皮常剥成数瓣，基部相连，有的呈不规则的片状，厚 1～4mm。外表面橙红色或红棕色，有细皱纹和凹下的点状油室；内表面浅黄白色，粗糙，附黄白色或黄棕色筋络状维管束。质稍硬而脆。气香，味辛、苦（图 10-82）。

贮藏

置阴凉干燥处，防霉，防蛀。

瓜蒌

基原及性味功效

为葫芦科植物栝楼 *Trichosanthes kirilowii* Maxim. 或双边栝楼 *Trichosanthes rosthornii* Harms 的干燥成熟果实，又称栝楼、双边栝楼。甘、微苦，寒；归肺、胃、大肠经。具有清热涤痰，宽胸散结，润燥滑肠的功效（图 10-83）。

产业概况

浙江省西南山区有种植，以栝蒌为主。面积 4 万亩左右，产量约 4 000t。

生物学特性

（1）生长发育习性。4 月上、中旬出苗，至 6 月初，为生长前期，生长缓慢。从 6 月至 8 月底，地上部分长加速。6 月后陆续开花结果。8 月底至 11 月，茎叶枯蒌为生长后期。10 月果实成熟。从茎叶枯蒌死亡至次春发芽为休眠期。年生育期为 170~200d。

（2）对环境及产地要求。喜温暖潮湿气候。较耐寒，不耐干旱。选择向阳、土层深厚、疏松肥沃的砂质壤土地块栽培为好。不宜在低洼地及盐碱地栽培。

栽培技术

（1）选地与整地。应选择砂壤土，土层深厚，疏松湿润但又不涝渍，微酸性或中性土壤，排灌方便，近 3 年未种过葫芦科、茄科类作物的地块种植。

选定地块后，在四周开好排水沟，按搭架要求起高畦，开好定植穴，定植穴规格：平地 50cm×50cm×35cm，坡地 80cm×80cm×40cm。按 4m×4m 搭建生产棚架。

（2）种植。选用开花早、坐果率高、籽大、粒重、产量高、品质好的品种，如花山 1 号等。土壤解冻至种根萌芽前进行种植，选择大小一致、无病虫、无损伤的种根，种前用 80%代森锰锌可湿性粉剂 500 倍液或 50%多菌灵可湿性粉剂 500 倍液浸种 10min。1 年生种根每亩栽 303 株，行株距 2m×1.1m，并四周配 10%雄株，种后盖 3~5cm 的面土，然后覆盖地膜。第二年保留 151 株，行株距 2m×2.2m。第三年保留 75 株，行株距 2m×4.4m。隔 3 年重新种植，实行轮作。

（3）田间管理。每株留 1~2 个健壮芽作主茎，除去多余的芽及主茎基部的侧芽。主茎长至 18~22cm 时开始盘藤，主茎长至 1.5~2m 时及时打顶，留 2~4 个侧枝，并及时摘除主藤上的瓜，子藤长至 1~1.5m 坐稳一批瓜时及时打顶，留 6~9 个次侧枝藤上网架。果实膨大期剪去坐果节位的边侧枝和未坐果的徒长枝。雄株控制生长，生长高度在 2m 时打顶，盘藤不上架。地上部分枯死后，将园内架上的枯枝残叶清理出园并集中销毁，及时清沟培土，每亩施腐熟有机肥 1 000kg、腐熟饼肥 30kg、磷肥 30kg，保暖越冬。

（4）病虫害防治。常见病害有炭疽病、蔓枯病、病毒病等。虫害主要有蚜虫、黄守瓜、瓜绢螟、根结线虫等。

繁种技术

栝楼的繁殖方式，一般有种子的有性繁殖、分根及压条 3 种。

（1）种子繁殖

1）有性杂交技术。栝楼雌雄异株，是异花授粉植物。选择杂交亲本及整理花序：选择健壮、无病的植株作为亲本，用镊子将已开放和不作杂交用的花朵、花蕾全部去掉。为提高结实率，宜选第一分支花序上的花朵，每株留 20 朵左右小花为宜。采集花粉与授粉：在开花期杂交当天 8：00~9：00，把雄花摘下，将花冠流苏撕掉，露出雄蕊花药，用小镊子将父本植株上刚刚开花的花药取下，放入指形管或称量瓶中，务必使花粉囊开裂，花粉散出。用毛笔或者棉花蘸取雄花花粉，授到雌花柱头上，一般 1 朵雄花可供 10~20 朵雌花用。授完粉后再套袋，并挂上标签，1 周后去掉纸袋，果实成熟后可按杂交组合收取种子。

2）选种。9—10 月在结实率高、果大、籽多、粒重、品质好的良种栝楼植株上，选取熟透、无病虫的果实作种果。选出的种果吊在阴凉通风处，待来年播种前剖果取籽，或剖果取籽晒干砂藏越冬。

3）种子处理。一般在 2 月底 3 月初将种子放入清水中洗净，除去浮籽及霉烂的籽粒，25~35℃变温处理 1 个月，然后用 50% 的 200 倍浸种消毒 2~6h 即可播种。

4）播种育苗。营养土用腐熟的蓄肥 20%、草木灰 20%~30%、砂壤土或未种过瓜的园土 50%~60% 混合，充分拌匀、打碎、过筛装钵，浇透底水播种，1 钵播籽 1~2 粒，平放。播后覆土，盖上地膜和小拱棚膜保湿保温。出苗后揭膜间苗，通气炼苗，保留 1 钵 1 苗，待幼苗长出 3~4 片真叶时，起苗移栽。一般在 5 月上旬选择晴天上午定植。

（2）分根繁殖

以种子为生产目的，则以选雌株的根为主，雄株的比例以 10%~15% 为宜，以利于自然授粉。选择生长健壮、结果 3~5 年的优良品种，在清明前后，将根挖出，从中选择外皮鲜嫩、无病虫伤害、直径 3~6cm、断面白色、无黄筋者作种根，掰成 5~10cm 长的小段。切口可蘸黏土、草木灰及钙镁磷肥（1∶1∶2）混合物，也可再喷 0.5~1.0mg/kg 赤霉素，晾干后栽种。切段也可在室内晾放 12~24h，以使切口自然愈合，栽时再拌些草木灰。种植时行距约 1.5m，株距约 0.5m，深度约 5cm，上面覆土保墒，每亩种 600~800 株。保持土壤湿润，雨后及时排涝，锄草松土。第二年整枝疏芽。以石柱或木柱作支架，铁丝拉网，高粱秆、竹竿编织，高约 1.5m，搭架面积约占总面积的 90% 以上。引苗上架，每颗留 2~3 分枝，合理摆好秧苗，除去多余的分枝及腋芽。

（3）压条繁殖

根据栝楼茎节易生不定根的特征，在夏秋季雨水充足、气温高的时候，将符合留种要求植株的健壮茎蔓拉于地下，在叶基部茎节上压土，每节压一堆土。待节部长出不定根后再将节间剪断，使每个节长成一株新的植株。

采收加工

（1）采收。9~11 月果实先后成熟。当果皮表面开始有白粉、蜡被较明显，并稍变为淡黄色时，便可分批采摘。

（2）产地初加工。采摘后，将茎蔓连果蒂编成辫子，挂起晾干。不要让两个果实靠在一起，以防霉烂。勿暴晒烘烤，否则色泽深暗。

性状要求

呈类球形或宽椭圆形，长 7~15cm，直径 6~10cm。表面橙红色或橙黄色，皱缩或较光滑，顶端有圆形的花柱残基，基部略尖，具残存的果梗。轻重不一。质脆，易破开，内表面黄白色，有红黄色丝络，果瓤橙黄色，黏稠，与多数种子黏结成团。具焦糖气，味微酸、甜。

贮藏

置阴凉干燥处，防霉，防蛀。

瓜蒌皮

基原及性味功效

为葫芦科植物栝楼 *Trichosanthes kirilowii* Maxim. 或 *Trichosanthes rosthornii* Harms 的干燥成熟果皮。甘，寒；归肺、胃经。具有清热化痰，利气宽胸的功效。

采收加工

（1）采收。9—11 月果实先后成熟。当果皮表面开始有白粉、蜡被较明显，并稍变为淡黄色时，便可分批采摘。

（2）产地初加工。秋季采摘成熟果实，剖开，除去果瓤及种子，阴干。

性状要求

常切成 2 至数瓣，边缘向内卷曲，长 6~12cm。外表面橙红色或橙黄色，皱缩，有的有残存果梗；内表面黄白色。质较脆，易折断。具焦糖气，味淡、微酸（图 10-84）。

瓜蒌子

基原及性味功效

为葫芦科植物栝蒌 *Trichosanthes kirilowii* Maxim. 或双边栝蒌 *Trichosanthes rosthornii* 的干燥成熟种子。甘、寒；归肺、胃、大肠经。具有润肺化痰，滑肠通便的功效。

采收加工

（1）采收。9—11 月果实先后成熟。当果皮表面开始有白粉、蜡被较明显，并稍变为淡黄色时，便可分批采摘。

（2）产地初加工。秋季采摘成熟果实，剖开，取出种子，洗净，晒干。

性状要求

栝楼：呈扁平椭圆形，长 12~15mm，宽 6~10mm，厚约 3.5mm。表面浅棕色至棕褐色，平滑，沿边缘有 1 圈沟纹。顶端较尖，有种脐，基部钝圆或较狭。种皮坚硬；内种皮膜质，灰绿色，子叶 2，黄白色，富油性。气微，味淡。

双边栝楼：较大而扁，长 15~19mm，宽 8~10mm，厚约 2.5mm。表面棕褐色，沟纹明显而环边较宽。顶端平截。

第四节　花类中药材

杭白菊

基原及性味功效

为菊科植物菊 *Chrysanthemu mmorifolium* Ramat. 的干燥头状花序，又称杭菊、菊花。甘、苦，微寒；归肺、肝经。具有散风清热，平肝明目，清热解毒等功效（图 10-85）。

产业概况

杭白菊主要分布于桐乡、兰溪等地。目前全省种植面积 5.6 万亩，每亩单产 200kg 左右（干品），年总产量约 1.1 万 t，产量约占全国总量的 50%，"杭白菊"获国家农产品地理标志保护产品，"桐乡杭白菊"获国家地理标志证明商标。

生物学特性

（1）生长发育习性。杭白菊以宿根越冬，地下部分仍不断发育。翌年春萌发新芽，苗期生长缓慢，10cm 高以后生长加快，高 50cm 后开始分枝。9 月中旬，不再增高和分枝。杭白菊为短日照植物，在短日照下能提早开花。一般在 9—11 月进入花期，花期为 40~50d，朵花期 5~7d。

（2）对环境及产地要求。杭白菊耐寒冷、喜温暖，对气温的适应性较强。一般年平均气温 15~20℃的地方均能正常生长，最适生长温度为 20℃左右。地下宿根耐寒冷，但不能抵御-23℃以下的低温。杭白菊为短日照植物，每天光照在 10~11h。杭白菊既怕涝又怕旱，喜土壤肥沃，宜选择地势较高、地势平坦、排灌良好、土层深厚、保肥保水性能良好的黏土或黏壤土，pH 值以 6.5~7.0 为宜。前作宜为水稻或其他旱地作物。不宜栽种在低洼田、烂水田。

栽培技术

（1）选地与整地。杭白菊系旱地作物，既怕涝又怕旱，对土壤要求不严，选择以肥沃的沙质壤土为好，忌连作，有条件的地方可实行水旱轮作。

深翻土壤 25cm 左右，每亩施入腐熟堆肥或厩肥 2 000kg。作高畦，畦宽 1.3m，开畦沟宽 40cm，四周做好排水沟。

（2）种植。选择小洋菊、早小洋菊等优质抗病品种，并在前一生育期间提纯去杂，积极推广应用脱毒健康种苗。一般在 4 月上中旬，择雨后土壤潮润时定植，每亩苗数在 3 500~5 000 株。可选择单栽压条栽培或套作压条栽培。

（3）田间管理。分 1~2 次进行菊花压条，第一次在移栽后 1 个月左右，当苗高 30~50cm 时可进行，待新侧枝长到 20cm 左右，进行第二次压条。6—8 月在压条后新梢长到 10~15cm 时，分 1~2 次摘心（打顶），每亩分枝数达 12 万株。要及时做好清沟排水，排除地面积水，防止沤根死苗；夏秋遇高温干旱，及时灌水（浇水）抗旱，花蕾期（现蕾及花蕾膨大期）需保持足够的水分，满足其生理需求。肥料使用以有机肥和复合肥为主，禁止使用硝态氮肥。重点防治好叶枯病、蚜虫、斜纹夜蛾、甜菜夜蛾等，以生物防治、物理防治为主。

（4）病虫害防治。常见病害有叶枯病、枯萎病、霜霉病、白粉病、花腐病、锈病、花叶病毒病、叶枯线虫病、白绢病等。虫害主要有菊天牛、大青叶蝉、棉蚜、菊姬长管蚜、豌豆潜叶蝇等。

繁种技术

采用分蘖育苗和扦插育苗。生产上以分蘖育苗为主。选择土壤肥力较好、地势高燥、菊花生长好、病虫害少的田块留种。菊花采摘、茎叶枯萎后，清除地上部分枯枝残叶，越冬前覆盖一层松土，厚度以不见菊花压条为度，以利于安全越冬和促进根系发育；开春后每亩施入人粪尿 200kg、草木灰 100kg，周边开好排水沟。待菊苗株高 25~35cm 可移栽。移栽时宜选择生长良好、无病虫害、茎粗壮、根系发达的菊苗。

生产上杭白菊良种繁殖主要用分根繁殖和扦插繁殖，少数地区还沿用压条繁殖。分根繁殖虽然前期容易成活，但因后期根系不太发达，易早衰，进入花期时，叶片大半已枯萎，对开花有一定影响，花少而小，还易引起品种退化；而扦插繁殖虽然较费工，但扦插苗移栽后生长势强，抗病性强，产量高。

分根繁殖：秋季收菊花后，选留健壮植株的根蔸，上盖粪土保暖越冬。翌年 3—4 月，扒开烘土，并浇稀粪水，促进萌枝迅速生长。4—5 月，待苗高 15~25cm 时，选择阴天，将根挖起；分株，选择粗壮和须根多的种苗，斩掉菊苗头，留下约 20cm 长，按行距 40cm、株距 30cm，开 6~10cm 深的穴，每穴栽 1 株。栽后覆土压实，并及时浇水。浙江桐乡由于前茬是榨菜，榨菜清明后即可采收，故多用此法。

扦插繁殖：4—5 月进行。选粗壮、无病虫害的新枝作插条，截成 10~12cm 长，摘除下部叶子，插条下端切成斜面，切口蘸上黄泥浆，按株行距 8cm×15cm 插入苗床，入土深度为插条的 1/2~2/3，随剪随插。插时苗床不宜过湿，否则易死苗。最适宜插条生根的温度为 15~18℃。插苗后，最好在上面盖一层稻草，并搭好荫棚，保持一定湿度，约 20d 就可生根。30~40d 后，苗高 20cm 时，即可移栽大田。移栽前可打顶 1 次。栽培方法同分株繁殖法。江苏射阳由于前茬是油菜或小麦，收获较迟，故多用此法。

压条繁殖：4 月中旬，待苗高 15~25cm 时，选择阴天，将根挖起；分株，选择粗壮和须根多的种苗，行距 60cm，株距 50cm，开 6~10cm 深的穴，每穴栽 1 株，6—7 月把枝条向四周均匀分布，用土块压住枝条。为促进生根，可在枝条压土处用小刀轻轻割破外皮。

采收加工

（1）采收。10 月下旬至 11 月下旬，选择晴天露水干后采收。胎菊以花蕾充分膨大、花瓣刚冲破包衣但未伸展为标准，一般饮用菊以花心散开 30%~50% 为标准；药用菊以花心散开 50%~70% 为标准，做到分批、分级采收。采收时使用的竹编、筐篓等用具保持清洁。

（2）产地初加工。采收后及时将鲜花运抵清洁卫生的干制加工场所，来不及加工的须在室内摊开阴干水分，防止堆压发热变质，地上铺设竹帘或防虫网。加工方法有传统干制和蒸汽杀青热气流干燥加工，加工过程中不得添加任何添加剂，禁止用硫黄熏蒸，保持产品道地纯正特性。烘干的菊花包装后放入冷库贮藏，防止受潮霉变。

性状要求

（1）药材性状。杭菊呈碟形或扁球形，花朵均匀，直径 2.5~4cm，常数个相连成片。总苞片碟状；总苞片 3~4 层，卵形或椭圆形，草质，黄绿色或褐绿色，外面被柔毛，边缘膜质。花托半球形，无托片或托毛，舌状花浅黄色或玉白色，平展或微折叠，彼此粘连，通常无腺点；管状花多数，黄色外露。瘦果不发育，无冠毛。体轻，质柔润，干时松脆。气清香，味甘、微苦（图 10-86）。

（2）规格等级。

选货：除去杂质，过 3 号筛；管状花多数，直径约占头状花序的 1/5。

统货：杂质不过 3%，过 1 号筛。

贮藏

置阴凉干燥处，防潮，防蛀。

西红花

基原及性味功效

为鸢尾科植物番红花 *Crocus sativus* L. 的干燥柱头，又称番红花。甘，平；归心、肝经。具有活血化瘀，凉血解毒，解郁安神的功效（图 10-87）。

产业概况

浙江是西红花全国主产区，作为国家重点发展的中药材品种，主产于建德、秀洲、永康、缙云、海盐、武义等地。目前全省种植面积约 4 200 亩，花丝年总产量约 4.5t，约占全国的 50%，花丝深红色，有光泽，无黄点，品质好。"建德西红花"获国家农产品地理标志登记保护产品。

生物学特性

（1）生长发育习性。西红花靠种球进行无性繁殖，完成 1 个生长周期需要 1 周年时间。生产上可分为种球田间繁殖阶段和室内培育开花采花阶段。11 月中、下旬西红花种球移栽到田间至次年 5 月上、中旬新种球起土，为田间种球繁殖阶段；种球起土后置室内，经过 6—8 月的休眠后，8 月下旬种球萌芽至 10 月下旬开花、采花，称为室内培育开花阶段。

（2）对环境及产地要求。西红花喜温暖湿润的气候，较能耐寒、怕涝、忌积水。在不同的生长发育时期，对环境条件有不同的要求。

①温度：西红花植株在田间生长期间适温范围为 1～19℃，2—4 月温度为 5～14℃。冬季温暖湿润有利于植株的营养生长。一般西红花能耐零下 7～8℃ 的低温，低于零下 10℃，植株生长不良，新种球较小。植株生长后期平均气温稳定在 20℃ 以上，气温超过 25℃ 时植株生长不良。

西红花在花芽分化期、成花和开花过程中对温度十分敏感。花芽分化适温范围为 24～27℃，偏高或偏低不利于花芽分化。花芽在分化发育过程中，要求温度具有"低—高—低"的变化节律，前期温度略低对花芽分化有利；中期温度较高，花芽分化快，成花数多；后期，花器官的生长又要求较低的温度。开花期适温为 14～18℃，5℃ 以下花朵不易开放，20℃ 以上待放花苞能迅速开放，但又会抑制芽鞘中幼花的生长。

②水分：西红花种球在室内培育开花时，要求空气相对湿度保持在 80% 以内，湿度偏低，开花数减少。湿度超过 90% 易引起种球放根，造成根的枯黄损伤。西红花种球移入田间种植后必须保持土壤湿润，以利种球吸水，充分发根和展叶生长。翌春 3—4 月新种球膨大期间更需充足水分，以利新种球增大，但生长期间田间不能积水。西红花花芽分化后期要防止湿度过大，以免提前发根并影响种球繁殖。种球贮藏培养阶段和花芽萌发期，应保持阴暗，保湿降温。

③光照：西红花生长需要充足的阳光，芽的生长有较强的向光性。在光照充足和适宜的温度下，能促进新种球的形成、膨大。花芽萌动时，室内应保持阴暗。花芽萌发后，光照对芽鞘长度有明显调节作用，当芽鞘长 3cm 时，散射光充足时，芽鞘可控制在 10～15cm，芽鞘短而粗壮，有利开花。光照不足，芽鞘细长，花蕾伸出芽鞘外困难，易死花烂花，影响花丝产量和质量。

④土壤：以肥沃、疏松，排水良好的砂质壤土，种球生长良好。西红花是喜肥作物，尤其在种球膨大之前的营养生长期，更需要充足的养分。在黏性重，透气透水性差、阴湿的地方生长不良。

栽培技术

（1）选地与整地。种植西红花的田块要求土壤肥沃疏松，排灌方便，地下水位低的高燥田。前作以水稻等水田作物为好，不允许使用甲磺隆等化学除草剂。前作收获后，一般亩施商品有机肥 500kg、过磷酸钙 50kg 和进口含硫三元复合肥 40～50kg 作底肥，进行多次翻耕耙碎土块，清理残根，然后进行平整土地，使土块充分细碎疏松。种球种下后，每亩用

2 000~3 000kg腐熟栏肥或1 000~1 500kg干稻草覆盖行间作面肥。

（2）种植。西红花生产分大田种球繁育和室内培育开花两个阶段。严格选用无病球茎和抗性好的品种，选用"番红1号"等良种，可采用异地换种减轻病害的发生。栽种前先剥除种球苞衣，留足主芽，除净侧芽，按种球大小分类；栽种前15~20d深翻土壤，打碎土块，于11月上、中旬选晴天移栽，最迟不超过12月上旬，每亩用种400~450kg；栽种后，每亩用干稻草1 500kg覆盖行间作面肥，然后将沟中的泥土覆盖于畦面，覆土厚度3cm左右。

（3）田间管理。种球繁殖管理：种球栽种前先剥除种球苞衣，留足主芽，除净侧芽，用70%进口甲基硫菌灵800倍液或50%多菌灵可湿性粉剂1 000倍液浸种；按种球大小分类定植，合理密植，种植深度以种球直径的2倍以上为宜；看苗施追肥，追肥用45%硫酸钾复合肥15kg兑水浇施，2月中旬至3月初，用0.2%磷酸二氢钾溶液加喷施宝一支进行根外追肥，间隔7~10d连喷2~3次。西红花田要严防杂草，在定植前，可用丁草胺100mL冲水50kg喷雾，定植以后田间有草就用手工拔除，不能锄铲和施用未经试验的除草剂，以免伤害西红花种球根系或造成药害。

种球培育开花管理：西红花种球在室内摊放1周以后，利用空余时间对种球进行整理。齐顶端剪去种球残叶，剥去老根，剔除有病斑、虫斑和受伤的种球。按种球重35g以上、25~35g、15~25g、8~15g分成4档，分别进行摊放、上匾。种球上匾上架后，至萌芽前，室内以少光阴暗为主，室温控制在30℃以内，相对湿度保持在60%左右。8月底9月初种球开始萌芽，当芽长至3cm时，室内光线要逐步放亮，但应避免直射光的照射。根据芽的长度调控室内光线强弱，即芽过长要增加室内亮度，过短则减弱光线亮度。一般主芽长度控制在20cm以内。

（4）病虫害防治。常见病害有西红花腐烂病、西红花腐败病、红花菌核病、西红花毒素病等。虫害主要有蛴螬、非洲蝼蛄等。

繁种技术

西红花主要以种球无性繁殖为主，生产中可以用小种球培育大种球或大种球留足主芽和多留侧芽，经1周年种植后达到快速增加种球数量的目的。采用异地换种减轻病害发生。

采收加工

（1）采收。当花蕾将开时及时采摘，先集中采下整朵花后再集中剥花，采摘时断口宜在花柱的红黄交界处，剥花用手指撕开花瓣，取出花丝。

（2）产地初加工。当天采下的花丝摊薄，在专用烘干机上烘干，在40~50℃条件下烘至含水量不超过12.0%，不宜晒干和阴干。烘干的花丝及时包装，并在5℃左右的恒温库贮藏。

性状要求

（1）药材性状。西红花干花丝呈线形，三分枝，长约3cm。暗红色，上部较宽而略扁平，顶端边缘显不整齐的齿状，内侧有一短裂隙，下端有时残留一小段黄色花柱。体轻，质松软，无油润光泽，干燥后质脆易断。气特异，微有刺激性，味微苦（图10-88）。

（2）规格等级。

选货：无黄色的花柱残留，长约3.0cm。

统货：残留黄色花柱不得过3%。

贮藏

置通风阴凉干燥处，避光，密闭。

山银花

基原及性味功效

为忍冬科植物灰毡毛忍冬 *Lonicera macranthoides* Hand. -Mazz.、红腺忍冬 *Lonicera hypoglauca* Miq.、华南忍冬 *Lonicera confuse* DC. 或黄褐毛忍冬 *Lonicera fulvoto-mentosa* Hsu et S. C. Cheng 的干燥花蕾或带初开的花，又称土银花。甘，寒；归肺、心、胃经。具有清热解毒，疏散风热等功效（图10-89，图10-90）。

产业概况

山银花是浙江温州地区传统道地药材，以灰毡毛忍冬、红腺忍冬为主。目前全省种植面积1.5万亩，年总产量约2 000t，主要分布在瑞安、文成、永嘉、泰顺、平阳、乐清、淳安、新昌、开化、莲都、景宁等地。

生物学特性

（1）生长发育习性。1—5月长成的新枝是主要开花枝。红腺忍冬花期4—6月，果熟期10—11月；灰毡毛忍冬花期5—7月，果熟期10—11月。

（2）对环境及产地要求。红腺忍冬喜温和湿润气候，多生长于阳光充足的海拔200~700m的灌丛或疏林中，耐寒、耐旱、耐涝，适宜生长的温度为20~30℃，对土壤要求不严，耐盐碱。但以土层深厚疏松的腐殖土栽培为宜。

栽培技术

（1）选地与整地。宜选择背风向阳、光照良好的缓坡地或平地，以土层深厚、疏松、肥沃、湿润、排水良好的砂壤土，酸碱度为中性或微酸性，灌溉方便的地块为好。

将苗圃地翻耕整平做畦，畦面成龟背形，畦宽120~150cm，沟深25~30cm。

（2）种植。种植前将土地全面深翻30cm，施足底肥，筑成宽约1m的畦。一般按行株距100cm×70cm挖穴，穴径40cm，穴深30cm。穴内施入底肥与土混匀，将幼苗适当修剪后，每穴栽种1株，填土压实浇水。

（3）田间管理。在定植成活后的前两年，每年中耕除草3~4次，进入盛花期后，每年春夏之交需中耕除草1次，每3~4年深翻改土1次。结合深翻，增施有机肥，促使土壤熟化。为了方便采摘和管理，每年夏季和冬季进行修剪整形，使树高和冠幅宜控制在1.3m左右。整个植株整形一般需2~3年完成。使用农家肥为主，控制硝态氮肥的使用量，实现磷钾肥配合使用。

（4）病虫害防治。常见病害有褐斑病等。虫害主要有圆尾蚜、咖啡虎天牛、尺蠖等。

繁种技术

山银花良种生产上多采用无性繁殖。

（1）扦插繁殖

山银花扦插繁殖不论是直接扦插还是育苗扦插，应分别在春季和秋季进行。华南地区春季宜在新芽萌发前扦插，秋季宜在9—10月进行。扦插宜选择在雨后阴天进行，因为此时气温适宜，空气、土壤湿润，扦插后成活率高，生长较好。插条宜选择1~2年生健壮、充实、无病虫害的枝条，截成30cm长的小段，每段具3个节以上。然后将下部叶片摘除，留上部2~4片叶，下端近节处削成平滑的斜面，每20条或50条扎成一小捆，用0.05%吲哚丁酸溶液快速浸泡下端的斜口 5~10s，稍晾干后，立即进行扦插。

直接扦插：在整好的种植地内，挖穴，穴距 1.3~1.7m，土壤肥沃的地区可适当加大株距，穴深、宽各 35cm。每穴施有机肥 3~5kg，每穴斜放 5~6 根插条，入土深为插条的 1/3~1/2，再填回细土用脚踩实，浇 1 次透水，保持经常湿润，1 个月左右即可生根发芽。

扦插育苗：选肥沃、湿润、灌溉方便的砂质壤土，放入土杂肥作基肥，翻耕，整细，做苗床。在整好的苗床上，按行距 20cm，开沟深 20cm，然后在沟内按株距 3~5cm 把插条斜插在沟内，入土 1/3~1/2，覆土压实，从畦的一端开始，开 1 行沟，插入 1 行插条，依次进行扦插，插后淋透 1 遍水。畦上可搭荫棚，或盖草遮阳，待长出根后再撤除。以后若遇天气干旱，每隔 2d 要浇 1 次水，保持土壤湿润。1 个月左右可生根发芽。以后加强管理，到第 2 年春季可以移栽。采用此法繁殖，移植后第 2 年可以开花，第 3~4 年便进入盛花期，并能获得大量种苗。

（2）压条繁殖

用湿度 80% 左右的肥泥垫底并压盖已开过花的藤条一些节眼，再盖上草以保湿润。一般只需 2~3 个月即可生出不定根。待不定根长老后（约需半年），便可在不定根的节眼后 1cm 处剪断，让其与母株分离而独立生长。稍后便可带泥一起搬出栽种。一般从压藤到移栽只需 8~9 个月，栽种后的次年便可开花。压条繁殖方法，不需大量砍藤，不会造成人为减产。倘若留在原地不挖去栽种，因有足够营养，也比其他藤条长得茂盛，开的花更多。比起传统的砍藤扦插繁殖，除能提早 2~3 年开花并保持稳产、增产外，更重要的是操作方便，不受季节和时间限制，成活率也高。

（3）分株繁殖

在冬末春初山银花萌芽前，挖开母株，进行分株，将根系剪短至 0.5m，地上部分截留 35cm。每穴种 3 株。种后翌年就能开花。但母株生长受到抑制，当年开花减少，甚至不能开花。因此，产区除利用野生优良品种分株外，一般较少应用。山银花移栽应在春季 4 月上中旬，秋季 9 月上旬进行，选阴雨天移栽。如遇天旱，小苗需带土。栽前应深翻土地，放入厩肥、堆肥，与土混匀，整细耙平。按行、株距 100cm×70cm 挖穴，穴的深、宽视植株大小而定，穴内施肥，与土拌匀，将幼苗适当修剪后，每穴栽下壮苗 1~2 株，种时要使其根部自然伸展开。然后，覆土压实，淋透水 1 次，苗上可盖草保湿，以提高成活率。

采收加工

（1）采收。5—8 月，当花蕾由绿色开始变为白色，即下部绿色，上部白色膨胀将要裂口而尚未开放时采摘为宜。采摘应在上午 11 时前进行。

（2）产地初加工。采摘下来的山银花尽量在当天完成加工，干燥程度以干花捏而有声、抓而即碎、色泽纯正、香气浓郁即可。山银花采后应及时加工干燥。加工方法包括晾晒、烘烤和蒸汽干燥。烘烤方式又分为火炕烘干和烘箱烘干。

性状要求

灰毡毛忍冬，呈棒状而稍弯曲，长 3.0~4.5cm，上部直径约 2mm，下部直径约 1mm。表面绿棕色至黄白色。总花梗集结成簇，开放者花冠裂片不及全长之半。质稍硬，手捏之稍有弹性。气清香。味微苦甘（图 10-91）。

红腺忍冬，长 2.5~4.5cm，直径 0.8~2mm。表面黄白至黄棕色，无毛或疏被毛，萼筒无毛，先端 5 裂，裂片长三角形，被毛，开放者花冠下唇反转，花柱无毛。气清香，味微苦甘（图 10-92）。

贮藏

置阴凉干燥处，密封冷藏，防潮，防蛀。

第五节　皮类中药材

杜仲

基原及性味功效

为杜仲科植物杜仲 *Eucommia ulmoides* Oliv. 的干燥树皮，又称丝棉皮。甘，温；归肝、肾经。具有补肝肾，强筋骨，安胎等功效（图 10-93）。

产业概况

浙江省西南山区有种植，种植面积 2.1 万亩，年产量约 760t。

生物学特性

（1）生长发育习性。杜仲为风媒花，雌雄异株。雄株花芽在 3 月底萌动，早于雌株，雄花先叶开放，花期较长；雌株花芽在 4 月初萌动，相差 3~5d，雌花与叶同放，花期较短。实生苗定植 10 年左右才能开花，以后年年开花结果。果期为 7—9 月，11 月进入休眠期。

（2）对环境及产地要求。杜仲喜温暖湿润气候和阳光充足的环境，对温度的适应幅度比较宽，平均气温 9~20℃，最高气温不高于 44℃，能耐严寒，成株在 -30℃ 的条件下均可正常生长发育。杜仲属于喜光树种，只有在强光、全光条件下才能良好生长。对土壤要求不严，但在土层深厚、肥沃、富含腐殖质的砂性壤土中生长较好。

栽培技术

（1）选地与整地。苗圃地宜选择地势向阳、土质疏松肥沃、排灌方便、富含腐殖质的壤土或砂壤土为宜。施入厩肥，与土混匀，耙平，做成高 15~20cm，宽 1~1.2m 的高畦。

定植地选择土层深厚、疏松肥沃、排水良好的向阳缓坡、山脚、山的中下部地段。定植前深翻土壤，施足底肥，耙平，行株距（2~2.5）m×3m 挖穴，深 30cm，宽 80cm，施入基肥，与穴土拌匀。

（2）种植。适宜冬播。冬播一般随采种随播种，在 11—12 月完成，多采用条播。在整平的畦面上按行距 25cm，开 10cm 宽、3cm 深的横沟，把处理好的种子均匀撒在横沟内，盖细土平畦，再盖稻秆保湿，并淋透水。

（3）田间管理。杜仲播种后，要保持土壤湿润，若地表干燥要淋水保湿。幼苗出土把盖草揭开。种子出苗后，注意中耕除草，浇水施肥。幼苗忌烈日，要适当遮阳，旱季要及时喷灌防旱，雨季要注意防涝。苗高 3cm 时，把弱苗、过密苗拔除，保持苗距 10cm 左右，并施薄人粪尿，每亩 500kg，6 月、8 月各施 1 次，每亩每次施人畜粪水 1 000kg 或 3~5kg 尿素兑水 500kg 施，冬末春初，当苗高 60cm 以上时，就可出圃造林。

成株每年春季结合松土、除草，每亩追施厩肥 1 000~2 000kg。每年冬季适当将侧枝及根部幼芽剪去。使主干生长粗壮。

（4）病虫害防治。常见病害有立枯病、根腐病、叶枯病。虫害主要有扁刺蛾、木蠹蛾等。

繁种技术

杜仲生产上以种子繁殖为主。

（1）母株选育。采种杜仲为雌雄异株的落叶乔木，一般雌株少于雄株。留种母树应选择生长快、树皮厚、产量高、抗逆性强的 15～30 年生的中壮年株，并有目的地加强培育。冬末春初给母树每株施 20kg 有机肥；4 月每株根施尿素 1kg；7—8 月果实膨大期，每株加施过磷酸钙和硝酸铵（或碳酸氢铵）各 1kg，促进果实发育和成熟。

采种时间一般在 10—11 月，以同株大多数翅果成熟时采摘为好。在无风的晴天或阴天，用竹竿轻轻蔽击树枝，使翅果脱落，在树下铺塑料布等收集。带翅坚果即为播种材料，通称种子。剔除杂物和未成熟种子，摊于阴凉通风处阴干。切勿堆积过厚，忌烈日暴晒以及烘烤。阴干的种子可装袋，放在通风处贮藏，也可随采随播，或层积处理。

（2）种子处理。杜仲种子含有杜仲胶，妨碍种子吸水膨胀，需经一段时间低温层积处理才能正常萌发。

层积处理：杜仲种子属浅休眠型，出苗效果以 2～5℃下层积 2 个月为好。将河沙与种子分层或混合堆放于木箱内（河沙湿度以刚手捏成团为宜），再将木箱置入露地坑道，四周用土填实，上盖 15～20cm 厚湿沙，四边开排水沟，上盖草帘；也可在室内砌砖坑进行沙藏。待大多数种子露白时即可播种。

赤霉素处理：将干藏的种子用 30℃的温水浸种 15～20min，再置于 200μg/g 的赤霉素溶液中浸泡 24h，捞出晾干立即播种。热水浸种：将干藏种子用 60℃温水浸种，搅拌至热水变凉，继续浸泡 2～3d，每天换 20℃温水 1 次，捞出晾干即可播种。

（3）播种育苗。秋播，在 10—11 月随采随播；冬播在 11—12 月；春播在 2—3 月。生产上以春播为主。选择疏松肥沃、向阳湿润、排灌条件良好、微酸性或中性壤土或砂质壤土为育苗地。播前反复耕耙 2～3 遍，每亩有机肥 600kg、复合肥 50kg 做基肥。整平床面，宽幅条播，行距 25cm，沟幅 10～15cm，沟深 3～4cm，均匀撒入种子，盖土厚 1～2cm，每亩播种量 6～10kg。播后覆稻草或茅草保温保湿，盖草不宜太厚。如播种后 2d 内无雨水，应对苗圃沟灌，使苗床全部湿润。播种育苗每亩可产杜仲苗 2 万～3 万株。

（4）苗期管理。

间苗：在苗基本出齐后，应及时掀去盖草。待 3～5 片真叶时结合除草、间苗拔除病弱苗，保持株距 6～10cm，过密的幼苗另行带土移栽。除草、松土及施肥：幼苗出土后及时拔除杂草，待有 4 片真叶时松土除草。整个苗期松土除草 4 次，开始 1～2 次浅松。苗期施肥按"少量多次"的原则，阴雨天进行。5 月每亩浇施尿素 1～1.5kg；6—8 月每月追叶面氮肥 1 次，每亩施尿素 2kg，或于行间每亩复合肥 5kg；9 月可追施氯化钾或草木灰。

采收加工

（1）采收。杜仲要种 10 年以上才收获。4—7 月树液流动，皮易剥离，剥取杜仲树皮的方法，目前主要有整株采收和环剥采收两种。

（2）产地初加工。剥下的杜仲皮运回加工场地，铺垫稻草，把皮用开水烫泡展平，然后互相交叉叠起，上铺木板加重物、石块压实，整平后覆盖稻草，使"发汗"。经 7～10d，当内皮呈紫褐色，取出晒干，刮去粗皮，按规格要求分级捆扎。

性状要求

呈板片状或两边稍向内卷，大小不一，厚 3～7mm。去粗皮，外表面淡棕色或灰褐色，有明显的皱纹或纵裂槽纹，有的树皮较薄，未去粗皮，可见明显的皮孔。内表面暗紫色，光滑。

质脆，易折断，断面有细密、银白色、富弹性的橡胶丝相连。气微，味稍苦（图10-94）。

贮藏

置通风干燥处。

杜仲叶

基原及性味功效

为杜仲科植物杜仲 *Eucommia ulmoides* Oliv. 的干燥叶。微辛，温；归肝、肾经。具有补肝肾，强筋骨的功效。

采收加工

（1）采收。夏秋两季枝叶茂盛时采收。

（2）产地初加工。晒干或低温烘干。

性状要求

易破碎，完整叶片展平后呈椭圆形或卵形，长7~15cm，宽3.5~7cm。表面黄绿色或黄褐色，微有光泽，先端渐尖，基部圆形或广楔形，边缘有锯齿，具短叶柄。质脆，搓之易碎，折断面有少量银白色橡胶丝相连。气微，味微苦。

厚朴

基原及性味功效

为木兰科植物厚朴 *Magnolia officinalis* Rehd. et Wils. 或凹叶厚朴 *Magnolia officinalis* Rehd. et Wils. var. *biloba*Rehd. etWils. 的干燥干皮、根皮及枝皮，又称川朴、温朴、油朴等。苦、辛，温；归脾、胃、肺、大肠经。具有燥湿消痰，下气除满等功效（图10-95，图10-96）。

产业概况

浙江产厚朴主要为凹叶厚朴，主要分布在浙中南的庆元、龙泉、景宁、云和、泰顺、文成、磐安等地，全省厚朴种植面积约13.47万亩，其中丽水市总面积11.6万亩，景宁县6.05万亩。

生物学特性

（1）生长发育习性。厚朴树龄8年以上才能开花结果，凹叶厚朴5年以上就能进入生育期。种子干燥后会显著降低发芽能力，低温层积5日左右能有效解除种子的休眠。种子发芽适温为20~25℃。厚朴花期4—5月，果熟期10—11月；凹叶厚朴花期3—4月，果熟期9—11月。4月下旬至6月下旬厚朴生长迅速。

（2）对环境及产地要求。厚朴喜凉爽、湿润气候，宜在海拔800~1 800m的山区生长。凹叶厚朴喜温暖、湿润气候，一般多在海拔600m以下的地方栽培。均为阳性树种，但幼苗怕强光。它们又都生长缓慢，一年生苗高仅30~40cm。厚朴10年生以下很少萌蘖；而凹叶厚朴萌蘖较多，特别是主干折断后，会形成灌木。

栽培技术

（1）选地与整地。厚朴的适应能力较强，在海拔600~1 000m都可种植，但为了速生丰产，要求选择光照好，湿度大，土质疏松，深厚，富含有机质，中性至微酸性的环境条件造林，造林应做到适地适树，因地制宜，不强求成片。房前屋后，庭院都可种植，绿化环境。厚朴属经济林，可大面积造林，也可零星分散种，林地可全垦、带垦、块垦，具体视情况而定。厚朴多与杉木混合栽种，以减少病虫害。

（2）种植。种子条播或撒播，每亩用种 15~20kg，一般 3—4 月出苗，剪除萌蘖。1~2 年后当苗高 30~50cm 时移栽。扦插繁殖，2 月选径粗 1cm 左右的 1~2 年生枝条，剪成长约 20cm 的插条，插于苗床中，苗期管理同种子繁殖。12 月至翌年 3 月前种植，穴深 40cm，50cm 见方，树根入土 10~15cm。每亩种植密度 200 株左右。

（3）田间管理。齐苗后或移栽成活后，应注意割除杂草，防止与苗争营养。干旱天气及时浇水，阴雨天气立即排水，每年春季追肥 1 次，每亩追施尿素 20kg、磷钾肥 50kg、土杂肥 2 000kg。厚朴前 3 年生长缓慢，可适当套种玉米、白术、黄豆等矮秆作物，既能改善生态环境，也可增加收入。为了提高产量可对 15 年以上的树，于春季用利刀将树皮斜割 3 刀，深达木质部，可增加皮厚，提高产量。

争取每年 5—6 月和 8—9 月，中耕除草 1 次，并在基部除去萌蘖小枝和培土。有条件的可在冬季施入堆肥、焦泥灰等，有利苗木生长。

（4）病虫害防治。常见病害有叶枯病、根腐病、立枯病。虫害主要有小地老虎、褐天牛、褐刺蛾、白蚁等。

繁种技术

厚朴生产上主要以种子繁殖。9—11 月果实成熟时，采收种子，趁鲜播种，或用湿砂贮藏至翌春播种。播前进行种子处理，浸种 48h 后，用沙搓去种子表面的蜡质层，或浸种 24~48h，盛竹箩内在水中用脚踩去蜡质层，或浓茶水浸种 24~48h，搓去蜡质层。扦插繁殖 2 月选径粗 1cm 左右的 1~2 年生枝条，剪成长约 20cm 的插条，插于苗床中，苗期管理同种子繁殖，翌年移栽。

采收加工

（1）采收。种植 15 年以上可以剥皮，5—7 月在近地 60cm 处环锯树皮，从地面顺根向下挖 3~6cm，再环锯一圈。然后伐倒树木，量 40cm 或 80cm 长度环切一圈至木质部，在两环之间顺树干直切一刀，用小刀挑开皮口，用手将皮剥下，按上法一段段剥完主干，接着剥大枝。

（2）产地初加工。剥下的鲜皮放密闭的室内层叠整齐堆积沤制 5~7d，使其"发汗"变软，取出晒至汗滴收净，进行卷筒，大张的皮两人面对面卷成双筒，小张的 1 人卷成单筒用竹叶捆扎后，再堆沤 1~2d，使油性蒸发，再放通风处交叉堆码、风吹干。

性状要求

干皮：呈卷筒状或双卷筒状，长 30~35cm，厚 0.2~0.7cm，习称"筒朴"；近根部的干皮一端展开如喇叭口，长 13~25cm，厚 0.3~0.8cm，习称"靴筒朴"。外表面灰棕色或灰褐色，粗糙，有时呈鳞片状，较易剥落，有明显椭圆形皮孔和纵皱纹，刮去粗皮者显黄棕色。内表面紫棕色或深紫褐色，较平滑，具细密纵纹，划之显油痕。质坚硬，不易折断，断面颗粒性，外层灰棕色，内层紫褐色或棕色，有油性，有的可见多数小亮星。气香，味辛辣、微苦（图 10-97）。

根皮（根朴）：呈单筒状或不规则块片；有的弯曲似鸡肠，习称"鸡肠朴"。质硬，较易折断，断面纤维性。气香，味辛辣、微苦（图 10-98）。

枝皮（枝朴）：呈单筒状，长 10~20cm，厚 0.1~0.2cm。质脆，易折断，断面纤维性。气香，味辛辣、微苦（图 10-99）。

贮藏

置通风干燥处。

第六节 菌物类中药材

羊栖菜

基原及性味功效

为马尾藻科植物羊栖菜 Sargassum fusiforme（Harv.）Setch. 的干燥藻体，又称小叶海藻。苦、咸，寒；归肝、胃、肾经。具有消痰软坚散结，利水消肿等功效（图 10-100）。

产业概况

浙江省温州市洞头区是我国最大的羊栖菜产区，年均养殖面积 1.1 万余亩，干菜单产 750～800kg/亩，年总产量 7 000 余 t，养殖面积和年产量占全国总量的 95% 左右。2012 年"洞头羊栖菜"获国家地理标志证明商标。

生物学特性

（1）生长发育习性。羊栖菜藻体褐色或黄褐色，株高 2.5～3.0m，最大长度可达 4.5m 左右。羊栖菜成熟藻体具假根、茎、叶片、气囊和生殖托 5 类器官，主枝圆柱形，互生分支，叶形多变，以棍棒形为主；假根呈叉状分支，无性生殖分生幼孢子体；气囊主要表现为棒形、锥形、卵形等形态，囊柄和囊体结构明显，有的具囊尖，有的无囊尖结构。羊栖菜雌雄异株，生殖托圆柱形或纺锤形，具托柄。羊栖菜藻体的生长方式表现为顶端生长。羊栖菜具有性生殖和无性生殖两种繁殖方式，生活史中孢子体阶段明显，配子体阶段退化。

（2）对环境及产地要求。根据羊栖菜生长环境，养殖海区应选择有一定流速和风浪、透明度好、营养盐丰富，海水比重在 1.017 以上的海区。低质以适宜于打桩的沙泥或泥沙底质为好。水深为一般在冬季大干潮时能保持 3m 以上水深的海区。对盐度和干露的耐受性较强，但不耐高温。在水温 4～28℃ 的条件下均能生长，最适的生长水温为 22℃。

栽培技术

（1）养殖海区。选在有一定流速和风浪、透明度较好、比重长期稳定在 1.017 以上的海区为宜。

（2）养殖。羊栖菜养殖筏架主要采用适宜于远岸海域大规模养殖的软式筏架。苗种来源于自然野生苗种或有性生殖培育苗种。夹苗方法与海带夹苗相似，夹苗时要保护好顶端细胞，以免损伤。夹苗时间当年 8 月中旬至翌年 1 月末。浙南近岸海域尤以 11—12 月为最佳分苗放养季节。

（3）海上管理。主要有整理筏架，平整根索、苗绳，调节水层，清洗污泥，除去杂藻，测定羊栖菜生长情况等。补苗是羊栖菜养成管理中重要环节，由于苗种质量、风浪等关系，羊栖菜在小苗时不可避免地会发生掉苗现象，此时要加强检查，发现掉苗要及时补充，以免影响产量。

（4）病害防治。羊栖菜的敌害生物主要是一些附着物，人工栽培期间其苗绳上的附着物以植物性为主，主要有：石莼、浒苔、水云、日本多管藻等，动物性附着物主要是中胚花筒螅，但均不明显形成为害，只要加强管理即可。如太迟收获，藻体表面上会附上石灰虫、硅藻等，将难以消除。

繁种技术

羊栖菜苗种分自然野生苗种和有性生殖繁育苗种。自然野生苗种为低潮带礁石上自然生长的羊栖菜幼孢子体。羊栖菜具有两种方式繁衍种群，即有性生殖和营养繁殖。有性生殖培苗为人工利用羊栖菜有性生殖习性，将集中采集的幼胚经培育获得的羊栖菜幼孢子体。营养繁殖在生产应用中称假根度夏培苗，就是当羊栖菜养殖收割时将苗绳上的羊栖菜藻体剪下，保留假根仍于苗绳上返回海继续挂养。获得的由假根经无性生殖分化而成的幼孢子体。

采收加工

（1）采收。在海水清澈、水流平缓、风浪较小的状况下，选择连续 2~3d 均为晴朗天气的日子进行采收。自然海水温度上升至 20℃后，为最佳采收期。

（2）产地初加工。采收后洗净，晾晒，时间通常为 36~48h。自然晾晒羊栖菜时，不宜叠放过厚，保证干度均匀。

性状要求

分枝互生，无刺状突起。叶条形或细匙形，先端稍膨大，中空。气囊腋生，纺锤形或球形，囊柄较长。质较硬（图 10-101）。

贮藏

置干燥、避光处。

灵芝

基原及性味功效

为多孔菌科真菌赤芝 *Ganoderma lucidum*（Leyss. ex Fr.） Karst. 或紫芝 *Ganoderma sinense* Zhao, Xu et Zhang 的干燥子实体，又称灵芝草、仙草、瑞草。甘，平；归心、肺、肝、肾经。具有补气安神，止咳平喘的功效（图 10-102）。

产业概况

浙江省主产于龙泉、庆云、武义、磐安、常山、安吉等地，以赤芝为主。浙江灵芝商品性生产始于 20 世纪 70 年代，以赤芝段木栽培为主，品质好。2021 年全省灵芝栽培面积已达 4 200 亩，产业年产值 15 亿元，产业规模占全国三成以上。"龙泉灵芝"获国家地理标志保护产品。"武义灵芝"获国家农业农村部农产品地理标志、国家地理标志证明商标。

生物学特性

（1）生长发育习性。灵芝完成 1 个生长周期，需要 1 年时间，分为菌段培养期、现蕾期、开伞期、成熟期、采收期 5 个阶段。浙江一般从 11 月开始栽培种接种，第二年 4—6 月生长速度比较快，生长旺盛，株高、菌盖直径、鲜重等都明显增大，进入 7 月份，灵芝子实体基本停止生长，菌盖木质化并开始弹射灵芝孢子粉。9—10 月灵芝孢子粉弹射结束，灵芝子实体生命周期结束。子实体一般在第二年 8 月开始采收，采收孢子粉的一般在第二年 10 月开始采收。采收完毕后，进行第二潮出芝管理。

（2）对环境及产地要求。灵芝为腐生菌，由于可寄生在活树上，生长的温度为 3~40℃范围，以 26~28℃最佳。在基质含水量接近 200%，空气相对湿度 90%，pH 值 5~6 的条件下生长良好。灵芝为好气菌，子实体培养时应有充足的氧气和散射的光照。

栽培技术

（1）搭棚、整畦。依栽培场地搭建单体棚或钢架连栋大棚，单体棚高 2.5~2.8m，棚顶覆盖遮阳网等遮阳材料，棚架四周用遮光材料围严。棚架下做畦，畦上泥土预先深翻打细发白，畦面撒石灰粉消毒。畦宽 1.4~2.2m，畦高 25cm，畦沟宽 40~50cm。

（2）种植。选用"仙芝 1 号""仙芝 2 号""龙芝 2 号"等良种，选择 3—4 月晴天下地排放。每亩菌段排放量为 15 000kg~30 000kg。

菌段排放在畦上，根据畦宽每畦横排 3~5 段。通风 5~10d 后再脱去菌袋，依次排放在畦上，菌段间距 5~10cm，行距 20~25cm，在菌段间填满泥土，并覆盖菌段不外露，覆土厚度 1~2cm。覆土后应对畦面喷 1 次重水，使土壤湿润并与菌段接触紧密，喷水后菌段表面泥土被水冲刷而外露的应及时补上覆土。每畦插上弧形毛竹片，构成拱形架，架中间离畦面50~60cm，架上盖塑料薄膜，将整个畦罩住。

（3）田间管理。

湿度：菌蕾形成至开片时，空气湿度宜保持在 90%~95%；子实体开片基本完成，菌盖边缘稍有黄色时，空气湿度宜保持在 85%~90%；子实体趋于成熟至孢子弹射期，空气湿度宜保持在 80%~85%。

水分：在原基形成和幼芝生长期，土表干燥发白的地方应适当喷水，但畦内泥土不应过湿，喷水应细缓。在采收灵芝子实体或套筒收集孢子粉前 7d 停止喷水。

温度：用遮阳、喷水、掀盖膜等方法控制出芝场的温度，最适温度为 20~30℃。

疏芝：根据"去弱留强，去密留疏"的原则，对同一菌段形成的过多原基，用锋利小刀从基部割去，每根菌段保留 1~2 朵。

（4）病虫害防治。灵芝常见杂菌有木霉、黄曲霉、镰孢霉、黏菌等。常见虫害有灵芝谷蛾、灵芝膜喙扁蝽、黑翅土白蚁等。

繁种技术

灵芝目前常用的繁育技术主要有组织分离技术、基内菌丝分离技术、孢子分离技术 3 种。生产上一般采用组织分离，用快刀将菌蕾或子实体从基物上割下，用清洁纱布或纸袋将菌蕾包好，放到接种箱或超净工作台上。接种箱经过灭菌；超净工作台经过 15min 的紫外线照射和吹风净化后即可进行分离。分离时子实体表面用蘸有 75%乙醇并拧干后的纱布擦拭，然后用锋利小刀将菌蕾表皮切去，将里面的肉质部分分割成谷粒大小的小块，接种于斜面试管培养基中。每管放 1 块，塞好棉塞即成。连接 10~20 管，然后放于 22~26℃下培养，菌丝长至 2/3 斜面培养基时，按组织分离标准挑选优良的灵芝菌种作进一步扩大繁殖。

采收加工

（1）采收。

子实体采收：当芝盖边缘的白色生长圈消失转为红褐色，菌盖表面色泽一致、不再增大时，在晴天用果树剪在灵芝留柄 1.5~2cm 处剪下菌盖，除去残根。

孢子粉采收：在芝盖边缘的白色生长圈基本消失，菌盖下有少量孢子弹射时，采用单个套筒或整畦盖布等方式进行收集。在大部分灵芝基本停止弹射孢子后收起孢子粉，放置在干净的容器里。

（2）产地初加工。

子实体干制：即采即烘，可使用烘房或专用烘干机，控制温度在 45~65℃，烘至含水量在 15%以下，并控制好进出风量，风量应先大后小。

孢子粉干制：在采收当天将孢子摊晒在洁净的塑料薄膜上晒干，或用热风循环烘干机、专用烘干机等烘干。烘干温度控制在 40~60℃，烘干至含水量 8%以下贮藏。

性状要求

（1）药材性状。

赤芝：外形呈伞状，菌盖肾形、半圆形或近圆形，直径10~18cm，厚1~2cm。皮壳坚硬，黄褐色至红褐色，有光泽，具环状棱纹和辐射状皱纹，边缘薄而平截，常稍内卷。菌肉白色至淡棕色。菌柄圆柱形，侧生，少偏生，长7~15cm，直径1~3.5cm，红褐色至紫褐色，光亮。孢子细小，黄褐色。气微香，味苦涩（图10-103）。

灵芝孢子粉：为黄棕色的粉末。孢子褐色，呈卵形，长6~11μm，宽4~7μm，顶端平截或钝圆形，孢壁双层，外壁透明、平滑，内壁淡褐色或近褐色（图10-104）。

灵芝孢子粉（破壁）：为棕褐色的粉末。气微，味淡或微苦（图10-105）。

（2）规格等级。

灵芝特级：菌盖表面有环状棱纹，如意形或标准肾形，盖面红褐色至紫红色，表面有光泽，腹面干净无伤痕，黄白色或浅褐色，无明显管孔。木栓质，质地致密。菌盖直径≥20cm，菌盖中心厚度≥2.0cm，菌柄长度≤2.5cm。无杂质，无虫孔、霉变，气微香，味苦涩。

灵芝一级：菌盖表面有环状棱纹，菌盖完整，单生，盖面棕褐色，干净，腹面黄白色或浅褐色，无明显管孔。木栓质，质地致密。菌盖直径≥18cm，菌盖中心厚度≥1.5cm，菌柄长度≤2.5cm。无杂质，无虫孔、霉变，气微香，味苦涩。

灵芝二级：菌盖完整，允许有丛生，叠生混入，盖面棕褐色，干净，腹面浅褐色，可见管孔的比例不超过30%。木栓质，质地致密。菌盖直径≥15cm，菌盖中心厚度≥1.0cm，菌柄长度≤2.5cm。无杂质，无虫孔、霉变，气微香，味苦涩。

贮藏

置干燥处，防霉，防蛀。

茯苓

基原及性味功效

为多孔菌科真菌茯苓 *Poria cocos*（Schw.）Wolf 的干燥菌核，又称云苓、松苓、茯灵。甘、淡，平；归心、肺、脾、肾经。具有利水渗湿，健脾宁心的功效（图10-106）。

产业概况

云和是浙江省茯苓生产基地县，云和茯苓大苍白产品曾于1994年获国际金奖。20世纪以来，由于松木价格的提高，加上各地都侧重于发展香菇、黑木耳等食用菌，且茯苓种植效益不高，因而栽培茯苓的农户越来越少。据农业部门业务线调查数据，2010年以来丽水云和、庆元、景宁等地农户零星有茯苓种植，截至2021年全省种植面积基本维持在200亩左右。

生物学特性

（1）生长发育习性。茯苓在不同生长发育阶段对温度要求不同。菌丝在10~35℃都能生长，但以28~30℃为适，4℃以下处于休眠状态，35℃以上易衰老；菌核的形成及生长20~30℃较适宜，昼夜温差大有利于菌核的形成；子实体的生长发育以20~26℃为适。

（2）对环境及产地要求。湿度是茯苓生长发育的重要因子之一，湿度过高或过低均会影响或阻止其生长发育，一般要求基质的含水量在50%~60%为适，要求松木不能过湿、场地宜选海拔在300~1 000m范围内，坐北朝南或坐西朝东的山坡地，坡度以10°~30°为宜，土壤必须疏松、场地排水良好，吸热散热快，含砂量 40% 左右，pH 值 5~6，如麻骨土、黄砂壤为理想土质。

栽培技术

（1）选择使用适龄栽培种。茯苓栽培种的菌龄和栽培的成败和经济效益关系密切，以袋内长满茯苓菌丝的松木片能折断时为好，在适温下培养期 45~55d。

（2）松木的砍伐与处理。适合树种主要是马尾松，以秋末冬初砍伐为宜；砍后留枝叶抽水，及时削去树皮，促使松木迅速干燥和松脂外溢，待松针发黄时锯成 0.8~1m 长的段木，在通风向阳处堆叠井字形晾晒，表面盖塑料薄膜遮雨。

（3）场地整理。选好场地后，挖地约 30cm 深，拣净草根与树皮，顺坡开排水沟，防止水土流失，到下种时再进行细整，不能在场地上烧草木灰，以防草碱入土。

（4）下种。菌种购买后，如还未到下种期应存放在清洁、干燥、阴凉的室内，菌种太老或太嫩均不利菌丝在段木上生长定殖，木片菌种最适菌龄是 45~55d。选晴天或阴天下种，段木的含水量应在 15%~18%。

每窖用段木 20~25kg，放菌种量 250~500g，窖与窖的间距以 30cm 为宜，以"押引"和"头引"这两种方法放种，"押引"即将每窖所需的菌种全部集中押放在 3 根段木的黏接处，离上坡端断面 6~10cm 的部位，如单根段木为一窖，采用"头引"法，即将菌种紧密地贴在上坡端段木断面一侧，菌种的上下都要用松木片盖好填实，以免脱引（即脱离菌种）。

（5）管理。

①检查菌种：成活下种后 20~30d，在早晨露水未干时，看到放种部位窖面无露水的说明已成活，有露水的未成活；也可挖土检查，挖土时切勿振动菌种与段木，如看到茯苓菌丝已向段木蔓延，说明已定殖，如温湿度适应，下种后 1 个多月茯苓菌丝已蔓延至段木的下坡端断面。对未成活的，在气候、菌种等条件许可时可进行补种，但要清理段木表面上的霉菌后再补种。

②清沟排水：涝季勤排水，雨后勤培土，旱季、寒季培厚土。

③白蚁防治：采用人工诱杀，在茯苓场地四周挖诱杀深坑，在坑内填入松木废料、枯枝落叶等白蚁喜欢吃的物质，将白蚁引入坑内杀灭。

繁种技术

（1）种苓的选择。茯苓的品系较多。选择生长周期适宜、产量高、品质好，且无须断根就可在松蔸种苓或段木种苓。栽培时，首先应当选择品质好、生活力强、无病虫害的作为种苓，个体大、质地坚、皮红、肉白、浆汁多的为上品，且个大最主要，它是茯苓高产与生活里旺盛的标志。只有生活力强的茯苓才能迅速从松木中吸取最丰富的营养，使苓体长大，但也应注意有的苓虽大，但个体已衰老，分离后常不结苓，这是值得注意的。从茯苓个体中进行种苓组织分离，一定要在出土后 15d 内完成，以防止因久置干燥，失去生理活性并长杂菌而影响成活率，并使原有的优良种性丢失。

（2）茯苓母种的分离。我们把第一次从种苓组织上（菌核部分）或孢子分离出来的菌丝体，称之为茯苓第一代母种。母种培养基配方（PDA 培养基）：马铃薯 200g；葡萄糖 20g；琼脂 20g；水 1 000mL；pH 值 5.5~6.5。在上述培养基中添加 0.5g 酵母粉、0.5g 蛋白胨或 0.5g 尿素，将使茯苓菌丝生长更加洁白，旺盛。

分离方法：茯苓母种可用菌核组织分离法和孢子分离法获得。前者得到的是营养体繁殖的后代，性状相对比较稳定；后者是有性繁殖后代，变异较大，用于定向育种。

①菌核组织分离法：是利用茯苓菌核中的菌丝体在培养基中恢复生长，发育成熟成纯菌丝体的方法。

其具体操作如下：

用无菌水把种苓皮冲洗数次，再用纱布揩干，最后用75%酒精擦洗种苓外皮，并用0.1%升汞水擦洗干净，在无菌条件下，将种苓置于接种箱内，进行紫外线灭菌，用无菌刀将种苓剖开，用灭菌后的接种铲从种苓较深部位取出黄豆大的苓肉，将其接种在试管斜面上，苓块不可太小，因苓块中大多为茯苓聚糖、少量长有菌丝。用这种无性繁殖后代的方法，有良好的培养条件下是不易退化的，但要培育出新的良种是困难的。

②孢子分离法：

空中捕捉法：在茯苓露土或采挖后不久，菌核的表皮会长出大小不一的蜂巢状子实体。在温度24~26℃，在相对湿度为70%~80%情况下，孢子大量弹射时，将试管的棉塞拔开，使管口对准孢子云，迅速捕捉空中孢子，使之落在斜面上，经培养萌发成菌丝。

孢子附着法：将已配好培养基的培养皿，置于接种箱中，将已表面消毒的茯苓菌核也置于箱内，待子实体孢子弹射时，将培养皿打开，将其翻转过来，使上升的孢子附在培养皿的培养基上，然后迅速将培养皿盖好，进行培养，使之长出菌丝来。

印上采集法：在接种箱内还可用经灭菌后的玻片，置于茯苓菌核子实体上方，在孢子弹射时，使之上升的孢子落满整个玻片，呈白色粉状，然后从孢子印中挑取少许孢子置于无菌水中，经稀释后用单孢分离器把孢子接种在培养皿上，待长出菌丝死后进行配对培养。

贴附法：用无菌解剖刀将茯苓子实体切一小块，贴附在试管培养基上方，待孢子成熟弹射时，将其培养基表面的茯苓孢子移入另管中培养，全程均需无菌操作。

③发菌培养：接种后的试管，应在28~32℃恒温箱内培养2~3d，待孢子萌发长出菌丝后，经认定无杂菌污染被视为分离成功，即可发菌培养。培养后的母种若不使用，应置于4℃冰箱内保存，有条件的情况下可置于液氮内保存。

（3）茯苓原种的制作。把二级扩大培养的菌种称之为原种。

原种培养基配方：

①常规培养基配方：松木屑76%；麸皮20%；糖2%；石膏粉1%；过磷酸钙1%；pH值5.5~6.5；含水量50%~55%；温度28~32℃。

②松木块培养基配方：松木块（1cm×1cm×1cm）75%；麸皮22%；糖1%；石膏粉1%；钙镁磷1%；pH值5.5~6.5；含水量50%~55%；温度28~32℃。

原种培养：接种后的原种应在28~32℃温室中培养25~30d，菌丝可布满（750mL）全瓶。每支母种可接5瓶原种，每瓶原种可接50瓶栽培种。

（4）栽培种的制作。将用于直接生产的菌种称为栽培种，进行再扩大称之为生产种。

①常规配方（亦用于进一步由栽培种扩大为生产种的配方）：松木屑70%；麸皮25%；钙镁磷1%；过磷酸钙1%；糖1%；石膏粉1%；尿素0.1%；pH值5.5~6.5；料∶水=1∶1.2。

②松木片配方（常用于直接生产的菌种）：松木片（2cm×10cm×0.3cm）65%；松木屑（粗粒）10%；麸皮20%；石膏粉1%；糖2%；过磷酸钙1%；尿素0.2%。

栽培种的培养：用15cm×18cm×0.0005cm的聚乙烯塑料菌袋装料后，经灭菌并接种后置于28~32℃温室内培养25~35d，菌丝应长满并深入至木片内，方可作为木引。否则将严重影响成活率，松木片在装袋前应用糖水浸煮后（浸煮过程不可太长，一般干木片浸煮2~3min）立即捞起，木片内含水量不得超过55%，否则木片太湿，菌丝难以长入片内。确认菌丝是否已长入木片内，可将木片折断后用放大镜观察，菌丝是否已深入木片断层内部。由于茯苓菌丝在高营养状态下生长迅速，快速分解纤维素，这样反而降低木引的成功率，故不宜将生产种久置不用，否则木片营养耗尽菌丝会衰老死亡，影响成活率。若使用长期老化菌种（颜色呈棕黑色），接种后将导致不结苓，或只长苓皮，其损失将巨大。

采收加工

（1）采收。用纯菌种栽培的茯苓，下种后8~12个月就到成熟期。成熟的茯苓特征有：段木颜色变黄褐色，一击就碎；菌核表皮变黑褐色，皮层不再开裂；茯苓蒂已脱筒（即脱离段木）；有菌核处薯面土层不再龟裂。如段木还有营养且菌核还有老有嫩，就应挖老留嫩，挖后重新覆盖泥土，让嫩苓继续生长，如段木营养已耗尽，应一次性挖完。

（2）产地初加工。茯苓起土后，先刷去泥沙，堆放在室内阴凉干燥处，上面覆盖稻草或草帘，发汗1周，搬开风干水分。反复发汗与风干3次，待茯苓皮有皱迹出现时，剥去茯苓皮，切成厚薄、大小均匀的茯苓片或小方块，晒干后即可包装出售。

性状要求

（1）茯苓个。呈类球形、椭圆形、扁圆形或不规则团块，大小不一。外皮薄而粗糙，棕褐色至黑褐色，有明显的皱缩纹理。体重，质坚实，断面颗粒性，有的具裂隙，外层淡棕色，内部白色，少数淡红色，有的中间抱有松根。气微，味淡，嚼之粘牙。

（2）茯苓块。为去皮后切制的茯苓，呈立方块状或方块状厚片，大小不一。白色、淡红色或淡棕色（图10-107）。

（3）茯苓片。为去皮后切制的茯苓，呈不规则厚片，厚薄不一。白色、淡红色或淡棕色（图10-108）。

贮藏

置干燥处，防潮。

桑黄

基原及性味功效

为锈革孔菌科真菌瓦尼桑黄 *Sanghuang porus vaninii*（Ljub）L. W. Zhou et Y. C. Dai 的干燥子实体，按照培养基不同，分为"段木桑黄"和"袋料桑黄"。子实体成熟时采收，除去杂质，低温烘干或晒干。完整的子实体，习称"桑黄个"；趁鲜切制成厚片，干燥，习称"桑黄片"；趁鲜切制成方块状，干燥，习称"桑黄块"。甘、辛、寒；归肝、肾、胃、大肠经。具有活血止血，和胃止泻，软坚散结的功效（图10-109）。

产业概况

浙江是野生桑黄的主产区之一，目前人工栽培的有淳安、桐庐、海宁、开化等地，全省栽培面积在220万袋左右，每亩产量80~100kg（干品），年产量3t左右。淳安"淳桑黄"正在申请地理标志证明商标。

生物学特性

（1）生长发育习性。桑黄寄生于杨、柳、桦、栎、松等树木之上，分布广泛。桑黄菌子实体多年生，硬木质，无柄，侧生。菌盖扁半球形、马蹄形或不规则形，长径3~21cm，短径2~12cm，厚1.5~10cm。有黄色翻边，底部亦颜色鲜黄。菌肉蛋黄色或浅咖啡色，木质。颜色鲜黄是其一大特点。

（2）对环境及产地要求。桑黄喜欢高湿环境，空气湿度要求在90%~95%。棚内要方便通风，尤其是子实体开始生长后需定期通风，提高氧气含量。桑黄是喜温型真菌，在生长发育过程中，要求较高的温度。菌丝生长温度以24~28℃为最佳，子实体在18~26℃长势最好。

栽培技术

（1）接种。菌种经过鉴定或认定，选适合当地气候条件的高产、优质、抗逆性强的良种，如"浙黄1号"。以桑枝木屑为主要栽培原料（桑枝木屑78%、麸皮15%），采用袋栽方式，培养料装袋后，常压灭菌，在100℃下灭菌20~24h。以3月中旬至7月中旬，或10月下旬接种为宜，发菌时间50~60d，培养室温度22~30℃。

（2）选地与整地。栽培场地应选在易管理，水、电比较方便的地方；地势平坦及缓坡地均可。整地：栽培场地选择好后，去除土中的石块，为了减少病虫害的发生，在菌棒下地前，在土中撒些生石灰。桑黄栽培主要采用塑料大棚，大棚上覆盖遮阳网或者覆盖草席，利于温度的控制。如果条件允许，采用可以控温的大棚是桑黄菌高产、稳产的关键。大棚搭建好后，将菌棒成"品"字形或正方形埋在处理好的土中，一半埋在土中，一半露在土面上。

（3）管理整畦。畦上泥土预先深翻打细，畦面撒石灰粉消毒。养菌室内完全发菌完成的桑黄菌包，可以下地排放，每亩排放8 000包左右。出菇场地温度保持在25~30℃，空气相对湿度保持80%~90%；及时通风，控制栽培环境空气中二氧化碳浓度低于0.1%，棚内光照强度保持在七分阴三分阳；下地排放7~10d，就可以给菌袋割口，准备出菇，为确保长出的桑黄子实体不会太小，每个菌包开口1~2个。出菇场地安装防虫网、纱门等隔离措施，防止外部害虫进入。

（4）病虫害防治。在栽培过程中，易发生绿霉、曲霉等病菌。另外，段木栽培时，还会有裂褶菌、朱红密孔菌、东方栓孔菌等竞争性杂菌。桑黄主要虫害及防治为害桑黄的害虫主要有菌蚊、菌蝇、造桥虫等。这些害虫常常为害桑黄的菌丝体或子实体，直接造成减产，甚至降低商品的价值。

繁种技术

（1）母种来源。采用子实体组织分离法分离桑黄菌母种。在严格无菌操作条件下对采自山区附生于实生桑树上的野生桑黄子实体进行表面消毒处理，用75%酒精反复涂擦子实体表面，然后置于无菌平皿中于超净台内备用。用灭过菌的解剖刀从菌根基部（耳基）纵向切开，然后再用解剖刀从剖面中心在欲分离部位刻划数个井字，用火焰灭过菌的接种钩钩取一小块木屑（绿豆大小或更小）移接于斜面玉米粉综合培养基上，置于28℃恒温箱内培养。2d左右菌丝萌发待组织块周围长出乳黄色菌丝，在菌落边缘挑取先端菌丝体移植到新的试管培养基斜面上28℃恒温培养10d左右菌丝满管，如此反复移植2~3次所得菌株作为母种菌丝满管后置4℃冰箱保藏备用。采用此法分离的桑黄菌种在商业性栽培前必须做出黄实验否则可能会造成经济损失。

（2）出黄试验。从外单位购回的母种仅从菌丝生长情况上还难以准确判断优劣。要保证菌种质量还必须要做生物学鉴定即做少量出黄试验。试验方法是：把母种接入瓶装或袋装的木屑培养基上，经过25℃的恒温培养待白色菌丝长满栽培袋割破袋栽的薄膜进行温差刺激，同时加湿加大通风并给予光线刺激使原基分化出黄。通过出黄试验观察该菌株表现做好记录，掌握菌种特性确定菌株代号贴好标签才能供大面积生产之用。

采收加工

（1）采收。春夏季栽培的子实体于 7 月中、下旬采收，秋冬季栽培的于 12 月中、下旬采收，当桑黄子实体的下半个菌盖呈褐色，不再增大，用手抠下整个子实体采收。

（2）产地初加工。采收后去除杂质，清洗，烘干。可使用专用烘干机，温度控制在 45~65℃，控制含水量 12% 以下，用两层食品级塑料袋包装，扎紧袋口，外加纸箱或编织袋，冷藏，防止受潮变质。

性状要求

桑黄个：子实体无柄，菌盖扇形、扁蹄形或不规则形，大小不一，长 3~20cm，宽 3~10cm，厚 3~10cm。菌盖背面棕黄色或棕色至棕黑色；腹面黄棕色至棕褐色。体轻，质坚，易折断。断面黄色。袋料桑黄质地较致密；段木桑黄质地略松泡，菌管层比较明显，木栓质。气微，味淡（图 10-110）。

桑黄片：为不规则形厚片，大小不一。

桑黄块：为方块状颗粒，直径约 1cm。

贮藏

置干燥处。

灰树花

基原及性味功效

为多孔菌科真菌贝叶多孔菌 *Polyporus frondosus*（Dicks.） Fr. ［Boletus frondosus Dicks.］的子实体，是食药兼用蕈菌。甘，平；具有益气健脾，补虚扶正的功效。

产业概况

浙江庆元是全国灰树花的主产区，目前年栽培量稳定在 1 570 亩左右，干品产量 600t 左右。主要集中在庆元黄田镇、岭头乡。"庆元灰树花"获国家农产品地理标志保护产品。以灰树花多糖为主要成分的中药"保力生胶囊"是国药准字号产品。

生物学特性

（1）生长发育习性。灰树花是一种中温型、喜光、好氧性的腐生真菌。于夏秋季生于蒙古栎、板栗、米槠、白栎、甜槠、栲树、青冈栎等壳斗科树种及其他阔叶树的树桩或树根周围。在野生情况下，多生于海拔 800m 以上的山林中。由于海拔较高，即使在 7—8 月，林内温度也只有 20℃左右，且昼夜温差大。

（2）对环境及产地要求。灰树花属好氧菌，大多生于空气流通的地方及砂壤土中，尤其在混有米粒或玉米粒大小的石子中生长良好。灰树花属典型的白腐菌，在灰树花生长的段木及树根上有白腐现象。灰树花是喜湿菌，雨量较多的年份生长较多。

栽培技术

（1）选地与整地。宜选择海拔 500~1 000m，通风良好、水源清洁、排灌方便的栽培场所。菌种保藏室、接种室、菌袋培养室应进行严格消毒，出菇场地要保持清洁卫生。老菇棚要进行翻新重建，实行稻菇水旱轮作可以极大降低病虫密度指数。杜绝使用掺假伪劣原材料，严禁使用有毒、有害物质的原材料，选用优质、纯度高的，没有掺假的石膏粉。

（2）接种。菌种选择"庆灰 151"和"庆灰 152"。做好配拌料、装袋、灭菌、接种等环节，春季 2 月中旬至 3 月中旬接种，秋季 7 月中旬至 7 月下旬接种，用接种打孔棒均匀地打 3 个接种穴，直径 1.5cm 左右，深 2~2.5cm，打 1 穴，接种 1 穴。

（3）培菌管理。菌丝生长最适温度为 20～25℃，木屑培养基的含水率应控制在 60%～63%，菌丝生长阶段培养室空气相对湿度 60%～65%；根据菌丝生长和菌棒内的变化情况，做好控温、翻堆及发菌检查、通风降温等工作。子实体原基形成与发育生长空气相对湿度 85%～95%，子实体的适宜生长温度 15～20℃。选择菌丝生长浓密之处割口，用锋利的小刀片割两刀，长分别 1.5cm，形成一个"V"形状，刮去割口处的菌皮及少许培养料，深约 2～3mm。每棒均匀割口 1～3 个，割口朝侧，平行排放于地面或层架上。温度 20℃ 以上时应加强通风降温，也可喷雾状水等措施降温。整个出菇阶段均要求空气相对湿度在 80% 以上。覆土后保持土壤湿润松散、空气新鲜，土壤偏干需喷水。一般经 30～45d 的培养即能形成原基，灰白色的小菇蕾会长出地面，成团如蜂窝状，分泌黄色小水珠。此时空气相对湿度应增至 85%～90%。

（4）病虫害防治。常有木霉、根霉等杂菌侵染菌袋，春季菇蚊幼虫可蛀食原基和子实体，在秋季害虫则更多，菇蝇为害更为猛烈。

繁种技术

原种是将母种转接于装有培养料的菌种瓶或袋中进行扩大培养的菌种（二级种）。原种制备程序如下。

（1）培养料配方

1）栗木屑或其他阔叶树的木屑 78%，麸皮 20%，红糖（或白糖）1%，石膏 1%。含水量在 60% 左右，pH 值 5.5～6.5。

2）棉籽壳 90%，麸皮 8%，红糖 1%，石膏 1%。含水量在 60% 左右，pH 值 5.5～6.5。

3）棉籽壳 42%，栗木屑 40%，麸皮 16%，红糖 1%，石膏 1%，含水量在 60% 左右，pH 值 5.5～6.5。

4）麦粒 99%，石膏 1%。麦粒用 1% 石灰水浸泡 12～24 h（因气温而定），加热煮沸 15min，以麦粒不开花为宜，然后捞出麦粒稍微晾干，拌入石膏立即装入专用菌种瓶或输液瓶，每瓶装湿麦粒 300 克，瓶肩处装一薄层棉籽壳封口料，以减少杂菌污染。

5）日本配方。硬杂木屑 76%，麸皮 10%，谷糠（非稻壳）10%，玉米面 3%，糖 1%，石膏、石灰各 0.5%。装入 22cm×33cm 塑料袋，干料 0.6kg 左右。

在配料过程中要注意：锯木屑要过 2～3 目筛，筛除掉木块、木条、木片、霉料团等硬物，按照生产计划配料，用机器或人工充分拌匀，将红糖溶于水中，随水质拌入料内。要做到主、辅料均匀，干湿均匀，酸碱度适宜，无生料团。灵活掌握含水量，对干料、细料加水宜多一些；对湿料、粗料加水宜少一些。在水泥场地拌料加水宜少一些，以干泥渗水场地拌料，加水宜多一些，具体加水量以拌好料堆闷半小时后，用手紧握料有水从指缝渗出、但不成滴下落即可。操作要快速。在气温高时（28℃ 左右），如拌料至灭菌时间过长，料易变酸。轻者影响发菌，重者不发菌。因此，要合理安排好生产量，保证在高温期从拌料到灭菌不超过 4h；在低温期从拌料至灭菌不要过夜。搞好环境卫生，拌料的场地最好是水泥地，要提前用水冲刷干净，尽量减少污染。

（2）装瓶灭菌及接种

1）装瓶。所用菌种瓶要提前刷洗干净，控干后备用。木屑或棉籽壳培养料装瓶，装料至瓶颈可用木棒压实、压平，料面须在瓶肩以下。然后要在料中间扎直径为 1.5～2cm 的孔，将瓶口内外壁擦净。

取一块完整、略大于掌心的棉絮卷成棉塞，棉塞要比瓶口略粗，稍用力即可旋入瓶口为宜。塞入瓶口 2/3、外露 1/3，棉塞头部与瓶颈的底口平，要松紧适度。过紧，影响通气，发菌慢；过松不但棉塞易脱落，而且起不到过滤杂菌的目的，引起杂菌感染。塞好棉塞后，盖上牛皮纸或双层报纸，用皮筋扎紧。

2）灭菌。采用高压灭菌或常压灭菌。高压灭菌的压力通常为 1.5~2kg/cm²，灭菌时间为 2~2.5h；常压灭菌需 8~10h。

3）接种。接种前必须使瓶温降至 30℃ 左右，防止高温接种热死菌种。有冷却室的在冷却室冷却，没有冷却室的可直接在接种室冷却。每支母种可转接 3~4 瓶原种。接种前，首先把接种室（箱）打扫干净，喷 2% 来苏尔或新洁尔灭净化空气，再把已灭菌的菌种瓶及用具全部搬进去，然后按常规对接种室（箱）进行严格消毒。接种需严格按照无菌操作进行。

具体操作方法：接种者手持母种试管，用酒精棉球将试管擦 2 次，然后拔开棉塞，试管口对准酒精灯火焰上方，用火焰烧一下管口，把烧过的接种耙迅速插入种管内贴玻壁冷却，将斜面前端 1cm 长的菌丝块挖去，剩余的斜面分成 3~4 段，另一个人在酒精灯火焰上方，在接种者取好菌种块的同时拔开原种瓶棉塞，接种者将菌种块取出，快速接入原种瓶的接种穴内，棉塞过火焰后塞好。如此一支试管可接 3~4 瓶原种。每接完一支试管，接种耙要重新消毒，防止交叉感染。接完种后，立即将台面收拾干净，将各种残物，如试管、洒落的培养基、消毒用过的棉花等均清理出室外，照前述方法进行第二轮接种。

（3）原种培养及质量

1）卫生要求。提前几天打扫培养室，对水泥墙壁、地面要进行清洗，并严格消毒处理后才可使用。培养室要求保持空气干燥、清洁、避强光，留有能启闭的通风口，空气流通无死角。

2）温度要求。将接种后的原种瓶搬入培养室，保持温度在 25℃ 左右，保持空气湿度 55%~65%。一般 3~5d 菌丝即可吃料，7~10d 菌丝即可封面。待菌丝封面后，加强通风换气，保持室内空气新鲜，一般培养 25~35d 菌丝即可长满瓶。

3）管理要点。培养期间要随时检查，发现污染杂菌应及时采取措施。原种瓶内杂菌滋生部位不同，其污染原因也不同，如棉塞受潮，空气湿度过大，瓶口部位易滋生红色链孢霉；如瓶内上下均发生绿毒及毛霉等杂菌，可能是灭菌不彻底；如随机发现接种块四周发生杂菌，可能是接种操作不熟练或棉塞过松所致；如紧邻几瓶的种块全部滋生杂菌，可能是母种带杂菌或接种工具灼烧灭菌不严所致。不管是哪种情况，一发现杂菌危害后，必须及早清除，以防蔓延导致大批菌瓶发生杂菌感染。初期污染的种瓶可重新彻底灭菌，重新接种，不可延误。

除感染杂菌外，有时种块不萌发。其原因：一是接种工具灼烧后未冷却就挖取菌种块，菌丝被烫死或菌丝过火焰时被火焰烧死。二是母种干缩老化，失去萌发力。三是培养温度不适宜，菌种瓶灭菌后未冷却，菌种受热而死。

有时菌种块虽能萌发，但不吃料，其原因主要是：菌种块与培养料结合不紧密；培养料偏干；培养料的酸碱度不适宜；培养料内加入了过量抗杂菌药物，如多菌灵等。因此，接种时要使菌种块与培养料紧密结合；坚持随拌料随装瓶，及时灭菌防止培养料变酸；选用木屑时要严防混入松柏木屑；配料时不要随意添加或过量添加多菌灵等抑菌药物，以防菌丝生长受到抑制；要保持室内空气湿度 55%~65%；要远离热源，使种瓶受热均匀。

（4）原种标准

优良原种的主要标准如下：

1）菌丝洁白无杂菌，棉塞纸盖无毒点，菌丝满瓶。菌丝长满瓶后，表面分泌茶色液滴，有少数原基形成，可视为正常。

2）打开瓶塞有灰树花独特的芳香味，无霉味和酸臭味。

3）从原种瓶中随机挖取 1 块菌种，成块而有韧性，不松散。将种块接于新的培养基上，在 25℃ 培养，菌种萌发正常。劣质原种的表现是：菌丝表面出现杂菌斑（拮抗线），菌丝细弱，脱壁萎缩，发黄老化，这样的原种不能用于生产。

采收加工

（1）采收。当子实体达到八分成熟时就应采收。采收时用刀从子实体基部割下即可，灰树花脆嫩易碎，应小心摆放。

（2）产地初加工。采收后的灰树花可采取干制、盐渍、制罐等进行加工销售。

性状要求

灰树花子实体覆瓦状丛生，近无柄或有柄，柄可多次分枝。菌盖扇形或匙形，宽 2~7cm，厚 1~2mm。表面灰色至灰褐色，初有短茸毛，后渐变光滑；孔面白色至淡黄色，密生菌管，管口多角形，平均每平方毫米 1~3 个。体轻，质脆，断面类白色，不平坦。气腥，味微甘（图 10-111）。

贮藏

置阴凉干燥处。

猴头菇

基原及性味功效

为猴头菌科猴头菇 *Hericium erinaceus*（Bull. ex Fr.）Pers. 的子实体，是食、药兼用蕈菌。甘，平；归脾、胃经。具有健脾和胃，益气安神的功效。

产业概况

猴头菇主产于衢州市常山县，"常山猴头菇" 获国家农产品地理标志保护产品，种植规模约 440 万棒，干品产量约 300t，产业年产值约 2 500 万元。

生物学特性

（1）生长发育习性。猴头菇由菌丝体和子实体两部分组成，完成一个生活史经过担孢子→菌丝体→子实体几个发育阶段。孢子萌发后产生单核菌丝，不同性的两种单核菌丝接触，两个细胞互相融合，形成双核菌丝。双核菌丝生理成熟就形成子实体。子实体外形头状或倒卵形，外布针形肉质菌刺。

（2）对环境及产地要求。猴头菇菌丝生长温度范围为 6~34℃，最适温度为 25℃ 左右，低于 6℃，菌丝代谢作用停止；高于 30℃ 时菌丝生长缓慢易老化，35℃ 时停止生长。培养基质的适宜含水量为 60%~70%，子实体的空气相对湿度为 85%~90%，此时子实体生长迅速而洁白。猴头菇属好气性菌类，菌丝体生长阶段对空气要求不严，而子实体的生长对 CO_2 特别敏感，因此，菇房保持新鲜的空气极重要。猴头菇菌丝生长阶段基本上不需要光，子实体需要有散射光才能形成和生长。猴头菇属喜酸性菌类，菌丝生长阶段在 pH 值 2.4~5 的范围内均可生长，但以 pH 值 4 最适宜。

栽培技术

（1）选地与整地。宜选择通风良好、水源清洁、排灌方便的栽培场所，培养室应洁净、通风、控温、遮光。不应在非适宜区种植。培养室和出菇场地使用前应认真清理，严格消毒和杀虫。

（2）种植。菌种经过审定或鉴定确认，并适合当地气候条件的高产优质、抗逆性强、商品性好的良种。培养料含水量 60%，pH 值 5~6。装袋后，立即入锅进行常压灭菌，当料内温度达到 100℃后，保持恒温 15~20h。将灭菌后的料袋移至消过毒的接种室预冷，待袋子的温度降至 30℃时，即可在消过毒的接种箱、超净工作台或无菌车间接种。一般 1 瓶500mL 菌种可转接 10~20 袋，每袋接种 3~4 穴，接种后采用专用透气胶布封口，之后转入发菌室或就地按"井"字形堆叠。菌丝培养温度掌握在 20~25℃范围内，空气相对湿度在60%~65%，避光黑暗培养，注意通风换气，随时清除污染袋。

（3）管理。层架长、宽、层数及层间距、架间距 60~70cm，出菇棚（房）门、窗、通风口用 40~60 目的防虫网罩护；采用长袋侧面出菇法，应将接种口透气胶布与老菌种块去除，穴孔向下放置，菌袋现蕾后，出菇房的温度应控制在 15~20℃，空气相对湿度应保持在85%~90%，光照强度应控制在 200~500lx。每天定时打开通风口换气，一天换气 3~4 次，每次 30min 左右；采收完一潮菇，清理干净袋口料面的子实体基部、老化的菌丝和有虫卵的部分，停水养菌 3~5d 后，再喷水增湿，一般可收 3~4 潮菇。

（4）病虫害防治。病虫害大多数是由于操作管理粗放，环境卫生差和高温、高湿的气候条件引起的。其杂菌主要有青霉、木霉、曲霉、毛霉、根霉等。虫害有螨类、菌蝇和跳虫等。

繁种技术

（1）培养基制备。

配方：葡萄糖 10g，马铃薯 200g，磷酸二氢钾 1g，硫酸镁 0.5g，琼脂 20g，水 1 000mL。

制法：马铃薯去皮，切成薄片，加水约 1 000mL，加热煮沸，并保持微沸 10~15min，至薯片酥而不烂为止，用 6 层厚纱布过滤，滤液中加入琼脂再煮至琼脂全部溶解为止，然后再加入葡萄糖、磷酸二氢钾、硫酸镁，并用热水补足至总体积 1 000mL 止，搅匀，分装试管，装量为试管高度 1/4，塞上棉塞。然后放入灭菌锅中，0.1MPa，灭菌 0.5h。灭菌后待棉塞表面水分蒸干后趁热取出培养基试管，斜置、斜度控制在培养基流到 2/3 试管长度为止，待其冷却、凝结、再放置 2~3d 后使用。

（2）菌种分离。猴头菌菌种分离有菌木分离、组织分离和孢子分离 3 种。菌木分离就是从长有猴头菌子实体的菌木上分离获取菌种。组织分离从猴头菌子实体上挑取组织块而获得菌种。孢子分离是用成熟的猴头菌子实体，让其在无菌的条件下散落孢子，然后再使孢子萌发获取菌种。

1）菌木分离：

工具：锯子、劈刀、榔头、镊子、剪刀等。分离方法：选取猴头菌子实体生长良好、没有其他木腐菌混生、子实体所长的材质已变得较为松软、色泽转淡、段木内已充满猴头菌菌丝的段木。分离时用木锯锯取猴头菌菌丝生长较透的菌木 1 块，外层较脏的部分用刀劈去，然后移入已灭菌的接种箱，在接种箱内将菌木片放于酒精灯上灼烧 5~10s，烧掉菌木片表面的杂菌，但不能使菌木片内部过热，以免烫死猴头菌菌丝，然后用灭菌的小刀将菌木片劈成火柴粗细或木针状，用剪刀剪去木针两端，用镊子将木针中间部分移入有培养基的试管中，再塞好棉塞。整个过程都在灭菌条件下进行，镊子、剪刀等都要预先灭过菌，以避免感染杂菌。然后将试管放于 22~25℃环境下培养 3~4d。这是菌木条上可看到长出的猴头菌菌丝，继续培养 7~8d 时进行挑选。凡培养基上长有黄、黑、绿菌丝或长有蛛网状、非常纤细菌丝的就是感染了杂菌、弃去不用。凡猴头菌菌种必定从菌木块上长出,菌丝白色、较粗,贴生于培养基上,并有基内菌丝。符合上述特征,菌丝比较浓密、较白的即为优良的纯猴头菌菌种。此时就可挑取有菌丝的谷粒大小的表面培养基1块,移植到另一新的培养基上,再放于22~25℃环境下培养15d左右就可长满整个试管斜面,此即为猴头菌母种。

2)组织分离:

工具:小刀、解剖刀、镊子,所有工具都需预先灭菌,然后和培养基(试管)、酒精灯等一起放入接种箱。分离方法:取下刺短、结实、水分少、无病虫害的猴头菌子实体,尽快拿到接种箱内分离。分离时先用小刀将表面菌刺削去,然后用手将猴头菌掰开,再用解剖刀切取子实体边延稍内部的组织块,挑取绿豆粒大小组织块,然后用镊子将此组织块移入试管培养基上,再放于25℃左右条件下培养,5~6d后组织块上可长出菌丝,若试管培养基上有黄、灰、绿色或有蛛网状、白色纤细菌丝生长的表示感染了杂菌,弃去不用。凡从组织块上长出菌丝白色、匍匐于培养基表面,有基内菌丝的即为猴头菌菌丝,然后继续再22~25℃条件下培养,至菌丝基本长满培养基斜面,即可挑取谷粒大小接种块移植到另一新的培养基上,置于22~25℃条件下培养,15d左右即可长满整个试管斜面。

3)孢子分离:

工具:直径15cm以上的培养皿或搪瓷盘、小刀、灭菌过的纱布等。分离方法:采收个大、内实、无病虫害、已成熟且开始散发孢子的子实体,置于接种箱中,用小刀分割出去5~6cm见方、带菌刺的组织1块,放于培养皿或搪瓷盘上,子实体组织块上再用灭菌的纱布覆盖,然后移于培养室18~22℃条件下,1~2d后孢子即会散落在下面的培养皿或搪瓷盘上,孢子堆白色,粉状,然后将纱布覆盖的猴头菌组织连同培养皿或搪瓷盘一起移到接种箱中,用接种针蘸取孢子,接在试管培养基上,再置于22~25℃条件下,培养5~6d后孢子萌发。继续培养3~4d,猴头菌孢子萌发的菌落已成网状,可进行挑选移植。此时必须严格剔去杂菌,凡培养基上有黑、绿、灰色的菌落或蛛网状白色菌丝的表示已感染杂菌,不可使用。凡菌丝紧贴培养基、白色、培养皿(或搪瓷盘)中所长菌落、菌丝呈单一形态、单一色泽的,即为纯的猴头菌菌丝。一个试管培养基上应连挑10多个孢子菌落,然后放于25℃条件下继续培养,直至长满试管后,再扩大培养。

(3)菌种扩大培养。以上分离方法获得之菌种可在试管培养基上进一步扩大培养,以获取数量更多的试管菌种。以后,还需将试管菌种扩大繁殖成原种供栽培之用。扩大培养方法是:在接种箱中用锋利的接种刀将长好的斜面菌种分割成稻谷大小,然后仍用接种针挑取带有一块薄层培养基的菌种、置于新的斜面培养基上,22~25℃条件下培养,菌丝长好即成。

容器:有菌种瓶和塑料袋两种。瓶子是专门供生产菌种用的耐高温瓶,瓶身直径9~10cm,高16~18cm,瓶颈长4cm,瓶口直径3.5cm。聚丙烯或聚乙烯塑料袋压扁后宽12cm,长24cm,厚0.5μm。

培养基:阔叶树木屑78%,麸皮或米糠20%,石膏粉和蔗糖各1%,含水量58%~60%。因为木屑、麸皮(或米糠)中本来就有一定数量的水分,所以实际配置培养料时,50kg干的材料中添加60~62.5kg水即可。若没有木屑也可用棉籽壳代替。

装袋(瓶)灭菌:原料称好后用勺拌和,然后装入原种瓶或袋中。装料时上、下松紧度要均匀一致,要有一定的坚实度,750mL体积的瓶子状培养料300~350g左右,不可太松太紧。瓶口用棉塞塞好。若用塑料袋则应做一个假瓶口，方法是在袋口外套上一个直径3.5cm左右的硬纸圈，然后将袋口翻转于纸圈外，再用橡皮筋将翻出的袋口箍于纸圈上，塞好棉塞即成。在防御灭菌锅中灭菌，100℃常压灭菌需8~10h，0.12MPa高压灭菌需1.5h。灭菌后将其移入清洁的冷却室冷至33℃左右时就可移入接种箱接种。接种就是用无菌小刀挑取一块试管培养基上的菌种置于原种培养基瓶内（或袋内），接种的菌种块要花生粒大小。菌种接好后，仍将棉塞塞好。全部接好后，移出接种箱放于菌种培养室内培养。

原种培养：温度22~25℃，稍有散光，空气湿度60%~65%，培养室要求清洁，不返潮，无垃圾，无杂菌源、螨、小虫等。30d左右菌丝可长满瓶或全袋。即可用于扩大生产栽培种（生产种）之用。原种使用菌龄不要超过60d。

原种可进行多次扩大繁殖，原种比试管菌种不易老化、抗逆力强、存放时间长。

防止杂菌感染：菌种感染杂菌大多同原种带杂菌、接种污染、棉塞湿或与塑料袋有微孔有关。原种带杂菌往往和菌种培养过程中对菌种杂菌检查不严密或菌种菌龄过长，培养室暗，不通风，空气湿度大有关。

棉花是一种隔热性能极好的材料，棉塞内部的杂菌孢子很难杀死，同时棉花是一种良好的真菌培养基，在潮湿的条件下棉塞上很容易生长各种霉菌，菌种接种开始时，棉塞干燥，杂菌孢子不易萌发生长。但在以后培养过程中，菌丝呼吸散发出的水气被棉塞吸收，棉塞中心未被完全杀死的杂菌孢子就会逐渐萌发生长，时间一长杂菌菌丝就会穿透到棉塞头上，继而就会产生孢子掉落到菌种表面。所以，菌种培养时，培养室要每隔1~2d，通过65%（但也不能过分干燥，否则培养皿表面就会失水，造成菌丝生长不良）。同时菌种菌龄不要超过2个月。菌龄长的菌种扩大繁殖时就需敲破瓶底，从底部取菌种接种，近表层菌种弃去不用。隔2~3d检查菌种1次，有杂菌生长的应弃去不用。接种环境要清洁，灭菌时不让棉塞吸潮，灭菌到接种的间隔时间不要太长，最好是在消毒好的培养料还有余温（30~38℃）时接种，这样可降低杂菌的感染率。

采收加工

（1）采收。猴头菇现蕾后10~12d，当子实体七八分成熟，球块已基本长大，菌刺长到0.5~1.0cm，尚未大量释放孢子时为采收最佳期。采收时用小刀齐袋口切下，或用手轻轻旋下，并避免碰伤菌刺。若当子实体的菌刺长到1cm以上时采收，则味苦，风味差。

（2）产地初加工。猴头菇子实体采收后2h内应送加工点加工，以防发热变质。

性状要求

呈半球形或头状，直径3.5~8cm或更大，下部有一粗短的菌柄，表面棕黄色或浅褐色，其上密被多数肉质软刺。刺长0.3~2cm，粗0.3~0.5mm，质轻而软衰，断面乳白色，气香，味淡（图10-112）。

贮藏

置阴凉干燥处。

第七节 动物药类中药材

蕲蛇

概况

为蝰科动物尖吻蝮 *Agkistrodon acutus*（Guenther）的去内脏的干燥全体，又名五步蛇、大白花蛇、棋盘蛇、百步蛇、岩蛟，为国家二级保护动物。甘、咸，温，有毒；归肝经。具有祛风、通络、止痉之功效。治疗风湿顽痹、麻木拘挛、中风口眼㖞斜、半身不遂、抽搐痉挛、破伤风、麻风、疥癣。蕲蛇也是再造丸、大活络丹、清眩治瘫丸等多种中成药的原料，蕲蛇毒液制剂对多种神经痛、神经麻痹等病症均有治疗作用。主产浙江、安徽、福建、台湾、江西、湖北、湖南、广东、广西、海南、四川、重庆、贵州等地。全国多有养殖。近年来，蕲蛇野生资源遭到严重破坏，药、食用用量加大，致使其身价倍增，因此，开展人工养殖的前景十分广阔（图10-113）。

生物学特性

（1）生长发育习性。卵生，6—8月产卵，产卵数11~25枚，雌蛇盘在卵上保护孵化，24~28℃条件下，28~32d孵化出幼蛇，幼蛇长200mm左右，幼蛇具有毒性。

（2）对环境及产地要求。栖息于海拔100~1350m的山区或丘陵地带，常见于300~800m的林木茂盛的湿润地方，如山谷溪涧岩石间或杂草中、路旁等，平时盘曲成圆形，头枕于中央，以夜间活动为主，喜阴雨天活动，晚上遇明火有扑火现象。为变温动物，气温15℃以上出蛰活动，25~32℃是活动取食、生长发育的盛期，15℃以下开始入蛰、冬眠，冬季在向阳山坡的石缝及土洞中越冬。肉食性，喜食鼠类、蛙类、鸟类、鱼类及其他小动物，尤以捕食鼠类的频率最高，取食后便到隐蔽处盘卧休息，一般5~10d捕食1次。

养殖技术

1. 饲养场地

养蛇场应选择坐北朝南，向南作适当倾斜，有利于保暖排水。采用露天、室内或半露天的方式，以尽量接近自然条件为宜。根据地形和饲养规模决定蛇场大小。蛇场一般不宜过大，要分隔多间，每间以4m×5m左右为宜，可放养20~30条。蛇场围墙高3m，墙内壁抹光，墙角呈弧形，墙基深0.5~1.5m，用水泥灌注，以防老鼠打洞而使蛇外逃。场内四周用水泥建成1.5m宽的人行道。场内一端用水泥板砌成层叠式蛇窝，大小以30cm×20cm×20cm即可，窝顶加盖30cm的保温土层。另一端建一个深0.5m、有流水设备的水池，池内放养水葫芦、蛙类、泥鳅、黄鳝等动物，保持水质清洁，场内空处种植小灌木和草皮。另外，可在室外建造高0.5m的幼蛇饲养池，以面积10~20m²为宜，池内建蛇窝、水池，并种植草皮，堆放2~4m²的腐殖土，厚度5cm左右，投放适量蚯蚓于土中，供幼蛇捕食。

2. 饲养管理

（1）成蛇的管理。

①饵料肉食性，喜食蛙类和鼠类，主要投喂青蛙、蟾蜍、家鼠、豚鼠、白鼠等活物。

②管理目的是保证成活率和繁殖率高，增重快，在管理上抓好几个环节。第一，蛇出蛰后，由于冬眠体力损耗而体质较弱，同时又接近繁殖期，需要供给更多的营养，必须投喂其喜食的蛙类、鼠类等活物，以满足其生长发育和交配消耗的需要。第二，交配后雌蛇面临怀

卵、产卵和护卵时期，此阶段又需要消耗大量的营养物质，必须保证供给营养丰富放入食物。第三，蕲蛇是变温动物，有冬眠习性，在漫长的冬眠期间，蛇体消耗量很大，在冬眠前期必须给予营养丰富的充足食物，安全度过冬眠期。此外，交配后，最好雌雄蛇分开饲养，怀卵雌蛇进行特殊管理，除供给优质饵料外，还要保持环境的安静，减少人为干扰，产卵后及时采卵进行人工孵化，无须护卵而减少雌蛇的消耗。经常保持蛇场清洁，定时观察、检查，发现病蛇要及时处理。

（2）幼蛇的管理。

①饵料初孵化的幼蛇体小，捕食能力很弱，投喂的饵料以蚯蚓、蝇蛆等为宜，也可以适当投喂一些小型的蛙类和鼠类。

②管理幼蛇较难饲养，如管理不善成活率较低。在自然温度下，幼蛇在8月底9月初才孵出，要抓紧时间供给幼蛇丰足饵料，让其饱食，为顺利度过冬眠期积累丰富的营养物质。幼蛇出蛰后，也是存活的关键时期，需要精心管理，保证足够饵料和饮水外，较少温度的剧烈变化，注意保温。

（3）冬眠管理。成蛇、幼蛇只要冬眠前保证充足的食物，积累了丰富的营养物质，还需要合适的越冬环境，才能安全度过冬眠期，因此，越冬场所的选择和管理十分重要。经观察，适宜的越冬条件是需要潮湿、黑暗、避风等因素。

3. 繁殖管理

（1）种蛇的选择蕲蛇繁殖的快慢取决于成蛇的健康与否，因此，要选择体大无病、蛇体无任何损伤的雌雄蛇，一般要求体重在1kg以上为好。

（2）雌雄配比最适宜的雌雄比为3：1。

（3）交配出蛰后，保证营养丰富的食物供应，在4月下旬到5月中旬进行交配。交配前，雄蛇追逐雌蛇，待雌蛇不动时，便绞缠在一起开始交配，一般历时30~70min，多在凌晨进行。

（4）产卵多在7月下旬到8月下旬产卵，每雌蛇产11~25枚卵，多产于蛇窝。产卵的最适温度为25℃左右，湿度为80%左右。所产的卵聚集在一起成团状，壳白、软而坚韧，卵平均重23.3g。

（5）卵的孵化蕲蛇有护卵习性，因此当雌蛇产卵后，应立即把卵团放到孵化期内进行人工孵化，具体方法：用竹箩或瓦缸等做孵卵器具，底上铺垫10cm厚的清洁小石子，石子上再垫5cm厚洁净沙土，把卵团放其上，再用沙土覆盖，其上再铺盖苔藓层。每日或隔日在苔藓层洒水1次，保持12%~15%的沙土含水量，最好取自然温度，不必加温，放在通风透光的地方，防止鼠类与蚁类危害。经28~35d，可全部孵化。

4. 疾病及天敌防治

人工饲养的蕲蛇，只要管理精细，环境卫生及温湿度调节适宜，很少发病。疾病主要是口腔炎和寄生虫病。

（1）口腔炎。病蛇表现活动迟缓，口腔溃烂，两颊及颌部肿大，口不能闭合，无法进食。如不进行及时治疗，蛇体逐渐消瘦导致死亡。治疗方法：将病蛇捉住，用消毒过的筷子横衔于口，用紫药水或碘酊涂擦，然后用磺胺甲基噁唑（SMZ）粉敷在发炎处，每日1次，一般3日可愈。

（2）寄生虫病。寄生于皮下或腹腔和肌肉上的孟氏裂头蚴；体内寄生虫有在消化管内的蛇假类圆线虫，多见于消化管的浆膜组织中，尤其是肝脏。还有寄生于胆囊和胆管中的大囊异双盘吸虫，呼吸器官内有鞭节舌虫，肺泡腔内有棒线虫。对寄生虫病一预防为主，目前尚无特效药。

天敌主要有鼠类、鸟类（鹰、蛇雕）、蚁类、黄鼬、野猪等，蛇卵易遭到蚂蚁蛀食。在管理时，要注意观察，及时采取措施进行预防。

采收加工

（1）采收。采收时间可根据蛇场具体情况而定，需待蛇长得膘肥体壮时进行，一般多在6—7月加工为宜。

（2）产地初加工。加工方法将蛇捕捉后，重击头部，让其昏死，然后除去内脏，洗净。风干，用竹筷撑开腹部，绕成圆盘状，在盘绕相连处用麻线固定，待干燥后拆除竹筷和麻线即成。蕲蛇是剧毒蛇类，无论在饲养管理还是捕捉时，一定要处处留意，并有防御措施，应常年备有急救药品，一旦被咬，便可及时治疗。

性状要求

呈圆盘状，盘径17~34cm，体长可达2m。头在中间稍向上，呈三角形而扁平，吻端向上，习称"翘鼻头"。上腭有管状毒牙，中空尖锐。背部两侧各有黑褐色与浅棕色组成的"V"形斑纹17~25个，其"V"形的两上端在背中线上相接，习称"方胜纹"，有的左右不相接，呈交错排列。腹部撑开或不撑开，灰白色，鳞片较大，有黑色类圆形的斑点，习称"连珠斑"；腹内壁黄白色，脊椎骨的棘突较高，呈刀片状上突，前后椎体下突基本同形，多为弯刀状，向后倾斜，尖端明显超过椎体后隆面。尾部骤细，末端有三角形深灰色的角质鳞片1枚。气腥，味微咸。蕲蛇以色黄无血污、无霉变、无虫蛀、个体大、肉质厚者为佳（图10-114）。

金钱白花蛇

概况

为眼镜蛇科动物银环蛇 *Bungarus multicinctus* Blyth 的幼蛇去内脏的干燥全体，又名金钱蛇、小白花蛇、寸白蛇、白节黑。甘、咸，温，有毒；归肝经。具有祛风，通络，止痉的功效。治疗风湿顽痹、麻木拘挛、中风口眼㖞斜、半身不遂、抽搐痉挛、破伤风、麻风、疥癣。主要来源于野生资源，部分来源于养殖。主产浙江、安徽、福建、台湾、江西、湖北、湖南、广东、广西、海南、重庆、贵州、云南等地。野生银环蛇资源有限，而药用数量较大，仅靠野生资源很难满足社会需求，因此，开展人工养殖前景颇好（图10-115）。

生物学特性

（1）生长发育习性。卵生，6—7月产卵于土穴中，产卵数5~15枚，孵化期40~55d。

（2）对环境及产地要求。栖息于平原及丘陵地带多水之处，常见于稀疏树木或小草丛的低矮山坡、坟堆附近。洞穴的土质较松，酸性土，穴内一至数条银环蛇在一起，洞口大多向西南或东南，洞道长度1.5~3.5m，洞穴附近常见有蛇蜕及白色粪便。一般11月底到翌年3月下旬为其冬眠期，历时130~160d。适应气温8~35℃，最适气温26~30℃；夜行性，常于夜间出洞活动，在闷热天气的夜晚出现更多。以蛙类、鱼类、鼠类、蜥蜴、蛇类为食，尤喜食鳝鱼、泥鳅。

养殖技术

1. 饲养场地

人工蛇场应选择在背风向阳、环境安静、卫生条件好的地方，应有水、树木、竹林的低洼地，避开石灰岩洞和村庄。用围墙将一定面积的场地围起来，在园内自然条件的基础上，建筑适合蛇栖息、繁殖、越冬的蛇房（洞），开挖鱼塘，养鱼、养蛙，栽种树木、竹林、瓜果，营造良好的生活环境。场内建假山、水池、蛇房、蛇窝、越冬室、产卵室、孵化室、取毒室。假山、水池、室外蛇洞根据地形、地貌建造。产卵室、孵化室、取毒室根据养殖规模建造。房面覆盖 1~1.5m 的土层。房内建 0.2m×0.2m×0.15m 的小格若干。蛇房中央留一条通道，通道两侧设一条相连的水沟，水沟两头分别通向水池和饲料室，便于蛇出入饮水和捕食。越冬房由走廊、观察室、冬眠间组成，每个部分由门或玻璃窗隔开，屋顶覆土 1~1.5m 保温。蛇窝设在蛇园地势较高处，通常建成坟堆式，四周用砖砌成，并留进出口，内宅 0.5~1m，高度在 0.8m 左右。上方留 0.2m² 的活动盖板，砖墙外围堆泥土。

2. 饲养管理

（1）成蛇的管理。成蛇出蛰后，由于冬眠消耗而体质较弱，需补充大量的营养，要投喂营养丰富的饵料，如黄鳝、泥鳅等，投喂量以食后略有剩余为宜。平时可放些蛙类在蛇园内，让蛇自行捕食。随着蛇体力的恢复，即将进入繁殖阶段。此时气温较高，蛇体消耗较大，应注意温度的变化，园内温度过高，要采取搭棚遮阳或喷水降温措施。此阶段的管理应更精细，除供给足够的食物外，更应保持蛇园卫生及池水的清洁，经常观察蛇的活动状态、有无天敌为害及疾病的发生，及时发现、及时处理。此外，越冬前的管理也至关重要，此阶段的关键在于蛇体需要积累足够的营养物质，食量会增加 1 倍以上，应给与新鲜度高、充足而富有营养的食物，入眠前积累足够的脂肪，方能安全度过冬眠期。

（2）幼蛇的管理。孵出的幼蛇，靠自体营养生活，10d 后才有觅食行为。不作种用的幼蛇就不必饲喂，最好在 7d 后即捕杀加工成金钱白花蛇。而作种用的幼蛇，则应另建幼蛇养蛇池。蛇池大小，视规模大小而定，一般池深 0.5m，池内设水池、幼蛇窝，并有遮阳的花草树木，池内堆放 1~2m² 的腐殖土壤，并放养足够的蚯蚓，供幼蛇自行捕食。孵出 15d 以后的幼蛇，每日用小瓷盘装一些碎黄鳝肉、泥鳅肉（或小泥鳅）让蛇自行采食。另外要保持池内及饮水清洁，预防天敌为害。

（3）饲喂方法。幼蛇出壳后，牛奶、鸡蛋黄人工诱其开食，至第 1 次蜕皮后，陆续投以蝌蚪、乳鼠等；第 3 次蜕皮后，可适当喂较大的动物并转入成蛇饲养管理。成蛇应按照蛇的性别、年龄分群饲养，人工投以小鼠、青蛙、泥鳅、鳝鱼和蟾蜍，每月投喂 3~4 次。投喂量根据蛇的年龄、性别和采食时期不同而灵活掌握，成蛇采食期间每条蛇每月投喂量约 1.5kg。每次投喂后注意观察其采食情况，并做好记录，以便确定下次投喂时间和投喂量，以防相互咬伤或残食。

（4）越冬管理。因有冬眠习性，当气温下降到 10℃ 以下便进入冬眠，冬眠期要保持 5℃ 以上。一般在蛇窝顶部加厚土层，或用干草、塑料薄膜覆盖，或用电灯加温等方法保温。土壤保持 10%~15% 的含水量，并严防鼠类等天敌。

3. 繁殖管理

（1）种蛇的选择。选择无病、无伤，体重 400~500g 的健康蛇作为种蛇。

（2）雌雄配比。雌雄比为（5~7）:1 为宜。雌雄的鉴别：从外形看，雄蛇头部比雌蛇大，尾部比雌蛇细长；可靠的鉴别方法，用手在泄殖孔后端从后往前推压，如有两颗交接器突出，即为雄蛇，雌蛇则无。

（3）交配。银环蛇一年内有两次发情交配期，交配盛期为 5—6 月，第二次交配期在

9—11 月。交配前，雌蛇泄殖孔排出一种有特殊臭味的分泌物，雄蛇闻到气味后便追逐雌蛇，待雌蛇不动时，雌雄蛇体相互交缠在一起，双双竖起头，交配即开始，交配时，雄蛇尾部不断地抖动，雌蛇伏于地上不动，交配时间 2~8h。雄蛇精子可在雌蛇体内存活 1 年，当年交配后的雌蛇，到第二年即使不交配，其所产的卵依然可以孵出幼蛇。

（4）产卵。多在 6—7 月产卵于土穴中。产卵历时较长，最快 1~2h，慢的需 10h 以上。产卵数量依蛇龄的大小而定，3~4 龄蛇一般产 5~10 枚，5 龄及以上的蛇一般产 10~15 枚。蛇卵呈椭圆形，白色或淡黄色，卵壳软而富于韧性。

（5）卵的孵化。

①卵的挑选：当蛇产完卵后，应及时将卵取出进行孵化。银环蛇所产的卵有两种：一种卵壳硬而饱满，颜色白中带青；另一种卵壳较软，颜色白中带蓝。前一种孵化率较高，后一种孵化率较低、孵化时间较长，因此，在孵化前将两种卵取出、分别孵化。

②孵化方法：孵卵器用大缸或竹箩均可。缸（箩）底部先铺垫 10cm 后的细石子，再垫 5~10cm 后的洁净砂质土壤，再将蛇卵轻放于沙土上，一般堆放 3 层，然后用湿润的沙土覆盖于卵上，所盖厚度以不露出卵为宜，其上再铺盖一层稻草，缸（箩）面要盖一层竹筛或铁丝网，以防鼠害及幼蛇爬出外逃。要常喷洒洁净清水，保持 12%~15% 的土壤含水量。孵卵器置于通风透光的地方，但应防止阳光直晒，以免蛇卵变质而影响孵化。蛇卵可采用自然温度进行孵化，不必加温，一般在 23~30℃ 温区内，需 28~32d 孵化，低于上述温度则会延长孵化时间。当幼蛇孵出后，应及时取出放于养蛇器具中暂养，待 10d 后转入幼蛇池进行喂养。

4. 疾病及天敌防治

定期对蛇园、蛇窝进行清理、检查，及时清除粪便、换土和消毒，定期修剪园中灌木、杂草，发现死蛇立即清除。银环蛇疾病较少，一般有口腔炎、急性肺炎、霉斑病等。根据病因和症状不同，对症下药。

采收加工

夏、秋两季捕捉幼蛇，人工饲养则取 1~3 周的小蛇。用酒浸死，剖开蛇腹，除去内脏，擦净血迹，用乙醇浸泡处理后，以头为中心盘成圆盘状，用竹签固定，干燥。

性状要求

呈圆盘状，盘径 3~6cm，蛇体直径 0.2~0.4cm。头盘在中间，尾细，常纳口内，口腔内上颌骨前端有毒沟牙 1 对，鼻间鳞 2 片，无颊鳞，上下唇鳞通常各为 7 片。背部黑色或灰黑色，有白色环纹 45~58 个，黑白相间，白环纹在背部宽 1~2 行鳞片，向腹面渐增宽，黑环纹宽 3~5 行鳞片，背正中明显突起一条脊棱，脊鳞扩大呈六角形，背鳞细密，通身 15 行，尾下鳞单行。气微腥，味微咸。以身干、头尾齐全、色泽明亮、盘起像铜钱大小者为佳（图 10-116）。

乌梢蛇

概况

为游蛇科动物乌梢蛇 Zaocys dhumnades（Cantor）的干燥体，又名乌蛇、乌花蛇、剑脊蛇、黑风蛇、黄风蛇、剑脊乌梢蛇。甘，平；归肝经。具有祛风、通络、止痉的功效。用于治疗风湿顽痹、麻木拘挛、中风口眼喎斜、半身不遂、抽搐痉挛、破伤风、麻风、疥癣。

主产浙江、上海、江苏、安徽、福建、中国台湾、河南等地。乌梢蛇系无毒蛇类，既是传统治风要药，又是餐桌上的美味佳肴。近年来由于过度捕杀及生态环境的巨大变化，致使乌梢蛇的野生资源锐减，价格暴涨，药材市场脱销。然而，社会对乌梢蛇的药用和食用需求量且在迅速上升，市场供需矛盾日益突出，因此，开展人工饲养有广阔的市场前景。浙江省德清等地有养殖（图10-117）。

生物学特性

（1）生长发育习性。卵生，6—8月产卵于土壤里，产卵数8~17枚，46~70d孵化出幼蛇，幼蛇长8~12cm；3年后性成熟，体重320~450g。

（2）对环境及产地要求。栖息于海拔100~1 550m的平原、丘陵及山区，常见于农溪沟、草堆及住宅区，喜高温高湿的环境。昼伏夜出，行动敏捷，无毒牙，性胆怯，靠快速逃避的方式防御天敌。对环境温度变化很敏感，喜暖恶寒，4月中、下旬出蛰活动，7—9月为活动高峰期，10月下旬开始入蛰、进入冬眠。活动期与冬眠期几乎各占一半。肉食性，喜食蛙类、鼠类，也兼食鱼类及昆虫等活体动物，有追逐取食习性，主要采食活物，一般不吃死物。

养殖技术

1. 饲养场地可参考蕲蛇的场地建设。

2. 饲养管理

（1）饲喂方法。乌梢蛇是一种广食性蛇类，可根据当地的实际条件和不同饲料资源，因地制宜，就地取材，既要满足蛇体的营养需求，又要降低饲养成本，合理搭配，以多样化食物为好。

乌梢蛇喜食蛙类、鼠类和鱼类，投喂青蛙、蟾蜍、家鼠、田鼠、豚鼠、白鼠、黄鳝、泥鳅等活物。尤其在出蛰后蛇体恢复阶段、繁殖阶段和越冬前期，更应给予予充足而喜食的活体食物，以保证蛇体能够正常生长和积累营养，较少疾病和死亡。投喂量以食后稍有剩余为度。最好每天投喂1次，尤其在饲养数量较多的情况下，更应每日投料。

初孵幼蛇体弱娇嫩，管理更要精细。孵出10d以后的幼蛇，最好以蚯蚓、蝇蛆、黄粉虫等活食喂养。随着体重的增加，也可投喂一些如小蛙、小泥鳅等较大的活物。每日投料1次，投喂量以食后略有剩余为宜。

在整个饲养过程中，要经常观察蛇的活动情况。对伤病蛇应及时进行处理，并与健康蛇暂时分开饲养。所产蛇卵要及时取出，以防损坏或被蚁类蛀食。注意环境卫生，保持池水清洁。

此外，乌梢蛇生长速度的快慢与环境温度有密切关系。在22~30℃的适温区内，随着气温的升高，摄食量加大，生长速度也加快。温度高于或低于这个范围均不利于其生长发育。

乌梢蛇多生活于湿度较大的环境中，最适湿度为75%~90%，高于或低于这个范围均不利于其生长发育。

季节的变化也与乌梢蛇的生长速度有一定关系。生长高峰在8—9月。此阶段的管理要投料量大、饲料种类多，尽可能满足其营养需要，才能加快生长发育。

正常情况下，精细饲养管理2年，便可达到亚成蛇（体重150~200g），4年可达到商品蛇（体重360~500g）要求。

（2）越冬管理。越冬前应投喂充足而营养丰富的活物，增加蛇体的营养积累，提高抗寒抗病能力。冬眠期宜控制在3~8℃范围内，过高、过低均为不利。应根据地区气候变化的大小，因地制宜采取措施，加厚蛇窝土层、窝内添加垫草，必要时可安装电灯泡加温。湿度一般保持在 10%为宜。当气温回升、但又没有达到出蛰温度，此时的管理特别重要，此阶段温度在 14~18℃波动，温度回升较快或较慢的地区，可以采取一定措施提高温度，达到 20℃以上，让蛇正常出蛰。

3. 繁殖管理

（1）种蛇的选择。挑选膘肥体壮、生长发育良好、无病无损伤、体重在 1kg 以上的 4 龄蛇做种蛇。最好当地自行捕捉，保证种蛇质量。

（2）雌雄配比。最适宜的雌雄比为（4~6）：1。雌雄蛇鉴别：用手挤压泄殖孔后端，有带肉刺的交接器伸出者为雄性，雌蛇则无。

（3）种卵的选择。为提高孵化率，须选择外形饱满端正、颜色一致的卵，其孵化率较高。畸形、色泽异常、卵壳较软的最好不作孵化用。

（4）卵的孵化。与银环蛇的孵化基本相同。孵化最适温度 28~32℃，土壤含水量 15%~18%最为适宜。乌梢蛇孵化期较长，经 46~70d 才能孵化。孵出的幼蛇应及时取出，放于饲养容器内。

4. 疾病及天敌防治

乌梢蛇好动、多食，发病率极低，因病死亡的现象极少。如果管理不善，或因投喂腐臭食物，或饮水不洁，蛇园环境卫生极差，也会引起疾病。常见疾病主要是口腔炎、霉斑病、腹泻等。

天敌主要有鼠类、鸟类（雀、鹰、乌鸦）和蚁类的为害。要注意观察，及时采取措施进行预防。

采收加工

（1）蛇干加工。多于夏、秋两季捕捉，剖开腹部或先剥皮留头尾，除去内脏，盘成圆盘状，干燥。注意防潮、防蛀。

（2）蛇胆加工。剖开腹部后课件乌黑的胆囊，用细线结扎胆管，在结扎处的上方剪断胆管，取出胆囊，悬挂在通风处晾干，或泡于白酒中保存也可。

性状要求

该品呈圆盘状，盘径约 16cm。表面黑褐色或绿黑色，密被菱形鳞片；背鳞行数成双，背中央 2~4 行鳞片强烈起棱，形成两条纵贯全体的黑线。头盘在中间，扁圆形，眼大而下凹陷，有光泽。上唇鳞 8 枚，第 4、5 枚入眶，颊鳞 1 枚，眼前下鳞 1 枚，较小，眼后鳞 2 枚。脊部高耸成屋脊状。腹部剖开边缘向内卷曲，脊肌肉厚，黄白色或淡棕色，可见排列整齐的肋骨。尾部渐细而长，尾下鳞双行。剥皮者仅留头尾之皮鳞，中段较光滑。气腥，味淡。以头尾齐全、皮黑褐、肉色黄白、脊部有棱、体坚实者为佳。要求无虫蛀、无霉变（图 10-118）。

（淡水）珍珠

概况

该品为蚌科动物三角帆蚌 *Hyriopsis cumingii*（Lea）或褶纹冠蚌 *Cristaria plicata*（Leach）等双壳类动物外套膜受刺激形成的珍珠。主产于浙江、江苏、安徽、湖南等省。"世界珍珠看中国，中国珍珠在诸暨"，浙江诸暨淡水珍珠养殖年产量占世界淡水珍珠总产量的 73%、全国总产量的 80%，是全球最大的淡水珍珠养殖、加工和交易中心。珍珠性甘、咸，寒；归心、肝经。具有安神定惊、明目消翳、解毒生肌、润肤祛斑的功效。主治惊悸失眠、惊风癫痫、目赤翳障、疮疡不敛、皮肤色斑。从市场需求看，低档珍珠主要用于医药、食品保健、美容化妆等方面，高档珍珠则用于工艺、装饰。用于培育淡水珍珠的三角帆蚌、褶纹冠蚌，广泛分布于我国的江河、湖泊中，资源丰富。淡水珍珠生产是一种投资省、日常管理简单、效益显著的养殖项目，养蚌育珠，潜力巨大。

生物学特性

1. 形态特征

三角帆蚌：壳大而扁平，质地坚硬，外形略呈三角形，其壳后背缘向上伸展呈三角形帆状翼，翼脆易折断，壳呈黑褐色，腹缘略呈弧形，壳表面及内面平滑，珍珠层乳白色，有美丽光泽。

褶纹冠蚌：贝壳巨大，较坚厚，外形略呈不等边三角形，壳顶部较膨胀，后背缘伸展成大型的冠，壳呈黄绿色或黑褐色，后缘圆，腹缘长而近似直线状，内表面珍珠层有光泽。

2. 生活习性

栖息于常年水位不干涸的江河及小溪等底泥中，但喜生活于水质清、水流急、底质略硬，或为泥沙底、泥底的水域。在天气寒冷时，以整个身体潜埋在泥沙底下，仅露出壳后缘，以壳后缘张开进行呼吸和摄食。水温升高时则上升露出大半个蚌壳。其栖息的水质以中性为宜，过酸过碱均不利于生长。摄食靠鳃和唇瓣上的纤毛摆动形成水流，使食物进入口中；杂食性，以浮游生物如轮虫、鞭毛虫、绿藻、硅藻，以及植物碎片等为食。斧状的足为河蚌的行动器官，在底泥中行动缓慢，遇敌害缩进壳内躲避。雌雄异体，体外受精，一生需经过受精卵→多细胞期、囊胚期→钩介幼虫期→幼蚌期→成蚌期。钩介幼虫期，常寄生在某些鱼的鳃或鳍上。营寄生生活。

养殖技术

1. 场地建设选择水面宽阔、四周无遮阴物、光照条件好、水质较肥、酸碱度中性的水域作为养蚌育珠场地。

2. 饲养管理

（1）引种。选择 3 龄以上，壳青而厚，外形丰润，外壳鼓实，喷水有力，外套膜丰厚，有浅黄色软边且完整无伤的健壮河蚌作为育珠蚌。运输途中保持蚌体湿润，到目的地后，下池暂养。

（2）人工育珠手术操作。河蚌的外套膜受到异物等刺激、受伤后的表皮细胞分裂形成珍珠囊，分泌珍珠质、层复一层地包被起来形成珍珠。人工育珠的方法就是根据自然珍珠形成的原理，从河蚌（小片蚌）的外套膜上剪去外套膜表皮的一个小片，再插入其他河蚌（育珠蚌）的外套膜结缔组织中，养殖一段时间后，小片的边缘与育珠蚌组织愈合而变成育珠蚌的一部分，吸收营养而迅速裂殖形成珍珠囊，分泌珍珠质产生珍珠。手术完成后的育珠蚌及时送到阳光充足、水流畅通、饵料丰富、水深 1m 以上的水域进行吊养或笼养。

（3）日常管理。一般可养鱼的池塘、江河、水库等水体均可养蚌育珠，提倡鱼蚌混养，以鲢鱼、鳙鱼、草鱼为主，放养密度以每亩水面100~200条为宜，密度不能过大。要求水质保持清新，清除杂草，防止污水流入。实践证明，褶纹冠蚌比三角帆蚌外套膜分泌珍珠质能力强，珍珠形成快，而三角帆蚌比褶纹冠蚌形成的珍珠质量要好；在实际生产中，通常采用褶纹冠蚌的外套膜制取小片，用三角帆蚌为育珠蚌，两者结合形成的珍珠大而圆、质量佳。

3. 繁殖管理

在 4—8 月繁殖季节，选择 4~8 龄、体质健壮的亲蚌（雌雄放养比例以 1：2 为好），吊养于池塘内，提供流水环境，使亲蚌易于产卵、排精、受精。当受精卵发育成为钩介幼虫后，此时雌蚌的外鳃膨大，可将这种蚌放入有水的采苗桶（盆）内。雌蚌欲放出钩介幼虫时，两壳猛然开启，幼虫依靠足丝互相粘连呈絮状体，有雌蚌出水孔排出，此时将采苗小鱼（7~10cm 大小的草鱼、鳙鱼、鲢鱼、鳑鲏鱼等）放入桶内，经过 1h 后将小鱼捞出，放入流水环境。钩介幼虫在鱼体上发育变态为幼蚌后，从鱼体脱落下来，后在水底营底栖生活。三角帆蚌 1 年约有 10 余次的怀卵成熟，褶纹冠蚌也有 2~3 次，人工养殖时可大量采集钩介幼虫。

4. 疾病防治

危害最普遍和最严重的是蚌瘟病，防病的关键是在养蚌育珠过程中使用生石灰、漂白粉、蚌复宁、蚌毒灵及其他水体消毒剂进行卫生消毒，具有控制传染源和切断传播途径的重要作用。卫生消毒分为池塘消毒、蚌体消毒和植珠消毒 3 个主要环节。其次是寄生虫和敌害，亦应加以防备。

采收加工

多于秋季捕取养殖 2~3 年的珍珠母蚌，放入框里，在育珠手术室内剪断前、后闭壳肌，用手指捏出外套膜上的珍珠（为节约蚌源，注意不要损伤外套膜，用来作为制作小片用于手术）。先用水洗涤，然后加入少量食盐、用布擦去珠面的体液和污物，再用肥皂水洗涤，清水洗净，最后用柔软的绒布或纱布打光而成。

性状要求

该品呈类球形、长圆形、卵圆形或棒形，直径 1.5~8mm。表面类白色、浅粉红色、浅黄绿色或浅蓝色，半透明，光滑或微有凹凸，具特有的彩色光泽。质坚硬，破碎面显层纹。气微，味淡。

以粒大、珠圆、珠光闪耀、平滑细腻、断面层纹细致、质坚实不易破碎者为佳。优质珍珠多做工艺品及首饰用，药用珍珠多为形色不佳者（图 10-119）。

珍珠母

珍珠母，性咸，寒；归肝、心经；能平肝潜阳、安神定惊、明目退翳；主治头痛眩晕、惊悸失眠、目赤翳障、视物昏花。

采收加工：将蚌壳放在碱水中煮，然后用清水洗净，取出用刀刮去黑色外皮，再放到铁丝网上煅烧，随时翻动，至松脆即成。

蜈蚣

概况

该品为蜈蚣科动物少棘巨蜈蚣 *Scolopendra subspinipes mutilans* L. Koch 的干燥全体，又名百足虫、百脚、千足虫、金头蜈蚣。主产浙江、江苏、湖北、湖南、安徽、河南、陕西等地。辛，温，有毒；归肝经。具有息风镇痉、通络止痛、攻毒散结的功效。用于治疗肝风内动、痉挛抽搐、小儿惊风、中风口喝、半身不遂、破伤风、风湿顽痹、偏正头痛、疮疡、瘰疬、蛇虫咬伤。随着蜈蚣药用范围和需求量的不断增加，野生资源的不断减少，蜈蚣养殖场地简单，食料来源广，进行蜈蚣养殖大有可为，是一个比较好的养殖项目，目前许多养殖户已取得明显的经济效益（图 10-120）。

生物学特性

（1）生长发育习性。蜈蚣行动敏捷，是肉食性动物，喜食蚯蚓、蟋蟀、蜘蛛等小动物，在春季食物不足时，也以少量苔藓、嫩芽和根尖等充饥。雌雄异体，卵生，一般生长3年后性成熟，每年春末夏初交配，立夏前后开始产卵，一次产约60个卵粒，成串排出聚集成卵团，雌体抱卵团于幽静处孵化，弗惊扰，孵化期约25d，刚孵出的幼体为乳白色，1个月后离开母体活动。蜈蚣一生蜕皮11次，寿命常5年。

（2）对环境及产地要求。蜈蚣常生活在丘陵地带和多石少土的低山地区，栖息于阴暗潮湿的腐木、石隙和草地等处。一般昼伏夜出，在晴朗无风的晚最活跃；天气闷热及暴雨前后，活动尤为频繁。在10月以后天气转冷时钻入离地面10~13cm深的泥土中越冬，翌年惊蛰节后随着天气转暖，出洞觅食。

养殖技术

1. 场地选择

饲养池可在室内室外建造，一般建在向阳通风、排水条件好而又比较潮湿、僻静的地方，池内保持潮湿、阴爽、温暖、安静、卫生，室外池要建荫棚，以防雨淋及阳光暴晒。

（1）简易养殖池。常见为长方形，面积大小可根据灵活安排。池底用砖砌，用水泥和砂浆勾缝；池口用水泥抹平后镶嵌玻璃，防止蜈蚣逃走。池壁高度为70~100cm。池内垫放松土5~10cm厚，然后放入瓦片、石块，为蜈蚣搭建隐蔽的栖息场所。

（2）立式养殖池。大型的养殖场可用砖头或同等大小的土坯，平铺为多层立体塔形结构，外层用砖块，内层用土坯，以便防雨。这种立体塔形巢，各层间保持1cm左右的缝隙，供蜈蚣出入并可防止老鼠侵入，可以有效利用空间、增大养殖面积，隔热性也很好，便于蜈蚣随气温变化上下及内外活动。冬季来临时，可用稻草覆盖便于保温。内壁四周设一道15~20cm的投食圈，在投食圈的外围再开设1条宽约15cm、深约10cm的浅水沟，提供蜈蚣取食饮水的地方，并可防止蜈蚣外逃。

2. 饲养管理

（1）选种。要求选择头红、体大、身长、光泽好、无损伤的品种作种源，可在当地捕捉，也可在养殖场引种，最好引进当地已有的品种。选择虫体完整、体色鲜艳、活动正常、体长10cm以上的蜈蚣作繁殖对象。

（2）饲养密度。一般每平方米可放养200~500条，雌雄性别比10：（2~3）。同一池内饲养的蜈蚣，最好是同龄的种群。

（3）饲料及饲喂。人工饲养条件下，以黄粉虫、泥鳅、蛙类、黄鳝及小蟹、小虾、小鱼等为主食。一般每隔2~3d喂1次，活动期每天喂1次，孵化期间不需要喂食、喂水。喂食后的次日早晨，需将残余食物清除。

3. 繁殖管理

蜈蚣一般在3—6月交配，每年的5月下旬开始产卵，最迟在8月上旬结束，盛期在7月上、中旬。临产蜈蚣在临产前1周左右，在瓦片或石块下的泥土中挖掘一个小窝，多在黎明时产卵，一次产60粒左右，抱卵团在步足间，约20d开始孵化，脱去卵膜和胎皮。幼体乳白色、呈蛆虫状；幼体经过25~30d以后进行第2次脱皮，其体形与成体相似，特色仍为乳白色；又经过35~40d进行第3次蜕皮，其体形与成体完全相同，体色为灰黄色，活动力增强，不再紧密抱成团、松散在母体腹面。这时幼体可以与母体分离开始独立生活了。孵化期间应保持安静和适宜的温度（25~32℃）、湿度（50%~70%）。

4. 病虫害防治

蜈蚣人工饲养的主要疾病，有绿僵菌病、肠胃炎、脱壳病等，根据病因和症状不同，对症下药。在冬蛰期和蜕皮期，应防备老鼠与蚂蚁的为害。

采收加工

一般以春、秋两季捕捉，主要收获雄体和腹中无卵的老龄雌体，捕后，沸水烫死，用长宽与蜈蚣相等、两端削尖的薄竹片，插入蜈蚣头尾，绷直，干燥，密封保存，注意防潮、防蛀。

性状要求

该品呈扁平长条形，长 9~15cm，宽 0.5~1cm。由头部和躯干部组成，全体共 22 个环节。头部暗红色或红褐色，略有光泽，有头板覆盖，头板近圆形，前端稍突出，两侧贴有颚肢 1 对，前端两侧有触角 1 对。躯干部第一背板与头板同色，其余 20 个背板为棕绿色或墨绿色，具光泽，自第四背板至第 20 背板上常有两条纵沟线；腹部淡黄色或棕黄色，皱缩；自第 2 节起，每节两侧有步足 1 对；步足黄色或红褐色，偶有黄白色，呈弯钩形，最末一对步足尾状，故又称尾足，易脱落。质脆，断面有裂隙。气微腥，有特殊刺鼻的臭气，味辛、微咸。以身干、体长、头红、身黑绿色、头足完整者为佳。要求无虫蛀、无杂质、无霉变（图 10-121）。

附：《中国药典》2020 版收载蜈蚣药材长度为 9~15cm，但目前市场上 15cm 以上的蜈蚣正品药材也比较常见。当前市场存在多棘巨蜈蚣 *Scolopendra multidens* Newport 或进口蜈蚣充当蜈蚣药材使用的情况，这种蜈蚣一般体形较大，多在 17cm 以上，背部呈棕红色，宽度在 1cm 以上，外观、性状和少棘巨蜈蚣差异较大。蜈蚣皮的加工方法未被药典收载，但市场上蜈蚣皮流通和使用较多，故将蜈蚣皮收入规格划分中。

水蛭

概况

该品为水蛭科动物宽体金线蛭（蚂蟥）*Whitmania pigra* Whitman、日本医蛭（水蛭）*Hirudo nipponica* Whitman 或尖细金钱蛭（柳叶蚂蟥）*Whitmania acranulata* Whitman 的干燥全体，又名蚂蟥、蛭蟥、肉钻子。全国大部分地区有产，大水蛭（蚂蟥）主产于浙江、江苏、山东等省；小水蛭（线蚂蟥）主产于广东、广西；柳叶蚂蟥产于浙江、江苏、陕西、河南等地。始载于《神农本草经》，性咸、苦，平；有小毒；归肝经。能破血通经、逐瘀消癥；治疗血瘀经闭、癥瘕痞块、中风偏瘫、跌扑损伤。外用可治痈肿丹毒，还利用水蛭提取物制成美容产品。由于农药、化肥的广泛使用，其自然环境受到严重破坏，野生水蛭资源日益枯竭。近年来对水蛭的需求量有增无减，供求矛盾十分突出，目前已成为世界性的紧俏药材之一，俄罗斯、英国等国家已致力于水蛭的人工繁育和养殖技术的研究工作。俄罗斯的莫斯科国际医用水蛭研究中心每年饲养水蛭达 150 多万条，已形成一个独特的产业，每年出售大批活体水蛭及相关产品到美国、西班牙等国家。水蛭生命力极强，对环境要求不高，养殖技术又容易掌握，养殖规模可大可小，可利用房前屋后的土坑、水池或鱼塘进行养殖，投资少，见效快，是致富的好门路。

生物学特性

（1）生长发育习性。水蛭是雌雄同体而异体受精。6—10 月为产卵期，交配后约经 1 个月产出紫色的卵茧于湿润松软的土壤中，每条种蛭每年可产卵 2 次，每次产卵茧 3~4 个。22~30℃温区内经 15~30d 可孵出幼蛭，每个卵茧可孵出 13~35 条幼蛭，幼蛭经 4 个月生产可达到性成熟。冬季在土中越冬。

（2）对环境及产地要求。多生活于淡水的于水田、湖沼、沟渠、溪流中。也有生活于温暖潮湿的草丛中或土壤中，营半寄生生活。多在夜间活动，常静息于淤泥表面，能作波浪式游泳或尺蠖式移行，行动敏捷。食性广泛，主食动物血液或取食浮游生物、软体动物、小型昆虫及动物的卵和幼体、腐殖质等；人工饲养条件下，也取食动物内脏、蛋黄等物。耐饥力极强，食量也大，半年内吸 1 次血，即能正常生活。

养殖技术

1. 饲养场地

水蛭要求的生活环境不高，无论流水或静水中都能正常生长。水蛭繁殖池应建在水源充足、无污染、避风向阳和比较僻静的地方，池的面积一般为 200m² 左右，要求水深 1m，进排水方便。池底应放一些石块、瓦片和树枝等物，水面上要放养适量的浮水植物，以供水蛭栖息。在池内四周要建造高出水面 20~30cm，面积约为 5m² 的产卵平台，平台上的土质要求松软、含有较高腐殖质。进、排水口用 20 目丝网或尼龙网遮拦，池埂四周设防逃网。

2. 饲养管理

水蛭有冬眠的习性，入冬后气温降至 10℃ 以下时，便钻入土中或石块下越冬。冬季如无条件进行保温饲养，就让水蛭自然越冬。为了防止水蛭越冬因温度过低死亡，应加深池水，加盖塑料薄膜，提高水温。

3. 繁殖管理

（1）蛭种选择。药用蛭种一般选用中国药典规定的宽体金线蛭（蚂蟥）、日本医蛭（水蛭）或尖细金钱蛭（柳叶蚂蟥），在全国大部分地区均有分布。初养殖时最好就地采种，捕捉野生水蛭作种苗。选择体大、色泽鲜亮、体态丰盈、在水中游动强健的水蛭作种苗。因水蛭是雌雄同体而异体受精，不需要选择雌雄、只要选健壮的水蛭即可。浙江、江苏等地多选宽体金线蛭进行养殖。人工繁殖宽体金线蛭，宜选择 2 龄以上、体重 30g 左右、活泼好动、体质健壮的作为亲蛭。亲蛭的放养一般在水温 20℃ 左右的春末夏初进行。亲蛭入池前要先消毒。

（2）亲蛭的饲料与喂养。亲蛭入池 1~2d 即可投喂饲料，饲料常用田螺、螺蛳、福寿螺、河蚌等软体动物为主，还可以直接投喂猪、牛、羊等动物的新鲜凝血块，但投喂人工饲料必须经过一段时间的驯食。

（3）产卵与孵化。每条水蛭都能产卵繁殖。繁殖期常在 5—9 月，繁殖条件合适时，交配后 1 个月，在平台的基质中钻洞做茧、产卵。水温 25~32℃ 经过 16~25d 即可孵化成幼蛭。

4. 疾病及天敌防治

水蛭抗病力较强，一般无疾病。但水蛭农药、化肥中毒的现象常有发生。因此，饲养水蛭的水源，一定不能有农药污染，碱性较重的泉水也不能利用。向水蛭池内注水时，切勿将温度过低的水急流灌入，应经过一定的流程，让水温合适时才注入池内。

每 15~20d 按每立方米水体用生石灰 10g 或漂白粉 1g 进行消毒。对发病的水蛭要及时隔离治疗，以免传染。发现水蛇、青蛙、老鼠、蚂蚁、蜈蚣等天敌，应及时清除或杀灭。

采收加工

夏、秋两季捕捉，洗净，用沸水烫死，晒干或低温干燥。

性状要求

蚂蟥呈扁平纺锤形，有多数环节，长 4~10cm，宽 0.5~2cm。背部黑褐色或黑棕色，稍隆起，用水浸后，可见黑色斑点排成 5 条纵纹；腹面平坦，棕黄色。两侧棕黄色，前端略尖，后端钝圆，两端各具 1 吸盘，前吸盘不显著，后吸盘较大。质脆，易折断，断面胶质状。气微腥。

水蛭扁长圆柱形，体多弯曲扭转，长 2~5cm，宽 0.2~0.3cm（图 10-122）。

柳叶蚂蟥狭长而扁，长 5~12cm，宽 0.1~0.5cm。

以身干、条整齐、无泥土者为佳。要求无虫蛀、无霉变，杂质少于 3%。

附：当前市场主流为蚂蟥，习称"宽体金线蛭"，其余两种相对较少。水蛭商品尚有加矾或腹内填充增重物质现象，注意鉴别。尚有非药典品菲牛蛭 *Poecilo manillensis* Lesson，大多来自四川、广西、缅甸、朝鲜，市场上称为"金边蚂蟥"。除此之外尚有其他种水蛭，需做深入物种鉴定，应注意鉴别。

鹿茸

概况

鹿茸为鹿科动物梅花鹿 *Cervus Nippon* Temminck 或马鹿 *Cervus elaphus* Linnaeus 的雄鹿未骨化密生茸毛的幼角，分别称"花鹿茸""马鹿茸"，为名贵中药材。甘、咸，温；归肾、肝经。具有壮肾阳、益精血、强筋骨、调冲任、托疮毒之功效。用于肾阳不足、精血亏虚、阳痿滑精、宫冷不孕、羸瘦、神疲、畏寒、眩晕、耳鸣、耳聋、腰脊冷痛、筋骨痿软、崩漏带下、阴疽不敛。其他如鹿胎、鹿鞭、鹿筋、鹿尾、鹿血、鹿骨、鹿心、鹿肉、鹿皮等都是上等的制药原料及工业原料。我国养鹿事业发展很快，主产吉林、辽宁、河北等地，已遍及全国各地，养鹿头数逐年增加，存栏总数达约 60 万头，年产鹿茸 100 多 t，除供国内使用外，外销韩国、日本及东南亚。梅花鹿为国家 I 级保护动物，禁止捕捉野生物种，药用为人工养殖品。梅花鹿适应性强，易饲养，牛羊吃的饲料，鹿都喜吃，是快速致富的好途径（图 10-123）。

生物学特性

（1）生长发育习性。雄鹿出生后 6—8 个月开始长角，称为"初生茸"，到 8 月中旬开始骨化，翌年 4 月到 6 月上旬，从茸桩上自动脱落，以后又长新的鹿角。每年增加 1 叉，5 岁后共分 4 叉而止。雌鹿无角。仔鹿 2 岁性成熟，每年 9—11 月发情交配，妊娠期约 8 个月，翌年 5—7 月分娩，每胎 1 仔，极少产 2 仔。

（2）对环境及产地要求。梅花鹿栖息于丘陵地区的混交林、山地草原、森林边缘。喜群居，晨昏活动频繁，耳目敏锐，胆小易惊，遇有异常声响，随即逃离。善于跳跃。雄鹿在生角期注意保护其茸角，往往用前蹄打架，茸角骨化变硬后常以角为武器顶架，性情暴躁，常磨角吼叫，为争配偶常进行激烈的争斗；雌鹿常年群居。鹿怕热不怕冷，怕风不怕雨。每年春末和秋末换毛 1 次，夏毛亮丽，冬毛灰暗。以各种杂草、树叶、树枝为食，冬季以各种乔灌木枝条、枯叶、枯草、浆果等为食。在人工饲养条件下，也吃豆类、禾谷籽实、糠麸和各种农作物的茎叶、块根等。

养殖技术

1. 鹿场建造

鹿场应选择地面干燥、地势平坦、安静卫生、水草丰富、向阳避风、无污染、电力和交通便利的地方。养殖场要防风、防雨、防暑，活动场地要大。公、母鹿舍宜分开建造，不易混居。运动场内铺设硬石，以增大鹿蹄的摩擦，防止蹄壳不断生长造成畸形而影响发育。场舍中间放置饲料槽，槽高 65~70cm（小鹿食槽高 45~50cm）、宽 60~80cm、深 25~30cm，长度按照每只约40cm计算。墙边设置饮水槽，料槽和水槽均用砖和水泥建造，以求牢固可靠。舍场周围修建高2.5m的围墙，以防鹿逃跑。梅花鹿可圈养，也可放牧，但必须驯化后放牧，放牧饲养成本低、生长速度快。

2. 种鹿选择

选购3~8岁的为好，鉴别鹿的年龄可从雄鹿的茸角观察，雄鹿1岁左右长出初生茸，细瘦不分叉，第二年在主柱上分出1叉，第三年长出3叉，第四年以后为4叉。另外从脱角的迟早看，茸的生长遵循着长茸→老骨（骨化）→脱角→再长角的规律，年老的鹿角比年轻的脱得早。

3. 饲料

梅花鹿以食草为主，食性广泛，玉米秆、豆荚皮、麦秸、稻草、青菜、豆秸、甜菜渣、薯类、干草及树叶等都可作为饲料。为了加快鹿的生长，提高鹿茸的产量和质量，需要配喂一些玉米面、大麦、豆类、豆饼、麦麸、谷糠、酒糟及粮油副产品等精饲料，以及少量食盐、骨粉、蛋壳粉、面粉、矿物质添加剂和抗菌素等。1只成年梅花鹿1年需要大约1 500kg粗饲料、400kg精饲料。

4. 饲养与繁殖管理

母鹿妊娠期约8个月，在此期间不要随便抓捕，以免受惊流产和难产。仔鹿10d后会觅食，可给予少量嫩草树叶等，30~50d后断乳护理，分离饲养。同时要注意公鹿配种、母鹿泌乳及仔鹿断乳后的饲养管理，精心配料、清洁卫生及疾病预防。

5. 疾病防治

梅花鹿的疾病主要有坏死杆菌病、巴氏杆菌病、大肠杆菌病、结核病、布鲁氏菌病、瘤胃积食、咬毛症、肝片虫病等。

采收加工

养鹿主要是取茸，锯角人要沉着老练，动作要准确、利落，止血药要上得又快又准。鹿茸加工之目的在于防止腐败变质，加速干燥，便于保存。

雄鹿一般在第三年锯茸，每年可采集1~2次。每年采集1次者，约在7月下旬进行；每年采集2次者，第一次在清明后45~50d进行，其鹿茸称"头茬茸"，第二次在立秋前后锯茸，称"二茬茸"。锯角时将鹿用绳子拖离地面，并迅速将茸锯下，鹿的伤口外敷以"七厘散"或"玉真散"，贴上油纸，放回鹿舍。

锯下之茸应立即加工，先洗去茸毛上不洁之物，挤去部分血液，将锯口用线绷紧，缝成网状，并在节茸根上钉上1只小钉，缠上麻绳，然后固定在架上，至沸水中反复烫3~4次，每次15~20min，使茸内血液排出，至锯口处冒白沫，嗅之有蛋黄气味为止。全过程需2~3h，然后晾干，次日后再烫数次，风干或烤干。应用时加工成鹿茸片或鹿茸粉供临床使用。

性状要求

（1）药材性状。花鹿茸呈圆柱状分枝，具一个分枝者习称"二杠"，主枝习称"大挺"，长17~20cm，锯口直径4~5cm，离锯口约1cm处分出侧枝，习称"门庄"，长9~15cm，直径较大挺略细。外皮红棕色或棕色，多光润，表面密生红黄色或棕黄色细茸毛，上端较密，下端较疏；分岔间具1条灰黑色筋脉，皮茸紧贴。锯口黄白色，外围无骨质，中部密布细孔。具两个分枝者，习称"三岔"，大挺长23~33cm，直径较二杠细，略呈弓形，微扁，枝端略尖，下部多有纵棱筋及突起疙瘩；皮红黄色，茸毛较稀而粗。体轻。气微腥，味微咸。

二茬茸与头茬茸相似，但挺长而不圆或下粗上细，下部有纵棱筋。皮灰黄色，茸毛较粗糙，锯口外围多已骨化。体较重。无腥气。

鹿茸以茸形粗壮、饱满、皮毛完整、质嫩、油润、茸毛细、无骨棱、骨钉者为佳。要求无变色、无虫蛀、无霉变。

（2）规格等级。鹿茸药材在流通过程中，其规格等级划分强调基原和形态，根据鹿的生长时间、茸的大小、分叉多少及老嫩程度，可分为初生茸、二杠、三岔、挂角、二茬茸、砍茸，为制定鹿茸商品规格等级标准提供了依据。

具体为梅花鹿茸优于马鹿茸，二杠茸优于三岔茸，头茬茸优于二茬茸，分岔越多质量越次。并在此基础上结合表面特征，以茸形粗壮、饱满、皮毛完整、质嫩、油润、茸毛细、无骨棱、骨钉者为佳。"肥、大、胖、嫩、轻"是评价鹿茸的重要标准。同一档次梅花鹿茸商品中，以粗壮、主枝圆、顶端丰满、"回头"明显、质嫩、毛细、皮色红棕、较少骨钉或棱线、有油润光泽者为佳。此外，梅花鹿和马鹿均以断面周边无骨化圈、中央蜂窝眼细密、皮毛完整者为优。二者中有破皮、悬皮、抽沟、存折、拧嘴等现象的均应酌情降等。

第八节　其他类中药材

发酵法

发酵系借助于酶和微生物的作用，使药物通过发酵过程，改变其原有性能，增强或产生新的功效，扩大用药品种，以适应临床用药的需要。必须借助于酶和微生物的作用，必须具有一定的环境条件，如温度、湿度、空气、水分等。

经净制或处理后的药物，在一定的温度和湿度条件下，利用霉菌和酶的催化分解作用，使药物发泡、生衣的方法称为发酵法。

（一）发酵的主要目的

（1）改变原有性能，产生新的治疗作用，扩大用药品种。如六神曲、建神曲、淡豆豉等。

（2）增强疗效。如半夏曲。

（二）发酵的操作方法

根据不同品种，采用不同的方法进行加工处理后，再置温度、湿度适宜的环境中进行发酵。常用的方法有药料与面粉混合发酵和直接用药料进行发酵。用前法炮制的如六神曲、建神曲、半夏曲、沉香曲等，后者如淡豆豉、百药煎等。

发酵过程主要是微生物新陈代谢的过程，因此，此过程要保证其生长繁殖的条件。

主要条件如下：

1. 菌种

主要是利用空气中微生物自然发酵，但有时会因菌种不纯，影响发酵的质量。

2. 培养基

主要为水、含氮物质、含碳物质、无机盐类等。如六神曲中面粉为菌种提供了碳源，赤小豆为菌种提供了氮源。

3. 温度

一般发酵的最佳温度为 30~37℃。温度太高则菌种老化、死亡，不能发酵；温度过低，虽能保存菌种，但繁殖太慢，不利于发酵，甚至不能发酵。

4. 湿度

一般发酵的相对湿度应控制在 70%～80%。湿度太大，则药料发黏，且易生虫霉烂，造成药物发暗；过分干燥，则药物易散不能成形。经验以"握之成团，指间可见水迹，放下轻击则碎"为宜。

5. 其他方面

pH 值 4～7.6，在有充足的氧或二氧化碳条件下进行。

（三）注意事项

发酵制品以曲块表面霉衣黄白色，内部有斑点为佳，同时应有醛香气味。不应出现黑色、霉味及酸败味。故应注意：

（1）原料在发酵前应进行杀菌、杀虫处理，以免杂菌感染，影响发酵质量。

（2）发酵过程须一次完成，不中断，不停顿。

（3）温度和湿度对发酵的速度影响很大，湿度过低或过分干燥，发酵速度慢甚至不能发酵，而温度过高则能杀死霉菌，不能发酵。

六神曲

【来源】该品为麦粉、麸皮、赤豆、杏仁与辣蓼等混合发酵而制成的干燥块。主产浙江。多于夏季加工。

【炮制】取麦粉 100kg，麸皮 100kg，过筛混匀，另取赤豆 90kg、苦杏仁 90kg，研粉混匀，再取鲜青蒿 100kg、鲜苍耳草 100kg、鲜辣蓼 100kg，捣烂，加水适量，压榨取汁。与上述麦粉、麸皮、赤豆、杏仁混合，搅匀，制成长宽约 1.5cm 的软块，摊于匾中，将米曲霉孢子（加 10 倍量面粉稀释）装入纱布袋中，均匀地拍在软块上。置 28℃，相对湿度 70%～80%的温室里，待其遍布"黄衣"时，取出，干燥。

【性状】为扁平的方块。表面粗糙，有灰黄色至灰棕色菌落的斑纹。质坚硬，断面粗糙。气特异，味淡（图 10-124）。

【功能与主治】健脾和胃，消食调中。用于腹胀，呕吐泻痢，小儿腹大坚积。

【贮藏】置通风干燥处，防蛀，防潮。

淡豆豉

【来源】该品为豆科植物大豆 *Glycine max*（L.）Merr. 的黑色成熟种子的发酵加工品。

【炮制】取黑大豆，洗净。另取桑叶、青蒿，加水煮汁，滤过。取滤液，投入黑大豆，拌匀，至黑大豆膨胀不具干心时，蒸 4～6h，凉至约 30℃时，取出，摊晾。将米曲霉孢子（加 10 倍量面粉稀释）装入纱布袋中，均匀地拍在黑大豆上，置 28～30℃，相对湿度 70%～80%的温室中，至初起"白花"，翻拌 1 次，待遍布"黄衣"时，取出，略洒水拌匀，置适宜容器内，密封，放于 50～60℃的温室中，任其发酵 15～20d，待香气逸出时，再蒸约 1h，取出，干燥。每黑大豆 100kg，用桑叶、青蒿各 7kg。

【性状】呈椭圆形，略扁，长 0.6～1cm，直径 0.5～0.7cm。表面黑色，皱缩不平。有的有白色黏附物；可见浅色的长条形种脐。质柔软，断面棕黑色。气香，味微甘（图 10-125）。

【功能与主治】解表，除烦，宣发郁热。用于感冒，寒热头痛，烦躁胸闷，虚烦不眠。

【贮藏】置通风干燥处，防蛀。

红曲

【来源】该品为曲霉科真菌紫色红曲霉 *Monascus purpureus* Went. 寄生在禾本科植物稻 *Oryza sativa* L. 的种仁上形成的红色米，多为人工培养而成。浙江省有产。

【性状】完整者呈长椭圆形，一端较尖，另一端钝圆，长 5~8mm，宽约 2mm；碎裂者呈不规则的颗粒，状如碎米。表面紫红色或暗红色，断面粉红色。质酥脆。气微，味淡或微苦、微酸（图 10-126）。

【鉴别】粉末紫红色。糊化淀粉粒多聚集成团。菌丝浅棕色，细长弯曲，有分枝，直径 1~3μm。闭囊壳偶见，多已破碎，内含众多子囊孢子；子囊孢子椭圆形，棕色，直径 3~5μm。

【检查】水分不得过 10.0%（《中国药典》水分测定法烘干法）。

总灰分不得过 2.0%（《中国药典》灰分测定法）。

【含量测定】照《中国药典》高效液相色谱法测定。

该品按干燥品计算，含洛伐他汀（$C_{24}H_{36}O_5$）和开环洛伐他汀（$C_{24}H_{38}O_6$）的总量不得少于 0.30%，其中开环洛伐他汀峰面积不得低于洛伐他汀峰面积的 5%。

【功能与主治】消食活血，健脾养胃。用于瘀滞腹痛，赤白下痢，跌打损伤，产后恶露不尽。

【贮藏】置阴凉干燥处，防蛀。

第十一章　实验操作

实验一　中药材种子催芽方法

一、催芽方法

1. 晒种

以果实或种子为播种的中药材播种前晒种能促进种子成熟，增强种子酶的活性，降低种子含水量，提高发芽率。同时还能杀死寄附在种子上的病菌和害虫。晒种宜选晴天进行，注意勤翻动，使之受热均匀。

2. 温水浸种

以果实或种子作为播种材料的中药材，播种前用温水浸种，能使种皮软化，透性增强，有利于种子萌发，并可杀死部分种子表面所带病菌。不同药材的种子所需要的水温和浸种时间不同，如白术，一般在 25~30℃ 温水中浸种 24h，而颠茄种子要求在 50℃ 温水中浸泡 12h。

3. 药液浸种

药液浸种可打破休眠，促进后熟，提高发芽率。注意选择适宜的药剂，严格掌握浓度和浸种时间，如三七秋播前用 65% 代森锌 200~300 倍液浸种消毒 15min；明党参用 0.1% 溴化钾浸种 30min，捞出立即播种。

4. 沙藏催芽

有些种子采收后要通过较长时间的后熟过程才能发芽，这期间既要供氧充足，又要保湿防干燥，需采用沙藏催芽。以根茎、鳞茎作为种子的玉竹、百合等，为打破高温休眠，可采用沙藏催芽。选择地势较高、不易积水的地方，挖一个 20~30cm 深的坑，坑的四周挖好排水沟。将手捏成团、触之即散的沙与种子按 3∶1 拌好，放入坑内，顶层覆土 2cm 厚，上盖稻草，再用防雨材料搭棚，定期检查，观察种子裂口后即可播种。此方法适用于人参、西洋参、黄柏、黄连、芍药、牡丹及玉竹、百合等。根茎、鳞茎作种，沙与种子按 3∶1 混合，堆置室内通风阴凉处，高度不超过 1.5cm，顶层用沙盖没种茎，覆盖薄膜保湿，勤检查以防烂种。

5. 机械破损

种子皮厚、坚硬的药材种子可用此方法，以增强透气，促进发芽。如黄芪、穿心莲等种皮有蜡质的种子，可先用细沙摩擦，使其稍受损伤，再用 35~40℃ 温水浸种 24h，可显著提高发芽率。

6. 激素处理

如白芷、桔梗等种子可用 10~20mg/kg 的赤霉素溶液处理可显著提高发芽率。西红花种茎放在 25mg/kg 的赤霉素中浸 12h，不仅发芽早且发芽率高。

二、范例

1. 白芷

白芷种子在恒温下发芽率低，在变温下则发芽较好，并以 10~30℃ 的变温范围为佳。可将种子浸湿后放入冰箱冷藏室冷藏，每隔 4h 拿出，置于常温下 4~6h，连续 2~3d，然后将种子置于阴凉处 1~2d 可发芽，当有 70% 以上种子发芽后即可播种。成熟种子当年秋季发芽率为 70%~80%，隔 1 年种子发芽率很低，甚至不发芽，所以，生产中以选用新产种子为好。

2. 太子参

太子参种子外种皮密生瘤状突起，种脐在种子的腹面基部，胚乳为显著的淀粉质，又很细小，怕炎热高温和强光照，在 25℃ 以上时发芽困难。种子不宜干藏，干燥久置后不利出苗，宜采后低温湿沙贮藏催芽，用凉水浸 6~12h，去掉浮籽后加入少许赤霉素，再浸 12h。沥水后用种子 5 倍左右量的细沙拌和，用纱布袋装，放入 -5~5℃ 冰箱冷藏，保持细沙湿润状态，发现沙子见干时补充少量水分，当 60% 种子发芽时即可播种。

3. 百合

百合喜冷凉，感温性强，较耐低温，不耐高温，鳞片发芽适宜温度为 15~25℃，超过 27℃ 休眠不发芽，需经低温催芽（不定根萌发）。播前将鳞片放在加有消毒药剂的井水中浸泡 20~24h，沥水后播种，采用遮阳网覆盖降温。也可采用"潮鳞片"播种，即在播种前 15~20d，将鳞片分级后，放在 1∶500 的多菌灵或克菌丹水溶液中浸 30min 后，淘洗一下捞出，放在地窖内或阴凉的室内，将鳞片铺放地面或窖面，厚 7~10cm，然后盖土或细沙。盖土温度以手捏成团、落地即散为度。经过 15~20d 的"潮鳞片"处理，大部分鳞片发出白根时即可播种。

实验二　中药材营养繁殖

一、实验目的

1. 了解营养繁殖的基本原理；
2. 了解激素对插条生根的作用；
3. 掌握扦插繁殖的操作技术；
4. 掌握药用植物嫁接育苗技术。

二、实验用具

剪刀、嫁接刀、育苗盘、瓷盘、电子天平、烧杯、薄膜条等。

三、实验试剂

0.5mg/g 的吲哚乙酸溶液。

四、实验材料

杭白菊、枸橘苗、代代、基质。

五、实验内容

（一）杭白菊扦插繁殖

1. 基质装盘

调节基质含水量至 35%～40%，让基质充分吸水，即用手握基质能成形，但没有明水滴出。将拌好的基质装入穴盘中，高度与盘高齐平。

2. 插条选择

选择健壮、无病虫害的杭白菊新枝，取其中段，剪成长 10～15 cm 的插条，去除下部叶片，下端稍斜剪，每个插条上端保留 2 个叶片。

3. 扦插

插条基部浸入 0.5 mg/g 的吲哚乙酸溶液 5～10min 后取出，立即扦插，扦插深度为插条的 1/3～1/2。扦插后挂标签，标签上应注明扦插时间、操作人员。

4. 管理

保持适宜的温度、湿度、光照及空气等条件。扦插 20d 后，统计插穗成活率。扦插成活率＝扦插成活株数/扦插总株数×100%。

（二）代代嫁接技术

1. 砧木选择

选择健壮、无病虫害 1～2 年生枸橘苗，直径 1～2cm 为佳。

2. 砧木处理

距砧木根部 10～15cm 处剪断，持刀从砧木中间向下慢慢劈开 4～5cm，用手捏紧保护砧木。

3. 接穗选择

选择 2 年生健康、无病虫害代代枝条做接穗，去掉梢头，留 2～3 个饱满芽。接穗直径不得大于砧木直径。

4. 接穗处理

接穗下部芽的下方 3～4cm 处，两侧削成 2～3cm 长的楔形斜面，斜面需平整光滑。

5. 嫁接

将接穗插入砧木劈口，接穗削面外露 0.1～0.2cm，利于接穗和砧木的形成层结合。

6. 绑扎

自砧木下接口 3～4cm 处用薄膜条以右旋方式一层压一层绑紧，至接穗 2cm 处返回，再绑到初始点扎紧，以防水分蒸发和沾染泥土。条件允许的话，可对接穗进行封蜡或套袋处理，防晒、防淋。

嫁接后挂标签，标签注明砧木品种、接穗品种、嫁接时间、操作人员等。

实验三　MS 培养基母液配制及保存

一、实验目的

1. 根据母液配方计算出各种药品的用量。
2. 掌握电子分析天平的正确使用方法。

3. 掌握培养基母液的配制流程和注意事项。

二、实验器具

药匙、称量纸、烧杯、玻璃棒、电子分析天平（百分之一和万分之一各1台）、容量瓶（100mL、500mL、1 000mL）、胶头滴管、棕色瓶（100mL、500mL、1 000mL）、标签纸、记号笔、冰箱等。

三、实验试剂

硝酸铵、硝酸钾等化学试剂。

四、实验内容

1. MS 培养基母液的配制

按表1进行 MS 培养基母液的配置。

表1　MS 培养基的母液配方

母液名称	元素	用量 mg/L
大量元素母液 I	硝酸铵（NH_4NO_3） 硝酸钾（KNO_3） 磷酸二氢钾（KH_2PO_4）	1 650 1 900 170
大量元素母液 II	氯化钙（$CaCl_2 \cdot 2H_2O$）	440
大量元素母液 III	硫酸镁（$MgSO_4 \cdot 7H_2O$）	370
微量元素母液	碘化钾（KI） 硼酸（H_3BO_3） 硫酸锰（$MnSO_4 \cdot 4H_2O$） 硫酸锌（$ZnSO_4 \cdot 7H_2O$） 钼酸钠（$Na_2MoO_4 \cdot 2H_2O$） 硫酸铜（$CuSO_4 \cdot 5H_2O$） 氯化钴（$CoCl_2 \cdot 6H_2O$）	0.83 6.2 22.3 8.6 0.25 0.025 0.025
铁盐母液	乙二胺四乙酸二钠（Na_2-EDTA） 硫酸亚铁（$FeSO_4 \cdot 7H_2O$）	37.3 27.8
有机物质母液	肌醇 烟酸（VB_2） 盐酸硫胺素（VB_1） 盐酸吡多醇（VB_6） 甘氨酸（NH_2CH_2COOH）	100 0.5 0.1 0.5 2.0

铁盐母液要先将 Na_2-EDTA 和 $FeSO_4$ 分别溶解，然后将 Na_2-EDTA 溶液缓慢倒入 $FeSO_4$ 溶液中，充分搅拌并加热 5~10min，使其充分螯合。

2. 母液的保存

母液用棕色瓶保存，贴上标签，注明母液名称、浓缩倍数（或浓度）、配制人以及配制日期等，然后置于4℃冰箱中保存。

实验四　杭白菊健康脱毒种苗培育

一、实验目的

1. 了解植物组织培养原理；
2. 掌握组织培养的无菌操作技术。

二、实验器具

光照培养箱、超净工作台、组培瓶、接种工具等。

三、实验试剂

75%酒精、消毒剂、培养基等。

四、实验材料

杭白菊。

五、实验内容

1. 外植体选择

选择品种特性纯正、品质优良、丰产性能好、无病虫害的植株。采样最佳时间为 10—11 月晴天的 10：00~16：00，切取带生长点的茎段 2~3 cm。

2. 无菌苗繁育

茎段经无菌水清洗后置于超净工作台，切取带生长点的茎段 1~2 cm，用 70%~75% 的乙醇冲洗表面 1 min，然后经次氯酸盐和 Tween-20 消毒 8~10 min，并不断摇动，最后用无菌水冲洗 5~8 次，用无菌滤纸吸干水分，剥取 0.2~0.3 mm 的茎尖分生组织，接种于生长培养基中。

3. 脱毒苗培育

无菌植株培养至 1.5~2.0 cm 时，置于解剖镜下挑取 0.2~0.3 mm 的茎尖分生组织，接种于茎尖培养基中，植株长到 5~6 cm 时接种于生根培养基。

4. 脱毒苗快繁

经病毒检测合格的试管苗，植株长至 6~8 cm 时，切取含有 1~2 个节间的茎段进行扩繁。接种到扩繁培养基中，增殖培养每 20~30 d 继代 1 次。

5. 培养条件

光照强度 30~60 μmol m^{-2}s^{-1}，白天温度 25℃±2℃，晚上温度 18℃±2℃（黑暗培养）。每天照光 12~14 h。

实验五　无土栽培营养液的配制方法

一、目的和要求

营养液管理是无土栽培技术的关键性技术，营养液配制是基础。本实验运用所学理论知识，通过具体操作，掌握一种常用营养液的配置方法。

二、材料及用具

1. 材料

以日本园试通用配方为例，准备下列大量元素和微量元素。

（1）大量元素。$Ca(NO_3)_2 \cdot 4H_2O$、KNO_3、$NH_4H_2PO_4$、$MgSO_4 \cdot 7H_2O$

（2）微量元素。$Na_2Fe-EDTA$、H_3BO_3、$MnSO_4 \cdot 4H_2O$、$ZnSO_4 \cdot 7H_2O$、$CuSO_4 \cdot 5H_2O$、$(NH_4)_6MO_7O_{24} \cdot 4H_2O$

2. 用具

电子天平（感量为 0.01g、0.000 1g）、烧杯（100mL、200mL 各 1 个）、容量瓶（1 000mL）、玻璃棒、贮液瓶（3 个 1 000mL棕色瓶）、记号笔、标签纸、贮液池（桶）等。

三、方法和步骤

1. 母液（浓缩液）配方

分成 A、B、C 3 个母液，A 液包括 $Ca(NO_3)_2 \cdot 4H_2O$ 和 KNO_3，浓缩 200 倍；B 液包括 $NH_4H_2PO_4$ 和 $MgSO_4 \cdot 7H_2O$，浓缩 200 倍；C 液包括 $Na_2Fe-EDTA$ 和各微量元素，浓缩 1 000倍。

2. 按园试配方要求计算各母液化合物用量

按上述浓度要求配制 1 000mL 母液，计算各化合物用量为：

A 液：$Ca(NO_3)_2 \cdot 4H_2O$，189.00g；KNO_3，161.80g。

B 液：$NH_4H_2PO_4$，30.60g；$MgSO_4 \cdot 7H_2O$，98.60g。

C 液：$Na_2Fe-EDTA$，20.00g；H_3BO_3，2.86g；$MnSO_4 \cdot 4H_2O$，2.13g；$ZnSO_4 \cdot 7H_2O$，0.22g；$CuSO_4 \cdot 5H_2O$，0.08g；$(NH_4)_6MO_7O_{24} \cdot 4H_2O$，0.02g。

$Na_2Fe-EDTA$ 也可用 $FeSO_4 \cdot 7H_2O$ 和 Na_2EDTA 自制代替。方法是按 1 000 倍母液取 $FeSO_4 \cdot 7H_2O$ 13.9g 与 Na_2EDTA 18.6g 混溶即可。

3. 母液的配制

按上述计算结果，准确称取各化合物用量，按 A、B、C 种类分别溶解，并定容至 1 000mL，然后装入棕色瓶，贴上标签，注明 A、B、C 母液。

4. 工作营养液的配制

用上述母液配制 50L 的工作营养液。分别量取 A 母液和 B 母液各 250mL、C 母液 50mL，在加入各母液的过程中，务必防止出现沉淀。方法如下：①在贮液池内先放入相当于预配工作营养液体积40%的水量，即 20L 水，再将量好的 A 母液倒入其中搅拌均匀。②将量好的 B 母液慢慢倒入其中，并不断加水稀释，至达到总水量的 80% 为止。③将 C 母液按量加入其中，然后加足水量至 50L 并不断搅拌。

5. 调整营养液的酸碱度

营养液的酸碱度直接影响营养液中养分存在的状态、转化和有效性。如磷酸盐在碱性时易发生沉淀，影响利用；锰、铁等在碱性溶液中由于溶解度降低也会发生缺乏症。所以，营养液中酸碱度（即 pH 值）的调整是不可忽略的。

pH 值的测定可采用混合指示剂比色法，根据指示剂在不同 pH 值的营养液中显示不同颜色的特性，以确定营养液的 pH 值。营养液一般用井水或自来水配制。如果水源的 pH 值为中性或微碱性，则配制成的营养液 pH 值与水源相近，如果不符要进行调整。

在调整 pH 值时，应先把强酸、强碱加水稀释（营养液偏碱时多用磷酸或硫酸来中和，偏酸时用氢氧化钠来中和），然后逐滴加入营养液中，同时不断用 pH 试纸测定，至中性为止。

实验六　溶解法鉴别包膜控释肥与普通复合肥

一、材料准备

1. 肥料

高浓度包膜控释肥、高浓度普通复合肥（品牌不限）。

2. 容器

两个烧杯、搅拌棒。

3. 水

自来水或河水。

二、实验方法

先将 2 种不同的肥料放入不同的烧杯至 1/4 左右，分别标记 A 和 B，倒入水至烧杯的 2/3 左右，搅拌 5min，静至 1min，观察其肥料的溶解度。

三、答案

溶解度高的为普通复合肥，反之为包膜控释肥。

四、解读

放入水内，普通肥会较快溶解，颗粒变小或完全溶解，水呈混浊状；控释肥不会溶解，而且水质清澈，无杂质，颗粒周围有气泡冒出。

实验七　中药材加工技术

一、浙贝母趁鲜切片加工技术

1. 基源

为百合科植物浙贝母 *Fritillaria thunbergii* Miq. 的干燥鳞茎。浙江省内主产区为金华磐安、东阳、武义，宁波鄞州、海曙、象山等地。

2. 采收及清洗

每年的 5 月中、下旬采收，洗净，将采挖后的鳞茎放入清洗池中用毛刷进行清洗，去除泥沙和杂质。

3. 分档

将洗净的浙贝母沥干表面水分后进行分档，大于 2.5cm 的除去芯芽，习称"大贝"；小于 2.5cm 的不去芯芽，习称"珠贝"。

浙贝母新鲜药材 浙贝母

4. 切片

将分档完成的浙贝母晾至含水量 55% 时切成厚片，大于 2.5cm 的用于手工切厚片；小于 2.5cm 的放于旋料式切片机中切厚片，切制厚度 4mm。

5. 干燥

将切制平整的厚片放于烘箱干燥，温度 55℃，时间约 15h。

二、铁皮枫斗加工技术

1. 基源

为兰科植物铁皮石斛 *Dendrobium officinale* Kimura et Migo 的干燥茎。浙江省内主产区为温州乐清、台州天台、金华武义和义乌、杭州临安等地。

2. 采收及贮藏

鲜铁皮石斛适宜采收时间为 11 月到翌年 3 月，剪取 2 年生（含）以上萌茎，除去须根（龙头凤尾枫斗除外）、叶片花梗、杂质、残基，剔除病茎。洗净，沥干表面水分，称量。采收后应及时加工，未及时加工的可冷藏于 0~8℃。

3. 杀青脱水

鲜铁皮石斛茎条在电炉、烘干机或炭火上微烤，设定温度为 120℃ 左右，烘 1h 备用。以鲜条烘软不起泡，脱水 25% 左右为原则。

4. 软化分剪

将杀青后的茎条在 50~60℃ 电炉或炭火上微烤，并不断翻动，使受热均匀，拣软化好的用剪刀剪成 6~12cm。12cm 以下短茎不需剪。

5. 预造型

取剪好的茎条均匀平铺于筛面上，置于电炉或炭火上进行烘焙，温度控制在 80~100℃，盖上厚棉布，烘至手捏柔软、无硬心。

6. 造型

将烘软的铁皮石斛茎条，用双手的大拇指、食指、中指夹住，缓缓用力扭曲，边扭边烤，剪段鲜茎卷曲成 2~6 个螺旋形或弹簧状，可用石斛枫斗加工定型夹或尖嘴钳配合牛皮纸条加箍至紧密。最后置 80~90℃ 电炉或炭火上烘焙 2~3h，至六成干。取出放置阴凉干燥处 2~3d。

7. 复焙定型

取已初造型的枫斗，再次放置于电炉或炭火上进行烘焙至软，然后解开牛皮纸条，把初步造型好的枫斗再次卷紧整型，用牛皮纸条加箍至紧，上面覆盖棉布。置 50℃ 左右电炉或

鲜铁皮石斛　　　　　　　　铁皮枫斗

炭火上低温慢烘，取出，放置阴凉干燥处 2~3d，含水量控制在 12%以内。

8. 去除叶鞘

用滚筒打毛机或风车去除铁皮枫斗毛边与残留叶鞘，使表面呈黄绿色。

实验八　药用植物病害诊断及田间调查

一、实验目的

1. 通过观察不同药用植物病害标本，学习什么是症状，什么是病征，什么是病状，了解药用植物病害症状在病害鉴定和诊断中的作用。

2. 掌握药用植物病害田间调查的方法，在调查中了解药用植物病害种类、危害情况、发生区域及发生规律，学会整理计算调查资料数据，为制订病害的防治方案提供科学依据。

二、实验材料

各种药用植物病害症状蜡叶标本、新鲜标本或相关图片资料等。

三、实验用具

放大镜、天平、量杯、量筒、记号笔、自制调查记载表、手持放大镜、笔记本、铅笔及其他采集工具。

四、实验内容

药用植物病害诊断方法如下：

（一）区别是伤害还是病害

伤害没有病理变化的程序和过程，病害有病理变化的程序和过程。

（二）若为病害则区分属于哪种类型的病害

引起植物生病的病原有两大类，不同的病原引起的植物病害的症状不同。

1. 非侵染性病害的诊断

首先要研究并排除侵染性病害的可能，然后再分别检查发病的症状（部位、特征等），分析发病原因（发病时间、发病条件等）。一般来说，许多非侵染性病害往往是在苗圃地内大面积同时发生，不像侵染性病害那样逐渐蔓延；空气污染往往发生在强大污染源周围的植物种植区；对缺乏某种元素所产生的缺素症，通常要观察其外部特征，如叶片的颜色变化等，同时可进行缺素症的试验，从而确定其为某种缺素病。非侵染性病害有时也可能是由几种因素综合影响的结果，这种情况就更为复杂，必须做每个影响因素及综合因素的试验研究，才能得出结论。有些非侵染性病害的症状常与植物受到病毒等侵染的表现很相似，故应以能否相互传染才能确定。所以，现场的调查和观察对非侵染性病害的诊断是非常重要的。

2. 传染性病害的诊断

（1）真菌病害的诊断真菌侵染植物引起植物病害是园林植物最常见、最普遍的病害类型。真菌所导致的病害几乎包括了所有的病害症状类型。除具有明显的病状外，其重要的标志是在寄主受害部位的表面，或迟或早最终都要出现病症。可根据病原菌的形态特征，直接鉴定出病菌的种类。

（2）细菌病害的诊断细菌侵染植物后出现的病状主要表现有斑点、腐烂、枯萎、畸形等，病征不如真菌病害明显。发病初期绝大多数病部呈水渍状，然后慢慢扩散，边缘周围出现半透明的黄色晕圈，到后期逐渐有菌脓溢出。如油橄榄青枯病就出现此症状。

（3）病毒病害的诊断植物遭受病毒侵染后常出现变色、黄绿斑驳状花叶等病状，但始终不出现病征。这在诊断上有助于将病毒与其他病原物引起的病害区分开来。然而，此症状却往往容易同非侵染性病害如缺素症、空气污染、药害造成的病害症状相混淆。但两者在自然条件下有不同的分布规律。由病毒感染的植株在地里的分布大多是分散的，病株四周还会有健康的植株，并且不能因改善栽培环境等措施而恢复健康；而非侵染性病害在地里的分布往往是成片的，分布地点常与所在地段的特殊土质条件和地形或有害物质的污染有密切关系，并且可以改善环境条件和增施营养元素或排除污染后，使有些病株逐步恢复健康。

（4）线虫及寄生性种子植物引起的病害的诊断，由于在感病组织上可以检查到病原线虫或寄生性种子植物，所以比较容易与其他几种侵染性病害区分开来。

田间病害调查步骤如下：

（1）准备工作。在调查工作开始之前，应先收集被调查地区的自然地理概况、经济状况；拟订调查计划、调查方法；设计好调查用表，准备好调查所用仪器、工具等。

（2）踏查。踏查又称概况调查或线路调查，是在较大范围内（地区、省、药植物苗圃）进行的普遍调查。目的是查明病害种类、数量、分布、为害程度、为害面积、蔓延趋势和导致病害发生的一般原因。踏查是可以沿人行道或自选线路进行，尽可能调查该地区的不同植物地块及有代表性的不同状况的路段，每条路线之间的距离一般为 100～300m。采用目测法，边走边查，绘制主要病害分布草图并填写踏查记录表。

药用植物病害踏查记录表

调查日期：				调查时间：			
田间概况：				环境情况：			
调查总面积：				被害总面积：			
植物名称	被害面积	病害种类	为害部位	为害程度	分布情况	病情调查	备注

（3）样地调查。样地调查又称详细调查或标准地调查。它是在踏查的基础上，对主要

的、为害较重的病害种类设立样地进行调查，目的是精确了解和掌握病害为害数量、为害程度，并对病害的发生环境因素作进一步的分析与研究。

①取样方法：在大面积调查病害时，不可能对所有植株进行全面调查，一般要选优代表性的样地，从中取出一定的样点抽查，用部分来估算总体的情况。选样要有代表性，应根据被调查田间的大小、植物特点，选取一定数量的样地。$1m^2$为一个样地，样地面积一般占调查总面积的 0.1% ~ 0.5%，药用植物园应适当增加。在进行病害调查时，一般采用对角线式、大五点式、"Z"形、棋盘式等取样方法来选定样地。

②病害调查：在踏查的基础上选取样地，调查药用植物的发病率和发病指数。一般全株性病害，如病毒病、枯萎病、根腐病或细菌性青枯病等或被害后损失很大的病害，采用发病率表示，其余病害以发病率、病情指数来表示为害程度。

$$发病率 = \frac{感病植株}{调查总株数} \times 100\%$$

$$病情指数 = \frac{\sum（各级病叶数 \times 各级代表数值）}{调查叶总数 \times 最高一级代表数值} \times 100$$

调查时，可从现场采集标本，按病情轻重排列，划分等级。可参考已有的分级标准，酌情划分使用。例如，枝、叶、果病害分级标准如下，供参考。

0 级—无病；

1 级—1/4 以下枝、叶、果感病；

2 级—1/4 ~ 1/2 以下枝、叶、果感病；

3 级—1/2 ~ 3/4 以下枝、叶、果感病；

4 级—3/4 以上枝、叶、果感病。

叶部病害调查表

调查日期	调查地点	样地编号	植物名称	病害名称	总叶数	病叶数	发病率（100%）	病害分级					感病指数	备注
								0	1	2	3	4		

（4）调查资料的统计。根据不同病害的具体情况和要求，汇总、统计调查资料和数据，进一步分析病害大致发生的原因及防治的措施和建议，整理并写出调查报告。

实验九　药用植物常见害虫识别及田间调查

一、实验目的

1. 熟悉害虫基本特征和为害状，掌握当地药用植物常发性中药虫害和虫害类群，能初步判别属于何种害虫类群。

2. 掌握药用植物害虫田间调查的方法，了解药用植物害虫种类、为害情况、发生区域及发生规律，学会整理计算调查资料数据，为制订虫害的防治方案提供科学依据。

二、实验材料

当地常见药用植物常发性害虫及幼虫、当地常见药用植物典型的害虫为害状植株，新鲜标本或相关图片资料等。

三、实验用具

放大镜、天平、量杯、量筒、记号笔、自制调查记载表、手持放大镜、笔记本、铅笔及其他采集工具。

四、实验内容

1. 药用植物的害虫为害状识别

取多种药用植物受虫害、螨害相对典型的为害状，判别属于哪类害虫为害。

（1）检查顶芽、嫩叶、花蕾及茎部，若有褐色痕迹、针尖大小的白斑、叶片失绿变色、叶片卷曲皱缩、腋芽丛生、茎叶黄褐、茎叶干枯等为害，可初步判断其为刺吸式口器的为害。

（2）检查叶部、茎部、根部及花果等，若叶部被啃食成缺刻、孔洞甚至仅存叶柄或被食光，可见大量虫粪等为害，可初步判断其为咀嚼式口器害虫的为害。

（3）检查嫩叶，若发现害虫经吐丝将叶卷起并藏于其中等为害状，可初步判断其为卷叶蛾类害虫为害。

（4）检查叶片可见潜道或剥开潜道可见幼虫或粪便等为害状，可初步判断其为潜叶类害虫为害。

（5）检查茎基部、茎部、果实，若发现有蛀孔，蛀孔有粪便，蛀孔上部植株萎蔫或折枝、果实脱落等为害状，可初步判断其为钻蛀性害虫为害。

（6）检查地下根、块茎或茎基部，若有被啃食成孔洞、缺刻，或者茎基部被咬食等为害状，可初步判断其为地下害虫为害。

（7）检查叶部正面，若发现有红色块状斑，背面有锈皮状等为害状，可初步判断其为螨类害虫为害。

2. 药用植物常见害虫类群识别

取药用植物常见害虫的成虫或幼虫及害螨的成螨或若螨，根据典型特征判别属于何种害虫类群。

（1）直翅目害虫识别。取蝗虫、螽斯、蟋蟀、蝼蛄等，观察其主要特征：咀嚼式口器、前翅革质和后翅膜质，静止时呈扇状折叠，触角丝状，前胸背板发达呈马鞍状。

（2）半翅目害虫识别。取绿盲蝽、菜蝽等，观察其主要特征：刺吸式口器，前翅为半鞘翅，无尾须，体扁平，触角线状，前胸背板发达，中胸小盾片呈三角形。

（3）同翅目害虫识别。取叶蝉、飞虱、蚜虫、介壳虫等，观察其主要特征：刺吸式口器，前翅膜质或革质、同等厚度，体形小到中型，触角刚毛状或丝状。

（4）缨翅目害虫识别，取蓟马观察其主要特征：锉吸式口器，体形很小，翅狭长如带，边缘生有密而长的缨状缘毛，也有退化为无翅。

（5）鞘翅目害虫识别。取鳃金龟成虫和幼虫，观察其重要特征：成虫前翅角质咀嚼式口器，触角鳃片状等，前胸发达，中胸小盾片外露呈三角形，幼虫为蛴螬型。

（6）鳞翅目害虫识别。取粉蝶、叶蛾等，观察其主要特征：虹吸式口器，成虫体翅及附器均有鳞片。蝶类触角为棒状或垂状，静止时双翅竖立于背上。蛾类触角丝状、羽状或栉齿状等，静止时双翅平放于身体两侧。

（7）双翅目害虫识别。取潜叶蝇或实蝇等，观察其主要特征：口器有刺吸式、刮吸式或舐吸式等，中胸发达，前后胸退化，仅具一对膜质前翅，后翅退化为平衡棒。

（8）膜翅目害虫识别。取蜂类或蚁类等，观察其主要特征：咀嚼式或嚼吸式口器，翅膜质，前翅较后翅为打，腹部第一节向前并入胸部成"胸腹节"，第二节常缩成柄形，雌虫常具针状产卵器。

（9）蝇类识别。取叶螨或粉螨等，观察其主要特征：螯肢针状，刺吸式口器，成螨足4对，幼螨足3对，成螨体色深红，幼螨和若螨体色黄。

3. 田间害虫的调查

（1）准备工作。在调查工作开始之前，应先收集被调查地区的自然地理概况、经济状况；拟订调查计划、调查方法；设计好调查用表，准备好调查所用仪器、工具等。

（2）踏查。踏查又称概况调查或线路调查，是在较大范围内（地区、省、药植物苗圃）进行的普遍调查。目的是查明害虫种类、数量、分布、为害程度、为害面积、蔓延趋势和导致病虫害发生的一般原因。踏查是可以沿人行道或自选线路进行，尽可能调查该地区的不同植物地块及有代表性的不同状况的路段，每条路线之间的距离一般为100～300m。采用目测法，边走边查，绘制主要害虫分布草图并填写踏查记录表。

药用植物害虫踏查记录表

调查日期：				调查时间：			
田间概况：				环境情况：			
调查总面积：				被害总面积：			
植物名称	被害面积	害虫种类	为害部位	为害程度	分布情况	天敌调查	备注

（3）样地调查。样地调查又称详细调查或标准地调查。它是在踏查的基础上，对主要的、为害较重的害虫种类设立样地进行调查，目的是精确了解和掌握害虫为害数量、为害程度，并对病虫害的发生环境因素作进一步的分析与研究。

①取样方法：在大面积调查病虫害时，不可能对所有植株进行全面调查，一般要选有代表性的样地，从中取出一定的样点抽查，用部分来估算总体的情况。选样要有代表性，应根据被调查田间的大小、植物特点，选取一定数量的样。$1m^2$为一个样地，样地面积一般占调查总面积的$0.1\%～0.5\%$，药用植物园应适当增加。在进行病虫害调查时，一般采用对角线式、大五点式、"Z"形、棋盘式等取样方法来选定样地。

②害虫调查：在用地确定后，选取一定数量的样株，逐株调查其虫口数、最后统计虫口密度和有虫株率。

$$虫口密度（头/m^2）=调查总活虫数/调查总面积$$

$$有虫株率口密度=调查总活虫数/调查总株数$$

被害率=被害株（根、茎、叶、花、果）数/调查总株（根、茎、叶、花、果）数×100%

药用植物害虫调查表

调查日期	调查地点	样地编号	害虫名称	害虫数量	调查株数	被害株数	虫口密度	有虫株率口密度	被害率（100%）	备注

（4）调查资料的统计。根据不同害虫的具体情况和要求，汇总、统计调查资料和数据，进一步分析病虫害大致发生的原因及防治的措施和建议，整理并写出调查报告。

实验十　农药标签的识别

一、实验目的

1. 了解农药标签应当标注的内容；
2. 了解农药不能标注的内容；
3. 通过农药标签能够区分不同类型的农药；
4. 掌握利用互联网查验农药标签。

二、实验材料

不同类型农药的标签。

三、实验内容

（一）合格的农药标签应当标注的内容

（1）农药名称、剂型、有效成分及其含量；
（2）农药登记证号、产品质量标准号以及农药生产许可证号；
（3）农药类别及其颜色标志带、产品性能、毒性及其标识；
（4）使用范围、使用方法、剂量、使用技术要求和注意事项；
（5）中毒急救措施；
（6）贮存和运输方法；
（7）生产日期、产品批号、质量保证期、净含量；
（8）农药登记证持有人名称及其联系方式；
（9）可追溯电子信息码；
（10）像形图；
（11）农业农村部要求标注的其他内容。

（二）色带的识别

色带是位于标签的最下端与底边平行的一条色带，红色说明为杀虫剂；绿色说明为除草剂；黑色说明为杀菌剂；蓝色说明为杀鼠剂；深黄色说明为植物生长调节剂。

（三）农药标签二维码格式及生成要求

（1）农药标签二维码码制采用 QR 码或 DM 码。
（2）二维码内容由追溯网址、单元识别代码等组成。通过扫描二维码应当能够识别显示农药名称、登记证持有人名称等信息。
（3）单元识别代码由 32 位阿拉伯数字组成。第 1 位为该产品农药登记类别代码，"1"代表登记类别代码为 PD，"2"代表登记类别代码为 WP，"3"代表临时登记；第 2~7 位为该产品农药。登记证号的后 6 位数字，登记证号不足 6 位数字的，可从中国农药信息网（www. chinapesticide. gov. cn）查询；第 8 位为生产类型，"1"代表农药登记证持有人生产，"2"代表委托加工，"3"代表委托分装；第 9~11 位为产品规格码，企业自行编制；第

12~32 位为随机码。

（4）标签二维码应具有唯一性，一个标签二维码对应唯一一个销售包装单位。

（5）农药生产企业、向中国出口农药的企业负责落实追溯要求，可自行建立或者委托其他机构建立农药产品追溯系统，制作、标注和管理农药标签二维码，确保通过追溯网址可查询该产品的生产批次、质量检验等信息。追溯查询网页应当具有较强的兼容性，可在 PC 端和手机端浏览。

（6）2018 年 1 月 1 日起，农药生产企业、向中国出口农药的企业生产的农药产品，其标签上应当标注符合本公告规定的二维码。

（四）毒性标志的识别

我国农药的毒性分为 3 类：高毒、中毒、低毒。在农药标签上分别用红字注明"高毒""中毒""低毒"。剧毒、高毒农药以及使用技术要求严格的其他农药等限制使用农药的标签还应当标注"限制使用"字样，并注明使用的特别限制和特殊要求。同时规定，"限制使用"字样，应当以红色标注在农药标签正面右上角或者左上角，并与背景颜色形成强烈反差，其字号是标签中唯一可以大于农药名称的标注。

（五）标签的其他要求

（1）不得含有不科学表示功效的断言或者保证，如"无害""无毒""无残留""保证高产"等。不得贬低同类产品，不得与其他农药进行功效和安全性对比。

（2）不可有"广谱""强烈""最""防效达……以上""采用进口助剂、设备"等过分宣传的内容。

（3）不得使用直接或者暗示的方法，以及模棱两可、言过其实的用语，使人在产品的安全性、适用性或者政府批准等方面产生错觉。

（4）不得滥用未经国家认可的研究成果或者不科学的词句、术语。

实验十一　常用中药材性状鉴定

根及根茎类

浙贝母

【来源】该品为百合科植物浙贝母的干燥鳞茎。

【性状】大贝　为鳞茎外层的单瓣鳞叶，略呈新月形，高 1~2cm，直径 2~3.5cm。外表面类白色至淡黄色，内表面白色或淡棕色，被有白色粉末。质硬而脆，易折断，断面白色至黄白色，富粉性。气微，味微苦。

珠贝　为完整的鳞茎，呈扁圆形，高 1~1.5cm，直径 1~2.5cm。表面黄棕色至黄褐色，有不规则的皱纹；或表面类白色至淡黄色，较光滑或被有白色粉末。质硬，不易折断，断面淡黄色或类白色，略带角质状或粉性；外层鳞叶 2 瓣，肥厚，略似肾形，互相抱合，内有小鳞叶 2~3 枚和干缩的残茎。

浙贝片　为椭圆形或类圆形片，大小不一，长 1.5~3.5cm，宽 1~2cm，厚 0.2~0.4cm。外皮黄褐色或灰褐色，略皱缩；或淡黄色，较光滑。切面微鼓起，灰白色；或平坦，粉白色。质脆，易折断，断面粉白色，富粉性。

【功能与主治】清热化痰止咳，解毒散结消痈。用于风热咳嗽，痰火咳嗽，肺痈，乳痈，瘰疬，疮毒。

注意伪品。

延胡索

【来源】该品为罂粟科植物延胡索的干燥块茎。

【性状】该品呈不规则的扁球形，直径 0.5～1.5cm。表面黄色或黄褐色，有不规则网状皱纹。顶端有略凹陷的茎痕，底部常有疙瘩状突起。质硬而脆，断面黄色，角质样，有蜡样光泽。气微，味苦。

【功能与主治】活血，行气，止痛。用于胸胁、脘腹疼痛，胸痹心痛，经闭痛经，产后瘀阻，跌打肿痛。

注意伪品。

白术

【来源】该品为菊科植物白术的干燥根茎。

【性状】该品为不规则的肥厚团块，长 3～13cm，直径 1.5～7cm。表面灰黄色或灰棕色，有瘤状突起及断续的纵皱和沟纹，并有须根痕，顶端有残留茎基和芽痕。质坚硬不易折断，断面不平坦，黄白色至淡棕色，有棕黄色的点状油室散在；烘干者断面角质样，色较深或有裂隙。气清香，味甘、微辛，嚼之略带黏性。

【功能与主治】健脾益气，燥湿利水，止汗，安胎。用于脾虚食少，腹胀泄泻，痰饮眩悸，水肿，自汗，胎动不安。

白芍

【来源】该品为毛茛科植物芍药的干燥根。

【性状】该品呈圆柱形，平直或稍弯曲，两端平截，长 5～18cm，直径 1～2.5cm。表面类白色或淡棕红色，光洁或有纵皱纹及细根痕，偶有残存的棕褐色外皮。质坚实，不易折断，断面较平坦，类白色或微带棕红色，形成层环明显，射线放射状。气微，味微苦、酸。

【功能与主治】养血调经，敛阴止汗，柔肝止痛，平抑肝阳。用于血虚萎黄，月经不调，自汗，盗汗，胁痛，腹痛，四肢挛痛，头痛眩晕。

麦冬

【来源】该品为百合科植物麦冬的干燥块根。

【性状】该品呈纺锤形，两端略尖，长 1.5～3cm，直径 0.3～0.6cm。表面淡黄色或灰黄色，有细纵纹。质柔韧，断面黄白色，半透明，中柱细小。气微香，味甘、微苦。

【功能与主治】养阴生津，润肺清心。用于肺燥干咳，阴虚痨嗽，喉痹咽痛，津伤口渴，内热消渴，心烦失眠，肠燥便秘。

注意伪品。

玄参

【来源】该品为玄参科植物玄参的干燥根。

【性状】该品呈类圆柱形，中间略粗或上粗下细，有的微弯曲，长 6～20cm，直径 1～3cm。表面灰黄色或灰褐色，有不规则的纵沟、横长皮孔样突起和稀疏的横裂纹和须根痕。质坚实，不易折断，断面黑色，微有光泽。气特异似焦糖，味甘、微苦。

【功能与主治】清热凉血，滋阴降火，解毒散结。用于热入营血，温毒发斑，热病伤阴，舌绛烦渴，津伤便秘，骨蒸劳嗽，目赤，咽痛，白喉，瘰疬，痈肿疮毒。

郁金

【来源】该品为姜科植物温郁金、姜黄、广西莪术或蓬莪术的干燥块根。

【性状】温郁金　呈长圆形或卵圆形，稍扁，有的微弯曲，两端渐尖，长 3.5～7cm，直径 1.2～2.5cm。表面灰褐色或灰棕色，具不规则的纵皱纹，纵纹隆起处色较浅。质坚实，断面灰棕色，角质样；内皮层环明显。气微香，味微苦。

黄丝郁金　呈纺锤形，有的一端细长，长 2.5～4.5cm，直径 1～1.5cm。表面棕灰色或灰黄色，具细皱纹。断面橙黄色，外周棕黄色至棕红色。气芳香，味辛辣。

桂郁金　呈长圆锥形或长圆形，长 2～6.5cm，直径 1～1.8cm。表面具疏浅纵纹或较粗糙网状皱纹。气微，味微辛苦。

绿丝郁金　呈长椭圆形，较粗壮，长 1.5～3.5cm，直径 1～1.2cm。气微，味淡。

【功能与主治】活血止痛，行气解郁，清心凉血，利胆退黄。用于胸胁刺痛，胸痹心痛，经闭痛经，乳房胀痛，热病神昏，癫痫发狂，血热吐衄，黄疸尿赤。

注意伪品。

前胡

【来源】该品为伞形科植物白花前胡的干燥根。

【性状】该品呈不规则的圆柱形、圆锥形或纺锤形，稍扭曲，下部常有分枝，长 3～15cm，直径 1～2cm。表面黑褐色或灰黄色，根头部多有茎痕和纤维状叶鞘残基，上端有密集的细环纹，下部有纵沟、纵皱纹及横向皮孔样突起。质较柔软，干者质硬，可折断，断面不整齐，淡黄白色，皮部散有多数棕黄色油点，形成层环纹棕色，射线放射状。气芳香，味微苦、辛。

【功能与主治】降气化痰，散风清热。用于痰热喘满，咯痰黄稠，风热咳嗽痰多。

乌药

【来源】该品为樟科植物乌药的干燥块根。

【性状】该品多呈纺锤状，略弯曲，有的中部收缩成连珠状，长 6～15cm，直径 1～3cm。表面黄棕色或黄褐色，有纵皱纹及稀疏的细根痕。质坚硬。切片厚 0.2～2mm，切面黄白色或淡黄棕色，射线放射状，可见年轮环纹，中心颜色较深。气香，味微苦、辛，有清凉感。质老、不呈纺锤状的直根，不可供药用。

【功能与主治】行气止痛，温肾散寒。用于寒凝气滞，胸腹胀痛，气逆喘急，膀胱虚冷，遗尿尿频，疝气疼痛，经寒腹痛。

三叶青

【来源】该品为葡萄科植物三叶崖爬藤的新鲜或干燥块根。

【性状】该品呈纺锤形、葫芦形或椭圆形，直径 0.5~4cm。表面棕红色至棕褐色。切面类白色或粉红色。质松脆，粉性。气微，味微甘。

鲜三叶青呈纺锤形、葫芦形或椭圆形，长 1~7.5cm，直径 0.5~4cm。表面灰褐色至黑褐色，较光滑。切面白色，皮部较窄，形成层环明显。质脆。气微，味微甘。

【功能与主治】清热解毒，消肿止痛，化痰散结。用于小儿高热惊风，百日咳，疮痈痰核，毒蛇咬伤。

注意伪品。

白芷

【来源】该品为伞形科植物白芷或杭白芷的干燥根。

【性状】该品呈长圆锥形，长 10~25cm，直径 1.5~2.5cm。表面灰棕色或黄棕色，根头部钝四棱形或近圆形，具纵皱纹、支根痕及皮孔样的横向突起，有的排列成四纵行。顶端有凹陷的茎痕。质坚实，断面白色或灰白色，粉性，形成层环棕色，近方形或近圆形，皮部散有多数棕色油点。气芳香，味辛、微苦。

【功能与主治】解表散寒，祛风止痛，宣通鼻窍，燥湿止带，消肿排脓。用于感冒头痛，眉棱骨痛，鼻塞流涕，鼻鼽，鼻渊，牙痛，带下，疮疡肿痛。

玉竹

【来源】该品为百合科植物玉竹的干燥根茎。

【性状】该品呈长圆柱形，略扁，少有分枝，长 4~18cm，直径 0.3~1.6cm。表面黄白色或淡黄棕色，半透明，具纵皱纹和微隆起的环节，有白色圆点状的须根痕和圆盘状茎痕。质硬而脆或稍软，易折断，断面角质样或显颗粒性。气微，味甘，嚼之发黏。

【功能与主治】养阴润燥，生津止渴。用于肺胃阴伤，燥热咳嗽，咽干口渴，内热消渴。

注意伪品。

黄精

【来源】该品为百合科植物滇黄精、黄精或多花黄精的干燥根茎。按形状不同，习称"大黄精""鸡头黄精""姜形黄精"。

【性状】大黄精呈肥厚肉质的结节块状，结节长可达 10cm 以上，宽 3~6cm，厚 2~3cm。表面淡黄色至黄棕色，具环节，有皱纹及须根痕，结节上侧茎痕呈圆盘状，圆周凹入，中部突出。质硬而韧，不易折断，断面角质，淡黄色至黄棕色。气微，味甜，嚼之有黏性。

鸡头黄精呈结节状弯柱形，长 3~10cm，直径 0.5~1.5cm。结节长 2~4cm，略呈圆锥形，常有分枝。表面黄白色或灰黄色，半透明，有纵皱纹，茎痕圆形，直径 5~8mm。

姜形黄精呈长条结节块状，长短不等，常数个块状结节相连。表面灰黄色或黄褐色，粗糙，结节上侧有突出的圆盘状茎痕，直径 0.8~1.5cm。

味苦者不可药用。

【功能与主治】补气养阴，健脾，润肺，益肾。用于脾胃气虚，体倦乏力，胃阴不足，口干食少，肺虚燥咳，劳嗽咳血，精血不足，腰膝酸软，须发早白，内热消渴。

防己

【来源】 该品为防己科植物粉防己的干燥根。

【性状】 该品呈不规则圆柱形、半圆柱形或块状，多弯曲，长 5～10cm，直径 1～5cm。表面淡灰黄色，在弯曲处常有深陷横沟而成结节状的瘤块样。体重，质坚实，断面平坦，灰白色，富粉性，有排列较稀疏的放射状纹理。气微，味苦。

【功能与主治】 祛风止痛，利水消肿。用于风湿痹痛，水肿脚气，小便不利，湿疹疮毒。

注意伪品。

天麻

【来源】 该品为兰科植物天麻的干燥块茎。

【性状】 该品呈椭圆形或长条形，略扁，皱缩而稍弯曲，长 3～15cm，宽 1.5～6cm，厚 0.5～2cm。表面黄白色至黄棕色，有纵皱纹及由潜伏芽排列而成的横环纹多轮，有时可见棕褐色菌索。顶端有红棕色至深棕色鹦嘴状的芽或残留茎基；另端有圆脐形疤痕。质坚硬，不易折断，断面较平坦，黄白色至淡棕色，角质样。气微，味甘。

【功能与主治】 息风止痉，平抑肝阳，祛风通络。用于小儿惊风，癫痫抽搐，破伤风，头痛眩晕，手足不遂，肢体麻木，风湿痹痛。

注意伪品。

半夏

【来源】 该品为天南星科植物半夏的干燥块茎。

【性状】 该品呈类球形，有的稍偏斜，直径 0.7～1.6cm。表面白色或浅黄色，顶端有凹陷的茎痕，周围密布麻点状根痕；下面钝圆，较光滑。质坚实，断面洁白，富粉性。气微，味辛辣、麻舌而刺喉。

【功能与主治】 燥湿化痰，降逆止呕，消痞散结。用于湿痰寒痰，咳喘痰多，痰饮眩悸，风痰眩晕，痰厥头痛，呕吐反胃，胸脘痞闷，梅核气；外治痈肿痰核。

注意伪品。

重楼

【来源】 该品为百合科植物云南重楼或七叶一枝花的干燥根茎。

【性状】 该品呈结节状扁圆柱形，略弯曲，长 5～12cm，直径 1.0～4.5cm。表面黄棕色或灰棕色，外皮脱落处呈白色；密具层状突起的粗环纹，一面结节明显，结节上具椭圆形凹陷茎痕，另一面有疏生的须根或疣状须根痕。顶端具鳞叶和茎的残基。质坚实，断面平坦，白色至浅棕色，粉性或角质。气微，味微苦、麻。

【功能与主治】 清热解毒，消肿止痛，凉肝定惊。用于疔疮痈肿，咽喉肿痛，蛇虫咬伤，跌打伤痛，惊风抽搐。

注意伪品。

白及

【来源】该品为兰科植物白及的干燥块茎。

【性状】该品呈不规则扁圆形，多有 2～3 个爪状分枝，少数具 4～5 个爪状分枝，长 1.5～6cm，厚 0.5～3cm。表面灰白色至灰棕色或黄白色，有数圈同心环节和棕色点状须根痕，上面有突起的茎痕，下面有连接另一块茎的痕迹。质坚硬，不易折断，断面类白色，角质样。气微，味苦，嚼之有黏性。

【功能与主治】收敛止血，消肿生肌。用于咯血、吐血，外伤出血，疮疡肿毒，皮肤皲裂。

黄芪

【来源】该品为豆科植物蒙古黄芪或膜荚黄芪的干燥根。

【性状】该品呈圆柱形，有的有分枝，上端较粗，长 30～90cm，直径 1～3.5cm。表面淡棕黄色或淡棕褐色，有不整齐的纵皱纹或纵沟。质硬而韧，不易折断，断面纤维性强，并显粉性，皮部黄白色，木部淡黄色，有放射状纹理和裂隙，老根中心偶呈枯朽状，黑褐色或呈空洞。气微，味微甜，嚼之微有豆腥味。

【功能与主治】补气升阳，固表止汗，利水消肿，生津养血，行滞通痹，托毒排脓，敛疮生肌。用于气虚乏力，食少便溏，中气下陷，久泻脱肛，便血崩漏，表虚自汗，气虚水肿，内热消渴，血虚萎黄，半身不遂，痹痛麻木，痈疽难溃，久溃不敛。

注意伪品。

当归

【来源】该品为伞形科植物当归的干燥根。

【性状】该品略呈圆柱形，下部有支根 3～5 条或更多，长 15～25cm。表面浅棕色至棕褐色，具纵皱纹和横长皮孔样突起。根头（归头）直径 1.5～4cm，具环纹，上端圆钝，或具数个明显突出的根茎痕，有紫色或黄绿色的茎和叶鞘的残基；主根（归身）表面凹凸不平；支根（归尾）直径 0.3～1cm，上粗下细，多扭曲，有少数须根痕。质柔韧，断面黄白色或淡黄棕色，皮部厚，有裂隙和多数棕色点状分泌腔，木部色较淡，形成层环黄棕色。有浓郁的香气，味甘、辛、微苦。

柴性大、干枯无油或断面呈绿褐色者不可供药用。

【功能与主治】补血活血，调经止痛，润肠通便。用于血虚萎黄，眩晕心悸，月经不调，经闭痛经，虚寒腹痛，风湿痹痛，跌打损伤，痈疽疮疡，肠燥便秘。

注意伪品。

百合

【来源】该品为百合科植物卷丹、百合或细叶百合的干燥肉质鳞叶。

【性状】该品呈长椭圆形，长 2～5cm，宽 1～2cm，中部厚 1.3～4mm。表面黄白色至淡棕黄色，有的微带紫色，有数条纵直平行的白色维管束。顶端稍尖，基部较宽，边缘薄，微波状，略向内弯曲。质硬而脆，断面较平坦，角质样。气微，味微苦。

【功能与主治】养阴润肺，清心安神。用于阴虚燥咳，劳嗽咳血，虚烦惊悸，失眠多梦，精神恍惚。

注意伪品。

党参

【来源】该品为桔梗科植物党参、素花党参或川党参的干燥根。

【性状】党参呈长圆柱形，稍弯曲，长 10~35cm，直径 0.4~2cm。表面灰黄色、黄棕色至灰棕色，根头部有多数疣状突起的茎痕及芽，每个茎痕的顶端呈凹下的圆点状；根头下有致密的环状横纹，向下渐稀疏，有的达全长的一半，栽培品环状横纹少或无；全体有纵皱纹和散在的横长皮孔样突起，支根断落处常有黑褐色胶状物。质稍柔软或稍硬而略带韧性，断面稍平坦，有裂隙或放射状纹理，皮部淡棕黄色至黄棕色，木部淡黄色至黄色。有特殊香气，味微甜。

素花党参（西党参）长 10~35cm，直径 0.5~2.5cm。表面黄白色至灰黄色，根头下致密的环状横纹常达全长的一半以上。断面裂隙较多，皮部灰白色至淡棕色。

川党参长 10~45cm，直径 0.5~2cm。表面灰黄色至黄棕色，有明显不规则的纵沟。质较软而结实，断面裂隙较少，皮部黄白色。

【功能与主治】健脾益肺，养血生津。用于脾肺气虚，食少倦怠，咳嗽虚喘，气血不足，面色萎黄，心悸气短，津伤口渴，内热消渴。

注意伪品。

丹参

【来源】该品为唇形科植物丹参的干燥根和根茎。

【性状】本品根茎短粗，顶端有时残留茎基。根数条，长圆柱形，略弯曲，有的分枝并具须状细根，长 10~20cm，直径 0.3~1cm。表面棕红色或暗棕红色，粗糙，具纵皱纹。老根外皮疏松，多显紫棕色，常呈鳞片状剥落。质硬而脆，断面疏松，有裂隙或略平整而致密，皮部棕红色，木部灰黄色或紫褐色，导管束黄白色，呈放射状排列。气微，味微苦涩。

栽培品较粗壮，直径 0.5~1.5cm。表面红棕色，具纵皱纹，外皮紧贴不易剥落。质坚实，断面较平整，略呈角质样。

【功能与主治】活血祛瘀，通经止痛，清心除烦，凉血消痈。用于胸痹心痛，脘腹胁痛，癥瘕积聚，热痹疼痛，心烦不眠，月经不调，痛经经闭，疮疡肿痛。

注意伪品。

大黄

【来源】该品为蓼科植物掌叶大黄、唐古特大黄或药用大黄的干燥根和根茎。

【性状】该品呈类圆柱形、圆锥形、卵圆形或不规则块状，长 3~17cm，直径 3~10cm。除尽外皮者表面黄棕色至红棕色，有的可见类白色网状纹理及星点（异型维管束）散在，残留的外皮棕褐色，多具绳孔及粗皱纹。质坚实，有的中心稍松软，断面淡红棕色或黄棕色，显颗粒性；根茎髓部宽广，有星点环列或散在；根木部发达，具放射状纹理，形成层环明显，无星点。气清香，味苦而微涩，嚼之粘牙，有沙粒感。

【功能与主治】泻下攻积，清热泻火，凉血解毒，逐瘀通经，利湿退黄。用于实热积滞便秘，血热吐衄，目赤咽肿，痈肿疔疮，肠痈腹痛，瘀血经闭，产后瘀阻，跌打损伤，湿热痢疾，黄疸尿赤，淋证，水肿；外治烧烫伤。

注意伪品。

川贝母

【来源】该品为百合科植物川贝母、暗紫贝母、甘肃贝母、梭砂贝母、太白贝母或瓦布贝母的干燥鳞茎。

【性状】松贝　呈类圆锥形或近球形，高 0.3～0.8cm，直径 0.3～0.9cm。表面类白色。外层鳞叶 2 瓣，大小悬殊，大瓣紧抱小瓣，未抱部分呈新月形，习称"怀中抱月"；顶部闭合，内有类圆柱形、顶端稍尖的心芽和小鳞叶 1～2 枚；先端钝圆或稍尖，底部平，微凹入，中心有 1 灰褐色的鳞茎盘，偶有残存须根。质硬而脆，断面白色，富粉性。气微，味微苦。

青贝　呈类扁球形，高 0.4～1.4cm，直径 0.4～1.6cm。外层鳞叶 2 瓣，大小相近，相对抱合，顶部开裂，内有心芽和小鳞叶 2～3 枚及细圆柱形的残茎。

炉贝　呈长圆锥形，高 0.7～2.5cm，直径 0.5～2.5cm。表面类白色或浅棕黄色，有的具棕色斑点。外层鳞叶 2 瓣，大小相近，顶部开裂而略尖，基部稍尖或较钝。

栽培品　呈类扁球形或短圆柱形，高 0.5～2cm，直径 1～2.5cm。表面类白色或浅棕黄色，稍粗糙，有的具浅黄色斑点。外层鳞叶 2 瓣，大小相近，顶部多开裂而较平。

【功能与主治】清热润肺，化痰止咳，散结消痈。用于肺热燥咳，干咳少痰，阴虚劳嗽，痰中带血，瘰疬，乳痈，肺痈。

注意伪品。

人参

【来源】该品为五加科植物人参的干燥根和根茎。

【性状】主根呈纺锤形或圆柱形，长 3～15cm，直径 1～2cm。表面灰黄色，上部或全体有疏浅断续的粗横纹及明显的纵皱，下部有支根 2～3 条，并着生多数细长的须根，须根上常有不明显的细小疣状突出。根茎（芦头）长 1～4cm，直径 0.3～1.5cm，多拘挛而弯曲，具不定根（艼）和稀疏的凹窝状茎痕（芦碗）。质较硬，断面淡黄白色，显粉性，形成层环纹棕黄色，皮部有黄棕色的点状树脂道及放射状裂隙。香气特异，味微苦、甘。

主根多与根茎等长或较短，呈圆柱形、菱角形或"人"字形，长 1～6cm。表面灰黄色，具纵皱纹，上部或中下部有环纹。支根多为 2～3 条，须根少而细长，清晰不乱，有较明显的疣状突起。根茎细长，少数粗短，中上部具稀疏或密集而深陷的茎痕。不定根较细，多下垂。

【功能与主治】大补元气，复脉固脱，补脾益肺，生津养血，安神益智。用于体虚欲脱，肢冷脉微，脾虚食少，肺虚喘咳，津伤口渴，内热消渴，气血亏虚，久病虚羸，惊悸失眠，阳痿宫冷。

注意伪品。

西洋参

【来源】该品为五加科植物西洋参的干燥根。

【性状】该品呈纺锤形、圆柱形或圆锥形，长 3～12cm，直径 0.8～2cm。表面浅黄褐色或黄白色，可见横向环纹和线形皮孔状突起，并有细密浅纵皱纹和须根痕。主根中下部有一至数条侧根，多已折断。有的上端有根茎（芦头），环节明显，茎痕（芦碗）圆形或半圆形，具不定根（芐）或已折断。体重，质坚实，不易折断，断面平坦，浅黄白色，略显粉性，皮部可见黄棕色点状树脂道，形成层环纹棕黄色，木部略呈放射状纹理。气微而特异，味微苦、甘。

【功能与主治】补气养阴，清热生津。用于气虚阴亏，虚热烦倦，咳喘痰血，内热消渴，口燥咽干。

注意伪品。

紫草

【来源】该品为紫草科植物新疆紫草或内蒙古紫草的干燥根。

【性状】新疆紫草（软紫草）呈不规则的长圆柱形，多扭曲，长7~20cm，直径1~2.5cm。表面紫红色或紫褐色，皮部疏松，呈条形片状，常10余层重叠，易剥落。顶端有的可见分歧的茎残基。体轻，质松软，易折断，断面不整齐，木部较小，黄白色或黄色。气特异，味微苦、涩。

内蒙古紫草 呈圆锥形或圆柱形，扭曲，长6~20cm，直径0.5~4cm。根头部略粗大，顶端有残茎1或多个，被短硬毛。表面紫红色或暗紫色，皮部略薄，常数层相叠，易剥离。质硬而脆，易折断，断面较整齐，皮部紫红色，木部较小，黄白色。气特异，味涩。

【功能与主治】清热凉血，活血解毒，透疹消斑。用于血热毒盛，斑疹紫黑，麻疹不透，疮疡，湿疹，水火烫伤。

注意伪品。

山药

【来源】该品为薯蓣科植物薯蓣的干燥根茎。

【性状】毛山药 本品略呈圆柱形，弯曲而稍扁，长15~30cm，直径1.5~6cm。表面黄白色或淡黄色，有纵沟、纵皱纹及须根痕，偶有浅棕色外皮残留。体重，质坚实，不易折断，断面白色，粉性。气微，味淡、微酸，嚼之发黏。

山药片 为不规则的厚片，皱缩不平，切面白色或黄白色，质坚脆，粉性。气微，味淡、微酸。

光山药 呈圆柱形，两端平齐，长9~18cm，直径1.5~3cm。表面光滑，白色或黄白色。

【功能与主治】补脾养胃，生津益肺，补肾涩精。用于脾虚食少，久泻不止，肺虚喘咳，肾虚遗精，带下，尿频，虚热消渴。

注意伪品。

温山药

【来源】该品为薯蓣科植物参薯或山薯（广东薯）的干燥根茎。

【性状】为类圆形的厚片，直径1.5~6cm。切面类白色，粉性，致密或具蠕虫状裂隙，有多数小亮点，维管束散生，筋脉点状，白色至淡棕色。质坚脆。气微，味淡或微酸，嚼之发黏。

【功能与主治】补脾养胃，生津益肺，补肾涩精。用于脾虚食少，久泻不止，肺虚喘咳，肾虚遗精，带下，尿频，虚热消渴。

注意伪品。

生姜

【来源】该品为姜科植物姜的新鲜根茎。

【性状】该品呈不规则块状，略扁，具指状分枝，长 4~18cm，厚 1~3cm。表面黄褐色或灰棕色，有环节，分枝顶端有茎痕或芽。质脆，易折断，断面浅黄色，内皮层环纹明显，维管束散在。气香特异，味辛辣。

【功能与主治】解表散寒，温中止呕，化痰止咳，解鱼蟹毒。用于风寒感冒，胃寒呕吐，寒痰咳嗽，鱼蟹中毒。

地黄

【来源】该品为玄参科植物地黄的新鲜或干燥块根。

【性状】鲜地黄　呈纺锤形或条状，长 8~24cm，直径 2~9cm。外皮薄，表面浅红黄色，具弯曲的纵皱纹、芽痕、横长皮孔样突起及不规则疤痕。肉质，易断，断面皮部淡黄白色，可见橘红色油点，木部黄白色，导管呈放射状排列。气微，味微甜、微苦。

生地黄　多呈不规则的团块状或长圆形，中间膨大，两端稍细，有的细小，长条状，稍扁而扭曲，长 6~12cm，直径 2~6cm。表面棕黑色或棕灰色，极皱缩，具不规则的横曲纹。体重，质较软而韧，不易折断，断面棕黄色至黑色或乌黑色，有光泽，具黏性。气微，味微甜。

【功能与主治】鲜地黄　清热生津，凉血，止血。用于热病伤阴，舌绛烦渴，温毒发斑，吐血，衄血，咽喉肿痛。

生地黄　清热凉血，养阴生津。用于热入营血，温毒发斑，吐血衄血，热病伤阴，舌绛烦渴，津伤便秘，阴虚发热，骨蒸劳热，内热消渴。

桔梗

【来源】该品为桔梗科植物桔梗的干燥根。

【性状】该品呈圆柱形或略呈纺锤形，下部渐细，有的有分枝，略扭曲，长 7~20cm，直径 0.7~2cm。表面淡黄白色至黄色，不去外皮者表面黄棕色至灰棕色，具纵扭皱沟，并有横长的皮孔样斑痕及支根痕，上部有横纹。有的顶端有较短的根茎或不明显，其上有数个半月形茎痕。质脆，断面不平坦，形成层环棕色，皮部黄白色，有裂隙，木部淡黄色。气微，味微甜后苦。

【功能与主治】宣肺，利咽，祛痰，排脓。用于咳嗽痰多，胸闷不畅，咽痛音哑，肺痈吐脓。

注意伪品。

木香

【来源】该品为菊科植物木香的干燥根。

【性状】该品呈圆柱形或半圆柱形，长 5~10cm，直径 0.5~5cm。表面黄棕色至灰褐色，有明显的皱纹、纵沟及侧根痕。质坚，不易折断，断面灰褐色至暗褐色，周边灰黄色或浅棕黄色，形成层环棕色，有放射状纹理及散在的褐色点状油室。气香特异，味微苦。

【功能与主治】行气止痛，健脾消食。用于胸胁、脘腹胀痛，泻痢后重，食积不消，不思饮食。

注意伪品。

苍术

【来源】该品为菊科植物茅苍术或北苍术的干燥根茎。

【性状】茅苍术　呈不规则连珠状或结节状圆柱形，略弯曲，偶有分枝，长 3～10cm，直径 1～2cm。表面灰棕色，有皱纹、横曲纹及残留须根，顶端具茎痕或残留茎基。质坚实，断面黄白色或灰白色，散有多数橙黄色或棕红色油室，暴露稍久，可析出白色细针状结晶。气香特异，味微甘、辛、苦。

北苍术　呈疙瘩块状或结节状圆柱形，长 4～9cm，直径 1～4cm。表面黑棕色，除去外皮者黄棕色。质较疏松，断面散有黄棕色油室。香气较淡，味辛、苦。

【功能与主治】燥湿健脾，祛风散寒，明目。用于湿阻中焦，脘腹胀满，泄泻，水肿，脚气痿躄，风湿痹痛，风寒感冒，夜盲，眼目昏涩。

注意伪品。

泽泻

【来源】该品为泽泻科植物东方泽泻或泽泻的干燥块茎。

【性状】该品呈类球形、椭圆形或卵圆形，长 2～7cm，直径 2～6cm。表面淡黄色至淡黄棕色，有不规则的横向环状浅沟纹和多数细小突起的须根痕，底部有的有瘤状芽痕。质坚实，断面黄白色，粉性，有多数细孔。气微，味微苦。

【功能与主治】利水渗湿，泄热，化浊降脂。用于小便不利，水肿胀满，泄泻尿少，痰饮眩晕，热淋涩痛，高脂血症。

注意伪品。

石菖蒲

【来源】该品为天南星科植物石菖蒲的干燥根茎。

【性状】该品呈扁圆柱形，多弯曲，常有分枝，长 3～20cm，直径 0.3～1cm。表面棕褐色或灰棕色，粗糙，有疏密不匀的环节，节间长 0.2～0.8cm，具细纵纹，一面残留须根或圆点状根痕；叶痕呈三角形，左右交互排列，有的其上有毛鳞状的叶基残余。质硬，断面纤维性，类白色或微红色，内皮层环明显，可见多数维管束小点及棕色油细胞。气芳香，味苦、微辛。

【功能与主治】开窍豁痰，醒神益智，化湿开胃。用于神昏癫痫，健忘失眠，耳鸣耳聋，脘痞不饥，噤口下痢。

注意伪品。

牛膝

【来源】该品为苋科植物牛膝的干燥根。

【性状】该品呈细长圆柱形，挺直或稍弯曲，长 15～70cm，直径 0.4～1cm。表面灰黄色或淡棕色，有微扭曲的细纵皱纹、排列稀疏的侧根痕和横长皮孔样的突起。质硬脆，易折断，受潮后变软，断面平坦，淡棕色，略呈角质样而油润，中心维管束木质部较大，黄白色，其外周散有多数黄白色点状维管束，断续排列成2~4轮。气微，味微甜而稍苦涩。

【功能与主治】逐瘀通经，补肝肾，强筋骨，利尿通淋，引血下行。用于经闭，痛经，腰膝酸痛，筋骨无力，淋证，水肿，头痛，眩晕，牙痛，口疮，吐血，衄血。

川牛膝

【来源】该品为苋科植物川牛膝的干燥根。

【性状】该品呈近圆柱形，微扭曲，向下略细或有少数分枝，长30~60cm，直径0.5~3cm。表面黄棕色或灰褐色，具纵皱纹、支根痕和多数横长的皮孔样突起。质韧，不易折断，断面浅黄色或棕黄色，维管束点状，排列成数轮同心环。气微，味甜。

【功能与主治】逐瘀通经，通利关节，利尿通淋。用于经闭癥瘕，胞衣不下，跌打损伤，风湿痹痛，足痿筋挛，尿血血淋。

葛根

【来源】该品为豆科植物野葛的干燥根。

【性状】该品呈纵切的长方形厚片或小方块，长5~35cm，厚0.5~1cm。外皮淡棕色至棕色，有纵皱纹，粗糙。切面黄白色至淡黄棕色，有的纹理明显。质韧，纤维性强。气微，味微甜。

【功能与主治】解肌退热，生津止渴，透疹，升阳止泻，通经活络，解酒毒。用于外感发热头痛，项背强痛，口渴，消渴，麻疹不透，热痢，泄泻，眩晕头痛，中风偏瘫，胸痹心痛，酒毒伤中。

注意伪品。

粉葛

【来源】该品为豆科植物甘葛藤的干燥根。

【性状】该品呈圆柱形、类纺锤形或半圆柱形，长12~15cm，直径4~8cm；有的为纵切或斜切的厚片，大小不一。表面黄白色或淡棕色，未去外皮的呈灰棕色。体重，质硬，富粉性，横切面可见由纤维形成的浅棕色同心性环纹，纵切面可见由纤维形成的数条纵纹。气微，味微甜。

【功能与主治】解肌退热，生津止渴，透疹，升阳止泻，通经活络，解酒毒。用于外感发热头痛，项背强痛，口渴，消渴，麻疹不透，热痢，泄泻，眩晕头痛，中风偏瘫，胸痹心痛，酒毒伤中。

注意伪品。

苦参

【来源】该品为豆科植物苦参的干燥根。

【性状】该品呈长圆柱形，下部常有分枝，长10~30cm，直径1~6.5cm。表面灰棕色或棕黄色，具纵皱纹和横长皮孔样突起，外皮薄，多破裂反卷，易剥落，剥落处显黄色，光滑。质硬，不易折断，断面纤维性；切片厚3~6mm；切面黄白色，具放射状纹理和裂隙，有的具异型维管束呈同心性环列或不规则散在。气微，味极苦。

【功能与主治】清热燥湿，杀虫，利尿。用于热痢，便血，黄疸尿闭，赤白带下，阴肿阴痒，湿疹，湿疮，皮肤瘙痒，疥癣麻风；外治滴虫性阴道炎。

赤芍

【来源】该品为毛茛科植物芍药或川赤芍的干燥根。

【性状】该品呈圆柱形，稍弯曲，长 5～40cm，直径 0.5～3cm。表面棕褐色，粗糙，有纵沟和皱纹，并有须根痕和横长的皮孔样突起，有的外皮易脱落。质硬而脆，易折断，断面粉白色或粉红色，皮部窄，木部放射状纹理明显，有的有裂隙。气微香，味微苦、酸涩。

【功能与主治】清热凉血，散瘀止痛。用于热入营血，温毒发斑，吐血衄血，目赤肿痛，肝郁胁痛，经闭痛经，癥瘕腹痛，跌打损伤，痈肿疮疡。

注意伪品。

天花粉

【来源】该品为葫芦科植物栝楼或双边栝楼的干燥根。

【性状】该品呈不规则圆柱形、纺锤形或瓣块状，长 8～16cm，直径 1.5～5.5cm。表面黄白色或淡棕黄色，有纵皱纹、细根痕及略凹陷的横长皮孔，有的有黄棕色外皮残留。质坚实，断面白色或淡黄色，富粉性，横切面可见黄色木质部，略呈放射状排列，纵切面可见黄色条纹状木质部。气微，味微苦。

【功能与主治】清热泻火，生津止渴，消肿排脓。用于热病烦渴，肺热燥咳，内热消渴，疮疡肿毒。

注意伪品。

天冬

【来源】该品为百合科植物天冬的干燥块根。

【性状】该品呈长纺锤形，略弯曲，长 5～18cm，直径 0.5～2cm。表面黄白色至淡黄棕色，半透明，光滑或具深浅不等的纵皱纹，偶有残存的灰棕色外皮。质硬或柔润，有黏性，断面角质样，中柱黄白色。气微，味甜、微苦。

【功能与主治】养阴润燥，清肺生津。用于肺燥干咳，顿咳痰黏，腰膝酸痛，骨蒸潮热，内热消渴，热病津伤，咽干口渴，肠燥便秘。

独活

【来源】该品为伞形科植物重齿毛当归的干燥根。

【性状】本品根略呈圆柱形，下部 2～3 分枝或更多，长 10～30cm。根头部膨大，圆锥状，多横皱纹，直径 1.5～3cm，顶端有茎、叶的残基或凹陷。表面灰褐色或棕褐色，具纵皱纹，有横长皮孔样突起及稍突起的细根痕。质较硬，受潮则变软，断面皮部灰白色，有多数散在的棕色油室，木部灰黄色至黄棕色，形成层环棕色。有特异香气，味苦、辛、微麻舌。

【功能与主治】祛风除湿，通痹止痛。用于风寒湿痹，腰膝疼痛，少阴伏风头痛，风寒挟湿头痛。

注意伪品。

羌活

【来源】该品为伞形科植物羌活或宽叶羌活的干燥根茎和根。

【性状】羌活为圆柱状略弯曲的根茎，长 4~13cm，直径 0.6~2.5cm，顶端具茎痕。表面棕褐色至黑褐色，外皮脱，落处呈黄色。节间缩短，呈紧密隆起的环状，形似蚕，习称"蚕羌"；节间延长，形如竹节状，习称"竹节羌"。节上有多数点状或瘤状突起的根痕及棕色破碎鳞片。体轻，质脆，易折断，断面不平整，有多数裂隙，皮部黄棕色至暗棕色，油润，有棕色油点，木部黄白色，射线明显，髓部黄色至黄棕色。气香，味微苦而辛。

宽叶羌活为根茎和根。根茎类圆柱形，顶端具茎和叶鞘残基，根类圆锥形，有纵皱纹和皮孔；表面棕褐色，近根茎处有较密的环纹，长 8~15cm，直径 1~3cm，习称"条羌"。有的根茎粗大，不规则结节状，顶部具数个茎基，根较细，习称"大头羌"。质松脆，易折断，断面略平坦，皮部浅棕色，木部黄白色。气味较淡。

【功能与主治】解表散寒，祛风除湿，止痛。用于风寒感冒，头痛项强，风湿痹痛，肩背酸痛。

黄连

【来源】该品为毛茛科植物黄连、三角叶黄连或云连的干燥根茎。

【性状】味连 多集聚成簇，常弯曲，形如鸡爪，单枝根茎长 3~6cm，直径 0.3~0.8cm。表面灰黄色或黄褐色，粗糙，有不规则结节状隆起、须根及须根残基，有的节间表面平滑如茎秆，习称"过桥"。上部多残留褐色鳞叶，顶端常留有残余的茎或叶柄。质硬，断面不整齐，皮部橙红色或暗棕色，木部鲜黄色或橙黄色，呈放射状排列，髓部有的中空。气微，味极苦。

雅连 多为单枝，略呈圆柱形，微弯曲，长 4~8cm，直径 0.5~1cm。"过桥"较长。顶端有少许残茎。

云连 弯曲呈钩状，多为单枝，较细小。

【功能与主治】清热燥湿，泻火解毒。用于湿热痞满，呕吐吞酸，泻痢，黄疸，高热神昏，心火亢盛，心烦不寐，心悸不宁，血热吐衄，目赤，牙痛，消渴，痈肿疔疮；外治湿疹，湿疮，耳道流脓。

果实及种子类

枸杞子

【来源】该品为茄科植物宁夏枸杞的干燥成熟果实。

【性状】该品呈类纺锤形或椭圆形，长 6~20mm，直径 3~10mm。表面红色或暗红色，顶端有小突起状的花柱痕，基部有白色的果梗痕。果皮柔韧，皱缩；果肉肉质，柔润。种子 20~50 粒，类肾形，扁而翘，长 1.5~1.9mm，宽 1~1.7mm，表面浅黄色或棕黄色。气微，味甜。

【功能与主治】滋补肝肾，益精明目。用于虚劳精亏，腰膝酸痛，眩晕耳鸣，阳痿遗精，内热消渴，血虚萎黄，目昏不明。

注意伪品。

山茱萸

【来源】该品为山茱萸科植物山茱萸的干燥成熟果肉。

【性状】该品呈不规则的片状或囊状，长1~1.5cm，宽0.5~1cm。表面紫红色至紫黑色，皱缩，有光泽。顶端有的有圆形宿萼痕，基部有果梗痕。质柔软。气微，味酸、涩、微苦。

【功能与主治】补益肝肾，收涩固脱。用于眩晕耳鸣，腰膝酸痛，阳痿遗精，遗尿尿频，崩漏带下，大汗虚脱，内热消渴。

注意伪品。

覆盆子

【来源】该品为蔷薇科植物华东覆盆子的干燥果实。

【性状】该品为聚合果，由多数小核果聚合而成，呈圆锥形或扁圆锥形，高0.6~1.3cm，直径0.5~1.2cm。表面黄绿色或淡棕色，顶端钝圆，基部中心凹入。宿萼棕褐色，下有果梗痕。小果易剥落，每个小果呈半月形，背面密被灰白色茸毛，两侧有明显的网纹，腹部有突起的棱线。体轻，质硬。气微，味微酸涩。

【功能与主治】益肾固精缩尿，养肝明目。用于遗精滑精，遗尿尿频，阳痿早泄，目暗昏花。

注意伪品。

栀子

【来源】该品为茜草科植物栀子的干燥成熟果实。

【性状】该品呈长卵圆形或椭圆形，长1.5~3.5cm，直径1~1.5cm。表面红黄色或棕红色，具6条翅状纵棱，棱间常有1条明显的纵脉纹，并有分枝。顶端残存萼片，基部稍尖，有残留果梗。果皮薄而脆，略有光泽；内表面色较浅，有光泽，具2~3条隆起的假隔膜。种子多数，扁卵圆形，集结成团，深红色或红黄色，表面密具细小疣状突起。气微，味微酸而苦。

【功能与主治】泻火除烦，清热利湿，凉血解毒；外用消肿止痛。用于热病心烦，湿热黄疸，淋证涩痛，血热吐衄，目赤肿痛，火毒疮疡；外治扭挫伤痛。

注意伪品。

吴茱萸

【来源】该品为芸香科植物吴茱萸、石虎或疏毛吴茱萸的干燥近成熟果实。

【性状】该品呈球形或略呈五角状扁球形，直径2~5mm。表面暗黄绿色至褐色，粗糙，有多数点状突起或凹下的油点。顶端有五角星状的裂隙，基部残留被有黄色茸毛的果梗。质硬而脆，横切面可见子房5室，每室有淡黄色种子1粒。气芳香浓郁，味辛辣而苦。

【功能与主治】散寒止痛，降逆止呕，助阳止泻。用于厥阴头痛，寒疝腹痛，寒湿脚气，经行腹痛，脘腹胀痛，呕吐吞酸，五更泄泻。

注意伪品。

佛手

【来源】该品为芸香科植物佛手的干燥果实。

【性状】该品为类椭圆形或卵圆形的薄片，常皱缩或卷曲，长 6～10cm，宽 3～7cm，厚 0.2～0.4cm。顶端稍宽，常有 3～5 个手指状的裂瓣，基部略窄，有的可见果梗痕。外皮黄绿色或橙黄色，有皱纹和油点。果肉浅黄白色或浅黄色，散有凹凸不平的线状或点状维管束。质硬而脆，受潮后柔韧。气香，味微甜后苦。

【功能与主治】疏肝理气，和胃止痛，燥湿化痰。用于肝胃气滞，胸胁胀痛，胃脘痞满，食少呕吐，咳嗽痰多。

注意伪品。

衢枳壳

【来源】该品为芸香科植物常山胡柚的干燥未成熟果实。

【性状】该品呈半球形，直径 3～5cm，切面外果皮棕褐色至褐色，中果皮黄白色至黄棕色，近外缘有 1～2 列点状油室，内侧有的有少量紫褐色瓤囊。质脆。气香，味苦、微酸。

【功能与主治】理气宽中，行滞消胀。用于胸肋气滞，胀满疼痛，食积不化，痰饮内停；胃下垂，脱肛，子宫脱垂。

注意伪品。

陈皮

【来源】该品为芸香科植物橘及其栽培变种的干燥成熟果皮。药材分为"陈皮"和"广陈皮"。

【性状】陈皮　常剥成数瓣，基部相连，有的呈不规则的片状，厚 1～4mm。外表面橙红色或红棕色，有细皱纹和凹下的点状油室；内表面浅黄白色，粗糙，附黄白色或黄棕色筋络状维管束。质稍硬而脆。气香，味辛、苦。

广陈皮　常 3 瓣相连，形状整齐，厚度均匀，约 1mm。外表面橙黄色至棕褐色，点状油室较大，对光照视，透明清晰。质较柔软。

【功能与主治】理气健脾，燥湿化痰。用于脘腹胀满，食少吐泻，咳嗽痰多。

瓜蒌

【来源】该品为葫芦科植物栝楼或双边栝楼的干燥成熟果实。

【性状】该品呈类球形或宽椭圆形，长 7～15cm，直径 6～10cm。表面橙红色或橙黄色，皱缩或较光滑，顶端有圆形的花柱残基，基部略尖，具残存的果梗。轻重不一。质脆，易破开，内表面黄白色，有红黄色丝络，果瓤橙黄色，黏稠，与多数种子粘结成团。具焦糖气，味微酸、甜。

【功能与主治】清热涤痰，宽胸散结，润燥滑肠。用于肺热咳嗽，痰浊黄稠，胸痹心痛，结胸痞满，乳痈，肺痈，肠痈，大便秘结。

注意伪品。

桃仁

【来源】该品为蔷薇科植物桃或山桃的干燥成熟种子。

【性状】桃仁　呈扁长卵形，长 1.2~1.8cm，宽 0.8~1.2cm，厚 0.2~0.4cm。表面黄棕色至红棕色，密布颗粒状突起。一端尖，中部膨大，另端钝圆稍偏斜，边缘较薄。尖端一侧有短线形种脐，圆端有颜色略深不甚明显的合点，自合点处散出多数纵向维管束。种皮薄，子叶 2，类白色，富油性。气微，味微苦。

山桃仁　呈类卵圆形，较小而肥厚，长约 0.9cm，宽约 0.7cm，厚约 0.5cm。

【功能与主治】活血祛瘀，润肠通便，止咳平喘。用于经闭痛经，癥瘕痞块，肺痈肠痈，跌打损伤，肠燥便秘，咳嗽气喘。

注意伪品。

酸枣仁

【来源】该品为鼠李科植物酸枣干燥成熟种子。

【性状】该品呈扁圆形或扁椭圆形，长 5~9mm，宽 5~7mm，厚约 3mm。表面紫红色或紫褐色，平滑有光泽，有的有裂纹。有的两面均呈圆隆状突起；有的一面较平坦，中间有 1 条隆起的纵线纹；另一面稍突起。一端凹陷，可见线形种脐；另端有细小突起的合点。种皮较脆，胚乳白色，子叶 2，浅黄色，富油性。气微，味淡。

【功能与主治】养心补肝，宁心安神，敛汗，生津。用于虚烦不眠，惊悸多梦，体虚多汗，津伤口渴。

注意伪品。

薏苡仁

【来源】该品为禾本科植物薏米的干燥成熟种仁。

【性状】该品呈宽卵形或长椭圆形，长 4~8mm，宽 3~6mm。表面乳白色，光滑，偶有残存的黄褐色种皮；一端钝圆，另端较宽而微凹，有 1 淡棕色点状种脐；背面圆凸，腹面有 1 条较宽而深的纵沟。质坚实，断面白色，粉性。气微，味微甜。

【功能与主治】利水渗湿，健脾止泻，除痹，排脓，解毒散结。用于水肿，脚气，小便不利，脾虚泄泻，湿痹拘挛，肺痈，肠痈，赘疣，癌肿。

注意伪品。

草类

白花蛇舌草

【来源】该品为茜草科植物白花蛇舌草的干燥全草。

【性状】茎纤细，具纵棱，淡棕色或棕黑色。叶对生；叶片线形，棕黑色；托叶膜质，下部连合，顶端有细齿。花通常单生于叶腋，具梗。蒴果扁球形，顶端具 4 枚宿存的萼齿。种子深黄色，细小，多数。气微，味微涩。

【功能与主治】清热解毒，消肿止痛。用于阑尾炎，气管炎，尿路感染，毒蛇咬伤，肿瘤，肠风下血。

注意伪品。

益母草

【来源】该品为唇形科植物益母草的新鲜或干燥地上部分。

【性状】鲜益母草幼苗期无茎，基生叶圆心形，5~9 浅裂，每裂片有 2~3 钝齿。花前期茎呈方柱形，上部多分枝，四面凹下成纵沟，长 30~60cm，直径 0.2~0.5cm；表面青绿色；质鲜嫩，断面中部有髓。叶交互对生，有柄；叶片青绿色，质鲜嫩，揉之有汁；下部茎生叶掌状 3 裂，上部叶羽状深裂或浅裂成 3 片，裂片全缘或具少数锯齿。气微，味微苦。

干益母草　茎表面灰绿色或黄绿色；体轻，质韧，断面中部有髓。叶片灰绿色，多皱缩、破碎，易脱落。轮伞花序腋生，小花淡紫色，花萼筒状，花冠二唇形。切段者长约 2cm。

【功能与主治】活血调经，利尿消肿，清热解毒。用于月经不调，痛经经闭，恶露不尽，水肿尿少，疮疡肿毒。

注意伪品。

金线莲

【来源】该品为兰科植物金线兰（花叶开唇兰）的干燥全草。

【性状】为干燥的全草，常缠结成团，深褐色。展开后完整的植株 4~24cm，茎细，0.5~1mm，具纵皱纹，断面棕褐色。叶互生，呈卵形，长 2~5cm，宽 1~3cm，先端急尖，叶脉为橙红色或金黄色，叶柄短，基部呈鞘状。气微香，味淡微甘。

【功能与主治】清热凉血，祛风利湿，解毒。主治肺热咳嗽、咯血、尿血，小儿急惊风，黄疸，水肿，淋症，消渴，风湿痹痛，跌打损伤，毒蛇咬伤，现代用于肝炎，肾炎，膀胱炎，糖尿病，支气管炎，风湿性关节炎等病。

注意伪品。

绞股蓝

【来源】该品为葫芦科植物绞股蓝的干燥地上部分。

【性状】该品茎细长，有棱。卷须生于叶腋。叶为鸟足状复叶，小叶 5~7；小叶片椭圆状披针形至卵形，边缘有锯齿，两面脉上有时有短毛。花序圆锥状；花冠 5 裂。浆果球形，成熟时黑色。气微，味苦、淡或甘。

【功能与主治】清热解毒，止咳化痰，镇静，安眠，降血脂。用于慢性支气管炎，肝炎，胃、十二指肠溃疡，动脉硬化，白发，偏头痛，肿瘤。

注意伪品。

金钱草

【来源】该品为报春花科植物过路黄的干燥全草。

【性状】该品常缠结成团，无毛或被疏柔毛。茎扭曲，表面棕色或暗棕红色，有纵纹，下部茎节上有时具须根，断面实心。叶对生，多皱缩，展平后呈宽卵形或心形，长 1~4cm，宽 1~5cm，基部微凹，全缘；上表面灰绿色或棕褐色，下表面色较浅，主脉明显突起，用水浸后，对光透视可见黑色或褐色条纹；叶柄长 1~4cm。有的带花，花黄色，单生叶腋，具长梗。蒴果球形。气微，味淡。

【功能与主治】利湿退黄，利尿通淋，解毒消肿。用于湿热黄疸，胆胀胁痛，石淋，热淋，小便涩痛，痈肿疔疮，蛇虫咬伤。

注意伪品。

浙金钱草

【来源】该品为报春花科植物点腺过路黄的干燥全草。

【性状】茎扭曲，棕色或暗棕红色，有纵皱纹，有的节上具须根。叶对生；叶片卵形至狭卵形，基部截形或宽楔形，全缘，灰绿色或棕褐色，主脉明显突起，具叶柄。枝端鞭状枝上部的叶远较下部的和主茎上的为小；花黄色，单生叶腋。蒴果球形。用水浸后，叶、花萼、花冠、果实对光透视可见点状腺点。气微，味淡。

【功能与主治】清利湿热，通淋，消肿。用于热淋，沙淋，尿涩作痛，黄疸尿赤，痈肿疔疮，毒蛇咬伤，肝胆结石，尿路结石。

注意伪品。

薄荷

【来源】该品为唇形科植物薄荷的干燥地上部分。

【性状】该品茎呈方柱形，有对生分枝，长15~40cm，直径0.2~0.4cm；表面紫棕色或淡绿色，棱角处具茸毛，节间长2~5cm；质脆，断面白色，髓部中空。叶对生，有短柄；叶片皱缩卷曲，完整者展平后呈宽披针形、长椭圆形或卵形，长2~7cm，宽1~3cm；上表面深绿色，下表面灰绿色，稀被茸毛，有凹点状腺鳞。轮伞花序腋生，花萼钟状，先端5齿裂，花冠淡紫色。揉搓后有特殊清凉香气，味辛凉。

【功能与主治】疏散风热，清利头目，利咽，透疹，疏肝行气。用于风热感冒，风温初起，头痛，目赤，喉痹，口疮，风疹，麻疹，胸胁胀闷。

注意伪品。

花类

玫瑰花

【来源】该品为蔷薇科植物玫瑰的干燥花蕾。

【性状】该品略呈半球形或不规则团状，直径0.7~1.5cm。残留花梗上被细柔毛，花托半球形，与花萼基部合生；萼片5，披针形，黄绿色或棕绿色，被有细柔毛；花瓣多皱缩，展平后宽卵形，呈覆瓦状排列，紫红色，有的黄棕色；雄蕊多数，黄褐色；花柱多数，柱头在花托口集成头状，略突出，短于雄蕊。体轻，质脆。气芳香浓郁，味微苦涩。

【功能与主治】行气解郁，和血，止痛。用于肝胃气痛，食少呕恶，月经不调，跌打伤痛。

注意伪品。

月季花

【来源】该品为蔷薇科植物月季的干燥花蕾。

【性状】该品呈类球形，直径 1.5~2.5cm。花托长圆形；萼片 5，暗绿色，先端尾尖；花瓣呈覆瓦状排列，长圆形，紫红色或淡紫红色；雄蕊多数，黄色；花柱多数，远伸出花托口，分离。体轻，质脆。气清香，味淡、微苦。

【功能与主治】活血调经，疏肝解郁。用于气滞血瘀，月经不调，痛经，闭经，胸胁胀痛。

注意伪品。

辛夷

【来源】该品为木兰科植物望春、玉兰或武当玉兰的干燥花蕾。

【性状】望春花呈长卵形，似毛笔头，长 1.2~2.5cm，直径 0.8~1.5cm。基部常具短梗，长约 5mm，梗上有类白色点状皮孔。苞片 2~3 层，每层 2 片，两层苞片间有小鳞芽，苞片外表面密被灰白色或灰绿色茸毛，内表面类棕色，无毛。花被片 9，棕色，外轮花被片 3，条形，约为内两轮长的 1/4，呈萼片状，内两轮花被片 6，每轮 3，轮状排列。雄蕊和雌蕊多数，螺旋状排列。体轻，质脆。气芳香，味辛凉而稍苦。

玉兰长 1.5~3cm，直径 1~1.5cm。基部枝梗较粗壮，皮孔浅棕色。苞片外表面密被灰白色或灰绿色茸毛。花被片 9，内外轮同型。

武当玉兰长 2~4cm，直径 1~2cm。基部枝梗粗壮，皮孔红棕色。苞片外表面密被淡黄色或淡黄绿色茸毛，有的最外层苞片茸毛已脱落而呈黑褐色。花被片 10~12（15），内外轮无显著差异。

【功能与主治】散风寒，通鼻窍。用于风寒头痛，鼻塞流涕，鼻鼽，鼻渊。

注意伪品。

旋覆花

【来源】该品为菊科植物旋覆花或欧亚旋覆花的干燥头状花序。

【性状】该品呈扁球形或类球形，直径 1~2cm。总苞由多数苞片组成，呈覆瓦状排列，苞片披针形或条形，灰黄色，长 4~11mm；总苞基部有时残留花梗，苞片及花梗表面被白色茸毛，舌状花 1 列，黄色，长约 1cm，多卷曲，常脱落，先端 3 齿裂；管状花多数，棕黄色，长约 5mm，先端 5 齿裂；子房顶端有多数白色冠毛，长 5~6mm。有的可见椭圆形小瘦果。体轻，易散碎。气微，味微苦。

【功能与主治】降气，消痰，行水，止呕。用于风寒咳嗽，痰饮蓄结，胸膈痞闷，喘咳痰多，呕吐噫气，心下痞硬。

注意伪品。

红花

【来源】该品为菊科植物红花的干燥花。

【性状】该品为不带子房的管状花，长 1~2cm。表面红黄色或红色。花冠筒细长，先端 5 裂，裂片呈狭条形，长 5~8mm；雄蕊 5，花药聚合成筒状，黄白色；柱头长圆柱形，顶端微分叉。质柔软。气微香，味微苦。

【功能与主治】活血通经，散瘀止痛。用于经闭，痛经，恶露不行，癥瘕痞块，胸痹心痛，瘀滞腹痛，胸胁刺痛，跌打损伤，疮疡肿痛。

金银花

【来源】该品为忍冬科植物忍冬的干燥花蕾或带初开的花。

【性状】该品呈棒状，上粗下细，略弯曲，长 2~3cm，上部直径约 3mm，下部直径约 1.5mm。表面黄白色或绿白色（贮久色渐深），密被短柔毛。偶见叶状苞片。花萼绿色，先端 5 裂，裂片有毛，长约 2mm。开放者花冠筒状，先端二唇形；雄蕊 5，附于筒壁，黄色；雌蕊 1，子房无毛。气清香，味淡、微苦。

【功能与主治】清热解毒，疏散风热。用于痈肿疔疮，喉痹，丹毒，热毒血痢，风热感冒，温病发热。

注意伪品。

菊花

【来源】该品为菊科植物菊的干燥头状花序或花蕾。主产浙江、安徽。杭菊为"浙八味"之一，花蕾期采收者习称"胎菊"；按产地和加工方法不同，分为"杭菊""亳菊""滁菊""贡菊""怀菊"等。

【性状】亳菊呈倒圆锥形或圆筒形，有时稍压扁呈扇形，直径 1.5~3cm，离散。总苞碟状；总苞片 3~4 层，卵形或椭圆形，草质，黄绿色或褐绿色，外面被柔毛，边缘膜质。花托半球形，无托片或托毛。舌状花数层，雌性，位于外围，类白色，劲直，上举，纵向折缩，散生金黄色腺点；管状花多数，两性，位于中央，为舌状花所隐藏，黄色，顶端 5 齿裂。瘦果不发育，无冠毛。体轻，质柔润，干时松脆。气清香，味甘、微苦。

滁菊呈不规则球形或扁球形，直径 1.5~2.5cm。舌状花类白色，不规则扭曲，内卷，边缘皱缩，有时可见淡褐色腺点；管状花大多隐藏。

贡菊呈扁球形或不规则球形，直径 1.5~2.5cm。舌状花白色或类白色，斜升，上部反折，边缘稍内卷而皱缩，通常无腺点；管状花少，外露。

怀菊呈不规则球形或扁球形，直径 1.5~2.5cm。多数为舌状花，舌状花类白色或黄色，不规则扭曲，内卷，边缘皱缩，有时可见腺点；管状花大多隐藏。

杭菊呈碟形或扁球形，直径 2.5~4cm，常数个相连成片。舌状花类白色或黄色，平展或微折叠，彼此粘连，通常无腺点；管状花多数，外露。

胎菊呈类球形，直径 0.6~1.2cm，总苞蝶状，总苞片 3~4 层，黄绿色或褐绿色，舌状花为总苞片所隐藏或部分外露，内卷，类白色、浅黄色或黄色；管状花为舌状花所隐藏，深黄色。气清香，味甘、微苦。

【功能与主治】散风清热，平肝明目，清热解毒。用于风热感冒，头痛眩晕，目赤肿痛，眼目昏花，疮痈肿毒。

注意伪品。

西红花

【来源】该品为鸢尾科植物番红花的干燥柱头。

【性状】该品呈线形，三分枝，长约 3cm。暗红色，上部较宽而略扁平，顶端边缘显不整齐的齿状，内侧有一短裂隙，下端有时残留一小段黄色花柱。体轻，质松软，无油润光泽，干燥后质脆易断。气特异，微有刺激性，味微苦。

【功能与主治】活血化瘀，凉血解毒，解郁安神。用于经闭癥瘕，产后瘀阻，温毒发斑，忧郁痞闷，惊悸发狂。

注意伪品。

山银花

【来源】该品为忍冬科植物灰毡毛忍冬、红腺忍冬、华南忍冬或黄褐毛忍冬的干燥花蕾或带初开的花。

【性状】灰毡毛忍冬　呈棒状而稍弯曲，长 3~4.5cm，上部直径约 2mm，下部直径约 1mm。表面黄色或黄绿色。总花梗集结成簇，开放者花冠裂片不及全长之半。质稍硬，手捏之稍有弹性。气清香，味微苦甘。

红腺忍冬　长 2.5~4.5cm，直径 0.8~2mm。表面黄白色至黄棕色，无毛或疏被毛，萼筒无毛，先端 5 裂，裂片长三角形，被毛，开放者花冠下唇反转，花柱无毛。

华南忍冬　长 1.6~3.5cm，直径 0.5~2mm。萼筒和花冠密被灰白色毛。

黄褐毛忍冬　长 1~3.4cm，直径 1.5~2mm。花冠表面淡黄棕色或黄棕色，密被黄色茸毛。

【功能与主治】清热解毒，疏散风热。用于痈肿疔疮，喉痹，丹毒，热毒血痢，风热感冒，温病发热。

注意伪品。

叶类

罗布麻叶

【来源】该品为夹竹桃科植物罗布麻的干燥叶。

【性状】该品多皱缩卷曲，有的破碎，完整叶片展平后呈椭圆状披针形或卵圆状披针形，长 2~5cm，宽 0.5~2cm。淡绿色或灰绿色，先端钝，有小芒尖，基部钝圆或楔形，边缘具细齿，常反卷，两面无毛，叶脉于下表面突起；叶柄细，长约 4mm。质脆。气微，味淡。

【功能与主治】平肝安神，清热利水。用于肝阳眩晕，心悸失眠，浮肿尿少。

注意伪品。

青钱柳

【来源】该品为胡桃科青钱柳的干燥叶。

【性状】完整者为羽状复叶，全体黄绿色，长约 20cm，具 7~9 小叶；叶柄长 3~5cm，密被短柔毛或逐渐脱落而无毛；小叶纸质；侧生小叶多对生，小叶长椭圆状卵形至阔披针形，长 5~14cm，宽 2~6cm，具 0.5~2mm 长的密被短柔毛的小叶柄，叶缘具锐锯齿，侧脉 10~16 对，上面被有腺体，仅沿中脉及侧脉有短柔毛，下面网脉略凸起，被有灰色细小鳞片及盾状着生的黄色腺体，沿中脉和侧脉生短柔毛，侧脉腋内具簇毛。气微，味微苦。

【功能与主治】祛风止痒。主皮肤癣疾。

桑叶

【来源】该品为桑科植物桑的干燥叶。

【性状】该品多皱缩、破碎。完整者有柄，叶片展平后呈卵形或宽卵形，长8~15cm，宽7~13cm。先端渐尖，基部截形、圆形或心形，边缘有锯齿或钝锯齿，有的不规则分裂。上表面黄绿色或浅黄棕色，有的有小疣状突起；下表面颜色稍浅，叶脉突出，小脉网状，脉上被疏毛，脉基具簇毛。质脆。气微，味淡、微苦涩。

【功能与主治】疏散风热，清肺润燥，清肝明目。用于风热感冒，肺热燥咳，头晕头痛，目赤昏花。

紫苏叶

【来源】该品为唇形科植物紫苏的干燥叶（或带嫩枝）。

【性状】该品叶片多皱缩卷曲、破碎，完整者展平后呈卵圆形，长4~11cm，宽2.5~9cm。先端长尖或急尖，基部圆形或宽楔形，边缘具圆锯齿。两面紫色或上表面绿色，下表面紫色，疏生灰白色毛，下表面有多数凹点状的腺鳞。叶柄长2~7cm，紫色或紫绿色。质脆。带嫩枝者，枝的直径2~5mm，紫绿色，断面中部有髓。气清香，味微辛。

【功能与主治】解表散寒，行气和胃。用于风寒感冒，咳嗽呕恶，妊娠呕吐，鱼蟹中毒。

皮类

杜仲

【来源】该品为杜仲科植物杜仲的干燥树皮。

【性状】该品呈板片状或两边稍向内卷，大小不一，厚3~7mm。外表面淡棕色或灰褐色，有明显的皱纹或纵裂槽纹，有的树皮较薄，未去粗皮，可见明显的皮孔。内表面暗紫色，光滑。质脆，易折断，断面有细密、银白色、富弹性的橡胶丝相连。气微，味稍苦。

【功能与主治】补肝肾，强筋骨，安胎。用于肝肾不足，腰膝酸痛，筋骨无力，头晕目眩，妊娠漏血，胎动不安。

厚朴

【来源】该品为木兰科植物厚朴或凹叶厚朴的干燥干皮、根皮及枝皮。

【性状】干皮呈卷筒状或双卷筒状，长30~35cm，厚0.2~0.7cm，习称"筒朴"；近根部的干皮一端展开如喇叭口，长13~25cm，厚0.3~0.8cm，习称"靴筒朴"。外表面灰棕色或灰褐色，粗糙，有时呈鳞片状，较易剥落，有明显椭圆形皮孔和纵皱纹，刮去粗皮者显黄棕色。内表面紫棕色或深紫褐色，较平滑，具细密纵纹，划之显油痕。质坚硬，不易折断，断面颗粒性，外层灰棕色，内层紫褐色或棕色，有油性，有的可见多数小亮星。气香，味辛辣、微苦。

根皮（根朴）呈单筒状或不规则块片；有的弯曲似鸡肠，习称"鸡肠朴"。质硬，较易折断，断面纤维性。

枝皮（枝朴）呈单筒状，长10~20cm，厚0.1~0.2cm。质脆，易折断，断面纤维性。

【功能与主治】燥湿消痰，下气除满。用于湿滞伤中，脘痞吐泻，食积气滞，腹胀便秘，痰饮喘咳。

茎木类

桑枝

【来源】该品为桑科植物桑的干燥嫩枝。

【性状】该品呈长圆柱形，少有分枝，长短不一，直径 0.5~1.5cm。表面灰黄色或黄褐色，有多数黄褐色点状皮孔及细纵纹，并有灰白色略呈半圆形的叶痕和黄棕色的腋芽。质坚韧，不易折断，断面纤维性。切片厚 0.2~0.5cm，皮部较薄，木部黄白色，射线放射状，髓部白色或黄白色。气微，味淡。

【功能与主治】祛风湿，利关节。用于风湿痹病，肩臂、关节酸痛麻木。

铁皮石斛

【来源】该品为兰科植物铁皮石斛的干燥或新鲜茎。

【性状】铁皮枫斗　该品呈螺旋形或弹簧状，通常为 2~6 个旋纹，茎拉直后长 3.5~8cm，直径 0.2~0.4cm。表面黄绿色或略带金黄色，有细纵皱纹，节明显，节上有时可见残留的灰白色叶鞘；一端可见茎基部留下的短须根。质坚实，易折断，断面平坦，灰白色至灰绿色，略角质状。气微，味淡，嚼之有黏性。

铁皮石斛　该品呈圆柱形的段，长短不等。

鲜铁皮石斛　该品呈圆柱形，直径 0.2~0.4cm。表面黄绿色，有时可见淡紫色斑点，光滑或有纵纹，节明显，色较深，节上可见带紫色斑点的膜质叶鞘。肉质状，易折断，断面黄绿色，气微，味淡，嚼之有黏性。

【功能与主治】益胃生津，滋阴清热。用于热病津伤，口干烦渴，胃阴不足，食少干呕，病后虚热不退，阴虚火旺，骨蒸劳热，目暗不明，筋骨痿软。

注意伪品。

皂角刺

【来源】该品为豆科植物皂荚的干燥棘刺。

【性状】该品为主刺和 1~2 次分枝的棘刺。主刺长圆锥形，长 3~15cm 或更长，直径 0.3~1cm；分枝刺长 1~6cm，刺端锐尖。表面紫棕色或棕褐色。体轻，质坚硬，不易折断。切片厚 0.1~0.3cm，常带有尖细的刺端；木部黄白色，髓部疏松，淡红棕色；质脆，易折断。气微，味淡。

【功能与主治】消肿托毒，排脓，杀虫。用于痈疽初起或脓成不溃；外治疥癣麻风。

注意伪品。

菌藻及地衣类

冬虫夏草

【来源】该品为麦角菌科真菌冬虫夏草菌寄生在蝙蝠蛾科昆虫幼虫上的子座和幼虫尸体

的干燥复合体。

【性状】该品由虫体与从虫头部长出的真菌子座相连而成。虫体似蚕，长 3~5cm，直径 0.3~0.8cm；表面深黄色至黄棕色，有环纹 20~30 个，近头部的环纹较细；头部红棕色；足 8 对，中部 4 对较明显；质脆，易折断，断面略平坦，淡黄白色。子座细长圆柱形，长 4~7cm，直径约 0.3cm；表面深棕色至棕褐色，有细纵皱纹，上部稍膨大；质柔韧，断面类白色。气微腥，味微苦。

【功能与主治】补肾益肺，止血化痰。用于肾虚精亏，阳痿遗精，腰膝酸痛，久咳虚喘，劳嗽咯血。

注意伪品。

茯苓

【来源】该品为多孔菌科真菌茯的干燥菌核。

【性状】茯苓个　呈类球形、椭圆形、扁圆形或不规则团块，大小不一。外皮薄而粗糙，棕褐色至黑褐色，有明显的皱缩纹理。体重，质坚实，断面颗粒性，有的具裂隙，外层淡棕色，内部白色，少数淡红色，有的中间抱有松根。气微，味淡，嚼之粘牙。

茯苓块　为去皮后切制的茯苓，呈立方块状或方块状厚片，大小不一。白色、淡红色或淡棕色。

茯苓片　为去皮后切制的茯苓，呈不规则厚片，厚薄不一。白色、淡红色或淡棕色。

【功能与主治】利水渗湿，健脾，宁心。用于水肿尿少，痰饮眩悸，脾虚食少，便溏泄泻，心神不安，惊悸失眠。

注意伪品。

灵芝

【来源】该品为多孔菌科真菌赤芝或紫芝的干燥子实体。

【性状】赤芝　外形呈伞状，菌盖肾形、半圆形或近圆形，直径 10~18cm，厚 1~2cm。皮壳坚硬，黄褐色至红褐色，有光泽，具环状棱纹和辐射状皱纹，边缘薄而平截，常稍内卷。菌肉白色至淡棕色。菌柄圆柱形，侧生，少偏生，长 7~15cm，直径 1~3.5cm，红褐色至紫褐色，光亮。孢子细小，黄褐色。气微香，味苦涩。

紫芝　皮壳紫黑色，有漆样光泽。菌肉锈褐色。菌柄长 17~23cm。

栽培品　子实体较粗壮、肥厚，直径 12~22cm，厚 1.5~4cm。皮壳外常被有大量粉尘样的黄褐色孢子。

【功能与主治】补气安神，止咳平喘。用于心神不宁，失眠心悸，肺虚咳喘，虚劳短气，不思饮食。

注意伪品。

桑黄

【来源】为锈革孔菌科真菌瓦尼桑的干燥子实体。

【性状】桑黄个子实体无柄，菌盖扇形、扁蹄形或不规则形，大小不一，长 3~20cm，宽 3~10cm，厚 3~10cm。菌盖背面棕黄色或棕色至棕黑色；腹面黄棕色至棕褐色。体轻，质坚，易折断。断面黄色。袋料桑黄质地较致密；段木桑黄质地略松泡，菌管层比较明显，木栓质。气微，味淡。

【功能与主治】活血止血，和胃止泻，软坚散结。用于崩漏带下，脾虚泄泻，癥瘕积聚。

注意伪品。

灰树花

【来源】该品为多孔菌科真菌灰树花（贝叶多孔菌）的干燥子实体。

【性状】子实体覆瓦状丛生，近无柄或有柄，柄可多次分枝。菌盖扇形或匙形，宽2~7cm，厚1~2mm。表面灰色至灰褐色，初有短茸毛，后渐变光滑；孔面白色至淡黄色，密生延生的菌管，管口多角形，平均每平方毫米1~3个。体轻，质脆，断面类白色，不平坦。气腥，味微甘。

【功能与主治】益气健脾，补虚扶正。用于脾虚引起的体倦乏力，神疲懒言，饮食减少，食后腹胀及肿瘤患者放化疗后有上述症状者。

猴头菇

【来源】该品为猴头菌科猴头菇的干燥子实体。

【性状】呈半球形或头状，直径3.5~8cm或更大，下部有一粗短的菌柄，表面棕黄色或浅褐色，其上密被多数肉质软刺。刺长0.3~2cm，粗0.3~0.5mm，质轻而软衰，断面乳白色，气香，味淡或微苦。

【功能与主治】健脾和胃，益气安神。用于消化不良，神经衰弱，身体虚弱，胃溃疡。

动物类

乌梢蛇

【来源】该品为游蛇科动物乌梢蛇的干燥体。

【性状】该品呈圆盘状，盘径约16cm。表面黑褐色或绿黑色，密被菱形鳞片；背鳞行数成双，背中央2~4行鳞片强烈起棱，形成两条纵贯全体的黑线。头盘在中间，扁圆形，眼大而下凹陷，有光泽。上唇鳞8枚，第4、5枚入眶，颊鳞1枚，眼前下鳞1枚，较小，眼后鳞2枚。脊部高耸成屋脊状。腹部剖开边缘向内卷曲，脊肌肉厚，黄白色或淡棕色，可见排列整齐的肋骨。尾部渐细而长，尾下鳞双行，剥皮者仅留头尾之皮鳞，中段较光滑。气腥，味淡。

【功能与主治】祛风，通络，止痉。用于风湿顽痹，麻木拘挛，中风口眼㖞斜，半身不遂，抽搐痉挛，破伤风，麻风，疥癣。

注意伪品。

蕲蛇

【来源】该品为蝰科动物五步蛇的干燥体。

【性状】该品卷呈圆盘状，盘径17~34cm，体长可达2m。头在中间稍向上，呈三角形而扁平，吻端向上，习称"翘鼻头"。上腭有管状毒牙，中空尖锐。背部两侧各有黑褐色与浅棕色组成的"V"形斑纹17~25个，其"V"形的两上端在背中线上相接，习称"方胜纹"，有的左右不相接，呈交错排列。腹部撑开或不撑开，灰白色，鳞片较大，有黑色类圆形的斑点，习称"连珠斑"；腹内壁黄白色，脊椎骨的棘突较高，呈刀片状上突，前后椎体下突基本同形，多为弯刀状，向后倾斜，尖端明显超过椎体后隆面。尾部骤细，末端有三角形深灰色的角质鳞片1枚。气腥，味微咸。

【功能与主治】祛风，通络，止痉。用于风湿顽痹，麻木拘挛，中风口眼歪斜，半身不遂，抽搐痉挛，破伤风，麻风，疥癣。

注意伪品。

金钱白花蛇

【来源】该品为眼镜蛇科动物银环蛇的幼蛇干燥体。

【性状】该品呈圆盘状，盘径3~6cm，蛇体直径0.2~0.4cm。头盘在中间，尾细，常纳口内，口腔内上颌骨前端有毒沟牙1对，鼻间鳞2片，无颊鳞，上下唇鳞通常各为7片。背部黑色或灰黑色，有白色环纹45~58个，黑白相间，白环纹在背部宽1~2行鳞片，向腹面渐增宽，黑环纹宽3~5行鳞片，背正中明显突起一条脊棱，脊鳞扩大呈六角形，背鳞细密，通身15行，尾下鳞单行。气微腥，味微咸。

【功能与主治】祛风，通络，止痉。用于风湿顽痹，麻木拘挛，中风口眼歪斜，半身不遂，抽搐痉挛，破伤风，麻风，疥癣。

注意伪品。

鹿角

【来源】该品为鹿科动物马鹿或梅花鹿已骨化的角或锯茸后翌年春季脱落的角基，分别习称"马鹿角""梅花鹿角""鹿角脱盘"。

【性状】马鹿角呈分枝状，通常分成4~6枝，全长50~120cm。主枝弯曲，直径3~6cm。基部盘状，上具不规则瘤状突起，习称"珍珠盘"，周边常有稀疏细小的孔洞。侧枝多向一面伸展，第一枝与珍珠盘相距较近，与主干几成直角或钝角伸出，第二枝靠近第一枝伸出，习称"坐地分枝"；第二枝与第三枝相距较远。表面灰褐色或灰黄色，有光泽，角尖平滑，中、下部常具疣状突起，习称"骨钉"，并具长短不等的断续纵棱，习称"苦瓜棱"。质坚硬，断面外圈骨质，灰白色或微带淡褐色，中部多呈灰褐色或青灰色，具蜂窝状孔。气微，味微咸。

梅花鹿角 通常分成3~4枝，全长30~60cm，直径2.5~5cm。侧枝多向两旁伸展，第一枝与珍珠盘相距较近，第二枝与第一枝相距较远，主枝末端分成两小枝。表面黄棕色或灰棕色，枝端灰白色。枝端以下具明显骨钉，纵向排成"苦瓜棱"，顶部灰白色或灰黄色，有光泽。

鹿角脱盘 呈盔状或扁盔状，直径3~6cm（珍珠盘直径4.5~6.5cm），高1.5~4cm。表面灰褐色或灰黄色，有光泽。底面平，蜂窝状，多呈黄白色或黄棕色。珍珠盘周边常有稀疏细小的孔洞。上面略平或呈不规则的半球形。质坚硬，断面外圈骨质，灰白色或类白色。

【功能与主治】温肾阳，强筋骨，行血消肿。用于肾阳不足，阳痿遗精，腰脊冷痛，阴疽疮疡，乳痈初起，瘀血肿痛。

注意伪品。

水蛭

【来源】 该品为水蛭科动物蚂蟥、水蛭或柳叶蚂蟥的干燥全体。

【性状】 蚂蟥 呈扁平纺锤形,有多数环节,长 4~10cm,宽 0.5~2cm。背部黑褐色或黑棕色,稍隆起,用水浸后,可见黑色斑点排成 5 条纵纹;腹面平坦,棕黄色。两侧棕黄色,前端略尖,后端钝圆,两端各具 1 吸盘,前吸盘不显著,后吸盘较大。质脆,易折断,断面胶质状。气微腥。

水蛭 扁长圆柱形,体多弯曲扭转,长 2~5cm,宽 0.2~0.3cm。

柳叶蚂蟥 狭长而扁,长 5~12cm,宽 0.1~0.5cm。

【功能与主治】 破血通经,逐瘀消癥。用于血瘀经闭,癥瘕痞块,中风偏瘫,跌打损伤。

注意伪品。

其他类

淡豆豉

【来源】 该品为豆科植物大豆的干燥成熟种子(黑豆)的发酵加工品。

【性状】 该品呈椭圆形,略扁,长 0.6~1cm,直径 0.5~0.7cm。表面黑色,皱缩不平,一侧有长椭圆形种脐。质稍柔软或脆,断面棕黑色。气香,味微甘。

【功能与主治】 解表,除烦,宣发郁热。用于感冒,寒热头痛,烦躁胸闷,虚烦不眠。

注意伪品。

海金沙

【来源】 该品为海金沙科植物海金沙的干燥成熟孢子。

【性状】 该品呈粉末状,棕黄色或浅棕黄色。体轻,手捻有光滑感,置手中易由指缝滑落。气微,味淡。

【功能与主治】 清利湿热,通淋止痛。用于热淋,石淋,血淋,膏淋,尿道涩痛。

注意伪品。

六神曲

【来源】 该品为麦粉、麸皮、赤豆、杏仁与辣蓼等混合发酵而制成的干燥块。主产浙江。

【性状】 扁平的方块。表面粗糙,有灰黄色至灰棕色菌落的斑纹。质坚硬,断面粗糙。气特异,味淡。

【功能与主治】 健脾和胃,消食调中。用于腹胀,呕吐泻痢,小儿腹大坚积。

注意伪品。

红曲

【来源】 该品为曲霉科真菌紫色红曲霉寄生在禾本科植物稻的种仁上形成的红色米,多为人工培养而成。

【性状】完整者呈长椭圆形，一端较尖，另一端钝圆，长 5～8mm，宽约 2mm；碎裂者呈不规则的颗粒，状如碎米。表面紫红色或暗红色，断面粉红色。质酥脆。气微，味淡或微苦、微酸。

【功能与主治】消食活血，健脾养胃。用于瘀滞腹痛，赤白下痢，跌打损伤，产后恶露不尽。

注意伪品。

主要参考文献

蔡庆生，2023. 植物生理学. 北京：中国农业大学出版社.

陈士林，2017. 中国药材产地生态适宜性区划. 2 版. 北京：科学出版社.

段金廒，周荣汉，2023. 中药资源学. 北京：中国中医药出版社.

傅俊范，2007. 药用植物病理学. 北京：中国农业出版社.

郭巧生，2019. 药用植物栽培学. 北京：高等教育出版社.

国家药典委员会，2020. 中华人民共和国药典：2020 年版. 一部. 北京：中国医药科技出版社.

国家中药材标准化与质量评估创新联盟，2023. 中药材产业高质量发展蓝皮书. 上海：上海科学技术出版社.

何伯伟，2015. 铁皮石斛 100 问. 北京：中国农业科学技术出版社.

何伯伟，2016. 段木灵芝全程标准化操作手册. 杭州：浙江科学技术出版社.

何伯伟，2016. 铁皮石斛全程标准化操作手册. 杭州：浙江科学技术出版社.

何伯伟，2019. 浙产道地药材保护和发展对策. 杭州：浙江科学技术出版社.

何伯伟，2020. 灵芝 100 问. 北京：中国农业科学技术出版社.

何伯伟，2020. 浙产道地中药材生产技术手册. 杭州：浙江科学技术出版社.

黄璐琦，2019. 中药材商品规格等级标准汇编. 北京：中国中医药出版社.

黄璐琦，2020. 道地药材标准汇编. 北京：北京科学技术出版社.

江凌圳，2019. 浙江道地药材古代炮制研究. 上海：上海科学技术出版社.

康廷国，2021. 闫永红. 中药鉴定学. 北京：中国中医药出版社.

匡海学，冯卫生，2021. 中药化学. 北京：中国中医药出版社.

林文雄，王庆亚，2007. 药用植物生态学. 北京：中国林业出版社.

王秋红，2022. 中药加工与炮制学. 北京：中国中医药出版社.

王鑫波，2012. 浙江道地药材概论. 上海：上海科学技术出版社.

徐春波，2007. 本草古籍常用道地药材考. 北京：人民卫生出版社.

严铸云，张水利，2022. 药用植物学. 北京：人民卫生出版社.

《浙江植物志（新编）》编辑委员会，2021. 浙江植物志. 杭州：浙江科学技术出版社.

浙江省食品药品监督管理局，2016. 浙江省中药炮制规范. 北京：中国医药科技出版社.

钟赣生，杨柏灿，2021. 中药学. 北京：中国中医药出版社.